U0881380

新世纪高职高专建筑装饰技术类系列教材

工程力学与建筑结构

张良成 主 编
邱秀梅
袁益民 副主编

科学出版社
北京

内 容 简 介

本书是根据高职高专建筑装饰技术专业的教学需要和要求编写的。全书分两篇，共13章。第一篇为工程力学，主要内容包括：静力学基本知识、平面力系、拉压和受弯构件及压杆稳定。第二篇为建筑结构，主要内容包括：建筑结构材料、建筑结构设计方法、受弯和轴向受力构件的结构计算及构造要求、钢筋混凝土梁板结构、多高层钢筋混凝土结构、砌体结构和钢结构的选型、计算和设计等。

本书可作为大专院校建筑学、城市规划等相关专业及成人教育的教学用书，也可作为有关工程技术人员的参考用书。

图书在版编目(CIP)数据

工程力学与建筑结构／张良成主编．—北京：科学出版社，2002
(新世纪高职高专建筑装饰技术类系列教材)
ISBN 978-7-03-010231-7

Ⅰ．工… Ⅱ．张… Ⅲ．建筑结构-结构力学-高等学校：技术学校-教材 Ⅳ．TU311

中国版本图书馆CIP数据核字(2002)第033566号

丛书策划：童安齐 刘宝莉／责任校对：童安齐 余 江
责任印制：徐晓晨／封面设计：逯海勇 张 放

科 学 出 版 社 出版
北京东黄城根北街16号
邮政编码：100717
http://www.sciencep.com
北京凌奇印刷有限责任公司 印刷
科学出版社发行 各地新华书店经销
*
2002年9月第 一 版 开本：B5 (720×1000)
2021年8月第十六次印刷 印张：25
字数：485 000

定价：88.00 元

(如有印装质量问题，我社负责调换)

《新世纪高职高专建筑装饰技术类系列教材》

编 委 会

主　任　李继业

副主任　沈养中　童安齐　张　璋　高　忠

成　员　（以姓氏笔画为序）

王　安　司马玉洲　孙　刚　孙世青

朱向东　刘念华　刘宝莉　李　强

张良成　陈守兰　周英才　庞维波

赵兴忠　徐学东　黄胜伟　逯海勇

序

改革开放以来，随着我国建筑装饰业的迅速发展，尽快培养建筑装饰专业高素质的设计、施工、管理人才，已成为建筑装饰业健康发展的关键。近年来，一些高等院校、职业技术院校先后开设了建筑装饰技术、室内装饰、装饰装潢等专业，为培养建筑装饰高级应用型人才做出了一定贡献。但是，迄今为止，尚无一套合适的建筑装饰技术类系列教材，从而给该类专业的教学工作带来了许多不便，同时也极大地影响和制约了该类专业教学质量的提高。

基于此，我们组织山东农业大学、南阳理工学院、河北工程技术高等专科学校、大同职业学院、山西工程职业技术学院、日照职业技术学院、山东水利职业学院等单位的老师，共同编写了《新世纪高职高专建筑装饰技术类系列教材》。

本套教材有如下特点：

(1)突出装饰设计与表现、施工技术与管理两个专业重点，更适合高职高专的培养目标。

(2)重点介绍建筑装饰新材料、新技术、新工艺、新规范、新成果，融设计体系和工程技术体系于一体，从而形成建筑专业技术与艺术相结合的教学新体系。

(3)内容结构新颖，系统性、实用性强，使学生更容易掌握。

这套教材可作为高职高专建筑装饰技术专业通用教材，亦可作为室内装饰、设计及相近专业的参考教材，还可作为建筑装饰企业岗位培训教材和自学用书。

尽管我们做出了很大努力，但是由于时间仓促，水平和能力所限，本套教材肯定会存在一些不足之处，敬请有关专家、学者和广大读者批评指正。

《新世纪高职高专建筑装饰技术类系列教材》编委会

2002年6月

前　言

本书是高职高专面向 21 世纪教学内容和课程体系改革的成果。全书力求体现高职高专教育培养高等技术应用性人才的特点，着力贯彻“以应用为目的”、“以必需够用为度”的原则。编写过程中既注意学习、吸收有关院校近期教学内容和课程体系改革的成果，又尽量反映编者多年来教学所积累的经验与体会，精选内容、突出重点，公式推导从简，并对若干内容进行了适当的调整，既简练了内容，又保证了新体系的科学性和系统性。在每章之前予以概述，每章之后附有思考题和部分习题。

本书按照国家最新规范编写，各种量的符号采用《量和单位》(GB3100～3102-93)中的有关规定。

本书编写分工为：山东水利职业技术学院袁益民(第一至第三章)；山东农业大学张良成(第四、五章)，王平(第七章)，邱秀梅(第八章)；南阳理工学院张健文(第六、十三章)，熊辉霞(第十章)；山东日照职业技术学院胡明文(第九章)；河北工程技术高等专科学校王国菊(第十一、十二章)。全书由山东农业大学崔千祥副教授主审。

本书的编写和出版，得到参编院校和科学出版社的大力支持和帮助，谨此，编者诚挚致谢。

因编者水平所限，且本书又是教学内容和课程体系改革的初步成果，难免有错误与缺憾，敬请读者批评指正。

目 录

第二篇　建筑结构

第一篇　工程力学

第一章　静力学基本知识

工程中各种各样的建筑物、机械等都是由若干构件(或零件)按照一定规律组成的。工程中称其为结构。对这些结构进行设计建造之前，必须对其受力情况分析清楚，以便进行相应的力学计算。本章主要讨论物体之间的相互约束类型，对物体进行受力分析的方法及有关的基本概念和基本定理。

1.1　基本概念

1.1.1　平衡的概念

在讨论物体的运动时，一般将地球作为参照系，若物体相对地球静止或做匀速直线运动，则称物体处于平衡状态。

1.1.2　刚体的概念

任何物体在力的作用下，都将引起大小和形状的改变，即发生变形。但是，在正常情况下，工程实际中许多物体的变形都非常微小，例如，建筑物中的梁，它在中央处最大的下垂一般只有梁长度的三百分之一。这样微小的变形，对于讨论物体的平衡问题影响甚少，可以忽略不计，因而可将这种物体看成是不变形的。

在任何外力作用下，大小和形状保持不变的物体，称为刚体。在静力学部分，我们把所讨论的物体都看成是刚体。

然而，当讨论物体受到力的作用后会不会破坏时，变形就是一个主要的因素，这时就不能再把物体看成刚体，而应该看成变形体。但必须指出，以刚体为对象得出的力系的平衡条件，一般也可以推广应用于变形很小的变形体的平衡情况。

1.1.3　力、力系

1. 力的概念

(1)力的涵义

人们在长期的生产实践和日常生活中逐渐形成并建立了力的概念。例如，人推小车时，由于肌肉紧张，感到人对小车施加了力，使小车由静到动，或使小车的运动速度发生变化，同时感到小车也在推人；手用力拉弹簧，使弹簧发生伸长变形，同时感到弹簧也在拉手。这种力的作用，在物体与物体之间也会发生，例如，自空中落下的物体由于受到地球的引力作用而使运动速度加快，桥梁受到车辆的作用而产生弯曲变形等。综合无数事例，可以概括出力的涵义是：力是物体之间的相互机械作用，这种作用的效果会使物体的运动状态发生变化（外效应），或者使物体发生变形（内效应）。

既然力是物体与物体之间的相互作用，因此，力不可能脱离物体而单独存在。有受力体时必定有施力体。

在建筑力学中，力的作用方式一般有两种情况，一种是两物体相互接触时，它们之间相互产生的拉力或压力；一种是物体与地球之间相互产生的吸引力，对物体来说，这个吸引力就是重力。

（2）力的三要素

实践证明，力对物体的作用效果，取决于 3 个要素：①力的大小；②力的方向；③力的作用点。这 3 个要素通常称为力的三要素。

力的大小表明物体间相互作用的强烈程度。为了量度力的大小，我们必须规定力的单位，在国际单位制中，力的单位为 N 或 kN。

$$1\mathrm{kN}=1000\mathrm{N}$$

力的方向通常包含方位和指向两个涵义。例如说重力的方向是“铅垂向下”。

力的作用点就是力对物体作用的位置。力的作用位置实际上有一定的范围，不过当作用范围与物体相比很小时，可近似地看成是一个点。作用于一点的力，称为集中力。

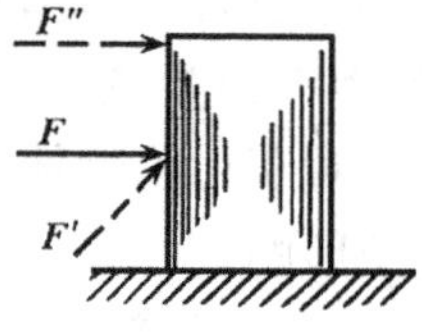

图 1.1

在力的三要素中，有任一要素改变时，都会对物体产生不同的作用效果。例如，沿水平地面推动一个木箱，如图 1.1 所示，作用在木箱上的力，或大小不同，或方向不同（如力 $\boldsymbol{F}$ 与 $\boldsymbol{F}'$），或作用点位置不同（如力 $\boldsymbol{F}$ 或 $\boldsymbol{F}''$），产生的效果就会不一样。因此，在描述一个力时，必须全面表明力的三要素。

（3）力的图示法

力是一个有大小和方向的量，所以力是矢量。

通常可以用一段带箭头的线段来表示力的三要素。线段的长度（按选定的比例）表示力的大小；线段与某定直线的夹角表示力的方位，箭头表示力的指向；带箭头线段的起点或终点表示力的作用点。如图 1.2 所示，按比例量出力 $\boldsymbol{F}$ 的大小是 20kN，力的方向与水平线呈 45°角，指向右上方，作用在物体的 A 点上。

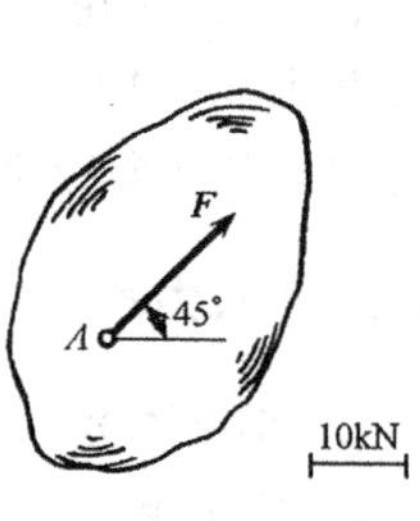

图 1.2

用字母符号表示力矢量时，常用黑体字如 $\boldsymbol{F}$、$\boldsymbol{F}_P$ 等。而

F、F_P 等只表示力矢量的大小。

2. 力系与平衡力系

在一般情况下，一个物体总是同时受到若干个力的作用。我们把作用于同一物体上的一群力，称为力系。使物体保持平衡的力系，称为平衡力系。

1.2 静力学基本公理

静力学公理是人类在长期的生产和生活实践中，经过反复观察和实验总结出来的普遍规律。它阐述了力的一些基本性质，是静力学部分的基础。

1.2.1 作用与反作用公理

两个物体间的作用力和反作用力，总是大小相等，方向相反，沿同一直线，并分别作用在这两个物体上。

这个公理概括了两个物体间相互作用力的关系。如物体 A 对物体 B 施作用力 $\boldsymbol{F}$，同时物体 A 也受到物体 B 对它的反作用力 $\boldsymbol{F}'$，且这两个力大小相等、方向相反、沿同一直线作用，如图 1.3 所示。

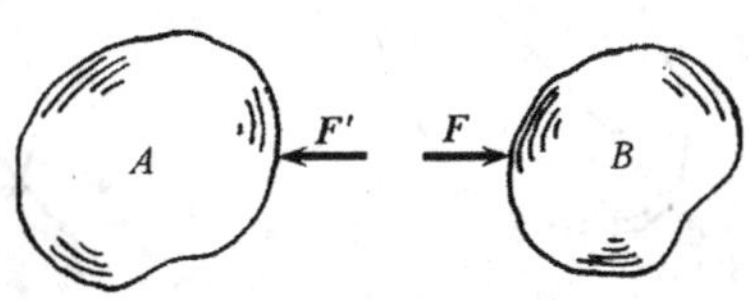

图 1.3

【例 1.1】 小球受重力 W 作用，用绳索悬挂于天花板如图 1.4(a)所示，绳重不计。试分析各物体间相互的作用力和反作用力。

【解】 小球与地球之间有一对作用力 W 和反作用力 W'，它们分别作用于小球中心和地球中心，如图 1.4(b)、(c)所示，且 $W'=W$，其方向相反，并沿同一直线。

小球与绳索之间有一对作用力 $\boldsymbol{F}_{TB}$和反作用力 $\boldsymbol{F}'_{TB}$，分别作用于绳索的 B 点和小球的 B 点，如图 1.4(b)、(d)所示，且 $\boldsymbol{F}'_{TB}=\boldsymbol{F}_{TB}$，其方向相反，并沿着绳的中心线。

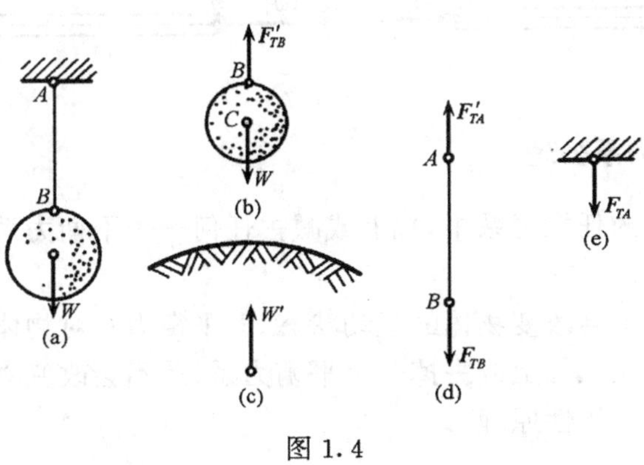

图 1.4

同样，绳索对天花板施作用力 $\boldsymbol{F}_{TA}$，作用在板的 A 点，其反作用力 $\boldsymbol{F}'_{TA}$，作用在绳的端点 A，如图 1.4(d)、(e)所示。

1.2.2 二力平衡公理

作用在同一刚体上的两个力，使刚体平衡的必要和充分条件是：这两个力大小相等，方向相反，且作用在同一直线上，如图 1.5(a)、(b)所示。

这个公理说明了作用在物体上两个力的平衡条件，在一个物体上只受到两个力的作用而平衡时，这两个力一定要满足二力平衡公理。如把雨伞挂在桌边，如图 1.6 所示，雨伞摆动到其重心和挂点在同一铅垂线上时，雨伞才能平衡。因为这时雨伞的向下重力和桌面的向上支撑力在同一直线上。

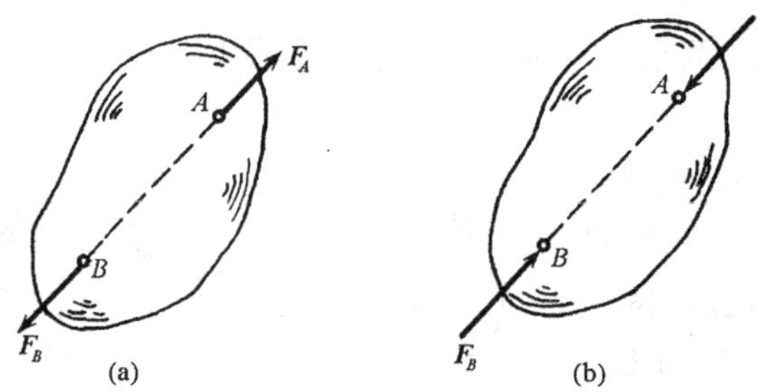

图 1.5

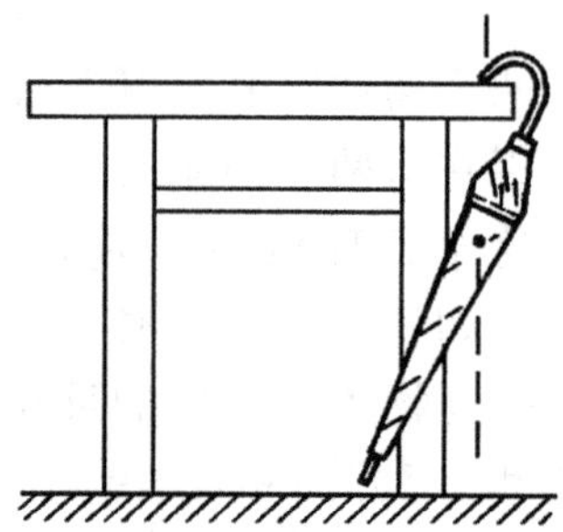
图 1.6

必须注意，不能把二力平衡问题和作用与反作用关系混淆起来。二力平衡公理中的两个力是作用在同一物体上的。作用与反作用公理中的两个力是分别作用在不同物体上，虽然是大小相等、方向相反、作用在一直线上，但不能平衡。

若一根直杆只在两点受力作用而处于平衡，则作用在此两点的二力的方向必在这两点的连线上。此直杆称为二力杆，如图 1.7(a)、(b)所示。对于只在两点受力作用而处于平衡的一般物体，称为二力构件。

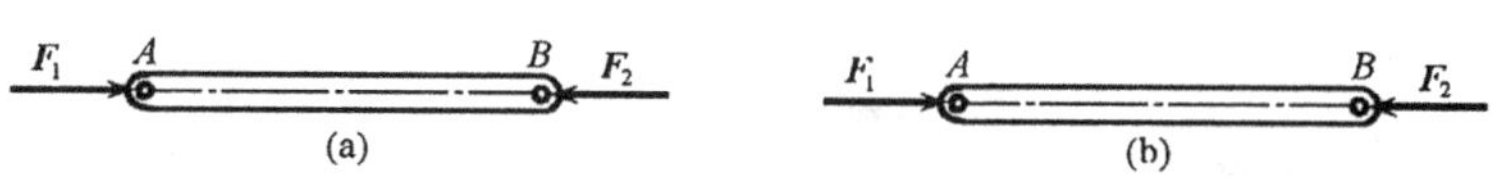

图 1.7

1.2.3 加减平衡力系公理

在作用于刚体的任意力系中，加上或减去任何一个平衡力系，并不改变原力系对刚体的作用效应。

因为平衡力系不会改变物体的运动状态，即平衡力系对物体的运动效果为零，所以在物体的原力系上加上或去掉一个平衡力系，是不会改变物体的运动效果的。

【推论】 力的可传性原理

作用在刚体上的力可沿其作用线移动到刚体内任意一点，而不改变原力对刚体的作用效应。

【证明】

1)设力 $\boldsymbol{F}$ 作用在物体 A 点，如图 1.8(a)所示。

2)根据加减平衡力系公理，可在力的作用线上任取一点 B，加上一个平衡力系 $\boldsymbol{F}_1$ 和 $\boldsymbol{F}_2$，并使 $\boldsymbol{F}_1=-\boldsymbol{F}_2=\boldsymbol{F}$，如图 1.8(b)所示。

3)由于力 $\boldsymbol{F}$ 和 $\boldsymbol{F}_2$ 是一个平衡力系，可以去掉，所以只剩下作用在 B 点的力 $\boldsymbol{F}_1$，如图 1.8(c)所示。

4)力 $\boldsymbol{F}_1$ 和原力 $\boldsymbol{F}$ 等效，就相当于把作用在 A 点的力 $\boldsymbol{F}$ 沿其作用线移到 B 点。

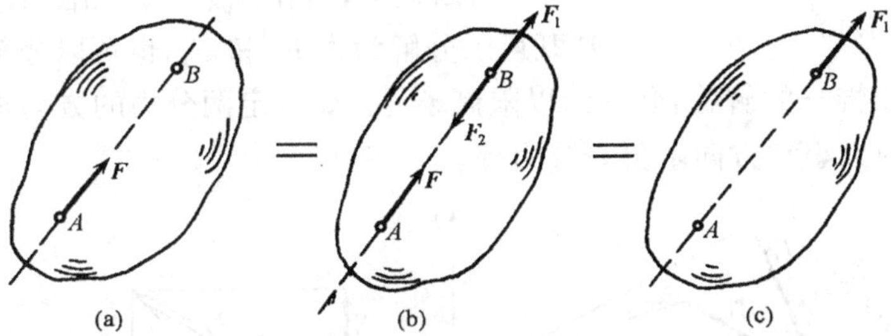

图 1.8

力的可传性原理，是我们日常生活中所常见的，例如，用绳拉车，或者沿同一直线、以同样大小的力用手推车，对车产生的运动效应相同。

根据力的可传性原理可知，力对刚体的作用效应与力的作用点在作用线上的位置无关。因此，力的三要素可改为：力的大小、方向和作用线。

应当指出，加减平衡力系公理和力的可传性原理都只适用于研究物体的运动效果(外效应)，而不适用于研究物体的变形效应(内效应)。例如，直杆 AB 的两端受到等值、反向、共线的两个力 $\boldsymbol{F}_1$、$\boldsymbol{F}_2$ 作用而处于平衡状态，如图 1.9(a)所示；如果将这两个力各沿其作用线移到杆的另一端，如图 1.9(b)所示，显然，直杆 AB 仍然处于平衡状态。但是直杆的变形不同了。图 1.9(a)直杆的变形是缩短，而图 1.9(b)直杆的变形却是伸长，这就说明当研究物体的变形效应时，力的可传性原理就不适用了。

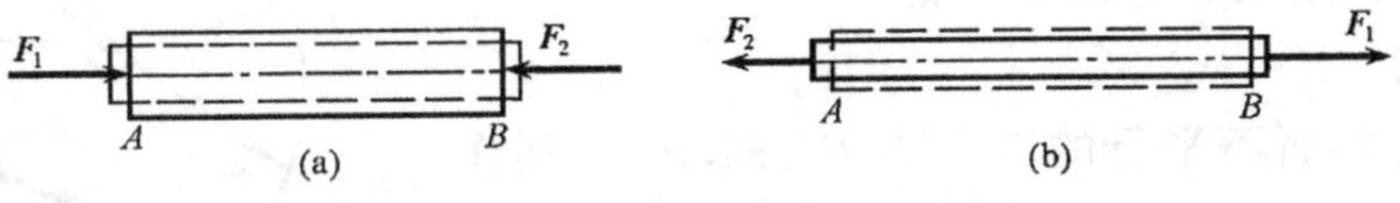

图 1.9

1.2.4 力的平行四边形公理

作用于物体上同一点的两个力，可以合成为一个合力，合力也作用于该点，合力的大小和方向由这两个力为边所构成的平行四边形的对角线来表示，如图 1.10 所示。

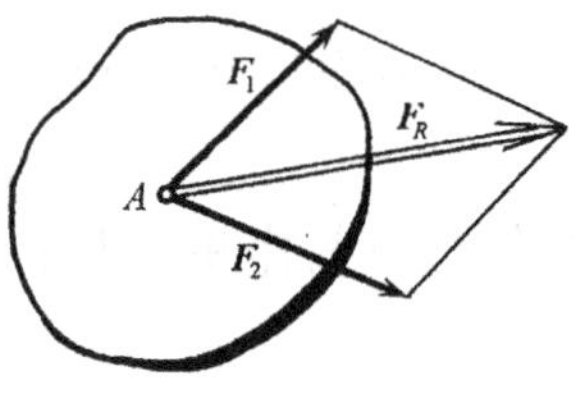

图 1.10

这个公理说明力的合成是遵循矢量加法的，只有当两个力共线时，才能用代数加法。

两个共点力可以合成为一个力，反之，一个已知力也可以分解为两个力。但是，将一个已知力分解为两个分力可得无数组解答。因为以一个力的矢量为对角线的平行四边形，可作无数个。如图 1.11(a)所示，力 $\boldsymbol{F}$ 既可以分解为力 $\boldsymbol{F}_1$ 和 $\boldsymbol{F}_2$，也可以分解为力 $\boldsymbol{F}_3$ 和 $\boldsymbol{F}_4$ 等。要得出惟一的解答，必须给以限制条件。如给定两分力的方向求其大小，或给定一分力的大小和方向求另一分力等。

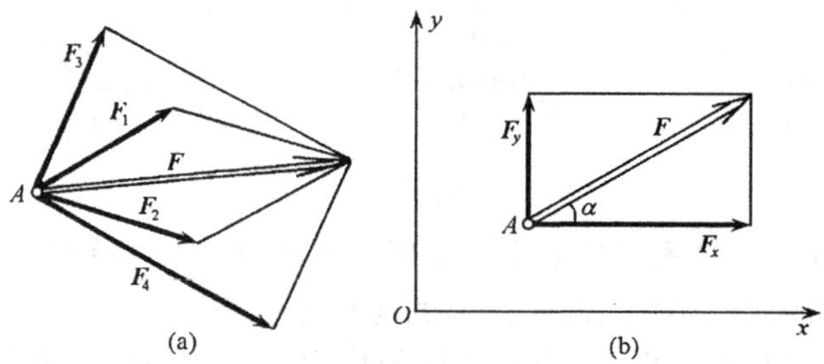

图 1.11

在工程实际问题中，常把一个力 $\boldsymbol{F}$ 沿直角坐标轴方向分解，可得出两个互相垂直的分力 $\boldsymbol{F}_x$ 和 $\boldsymbol{F}_y$，如图 1.11(b)所示。$\boldsymbol{F}_x$ 和 $\boldsymbol{F}_y$ 的大小可由三角公式求得，式中 α 为力 $\boldsymbol{F}$ 与 x 轴间的夹角。

$$\boldsymbol{F}_x = F\cos\alpha \qquad (1.1)$$
$$\boldsymbol{F}_y = F\sin\alpha$$

【推论】 三力平衡汇交定理

一刚体受共面不平行的 3 个力作用而平衡时，这 3 个力的作用线必汇交于一点。

【证明】

1）设有共面不平行的 3 个力 $\boldsymbol{F}_1$、$\boldsymbol{F}_2$、$\boldsymbol{F}_3$ 分别作用在一刚体上的 A_1、A_2、A_3 三点而成平衡，如图 1.12 所示。

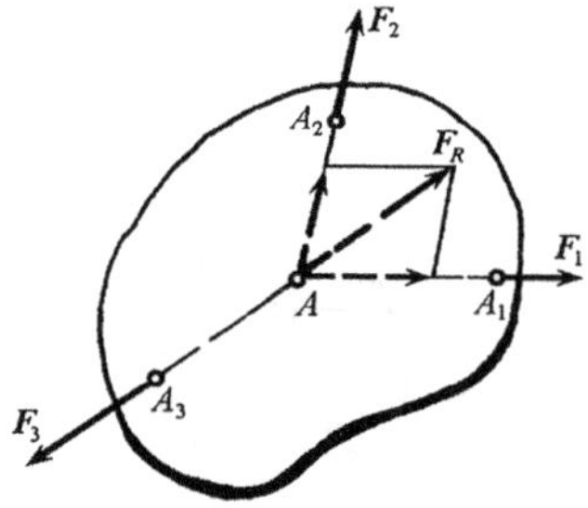

图 1.12

2)根据力的可传性原理，将力 $\boldsymbol{F}_1$、$\boldsymbol{F}_2$ 移到该两力作用线的交点 A，并按力的平行四边形公理合成为合力 $\boldsymbol{F}_R$，$\boldsymbol{F}_R$ 也作用在 A 点。

3)因为 $\boldsymbol{F}_1$、$\boldsymbol{F}_2$、$\boldsymbol{F}_3$ 三力成平衡，所以力 $\boldsymbol{F}_R$ 应与力 $\boldsymbol{F}_3$ 成平衡，由二力平衡公理知，力 $\boldsymbol{F}_3$ 和 $\boldsymbol{F}_R$ 一定是大小相等、方同相反、且作用在同一直线上，就是说，力 $\boldsymbol{F}_3$ 必通过力 $\boldsymbol{F}_1$ 和 $\boldsymbol{F}_2$ 的交点 A，即 3 个力 $\boldsymbol{F}_1$、$\boldsymbol{F}_2$、$\boldsymbol{F}_3$ 的作用线必汇交于一点。

三力平衡汇交定理也可从实践中得到验证。如图 1.13(a)所示，小球搁置在光滑的斜面上，并用绳子拉住，这时小球受到重力 W、绳子的拉力 $\boldsymbol{F}_T$ 和斜面的支撑力 $\boldsymbol{F}_N$ 的作用。如果这 3 个力的作用线不汇交于一点，如图 1.13(b)所示，则此小球不会平衡，只有当小球滚动到如图 1.14 所示三力汇交于一点的情况下，小球才能处于平衡状态。

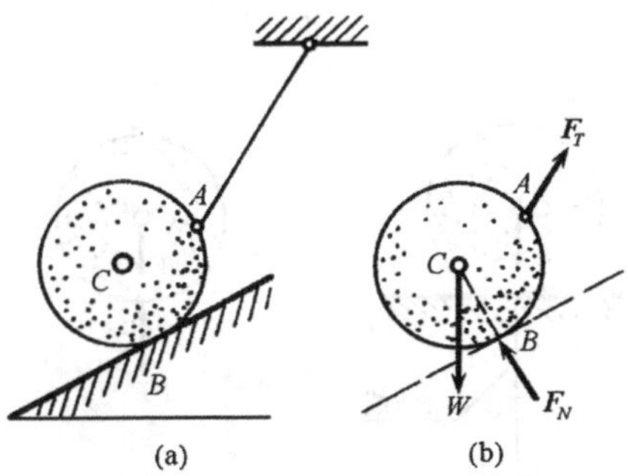

图 1.13

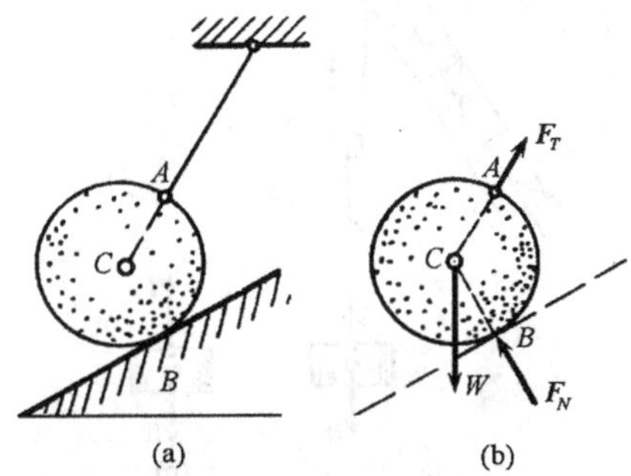

图 1.14

三力平衡汇交定理常常用来确定物体在共面不平行的 3 个力作用下平衡时其中未知力的方向。

1.3 约束与约束反力

在工程实际中，任何构件都受到与它相联系的其他构件的限制，而不能自由运动。例如，大梁受到柱子限制，柱子受到基础的限制，桥梁受到桥墩的限制等。

一个物体的运动受到周围物体的限制时，这些周围物体就称为该物体的约束。例如，上面所提到的柱子是大梁的约束，基础是柱子的约束，桥墩是桥梁的约束。

物体受到的力一般可以分为两类。一类是使物体运动或使物体有运动趋势的力，称为主动力，如重力、水压力、土压力等。主动力在工程上称为荷载；另一类是约束对物体的运动起限制作用的力，称为约束反力，简称反力。物体受到主动力作用时，如果物体沿着约束所能限制的方向有运动或运动趋势，则物体对约束产生作用力，约束就以等值、反向的反作用力作用于该物体。约束对物体的反作用力限制物体的运动，故这个反作用力就称为约束反力。约束反力的方向总是和该约束所能阻碍物体的运动方向相反。

通常主动力是已知的，约束反力的确定与约束类型及主动力有关，现就工程上常见的几种约束来讨论其约束反力的特征。

1.3.1 柔体约束

如柔绳、链条、胶带等用于限制物体的运动时，都是柔体约束。由于柔体约束只能限制物体沿着柔体约束的中心线离开柔体约束的运动，而不能限制物体沿其他方向的运动，所以柔体约束的约束反力通过接触点，其方向沿着约束的中心线且为拉力。这种约束的反力通常用 $\boldsymbol{F}_T$ 表示，如图 1.15 所示。

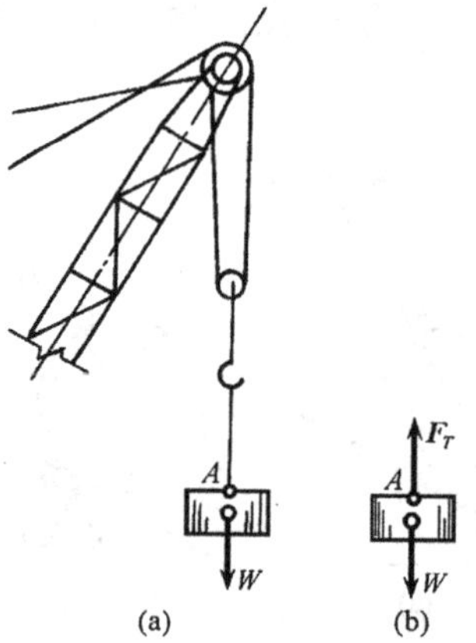

图 1.15

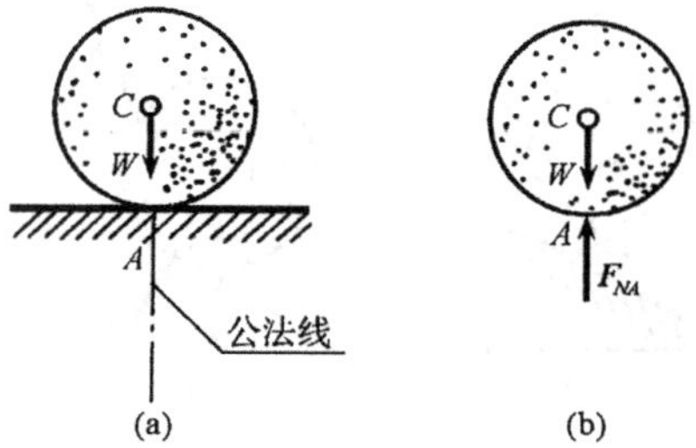

图 1.16

1.3.2 光滑接触面约束

物体与另一物体相互接触，当接触处的摩擦很小，可以略去不计时，两物体彼此的约束就是光滑接触面约束。这种约束只能限制物体沿着接触面的公法线而指向接触面的运动而不能限制物体沿着接触面的公切线或离开接触面的运动。所以，光滑接触面的约束反力通过接触点，其方向沿着接触面的公法线且为压力，如图 1.16 所示。这种约束反力通常用 $\boldsymbol{F}_N$ 表示。

【例 1.2】 重为 W 的杆 AB 置于半圆槽中，如图 1.17(a)，画出杆 AB 所受到的约束反力。接触处摩擦不计。

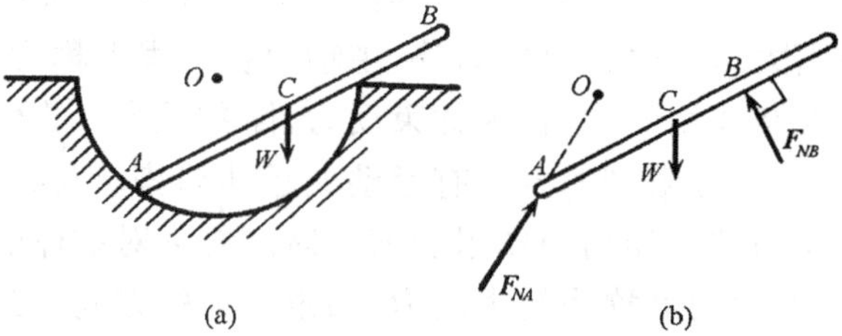

图 1.17

【解】 杆 AB 在 A、B 处受到光滑接触面约束。其约束反力应沿着接触面的公法线，所以，A 处的约束反力 $\boldsymbol{F}_{NA}$ 作用于 A 点，其方向沿着半径 AO 且为压力，B 处的约束反力 $\boldsymbol{F}_{NB}$ 作用于 B 点，其方向垂直于杆 AB，也是压力[见图 1.17(b)]。

1.3.3 圆柱铰链约束

圆柱铰链简称铰链，门窗用的合叶便是铰链的实例。圆柱铰链是由一个圆柱形销钉插入两个物体的圆孔中构成，如图 1.18(a)、(b)所示，且认为销钉与圆孔的表面都是完全光滑的。圆柱铰链的简图如图 1.18(d)所示。

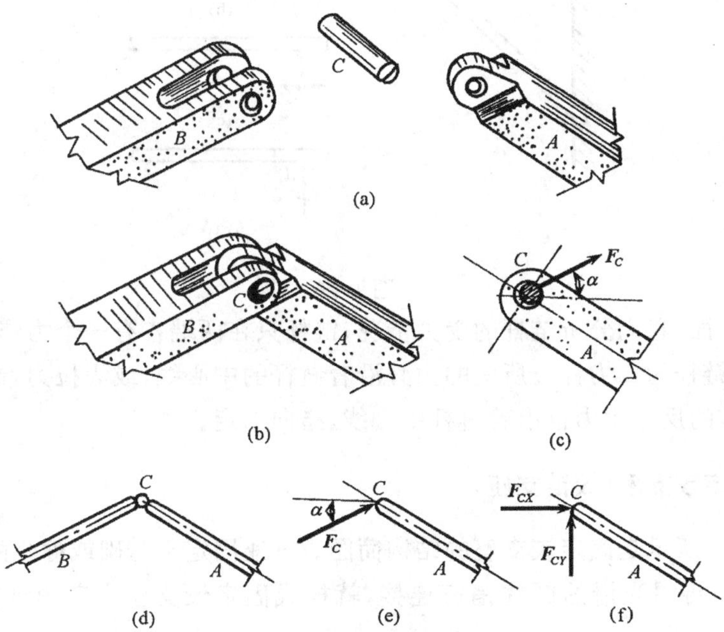

图 1.18

销钉不能限制物体绕销钉相互转动，而只有限制物体在垂直于销钉轴线的平面内沿任意方向的相对移动。当物体相对于另一物体有运动趋势时，销钉与孔壁便在某处接触。且接触处是光滑的，由光滑接触面的约束反力可知，销钉反力沿接触点与销钉中心的连线作用，如图 1.18(c)，但由于接触处的位置一般是未知的，所以，圆柱铰链的约束反力在垂直于销钉轴线的平面内，通过销钉中心，而方向未定。这种约束反力有大小和方向两个未知量，可用一个大小和方向都是未知的力 F_C 来表示，如图 1.18(e)所示；也可用两个互相垂直的分力 $\boldsymbol{F}_{CX}$ 和 $\boldsymbol{F}_{CY}$ 来表示，如图 1.18(f)所示。

1.3.4 链杆约束

如图 1.19(a)所示的支架，水平杆 AB 在 A 端用铰链与墙壁连接，在 B 处由杆

BC 支撑,斜杆 BC 就可看为是水平杆 AB 的链杆约束。所谓链杆约束就是两端用光滑销钉与物体相连而中间不受力的直杆,如图 1.19(b)所示的 AB 杆。这种约束只能限制物体沿着链杆中心线趋向或离开链杆的运动,而不能限制其他方向的运动。所以,链杆的约束反力沿着链杆中心线,指向未定。链杆约束的简图及其反力如图 1.19(c)、(d)所示。

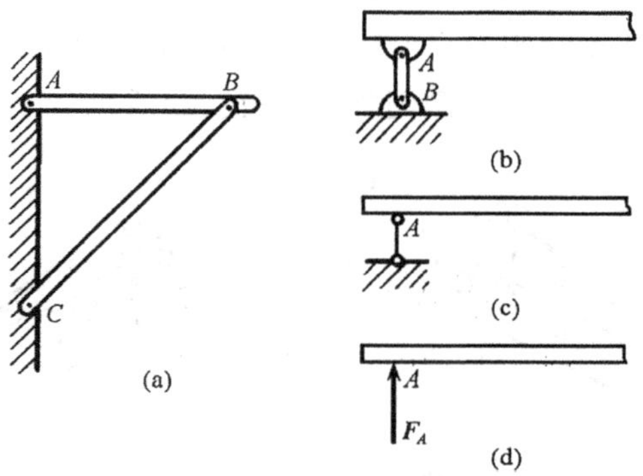

图 1.19

另一方面,我们分析链杆的受力情况,链杆只在两端各有一个力作用而处于平衡状态,故链杆为二力杆。所受的力必沿着链杆的中心线,或为拉力,或为压力;而链杆对物体的反作用力也沿着链杆中心线,指向未定。

1.3.5 固定铰支座(铰链支座)

图 1.20 所示是固定铰支座的结构简图。支座固定于基础或静止的结构物上,构件与支座再用光滑的圆柱销钉连接,就构成固定铰支座。它的计算简图如图 1.21(a)或(c)所示。

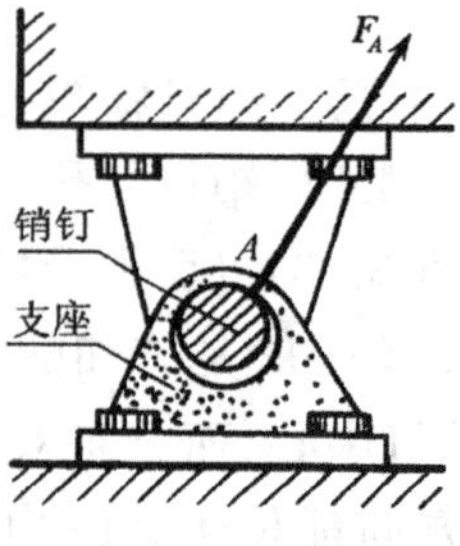

图 1.20

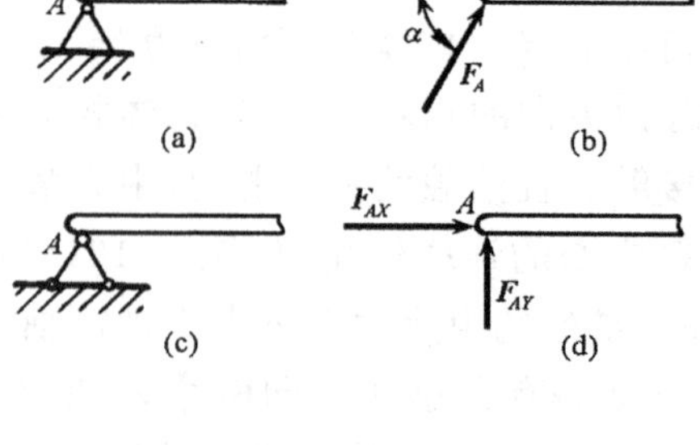

图 1.21

这种支座可以限制构件在垂直于销钉轴线的平面内沿任意方向的移动,而不限制构件绕销钉轴线的转动。可见,固定铰支座的约束性能与圆柱铰链相同,所以它的支座反力与圆柱铰链的反力也相同,如图 1.21(b)或(d)所示。

如图 1.20 所示的支座是桥梁上广为采用的较理想的固定铰支座，而在房屋建筑中较少采用这种支座，通常将限制构件移动，而允许构件产生微小转动的支座都视为固定铰支座。如图 1.22(a)所示，预制柱插入杯形基础后，在杯口周围用沥青麻丝填实。这样，柱子可能产生微小转动，而不能上下、左右移动，因此，柱子可视为支撑在固定铰支座上，如图 1.22(b)所示。又如图 1.23(a)所示的屋架，它的端部支撑在柱子上，并将预埋在屋架和柱子上的两块钢板焊接起来，它可以阻止屋架的移动，但因焊缝的长度有限，对屋架转动的限制作用很小，因此，把这种装置也视为固定铰支座，如图 1.23(b)所示。

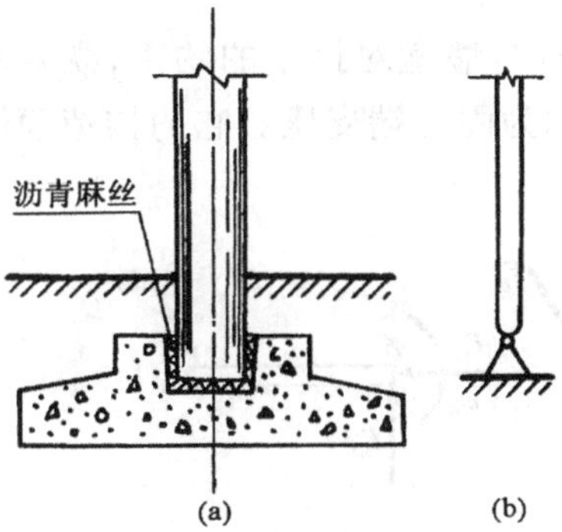

图 1.22

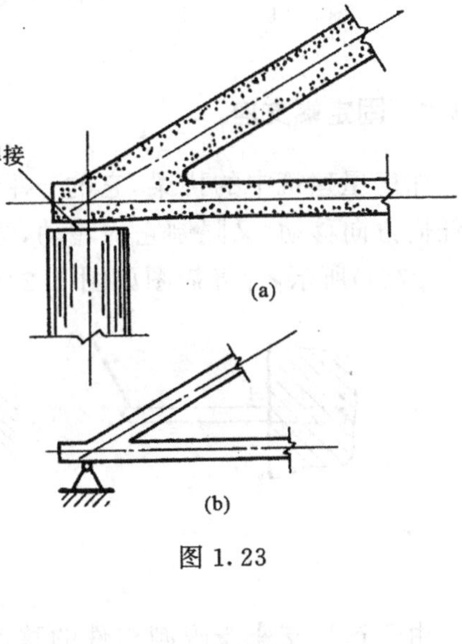

图 1.23

1.3.6 可动铰支座

如图 1.24 所示是可动铰支座的结构简图。在固定铰支座下面加几个辊轴支撑于平面上，但支座的连接，使它不能离开支撑面，就构成可动铰支座。计算简图如图 1.25(a)或(c)所示。

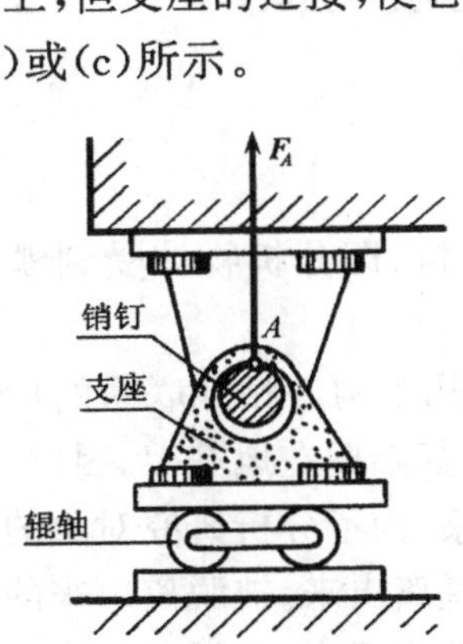

图 1.24

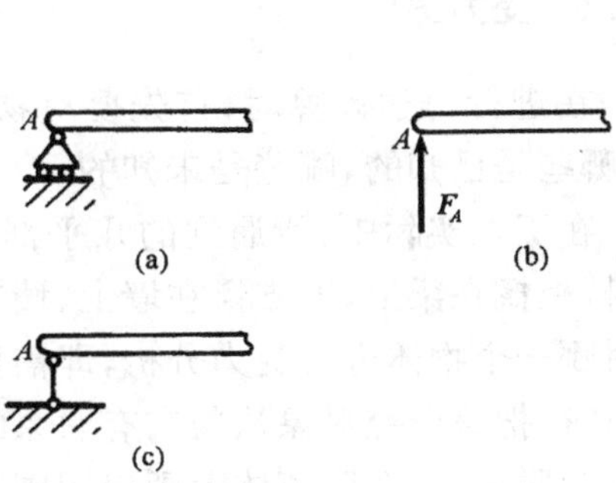

图 1.25

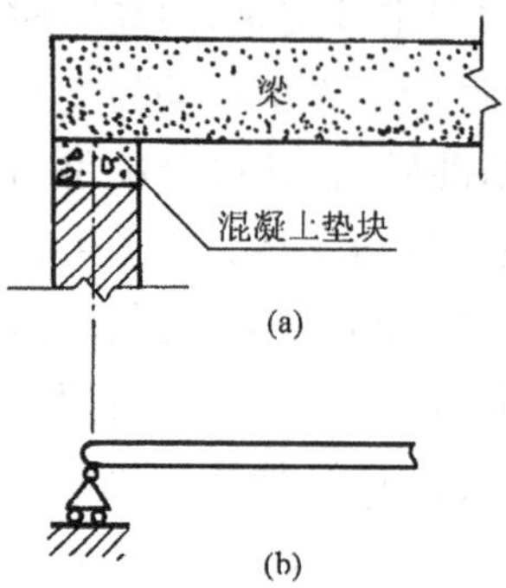

图 1.26

这种支座只能限制构件垂直于支撑面方向的移动，而不能限制物体绕销钉轴线的转动和沿支撑面方向的移动，所以它的支座反力通过销钉中心，垂直于支撑面，指向未定，如图 1.25(b)所示。

在工程上，例如，一根横梁通过混凝土垫块支撑在砖柱上，如图 1.26(a)所示，如略去梁与垫块接触面间的摩擦，则垫块只能限制梁沿铅垂方向移动，而不能限制梁的转动与沿水平方向的移动。这样，可视为梁置于可动铰支座上[见图 1.26(b)]。

1.3.7 固定端支座

如房屋建筑中的挑梁，它的一端嵌固在墙壁内，墙壁对挑梁的约束，既限制它沿任何方向移动，又限制它的转动，这样的约束称为固定端支座。它的构造简图如图 1.27(a)所示，计算简图如图 1.27(b)所示。

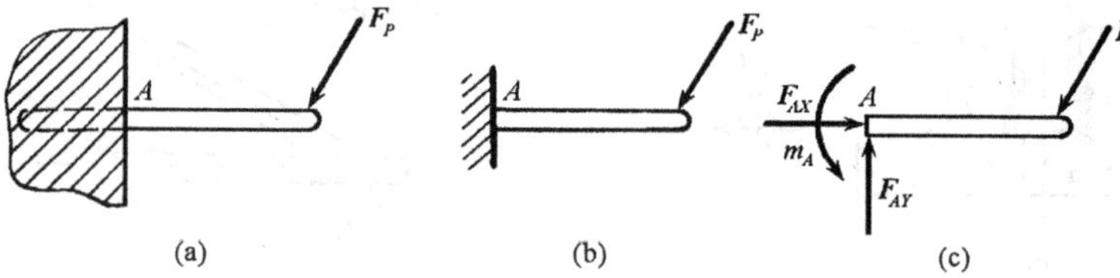

图 1.27

由于这种支座既限制构件的移动，又限制构件的转动，所以，它除了产生水平和竖向的约束反力外，还有一个阻止转动的约束反力偶，如图 1.27(c)所示。

1.4 物体的受力分析与受力图

1.4.1 受力图

在进行力学计算时，首先要对物体进行受力分析，即分析物体受到哪些力作用，哪些是已知的，哪些是未知的。

在工程实际中，所遇到的几乎都是几个物体或几个构件相互联系的情况。例如，楼板搁在梁上，梁支撑在墙上，墙支撑在基础上，基础搁在地基上，因此，需要明确对哪一个物体进行受力分析，即需要明确研究对象。为了分析研究对象的受力情况，往往把该研究对象从与它有联系的周围物体上脱离出来。被脱离出来的研究对象称为脱离体。在脱离体上画出周围物体对它的全部作用力(包括主动力和约束反力)，这样的图形称为物体的受力图。画受力图是解决力学问题的关键，是进行力学分析的依据，因此，必须认真对待，切实掌握。

1.4.2 单个物体的受力图

画单个物体的受力图，首先需明确研究对象，弄清研究对象受到哪些约束作用，然后解除研究对象上的全部约束，而单独画出该研究对象的简图，在简图上画上已知的主动力及根据约束类型在解除约束处画上相应的约束反力。必须注意，约束反力的方向一定要和被解除的约束的类型相对应，不可根据主动力的方向来简单推断。

【例 1.3】 重量为 W 的小球置于光滑的斜面上，并用绳索系住，如图 1.28(a)所示，试画出小球的受力图。

【解】 取小球为研究对象。小球受到光滑斜面和绳索的约束，解除约束单独画出小球，作用在小球上的主动力是已知的重力 W，它作用于球心 C，铅垂向下；光滑面对球的约束反力 $\boldsymbol{F}_{NB}$，通过切点 B，沿着公法线并指向球心；绳索的约束反力 $\boldsymbol{F}_T$，作用于接触点 A，沿着绳的中心线且背离球心。小球的受力图如图 1.28(b)所示。

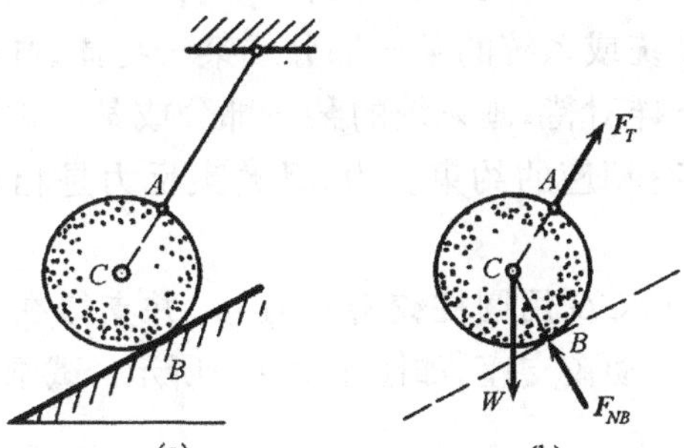

图 1.28

【例 1.4】 水平梁 AB 受已知力 $\boldsymbol{F}_P$ 作用，A 端为固定铰支座，B 端为可动铰支座，如图 1.29(a)所示。梁的自重不计，试画出梁 AB 的受力图。

【解】 取梁为研究对象，解除约束并将它单独画出。梁受主动力 $\boldsymbol{F}_P$ 作用。A 端是固定铰支座，它的反力是一个大小和方向都未知的力 $\boldsymbol{F}_A$，或用水平和垂直的未知力 $\boldsymbol{F}_{AX}$和 $\boldsymbol{F}_{AY}$表示；B 端是可动铰支座，它的反力是垂直于支撑面的 $\boldsymbol{F}_B$，指向可任意假设。梁的受力图如图 1.29(b)或(c)所示。

【例 1.5】 水平梁 AB 受已知力 $\boldsymbol{F}_P$ 作用，A 端是固定端支座，如图 1.30(a)所示。梁的自重不计，试画出梁 AB 的受力图。

【解】 取梁为研究对象，解除约束并将它单独画出。梁受主动力 $\boldsymbol{F}_P$ 作用。A 端是固定端支座，它的反力有水平和垂直的未知力 $\boldsymbol{F}_{AX}$和 $\boldsymbol{F}_{AY}$及未知反力偶 m_A。梁的受力图如图 1.30(b)所示。

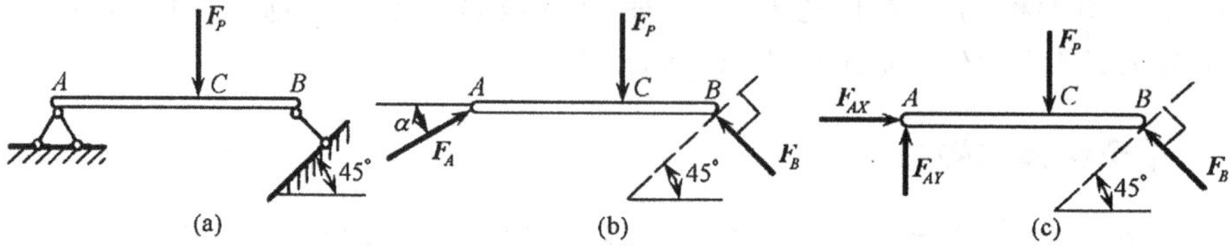

图 1.29

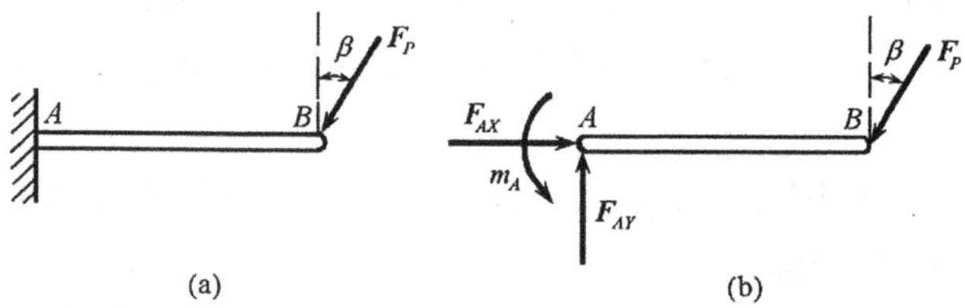

图 1.30

1.4.3 物体系统的受力图

画物体系统受力图的方法，基本上与画单个物体受力图的方法相同，只是研究对象可能是整个物体系统或系统的某一部分或某一物体。画整体的受力图时，只需把整体作为单个物体一样对待；画系统的某一部分或某一物体的受力图时，要注意被拆开的相互联系处，有相应的约束反力，且约束反力是相互间的作用，一定遵循作用与反作用公理。

【例 1.6】 梁 *AC* 和 *CD* 用圆柱铰链 *C* 连接，并支撑在 3 个支座上，*A* 处是固定铰支座，*B* 和 *C* 处是可动铰支座，如图 1.31(a)所示。试画梁 *AC*、*CD* 及整梁 *AD* 的受力图。梁的自重不计。

【解】 (1)取梁 *CD* 为研究对象。受主动力 $\boldsymbol{F}_P$ 作用。*D* 处是可动铰支座，它的反力是垂直于支撑面的 $\boldsymbol{F}_D$，指向假设向上；*C* 处为铰链约束，它的约束力可用互相垂直的分力 $\boldsymbol{F}_{CX}$、$\boldsymbol{F}_{CY}$表示，指向假设如图 1.31(b)所示。

(2)取梁 *AC* 为研究对象。*A* 处是固定铰支座，它的反力可用 $\boldsymbol{F}_{AX}$和 F_{AY}表示，

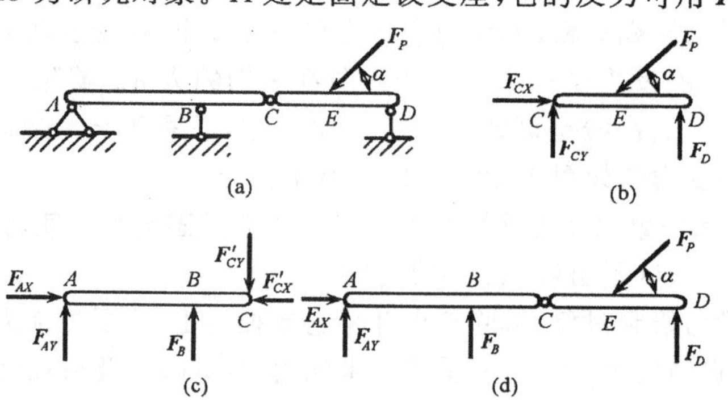

图 1.31

指向假设；B 处是可动铰支座，它的反力用 $\boldsymbol{F}_B$ 表示，指向假设；C 处是铰链，它的约束力是 $\boldsymbol{F}'_{CX}$、$\boldsymbol{F}'_{CY}$和作用在梁 CD 上的 $\boldsymbol{F}_{CX}$、$\boldsymbol{F}_{CY}$是作用力与反作用力的关系，其指向不能再任意假设。梁 AC 的受力图如图 1.31(c)所示。

(3)取整梁 AD 为研究对象。它的受力图如图 1.31(d)所示。这时没有解除铰链 C 的约束，故 AC 与 CD 两段梁相互作用的力不必画。A、B 和 D 处支座反力假设的指向应与图 1.31(b)和(c)相符合。

【例 1.7】 管道支架 ABC 如图 1.32(a)所示，A、B、C 处都是铰链连接。管道压力 $\boldsymbol{F}_P$ 作用在水平杆 AB 上的 D 点，各杆自重不计。试画水平杆 AB、斜杆 BC 及整体的受力图。

【解】 (1)取斜杆 BC 为研究对象。BC 杆只在两端各受到一个约束反力 $\boldsymbol{F}_B$、$\boldsymbol{F}_C$ 作用而平衡，所以 BC 杆是二力杆，$\boldsymbol{F}_B$、$\boldsymbol{F}_C$ 的作用线必定沿 BC 连线，指向假设。BC 杆的受力图如图 1.32(b)所示。

(2)取水平杆 AB(包含销钉 B)为研究对象。受主动力 $\boldsymbol{F}_P$、约束反力 $\boldsymbol{F}_{AX}$、$\boldsymbol{F}_{AY}$和 $\boldsymbol{F}'_B$作用，$\boldsymbol{F}'_B$是 $\boldsymbol{F}_B$ 的反作用力。AB 杆的受力图如图 1.32(c)所示。

(3)取整个支架为研究对象。支架受主动力 $\boldsymbol{F}_P$ 及约束反力 $\boldsymbol{F}_{AX}$、$\boldsymbol{F}_{AY}$与 $\boldsymbol{F}_C$ 的作用，反力 $\boldsymbol{F}_{AX}$、$\boldsymbol{F}_{AY}$、$\boldsymbol{F}_C$ 的指向假设要与图 1.32(b)、(c)一致。整体的受力图如图 1.32(d)所示。

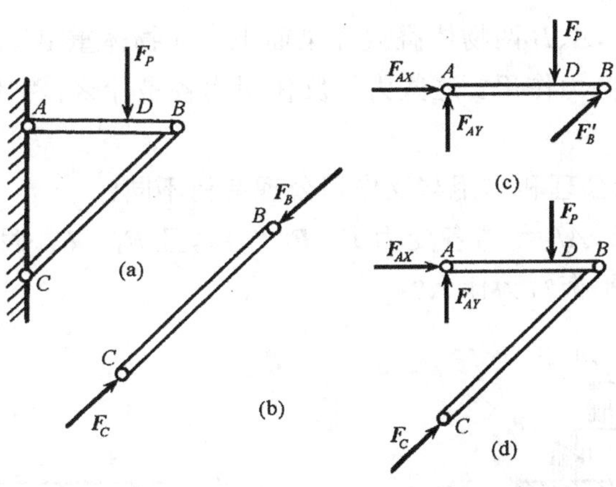

图 1.32

通过以上各例的分析，现将画受力图时的注意点归纳如下。

(1) 明确研究对象。画受力图时首先必须明确要画哪一个物体的受力图，然后把它所受的全部约束去掉，单独画出该研究物体的简图。

(2) 注意约束反力与约束一一对应。每解除一个约束，就有与它相应的约束反力作用在研究对象上；约束反力的方向要依据约束的类型来画，不可根据主动力的方向简单推断。

(3) 注意作用与反作用关系。在分析两物体之间的相互作用时，要符合作用与反作用的关系，作用力的方向一经确定，反作用力的方向就必须与它相反。如果取若干个物体组成的系统为研究对象时，系统内各物体间相互作用力不要画出。

(4) 同一约束反力，在各受力图中假设的指向必须一致。

思 考 题

1.1 设有两个力 F_1 和 F_2，下列 3 种情况所表示的意义有何不同？

(1)$\boldsymbol{F}_1=\boldsymbol{F}_2$；

(2)$F_1=F_2$；

(3)力 F_1 等于力 F_2。

1.2 如图所示的 4 种情况下，力 $\boldsymbol{F}$ 对同一小车作用的外效应是否相同？为什么？

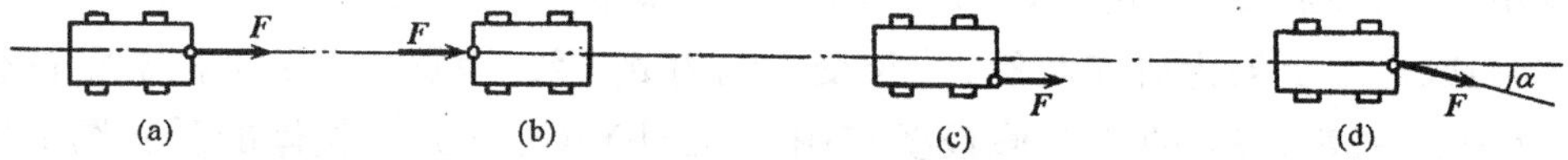

思 1.2 图

1.3 如图所示，A、B 两物体叠放在桌面上。A 物体重 W_A，B 物体重 W_B。问 A、B 物体各受到哪些力作用？这些力的反作用力各是什么？它们各作用在哪个物体上？

1.4 二力平衡公理和作用与反作用公理有何不同？

1.5 如图所示，AB 物体各受力 $\boldsymbol{F}_1$、$\boldsymbol{F}_2$ 作用，且 $\boldsymbol{F}_1=\boldsymbol{F}_2$，假设接触面光滑，问 A、B 物体能否保持平衡？为什么？

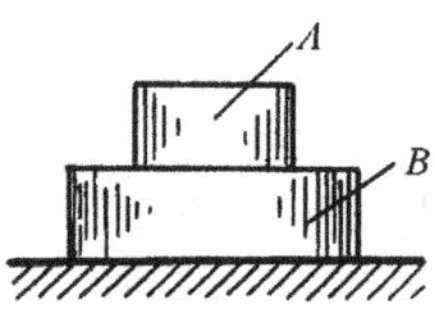

思 1.3 图

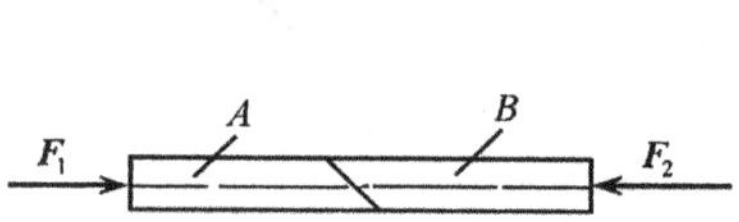

思 1.5 图

1.6 试在图示各杆的 A、B 两点各加一个力，使该杆处于平衡。

1.7 如图所示，AC 和 BC 是绳索，在 C 点加向下的力 $\boldsymbol{F}_P$，问 α 角越大绳索越危险，还是 α 角越小绳索越危险？为什么？

1.8 如图所示，物体在 A 点受到力 $\boldsymbol{F}_1$，B 点受到力 $\boldsymbol{F}_2$，问 $\boldsymbol{F}_1$ 和 $\boldsymbol{F}_2$ 的合力的

三要素是根据什么公理决定的？要使此物体平衡必须加上怎样的力？

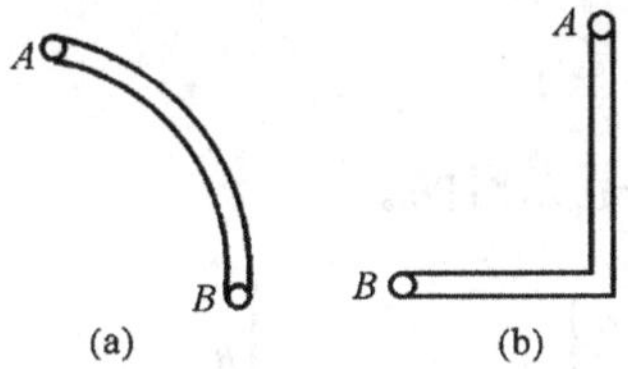

思 1.6 图

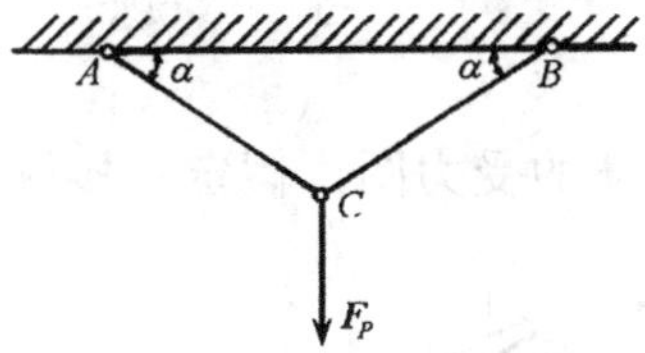

思 1.7 图

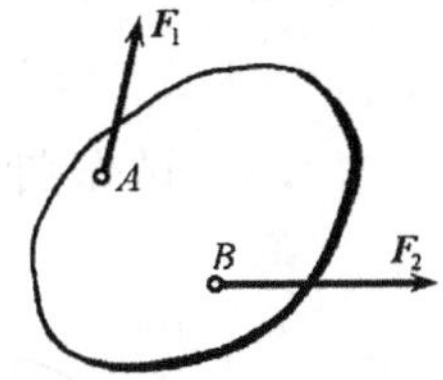

思 1.8 图

1.9　指出图示哪些杆件是二力构件？

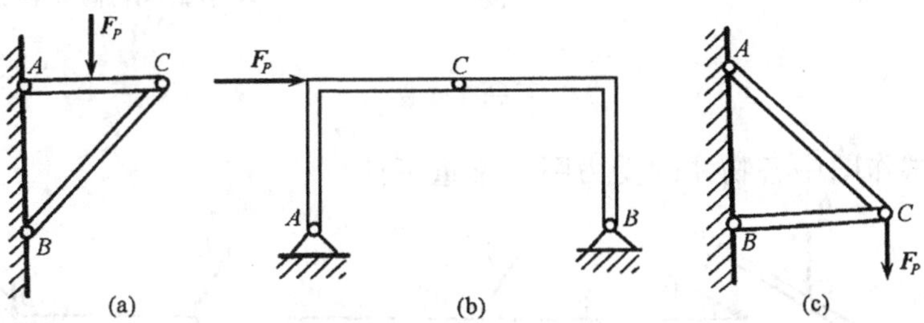

思 1.9 图

1.10　指出图中各物体的受力图的错误，并加以改正。

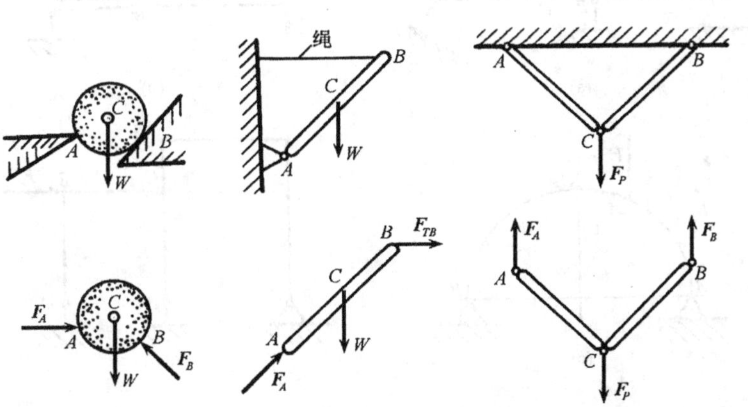

思 1.10 图

习　　题

1.1　试作图中各物体的受力图。假定各接触面都是光滑的。

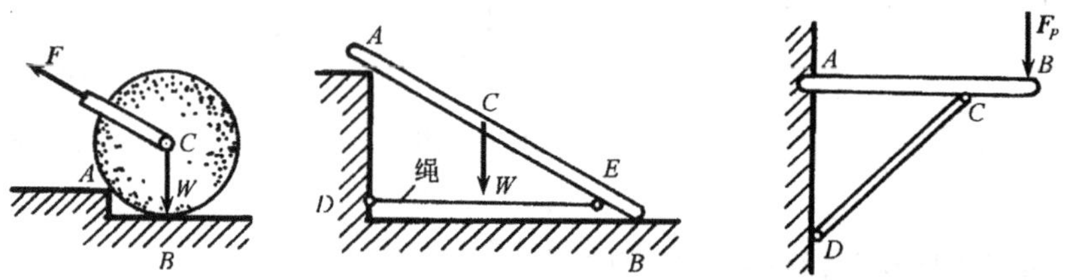

(a)　　(b)　　(c) 杆重不计，画 *AB* 杆受力图

习题 1.1 图

1.2　试作图中各物体的受力图。梁重不计。

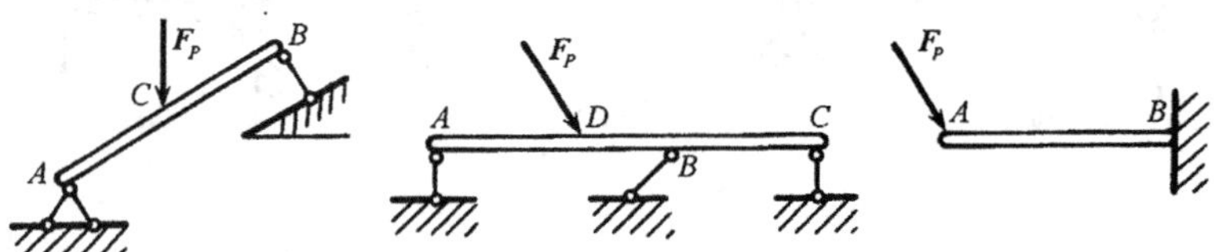

(a)　　(b)　　(c)

习题 1.2 图

1.3　试作图中物体整体的受力图。结构自重不计。

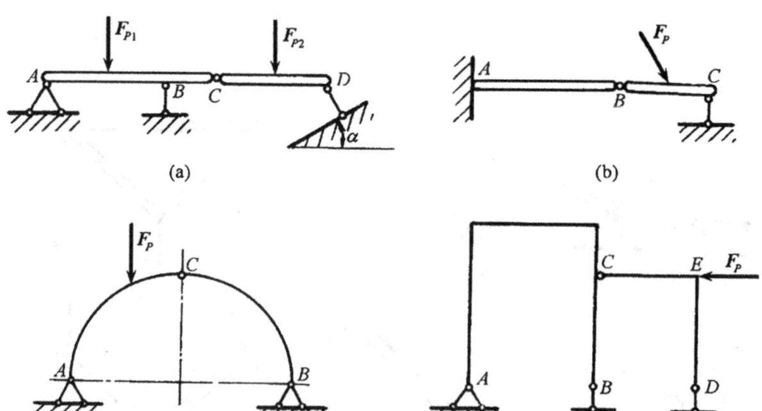

(a)　　(b)

(c)　　(d)

习题 1.3 图

1.4　试作图中指定物体的受力图。假定接触面都是光滑的，图中不注明的都不计自重。

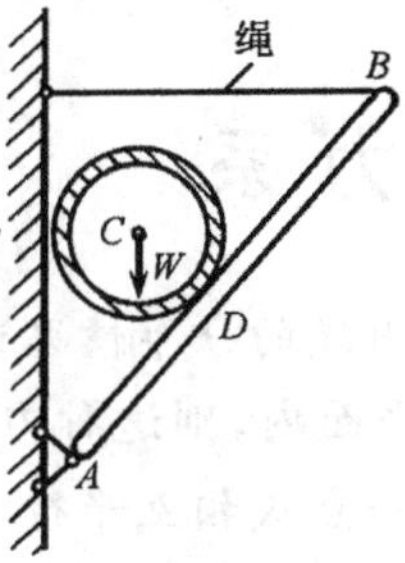

(a) 圆管 C，杆 AB

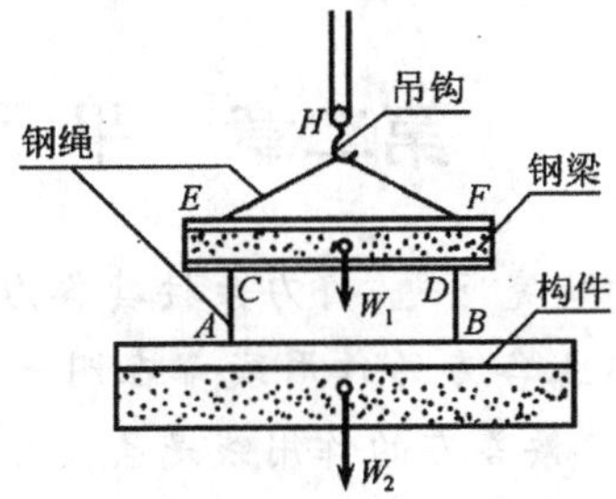

(b) 吊钩、钢梁、构件、整体

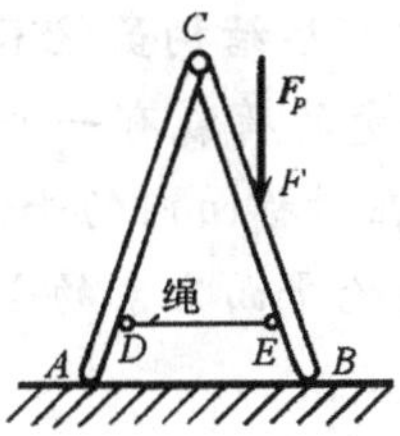

(c) 杆 AC、BC、ACB

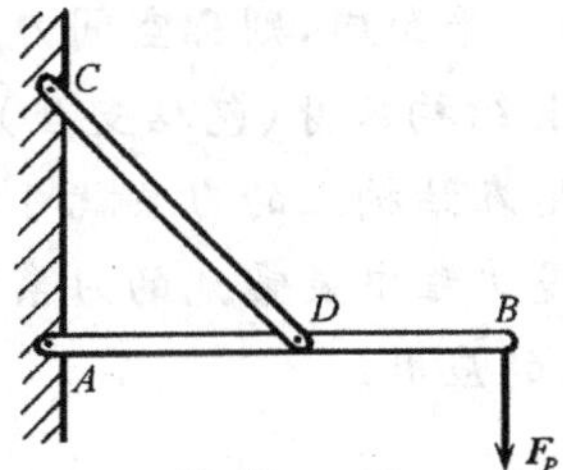

(d) 杆 AB、CD

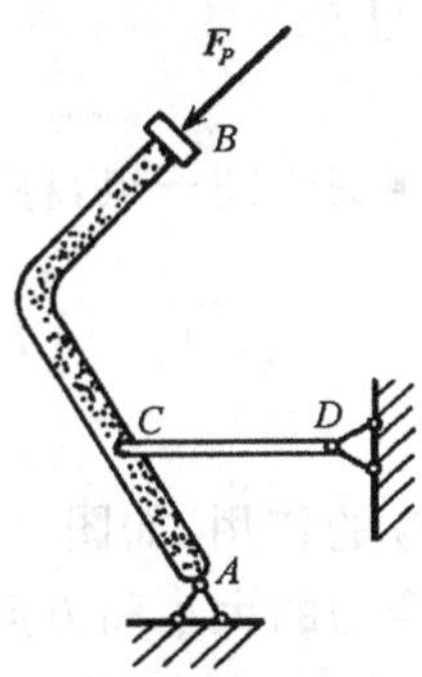

(e) 杆 AB、CD

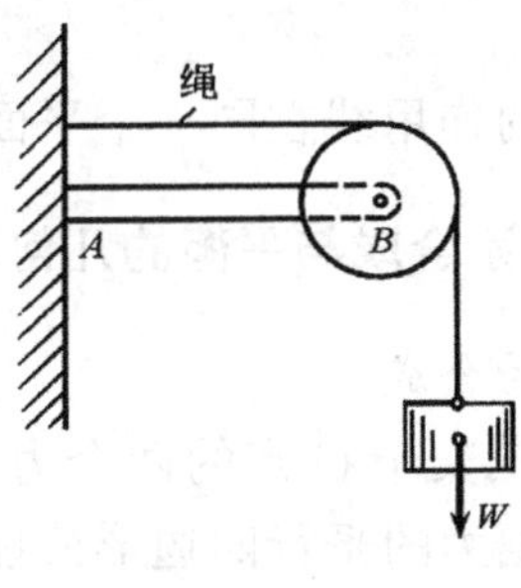

(f) 物块、滑轮、杆

习题 1.4 图

第二章　平面力系

为了便于研究问题，将力系按其各力作用线的分布情况进行分类，如果作用在物体上各力的作用线都在同一个平面内，则这种力系为平面力系，平面力系中按各力的作用线是否交于同一点或相互平行，又可分为平面汇交力系、平面平行力系和平面一般力系。如果作用在物体上各力的作用线不在同一个平面内，则称空间力系。工程中有些结构虽然不是受平面力系作用，但其结构本身(包括支座)及其所承受的荷载有一个共同的对称面，此时作用在结构上的力系就可以简化为在对称面内的平面力系。因此，平面力系是工程中最常见的力系。本章将讨论平面力系的合成、简化，以及平衡条件的应用。

2.1　平面汇交力系

组成力系各力的作用线在同一个平面内，且相交于同一点，称平面汇交力系。

2.1.1　平面汇交力系合成与平衡的几何法

1. 两个汇交力的合成

设在物体上受汇交于 O 点的两个力 $\boldsymbol{F}_1$ 和 $\boldsymbol{F}_2$ 的作用，如图 2.1(a)所示，求这两个力的合力。根据力的平行四边形公理，可得合力的大小和方向是以两力 $\boldsymbol{F}_1$ 和 $\boldsymbol{F}_2$ 为边所构成的平行四边形的对角线来表示，合力 $\boldsymbol{F}_R$ 的作用点就是原两力的汇交点 O，如图 2.1(a)所示。

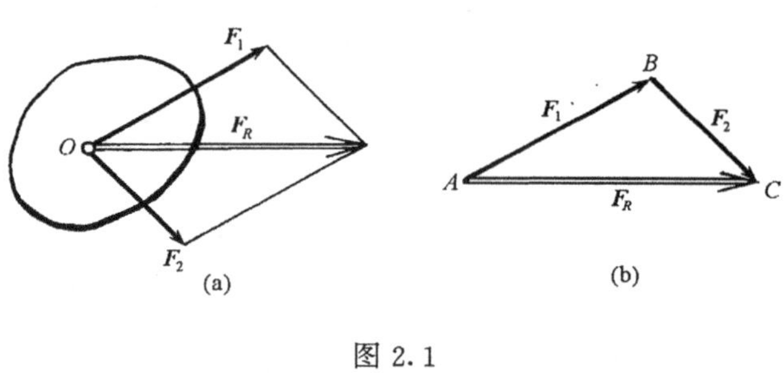

图 2.1

为简便起见，求此合力只要做出力的平行四边形的一半就可以了。如图 2.1(b)所示，从 A 点作$\overline{AB}//\boldsymbol{F}_1$、$\overline{AB}=\boldsymbol{F}_1$ 再从 $\boldsymbol{F}_1$ 的终点 B 作$\overline{BC}//\boldsymbol{F}_2$ 且$\overline{BC}=\boldsymbol{F}_2$，

连接 AC，则矢量 $\overline{AC}$ 就代表合力 $\boldsymbol{F}_R$ 的大小和方向。合力的作用点是原两力的汇交点 O。三角形 ABC 称为力的三角形，这种求合力的方法称为力的三角形法则。可用式子表示为

$$\boldsymbol{F}_R=\boldsymbol{F}_1+\boldsymbol{F}_2 \tag{2.1}$$

应当指出上式是矢量等式，说明力应按照矢量加法，一般来说，不能用代数加法。

2. 任意个汇交力的合成

设在物体的 O 点作用一个平面汇交力系 $\boldsymbol{F}_1$、$\boldsymbol{F}_2$、$\boldsymbol{F}_3$、$\boldsymbol{F}_4$ 如图 2.2(a)，现求其合力。为此，可连续应用力的三角形法则，图 2.2(b)所示，先求 $\boldsymbol{F}_1$ 和 $\boldsymbol{F}_2$ 的合力 $\boldsymbol{F}_{R1}$，再求 $\boldsymbol{F}_{R1}$ 和 $\boldsymbol{F}_3$ 的合力 $\boldsymbol{F}_{R2}$，最后求 $\boldsymbol{F}_{R2}$ 和 $\boldsymbol{F}_4$ 的合力 $\boldsymbol{F}_R$。力 $\boldsymbol{F}_R$ 就是原汇交力系 $\boldsymbol{F}_1$、$\boldsymbol{F}_2$、$\boldsymbol{F}_3$、$\boldsymbol{F}_4$ 的合力。实际画图时，$\boldsymbol{F}_{R1}$、$\boldsymbol{F}_{R2}$ 不必画出，只要按选定的比例尺画矢量 $\overline{AB}$、$\overline{BC}$、$\overline{CD}$ 和 $\overline{DE}$ 分别代表 $\boldsymbol{F}_1$、$\boldsymbol{F}_2$、$\boldsymbol{F}_3$、$\boldsymbol{F}_4$，连接 AE，则矢量 $\overline{AE}$ 就代表合力的大小和方向。合力的作用点是原力系各力的汇交点 O。多边形 $ABCDE$ 称为力的多边形，而这种求合力的方法称为力的多边形法则。简单地说，欲求平面汇交力系的合力，只需将力系各分力首尾相连，得一个未封闭的力多边形。力多边形的闭合边，就代表合力的大小和方向。注意合力的方向是从第一个力的起点至最后一个力的终点。

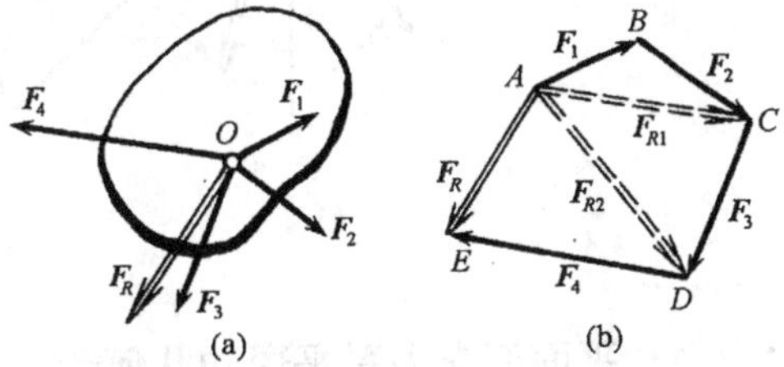

图 2.2

力多边形法则可推广到任意个汇交力的情形，用式子表示为

$$\boldsymbol{F}_R=\boldsymbol{F}_1+\boldsymbol{F}_2+\cdots+\boldsymbol{F}_n=\sum \boldsymbol{F} \tag{2.2}$$

即平面汇交力系合成的结果是一个合力，合力的大小和方向等于原力系中各力的矢量和，其作用线通过原汇交力系的汇交点。

用几何法解题时，题目简图(计算简图)、物体的受力图、力的多边形图都应按照选用的比例尺准确画出。

【例 2.1】 一拉环套有 3 根共面的绳索，它们分别受拉力 $\boldsymbol{F}_{T1}$、$\boldsymbol{F}_{T2}$、$\boldsymbol{F}_{T3}$ 作用，已知各力的大小是 $F_{T1}=3\text{kN}$，$F_{T2}=6\text{kN}$，$F_{T3}=15\text{kN}$；各力的方向如图 2.3(a)所示。试用几何法求拉环所受的合力。

【解】 由于 3 个拉力 $\boldsymbol{F}_{T1}$、$\boldsymbol{F}_{T2}$、$\boldsymbol{F}_{T3}$ 的作用线的延长线相交于拉环的中心 O，所以它们是平面汇交力系，如图 2.3(a)。选定比例尺，按力的多边形法则，取任一点 a，作 $\overline{ab}=\boldsymbol{F}_{T1}$，$\overline{bc}=\boldsymbol{F}_{T2}$，$\overline{cd}=\boldsymbol{F}_{T3}$，连接 $\boldsymbol{F}_{T1}$ 的始点 a 和 $\boldsymbol{F}_{T3}$ 的终点 d，则矢量 $\overline{ad}$ 就是合力 $\boldsymbol{F}_R$ 的大小和方向，如图 2.3(b)所示。依比例尺量得

$$F_R=16.50\text{kN},\qquad \alpha=16°10'$$

合力的作用线通过原各力的汇交点 O。

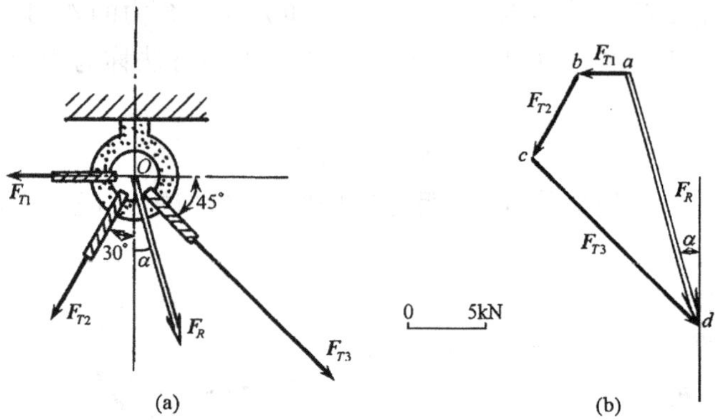

图 2.3

2.1.2 平面汇交力系平衡的几何条件

平面汇交力系可合成为一个合力 $\boldsymbol{F}_R$，即合力 $\boldsymbol{F}_R$ 与原力系等效。如果某平面汇交力系的力多边形自行闭合，即第一个力的始点和最后一个力的终点重合，如图 2.4，表示该力系的合力等于零，则物体与不受力一样，物体处于平衡状态，该力系为平衡力系。反之，欲使平面汇交力系成为平衡力系，必须使它的合力为零，即力多边形必须自行闭合，所以，平面汇交力系平衡的必要和充分的几何条件是力多边形自行闭合——力系中各力画成一个首尾相接的封闭的力多边形，或者说力系的合力等于零。用式子表示为

$$\boldsymbol{F}_R = 0 \quad 或 \quad \sum \boldsymbol{F} = 0 \tag{2.3}$$

如已知物体在主动力和约束反力作用下处于平衡状态，则可应用平衡的几何条件求约束反力，但未知力的个数不能超过两个。

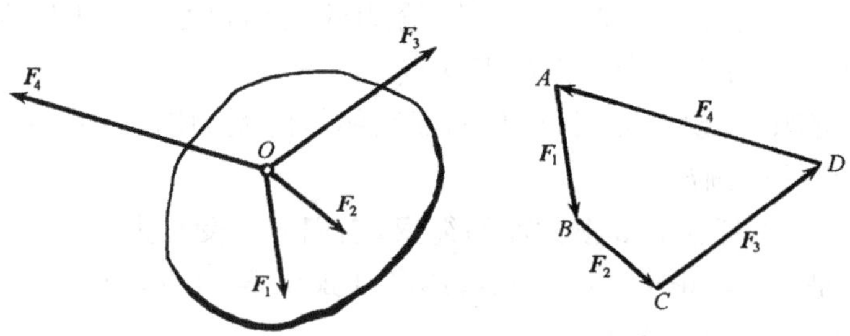

图 2.4

【例 2.2】 如图 2.5(a)表示起吊构件的情形。构件自重 $W=10\text{kN}$；两钢丝绳与铅垂线的夹角都是 45°。求当构件匀速起吊时两钢丝绳的拉力。

【解】 先取整个起吊系统为研究对象，拉力 $\boldsymbol{F}_T$ 与构件重力 W 组成平衡力系，如图 2.5(a)，所以 $\boldsymbol{F}_T=W=10\text{kN}$。且 W 通过吊钩 C 点(二力平衡公理)。

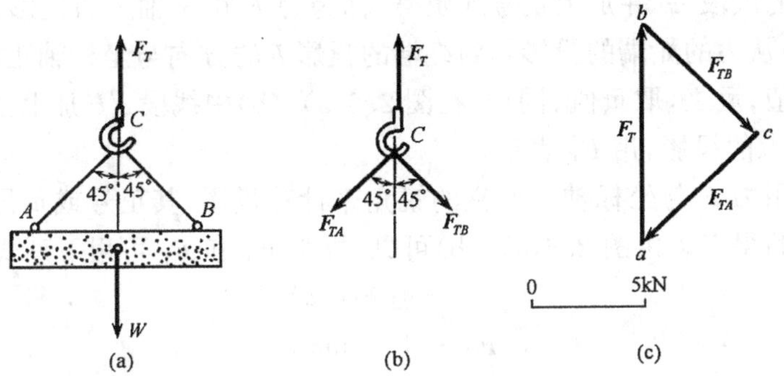

图 2.5

再取吊钩 C 为研究对象，吊钩 C 受 3 个共面汇交力 $\boldsymbol{F}_T$、$\boldsymbol{F}_{TA}$、$\boldsymbol{F}_{TB}$作用而平衡，如图 2.5(b)，且 $\boldsymbol{F}_{TA}$、$\boldsymbol{F}_{TB}$的方向已知大小未知，共有 2 个未知量，故可应用平面汇交力系平衡的几何条件求解。

从任一点 a 作$\overline{ab}=\boldsymbol{F}_T$，过 a、b 分别作 $\boldsymbol{F}_{TA}$、$\boldsymbol{F}_{TB}$的平行线相交于 c，得到自行闭合的力多边形 abc。矢量$\overline{bc}$代表 $\boldsymbol{F}_{TB}$的大小和方向，矢量$\overline{ca}$代表 $\boldsymbol{F}_{TA}$的大小和方向，如图 2.5(c)。按比例尺量得

$$\boldsymbol{F}_{TA}=\boldsymbol{F}_{TB}=7.07\text{kN}$$

当刚吊起时，构件进行加速运动，钢丝绳受到的拉力比上面所求得的值大得多。

2.2 力的投影、力矩和力偶

2.2.1 力在坐标轴上的投影

1. 力在坐标轴上的投影

设力 $\boldsymbol{F}$ 作用于物体的 A 点，如图 2.6(a)、(b)所示。取直角坐标系 Oxy，使力 $\boldsymbol{F}$ 在 xy 坐标面内。从力 $\boldsymbol{F}$ 的两端点 A 和 B 分别作坐标轴 x 的垂线，从两根垂线在 x

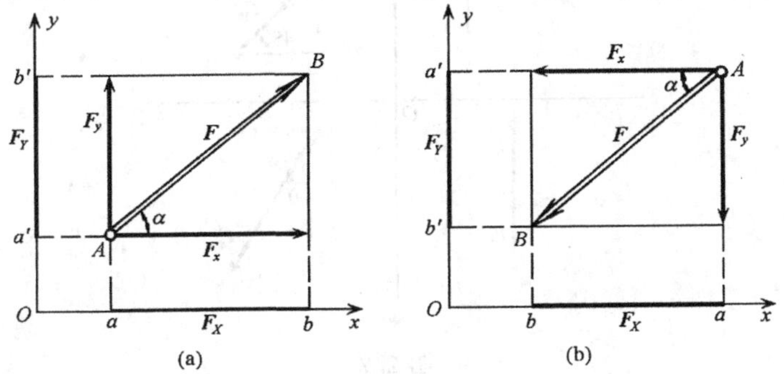

图 2.6

轴上所截得的线段 ab 并加上正号或负号，称为力 F 在 x 轴上的投影，用 $\boldsymbol{F}_X$ 表示。并且规定：当从力的始端的投影 a 到终端的投影 b 的方向与坐标轴正向一致时，力的投影取正值；反之，取负值。同样，在图 2.6(a)、(b)中线段 $a'b'$ 加上正号或负号是力 $\boldsymbol{F}$ 在 y 轴上的投影，用 $\boldsymbol{F}_Y$ 表示。

通常采用力 $\boldsymbol{F}$ 与坐标轴 x 所夹的锐角来计算投影，其正号或负号可根据上述规定直观判断得出。由图 2.6(a)、(b)可见，投影 $\boldsymbol{F}_X$ 和 $\boldsymbol{F}_Y$ 可用下列式子计算

$$\left.\begin{aligned}\boldsymbol{F}_X &= \pm \boldsymbol{F}\cos\alpha\\ \boldsymbol{F}_Y &= \pm \boldsymbol{F}\sin\alpha\end{aligned}\right\} \tag{2.4}$$

式中：α——力 $\boldsymbol{F}$ 与 x 轴所夹的锐角。

在图 2.6(a)、(b)中还画出力 $\boldsymbol{F}$ 沿直角坐标方向的分力 $\boldsymbol{F}_x$ 和 $\boldsymbol{F}_y$。应当注意：力的投影 $\boldsymbol{F}_X$、$\boldsymbol{F}_Y$ 与力的分力 $\boldsymbol{F}_x$、$\boldsymbol{F}_y$ 是不同的，力的投影只有大小和正负，它是标量，而力的分力是矢量，有大小，有方向，其作用效果还与作用点或作用线有关。引入力在轴上的投影的概念后，就可将力的矢量计算，转化为标量计算。

【例 2.3】 试分别求出图 2.7 中各力在 x 轴和 y 轴上的投影。已知 $\boldsymbol{F}_1=100\text{N}$，$\boldsymbol{F}_2=150\text{N}$，$\boldsymbol{F}_3=\boldsymbol{F}_4=200\text{N}$，各力的方向如图所示。

【解】 由式(2.4)可得出各力在 x、y 轴上的投影为

$$\boldsymbol{F}_{1X}=-\boldsymbol{F}_1\cos45°=-100\times0.707=-70.7(\text{N})$$

$$\boldsymbol{F}_{1Y}=\boldsymbol{F}_1\sin45°=100\times0.707=70.7(\text{N})$$

$$\boldsymbol{F}_{2X}=-\boldsymbol{F}_2\cos30°=-150\times0.866=-129.9(\text{N})$$

$$\boldsymbol{F}_{2Y}=-\boldsymbol{F}_2\sin30°=-150\times0.5=-75(\text{N})$$

$$\boldsymbol{F}_{3X}=\boldsymbol{F}_3\sin90°=200\times0=0$$

$$\boldsymbol{F}_{3Y}=-\boldsymbol{F}_3\cos90°=-200\times1=-200(\text{N})$$

$$\boldsymbol{F}_{4X}=\boldsymbol{F}\cos60°=200\times0.5=100(\text{N})$$

$$\boldsymbol{F}_{4Y}=-\boldsymbol{F}\sin60°=-200\times0.866=-173.2(\text{N})$$

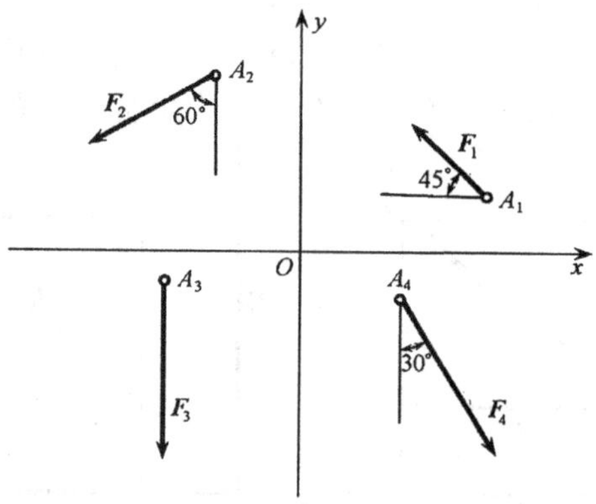

图 2.7

由本例可知，当力与坐标轴垂直时，力在该轴上的投影为零。当力与坐标轴平行时，力在该轴上的投影的绝对值等于力的大小。

2. 合力投影定理

设有一个平面汇交力系 $\boldsymbol{F}_1$、$\boldsymbol{F}_2$、$\boldsymbol{F}_3$ 作用在物体的 O 点，如图 2.8(a)所示，从任一点 A 作力多边形 $ABCD$，如图 2.8(b)所示，则矢量 $\overline{AD}$ 就表示该力系的合力 $\boldsymbol{F}_R$ 的大小和方向。取任一轴 x 如图示，把各力都投影在 x 轴上，并令 $\boldsymbol{F}_{1X}$、$\boldsymbol{F}_{2X}$、$\boldsymbol{F}_{3X}$ 和 $\boldsymbol{F}_{Rx}$ 分别表示各分力 $\boldsymbol{F}_1$、$\boldsymbol{F}_2$、$\boldsymbol{F}_3$ 和合力 $\boldsymbol{F}_R$ 在 x 轴上的投影，由图 2.8(b)可见

$$\boldsymbol{F}_{1X} = ab, \quad \boldsymbol{F}_{2X} = bc, \quad \boldsymbol{F}_{3X} = -cd, \quad \boldsymbol{F}_{RX} = ad$$

而

$$ad = ab + bc - cd$$

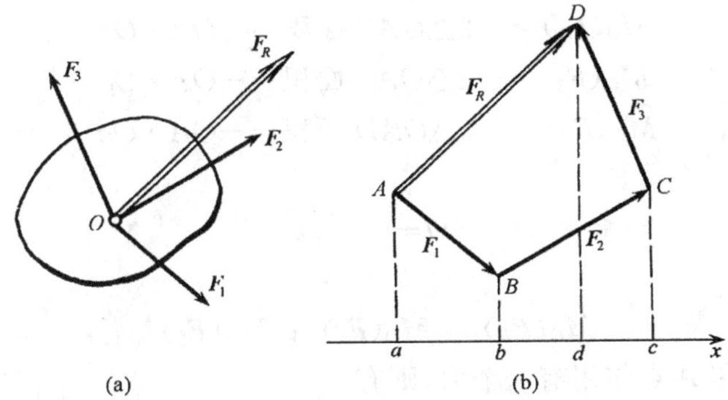

图 2.8

因此可得

$$\boldsymbol{F}_{RX} = \boldsymbol{F}_{1X} + \boldsymbol{F}_{2X} + \boldsymbol{F}_{3X}$$

这一关系可推广到任意个汇交力的情形，即

$$\boldsymbol{F}_{RX} = \boldsymbol{F}_{1X} + \boldsymbol{F}_{2X} + \cdots + \boldsymbol{F}_{nX} = \sum \boldsymbol{F}_X \tag{2.5}$$

由此可见，合力在任一轴上的投影，等于各分力在同一轴上投影的代数和。这就是合力投影定理。

2.2.2 力矩的概念

1. 力矩的概念

用扳手拧紧螺母时，作用于扳手上的力 $\boldsymbol{F}$ 使扳手绕 O 点转动，如图 2.9 所示，其转动效应不仅与力的大小和方向有关，而且与 O 点到力作用线的距离 d 有关。把乘积 $\boldsymbol{F}d$ 冠以适当的正负号，称为力 $\boldsymbol{F}$ 对 O 点之矩，简称力矩，它是力 $\boldsymbol{F}$ 使物体绕 O 点转动效应的度量，用 $M_O(\boldsymbol{F})$ 表示，即

$$M_O(\boldsymbol{F}) = \pm \boldsymbol{F}d \tag{2.6}$$

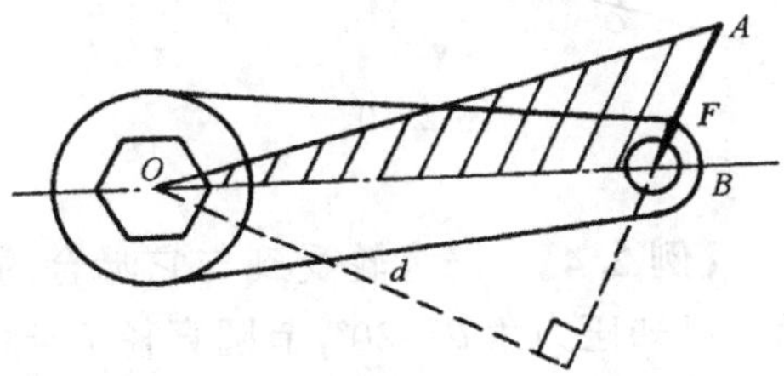

图 2.9

O 点称为矩心，d 称为力臂。式中的正负号用来区别力 $\boldsymbol{F}$ 使物体绕 O 点转动的方向，并规定：力 $\boldsymbol{F}$ 使物体绕 O 点逆时针转动时为正，反之为负。

由图 2.9 可知，力 $\boldsymbol{F}$ 对 O 点的矩也可用 $\triangle OAB$ 面积的 2 倍来表示，即

$$M_O(\boldsymbol{F}) = \pm 2\triangle OAB\ \text{面积} \tag{2.7}$$

力矩在下列两种情况下等于零：力等于零或力的作用线通过矩心。

力矩的单位常用 N·m 或 kN·m。

2. 合力矩的定理

设力 $\boldsymbol{F}_1$、$\boldsymbol{F}_2$ 作用于物体上 A 点，其合力为 $\boldsymbol{F}_R$，如图 2.10 所示。任取一点 O 为矩心，作 x 轴垂直 OA，并过各力矢端 B、C、D 作 x 轴的垂线，设垂足为 b、c、d。各力对 O 点的矩分别为

$$M_O(\boldsymbol{F}_1) = -2\triangle OAB\ \text{面积} = -OA\cdot Ob$$

$$M_O(\boldsymbol{F}_2) = -2\triangle OAC\ \text{面积} = -OA\cdot Oc$$

$$M_O(\boldsymbol{F}_R) = -2\triangle OAD\ \text{面积} = -OA\cdot Od$$

因

$$Od = Ob + Oc$$

故

$$M_O(\boldsymbol{F}_R) = M_O(\boldsymbol{F}_1) + M_O(\boldsymbol{F}_2)$$

一般地，若在 A 点作用有 n 个力，则有

$$M_O = M_O(\boldsymbol{F}_1) + M_O(\boldsymbol{F}_2) + \cdots = \sum M_O(\boldsymbol{F}_i) \tag{2.8}$$

即合力对平面上任一点之矩等于各分力对同一点之矩的代数和。这就是合力矩定理。

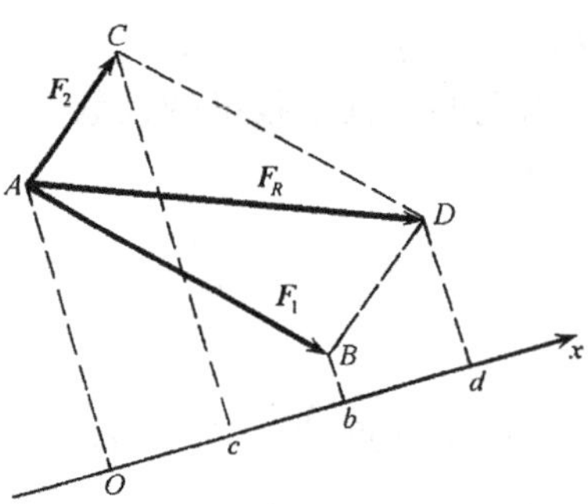

图 2.10

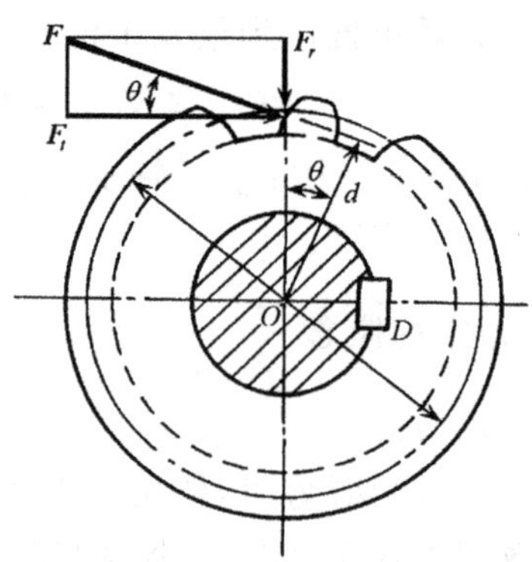

图 2.11

【例 2.4】 一齿轮受到与它啮合的另一齿轮的作用力 $\boldsymbol{F}=1\text{kN}$，如图 2.11 所示。已知压力角 $\theta=20°$，节圆直径 $D=0.16\text{m}$，求力 $\boldsymbol{F}$ 对齿轮轴心 O 之矩。

【解】 用两种方法计算 F 对 O 点的矩。

方法一　　　　$M_O(\boldsymbol{F})=-\boldsymbol{F}\dfrac{D}{2}\cos\theta=-75.2(\mathrm{N}\cdot\mathrm{m})$

负号表示力 $\boldsymbol{F}$ 使齿轮绕 O 点顺时针转动。

方法二　将力 $\boldsymbol{F}$ 分解为圆周力 $\boldsymbol{F}_t=\boldsymbol{F}\cos\theta$ 和径向力 $\boldsymbol{F}_r=\boldsymbol{F}\sin\theta$。由合力矩定理，得

$$M_O=M_O(\boldsymbol{F}_t)+M_O(\boldsymbol{F}_r)$$

因力 $\boldsymbol{F}_r$ 通过矩心 O，故 $M_O(\boldsymbol{F}r)=0$，于是

$$M_O=M_O(\boldsymbol{F}_t)=-\boldsymbol{F}_t\frac{D}{2}=-(\boldsymbol{F}\cos\theta)\frac{D}{2}=-75.2(\mathrm{N}\cdot\mathrm{m})$$

2.2.3　力偶的概念和性质

1. 力偶的概念

在日常生活或实践中，经常会遇到物体受大小相等、方向相反、作用线互相平行的两个力作用的情形。例如，汽车司机用双手转动方向盘，如图 2.12(a)，钳工用丝锥攻螺纹，如图 2.12(b)等。实践证明，这样的两个力 $\boldsymbol{F}$、$\boldsymbol{F}'$ 对物体只产生转动效应。而不产生移动效应。这种由大小相等、方向相反、作用线平行、但不共线的两个力组成的力系，称为力偶。用符号(F、F')表示。

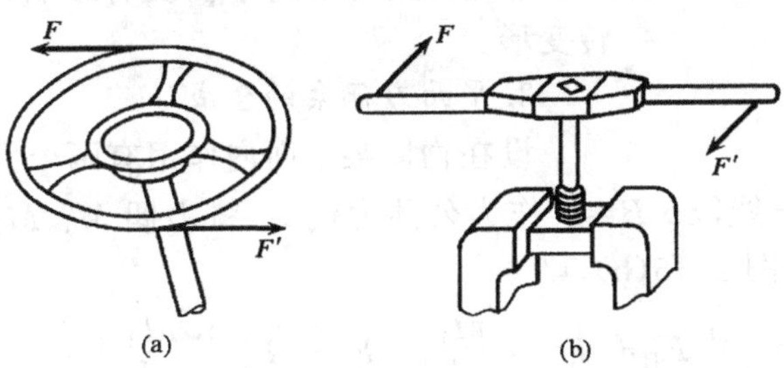

图 2.12

力偶所在的平面称为力偶的作用面，力偶的两个力作用线间的距离称为力偶臂。

在力偶作用面内任取一点 O 为矩心，如图 2.13 所示，设点 O 与力 $\boldsymbol{F}$ 的距离为 x，力偶臂为 d，则力偶的两个力对 O 点之矩的和为

$$-\boldsymbol{F}x+\boldsymbol{F}'(x+d)=\boldsymbol{F}d$$

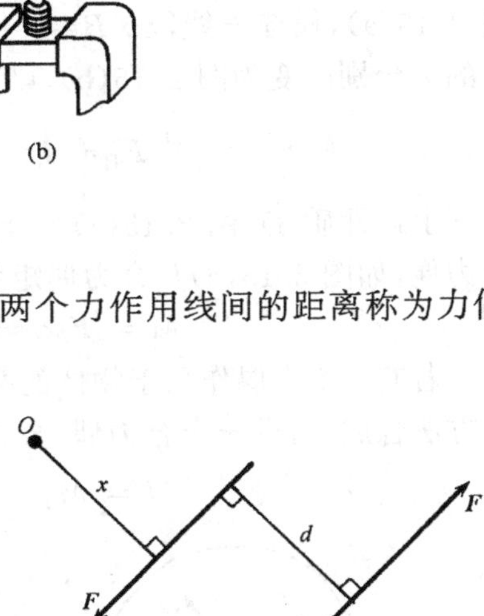

图 2.13

这一结果与 O 点的位置无关。因此，将力偶的力 $\boldsymbol{F}$ 与力偶臂 d 的乘积冠以适当的正负号，作为力偶对物体转动效应的度量，称为力偶矩，用 M 表示，即

$$M=\pm\boldsymbol{F}d \tag{2.9}$$

式中的正负号规定为：力偶的转向是逆时针时为正，反之为负。

力偶矩的单位与力矩的单位相同。

2. 力偶的性质

力偶作为一种特殊力系，具有如下 3 个独特的性质。

1）力偶在任意坐标轴上投影为零。因此力偶没有合力。一个力偶既不能用一个力代替，也不能和一个力平衡。力与力偶是表示物体间相互机械作用的两个基本元素。

2）力偶对其作用面内任一点力矩为常数，与矩心的位置无关，且等于力偶矩。力偶矩惟一地决定力偶对物体的作用效应。

如果两个力偶的三要素相同（力偶转向、力偶作用面、力偶矩大小），则二力偶等效。

3）只要力偶矩保持不变，力偶可在其作用面内任意搬移，或者可以同时改变力偶中的力的大小和力偶臂的长短，而不改变力偶对物体的效应。

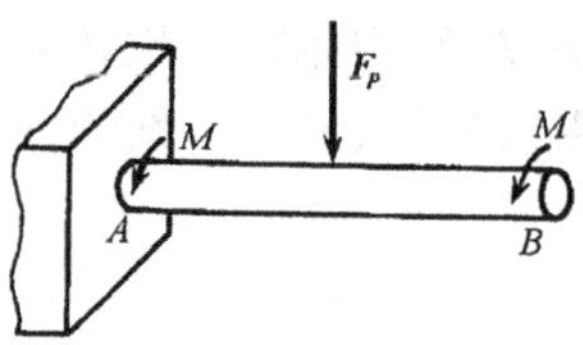

图 2.14

必须指出，力偶的搬移或用等效力偶替代，对物体的运动效应没有影响，但影响对物体的变形效应。例如，如果将作用于 A 点的力偶搬移到 B 点，如图 2.14 所示，虽对梁的平衡没有影响，但却使梁产生扭转变形。

3. 平面力偶系的合成

设在物体某平面内作用有两个力偶 M_1 和 M_2，如图 2.15(a)，任选一线段 $AB=d$ 作为公共力偶臂，将力偶 M_1、M_2 搬移，并把力偶中的力分别改变为图 2.15(b)，则

$$\boldsymbol{F}_1 = \boldsymbol{F}_1' = \frac{M_1}{d}, \quad \boldsymbol{F}_2 = \boldsymbol{F}_2' = \frac{M_2}{d}$$

根据上述性质 3)，图 2.15(a)与(b)是等效的。于是，力偶 M_1 与 M_2 可合成为一个合力偶，如图 2.15(c)其合力偶矩为

$$M = \boldsymbol{F}_R d = (\boldsymbol{F}_1 - \boldsymbol{F}_2)d = M_1 + M_2$$

若有 n 个力偶作用于物体的某一平面内，这种力系称为平面力偶系。采用上面的方法合成，可得一个合力偶，合力偶的矩等于各分力偶矩的代数和，即

$$M = M_1 + M_2 + \cdots + M_n = \sum M_i \tag{2.10}$$

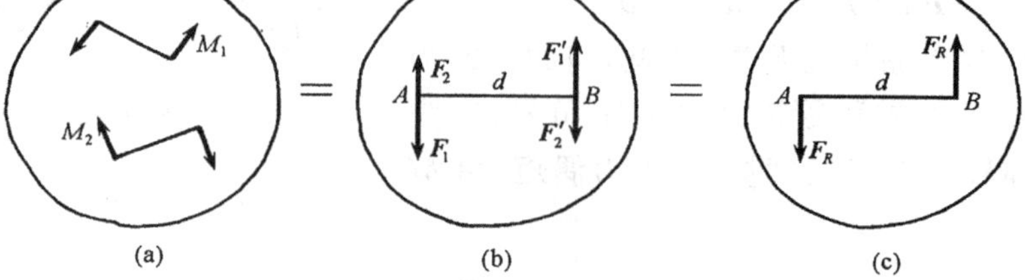

图 2.15

2.3 平面一般力系

2.3.1 力的平移定理

前面已经研究了平面汇交力系和平面力偶系的合成和平衡。平面一般力系能否简化为这两种简单力系呢?要使平面一般力系各力的作用线都汇交于一点,这就需要将力的作用线平移。

将力的作用线平移,会不会改变它对物体的运动效应呢?让我们先看一个实例。如图 2.16(a)所示,设一力 **F** 作用在轮缘上的 A 点,此力可使轮子转动,如果将它平移到轮心 O 点,图 2.16(b)的力 **F'**,则它就不能使轮子转动,可见力的作用线是不能随便平移的。但是当我们将力 **F** 平行移到 O 点的同时,再在轮上附加一个适当的力偶,如图 2.16(c)就可以使轮子转动的效应和力 **F** 没有平移时一样。可见,要将力平移,需要附加一个力偶才能和平移前等效。

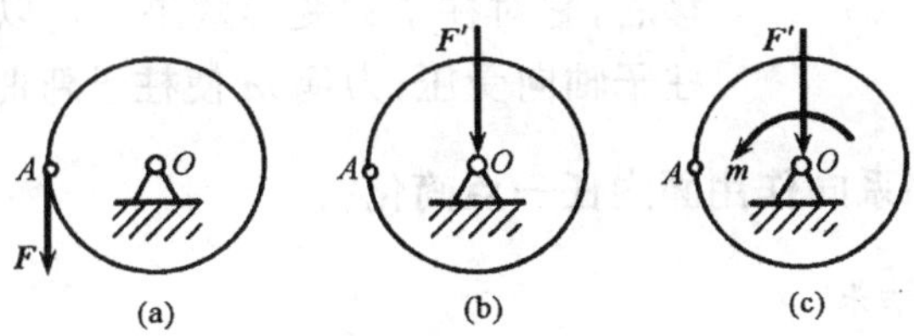

图 2.16

在一般情况下,设在物体的 A 点作用一个力 **F**,如图 2.17(a)所示,要将此力平移到物体上任一点 O。为此,在点 O 加上两个共线、反向、等值的力 **F'** 和 **F''**,且其作用线与力 **F** 平行,大小与力 **F** 的大小相等,如图 2.17(b)所示,显然,这样并不影响原力 **F** 对物体的运动效果。力 **F** 和 **F''** 组成一个力偶,其力偶矩为

$$m=\boldsymbol{F}\cdot d=m_0(\boldsymbol{F})$$

而作用在点 O 的力 **F'**,其大小和方向与原力 **F** 相同,即相当于把原力 **F** 从 A 点平移到 O 点如图 2.17(c)所示。

于是,得到力的平移定理:作用于物体上的力 **F**,可以平移到同一物体上的任

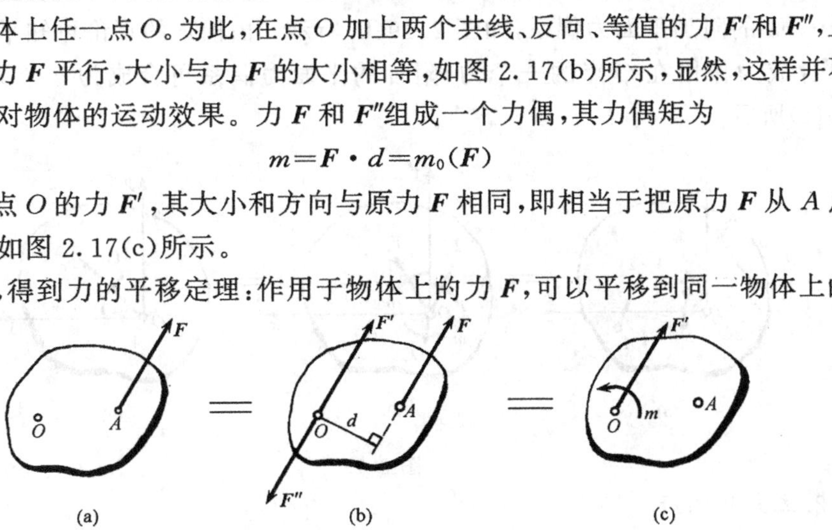

图 2.17

一点 O,但必须同时附加一个力偶,其力偶矩等于原力 $\boldsymbol{F}$ 对于新作用点 O 的矩。

力的平移定理是将一个力分解为一个力和一个力偶。反之,在同一平面内的一个力 $\boldsymbol{F}'$ 和一个力偶矩为 m 的力偶也可合成为一个合力,即由图 2.17(c)化为图 2.17(a),这个力 $\boldsymbol{F}$ 与 $\boldsymbol{F}'$ 大小相等、方向相同、作用线平行,$\boldsymbol{F}$ 与 $\boldsymbol{F}'$ 作用线间的垂直距离为

$$d=\frac{|m|}{F'} \tag{2.11}$$

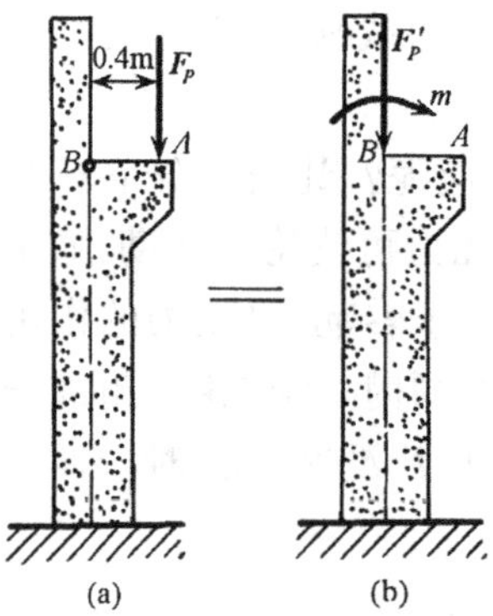

图 2.18

【例 2.5】 如图 2.18(a)所示,在柱子的 A 点受到吊车梁传来的荷载 $\boldsymbol{F}_P=100\text{kN}$。试将此力 $\boldsymbol{F}_P$ 向柱子轴线上 B 点平移。

【解】 根据力的平移定理,力 $\boldsymbol{F}_P$ 由 A 点平移到 B 点得力 $\boldsymbol{F}_P'$,同时还必须附加一力偶,如图 2.18(b)所示,它的力偶矩 m 等于原力 $\boldsymbol{F}_P$ 对 B 点的矩,即

$$m=m_B(\boldsymbol{F}_p)=-100\times 0.4=-40(\text{kN}\cdot\text{m})$$

负号表示附加力偶的转向是顺时针方向。力 $\boldsymbol{F}_P$ 经平移后,它对柱子的变形效果就可以明显看出,力 $\boldsymbol{F}_P'$ 使柱子轴向受压;力偶 m 使柱子弯曲。

2.3.2 平面一般力系向作用面内任一点简化

1.简化方法和结果

设在物体上作用有平面一般力系 $\boldsymbol{F}_1$、$\boldsymbol{F}_2$、…、$\boldsymbol{F}_n$,如图 2.19(a)所示。为了将此力系简化,在其作用面内取任意一点 O,称为简化中心。根据力的平移定理,将力系中各力都平移到 O 点,就得到平面汇交力系 $\boldsymbol{F}_1'$、$\boldsymbol{F}_2'$、…、$\boldsymbol{F}_n'$ 和力偶矩为 m_1、m_2、m_3、…、m_n 的附加平面力偶系,如图 2.19(b)所示。由前述的理论可知平面汇交力系可合成为作用在 O 点的一个力,附加的平面力偶系可合成为一个力偶,如图 2.19(c)所示。

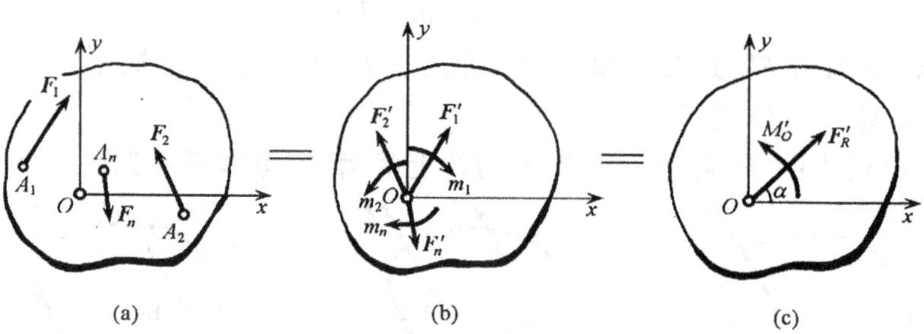

图 2.19

2.主矢和主矩

平面一般力系简化为作用于简化中心的一个力和一个力偶。这个力的矢量(力

的大小和方向)F_R'称为原力系的主矢，这个力偶的力偶矩 M_O'称为原力系对简化中心的主矩。

由平面汇交力系合成的力多边形法则，可知主矢 F_R'等于汇交力系 F_1'、F_2'、…、F_n'的矢量和，如图 2.19(b)，因为，各力 F_1'、F_2'、…、F_n'分别与各力 F_1、F_2、…、F_n大小相等、方向相同，所以，主矢就等于原力系各力的矢量和，即

$$F_R = F_1 + F_2 + \cdots + F_n = \sum F \tag{2.12}$$

现用解析法求主矢 F_R'的大小和方向，通过 O 点取直角坐标系 Oxy，由投影定理。如图 2.19 所示，主矢 F_R'在 x 轴和 y 轴上的投影为

$$F_{RX}' = F_{1X}' + F_{2X}' + \cdots + F_{nX}' = F_{1X} + F_{2X} + \cdots + F_{nX} = \sum F_X$$

$$F_{Ry}' = F_{1Y}' + F_{2Y}' + \cdots + F_{ny}' = F_{1Y} + F_{2Y} + \cdots + F_{nY} = \sum F_Y$$

式中：F_{iX}'、F_{iY}'和 F_{iX}、F_{iY}分别是力 F_i'和 F_i 在坐标轴 x 和 y 上的投影。由于力 F_i'、F_i 大小相等、方向相同，所以它们在同一轴上的投影相等。

由图 2.6 力与投影的关系可得主矢 F_R'的大小和方向为

$$\left.\begin{aligned} F_R &= \sqrt{(F_{Rx}')^2 + (F_{Ry}')^2} = \sqrt{(\sum F_X)^2 + (\sum F_Y)^2} \\ \tan\alpha &= \left|\frac{F_{Ry}'}{F_{Rx}'}\right| = \left|\frac{\sum F_Y}{\sum F_X}\right| \end{aligned}\right\} \tag{2.13}$$

式中：α 为 F_R'与 x 轴所夹的锐角。

F_R'指向哪个象限由 $\sum F_X$ 和 $\sum F_Y$ 的正负号确定。从式(2.13)知，求主矢的大小和方向时，只要求出原力系中各力在两个坐标轴上的投影就得出，而不必将力平移后再求投影。

由平面力偶系的合成理论知，主矩为 $M_O' = m_1 + m_2 + \cdots + m_n$ 因为各附加力偶矩分别等于原力系中各力对简化中心 O 的矩，即

$$m_1 = M_O(F_1)$$

$$m_2 = M_O(F_2)$$

$$\cdots$$

$$m_n = M_O(F_n)$$

于是可得主矩为

$$M_O' = M_O(F_1) + M_O(F_2) + \cdots + M_O(F_n) = \sum M_O(F) \tag{2.14}$$

综上所述，平面一般力系向任选的简化中心简化后，可得一个作用在简化中心的力(称为主矢)和一个力偶(称为主矩)，主矢即为原力系各力的矢量和，主矩为原力系各力对简化中心力矩的代数和。

3. 简化结果讨论

平面一般力系向平面内任一点简化，一般得到一个力和一个力偶，但这不是简

化的最后结果，可以进一步合成，得到最简单的结果。根据主矢与主矩是否为零，可能出现下列 4 种情况。

1）当 $\boldsymbol{F}_R'=0,M_O'\neq0$ 时，说明力系与一个力偶等效，即原力系合成为一个合力偶，合力偶的力偶矩就等于原力系对简化中心的力矩代数和，即

$$M_O'=\sum M_O(\boldsymbol{F})$$

由于力偶对于平面内任意一点的矩都相同，因此当力系合成为一个力偶时，主矩与简化中心的选择无关。

2）当 $F_R'\neq0,M_O'=0$ 时，说明力系与通过简化中心的一个力等效，即原力系合成为一个合力，合力的大小、方向和原力系的主矢 F_R'相同，作用线通过简化中心。

3）当 $\boldsymbol{F}_R'\neq0,M_O'\neq0$ 时，如图 2.20(a)所示，将力偶矩为 M_O'的力偶用两个反向平行力 $\boldsymbol{F}_R$、$\boldsymbol{F}_R''$表示，且使力的大小 $\boldsymbol{F}_R=\boldsymbol{F}_R''=\boldsymbol{F}_R'$且 $\boldsymbol{F}_R''$作用线与 $\boldsymbol{F}_R'$共线如图 2.20(b)所示，力 $\boldsymbol{F}_R''$和 $\boldsymbol{F}_R'$相互平衡，按加减平衡力系公理可以去掉，所以原力系合成为一个合力 $\boldsymbol{F}_R$ 如图 2.20(c)所示。合力 $\boldsymbol{F}_R$ 的大小、方向与原力系的主矢 $\boldsymbol{F}_R'$相同，合力的作用线到简化中心 O 的距离 d 为

$$d=\frac{|M_O'|}{\boldsymbol{F}_R}=\frac{|M_O'|}{\boldsymbol{F}_R}$$

合力 $\boldsymbol{F}_R$ 在 O 点的哪一侧，由 $\boldsymbol{F}_R$ 对 O 点的矩的转向应与主矩 M_O'的转向相一致来确定。

4）当 $\boldsymbol{F}_R'=0,\boldsymbol{M}_O'=0$ 时，力系平衡，这种情形将在下节详细讨论。

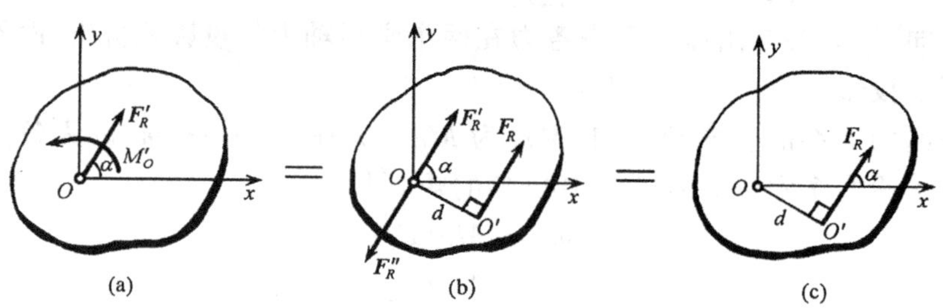

图 2.20

【例 2.6】 已知挡土墙自重 $W=400\text{kN}$，土压力 $\boldsymbol{F}_P=320\text{kN}$，水压力 $\boldsymbol{F}_{P1}=176\text{kN}$，各力的方向与作用线位置如图 2.21(a)所示。试将这 3 个力向底面中心 O 点简化，并求简化的最后结果。

【解】 以底面中心 O 点为简化中心，取坐标系如图 2.21(a)所示，由式(2.13)可求得主矢 $\boldsymbol{F}_R'$的大小和方向。由于

$$\sum \boldsymbol{F}_X=\boldsymbol{F}_{P1}-\boldsymbol{F}_P\cos40°=176-320\times0.766=-69(\text{kN})$$

$$\sum \boldsymbol{F}_Y=-\boldsymbol{F}_P\sin40°-W=-320\times0.643-400=-606(\text{kN})$$

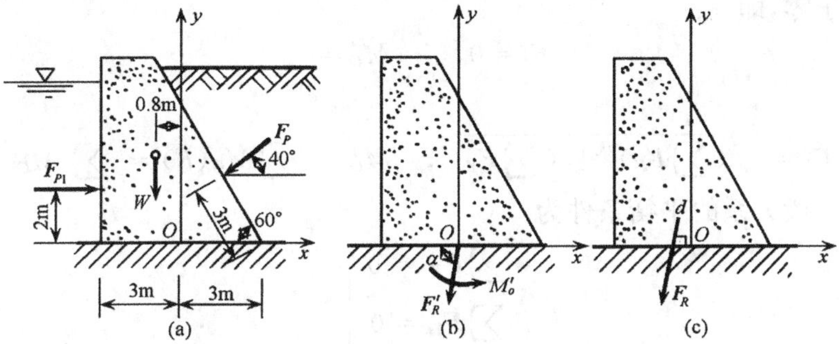

图 2.21

所以

$$F_R' = \sqrt{(\sum F_X)^2 + (\sum F_Y)^2} = \sqrt{(-69)^2 + (-606)^2} = 610(\text{kN})$$

$$\tan\alpha = \frac{|\sum F_Y|}{|\sum F_X|} = \frac{606}{69} = 8.78$$

$$\alpha = 83°30'$$

因为 $\sum F_X$ 和 $\sum F_Y$ 都是负值,故 F_R'指向第三象限与 x 轴的夹角为 α。

再由式(2.14)可求得主矩为

$$\begin{aligned} M_O' = \sum M_O(F) &= -F_{P1} \times 2 + F_P\cos40° \times 3\sin60° \\ &\quad - F_P\sin40°(3 - 3 \times \cos60°) + W \times 0.8 \\ &= -176 \times 2 + 320 \times 0.766 \times 3 \times 0.866 - 320 \times 0.643(3 - 3 \times 0.5) \\ &\quad + 400 \times 0.8 \\ &= 296(\text{kN} \cdot \text{m}) \end{aligned}$$

得正值表示 M_O'是逆时针转向。

因为主矢 $F_R' \neq 0$,主矩 $M_O \neq 0$,如图 2.21(b)所示,所以还可进一步合成为一个合力 F_R。F_R 的大小、方向与 F_R'相同,它的作用线与 O 点距离为

$$d = \frac{|M_O'|}{F_R'} = \frac{296}{610} = 0.485(\text{m})$$

因 M_O'为正,故 $M_O(F_R)$也应为正,即合力 F_R 应在 O 点左侧,如图 2.21(c)所示。

2.3.3 平面一般力系的平衡方程

1. 平衡方程的基本形式

平面一般力系向任一点简化得到主矢 F_R'和主矩 M_O',如果主矢和主矩都等于零,表明简化后的汇交力系和附加力偶系都自成平衡,则原力系一定平衡,所以,主矢和主矩都等于零是平面一般力系平衡的充分条件。反之,如果主矢和主矩中有一个量或两个量不为零时,原力系可合成为一个合力或一个力偶,力系就不平衡,所以,主矢和主矩都等于零也是力系平衡的必要条件。

于是,平面一般力系平衡的必要和充分条件是:力系的主矢和力系对任一点的

主矩都等于零，即

$$F_R'=0, \qquad M_O'=0$$

由于

$$F_R'=\sqrt{(\sum F_X)^2+(\sum F_Y)^2}, \quad M_O'=\sum M_O(F)=\sum M_O$$

于是平面一般力系的平衡条件为

$$\left.\begin{aligned}\sum F_X=0\\ \sum F_Y=0\\ \sum M_O=0\end{aligned}\right\} \tag{2.15}$$

式(2.15)说明平面一般力系平衡的必要和充分条件可陈述为：力系中所有各力在两个坐标轴中每一轴上的投影的代数和都等于零；力系中所有各力对任一点的力矩的代数和等于零。

式(2.15)称为平面一般力系平衡方程的基本形式。其中前两式称为投影方程，后一式称为力矩方程。对投影方程可以理解为：物体在力系作用下沿 x 轴和 y 轴方向不可能移动；对力矩方程可以理解为：物体在力系作用下绕任一矩心都不能转动。当满足平衡方程时，物体既不能移动，也不能转动，物体就处于平衡状态。当物体在一般力系作用下处于平衡时，就可以应用这 3 个平衡方程求解 3 个未知量。

【例 2.7】 钢筋混凝土刚架，受荷载及支撑情况如图 2.22(a)所示。已知 $F_P=5\text{kN}$，$m=2\text{kN}\cdot\text{m}$，刚架自重不计，求支座 A、B 的反力。

【解】 取刚架为研究对象，画其受力图如图 2.22(b)所示。刚架上作用有集中力 F_P 和力偶矩为 m 的力偶，以及支座反力 F_{AX}、F_{AY}、F_B，各反力的指向都是假定的，它们组成平面一般力系。应用 3 个平衡方程求解 3 个未知反力。

本题有一个力偶荷载，由于力偶在任一轴上投影都为零，故力偶在投影方程中不出现；由于力偶对平面内任一点之矩都等于力偶矩，而与矩心的位置无关，故在力矩方程中可直接将力偶矩列入。

设坐标系如图 2.22(b)所示，由

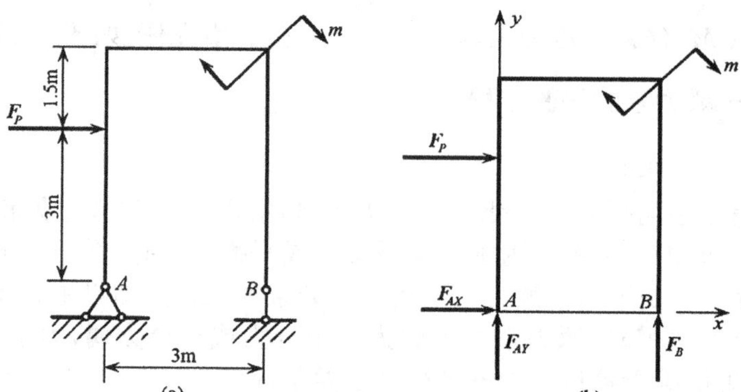

图 2.22

$$\sum F_X=0, \quad F_P+F_{AX}=0,$$

得

$$F_{AX}=-F_P=-5\text{kN}(\leftarrow)$$

由

$$\sum M_A=0, \quad -F_P\times 3-m+F_B\times 3=0$$

得

$$F_B=\frac{3F_P+m}{3}=\frac{3\times 5+2}{3}=5.67(\text{kN})(\uparrow)$$

由

$$\sum F_Y=0, \quad F_{AY}+F_B=0$$

得

$$F_{AY}=-F_B=-5.68(\text{kN})(\downarrow)$$

得数为正，说明假设的指向正确；得数为负，说明原假设的指向错误，最后可将各反力正确的指向表示在答案后面的括号内。

【例 2.8】 梁 AB 一端是固定端支座，另一端无约束，这样的梁称为悬臂梁。它承受荷载作用，如图 2.23(a)所示。已知 $F_P=ql$，$\alpha=45°$，梁自重不计，求支座 A 的反力。

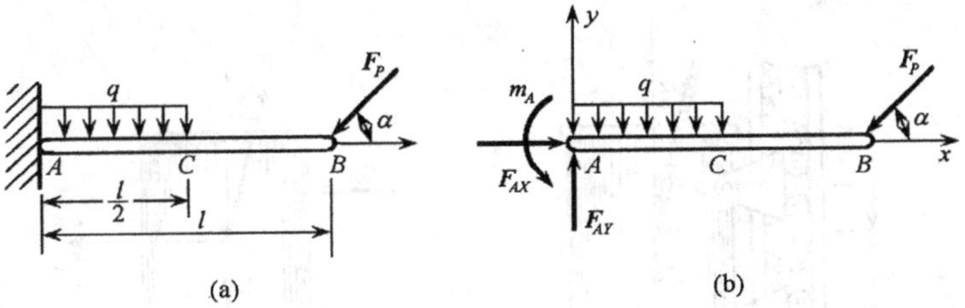

图 2.23

【解】 取梁 AB 为研究对象，画其受力图如图 2.23(b)所示，支座反力的指向是假定的。梁上受荷载和支座反力组成平面一般力系。

梁上的均布荷载可先合成得合力 F_R。$F_R=\frac{ql}{2}$，方向铅垂向下，作用在 AC 段的中点。

设坐标如图 2.23(b)，由

$$\sum F_X=0, \quad F_{AX}-F_P\cos\alpha=0$$

得

$$F_{AX}=F_P\cos\alpha=ql\cos 45°=\frac{\sqrt{2}}{2}ql(\rightarrow)$$

由

$$\sum F_Y=0, \quad F_{AY}-\frac{ql}{2}-F_P\sin\alpha=0$$

得

$$F_{AY}=\frac{ql}{2}+F_P\sin\alpha=\frac{ql}{2}+ql\cdot\frac{\sqrt{2}}{2}=\frac{1+\sqrt{2}}{2}ql(\uparrow)$$

由

$$\sum M_A=0,\quad m_A-\frac{ql}{2}\cdot\frac{l}{4}-F_P\sin\alpha\cdot l=0$$

得

$$m_A=\frac{ql^2}{8}+\frac{\sqrt{2}}{2}ql^2=\frac{1+4\sqrt{2}}{8}ql^2(\circlearrowleft)$$

力系既然平衡，则力系中各力在任一轴上的投影代数和必然等于零，力系中各力对于任一点的力矩代数和也必然等于零，因此，可再列出其他的平衡方程，用以校核计算有无错误。

校核：$\sum M_B=\frac{ql}{2}\cdot\frac{3}{4}l+m_A-F_{AY}\cdot l=\frac{3}{8}ql^2+\frac{1+4\cdot\sqrt{2}}{8}ql^2-\frac{1+\sqrt{2}}{2}ql^2=0$

可见 F_{AY}和 m_A 计算无误。

【例 2.9】 如图 2.24(a)所示混凝土浇灌器连同物料共重 $W=60\text{kN}$，作用于 C 点，用绳索沿铅直导轨匀速起吊。已知 $a=300\text{mm}$，$b=600\text{mm}$，$\alpha=10°$，不计摩擦，求导轨对每对导轮 A 和 B 的约束反力及绳索中的拉力。

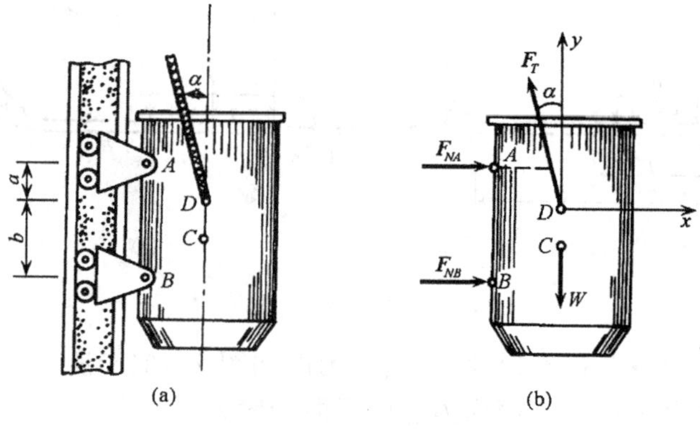

图 2.24

【解】 取混凝土浇灌器为研究对象。其受力图如图 2.24(b)所示，在 A、B 处所受的约束相当于可动铰支座，故反力 $\boldsymbol{F}_{NA}$、$\boldsymbol{F}_{NB}$都与导轨垂直，绳索的拉力沿绳索中心线，在 C 点还作用有重力 W，这些力组成平面一般力系。

设坐标系如图 2.24(b)，由

$$\sum \boldsymbol{F}_Y=0,\quad \boldsymbol{F}_T\cos\alpha-W=0$$

得

$$\boldsymbol{F}_T=\frac{W}{\cos\alpha}=\frac{60}{0.985}=60.9(\text{kN})$$

取 $\boldsymbol{F}_T$ 和 $\boldsymbol{F}_{NA}$两力的作用线的交点 E 为矩心，列力矩方程

$$\sum M_E = 0,\quad \boldsymbol{F}_{NB}(a+b) - W(a\tan\alpha) = 0$$

得

$$\boldsymbol{F}_{NB}=\frac{a\tan\alpha}{a+b}W=\frac{0.3\times0.1763}{0.3+0.6}\times60=3.53(\mathrm{kN})$$

由

$$\sum \boldsymbol{F}_X=0,\quad \boldsymbol{F}_{NA}+\boldsymbol{F}_{NB}-\boldsymbol{F}_T\sin\alpha=0$$

得

$$\boldsymbol{F}_{NA}=\boldsymbol{F}_T\sin\alpha-\boldsymbol{F}_{NB}=60.9\times0.1736-3.53=7.04(\mathrm{kN})$$

校核：
$$\sum M_D=\boldsymbol{F}_{NB}\cdot b-\boldsymbol{F}_{NA}\cdot a=3.53\times60-7.04\times30\approx0$$

总结以上各例，可知应用平面一般力系平衡方程解题的步骤如下：

1)确定研究对象。根据题意分析已知量和未知量，选适当的研究对象。

2)画受力图。在研究对象上画出它受到的所有主动力和约束反力。反力根据约束类型来画。当约束反力的方向未定时，一般可用两个互相垂直的分力表示；当约束反力的指向未定时，可以先假设其指向。如果计算结果为正，则表示假设的指向正确；如果计算结果为负，则表示实际的指向与假设的相反。

3)选取恰当的坐标轴和矩心，列平衡方程。通常力求在一个平衡方程中只包含一个未知量，以免求解联立方程。在应用投影方程时，投影轴尽可能选取与较多的未知力的作用线垂直；应用力矩方程时，矩心往往取在两个未知力的交点。计算力矩时，要善于运用合力矩定理，以便计算简单。

4)解平衡方程，求得未知量。

5)校核。列出非独立的平衡方程，以检查解题的正确与否。

2. 平衡方程的其他形式

前面通过平面一般力系的平衡条件导出了平面一般力系平衡方程的基本形式，根据平衡条件还可以导出平衡方程的其他两种形式。

(1)二力矩形式的平衡方程

$$\left.\begin{aligned}\sum \boldsymbol{F}_X &= 0\\ \sum M_A &= 0\\ \sum M_B &= 0\end{aligned}\right\}\tag{2.16}$$

式中：x 轴不与 A、B 两点的连线垂直。

(2)三力矩形式的平衡方程

$$\left.\begin{aligned}\sum M_A &= 0\\ \sum M_B &= 0\\ \sum M_C &= 0\end{aligned}\right\}\tag{2.17}$$

式中：A、B、C 三点不在同一直线上。

平衡方程虽然有 3 种形式，但不论采用哪种形式，都只有 3 个独立的平衡方程。因为当力系满足公式(2.15)、或式(2.16)、或式(2.17)的 3 个平衡方程时，则力系一定平衡，因此，应用平面一般力系的平衡方程，只能求解一个物体上的 3 个未知数。

【例 2.10】 如图 2.25 所示为一悬臂式起重机 A、B、C 处都是铰链连接。梁 AB 自重 $W=1kN$，作用在梁的中点，提升重量 $\boldsymbol{F}_P=8kN$，杆 BC 自重不计，求支座 A 的反力和杆 BC 所受的力。

【解】 取梁 AB 为研究对象，画其受力图如图 2.25(b)所示。A 处为固定铰支座，其反力用两分反力 $\boldsymbol{F}_{AX}$、$\boldsymbol{F}_{AY}$表示；杆 BC 为二力杆，它的约束反力沿 BC 线，并假设受拉。

梁 AB 所受各力组成平面一般力系，3 个未知力两两相交于 A、B、C 三点，用三力矩形式的平衡方程可以求解这 3 个未知力。由

$$\sum M_A=0,\quad -W\times 2-\boldsymbol{F}_P\times 3+\boldsymbol{F}_T\sin 30°\times 4=0$$

得

$$\boldsymbol{F}_T=\frac{2W+3\boldsymbol{F}_P}{4\times\sin 30°}=\frac{2\times 1+3\times 8}{4\times 0.5}=13(kN)$$

由

$$\sum M_B=0,\quad \boldsymbol{F}_P\times 1+W\times 2-\boldsymbol{F}_{AY}\times 4=0$$

得

$$\boldsymbol{F}_{AY}=\frac{2W+\boldsymbol{F}_P}{4}=\frac{2\times 1+8}{4}=2.5(kN)\ (\uparrow)$$

由

$$\sum M_C=0,\quad \boldsymbol{F}_{AX}\times 4\times\tan 30°-W\times 2-\boldsymbol{F}_P\times 3=0$$

得

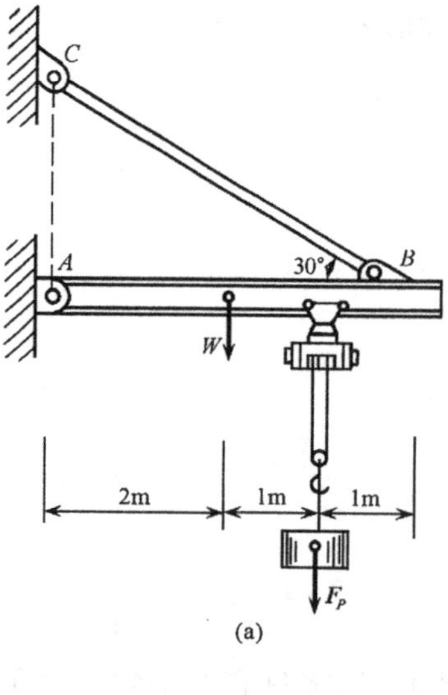

(a)

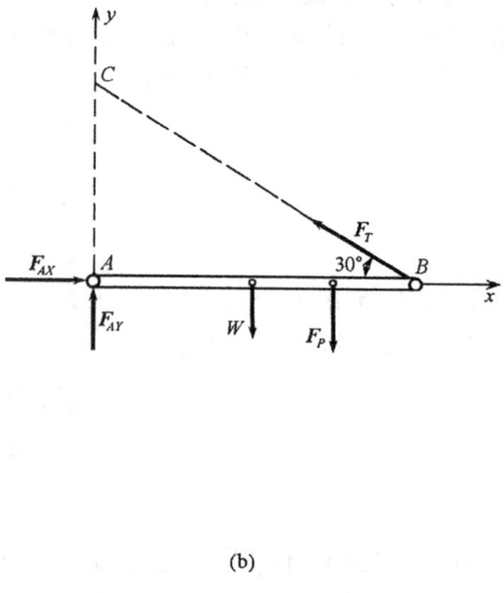

(b)

图 2.25

$$F_{AX}=\frac{2W+3F_P}{4\times\tan30^\circ}=\frac{2\times1+3\times8}{4\times0.577}=11.27(\text{kN})\ (\rightarrow)$$

校核:设坐标系如图 2.25(b),由

$$\sum F_X = F_{AX} - F_T\cos30^\circ = 11.26 - 13\times0.866 \approx 0$$

$$\sum F_Y = F_{AY} - W - F_P + F_T\sin30^\circ = 2.5 - 1 - 8 + 13\times0.5 = 0$$

3. 平面力系平衡方程的几种特殊情况

(1)平面汇交力系

对于平面汇交力系,若取汇交点 O 为力矩中心则不论力系是否平衡均有 $\sum M_O=0$,即式(2.15)中的力矩方程自然满足,因而其平衡方程为

$$\left.\begin{array}{l}\sum F_X=0\\ \sum F_Y=0\end{array}\right\}$$

即平面汇交力系只有两个独立的平衡方程,只能求解两个未知数。

(2)平面力偶系

对于平面力偶系,无论取什么坐标轴,均有 $\sum F_X=0$, $\sum F_Y=0$,即式(2.15)中的投影方程自然满足,且由于力偶对于平面上任一点力矩都相同,故其平衡方程为

$$\sum M=0$$

即平面力系只有一个独立的平衡方程,只能求解一个未知数。

(3)平面平行力系

各力作用线在同一个平面内且互相平行的力系称为平面平行力系。设有平面平行力系 F_1、F_2、…、F_n,若取 x 轴与各力垂直,则这些力在 x 轴上的投影都等于零,即 $\sum F_x=0$。

根据式(2.15),则平面平行力系的平衡方程为

$$\left.\begin{array}{l}\sum F_y=0\\ \sum M=0\end{array}\right\}\quad 或 \quad \left.\begin{array}{l}\sum M_A=0\\ \sum M_B=0\end{array}\right\}$$

其中 A、B 两点连线不能与各力平行,所以平面平行力系只有两个独立的方程,可以求解两个未知数。

4. 物体系统的平衡

在工程中,常常遇到由几个物体通过一定的约束联系在一起的系统,这种系统称为物体系统。如图 2.26 所示的组合梁,就是由梁 AB 和梁 BC 通过铰 B 连接,并支撑在支座 A、C 上组成的一个物体系统。所谓物体系统的平衡是指组成系统的每一物体及系统整体都处于平衡状态。

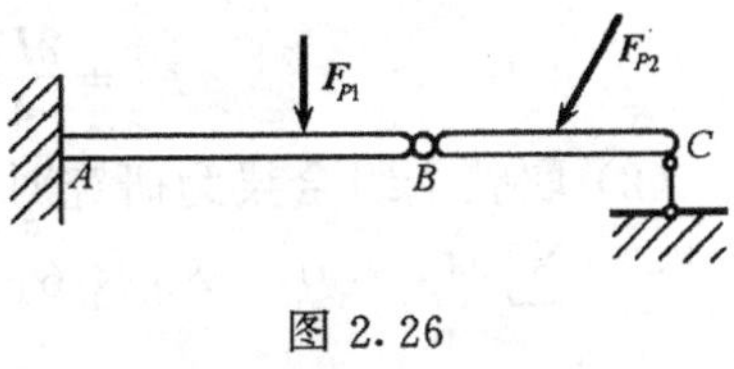

图 2.26

求解物体系统的平衡问题，就是计算出物体系统的内、外约束反力。解决问题的关键在于恰当地选取研究对象，一般有两种选取的方法。

1)先取整个物体系统作为研究对象，求得某些未知量；再取其中某部分物体(一个物体或几个物体的组合)作为研究对象，求出其他未知量。

2)先取某部分物体作为研究对象，再取其他部分或整体作为研究对象，逐步求得所有的未知量。

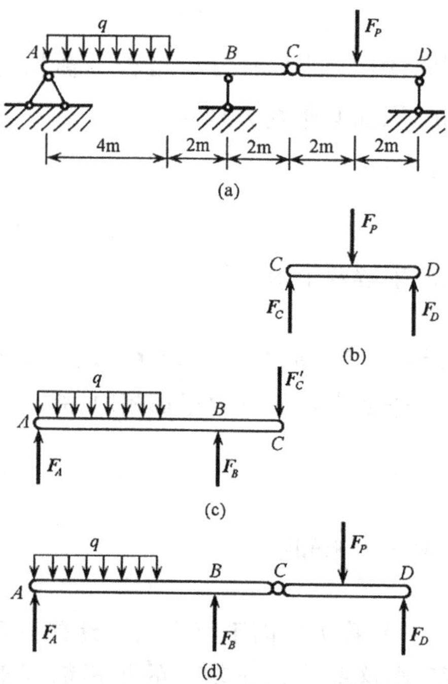

图 2.27

究竟是先取整体还是先取局部某个物体，一般原则是使所取研究对象的未知力越少越好。不论取整个物体系统或是系统中某一部分作为研究对象，都可根据研究对象所受的力系的类别列出相应的平衡方程去求解未知量。

下面举例说明求解物体系统平衡问题的方法。

【例 2.11】 组合梁受荷载如图 2.27 所示。已知 $q=5\text{kN/m}$，$\boldsymbol{F}_P=30\text{kN}$，求支座 A、B、D 的反力。

【解】 组合梁由两段 AC、CD 在 C 处用铰链连接并支撑于 3 个支座上而构成。

若取整个梁为研究对象，画其受力图如图 2.27(d)所示。由受力图可知，它在平面平行力系作用下平衡，有 $\boldsymbol{F}_A$、$\boldsymbol{F}_B$ 和 $\boldsymbol{F}_D$ 共 3 个未知量，而独立的平衡方程只有两个，不能求解。因而需要将梁从铰 C 处拆开，分别考虑 CD 段和 AC 段的平衡，画出它们的受力图如图 2.27(b)、(c)所示。在梁 CD 段上，作用着平面平行力系，只有 2 个未知量，应用平衡方程可求得 $\boldsymbol{F}_D$，$\boldsymbol{F}_D$ 求出后，再考虑整体平衡，如图2.27(d)，$\boldsymbol{F}_A$、$\boldsymbol{F}_B$ 也可求出。

(1) 取梁 CD 段为研究对象，如图 2.27(b)所示，由

$$\sum M_C = 0,\quad \boldsymbol{F}_D \times 4 - \boldsymbol{F}_P \times 2 = 0$$

得

$$\boldsymbol{F}_D=\frac{2\boldsymbol{F}_P}{4}=\frac{2\times 30}{4}=15(\text{kN})\ (\uparrow)$$

(2) 取整个组合梁为研究对象，如图 2.27(d)所示，由

$$\sum M_A = 0,\quad \boldsymbol{F}_B \times 6 + \boldsymbol{F}_D \times 12 - q \times 4 \times 2 - \boldsymbol{F}_P \times 10 = 0$$

得

$$\boldsymbol{F}_B=\frac{8q+10\boldsymbol{F}_P-12\boldsymbol{F}_D}{6}=\frac{8\times 5+10\times 30-12\times 15}{6}=26.7(\text{kN})\ (\uparrow)$$

由

$$\sum M_B=0,\quad q\times4\times4-\boldsymbol{F}_P\times4-\boldsymbol{F}_A\times6+\boldsymbol{F}_D\times6=0$$

得

$$\boldsymbol{F}_A=\frac{16q-4\boldsymbol{F}_P+6\boldsymbol{F}_D}{6}=\frac{16\times5-4\times30+6\times15}{6}=8.33(\mathrm{kN})(\uparrow)$$

校核:对整个组合梁,列出

$$\sum\boldsymbol{F}_Y=\boldsymbol{F}_A+\boldsymbol{F}_B+\boldsymbol{F}_D-q\times4-\boldsymbol{F}_P=8.33+26.7+15-5\times4-30\approx0$$

可见计算正确。

本题还可先取梁 CD 为研究对象,求解 $\boldsymbol{F}_C$ 和 $\boldsymbol{F}_D$;再取梁 AC 段为研究对象,求解 $\boldsymbol{F}_A$ 和 $\boldsymbol{F}_B$。计算结果相同,但这一种解法不如上述解法简单。读者可自行验算。

思 考 题

2.1 已知 4 个力 $\boldsymbol{F}_1$、$\boldsymbol{F}_2$、$\boldsymbol{F}_3$ 和 $\boldsymbol{F}_4$ 交于一点,图示两个力四边形表示的力学意义是什么?

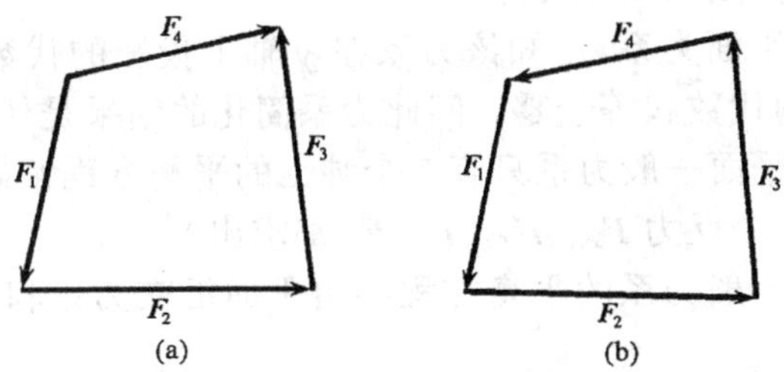

思 2.1 图

2.2 如图所示,两个力系的 3 个力都汇交于一点,且各力都不等于零,试问它们是否可能平衡?

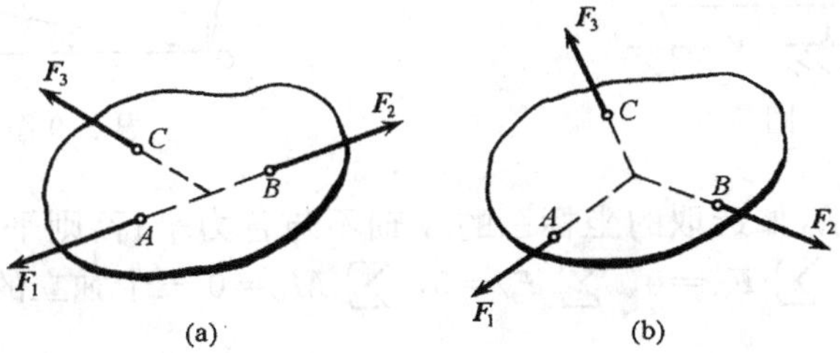

思 2.2 图

2.3 如图所示,一力 $\boldsymbol{F}_P$ 作用在 A 点,试求作用在 B 点与力 $\boldsymbol{F}_P$ 等效的力和力偶。

2.4 司机驾驶汽车时,有时用双手对方向盘施加一力偶($\boldsymbol{F}/2,\boldsymbol{F}'/2$)[图(a)]

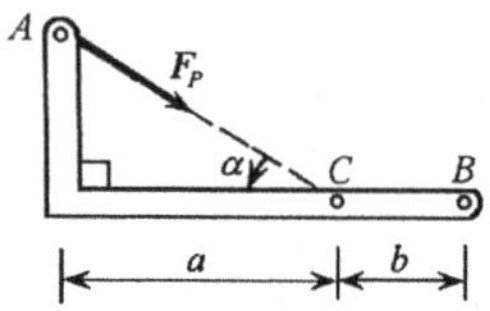

思 2.3 图

有时也用单手对方向盘施加一个力 F[图(b)]。问这两种方法产生的效果有什么不同？

2.5 图示为作用在一平面上 A、B、C、D 四点的 4 个力 $\boldsymbol{F}_1$、$\boldsymbol{F}_2$、$\boldsymbol{F}_3$、$\boldsymbol{F}_4$，这 4 个力画出的力多边形刚好首尾相接。问：

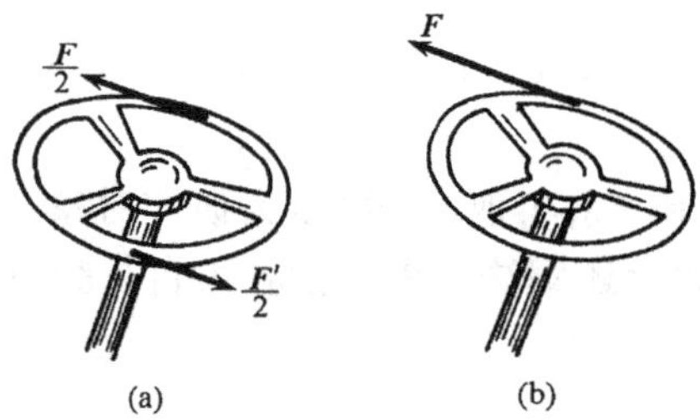

思 2.4 图

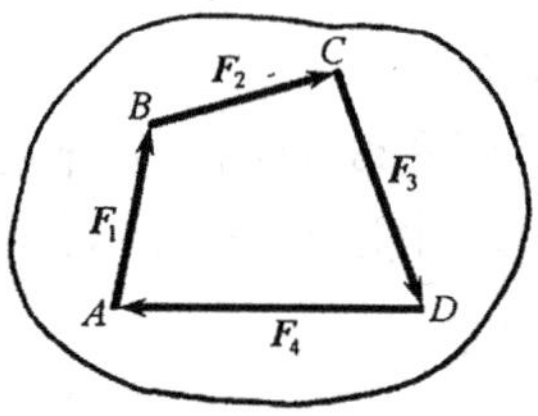

思 2.5 图

(1) 此力系是否平衡？

(2) 此力系简化的结果是什么？

2.6 不平衡的平面力系，已知该力系在 y 轴上投影的代数和等于零，且对平面内任意一点之矩的代数和等于零。问此力系简化的结果是什么？

2.7 为什么说平面一般力系只有 3 个独立的平衡方程？如图中的梁，能否列出 4 个平衡方程将 4 个反力 $\boldsymbol{F}_{AX}$、$\boldsymbol{F}_{AY}$、$\boldsymbol{F}_B$、$\boldsymbol{F}_C$ 都求出？

2.8 试从平面一般力系的平衡方程导出平面汇交力系和平面力偶系的平衡方程？

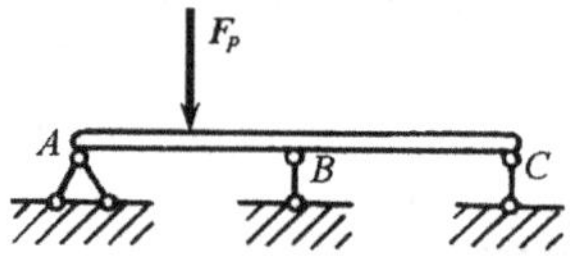

思 2.7 图

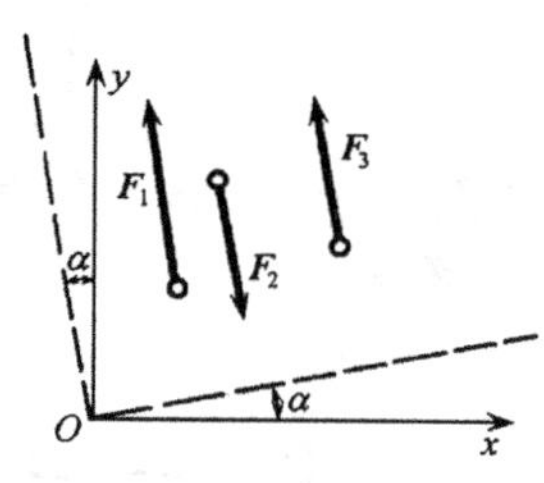

思 2.9 图

2.9 如图所示，如选取的坐标系的 y 轴不与各力平行，则平面平行力系的平衡方程是否可写出 $\sum \boldsymbol{F}_X=0$，$\sum \boldsymbol{F}_Y=0$，$\sum M_O=0$ 三个独立的平衡方程？为什么？

2.10 如图所示，物体系统处于平衡。试求：

(1) 分别画出各部分和整体的受力图；

(2) 要求各支座的约束反力，研究对象应怎样选取？

提示：图(c)中 A、B、C 处约束反力不要分解。

2.11 求图(a)所示简支梁的支座反力时，可否先将 3 个力合成为一合力然后

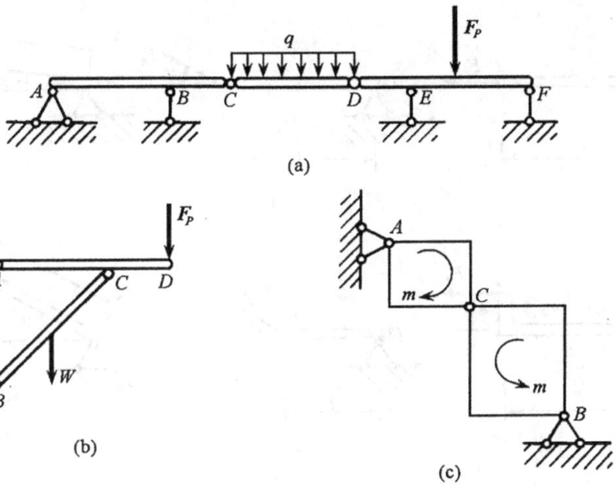

思 2.10 图

求解？又如求图(b)所示三铰刚架的反力时，可否用同样的方法？通过以上分析，说明当求结构的支座反力时，在什么条件下，才可应用力系的等效代换？

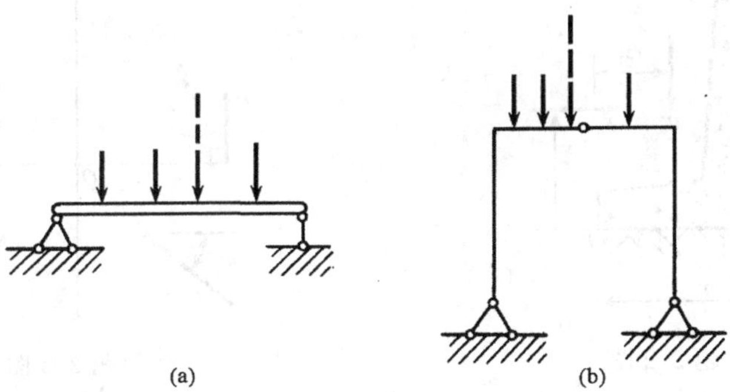

思 2.11 图

习　　题

2.1　计算下列各图中力 $\boldsymbol{F}_P$ 对 O 点的力矩。

2.2　已知挡土墙自重 $W_1=70\text{kN}$，垂直土压力 $W_2=115\text{kN}$，水平土压力 $\boldsymbol{F}_P=85\text{kN}$，试分别求此 3 力对前趾 A 点的矩，并验算此挡土墙是否稳定？

2.3　已知 $\boldsymbol{F}_1=2000\text{N}$，$\boldsymbol{F}_2=150\text{N}$，$\boldsymbol{F}_3=200\text{N}$，$\boldsymbol{F}_4=200\text{N}$，各力的方向如图所示。试分别求各力在 x 轴和 y 轴上的投影。

2.4　图示铆接钢板在孔 A、B 和 C 处受 3 个力作用，已知 $\boldsymbol{F}_1=100\text{N}$，沿铅直方向，$\boldsymbol{F}_2=50\text{N}$，沿 AB 方向，$\boldsymbol{F}_3=50\text{N}$，沿水平方向。求此力系的合力。

2.5　如图所示平面力系，已知 $\boldsymbol{F}_1=\boldsymbol{F}_2=\boldsymbol{F}$，$\boldsymbol{F}_3=\boldsymbol{F}_4=\sqrt{2}\boldsymbol{F}$，每方格边长为 a。求力系向 O 点简化的结果。

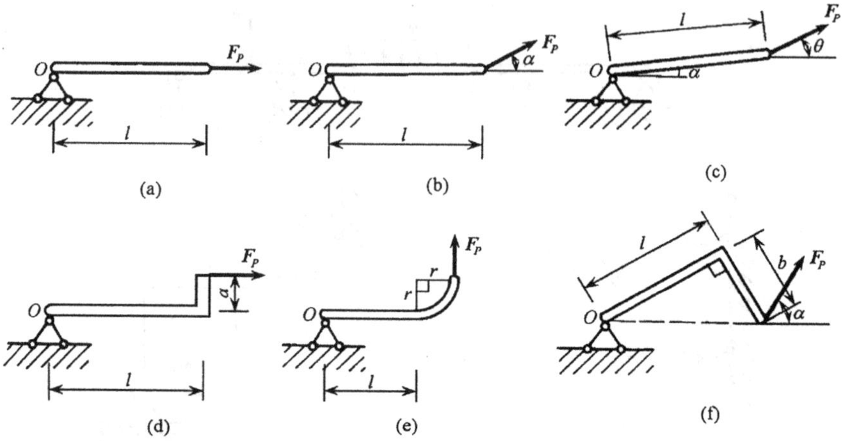

习题 2.1 图

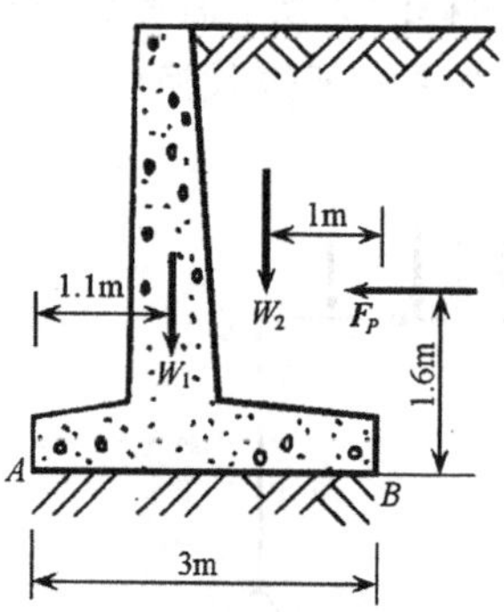

习题 2.2 图

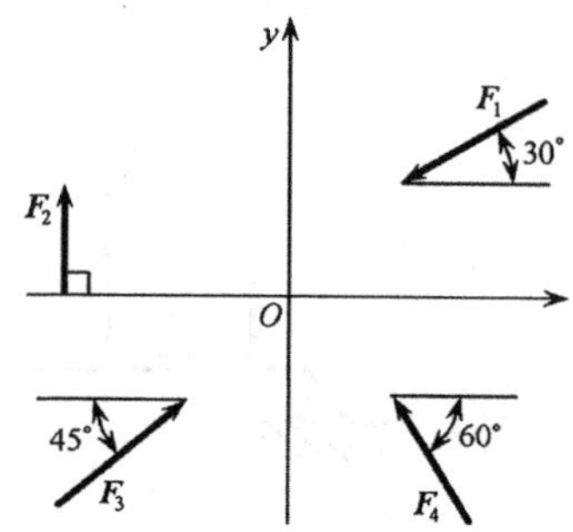

习题 2.3 图

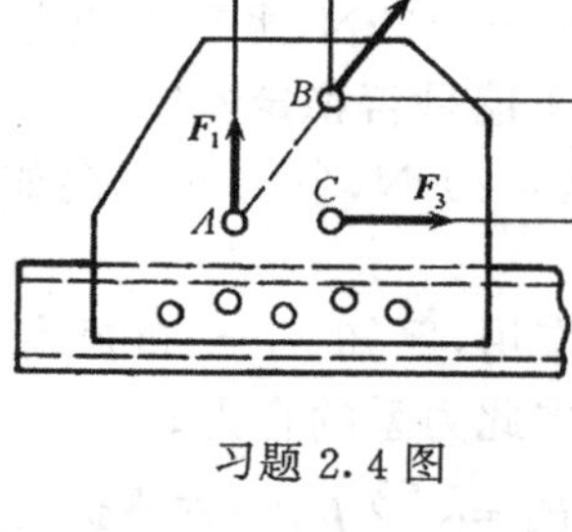

习题 2.4 图

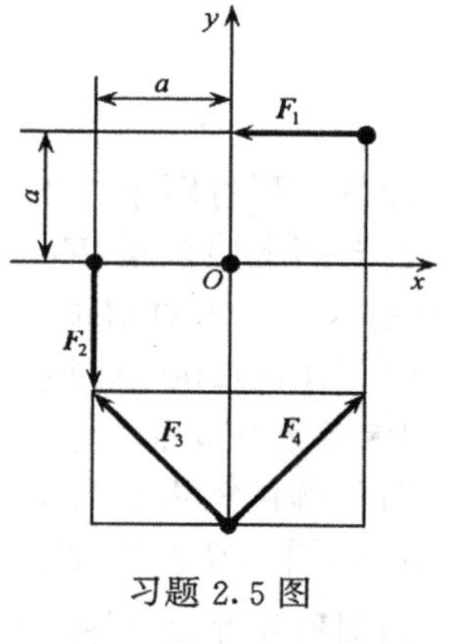

习题 2.5 图

2.6　某桥墩顶部受到两边桥面传来的铅直力 $\boldsymbol{F}_{P1}=1940\text{kN}$，$\boldsymbol{F}_{P2}=800\text{kN}$，制动力 $\boldsymbol{F}_{P3}=193\text{kN}$ 的作用。桥墩自重 $W=5280\text{kN}$，风力 $\boldsymbol{F}_{P4}=140\text{kN}$。各力作用线位置如图所示。求将这些力向基底截面中心 O 简化的结果；如能简化为一合力，再求合力作用线的位置。

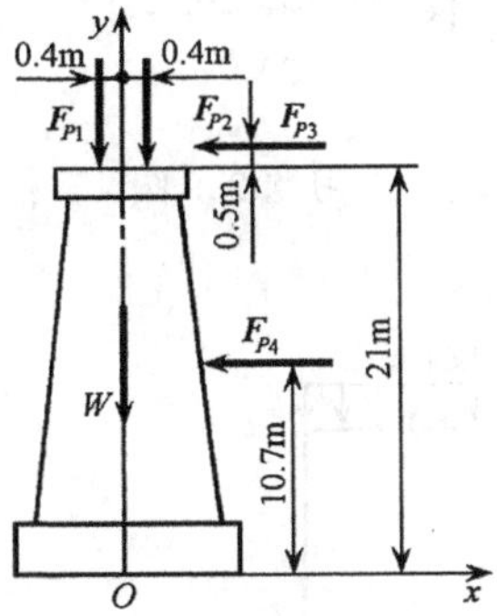

习题 2.6 图

2.7　支架由 AB、AC 构成，A、B、C 三处均为铰链，在 A 点悬挂重为 W 的重物。求图(a)、(b)两种情况下，AB、AC 所受的力，并说明它们是拉力还是压力。

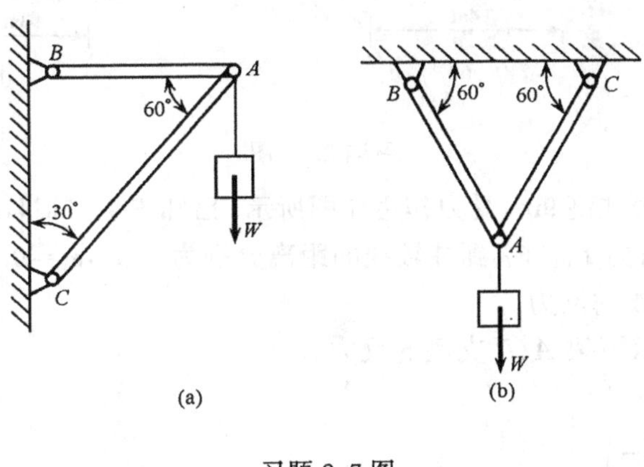

习题 2.7 图

2.8　重为 W 的钢管支撑在 V 形槽内。求钢管对两侧槽壁 A 和 B 的压力。

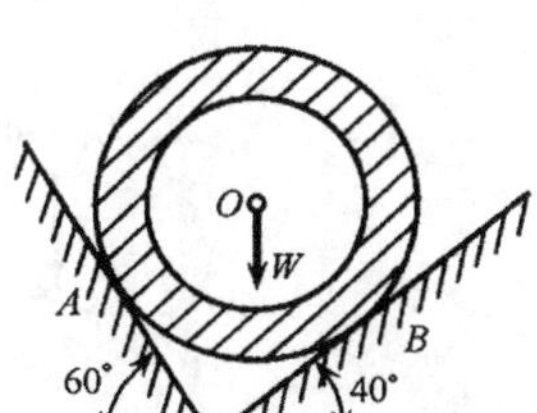

习题 2.8 图

2.9　求图示各梁的支座反力。

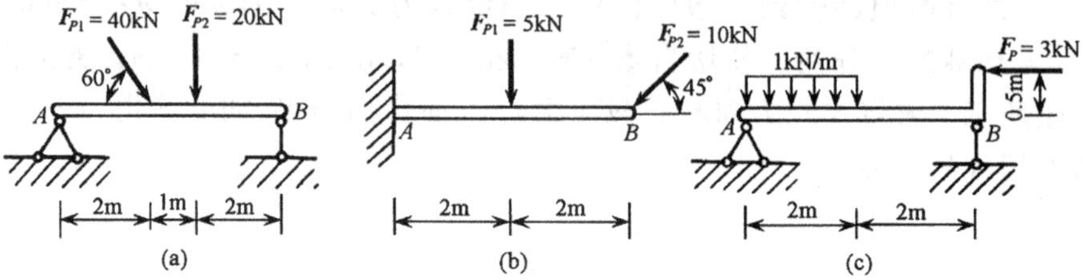

习题 2.9 图

2.10　求图示刚架的反力。

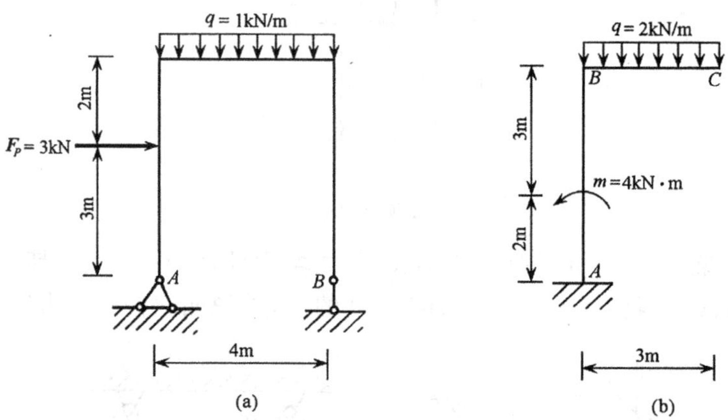

习题 2.10 图

2.11　某厂房柱高 9m，受力作用如图所示。已知 $\boldsymbol{F}_{P3}=5kN$，$\boldsymbol{F}_{P1}=20kN$，$\boldsymbol{F}_{P2}=50kN$，$q=4kN/m$；力 $\boldsymbol{F}_{P1}$、$\boldsymbol{F}_{P2}$ 到柱轴线的距离分别为 e_1、e_2，$e_1=0.15m$，$e_2=0.25m$，试求固定端支座 A 的反力。

2.12　求图示桁架 A、B 支座的反力。

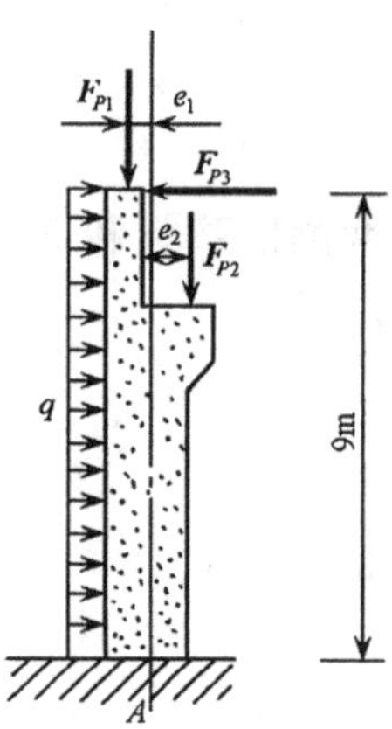

习题 2.11 图

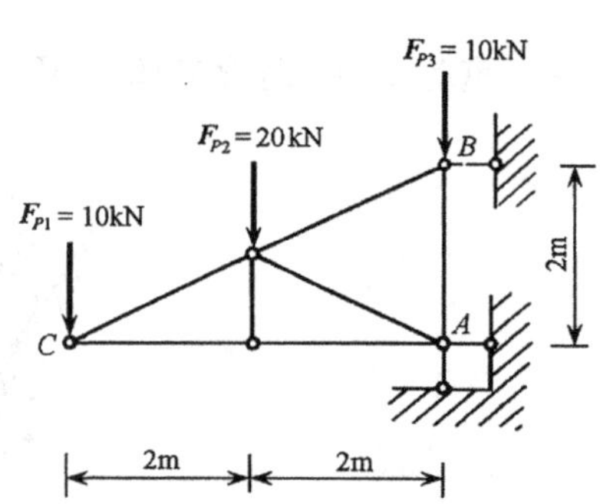

习题 2.12 图

2.13　梁 AB 用 3 根连杆 a、b、c 支撑，荷载如图示。已知 $\boldsymbol{F}_P=100\text{kN}$，$m=50\text{kN}\cdot\text{m}$，求这 3 根连杆的反力。

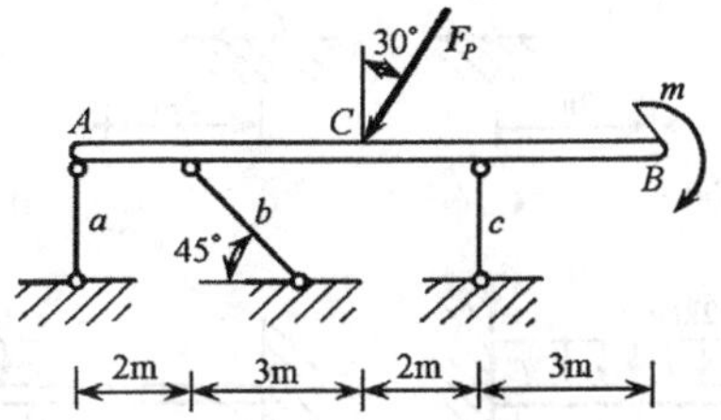

习题 2.13 图

2.14　拱形桁架的一端 A 为固定铰支座；另一端 B 可动铰支座，其支撑面与水平面成倾角 30°。桁架自重 $W=100\text{kN}$，风压力的合力 $\boldsymbol{F}_P=20\text{kN}$，其方向水平向左，试求支座反力。

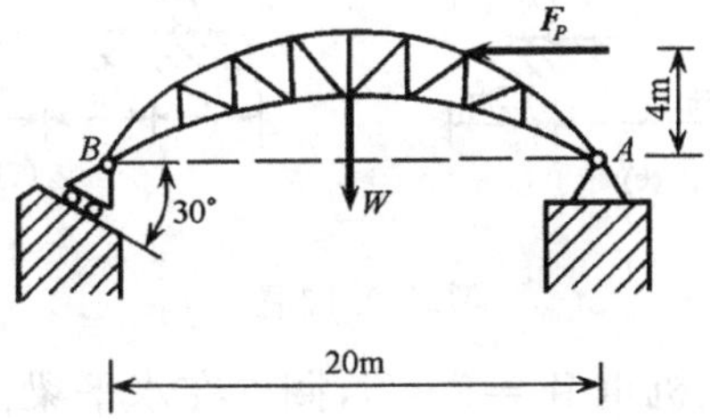

习题 2.14 图

2.15　图示一个三角形支架的受力情况，已知 $\boldsymbol{F}_P=10\text{kN}$，$q=2\text{kN/m}$，求铰链 A、B 处的约束力。

2.16　AB 为匀质杆，长 l，重 W_1，在 A 点用固定铰支座支撑，如图所示。A、C 两点在同一铅垂线上，且 $AC=AB$。绳索一端连接于杆的 B 点，另一端跨过滑轮 C 与重物 W_2 相连。滑轮 C 的大小及轴承摩擦不计。求杆平衡时角度 α 的值。

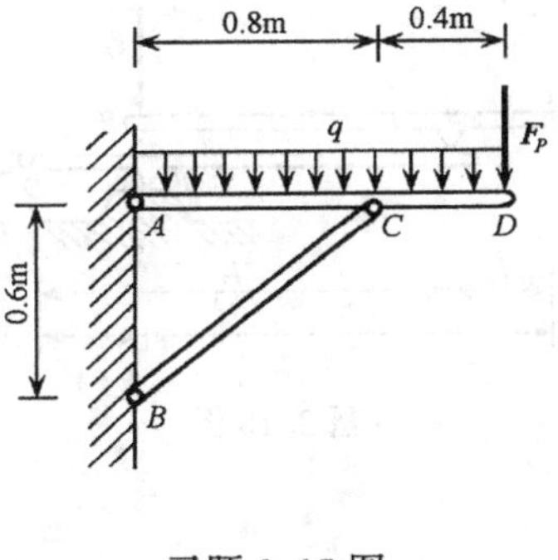

习题 2.15 图

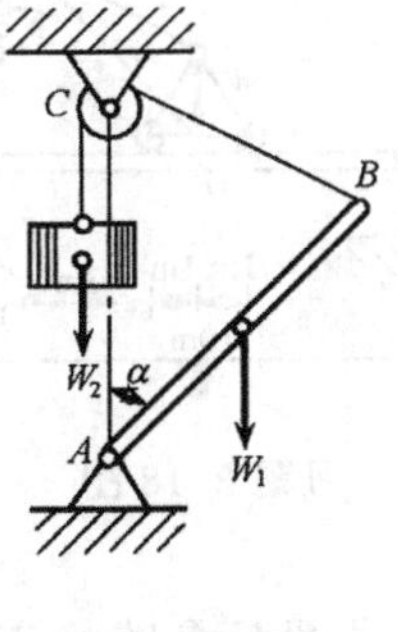

习题 2.16 图

2.17　求图示各梁的支座反力。

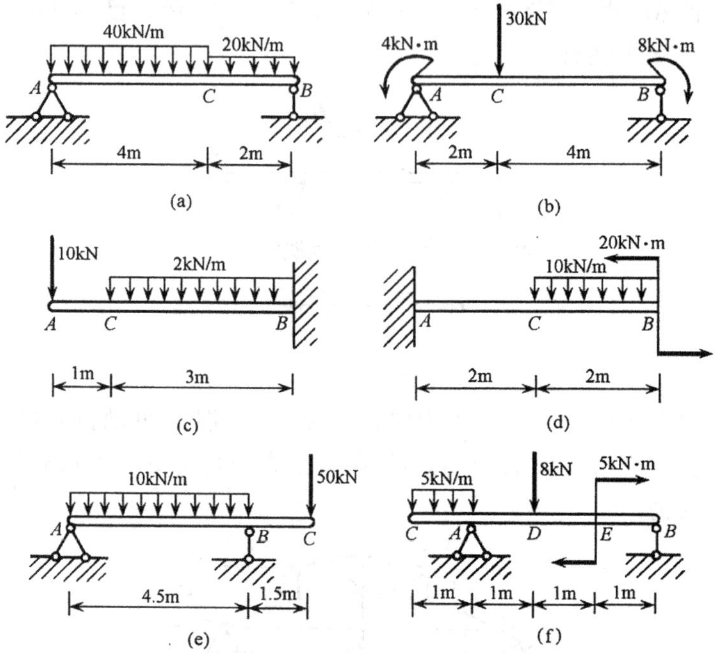

习题 2.17 图

2.18　如图所示起重机重 $W=50\text{kN}$，搁置在水平梁上，其重力作用线沿 CD；起吊重量 $\boldsymbol{F}_P=10\text{kN}$；梁重 $W_1=30\text{kN}$，作用在梁的中点。试求：

(1)当起重机的 CD 线通过梁的中点时，支座 A、B 的反力；

(2)CD 线离开支座 A 多远时，支座 A、B 的反力相等。

2.19　杠杆扩力机如图所示。它利用两个同样的杠杆 AB 和 CD 来增加工件的压紧力。工作时，压力 $\boldsymbol{F}_P$ 经过两个杠杆压到工件 $\boldsymbol{F}$ 上。已知 $\boldsymbol{F}_P=100\text{N}$，$l_1=50\text{mm}$，$l_2=200\text{mm}$，试求对工件的压紧力。

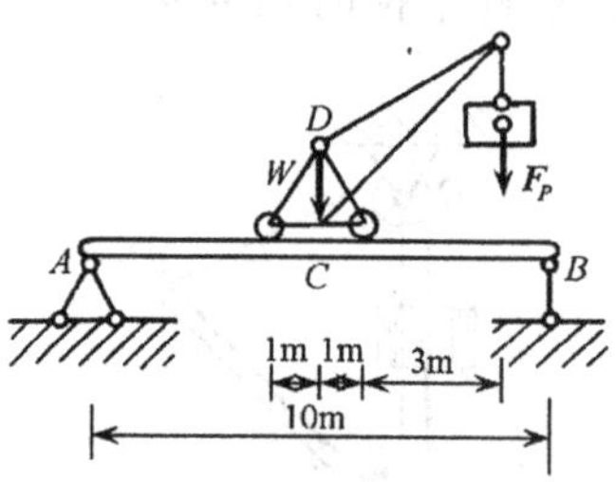

习题 2.18 图

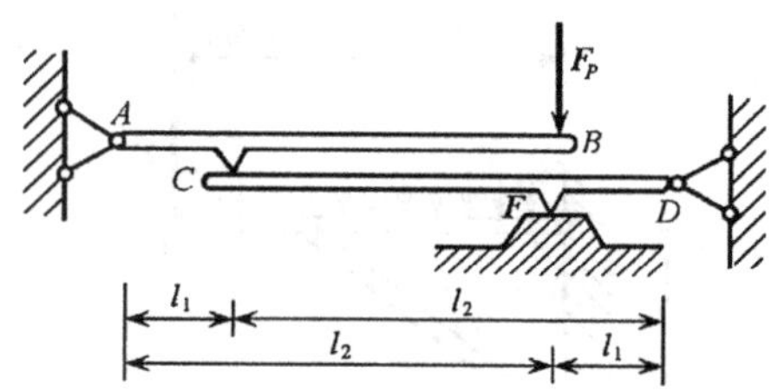

习题 2.19 图

2.20　求图示多跨静定梁的支座反力。

2.21　如图所示起重机在多跨静定梁上，载有重物 $\boldsymbol{F}_P=10\text{kN}$，起重机重 $G=$

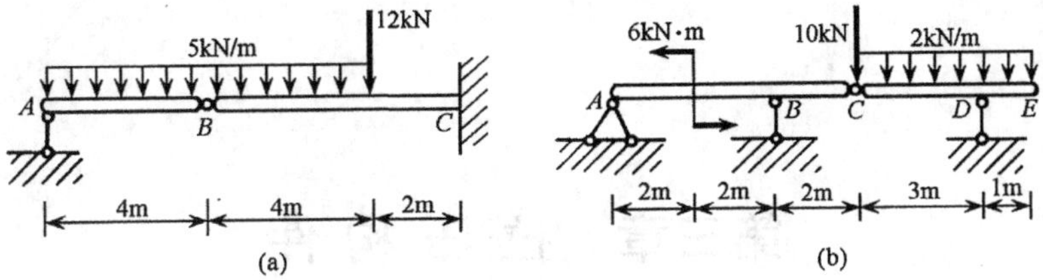

习题 2.20 图

50kN,其重心位于铅垂线 EC 上。梁自重不计,求支座 A、B 和 D 的反力。

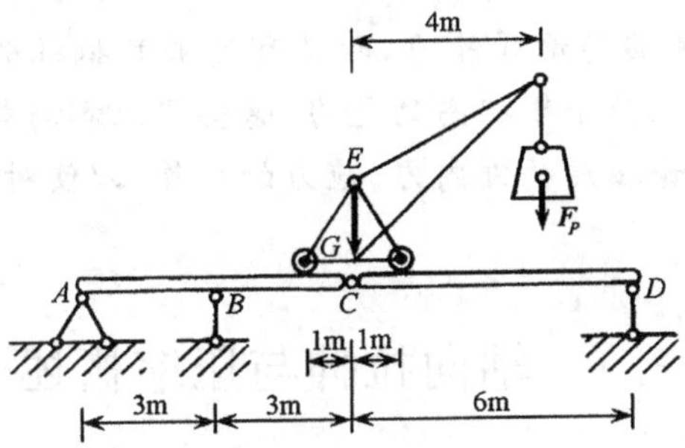

习题 2.21 图

2.22　求图示两跨刚架的支座 A、B 和 C 的反力。

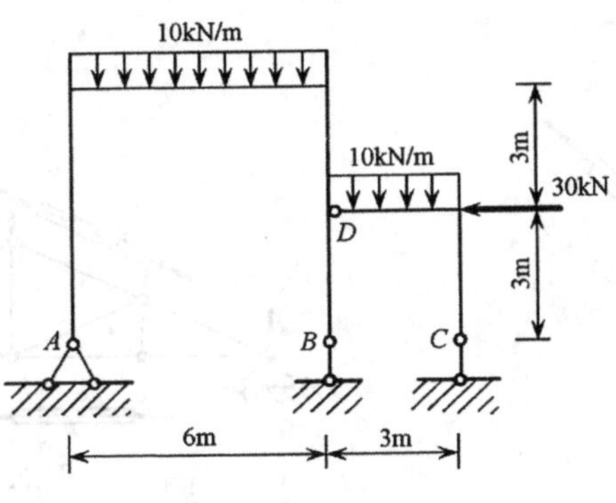

习题 2.22 图

第三章　拉 压 构 件

前面两章讨论了对构件进行受力分析的方法，讨论了作用在物体上的力系简化和平衡条件。根据这些平衡条件，我们能把物体的受力情况计算清楚。这只是工程计算的第一步。为了保证构件在外力作用下能安全正常工作，构件必须具有足够的承载能力，即具有足够的抵抗破坏的能力，足够的抵抗变形的能力和保持平衡状态的能力。这些要求都与构件的内力、应力有关。本章将首先讨论拉压构件内力、应力的计算，以便对拉压构件进行承载能力计算。

3.1　轴向拉伸与压缩概述

工程结构中，拉杆和压杆是常见的。如图 3.1 所示的三角支架中，杆 *AB* 是拉杆，杆 *BC* 是压杆。又如图 3.2 所示的屋架，上弦杆是压杆，下弦杆是拉杆。

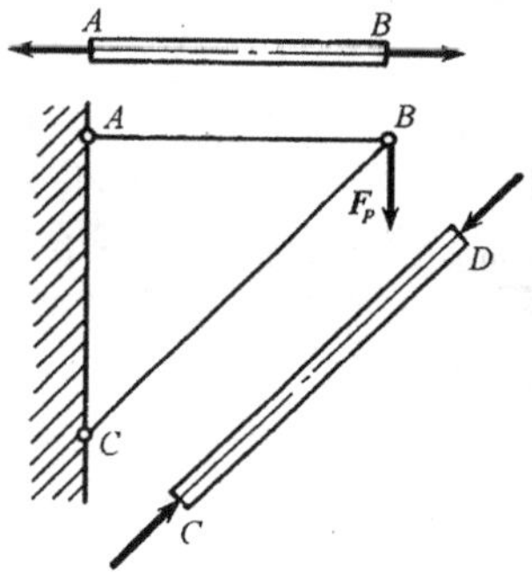

图 3.1

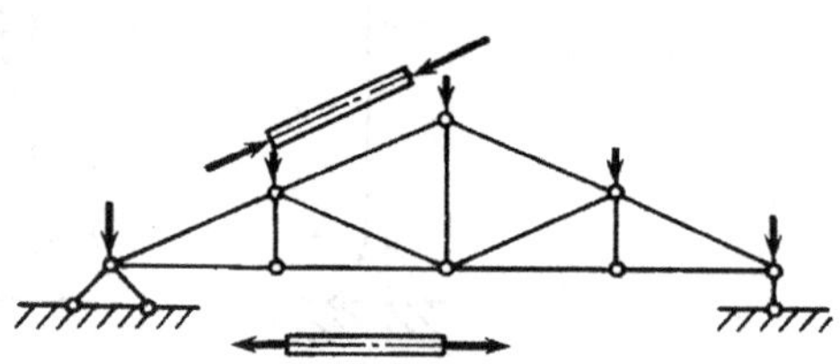

图 3.2

像图中这样的杆件其受力情况是：沿杆件轴线作用一对大小相等、方向相反的外力，杆件将发生轴向伸长（或缩短）变形，这种变形称为轴向拉伸（或压缩）变形。[见图 3.3(a)、(b)]，产生轴向拉伸或压缩变形的杆件称为拉杆或压杆。

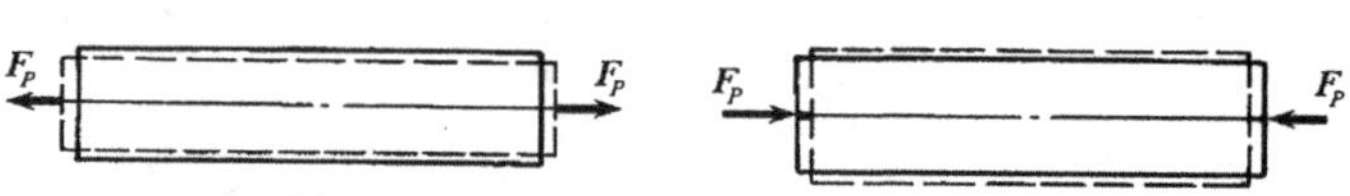

(a)　　(b)

图 3.2

3.2　截面法、轴力、轴力图

3.2.1　内力与截面法

1. 内力的概念

构件因外力的作用而变形，其内部各部分之间的相互作用力也发生改变。这种由于外力作用而引起的构件内部各部分之间相互作用力的改变量，称为“附加内力”，简称内力。内力随外力的增加而增大，到达某一限度时，就会引起构件破坏，因而它与构件的强度密切相关。

2. 截面法

求构件内力的基本方法是截面法。截面法的步骤如下：

1)沿所求内力的截面，假想地把构件截开，分成两部分。

2)任取其中一部分(一般取受力情况较简单的部分)，作为研究对象画该部分受力图，弃去另一部分。按照连续性假设，内力应为连续分布于整个切开的截面上的分布力系。将该分布力系向截面上某一点简化后，得到内力的主矢和主矩，以后就称主矢、主矩为该截面上的内力，并用它代替弃去部分对留下部分的作用。

3)列出留下部分的平衡方程，求出内力。

3.2.2　轴力

要对杆件进行强度计算，先要分析杆件的内力。现以图 3.4(a)所示拉杆为例确定杆任一横截面 m-m 上的内力。运用截面法，将杆沿截面 m-m 截开，取左段为研究对象，如图 3.4(b)。考虑左段的平衡，可知截面 m-m 上的内力必是与杆轴相重合的一个力 N，且由平衡条件 $\sum \boldsymbol{F}_X=0$ 可得 $\boldsymbol{F}_N=\boldsymbol{F}_P$，其指向背离截面。若取右段为研究对象，如图 3.4(c)所示，同样可以得出相同的结果。

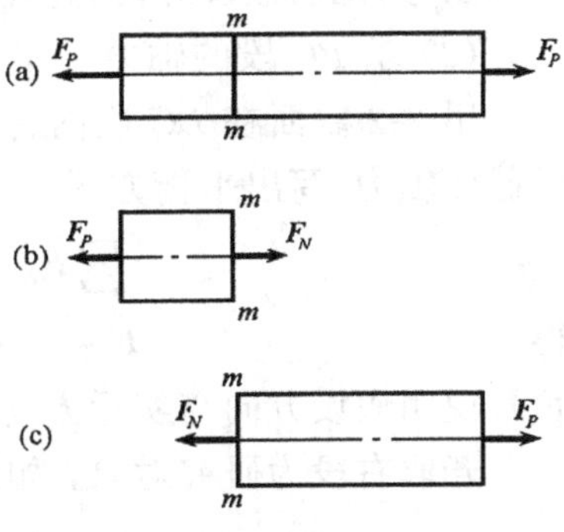

图　3.4

与杆件轴线相重合的内力，称为轴力，用符号 $\boldsymbol{F}_N$ 表示。当杆件受拉时，轴力为拉力，其方向背离截面；当杆件受压时，轴力为压力，其方向指向截面。通常规定：拉力用正号表示，压力用负号表示。

轴力的单位为 N 或 kN。

【例 3.1】　杆件受力如图 3.5(a)所示，在力 $\boldsymbol{F}_{P1}$、$\boldsymbol{F}_{P2}$、$\boldsymbol{F}_{P3}$作用下处于平衡。已知 $\boldsymbol{F}_{P1}=5\text{kN}$，$\boldsymbol{F}_{P2}=6\text{kN}$，$\boldsymbol{F}_{P3}=1\text{kN}$，求杆件 AB 和 BC 段的轴力。

【解】　杆件承受两个以上的轴向外力作用时，称为多力杆。求多力杆各段的轴力，仍用截面法。现分段求其轴力。

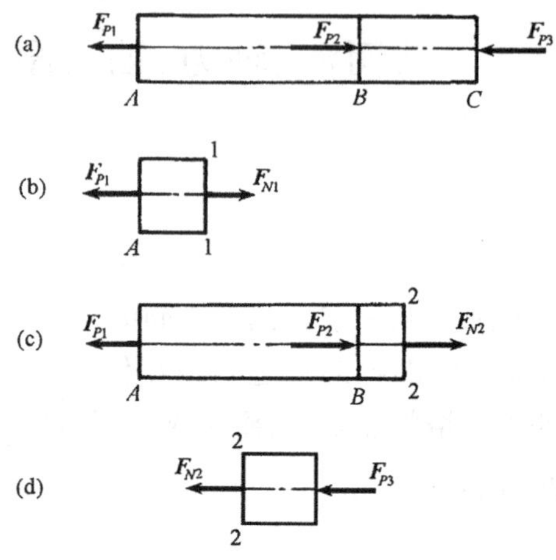

图 3.5

(1) 求 AB 段的轴力

用 1-1 截面在 AB 段内将杆截开，取左段为研究对象，如图 3.5(b)，以 $\boldsymbol{F}_{N1}$表示截面轴力，并假定为拉力，写出平衡方程

$$\sum \boldsymbol{F}_X = 0,\quad \boldsymbol{F}_{N1} - \boldsymbol{F}_{P1} = 0;\quad \boldsymbol{F}_{N1} = \boldsymbol{F}_{P1} = 5\text{kN}$$

正号，说明假设方向与实际方向相同，AB 段的轴力为拉力。

(2) 求 BC 段的轴力

用 2-2 截面在 BC 段内将杆截开，取左段为研究对象，如图 3.5(c)，以 F_{N2}表示截面轴力，写出平衡方程

$$\sum \boldsymbol{F}_X = 0,\quad \boldsymbol{F}_{N2} - \boldsymbol{F}_{P1} + \boldsymbol{F}_{P2} = 0$$

得

$$\boldsymbol{F}_{N2} = \boldsymbol{F}_{P1} - \boldsymbol{F}_{P2} = 5 - 6 = -1\text{kN}$$

负号说明假设方向与实际方向相反，BC 段轴力实际为压力。

若取右段为研究对象，如图 3.5(d)所示，写平衡方程

$$\sum \boldsymbol{F}_X = 0,\quad -\boldsymbol{F}_{N2} - \boldsymbol{F}_{P3} = 0;\qquad \boldsymbol{F}_{N2} = -\boldsymbol{F}_{P3} = -1\text{kN}$$

结果与取左段为研究对象一样。本例由于右段上的外力少，计算较简单，应取右段计算。

必须指出：在计算杆件内力时，不能随意使用力的可传性和力偶的可移性原理。例如图 3.6(a)所示杆件，轴力为拉力。但若将力 $\boldsymbol{F}_{P1}$和 $\boldsymbol{F}_{P2}$沿其作用线分别移到 B、A 点如图 3.6(b)所示，轴力变为压力。可见外力使物体产生内力和变形，与外力的作用位置有关。

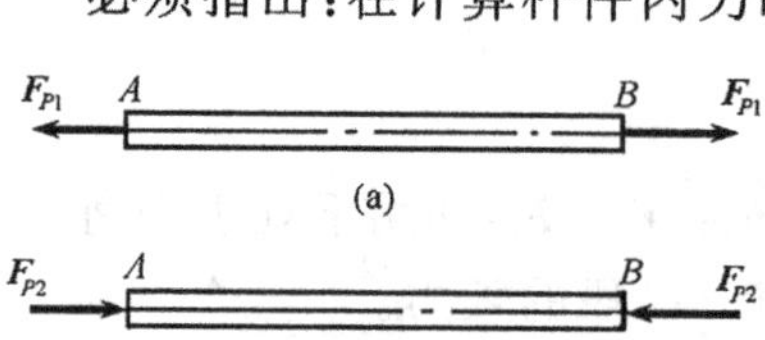

图 3.6

3.2.3 轴力图

表明沿杆长各横截面轴力变化规律的图形称为轴力图。以平行于杆轴线的坐标 x 表示杆件横截面的位置，以垂直于杆轴线的坐标 $\boldsymbol{F}_N$ 表示轴力的数值，将各截面的轴力按一定比例画在坐标图上，并连以直线，就得到轴力图。轴力图可以形象地表示轴力沿杆轴线变化情况，并能确定最大轴力所在位置和数值。

【例 3.2】 杆件受力如图 3.7(a)所示，已知 $\boldsymbol{F}_{P1}=20\text{kN}$，$\boldsymbol{F}_{P2}=30\text{kN}$，$\boldsymbol{F}_{P3}=10\text{kN}$，试画出杆的轴力图。

【解】 (1)计算各段杆的轴力

AB 段：用 1-1 截面在 *AB* 段内将杆截开，取左段为研究对象，如图 3.7(c)，以 $\boldsymbol{F}_{N1}$表示截面上的轴力，并假设为拉力。写出平衡方程

$$\sum \boldsymbol{F}_X = 0,\quad \boldsymbol{F}_{N1} + \boldsymbol{F}_{P1} = 0$$

得

$$\boldsymbol{F}_{N1} = -\boldsymbol{F}_{P1} = -20\text{kN}$$

负号表示 *AB* 段轴力 $\boldsymbol{F}_{N1}$实际为压力。

BC 段：类似上述步骤，如图 3.7(d)，写出平衡方程

$$\sum \boldsymbol{F}_X = 0,\quad \boldsymbol{F}_{N2} + \boldsymbol{F}_{P1} - \boldsymbol{F}_{P2} = 0$$

得

$$\boldsymbol{F}_{N2} = -\boldsymbol{F}_{P1} + \boldsymbol{F}_{P2} = -20 + 30 = 10\text{kN}$$

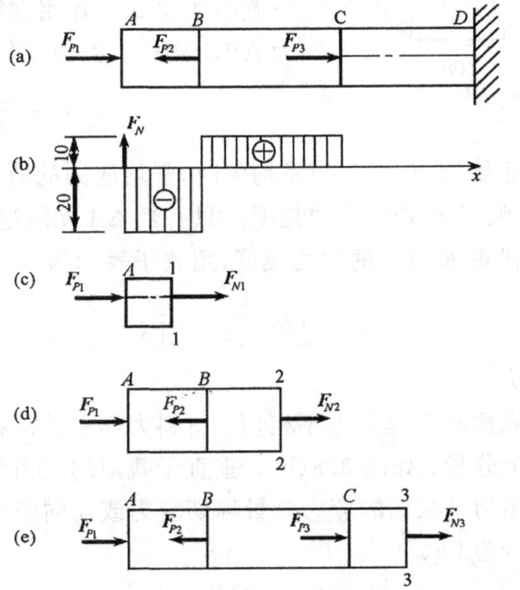

图 3.7

正号表示 BC 段轴力 $\boldsymbol{F}_{N2}$实际为拉力。

CD 段：同理，如图 3.7(e)可得

$$\boldsymbol{F}_{N3}=-\boldsymbol{F}_{P1}+\boldsymbol{F}_{P2}-\boldsymbol{F}_{P3}=-20+30-10=0$$

CD 段轴力 $\boldsymbol{F}_{N3}$为零。

(2)画轴力图

以平行于杆轴的 x 轴为横坐标，垂直于杆轴的 $\boldsymbol{F}_N$ 轴为纵坐标，按一定比例将各段轴力标在坐标上。可做出轴力图如图 3.7(b)所示。

3.3 拉压杆横截面上的应力

3.3.1 应力的概念

由于杆件内部材料是连续的，所以内力连续分布在整个截面上，由截面法求得的是整个截面上分布力系的合力。仅仅知道这些合力的大小，还不能判断杆件的强度，例如，两根材料相同、截面面积不同的杆件，受同样大小的轴向拉力 $\boldsymbol{F}_P$ 作用，两根杆件横截面上的内力显然相同，而截面面积小的杆件必然先断，因为内力在小截面上分布的密集程度(简称集度)大。由此可见，判断杆件的承载能力需要进一步研究内力集度。

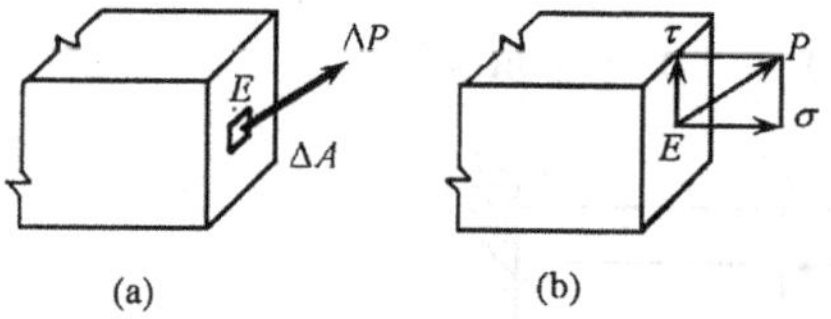

图 3.8

内力在一点处集度称为应力。为了说明截面 mm 上某一点 E 处的应力，可绕 E 点取一微小面积 ΔA，作用在微小面积 ΔA 的内力为 ΔP，如图 3.8(a)，那么，比值

$$p_m=\frac{\Delta P}{\Delta A}$$

称为 ΔA 上的平均应力。当内力分布不均匀时，平均应力的值将随 ΔA 的大小而变化，它不能确切地反映 E 点处内力的集度。只有当 ΔA 无限趋近于零时，平均应力 p_m的极限 p 值才能代表 E 点处的内力集度，用式子表示为

$$p=\lim_{\Delta A\to 0}\frac{\Delta P}{\Delta A}=\frac{\mathrm{d}P}{\mathrm{d}A}$$

p 称为 E 点处的应力。

通常应力 p 与截面既不垂直也不相切。材料力学中总是将它分解为垂直于截面和相切于截面两个分量，如图 3.8(b)。垂直于截面的应力分量称为正应力或法向应力，用 σ 表示；相切于截面的应力分量称切应力或切向应力，用 τ 表示。

应力的单位符号为 Pa。

$$1\mathrm{Pa}=1\mathrm{N/m^2}$$

工程实际中应力数值较大，常用 MPa 或 GPa 作单位

$$1\text{MPa} = 10^6\text{Pa}$$
$$1\text{GPa} = 10^9\text{Pa}$$

3.3.2 拉压杆应力的计算

1. 横截面上的正应力公式

取一根橡胶制成的等直杆，在它的表面均匀地画上若干与轴线平行的纵线及与轴线垂直的横线，如图 3.9(a)所示，使杆的表面形成许多大小相同的方格，然后在两端施加一对轴向拉力 $\boldsymbol{F}_P$，如图 3.9(b)所示，可以观察到，所有的小方格都成了长方格，所有纵线都伸长了，但仍互相平行。所有的横线仍保持直线，且仍垂直于杆轴，只是相对距离增大了。

根据上述现象，可作如下假设：

1)平面假设。若将各条横线看成是一个横截面，则杆件在变形前是平面，变形后仍保持平面，并且仍垂直于杆轴，只是沿杆轴做相对移动。

2)设想杆件是由许多纵向纤维组成的，根据平面假设可知，任意两横截面之间所有纤维都伸长了相同的长度。

根据材料的均匀连续性假设，当变形相同时，受力也相同，因而知道横截面上的内力是均匀分布的，且方向垂直于横截面，图 3.9(c)所示。由上述可得结论：轴向拉伸时，杆件横截面上各点处产生正应力，且大小相等。若用 A 表示杆件横截面面积，$\boldsymbol{F}_N$ 表示该横截面的轴力，则等直杆轴向拉伸时横截面上的正应力 σ 计算公式为

$$\sigma = \frac{\boldsymbol{F}_N}{A} \tag{3.1}$$

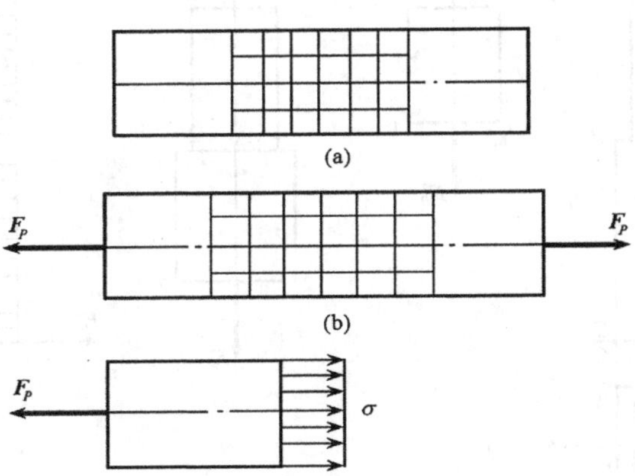

图 3.9

当杆受轴向压缩时，情况完全类似，所得结果式(3.1)仍然适用，只需将轴力连

同负号一并代入公式计算即可。

正应力的正负号规定为：拉应力为正，压应力为负。

2. 正应力公式的适用条件

从上述可知，正应力公式(3.1)必须符合下列两个条件，才可使用。

1) 等截面直杆。

2) 外力(或外力的合力)的作用线与杆轴线重合或杆件横截面上的内力只有轴力 F_N。

【例 3.3】 图 3.10 为一方形截面砖柱，上段柱边长 $a_1=240\text{mm}$，下段柱边长 $a_2=370\text{mm}$。荷载 $\boldsymbol{F}_{P1}=50\text{kN}$，$\boldsymbol{F}_{P2}=90\text{kN}$。不计自重。试画出轴力图并求各段柱横截面上的正应力。

【解】 荷载 $\boldsymbol{F}_{P1}$和 $\boldsymbol{F}_{P2}$的作用线与柱的轴线重合，故 AB 和 BC 两段柱都是轴向压缩。

(1)求轴力

用 1-1 和 2-2 截面分别将柱在 AB 和 BC 段内截开，取上部分为研究对象，画出受力图，如图 3.10(b)、(c)所示，写出平衡方程并解出轴力：

AB 段：
$$\sum \boldsymbol{F}_X=0,\quad -\boldsymbol{F}_{P1}-\boldsymbol{F}_{P1}=0$$

得

$$\boldsymbol{F}_{N1}=-\boldsymbol{F}_{P1}=-50(\text{kN})\ (\text{压})$$

BC 段：
$$\sum \boldsymbol{F}_X=0,\quad -\boldsymbol{F}_{P1}-\boldsymbol{F}_{P2}-\boldsymbol{F}_{N2}=0$$

得

$$\boldsymbol{F}_{N2}=-\boldsymbol{F}_{P1}-\boldsymbol{F}_{P2}=-50-90=-140(\text{kN})(\text{压})$$

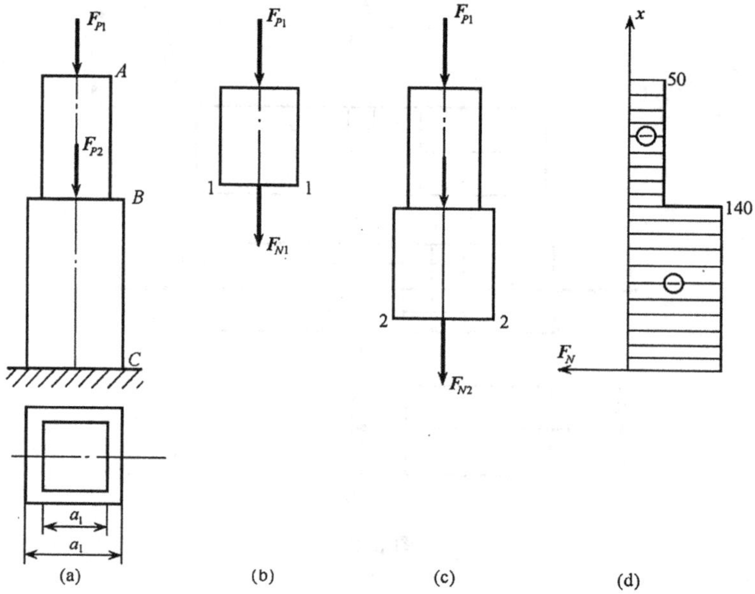

图 3.10

(2) 画出轴力图

取平行于柱轴线的 x 轴及垂直于轴线的 F_N 轴，按一定比例画出轴力图如图 3.10(d) 所示。

(3) 求正应力

AB 段：截面面积　$A_1=240\times240=5.76\times10^4(\mathrm{mm}^2)$

$$\sigma_1=\frac{F_{N1}}{A_1}=\frac{-50\times10^3}{5.76\times10^4}=-0.868(\mathrm{N/mm^2})=-0.868(\mathrm{MPa})(\text{压})$$

BC 段：截面面积　$A_2=370\times370=1.37\times10^5(\mathrm{mm}^2)$

$$\sigma_2=\frac{F_{N2}}{A_2}=\frac{-140\times10^3}{1.37\times10^5}=-1.023(\mathrm{N/mm^2})=-1.023(\mathrm{MPa})(\text{压})$$

【例 3.4】 图 3.11(a)为一三角支架，杆 AB 为圆钢杆，直径 $d=16\mathrm{mm}$，BC 为正方形截面木杆，边长 $a=100\mathrm{mm}$。已知荷载 $F_P=30\mathrm{kN}$，求各杆横截面上的正应力。

【解】 由于支架在 A、B、C 处为铰接，杆中间不受外力作用，故杆 AB、BC 均为二力杆，即为轴向拉压杆。

(1) 求各杆轴力

用截面 1-1 截取节点 B 为研究对象，并假设各杆受拉，如图 3.11(b)，列出平衡方程：

$$\sum F_X=0,\quad -F_{NAB}\cos30^\circ-F_{NBC}\cos30^\circ=0 \tag{a}$$

$$\sum F_Y=0,\quad F_{NAB}\sin30^\circ-F_{NBC}\sin30^\circ-F_p=0 \tag{b}$$

联立解得

$$F_{NAB}=F_P=30\mathrm{kN}(\text{拉}),\quad F_{NBC}=-F_P=-30\mathrm{kN}(\text{压})$$

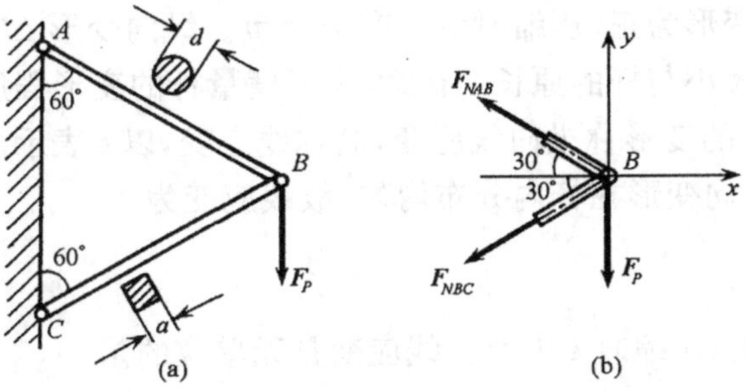

图 3.11

(2) 求各杆正应力

AB 杆：截面面积　$A_{AB}=\dfrac{\pi d^2}{4}=\dfrac{\pi}{4}\times16^2=201(\mathrm{mm}^2)$

$$\sigma_{AB}=\frac{F_{NAB}}{A_{AB}}=\frac{30\times10^3}{201}=149.3(\mathrm{N/mm^2})=149.3(\mathrm{MPa})(\text{拉})$$

BC 杆：截面面积　$A_{BC}=a^2=100^2=1\times10^4(\mathrm{mm}^2)$

$$\sigma_{BC}=\frac{\boldsymbol{F}_{NBC}}{A_{BC}}=\frac{-30\times10^{3}}{10^{4}}=-3(\mathrm{N/mm^{2}})=-3(\mathrm{MPa})(\text{压})$$

3.4 轴向拉伸与压缩的变形

3.4.1 纵向变形与胡克定律

杆受轴向力作用时，沿杆轴线方向会产生伸长(或缩短)，称为纵向变形；同时杆的横向尺寸将减小(或增大)，称为横向变形，如图 3.12 所示。

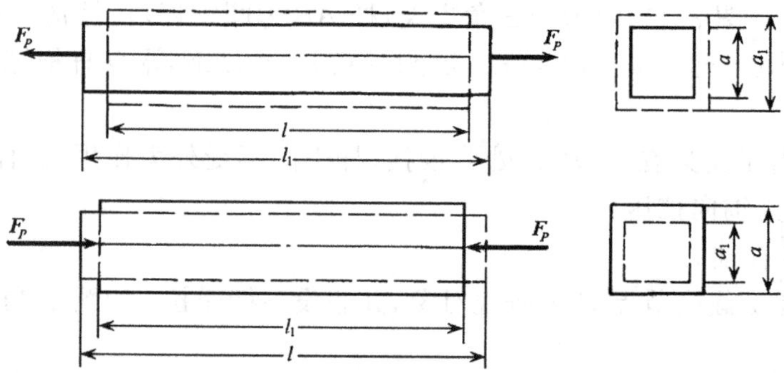

图 3.12

1. 纵向变形

设杆件变形前长为 l，变形后长为 l_1，则杆件的纵向变形为

$$\Delta l=l_1-l$$

拉伸时纵向变形为正，压缩时纵向变形为负。纵向变形 Δl 的单位是 m。

纵向变形的大小与杆的原长 l 有关，为了度量杆的变形程度，需用单位长度的变形量。单位长度的变形称纵向线应变，简称线应变，以 ε 表示。对于轴力为常量的等截面直杆，其纵向变形在杆内分布均匀，故线应变为

$$\varepsilon=\frac{\Delta l}{l} \tag{3.2}$$

拉伸时 ε 为正，压缩时 ε 为负。线应变是无单位的量。

2. 胡克定律

实验证明，当杆的应力未超过某一限度时，纵向变形 Δl 与外力 $\boldsymbol{F}_P$、杆长 l 及横截面面积 A 之间存在着如下的比例关系：

$$\Delta l\propto\frac{\boldsymbol{F}_P l}{A}$$

引进比例系数 E，得

$$\Delta l = \frac{\boldsymbol{F}_P l}{EA} \tag{3.3}$$

在内力不变的杆段中，$\boldsymbol{F}_N = \boldsymbol{F}_P$，可将上式改写为用内力表达的形式

$$\Delta l = \frac{F_N l}{EA} \tag{3.4}$$

式(3.4)称为胡克定律，表明当杆件应力不超过某一限度时，其纵向变形与轴力及杆长成正比，与横截面面积成反比。

将$\frac{\Delta l}{l} = \varepsilon$及$\frac{\boldsymbol{F}_N}{A} = \sigma$代入式(3.4)，得

$$\sigma = E \cdot \varepsilon \tag{3.5}$$

式(3.5)是胡克定律的另一表达形式，它表明当应力不超过某一限度时，应力与应变成正比。

比例系数 E 称为材料的弹性模量，从式(3.4)知，当其他条件相同时，材料的弹性模量越大则变形越小，这说明弹性模量表征了材料抵抗弹性变形的能力。弹性模量的单位与应力的单位相同。

各种材料的 E 值由试验测定。

EA 称为杆件的抗拉(压)刚度，它反映了杆件抵抗拉伸(压缩)变形的能力。EA 越大，杆件的变形就越小。

需特别注意：①胡克定律只适用于杆内应力未超过某一限度，此限度称为比例极限(在下一节将作进一步说明)；②当计算变形时，在杆长 l 内，它的轴力 $\boldsymbol{F}_N$、材料的 E 值及截面面积 A 都应是常数。

3.4.2 横向变形

拉(压)杆产生纵向变形时，横向也产生变形。设杆件变形前的横向尺寸为 a，变形后为 a_1，如图 3.12(a)、(b)所示，则横向变形为

$$\Delta a = a_1 - a$$

横向应变 ε' 为

$$\varepsilon' = \frac{\Delta a}{a} \tag{3.6}$$

杆件伸长时，横向减小，ε' 为负值；杆件压缩时，横向增大，ε' 为正值。因此，拉(压)杆的线应变 ε 与横向应变 ε' 的符号总是相反的。

试验证明，当杆件应力不超过比例极限时，横向应变 ε' 与线应变 ε 的绝对值之比为一常数。此比值称为横向变形系数或泊松比，用 μ 表示。

$$\mu = \left| \frac{\varepsilon'}{\varepsilon} \right| \tag{3.7}$$

μ 是无单位的量，各种材料的 μ 值可由试验测定。

E 与 μ 都是反映材料弹性性能的常数。表 3.1 列出几种材料的 E 和 μ 值。

表 3.1　几种材料的 E、μ 值

材料名称	弹性模量 E/GPa	泊松比 μ
碳钢	200～220	0.25～0.33
16Mn 钢	200～220	0.25～0.33
铸铁	115～160	0.23～0.27
铝及硬铝合金	71	0.33
花岗石	49	
混凝土	14.6～36	0.16～0.18
木材(顺纹)	10～12	

【例 3.5】 图 3.13(a)所示为一两层的木排架,作用在横木上的荷载传给立柱,其中一根柱子的受力图如图 3.13(b)所示,$\boldsymbol{F}_{P1}=30\text{kN}$,$\boldsymbol{F}_{P2}=50\text{kN}$。柱子为圆截面,直径 $d=150\text{mm}$。木材的弹性模量 $E=10\text{GPa}$。求木柱的总变形。

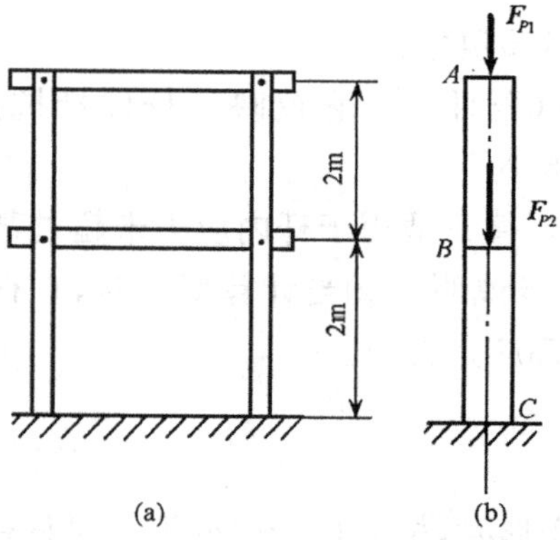

图 3.13

【解】 木柱 AB 和 BC 两段轴力不同,应分别求出两段变形,然后求其总和。

(1) 求轴力

$$\boldsymbol{F}_{NAB}=-\boldsymbol{F}_{P1}=-30(\text{kN})(\text{压})$$

$$\boldsymbol{F}_{NBC}=-\boldsymbol{F}_{P1}-\boldsymbol{F}_{P2}=-30-50=-80(\text{kN})(\text{压})$$

(2) 求变形

截面面积　　$A=\dfrac{\pi d^2}{4}=\dfrac{\pi\cdot 150^2}{4}=1.767\times10^4(\text{mm}^2)$

$$\Delta l_{AB}=\frac{\boldsymbol{F}_{NAB}\cdot l_{AB}}{EA}=\frac{-30\times10^3\times2\times10^3}{10\times10^3\times1.767\times10^4}=-3.40\times10^{-1}(\text{mm})$$

$$\Delta l_{BC}=\frac{\boldsymbol{F}_{NBC}l_{BC}}{EA}=\frac{-80\times10^3\times2\times10^3}{10\times10^3\times1.767\times10^4}=-9.05\times10^{-1}(\text{mm})$$

$$\Delta l=\Delta l_{AB}+\Delta l_{BC}=-3.40\times10^{-1}-9.05\times10^{-1}=-1.245(\text{mm})$$

3.5 材料的力学性质与拉压杆强度计算

3.5.1 材料在轴向拉伸和压缩时的力学性能

前面讨论了拉(压)杆件横截面上的应力,要判别它会不会造成杆件的破坏,还必须知道杆件材料可能承受的极限应力。另外,应用胡克定律计算变形也需要知道定理适用的范围及弹性模量 E 等与材料有关的数据。材料在受力过程中各种物理性质的数据称为材料的力学性能。它们都是通过材料试验来测定的。本节讨论材料在常温、静载作用下的力学性能。

工程中使用的材料种类很多,习惯上根据试样在拉断时塑性变形的大小,区分为塑性材料和脆性材料两类。脆性材料拉断时塑性变形很小,如石料、铸铁、混凝土等;塑性材料拉断时具有较大的塑性变形,如低碳钢、铜、铅等。这两类材料的力学性能有明显的差别。实验研究中,常把塑性材料低碳钢的拉伸试验和脆性材料铸铁的压缩试验作为两类材料的代表性试验。

1. *材料拉伸时的力学性能*

试验时采用国家规定的标准试样。金属材料试样如图 3.14(a)、(b)所示。试样中间部分是工作长度 l,称标距。规定圆形截面试样,标距 l 与直径 d 的比例为 $l=10d$ 或 $l=5d$;矩形截面试样标距 l 与截面面积 A 的比例为 $l=11.3\sqrt{A}$ 或 $l=5.65\sqrt{A}$。

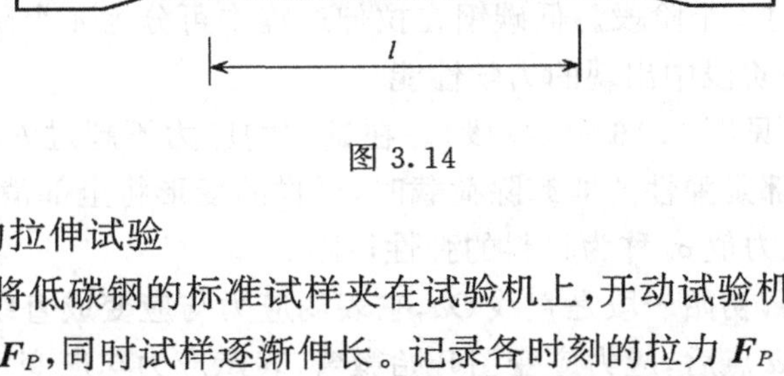

图 3.14

(1)低碳钢的拉伸试验

1) 拉伸图。将低碳钢的标准试样夹在试验机上,开动试验机后,试样受到由零缓慢增加的拉力 $\boldsymbol{F}_P$,同时试样逐渐伸长。记录各时刻的拉力 $\boldsymbol{F}_P$ 及标距 l 段内相应的纵向伸长 Δl,直至拉断为止。以拉力 $\boldsymbol{F}_P$ 为纵坐标,Δl 为横坐标,将 $\boldsymbol{F}_P$ 和 Δl 的关系按一定比例绘制成的曲线,称为拉伸图(或 P-Δl 曲线)如图 3.15 所示。一般试验机上均有自动绘图装置,试样拉伸过程中能自动绘出拉伸图。

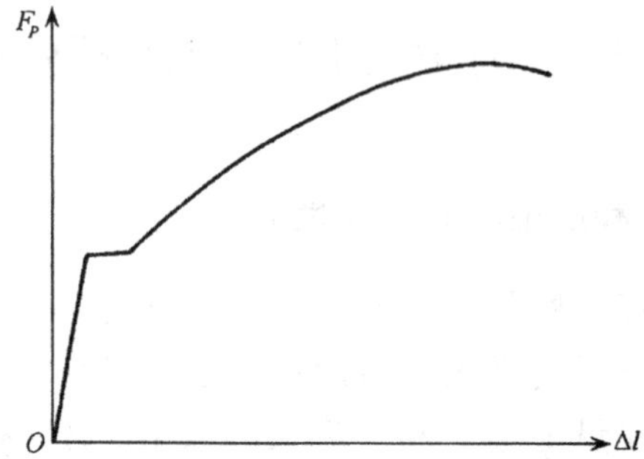

图 3.15

2）应力应变图。由于 Δl 与试样的标距 l 及横截面面积 A 有关，因此，即使是同一材料，当试样尺寸不同，其拉伸图也不同。为消除试样尺寸的影响，反映材料本身的性质，将纵坐标 F_P 除以试样横截面的原始面积 A，用应力 $\sigma=\dfrac{F_P}{A}$表示；将横坐标 Δl 除以原标距 l，用线应变 $\varepsilon=\dfrac{\Delta l}{l}$表示，这样画出的曲线称为应力应变图（$\sigma$-$\varepsilon$ 图），如图 3.16 所示。

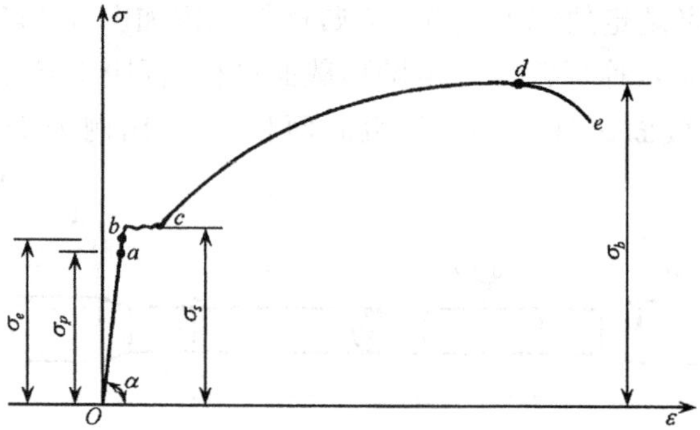

图 3.16

3）拉伸过程的 4 个阶段。低碳钢在拉伸过程中可分为 4 个阶段，下面根据应力应变图来说明各阶段中出现的力学性能。

①弹性阶段（见图 3.16 中 Ob 段）。在试样的应力不超过 b 点所对应的应力时，材料的变形全部是弹性的即卸除荷载时，试样的变形将全部消失。弹性阶段最高点 b 相对应的应力值 σ_e 称为材料的弹性极限。

在弹性阶段内，初始一段是直线 Oa，它表明应力与应变成直线比例关系，材料服从胡克定律。过 a 点后，应力应变图开始微弯，表示应力与应变不再成直线比例。应力与应变直线关系最高点 a 相对应的应力值 σ_p，称为材料的比例极限。建筑中最常用的 Q235 钢，比例极限约为 200MPa。

图 3.16 中直线 Oa 与横坐标 ε 间的夹角 α，材料的模量 E 可由夹角 α 的正切表

示，即

$$E=\frac{\sigma}{\varepsilon}=\tan\alpha \tag{3.8}$$

弹性极限 σ_e 和比例极限 σ_P 两者意义虽然不同，但数值非常接近，工程上对它们不加严格区分，常近似地认为在弹性范围内材料服从胡克定律。

②屈服阶段(见图 3.16 中 bc 段)。当应力超过 b 点对应的应力后，应变增加很快，应力仅在很小范围内波动，在 σ-ε 图上呈现出接近于水平的"锯齿"形段 bc。这表明应力基本不变、应变显著增加，好像材料对外力屈服了一样，故此阶段称屈服阶段(也称流动阶段)。屈服阶段中的最低应力称为屈服极限，用 σ_s 表示。Q235 钢的屈服极限约为 240MPa。

材料到达屈服阶段时，如果试样表面光滑，则可以在试样表面上看到大约与试样轴线成 45°的斜线，如图 3.17，这种斜线称为滑移线。这是由于在 45°斜面上存在最大切应力，造成材料内部晶粒之间相互滑移所致。

③强化阶段(见图 3.16 中 cd 段)。屈服阶段以后，材料重新产生了抵抗变形的能力，图 3.16 中向上凸的曲线 cd 表明若要试样继续变形，必须增加应力，这一阶段称强化阶段。曲线最高点 d 所对应的应力称强度极限，以 σ_b 表示。Q235 钢的强度极限约为 400MPa。

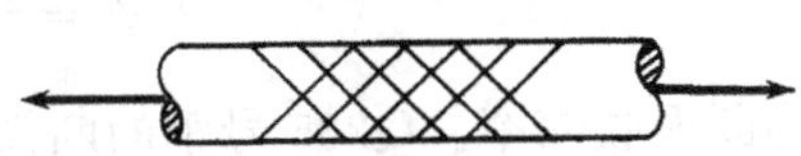

图 3.17

④颈缩阶段(见图 3.16 中 de 段)当应力到达强度极限之后，在试样薄弱处将发生急剧的局部收缩，出现"颈缩"现象，如图 3.18 所示。由于颈缩处截面面积迅速减小，试样继续变形所需的拉力 $\boldsymbol{F}_P$ 也相应减少，用原始截面面积 A 算出的应力值也随之下降，曲线出现了 de 段形状，至 e 点试样被拉断。

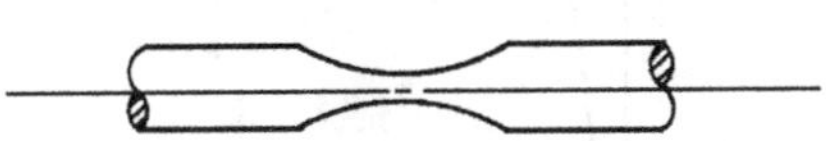

图 3.18

上述低碳钢拉伸的 4 个阶段中，有 3 个有关强度性质的指标，即比例极限 σ_p、屈服极限 σ_s 和强度极限 σ_b、σ_p 表示了材料的弹性范围；σ_s 是衡量材料强度的一个重要指标，当应力达到 σ_s 时，杆件产生显著的塑性变形，使得其无法正常使用；σ_b 是衡量材料强度的另一个重要指标，当应力达到 σ_b 时，杆件出现颈缩并很快被拉断。

4)塑性指标。试样断裂后，变形中的弹性部分随着荷载的消失而消失，塑性变形残余了下来。试样断裂后所遗留下的塑性变形大小，常用来衡量材料的塑性性能。塑性性能指标有两个。

①延伸率。试样拉断后的标距长度 l_1 减去原来的标距长度 l，图 3.19 所示，除以 l 后的百分比，称为材料的延伸率 δ，即

$$\delta=\frac{l_1-l}{l}\times100\% \tag{3.9}$$

Q235 钢的延伸率 δ 约为 20%～30%。

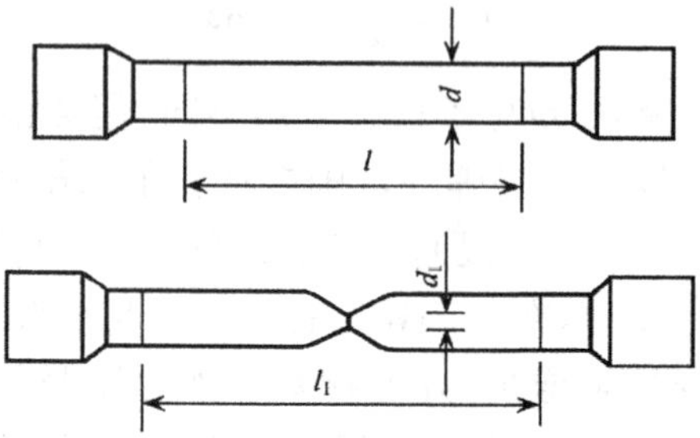

图 3.19

工程中常按延伸率的大小将材料分为两类。$\delta \geqslant 5\%$的材料，如低碳钢、铝、铜等，称塑性材料；$\delta < 5\%$的材料，如铸铁、石料、混凝土等，称为脆性材料。

②断面收缩率。试样拉断后断裂处的最小横截面面积用 A_1 表示，则比值

$$\psi = \frac{A - A_1}{A} \times 100\% \tag{3.10}$$

称为断面收缩率。Q235 号钢的断面收缩率 ψ 约为 60%～70%。

5)冷作硬化。在试验过程中，如加载到强化阶段某点 f 时，如图 3.20(a)，将荷载逐渐减小到零，可以看到，卸载过程中应力与应变仍保持直线关系，且卸载直线 fO_1 基本上与弹性阶段直线 Oa 平行。f 点对应的应变为 Og，回到 O_1 时所消失的部分 O_1g 为弹性应变，不能消失的部分 OO_1 为塑性应变。

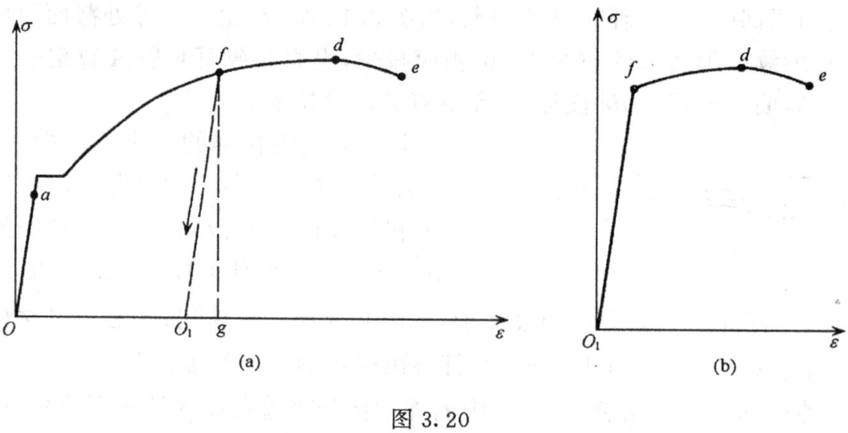

图 3.20

如果卸载后立刻再加荷载，则 σ-ε 曲线将基本上沿着卸载时的同一直线 O_1f 上升到 f 点，f 点以后的曲线与原来的 σ-ε 曲线相同，如图 3.20(b)。比较图 3.20(a)与(b)，可见卸载后再加荷载，材料的比例极限与屈服极限都得到提高，而塑性将下降。这种将材料预拉到强化阶段，然后卸载，当再加载时，比例极限和屈服极限得到提高，塑性降低的现象，称为冷作硬化。工程中常利用冷作硬化来提高钢筋的屈服极限，达到节约钢材的目的。

(2)其他材料拉伸时的力学性能

1)其他塑性材料。16Mn 钢、铝合金、黄铜等几种塑性材料的 σ-ε 曲线如图 3.21 所示。它们的共同特点是延伸率较大。有些金属材料没有明显的屈服阶段，对这些塑性材料，通常规定：卸载后试样的塑性应变达 0.2%时对应的应力值作为材料的名义屈服极限(见图 3.22)用 $\sigma_{p0,2}$表示。

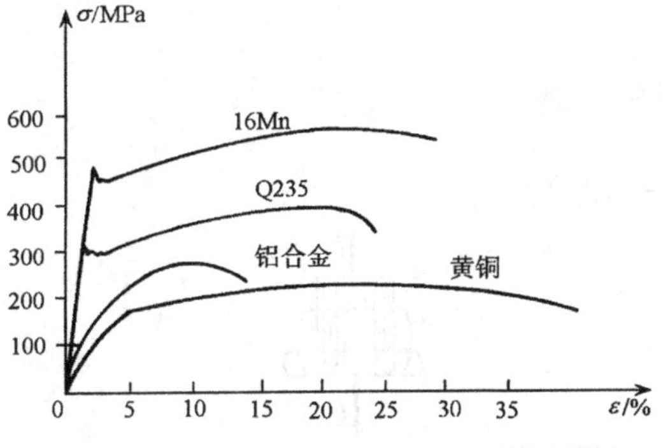

图 3.21

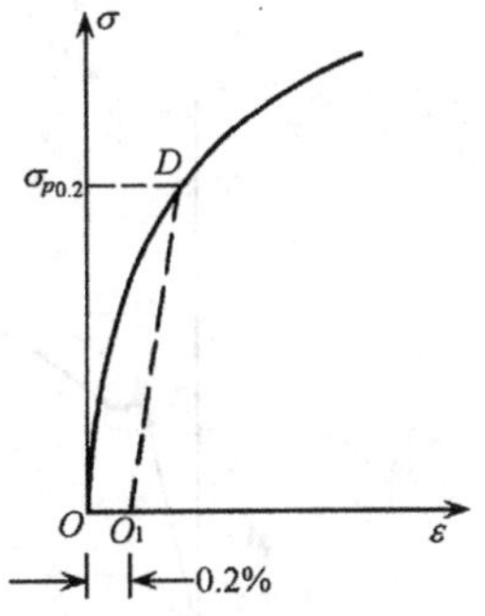

图 3.22

2)铸铁。图 3.23 是铸铁拉伸时的 σ-ε 曲线。它的延伸率约为 0.4%，是典型的脆性材料。图中没有明显的直线部分，没有屈服阶段，断裂时的应力就是强度极限，是脆性材料衡量强度的惟一指标。由于拉断时的变形极小，通常规定在产生 0.1%的应变时所对应的应力范围作为弹性范围，并认为材料在此范围内近似地服从胡克定律。它的弹性模量是用割线代替 σ-ε 曲线，以割线的斜率 $\tan\alpha$ 为近似地 E 值，称割线弹性模量。铸铁的弹性模量 E 约为 115～160GPa。

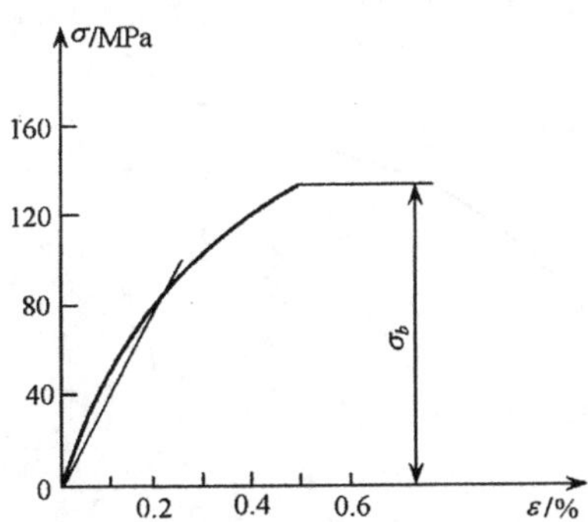

图 3.23

2. 材料压缩时的力学性能

金属材料压缩实验用的试样为圆柱形，高为直径的 1.5～3 倍，非金属材料(如混凝土、石料等)试样为立方块。

(1)碳钢的压缩试验

图 3.24(a)中的虚线为低碳钢压缩试验的 σ-ε 曲线，实线为拉伸试验的 σ-ε 曲线。比较两者，可以看出，在屈服阶段以前，两曲线重合，低碳钢压缩时的比例极限、屈服极限、弹性模量均与拉伸时相同。过了屈服极限之后，试样越压越扁，如图 3.24(b)所示，随压力增加，其受压面积也增加，试样只压扁而不破坏，因此，不能测出强度极限。

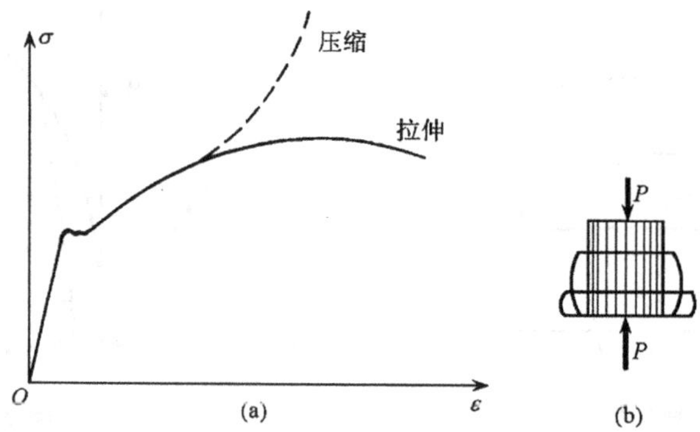

图 3.24

低碳钢的力学性能，通过拉伸试验都可测定，一般不需做压缩试验。

(2)铸铁的压缩试验

图 3.25(a)是铸铁压缩时的 σ-ε 曲线，整个图形与拉伸时相似，但压缩时的延伸率比拉伸时大，压缩时的强度极限为拉伸时的 4～5 倍。其他脆性材料也具有类似的性质，所以脆性材料适用于受压构件。

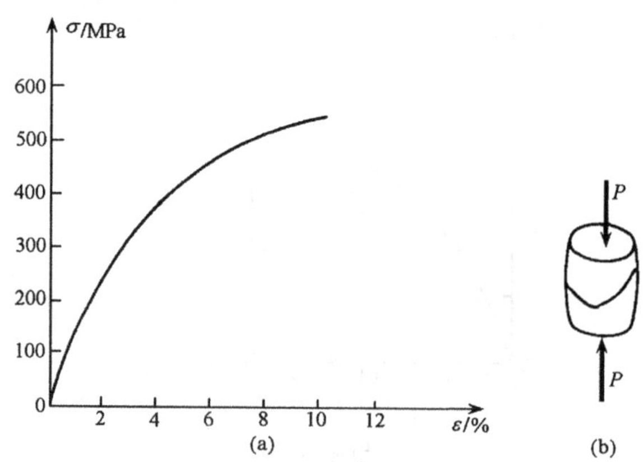

图 3.25

铸铁压缩破坏时，破坏面与轴线大致成 45°～55°，如图 3.25(b)所示，即在最大切应力所在面上破坏。说明铸铁抗剪强度低于抗拉压强度。

表 3.2 列出了几种常用材料的主要力学性能。

表 3.2　几种常用材料的主要力学性能

材料名称	屈服极限 σ_s/MPa	强度极限 σ_b/MPa		延伸率 δ/%
		受　拉	受　压	
Q235 低碳钢	220～240	370～460		25～27
16Mn 钢	280～340	470～510		19～31
灰口铸铁		98～390	640～1300	<0.5
混凝土C 20		1.6	14.2	
C 30		2.1	21	
红松(顺纹)		96	32.2	

3.5.2　轴向拉压杆件强度计算

1. *材料的极限应力*

任何一种构件材料都存在着一个能承受应力的固有极限，称极限应力，用 σ° 表示。杆内应力达到此值时，杆件即告破坏。

从前节材料的试验中看到，塑性材料到达屈服极限 σ_s 时，将出现显著的塑性变形；此时，即认为塑性材料失去正常工作能力。脆性材料到达强度极限 σ_b 时会引起断裂。构件工作时发生断裂或显著塑性变形都是不允许的，所以

对塑性材料　　$\sigma^\circ = \sigma_s$

对脆性材料　　$\sigma^\circ = \sigma_b$

2. *许用应力和安全因数*

为了保证构件能正常地工作，必须使构件工作时产生的实际应力不超过材料的极限应力。由于设计计算时有许多不利因素无法预计，构件使用时又必须留有必要的安全度，因此规定将极限应力 σ° 缩小 n 倍作为衡量材料承载能力的依据，称为许用应力，以符号 $[\sigma]$ 表示：

$$[\sigma] = \frac{\sigma^\circ}{n} \tag{3.11}$$

式中：n 为大于 1 的数，称安全因数。

安全因数的确定相当重要而又比较复杂，如选用偏大，则许用应力降低，安全储备增大，但用料增加；如选用偏小，则许用应力提高，安全储备减少。确定安全因数必须考虑各方面的因素，如荷载的性质，荷载数值及计算方法的准确程度，材料的均匀程度，测试方法的可靠程度及构件工作条件等。例如，在静载作用下，脆性材料的均匀性较差，破坏时没有显著变形的“预告”，所取的安全因数比塑性材料大。一般工程中

脆性材料　　$[\sigma] = \dfrac{\sigma_b}{n_b}$

$$n_b = 2.5 \sim 3.0$$

塑性材料
$$[\sigma]=\frac{\sigma_s}{n_s}$$
$$n_s=1.4\sim1.7$$

常用材料的许用应力可见表 3.3 所示。

表 3.3　常用材料的许用应力

材料名称	许用应力/MPa	
	轴向拉伸	轴向压缩
Q235 钢	170	170
16Mn	230	230
灰口铸铁	34～54	160～200
混凝土C 20	0.44	7
C 30	0.6	10.3
红松(顺纹)	6.4	10

3. 拉(压)杆的强度条件和强度计算

拉(压)杆横截面上的正应力为 $\sigma=\frac{F_N}{A}$,这是拉(压)杆件工作时荷载所引起的应力,故又称工作应力。为保证杆件的安全工作,杆内最大工作应力不得超过材料的许用应力,即

$$\sigma_{\max}=\frac{F_N}{A}\leqslant[\sigma] \tag{3.12}$$

式(3.12)称为拉(压)杆的强度条件。

式中:$\sigma_{\max}$——杆内截面上的最大工作应力;

F_N——产生最大工作应力截面上的轴力,这个截面称危险截面;

A——危险截面的截面面积;

$[\sigma]$——材料的许用应力。

对等直杆讲,轴力最大的截面就是危险截面;对轴力不变而杆截面变化的杆,则截面积最小的截面是危险截面。

根据强度条件式(3.12)可以解决工程实际中有关构件强度的 3 类问题。

(1) 强度校核

已知构件的横截面面积 A,材料的许用应力$[\sigma]$及所受荷载,应用式(3.12)就可以检查构件的强度是否足够。

(2)设计截面

已知构件所承受的荷载及材料许用应力$[\sigma]$,则构件所需的横截面面积 A 可用下式计算:

$$A\geqslant\frac{F_N}{[\sigma]}$$

(3)确定许可荷载

已知构件的横截面面积 A 及材料的许可应力$[\sigma]$，则构件所能承受的轴力可用下式计算：

$$[F_N] \leqslant A \cdot [\sigma]$$

然后根据$[F_N]$再确定许可荷载。

【例 3.6】 图 3.26(a) 所示为一起重用吊环，由斜杆 AB、AC 与横梁 BC 组成，$\alpha=20°$。已知吊环的最大吊重 $\boldsymbol{F}_P=500\text{kN}$，斜杆用锻钢制成的圆杆，直径 $d=54\text{mm}$，材料的许用应力$[\sigma]=120\text{MPa}$ 。试校核杆的强度。

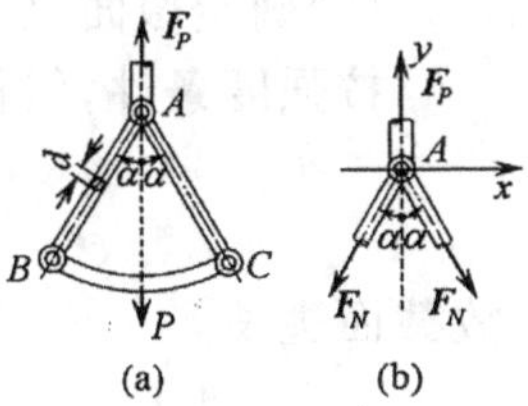

图 3.26

【解】 (1)计算斜杆的内力

斜杆两端为铰接，自重不计，故斜杆为二力杆，截面内力只有轴力。用截面法截取结点 A 为研究对象，如图 3.26(b)所示，由对称关系可设 AB、AC 两杆的轴力都是 F_N，写出平衡方程

$$\sum \boldsymbol{F}_Y = 0, \quad \boldsymbol{F}_P - 2\boldsymbol{F}_N\cos\alpha = 0$$

得

$$\boldsymbol{F}_N = \frac{\boldsymbol{F}_P}{2\cos\alpha} = \frac{500}{2\cos 20°} = 266(\text{kN})$$

(2)强度校核

斜杆的最大正应力为

$$\sigma_{\max} = \frac{F_N}{A} = \frac{266 \times 10^3}{\dfrac{\pi \times 54^2}{4}}$$

$$= 116.2(\text{MPa}) < [\sigma] = 120(\text{MPa})$$

所以斜杆满足强度要求。

【例 3.7】 图 3.27(a)为一木构架，在 D 点承受集中荷载 $\boldsymbol{F}_P=10\text{kN}$。已知斜杆 AB 为正方形截面的木杆，材料许用应力$[\sigma]=6\text{MPa}$。求斜杆的截面尺寸。

【解】 (1)计算斜杆内力

因 A、B 处为铰接，斜杆 AB 为二力杆。用假想面 1-1 将构架截为两部分，取上

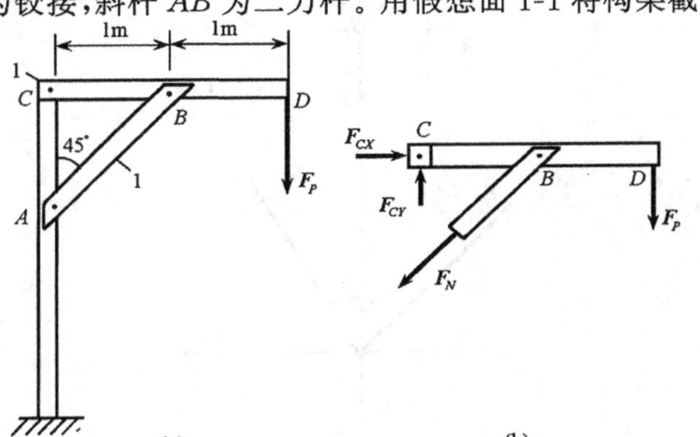

图 3.27

部为研究对象，如图 3.27(b)所示，由平衡方程

$$\sum M_C = 0, \quad -\boldsymbol{F}_P \times 2 - \boldsymbol{F}_N \times 1 \times \sin45° = 0$$

得

$$\boldsymbol{F}_N = -\frac{2\boldsymbol{F}_P}{\sin45°} = -\frac{2\times10}{\sin45°} = -28.3(\mathrm{kN})(压)$$

(2)确定截面尺寸

按强度条件，斜杆的截面面积为

$$A \geqslant \frac{\boldsymbol{F}_N}{[\sigma]} = \frac{28.3 \times 10^3}{6} = 4717(\mathrm{mm}^2)$$

故截面边长

$$a = \sqrt{A} \geqslant \sqrt{4717} = 68.7(\mathrm{mm})$$

取 $a=70\mathrm{mm}$ 。

【例 3.8】 图 3.28 所示支架，杆①的许用应力$[\sigma]_1 = 100\mathrm{MPa}$，杆②的许用应力$[\sigma]_2 = 160\mathrm{MPa}$，两杆截面面积均为 $A = 200\mathrm{mm}^2$，求许可荷载$[F_P]$。

【解】 (1)计算杆的轴力

截取结点 C 为研究对象，如图 3.28(b)所示。列平衡方程

$$\sum \boldsymbol{F}_X = 0, \quad \boldsymbol{F}_{N2}\sin30° - \boldsymbol{F}_{N1}\sin45° = 0$$

$$\sum \boldsymbol{F}_Y = 0, \quad \boldsymbol{F}_{N2}\cos30° + \boldsymbol{F}_{N1}\cos45° - \boldsymbol{F}_P = 0$$

联立解得

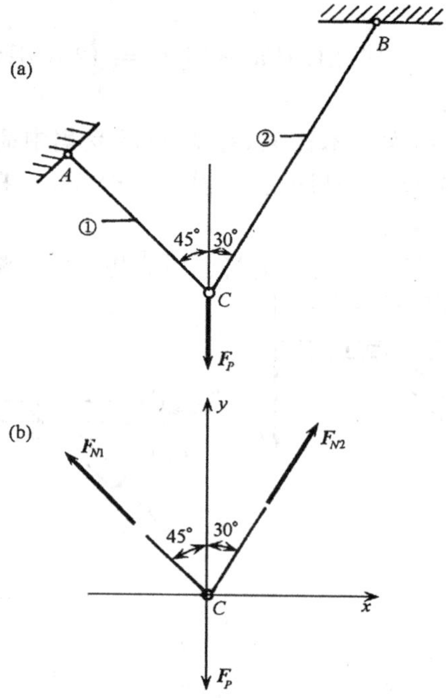

图 3.28

$$F_{N1}=0518F_P, \quad F_{N2}=0.732F_P$$

(2) 计算许可荷载

先根据杆①的强度条件计算杆①的许可轴力

$$[F_{N1}] = A[\sigma]_1 = 200 \times 100 = 20 \times 10^3(\text{N}) = 20(\text{kN})$$

而

$$[F_{N1}]=0.518[F_P]$$

所以

$$[F_P]=\frac{[F_{N1}]}{0.518}=\frac{20}{0.518}=38.6(\text{kN})$$

再根据杆②的强度条件计算杆②的许可轴力

$$[F_{N2}] = A[\sigma]_1 = 200 \times 160 = 32 \times 10^3(\text{N}) = 32(\text{kN})$$

而

$$[F_{N2}]=0.732[F_P]$$

所以

$$[F_P]=\frac{[F_{N2}]}{0.732}=\frac{32}{0.732}=43.7(\text{kN})$$

比较两次所得的许可荷载,取其较小者。所以整个结构的许可荷载为$[F_P]=$38.6kN。

思 考 题

3.1 指出下列杆件中哪些部位属于轴向拉伸或压缩?

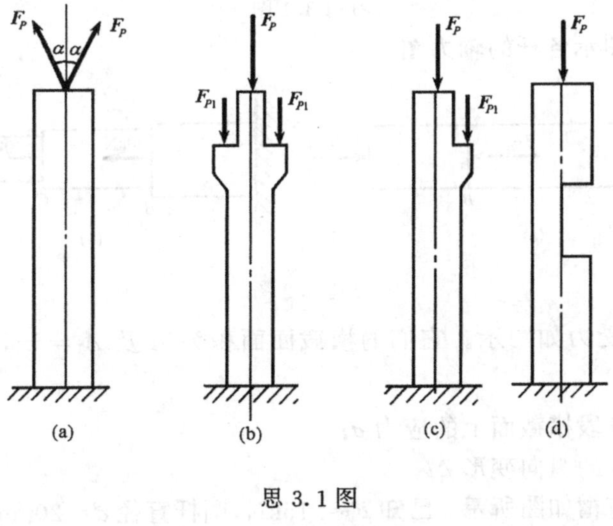

思 3.1 图

3.2 一根钢杆、一根铜杆,它们的截面面积不同,承受相同的轴向拉力,问它们的内力是否相同？

3.3 在拉（压）杆中，轴力最大的截面一定是危险截面，这种说法对吗？为什么？

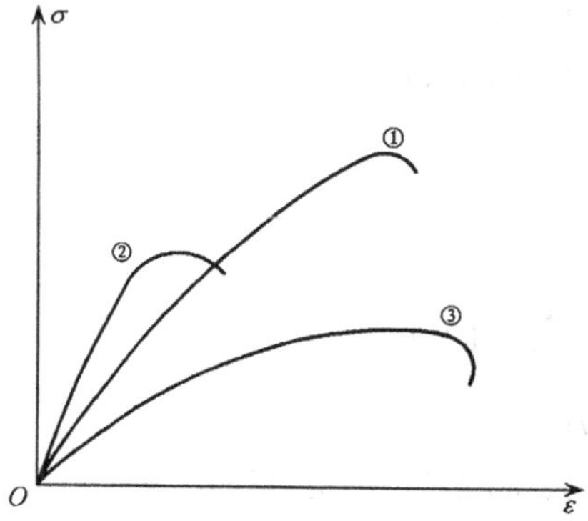

思 3.6 图

3.4 指出下列概念的区别：

(1) 材料的拉伸图和应力应变图；

(2) 屈服极限和强度极限；

(3) 极限应力和许用应力；

(4) 线应变和延伸率。

3.5 已知碳钢的比例极限 $\sigma_P=200\text{MPa}$，弹性模量 $E=200\text{GPa}$，现有一试样，测得其应变 $\varepsilon=0.002$，由此算得 $\sigma=E\cdot\varepsilon=200\times10^3\times0.002=400\text{MPa}$？为什么？

3.6 3种材料的应力应变图如下，问哪一种材料(1)强度高；(2)刚度大；(3)塑性好？

习　题

3.1 求图示各杆指定截面上轴力。

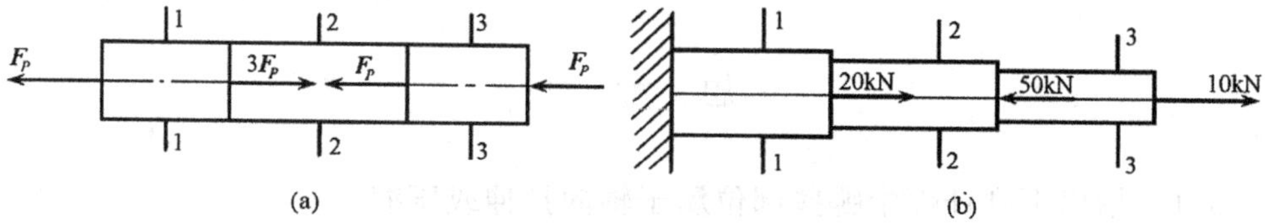

习题 3.1 图

3.2 画出图示各杆的轴力图。

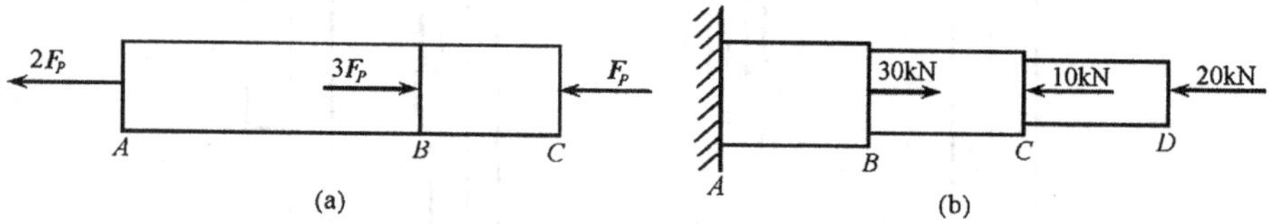

习题 3.2 图

3.3 直杆受力如图示。它们的横截面面积为 A 及 $A_1=\dfrac{A}{2}$，弹性模量为 E，试求：

(1) 各段横截面上的应力 σ；

(2) 杆的纵向变形 Δl。

3.4 圆杆有槽如图所示。已知 $\boldsymbol{F}_P=15\text{kN}$，圆杆直径 $d=20\text{mm}$。求横截面1-1和 2-2 上的应力（横截面上槽的面积近似按矩形计算）。

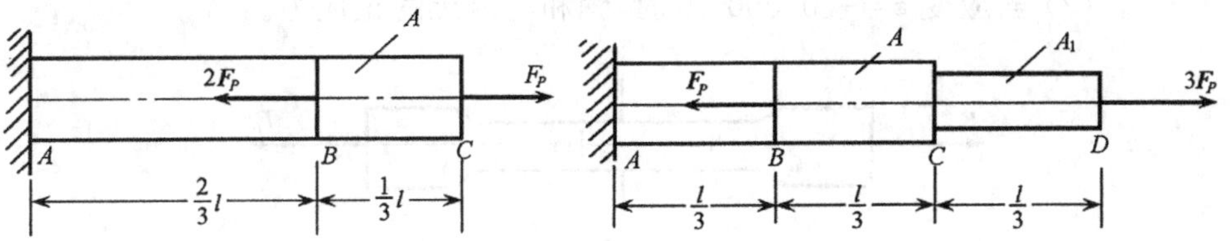

习题 3.3 图

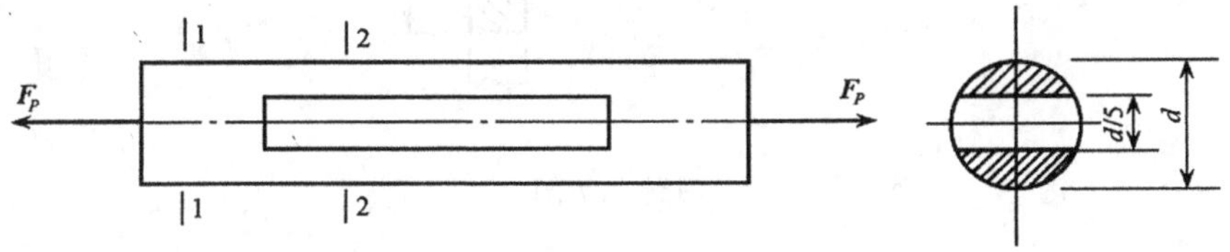

习题 3.4 图

3.5　横梁 AB 支撑在支座 A、B 上，两支柱的横截面面积都是 $A=9\times10^4$ mm^2，作用在梁上的荷载可沿梁移动，其大小如图示。求支座柱子的最大正应力。

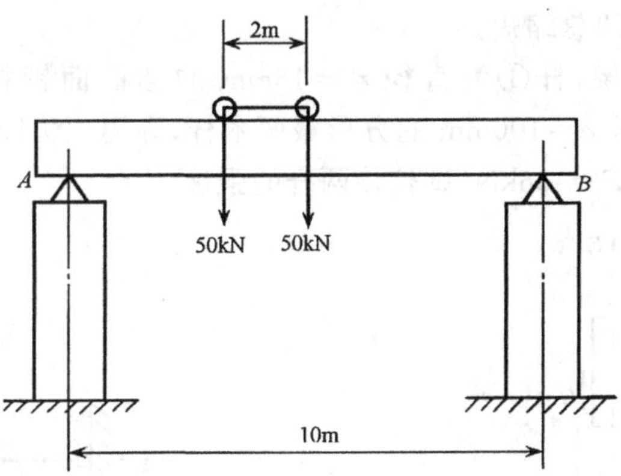

习题 3.5 图

3.6　拉伸试验时，Q235 钢试件直径 $d=10$mm，在标距 $l=100$mm 内的伸长 $\Delta l=0.06$mm。已知 A3 钢的比例极限 $\sigma_P=200$MPa，弹性模量 $E=200$GPa，问此时试样的应力是多少？所受的拉力是多大？

3.7　平板拉伸试样如图示，宽 $b=29.8$mm，厚 $h=4.1$mm。拉伸试验时，每增加 3kN 拉力，测得轴向应变 $\varepsilon=120\times10^{-6}$，横向应变 $\varepsilon_1=-38\times10^{-6}$。求材料的弹性模量 E 及泊松比 μ。

3.8　设低碳钢的弹性模量 $E_1=210$GPa，混凝土的弹性模量 $E_2=28$GPa，求：

(1) 在正应力 σ 相同的情况下，钢和混凝土的应变的比值；

(2) 在应变 ε 相同的情况下，钢和混凝土的正应力的比值；

(3) 当应变 $\varepsilon=-0.00015$ 时，钢和混凝土的正应力。

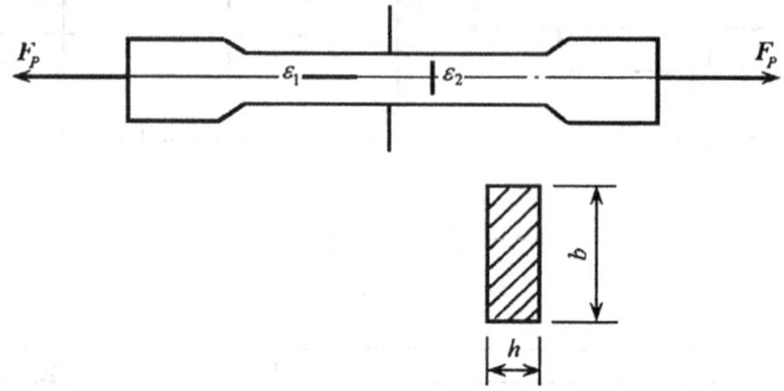

习题 3.7 图

3.9 截面为方形的阶梯砖柱如图示。上柱高 $H_1=3\text{m}$，截面面积 $A_1=(240\times240)\text{mm}^2$；下柱高 $H_2=4\text{m}$，截面面积 $A_2=(370\times370)\text{mm}^2$。荷载 $F_P=40\text{kN}$，砖砌体的弹性模量 $E=3\text{GPa}$，砖柱自重不计，试求：

(1) 柱子上、下段的应力；

(2) 柱子上、下段的应变；

(3) 柱子的总缩短。

3.10 图示支架，杆①为直径 $d=16\text{mm}$ 的圆截面钢杆，许用应力 $[\sigma]_1=140\text{MPa}$；杆②为边长 $a=100\text{mm}$ 的方形截面木杆，许用应力 $[\sigma]_2=4.5\text{MPa}$。已知结点 B 处挂一重物 $\boldsymbol{F}_P=36\text{kN}$，试校核两杆的强度。

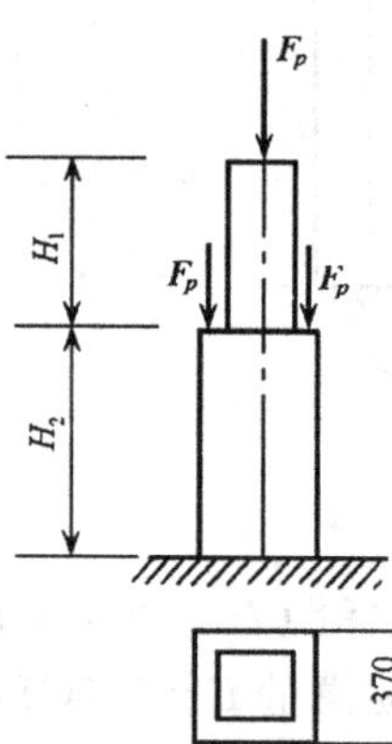

习题 3.9 图

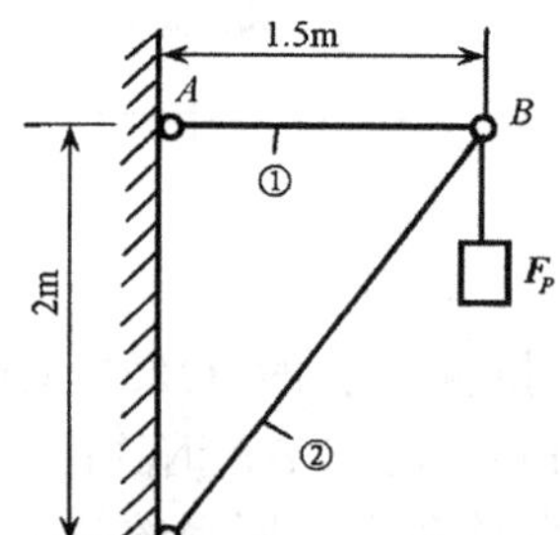

习题 3.10 图

3.11 一矩形截面木杆，两端的截面被圆孔削弱，中间的截面被两个切口减弱。如图所示。杆端承受轴向拉力 $F_P=70\text{kN}$，已知 $[\sigma]=7\text{MPa}$，问杆是否安全？

3.12 一装物木箱重 $W=5\text{kN}$，用绳索起吊如图示，试求每根吊索的拉力。如吊索用麻绳，麻绳的许用应力如下表所示，试选择麻绳的直径。

麻绳直径 d/mm	20	22	25	29
许用拉力 $\boldsymbol{F}_T$/N	3200	3700	4500	5200

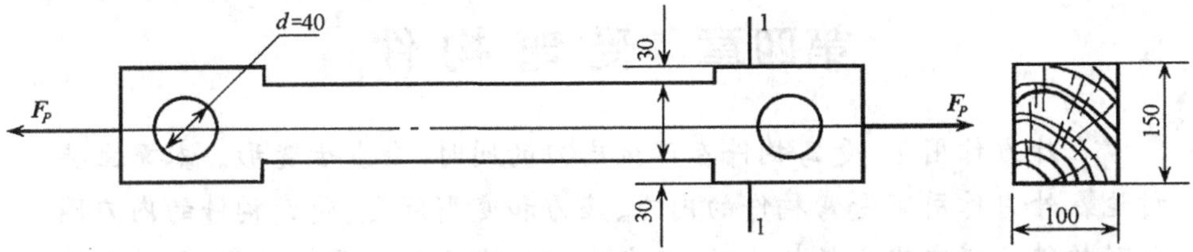

习题 3.11 图

3.13　图示雨篷结构简图，水平梁 AB 上受均布荷载 $q=10\text{kN/m}$，B 端用斜杆拉住。试按下列两种情况设计截面：

(1)斜杆由两根等边角钢制造，材料许用应力$[\sigma]=160$ MPa 选择角钢型号。

(2)若斜杆用钢丝绳代替，每根钢丝绳的直径 $d=2\text{mm}$，钢丝的许用应力$[\sigma]=$ 160MPa，求所需的钢丝根数。

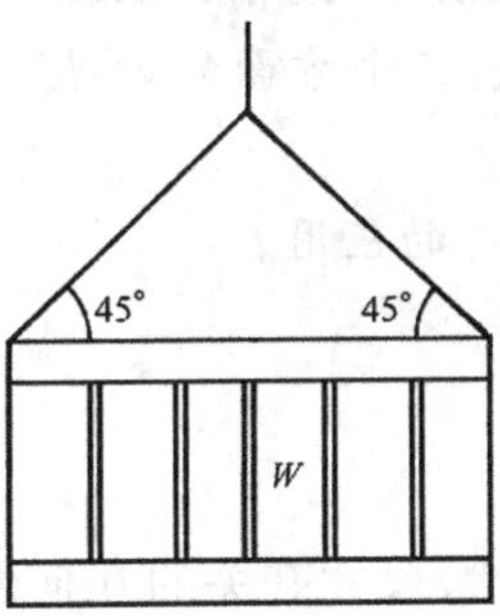

习题 3.12 图

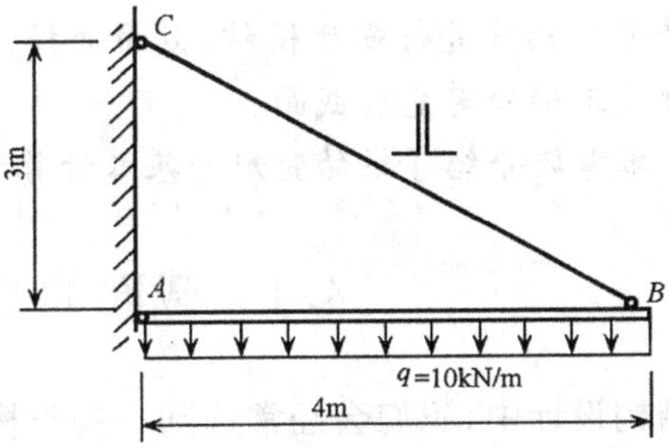

习题 3.13 图

3.14　悬臂吊车如图所示，小车可在 AB 梁上移动，斜杆 AC 的截面为圆形，许用应力$[\sigma]=170\text{MPa}$。已知小车荷载 $\boldsymbol{F}_P=15\text{kN}$，试求杆 AC 的直径 d。

3.15　图示结构中 AC、BD 两杆材料相同，许用应力$[\sigma]=160\text{MPa}$，弹性模量 $E=200\text{GPa}$，荷载 $\boldsymbol{F}_P=60\text{kN}$。试求两杆的横截面面积。

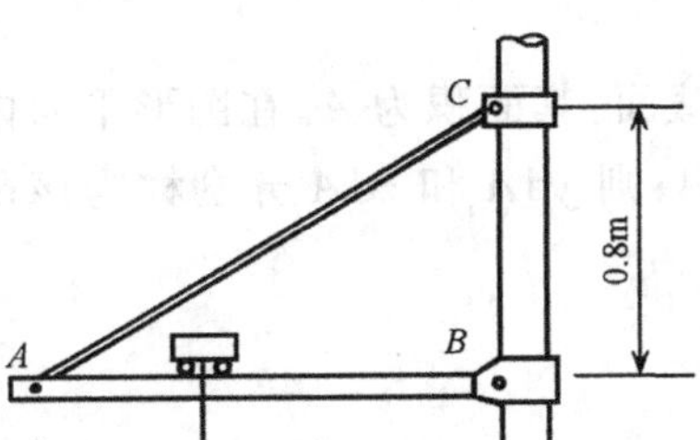

习题 3.14 图

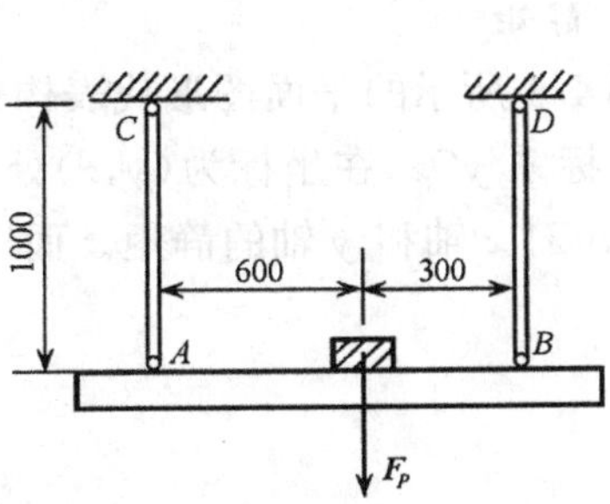

习题 3.15 图

第四章 受弯构件

在外力作用下，受弯构件在产生内力的同时，会发生变形。本章主要讨论在外力作用下受弯构件的内力、应力和变形问题。受弯构件的内力图是对构件进行内力分析的基础，在本书中占有十分重要的地位，是学习本课程应掌握的重点之一。对本章介绍的作内力图的3种方法，列剪力方程和弯矩方程作内力图，利用荷载和剪力、弯矩之间的微积分关系作内力图，叠加法作内力图，要反复练习，不断总结，正确掌握。

梁的应力计算公式，是在实验的基础上，做出平面假设，然后通过几何、物理和平衡条件，得到应力的分布规律，从而推导出应力公式。根据材料的力学性质得到材料的许用应力，建立受弯构件的强度条件。根据强度条件可对构件进行强度校核，截面选择，确定许可荷载，三个方面的计算关键是正确确定危险截面。

本章还介绍了梁的变形的基本计算方法及刚度条件的应用。

4.1 截面的几何性质

在结构设计中，我们会经常遇到一些与构件截面的形状、尺寸有关的几何量，如在推导拉、压构件的应力公式时，遇到的横截面面积 A，推导受弯构件的应力公式时，会遇到截面的静矩 S、惯性矩 I 和抗弯截面模量 W 等。它们都是与构件横截面的形状、尺寸有关的物理量。我们把这些反映构件横截面的形状、尺寸某些性质的物理量称为截面的几何性质。

4.1.1 截面的静矩和形心

1. 静矩

图4.1所示的平面图形代表构件的任意横截面，其面积为 A。在图形平面内选取一坐标系 yOz，在坐标为 (y,z) 处取微面积 $\mathrm{d}A$；则 $y\mathrm{d}A$ 和 $z\mathrm{d}A$ 分别称为该微分面积 $\mathrm{d}A$ 对 z 轴和 y 轴的静矩。而以下两积分

$$\left.\begin{aligned} S_z &= \int_A y\mathrm{d}A \\ S_y &= \int_A z\mathrm{d}A \end{aligned}\right\} \tag{4.1}$$

则分别定义为平面图形对于 z 轴和 y 轴的静矩。

将 dA 视为垂直纸平面的力，$y\mathrm{d}A$ 可视为 dA 对 z 轴的矩，则 $S_z=\int_A y\mathrm{d}A$ 为截面 A 对 z 轴的矩。因此，静矩也称为面积矩。截面的静矩是对某一坐标而言的。同一截面对于不同的坐标轴其静矩不同。静矩可为正，可为负，也可为零。静矩的单位 m^3 或 mm^3。

2. 形心

截面几何图形的中心称为形心。若形心 C 的坐标为 (y_c,z_c)，微面积 dA 的坐标为 (y,z)（见图 4.1），利用合力矩定理，则有

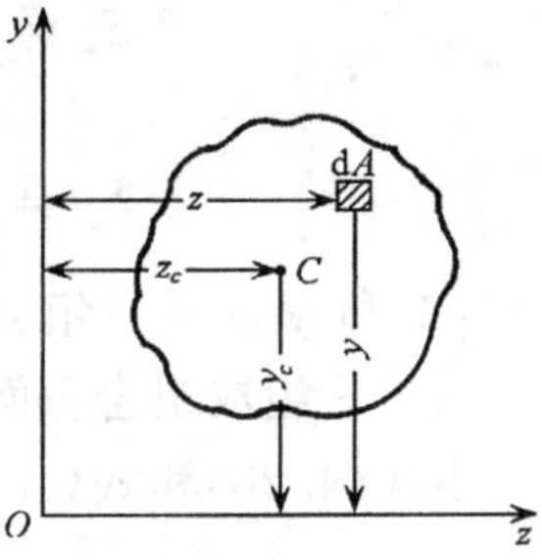

图 4.1

$$Ay_c=\int_A y\mathrm{d}A \qquad y_c=\frac{\int_A y\mathrm{d}A}{A}$$

同理

$$z_c=\frac{\int_A z\mathrm{d}A}{A}$$

由于上式中的 $\int_A y\mathrm{d}A$ 和 $\int_A z\mathrm{d}A$ 是公式(4.1)中的静矩，则可将上式改写为

$$\left.\begin{aligned} y_c&=\frac{S_z}{A}\\ z_c&=\frac{S_y}{A}\end{aligned}\right\} \tag{4.2a}$$

因此，在已知截面对于 z 轴和 y 轴的静矩及面积时，即可按式(4.2a)确定截面形心在 yOz 坐标系中的坐标。

若将上式改写为

$$\left.\begin{aligned} S_z&=A\cdot y_c\\ S_y&=A\cdot z_c\end{aligned}\right\} \tag{4.2b}$$

在已知截面面积及其形心坐标时，即可按公式(4.2b)计算该截面对 z 轴和 y 轴的静矩。

由上式可知，若截面对于某轴的静矩为零，则该轴一定通过截面的形心；反之，若某轴通过截面的形心，则截面对该轴的静矩一定为零。平面图形的对称轴一定通过形心，所以，平面图形对于对称轴的静矩总是等于零。

由若干简单平面图形组合而成的截面，称为组合截面如 T 形截面，I 形截面。由于简单平面图形的面积及其形心位置均为已知，且由静矩的定义可知组合截面对某轴的静矩等于该截面各组成部分对同一轴静矩的代数和，故组合截面的静矩可用下式表达：

$$S_z = A_1y_1 + A_2y_2 + \cdots + A_ny_n = \sum_{i=1}^{n} A_iy_i$$
$$S_y = A_1z_1 + A_2z_2 + \cdots + A_nz_n = \sum_{i=1}^{n} A_iz_i \tag{4.3}$$

式中：A_i 和 y_i，z_i——组合截面中任一简单图形的面积和其形心坐标；

n——组成组合截面的简单图形个数。

由式(4.2b)和式(4.3)，可得计算组合截面的形心坐标公式。

$$y_c = \frac{\sum_{i=1}^{n} A_iy_i}{\sum_{i=1}^{n} A_i} = \frac{A_1y_1 + A_2y_2 + \cdots + A_ny_n}{A_1 + A_2 + \cdots + A_n}$$
$$z_c = \frac{\sum_{i=1}^{n} A_iz_i}{\sum_{i=1}^{n} A_i} = \frac{A_1z_1 + A_2z_2 + \cdots + A_nz_n}{A_1 + A_2 + \cdots + A_n} \tag{4.4}$$

【例 4.1】 试计算图 4.2 矩形截面对于坐标轴的静矩。

【解】 根据题意可得

$$A = bh, \quad y_c = \frac{1}{2}h, \quad z_c = \frac{1}{2}b,$$

则有

$$S_z = Ay_c = bh \times \frac{1}{2}h = \frac{1}{2}bh^2$$
$$S_y = Az_c = bh \times \frac{1}{2}b = \frac{1}{2}hb^2$$

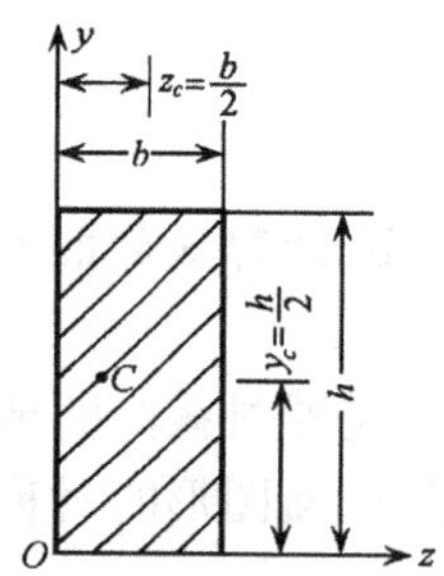

图 4.2

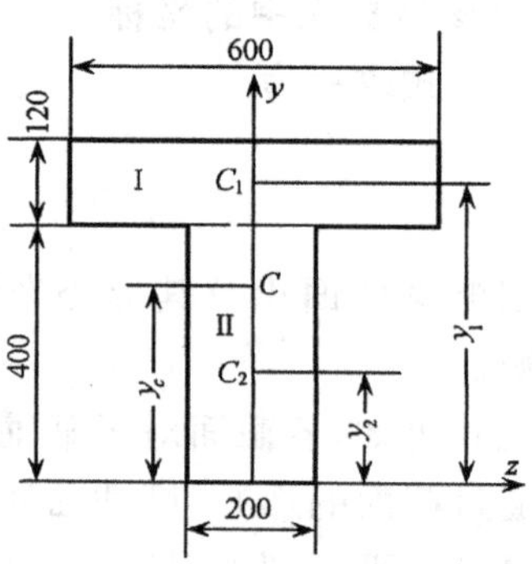

图 4.3

【例 4.2】 试确定图 4.3 所示截面形心 C 的位置(图中尺寸单位 mm)。

【解】 因图形对称，其形心在对称轴 y 轴上，即 $z_c=0$，只需计算 y_c 的值。将截面分成Ⅰ，Ⅱ两个矩形，取一参考坐标轴 z，则

$$A_1 = 600 \times 120 = 72\,000(\text{mm}^2)$$
$$y_1 = 400 + 60 = 460(\text{mm})$$
$$A_2 = 400 \times 200 = 80\,000(\text{mm}^2)$$
$$y_2 = 200(\text{mm})$$

$$y_c = \frac{\sum_{i=1}^{n} A_i y_i}{\sum_{i=1}^{n} A_i} = \frac{A_1 y_1 + A_2 y_2}{A_1 + A_2} = \frac{72\,000 \times 460 + 80\,000 \times 200}{72\,000 + 80\,000} = 323(\text{mm})$$

4.1.2 截面的惯性矩和极惯性矩

1. 惯性矩

图 4.4 所示为任一构件的截面，面积为 A，现选取一坐标 yOz，在截面的任意点(坐标为 y,z)处取一微面积 $\mathrm{d}A$，微面积 $\mathrm{d}A$ 与它到 z 轴距离的平方之乘积 $y^2\mathrm{d}A$，称为微面积 $\mathrm{d}A$ 对 z 轴的惯性矩，记作 $\mathrm{d}I_z$，即

$$\mathrm{d}I_z = y^2\mathrm{d}A$$

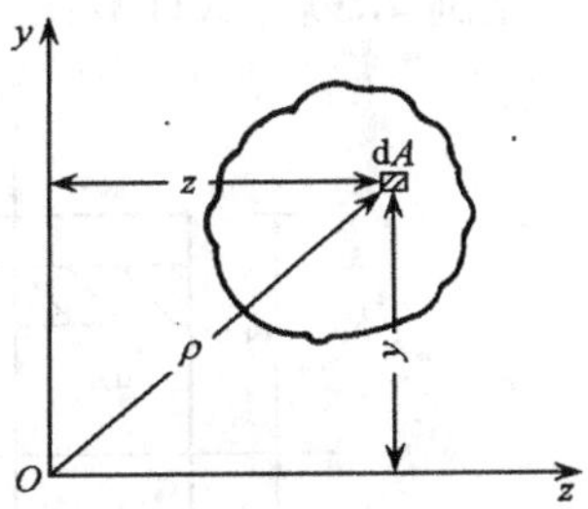

图 4.4

截面中各微面积对 z 轴的惯性矩之和称为截面对 z 轴的惯性矩，记作 I_z，于是

$$I_z = \int_A \mathrm{d}I_z = \int_A y^2\mathrm{d}A \tag{4.5a}$$

同理，截面对 y 轴的惯性矩为

$$I_y = \int_A \mathrm{d}I_y = \int_A z^2\mathrm{d}A \tag{4.5b}$$

在工程中，为了便于计算，常将惯性矩 I_z 和 I_y 分别写成

$$I_z = i_z^2 A, \quad I_y = i_y^2 A$$

于是得到

$$\left.\begin{aligned} i_z &= \sqrt{\frac{I_z}{A}} \\ i_y &= \sqrt{\frac{I_y}{A}} \end{aligned}\right\} \tag{4.6}$$

通常把 i_z 和 i_y 分别称为截面对 z 轴和 y 轴的惯性半径(或回转半径)。在偏心压缩，压杆稳定的计算中会涉及与此有关的一些问题。

从上述定义可见，同一截面对于不同坐标轴的惯性矩是不相同的。惯性矩的值恒为正，惯性矩的单位为 m^4 或 mm^4。

2. 极惯性矩

由图 4.4 微面积 $\mathrm{d}A$ 到坐标原点的距离为 ρ，乘积 $\rho^2\mathrm{d}A$，则称为该微面积对原点 O 的极惯性矩。在整个截面上积分，便得到截面对坐标原点 O 的极惯性矩。

$$I_\rho = \int_A \rho^2 \mathrm{d}A \tag{4.7}$$

从图 4.4 看到，微面积 dA 到坐标原点 O 的距离 ρ 与它到两个坐标轴的距离 y，z 有如下关系：

$$\rho^2 = z^2 + y^2$$

则

$$I_\rho = \int_A \rho^2 \mathrm{d}A = \int_A (z^2 + y^2)\mathrm{d}A = \int_A z^2 \mathrm{d}A + \int_A y^2 \mathrm{d}A = I_y + I_z \tag{4.8}$$

因此，截面对原点 O 的极惯性矩等于它对两个直角坐标轴的惯性矩之和。

由以上定义可知，极惯性矩是对一定的点而言的，同一截面图形对不同的点一般有不同的极惯性矩。极惯性矩为正值，单位为 m^4 或 mm^4。

【例 4.3】 试计算图 4.5 所示矩形截面对其对称轴 z 和 y 的惯性矩。

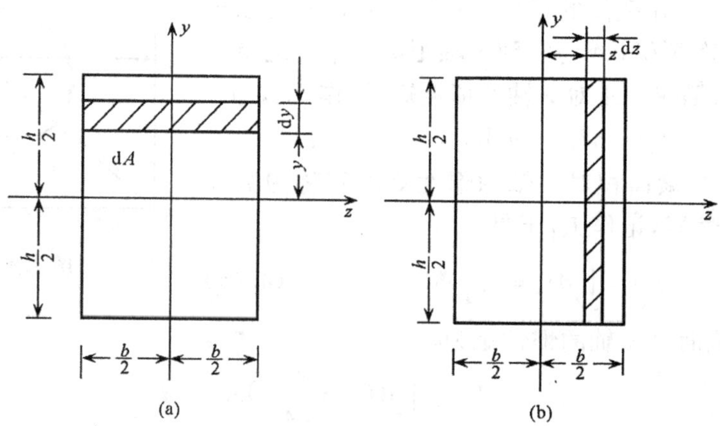

图 4.5

【解】 先计算对 z 轴的惯性矩。如图 4.5(a)所示，取平行于 z 轴的阴影部分面积 dA 为微面积，则

$$\mathrm{d}A = b\mathrm{d}y$$

$$I_z = \int_A y^2 \mathrm{d}A = \int_{-\frac{h}{2}}^{\frac{h}{2}} y^2 b \mathrm{d}y = \frac{1}{12}bh^3$$

用同样方法可求得截面对 y 轴的惯性矩为

$$I_y = \frac{1}{12}hb^3$$

【例 4.4】 图 4.6 为一直径为 d 的圆，试求：

(1) 圆形截面对圆心的极惯性矩；

(2) 圆形截面对过形心 O 的直径轴 z，y 的惯性矩 I_z，I_y。

【解】 (1)在距圆心为 ρ 处取宽度为 dρ 的圆环，圆环的微面积

$$dA = 2\pi\rho d\rho$$

则

$$I_\rho = \int_A \rho^2 dA = \int_0^{\frac{d}{2}} 2\pi\rho^3 d\rho = \frac{\pi d^4}{32}$$

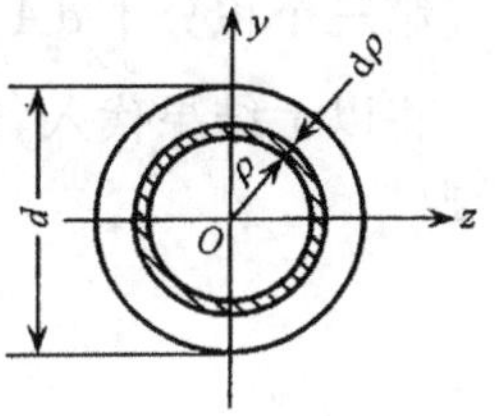

图 4.6

(2) 由圆环的对称性可知,$I_z = I_y$。根据式(4.8)

$$I_\rho = I_z + I_y$$

所以 $$I_z = I_y = \frac{1}{2} I_\rho = \frac{\pi d^4}{64}$$

4.1.3 平行移轴公式及组合截面惯性矩的计算

1. 平行移轴公式

同一截面对互相平行的两对坐标轴的惯性矩不相同,下面讨论它们之间的关系。

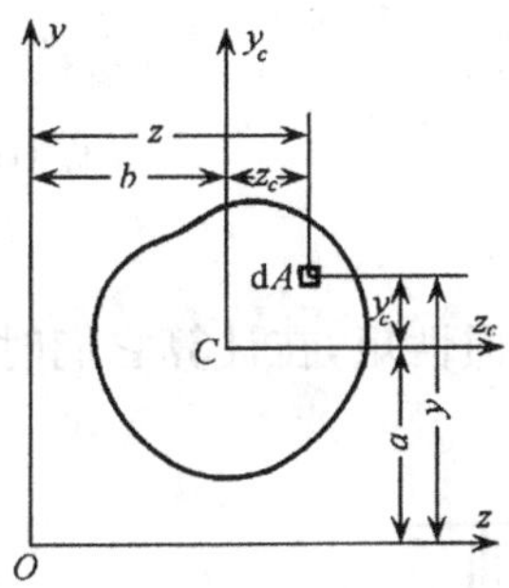

图 4.7

如图 4.7 所示任意截面,z_c 轴和 y_c 轴是通过截面形心的坐标轴,z 轴和 y 轴分别为与 z_c 轴、y_c 轴平行的另一对坐标轴,且 z 轴与 z_c 轴间的距离为 a,y 轴与 y_c 轴间的距离为 b,截面对形心轴 z_c,y_c 的惯性矩为 I_{z_c},I_{y_c},下面求截面对 z,y 轴的惯性矩 I_z,I_y。

根据定义,截面对 z_c,z 轴的惯性矩为

$$I_{z_c} = \int_A y_c^2 dA$$

$$I_z = \int_A y^2 dA$$

由图 4.7 可知,相互平行的坐标系中坐标轴之间的换算关系为

$$y = y_c + a$$

代入上式,有

$$\begin{aligned} I_z &= \int_A y^2 dA = \int_A (y_c + a)^2 dA \\ &= \int_A (y_c^2 + 2ay_c + a^2) dA \\ &= \int_A y_c^2 dA + 2a\int_A y_c dA + a^2 \int_A dA \end{aligned}$$

在上式中右边出现了 3 个积分:

第一个积分 $\int_A y_c^2 dA$ 是截面对 z_c 轴的惯性矩 I_{z_c};

第二个积分 $\int_A y_c dA$ 是截面对 z_c 轴的静矩 S_{z_c},由于 z_c 轴是截面的形心轴,所以

$$S_{z_c} = \int_A y_c dA = 0;$$

第三个积分 $\int_A \mathrm{d}A$ 是截面的面积 A。

将以上结果代入，即得

同理

$$\left.\begin{aligned} I_z &= I_{z_c} + a^2 A \\ I_y &= I_{y_c} + b^2 A \end{aligned}\right\} \tag{4.9}$$

式(4.9)称为惯性矩的平行移轴公式。它表明：截面对任一轴的惯性矩等于截面对与该轴平行的形心轴的惯性矩再加上截面的面积与两轴距离平方的乘积。在所有互相平行的轴中截面对形心轴的惯性矩最小。

2. 组合截面惯性矩的计算

如图 4.8(a)、(b)、(c)、(d)所示的组合截面在工程实际中是经常遇到的，计算组合截面对某轴的惯性矩时，根据定义，可分别计算组合截面各组成部分对该轴的惯性矩，然后再相加，即

$$\begin{aligned} I_z &= I_{z_1} + I_{z_2} + \cdots + I_{z_n} = \sum_{i=1}^{n} I_{z_i} \\ I_y &= I_{y_1} + I_{y_2} + \cdots + I_{y_n} = \sum_{i=1}^{n} I_{y_i} \end{aligned} \tag{4.10}$$

式中：I_{z_i}，I_{y_i}分别为组合截面中任意组成部分对于 z，y 轴的惯性矩，在计算它们时，常用到平行移轴公式(4.9)。

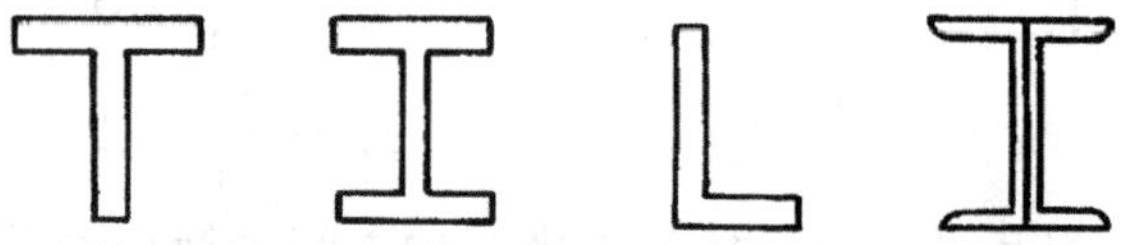

图 4.8

【例 4.5】 已知 $y_c = 0.323\text{m}$。试求图 4.9 所示 T 形截面对形心轴的惯性矩。

【解】 z 轴到两个矩形形心的距离分别为

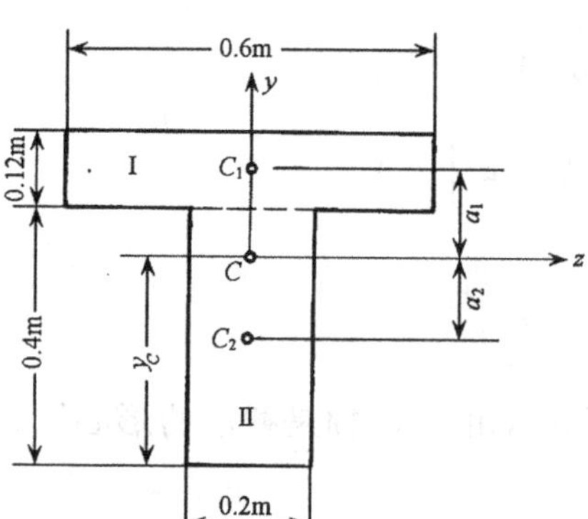

图 4.9

$$a_1 = 0.317\text{m}$$
$$a_2 = 0.123\text{m}$$

截面对 z 轴的惯性矩为两个矩形截面对 z 轴惯性矩之和，即

$$\begin{aligned} I &= I_{zc_1} + A_1 a_1^2 + I_{zc_2} + A_2 a_2^2 \\ &= \frac{0.6 \times 0.12^3}{12} + 0.6 \times 0.12 \times 0.137^2 \\ &\quad + \frac{0.2 \times 0.4^3}{12} + 0.2 \times 0.4 \times 0.123^2 \\ &= 0.37 \times 10^{-2} (\text{m}^4) \end{aligned}$$

截面对 y 轴的惯性矩为

$$I_y = I_{yc_1} + I_{yc_2} = \frac{0.12 \times 0.6^3}{12} + \frac{0.4 \times 0.2^3}{12} = 0.242 \times 10^{-2}(\text{m}^4)$$

4.2 受弯构件的内力

4.2.1 概述

受弯构件是工程实际中最常用的一种构件。无论哪一种受弯构件，其截面尺寸都是根据内力的大小和所用材料的强度而决定的。有关材料的强度问题，在第三章，已作了介绍，本章将对受弯构件的内力问题进行分析。

1. 受弯构件和平面弯曲

图 4.10(a)表示一楼板梁，其计算简图如图 4.10(b)所示。均布荷载是作用在楼板梁上的楼板荷载，集中力 F_A,F_B 是承重墙对板梁的支座反力，这些力都作用在通过楼板梁轴线的纵向对称平面内，并且它的作用方向都与楼板梁的轴线垂直，如图 4.10(c)。在这种情况下，楼板梁就会发生如图 4.11 所示的弯曲变形，它的轴线将弯曲成为曲线，称为挠曲轴。

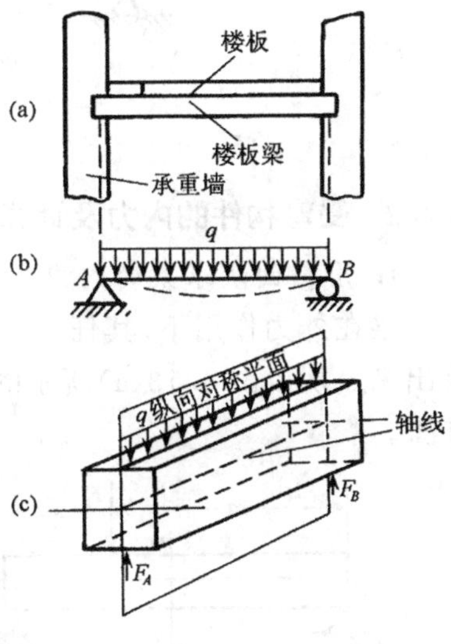

图 4.10

在工程实际中，以这种弯曲变形为主要变形的构件叫做受弯构件，梁就是最常见的受弯构件。

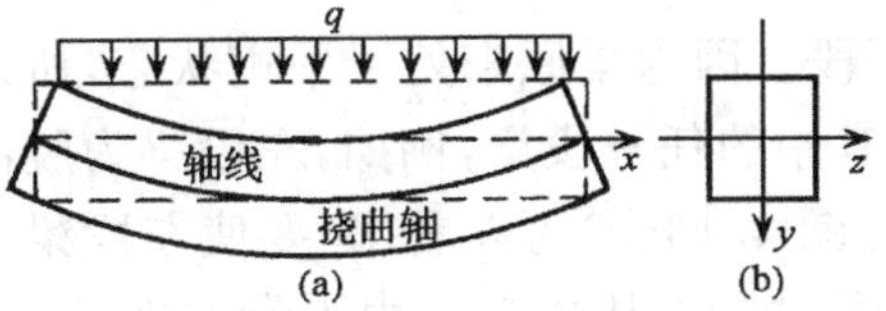

图 4.11

在工程实际中最常用到的梁，其横截面多具有一个竖向的对称轴，如图 4.11(b)中的 y 轴，而梁上所有的外力都作用在包含此对称轴和梁轴线的纵向对称平面内。在这种情况下，梁变形时，其弯曲后的轴线(即挠曲轴)仍将保留在此纵向对称平面内。通常我们把梁的弯曲平面(即挠曲轴所在的平面)与荷载所在平面相重合的这种弯曲叫做平面弯曲，平面弯曲是弯曲问题中最简单和最常见的情况。

2. 梁的种类

在工程实际中，经常使用的单跨静定梁大体上可分为 3 种基本类型：

1) 简支梁，一端为固定铰支座，另一端为可动铰支座的梁，如图 4.12(a)

所示。

2）外伸梁，一端或两端伸出支座之外的简支梁，如图 4.12(b)、(c)所示。

3）悬臂梁，一端固定，一端自由的梁，如图 4.12(d)所示。

梁在两个支座之间的部分称为跨，其长度称为跨长或跨度。

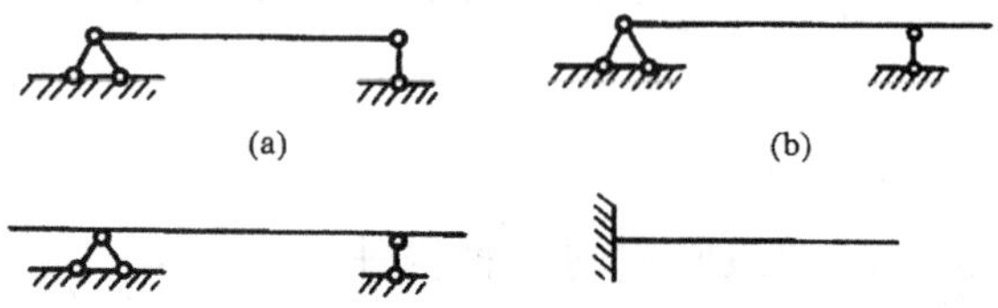

图 4.12

4.2.2 受弯构件的内力及计算

1. 用截面法求梁的内力

梁在外力作用下，其任一截面的内力也可以用第三章第二节所介绍的截面法求出来。现以图 4.13(a)所示的简支梁为例，说明求梁任一横截面 m-m 上内力的方法。

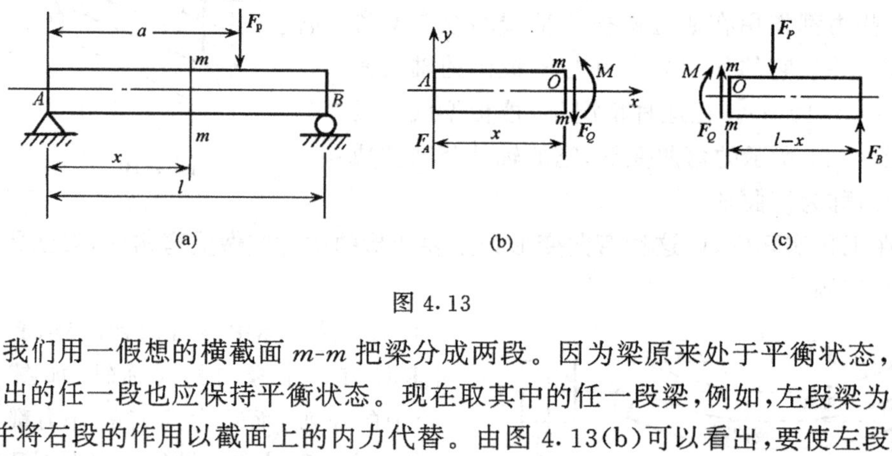

图 4.13

我们用一假想的横截面 m-m 把梁分成两段。因为梁原来处于平衡状态，所以被截出的任一段也应保持平衡状态。现在取其中的任一段梁，例如，左段梁为脱离体，并将右段的作用以截面上的内力代替。由图 4.13(b)可以看出，要使左段梁平衡，在横截面 m-m 上必然存在一个平行于截面方向的内力 $\boldsymbol{F}_Q$。由平衡方程

$$\sum \boldsymbol{F}_Y = 0 \qquad \text{得} \qquad \boldsymbol{F}_A - \boldsymbol{F}_Q = 0 \qquad \boldsymbol{F}_Q = \boldsymbol{F}_A$$

$\boldsymbol{F}_Q$ 称为剪力。因剪力 $\boldsymbol{F}_Q$ 与支座反力 $\boldsymbol{F}_A$ 组成一力偶，要保证被截出的左段梁不发生任何转动，在横截面 m-m 上必然会有一个与上述力偶大小相等而转向相反的力偶 M 与之平衡。由平衡方程

$$\sum M_O = 0$$

$$M - \boldsymbol{F}_A x = 0$$

得

$$M = \boldsymbol{F}_A x$$

这里的矩心 O 是横横面 $m\text{-}m$ 的形心。这个内力偶 M 称为弯矩。

如果取右段梁为脱离体进行研究，如图 4.13(c)，根据作用力与反作用力定律，可以知道右段梁截面上的内力与左段梁截面上的内力应大小相等，方向相反。同样，我们也可以通过右段梁为脱离体对它建立平衡方程，求出梁 $m\text{-}m$ 截面上的内力 $\boldsymbol{F}_Q$ 和 M。

2. 剪力和弯矩的符号规定

如果我们由图 4.14(a)所示的梁上，在截面 $m\text{-}m$ 处截出一个长为 $\mathrm{d}x$ 的微小梁段，可以看出：

由于 $\boldsymbol{F}_Q$ 的作用会使微段发生剪切变形，图 4.14(b)所示，并趋向于使梁在它作用的截面处被剪断，所以通常把内力 $\boldsymbol{F}_Q$ 称为截面上的剪力。剪力的常用单位为牛顿(N)或千牛顿(kN)。由于 M 的作用会使微段发生弯曲变形如图 4.14(c)所示，并且趋向于使梁在它作用截面处因弯曲而折断，所以通常把内力 M 称为截面上的弯矩。弯矩的量纲为[力][长度]，其常用单位为牛顿·米(N·m)或千牛顿·米(kN·m)。

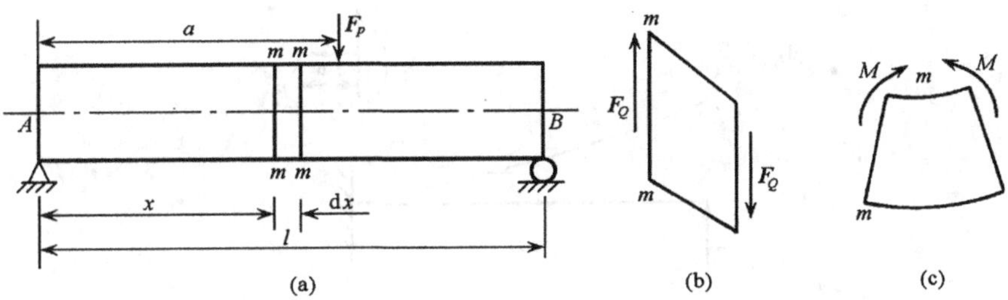

图 4.14

由图 4.13(b)、(c)已知，不论以左段梁或右段梁为脱离体来计算同一截面 $m\text{-}m$ 上的剪力 $\boldsymbol{F}_Q$ 和弯矩 M，其大小都是相同的。为了使从左右两段梁上的外力算得的同一截面 $m\text{-}m$ 上的内力在正负号上也能相同，通常根据梁的变形来规定它们的正负号。为此做出如下规定。

剪力：截面上的剪力对所取的脱离体内任一点做顺时针转动时取正号，做逆时针转动时取负号，如图 4.15(a)所示。

弯矩：截面上的弯矩使所取的脱离体下边受拉上边受压时取正号，上边受拉下边受压时取负号，如图 4.15(b)所示。

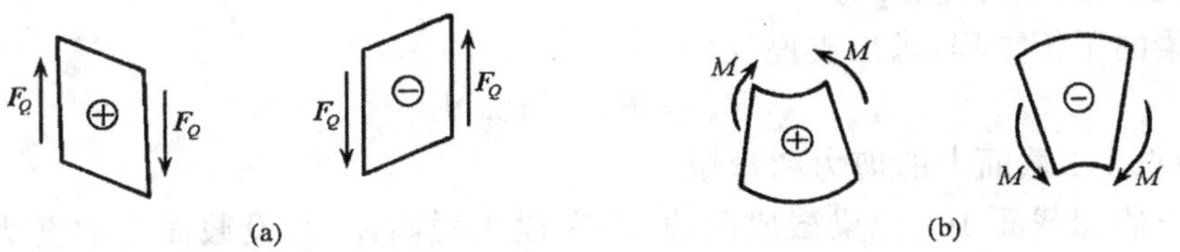

图 4.15

根据上述规定，图 4.13 中横截面 m-m 上的剪力和弯矩均为正值。下面列举几个例题，说明怎样用截面法求梁的内力。

【例 4.6】 简支梁如图 4.16(a)所示，试求 1-1，2-2，3-3 截面上的剪力和弯矩。

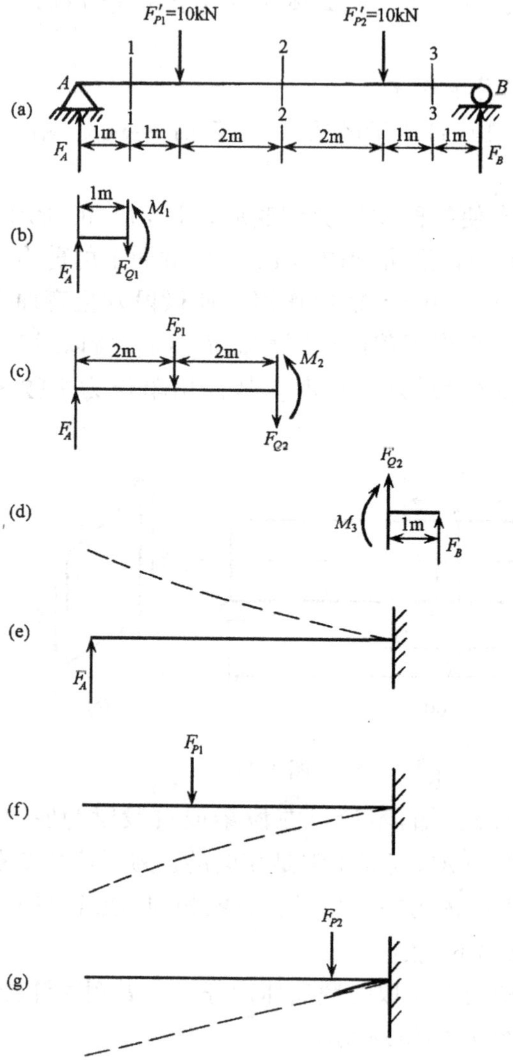

图 4.16

【解】 (1) 求支座反力

由梁的平衡方程，求出支座反力

$$F_A = F_B = 10\text{kN}$$

(2)求 1-1 截面上的剪力和弯矩

用一假想截面 1-1 把梁截成两段，取左段为脱离体，并设截面上的剪力 F_{Q1}和弯矩 M_1 均为正，如图 4.16(b)所示。列出平衡方程

$$\sum F_Y = 0, \quad F_A - F_{Q1} = 0,$$

$$\sum M_O = 0, \quad M_1 - F_A \times 1 = 0,$$

$$F_{Q1} = F_A = 10\text{kN}$$

$$M_1 = F_A \times 1 = 10 \times 1 = 10(\text{kN} \cdot \text{m})$$

F_{Q1}和 M_1 的计算结果均为正，说明两者的实际方向与假设的方向相同。

(3) 求 2-2 截面上的剪力和弯矩

用假想截面 2-2 把梁分成两段，取左段梁为脱离体，并设截面 2-2 上的剪力 F_{Q2}和弯矩 M_2 均为正值，图 4.16(c)。列出平衡方程：

$$\sum F_Y = 0, \quad F_A - F_P - F_{Q2} = 0,$$

$$\sum M_O = 0, \quad M_2 - F_A \times 4 + F_{P1} \times 2 = 0,$$

$$F_{Q2} = F_A - F_{P1} = 10 - 10 = 0(\text{kN})$$

$$M_1 = F_A \times 4 - F_{P1} \times 2 = 10 \times 4 - 10 \times 2 = 20(\text{kN} \cdot \text{m})$$

(4) 求 3-3 截面上的剪力和弯矩

用假想截面 3-3 把梁分成两段，取右段梁为脱离体，并设截面 3-3 上的剪力 F_{Q3}和弯矩 M_3 均为正值，如图 4.16(d)所示。列出平衡方程：

$$\sum F_Y = 0, \quad F_B + F_{Q3} = 0, \quad F_{Q3} = - F_B = - 10\text{kN}$$

$$\sum M_O = 0, \quad - M_3 + F_B \times 1 = 0, \quad M_3 = F_B \times 1 = 10 \times 1 = 10(\text{kN} \cdot \text{m})$$

计算结果 F_{Q3}为负，说明它的实际方向与假设方向相反。求梁横截面上的剪力和弯矩，既可以取梁横截面以左梁段为脱离体，也可以取横截面以右梁段为脱离体，一般作法是看哪段梁上的外力比较简单，就取哪一段梁为脱离体。从上面的例题中，可以总结出关于梁的内力的计算规则如下：

1) 梁的任一横截面上剪力 F_Q 的大小，等于该截面左侧(或右侧)梁段上所有的竖向外力(包括支座反力)的代数和。如果外力对该截面形心做顺时针转动时，则引起正剪力，反之引起负剪力。

2) 梁的任一截面上弯矩 M 的大小，等于该截面左侧(或右侧)梁段上所有外力(包括外力偶)对该截面形心 O 的力矩的代数和。如果外力使得梁段下边受拉，上边受压，则引起正弯矩，反之，引起负弯矩。

利用以上结论来计算梁上某一指定横截面上的内力非常简便。只要梁上的外力已知，任意指定截面上的内力值都可根据梁上的外力，按照以上的计算规则逐项直接写出，然后求其代数和，而不需要画受力图和列平衡方程。

例如，求图 4.16(a)中横截面 3-3 上的剪力和弯矩。

剪力 F_{Q3}等于该截面左侧梁上所有竖向外力 F_A，F_{P1}，F_{P2}的代数和。其中 F_A 对 3-3 截面形心做顺时针转动，引起正剪力，而 F_{P1}和 F_{P2}则对 3-3 截面形心做逆时针转动，引起负剪力。所以横截面 3-3 上的剪力为

$$F_{Q3} = F_A - F_{P1} - F_{P2} = -10\text{kN}$$

弯矩 M_3 等于该截面左侧梁上所有外力 F_A,F_{P1},F_{P2}对该截面形心 O 的力矩的代数和。为了便于确定每项外力引起的 3-3 截面上弯矩的正负,可把左段梁看成是 3-3 截面处为固定端的悬臂梁(注意:在外力作用下,梁的 3-3 截面并非固定不动,而把它看成不动,仅仅是为了便于判断梁的变形情况),分别如图 4.16(e)、(f)、(g)所示。显然 F_A 使梁下边受拉,上边受压,引起正弯矩(10×7)kN·m,而 F_{P1}和 F_{P2}使梁上边受拉,下边受压,则引起负弯矩(−10×5)kN·m 和(−10×1)kN·m。所以横截面 3-3 上的弯矩为 $M=10\times7-10\times5-10\times1=10$(kN·m)。

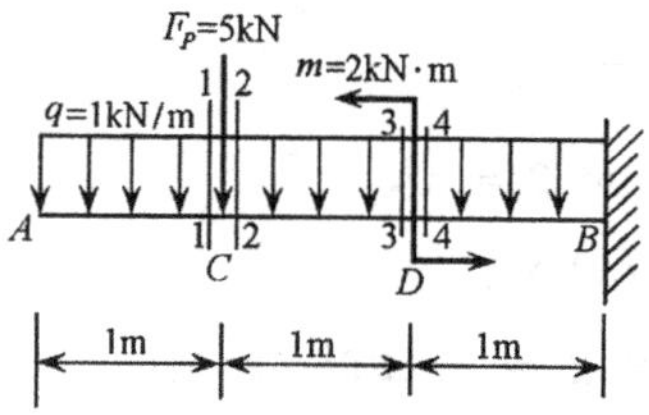

图 4.17

【例 4.7】 试求悬臂梁(见图 4.17)在集中力 F_P 作用处 C 以左、以右横截面 1-1、2-2 上的剪力和弯矩,以及在集中力偶 M 作用处 D 以左、以右横截面 3-3、4-4 上的剪力和弯矩。

【解】 本题取横截面以左梁段为脱离体,则不必求支座反力。

横截面 1-1 上的剪力 F_{Q1}和弯矩 M_1 分别为

$$F_Q = -q\times1 = -1\times1 = -1(\text{kN})$$

$$M_1 = -q\times1\times0.5 = -1\times1\times0.5 = -0.5(\text{kN}\cdot\text{m})$$

横截面 2-2 上的剪力 F_{Q2}和弯矩 M_2 分别为

$$F_{Q2} = -q\times1 - F_P = -1\times1-5 = -6(\text{kN}\cdot\text{m})$$

$$M_2 = -q\times1\times0.5 = -1\times1\times0.5 = -0.5(\text{kN}\cdot\text{m})$$

横截面 3-3 的剪力 F_{Q3}和弯矩 M_3 分别为

$$F_{Q3} = -q\times2 - F_P = -1\times2-5 = -7(\text{kN}\cdot\text{m})$$

$$M_3 = -q\times2\times1 - F_P\times1 = -1\times2\times1-5\times1 = -7(\text{kN}\cdot\text{m})$$

横截面 4-4 的剪力 F_{Q4}和弯矩 M_4 分别为

$$F_{Q4} = -q\times2 - F_P = -1\times2-5 = -7(\text{kN}\cdot\text{m})$$

$$M_4 = -q\times2\times1 - F_P\times1 - m = -1\times2\times1-5\times1-2 = -9(\text{kN}\cdot\text{m})$$

由上例可以看出,在集中力 F_P 作用处 C 以左和以右截面上,剪力不相等。剪力的数值从 1kN 突然变化到 6kN,这种现象称为突变。突变的数值等于集中力 F_P 的大小。在集中力偶 M 的作用处 D 以左和以右两个截面上,弯矩有突变,突变的数值等于集中力偶矩的大小。

【例 4.8】 悬臂梁受均布荷载 q 和集中力 F_P 的作用(见图 4.18),试求距自由端为 x 的横截面上的剪力和弯矩。

【解】 在外力作用下,悬臂梁各横截面上的剪力和弯矩是变化的。取梁的左端

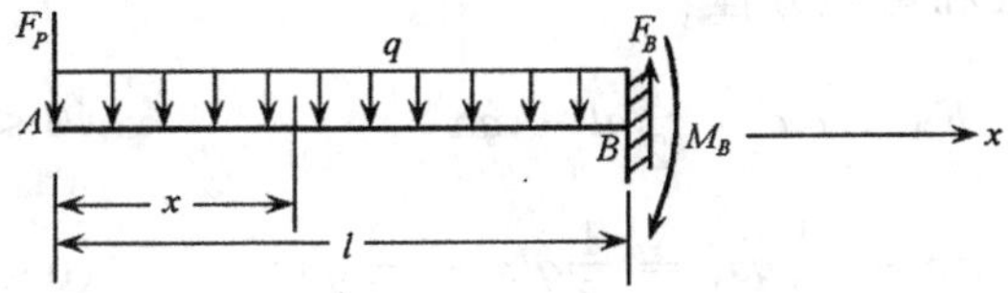

图 4.18

为坐标原点,距左端为 x 的任意横截面上的剪力和弯矩为

$$F_Q(x) = -F_P - qx \qquad (0 < x \leqslant l)$$

$$M(x) = -F_P x - \frac{1}{2}qx^2 \qquad (0 \leqslant x \leqslant l)$$

由该例可看出,梁横截面上的剪力和 F_Q 弯矩 M 随横截面位置的变化而变化,它们可以表示为坐标 x 的函数,即

$$F_Q = F_Q(x)$$

$$M = M(x)$$

通常把它们叫做剪力方程和弯矩方程。在写这些方程时,一般是以梁的左端作为坐标 x 的原点。但为了便于计算,有时也可以将原点取在梁的右端。当作用在梁上的外力不连续时,则应分段来考虑梁的剪力方程和弯矩方程。

4.3 剪力图和弯矩图

4.3.1 利用剪力方程和弯矩方程作梁的内力图

在一般情况下,梁的不同截面上的内力是不同的。由于在进行梁的强度计算时,需要知道各横截面上内力的最大值及它们所处的位置,因此,就需要知道剪力和弯矩随截面位置的变化规律。为了便于形象、直观地看出内力的变化规律,可依照轴力图的作法,将剪力和弯矩沿梁轴线的变化情况用图形来表示。这种表示剪力和弯矩变化规律的图形,分别称为剪力图和弯矩图。它们都是函数图形,其横坐标 x 代表梁的横截面的位置,纵坐标表示相应截面上的剪力 F_Q 或弯矩 M。

通常规定:在画内力图时,正剪力画在 x 轴的上方,负剪力画在 x 轴的下方,并标明正负号;弯矩则画在梁受拉的一侧,一般不标正负号。在梁的弯曲问题中,梁的内力图占有十分重要的地位,读者应熟练掌握它们的绘制方法。

【例 4.9】 图 4.19(a)所示简支梁,在全梁上受集度为 q 的均布荷载的作用,试作此梁的剪力图和弯矩图。

【解】 (1) 求支座反力。由梁的平衡方程,求得支座处的反力为

$$F_A = F_B = \frac{1}{2}ql$$

(2) 列剪力方程和弯矩方程：

$$F_Q(x) = F_A - qx = \frac{1}{2}ql - qx \qquad (0 < x < l)$$

$$M(x) = Fx - \frac{1}{2}qx^2 = \frac{1}{2}qlx - \frac{1}{2}qx^2 \qquad (0 \leqslant x \leqslant l)$$

(3) 作剪力图和弯矩图。由剪力方程可知，剪力图为一斜直线，根据其上的两点做出此斜直线[见图 4.19(b)]。由弯矩方程可知弯矩图为一抛物线，根据其上 3 点做出此抛物线[见图 4.19(c)]，跨中弯矩最大，$M_{max}=\frac{1}{8}ql^2$。

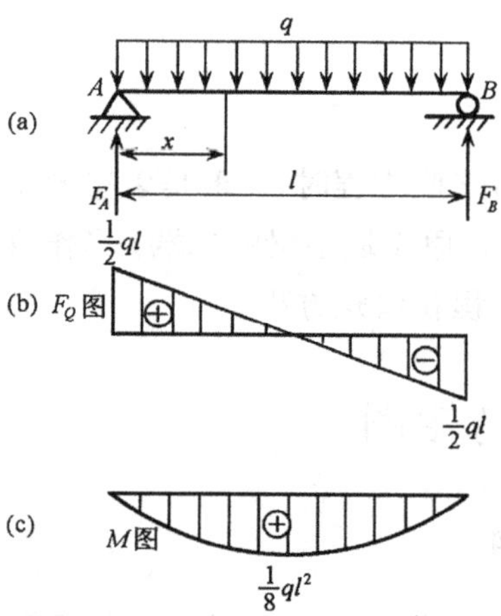

图 4.19

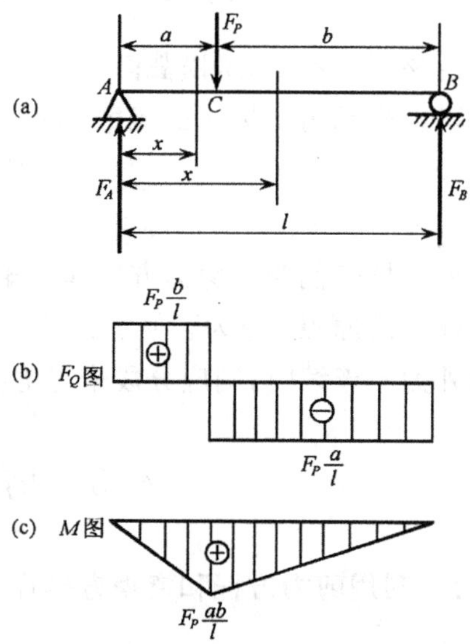

图 4.20

【例 4.10】 图 4.20(a)所示的简支梁，在 C 处受集中力 F_P 的作用，试作梁的剪力图和弯矩图。

【解】 (1) 求支座反力。由梁的平衡方程，求得支座处的反力为

$$F_A = F_P\frac{b}{l}, \quad F_B = F_P\frac{a}{l}$$

(2) 列剪力方程和弯矩方程。把梁分为 AC 和 CB 两段，其剪力方程和弯矩方程为：

AC 段

$$F_Q(x) = F_A = F_P\frac{b}{l} \qquad (0 < x < a)$$

$$M(x) = F_A x = F_P\frac{b}{l}x \qquad (0 \leqslant x \leqslant a)$$

CB 段

$$F_Q(x) = -F_B = -F_P\frac{a}{l} \qquad (a < x < l)$$

$$M(x) = F_B(l - x) = F_P(l - x)\frac{a}{l} \qquad (a \leqslant x \leqslant l)$$

(3) 作剪力图和弯矩图。由剪力方程和弯矩方程可知，两段梁的剪力图均为水平线，在集中力作用处 *C* 截面上出现了突变，突变值等于该力的大小[见图 4.20(b)]，而弯矩图均为斜直线，但两直线的斜率不同，在 *C* 处出现了“尖角”[见图 4.20(c)]。

【例 4.11】 图 4.21(a)所示简支梁，在 *C* 处受集中力偶作用，试作此梁的剪力图和弯矩图。

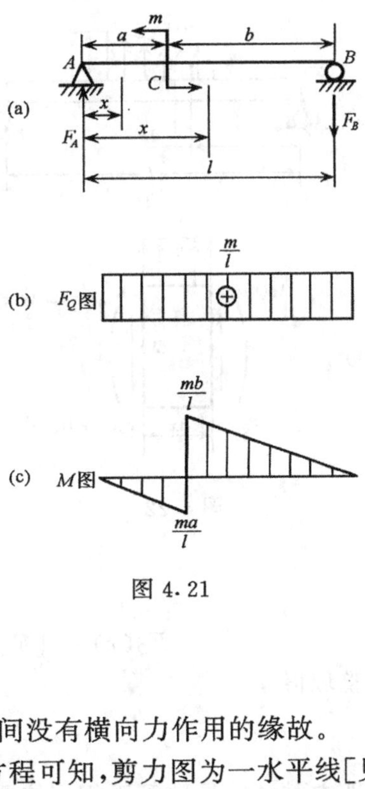

图 4.21

【解】 (1) 求支座反力。由梁的平衡方程，求得支座处的反力为

$$F_A = F_B = \frac{m}{l}$$

(2) 列剪力方程和弯矩方程。把梁分为 *AC* 和 *CB* 两段，则其剪力方程为：*AC* 段

$$F_Q(x) = F_A = \frac{m}{l} \qquad (0 < x \leqslant a)$$

$$M(x) = F_A x = m\frac{x}{l} \qquad (0 \leqslant x < a)$$

BC 段

$$F_Q(x) = F_B = \frac{m}{l} \qquad (a \leqslant x < l)$$

$$M(x) = -F_B(l - x) = -m\frac{l - x}{l} \qquad (a < x \leqslant l)$$

两段梁的剪力方程相同，这是因为梁的两支座间没有横向力作用的缘故。

(3) 作剪力图和弯矩图。由剪力方程和弯矩方程可知，剪力图为一水平线[见图 4.21(b)]；弯矩图均为斜直线，在集中力偶作用处出现了突变，突变值等于集中力偶矩的大小[见图 4.21(c)]。

由以上 3 个例题可得到下列 3 个结论：

1) 简支梁全跨承受均布荷载时，剪力图是一条直线，两端剪力最大，跨中剪力为零；弯矩图是一条二次抛物线，跨中弯矩最大，为 $M_{\max} = \frac{1}{8}ql^2$。

2) 在集中力作用处，剪力图有突变，突变值等于该集中力的大小；弯矩图出现尖角。

3) 在集中力偶作用处剪力图不变；弯矩图有突变，突变值等于该力偶矩的大小。

这 3 个结论及其结果在以后的学习中要经常用到,希望读者重点掌握。

4.3.2 利用荷载集度、剪力和弯矩的微积分关系作梁的内力图

这里将要讨论两种内力——剪力 $F_Q(x)$和弯矩 $M(x)$之间及它们与梁上分布荷载 $q(x)$之间的关系。由于内力是由梁上的荷载引起的,而弯矩、剪力及分布荷载的集度又都是 x 的函数。因此它们三者之间一定存在着某种联系。如能找到反映荷载集度、剪力、弯矩三者联系的关系式,将有利于内力的计算及内力图的绘制和校核。

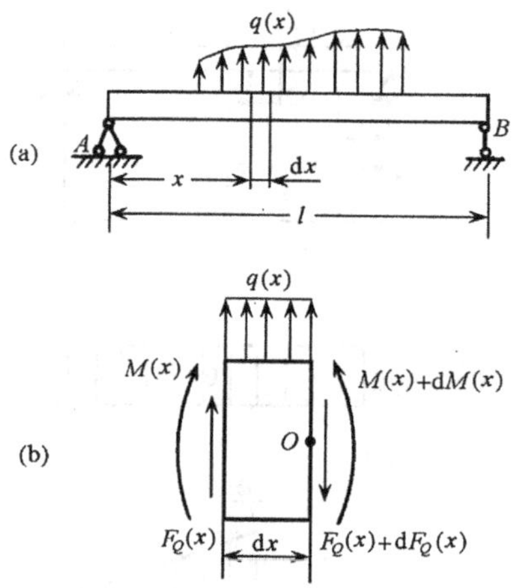

图 4.22

1. 荷载集度、剪力和弯矩的微分关系

设在图 4.22(a)所示梁上有任意的分布荷载$q(x)$,$q(x)$以向上为正,向下为负。我们取梁中的微段来研究。在距左端为 x 处,截取长度为 dx 的微段梁[见图 4.22(b)],微段梁左侧横截面上的弯矩和剪力分别为 $F_Q(x)$和 $M(x)$。微段梁右侧横截面上的弯矩和剪力分别为 $F_Q(x)+dF_Q(x)$和$M(x)+dM(x)$。此微段梁除两侧存在剪力和弯矩外,在上面还作用有分布荷载 $q(x)$。由于 dx 很微小,可不考虑 $q(x)$沿 dx 的变化而看成是均布的。

因为梁是处于平衡状态,所以截取的微段梁也应是平衡的。由微段梁的平衡条件

$$\sum \boldsymbol{F}_Y = 0$$

得

$$F_Q(x) - [F_Q(x) + dF_Q(x)] + q(x)dx = 0$$

经整理得

$$\frac{dF_Q(x)}{dx} = q(x)$$

即剪力对 x 的导数等于相应位置分布荷载的集度。

由微段梁的平衡条件 $\sum M_O = 0$ (矩心 O 取在右侧截面的形心)得

$$[M(x) + dM(x)] - M(x) - F_Q(x)dx - q(x)dx\frac{dx}{2} = 0$$

略去二次微量,整理得

$$\frac{dM(x)}{dx} = F_Q(x)$$

即弯矩对 x 的导数等于相应截面的剪力。从上面两式又可得

$$\frac{d^2M(x)}{d^2x} = q(x)$$

以上 3 式就是弯矩、剪力、荷载集度间普遍存在的关系式。

我们知道，一阶导数的几何意义是代表曲线上的切线斜率，所以，$\frac{\mathrm{d}F_Q(x)}{\mathrm{d}x}$与$\frac{\mathrm{d}M(x)}{\mathrm{d}x}$分别代表剪力图和弯矩图上的切线斜率。$\frac{\mathrm{d}F_Q(x)}{\mathrm{d}x}=q(x)$表明，剪力图中曲线上各点的切线斜率等于梁各相应位置分布荷载集度。$\frac{\mathrm{d}M(x)}{\mathrm{d}x}=F_Q(x)$表明，弯矩图中曲线上各点切线斜率等于相应截面上的剪力。此外，由数学上知道，二阶导数的正负可用来判断曲线的凹向。

根据上述各关系式及其几何意义，我们可进一步分析画内力图时的一些规律，下面讨论常见的 3 种情况。

(1) $q(x)=0$

当梁的某段上没有均布荷载[$q(x)=0$]时，由$\frac{\mathrm{d}F_Q(x)}{\mathrm{d}x}=q(x)=0$ 可知，$F_Q(x)$＝常数，故该段剪力图为水平直线；由$\frac{\mathrm{d}M(x)}{\mathrm{d}x}=F_Q(x)=$常数，可知，$M(x)$为 x 的一次函数，故弯矩图为斜直线。

(2) $q(x)=$常数

当梁的某段上作用有均布荷载[$q(x)=$常数]时，由$\frac{\mathrm{d}F_Q(x)}{\mathrm{d}x}=q(x)=$常数可知，$F_Q(x)$为 x 的一次函数，故剪力图为斜直线；由$\frac{\mathrm{d}M(x)}{\mathrm{d}x}=F_Q(x)$及 $F_Q(x)$为 x 的一次函数可知，$M(x)$为 x 的二次函数，故弯矩图为二次抛物线。当均布荷载向下时，$q(x)$为负，由$\frac{\mathrm{d}^2M(x)}{\mathrm{d}^2x}=q(x)<0$ 可知，此时的曲线凹向朝上(因 M 的坐标向下为正)；当均布荷载向上时，$\frac{\mathrm{d}^2M(x)}{\mathrm{d}^2x}=q(x)>0$ 曲线则凹向朝下。

(3) 关于弯矩的极值

由$\frac{\mathrm{d}M(x)}{\mathrm{d}x}=F_Q(x)$可知，在 $F_Q(x)=0$ 处，$M(x)$具有极值，即剪力等于零的截面上弯矩具有极大值或极小值。

2. *荷载集度、剪力、弯矩的积分关系*

由荷载集度、剪力、弯矩的微分关系可得，在 $x=a$，$x=b$ 处两个截面 A，B 间的积分为

$$\int_a^b \mathrm{d}F_Q(x) = \int_a^b q(x)\mathrm{d}x$$

可写为

$$F_{QB} - F_{QA} = \int_a^b q(x)\mathrm{d}x$$

$$F_{QB} = F_{QA} + \int_a^b q(x)\mathrm{d}x$$

式中:F_{QA}、F_{QB}分别表示在 $x=a$,$x=b$ 处两个横截面 A,B 上的剪力。上式表明,B 截面上的剪力 F_{QB}等于 A 截面上的剪力 F_{QA},再加上这两个截面间梁段上的荷载图的面积。同理可得

$$M_B - M_A = \int_a^b F_Q(x)\mathrm{d}x$$

$$M_B = M_A + \int_a^b F_Q(x)\mathrm{d}x$$

式中:M_A,M_B 分别表示在 $x=a$,$x=b$ 处两个截面 A,B 上的弯矩。上式表明,B 截面上的弯矩 M_B 等于 A 截面上的弯矩 M_A 再加上这两个截面间的剪力图的面积。

上面两式就是荷载集度、剪力、弯矩之间的积分关系。在应用时,要注意式中各量都是代数量。

明确上述荷载与内力图间的规律,对绘制和校核剪力图和弯矩图将大有帮助。我们将这些规律及上节中得到的结论(在集中力作用处,剪力图发生突变。突变值等于该集中力的大小;在集中力偶作用处,弯矩图发生突变,突变值等于该力偶矩的大小)列成表 4.1。

表 4.1 梁的荷载、剪力图、弯矩图相互之间的关系

项目	荷载	F_Q 图	M 图	举例
1	无外力(包括荷载和反力)作用的梁段 $q=0$	$F_Q=0$ 时 零	水平直线—	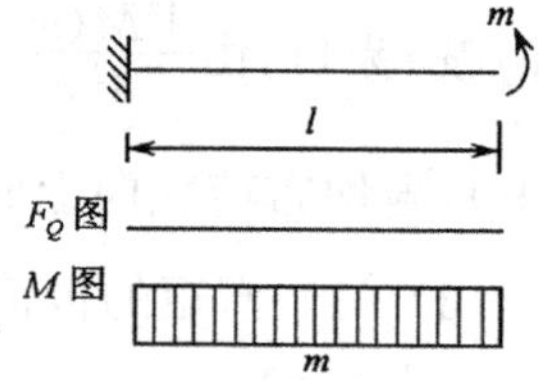
2		$F_Q\neq0$ 时水平直线—	$F_Q>0$ 时 斜率的绝对值等于 F_Q 的斜直线\	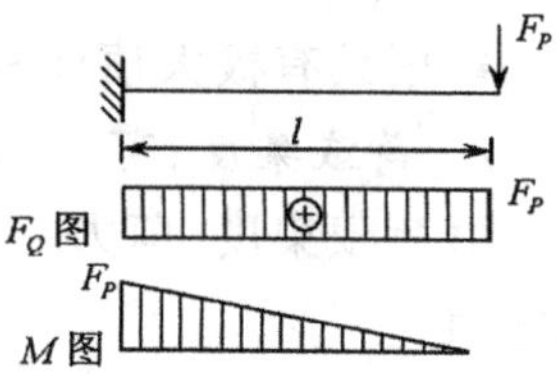
3			$F_Q<0$ 时/	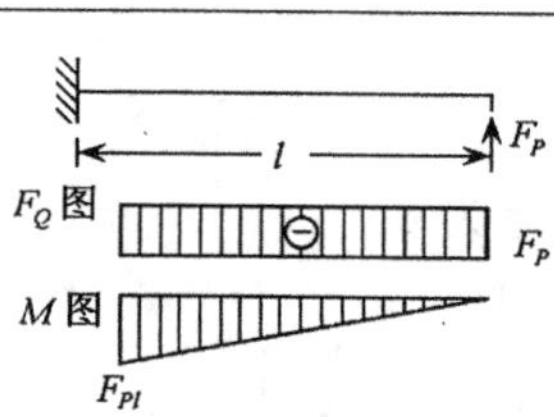

续表

项目	荷　载		F_Q　图	M　图	举　例
4	均布荷载作用的梁段	$q=+\uparrow$	斜率等于 q 的斜直线/	斜率的变化率为常数的抛物线（抛物线的凸向与外力方向一致）︵	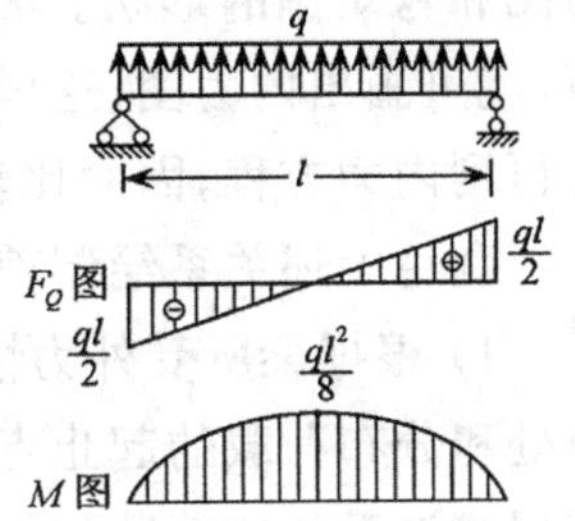
5		$q=-\downarrow$	\	︶	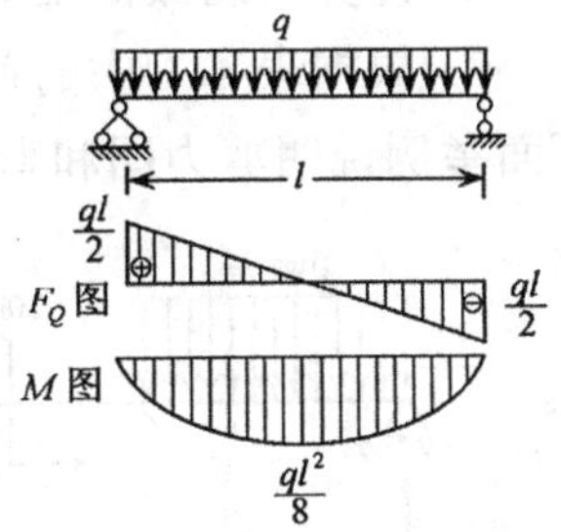
6	集中力 F_P 作用处		发生突变（突变的绝对值为 F_P）	发生转折（转折顶点凸向外力的方向）	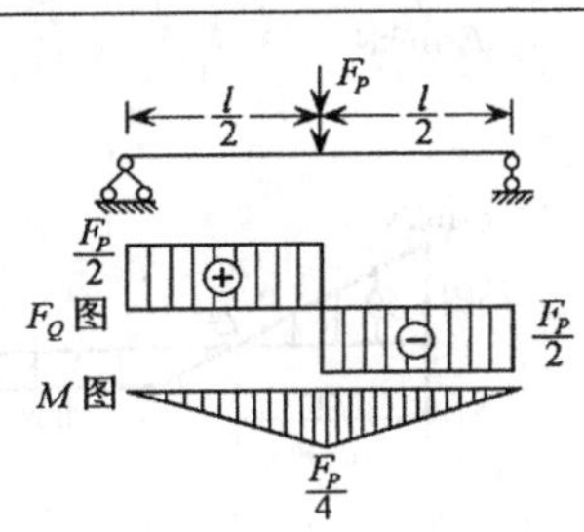
7	集中力偶 m 作用处		无变化	发生突变（突变的绝对值为 m）	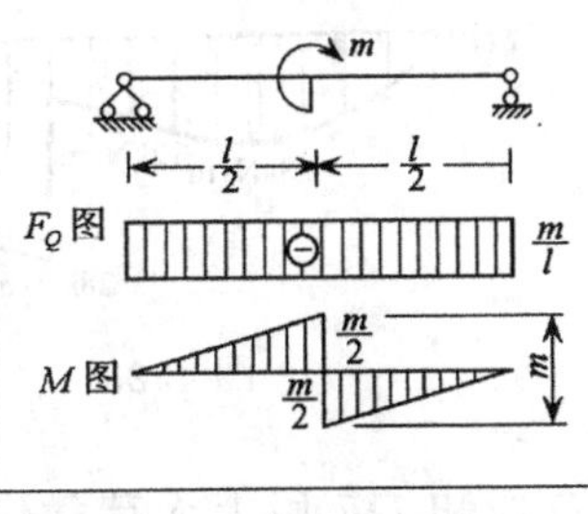
8			剪力为零的截面或其左、右侧剪力正负号发生改变的截面	⊕→⊖ 该截面的 M 有极大值	参看上面例(5)、(6)
9				⊖→⊕ 该截面的 M 有极小值	参看上面例(4)

3. 利用荷载集度、剪力、弯矩的微积分关系作梁的内力图

从表 4.1 中所列的规律可见，根据梁上的外力情况，就可以知道该梁段上的剪力图和弯矩图的形状。因此，只要控制梁上几个控制截面并算出控制截面的内力值，就可画出内力图。这样，绘制内力图就变成求几个截面的剪力和弯矩问题，而不必再列内力方程，因而比较简便。

利用上述关系绘制剪力图和弯矩图的基本步骤如下：

1）根据梁所受外力情况将梁分为若干段。分段原则为把集中力、集中力偶作用处和分布荷载的起止点作为分段点，使每段梁除了两端外，中间或者受均布荷载作用或者无任何荷载作用。

2）计算控制截面上的剪力值和弯矩值。

3）根据表 4.1 中的荷载与内力图的规律逐段绘制剪力图和弯矩图。

下面举例说明剪力图和弯矩图的绘制方法。

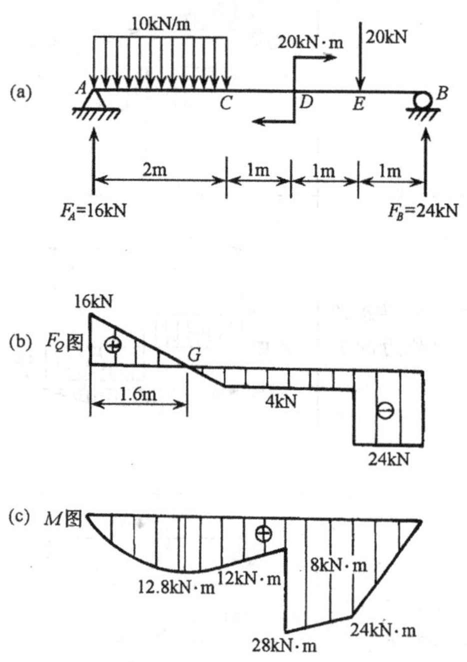

图 4.23

【例 4.12】 试做出图 4.23(a)所示简支梁的剪力图和弯矩图。

【解】 (1) 求支座反力。

$$F_A = 16\text{kN}, \quad F_B = 24\text{kN}$$

(2) 将梁分段。把梁分为 AC、CD、DE、EB 四段。

(3) 作剪力图。在支座反力 F_A 作用的截面上，剪力图向上突变，突变值等于 F_A 的大小 16kN。在支座稍右的截面上，剪力 $F_{QA}^R=16\text{kN}$。AC 段受向下的均布荷载的作用，剪力图为向下倾斜的直线。由荷载集度和剪力的积分关系，可得截面 C 上的剪力为

$$F_{QC} = F_{QA}^R - 10 \times 2 = -4\text{kN}$$

并由

$$0 = F_{QA}^R - 10x = 16 - 10x$$

得剪力为零的截面 G 的位置 $x=1.6\text{m}$。CD 段和 DE 段上无荷载作用，截面 D 上受集中力偶作用，故 CE 段的剪力图为水平线。截面 E 上受向下的集中力作用，剪力图向下突变，突变值等于集中力的大小 20kN。EB 段无荷载作用，剪力图为水平线。截面 B 上受支座反力 F_B 作用，剪力图向上突变，突变值等于 F_B 的大小 24kN。全梁的剪力图如图 4.23(b)所示。

(4) 作弯矩图。AC 段受向下的均布荷载作用，弯矩图为向下凸的二次曲线。截面 A 上的弯矩 $M_A=0$。由剪力和弯矩的积分关系可得截面 G 上的弯矩为

$$M_G = M_A + \frac{1}{2} \times 16 \times 1.6 = 12.8(\text{kN} \cdot \text{m})$$

截面 C 上的弯矩为

$$M_C = M_G - \frac{1}{2} \times 4 \times 0.4 = 12(\text{kN} \cdot \text{m})$$

CD 段上无荷载作用，且剪力为负，故弯矩图为向上倾斜的直线。D 点稍左截面上的弯矩为

$$M_D^l = M_C - 4 \times 1 = 8(\text{kN} \cdot \text{m})$$

截面 D 上受顺时针转向的集中力偶作用，故弯矩图向下突变，突变值等于集中力偶矩的大小 20kN/m。D 稍右截面上的弯矩

$$M_D^R = 8 + 20 = 28(\text{kN} \cdot \text{m})$$

DE 段上无荷载作用，剪力为负，故弯矩图为向上倾斜的直线。由剪力和弯矩的积分关系得截面 E 上的弯矩为

$$M_E = M_D^R - 4 \times 1 = 24(\text{kN} \cdot \text{m})$$

EB 段上无荷载作用，剪力为负，故弯矩图为向上倾斜的直线。截面 B 上的弯矩为零。全梁的弯矩如图 4.23(c)所示。

梁的最大剪力发生在 EB 段各截面上，其值为 $F_{Q\max}=24\text{kN}$(负值)；最大弯矩发生在 D 点稍右的截面上，其值为 $M_{\max}=28\text{kN} \cdot \text{m}$(正值)。

【例 4.13】 一外伸梁上的荷载如图 4.24(a)所示。已知 $l=4\text{m}$，画此梁的剪力图和弯矩图。

【解】 (1) 求支座反力。

$$F_B = 20\text{kN}, \quad F_D = 8\text{kN}$$

(2) 将梁分段。将梁分为 AB，BC，CD 三段。

(3) 作剪力图。AB 段梁上有均布荷载，剪力图为斜直线。通过

$$F_{QA} = 0, \quad F_{QB}^L = -\frac{1}{2}ql = -8\text{kN}$$

便可画出。BC 与 CD 段均为无荷载段，剪力图为水平线，通过

$$F_{QB}^R = F_{QB}^L + F_B = -8 + 20 = 12(\text{kN})$$

$$F_{QD}^L = -F_D = -8\text{kN}$$

可分别画出。剪力图如图 4.24(b)所示。

(4) 作弯矩图。AB 段梁上有均布荷载，弯矩图为二次曲线。因 q 向下($q<0$)，所以曲线向下凸，通过

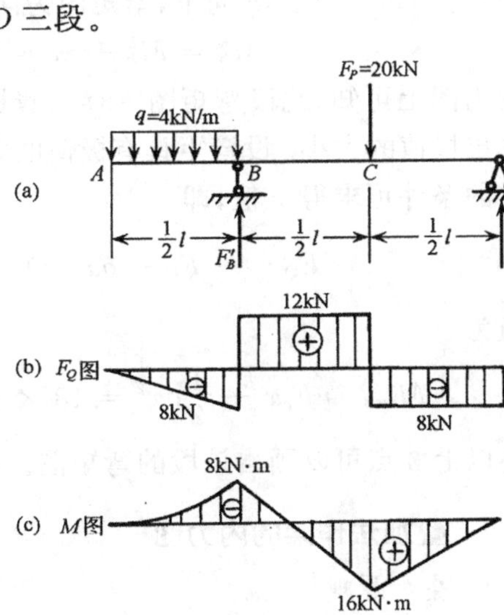

图 4.24

$$M_A = 0, \quad M_B = -\frac{1}{2}ql \cdot \frac{L}{4} = -8\text{kN} \cdot \text{m}$$

可画出它的大致形状。BC 段和 CD 段均为无荷载，弯矩图均为斜直线，通过

$$M_B = -8\text{kN} \cdot \text{m}, \quad M_C = F_D \cdot \frac{l}{2} = 16\text{kN} \cdot \text{m}, \quad M_D = 0$$

可分别画出直线。弯矩如图 4.24(c)所示。

【例 4.14】 一简支梁，其尺寸及梁的荷载如图 4.25(a)所示，画此梁的剪力图和弯矩图。

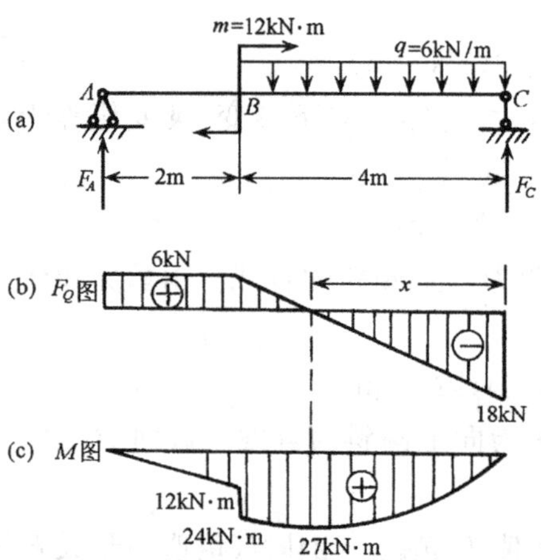

图 4.25

【解】 (1) 求支座反力。$F_A = 6\text{kN}$，$F_C = 18\text{kN}$

(2) 将梁分段。梁可分为 AB、BC 两段。

(3) 作剪力图。AB 为无荷载段，剪力为水平线，可通过

$$F_{QA}^R = F_A = 6\text{kN}$$

画出。BC 段为均布荷载，剪力图为斜直线，可通过

$$F_{QC}^L = -F_C = -18\text{kN} \qquad F_{QB} = 6\text{kN}$$

画出。剪力图如图 4.25(b)所示。

(4) 作弯矩图。AB 段为无荷载段，弯矩图为斜直线，可通过

$$M_A = 0, \quad M_B^L = F_A \times 2 = 12\text{kN} \cdot \text{m}$$

画出。

BC 段为均布荷载段，q 向下，弯矩图为向下凸的二次抛物线，有

$$M_B^R = M_B^L + m = 24\text{kN} \cdot \text{m}, \quad M_C = 0$$

从剪力图上可知，此段弯矩图中存在着极值点，因此，应该找出极值点所在的位置和算出极值的大小。设弯矩具有极值的截面距右端的距离为 x，由该截面上剪力等于零的条件可求得 x 值，即

$$F_Q = -F_C + qx = 0, \quad x = \frac{F_C}{q} = \frac{18}{6} = 3(\text{m})$$

极值为

$$M_{\max} = F_c x - \frac{1}{2}qx^2 = 18 \times 3 - \frac{1}{2} \times 6 \times 3^2 = 27(\text{kN} \cdot \text{m})$$

通过以上 3 点可以画出该段的弯矩图。最后的弯矩图如图 4.25(c)所示。

4.3.3 叠加法作梁的内力图

1. *叠加原理*

图 4.18 所示的悬臂梁，受集中力 F_p 和均布荷载 q 的共同作用，在距左端为 x

的横截面 m-m 上的剪力和弯矩分别为

$$F_Q(x)=-F_P-qx \qquad M(x)=-F_Px-\frac{1}{2}qx^2$$

容易看出，荷载 F_P 和 q 在梁某一截面上所引起的剪力（或弯矩）等于 F_P 和 q 单独作用时，在该截面上所引起的剪力（或弯矩）的代数和。

上面的结果也可推广到一般情形，即几个外力所引起的某一量（支座反力、内力、应力或位移）等于每个外力单独作用时引起的该量的代数和。这个结论称为叠加原理。应该注意，叠加原理只有在所求某量与外力成线性关系时才能成立。

2. 用叠加法作梁的剪力图和弯矩图

按叠加原理，首先分别做出梁在各个简单荷载作用下的剪力图和弯矩图，然后将其相应纵坐标叠加，即得梁在所有荷载共同作用下的剪力图和弯矩图，这种方法称为叠加法。

【例 4.15】 试做出图 4.26(a)所示悬臂梁的剪力图和弯矩图。

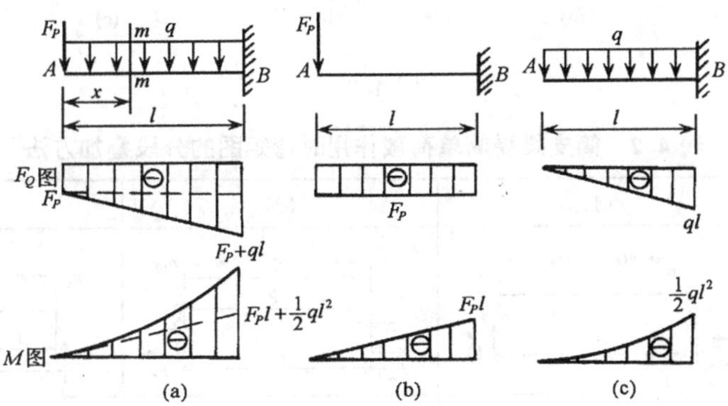

图 4.26

【解】 分别做出该梁在集中力 F_P 和均布荷载 q 单独作用下的剪力图和弯矩图[见图 4.26(b)、(c)]。因集中力单独作用下的剪力图为直线，故以它为基线叠加上均布荷载 q 单独作用下的剪力图，即得在共同作用下的剪力图[见图 4.26(a)]。弯矩图的作法与之类似[见图 4.26(a)]。

【例 4.16】 试做出图 4.27 所示简支梁的剪力图和弯矩图。

【解】 分别做出在集中力 F_P 和集中力偶 m 单独作用时的剪力图[见图 4.27(b)、(c)]。叠加时以集中力单独作用下的剪力图和弯矩图为基线。叠加后的剪力图和弯矩图如图 4.27(a)所示。

3. 分段叠加法作梁的弯矩图

在本课程中，梁的内力图，特别是弯矩图，具有十分重要的地位。熟练掌握弯矩图的画法是我们学习力学必备的基础。这里将介绍分段叠加法作弯矩图的方法。

首先，从表 4.2 中可以看到，表中所示的简支梁与对应的梁段的受力十分相似，F_A 与 F_{QA}、F_B 与 F_{QB}、m_A 与 M_A、m_B 与 M_B 是两两对应的关系，因此，它们的弯矩图也同样相似。根据梁的这个性质，可以将梁分为受简单荷载作用下的几段简单梁，再用叠加法逐段作其弯矩图，这种作弯矩图的方法称为分段叠加法。

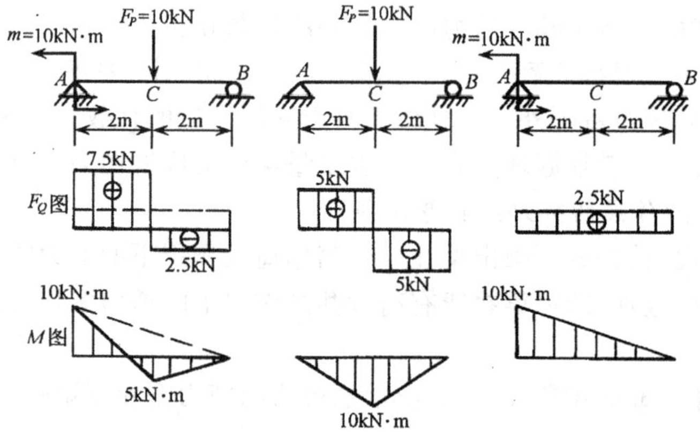

图 4.27

表 4.2　简支梁受简单荷载作用时弯矩图的分段叠加方法

次　序		(1)	(2)	(3)
简支梁受简单荷载		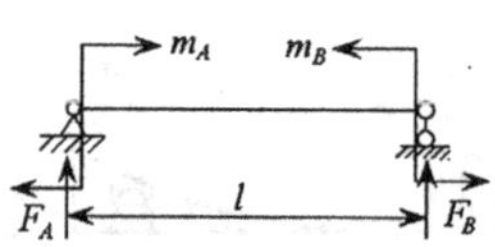	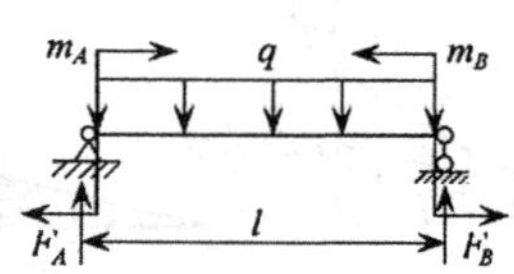	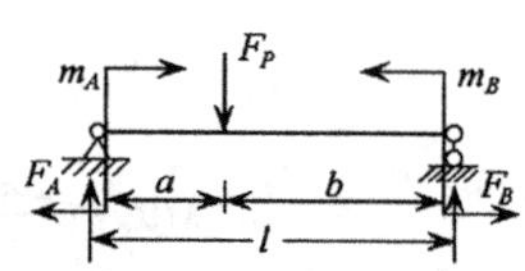
对应梁段		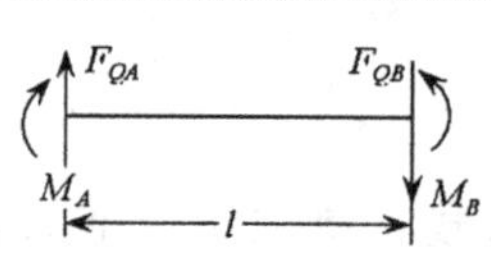	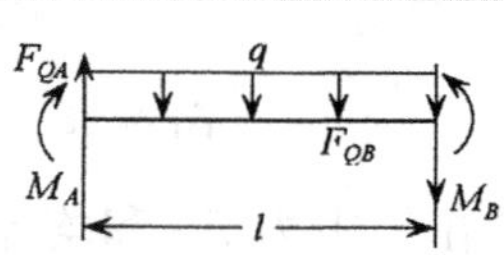	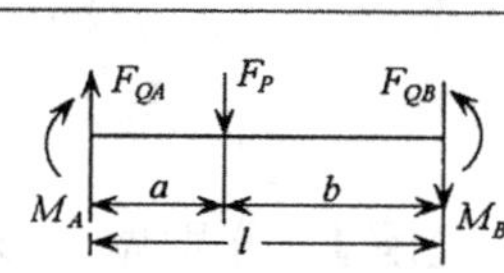
弯矩图		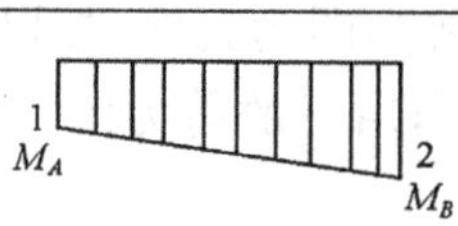	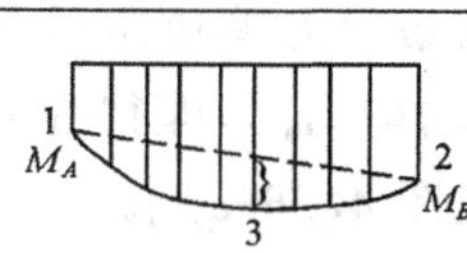	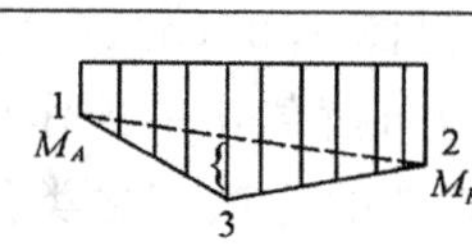
叠加方法	1	作点 1(0,M_A)和点 2(0,M_B)，连以虚线		
	2	改为实线即可	在 $x=\frac{l}{2}$ 处，以 12 为基线，叠加上弯矩值 $\frac{l}{8}ql^2$ 得点 3	在 $x=a$ 处，以 12 为基线叠加上弯矩值 $\frac{F_Pab}{l}$ 得点 3
	3		通过 1、2、3 点用实线作一光滑曲线即可	用实线分别连接 13、32 即可

这里所说的简单梁受简单荷载，是指下列 4 种情况：

1）简支梁中间无任何荷载作用。

2）简支梁中间只受满跨均布荷载作用。

3）简支梁中间只受一个集中力作用。

4）简支梁中间只受一个集中力偶作用。

表 4.2 中列出了前 3 种情况的简支梁及其对应梁段的弯矩图。对第 4 种情况，由于简支梁中间受一个集中力偶作用时并不简便，在这里不作介绍。

用分段叠加法作弯矩图的步骤是：

1）按表 4.2 中所列，将梁适当分段。

2）求梁的分段点所在横截面即控制截面上的弯矩值。

3）按表 4.2 中所列方法逐段做出梁的弯矩图。

【例 4.17】 试用分段叠加法作图 4.28(a) 所示梁的弯矩图。

【解】 (1) 求支座反力：

$$F_A = 15\text{kN},\quad F_B = 35\text{kN},$$

(2) 将梁分为 AB、BC 两段。

(3) 求控制截面上的弯矩值。

$M_A = 0$，$M_B = -20\text{kN}$，$M_C = 0$，

(4) 用分段叠加法作梁的弯矩图。

AB 段：以虚线为基线叠加以简支梁受满跨均布荷载的弯矩图，即由 AB 段所对应虚线中点 $-10\text{kN}\cdot\text{m}$ 向下叠加 $\frac{1}{8}ql^2=\frac{1}{8}\times 10\times 4^2=20$ $(\text{kN}\cdot\text{m})$，得跨中弯矩为 $M_D=10\text{kN}\cdot\text{m}$。$AB$ 段受均布荷载作用，其弯矩图可能存在极值点。

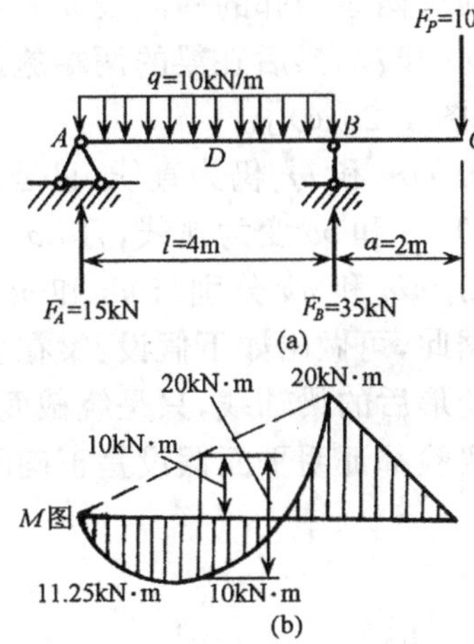

图 4.28

由于 $F_{QA}^R=15\text{kN}$，为正值，而分布荷载 q 向下，为负值，所以在 $x=\frac{F_{QA}^R}{q}=\frac{15}{10}=1.5(\text{m})$ 处，弯矩图一定存在极值点，最大弯矩值为

$$M_{\max} = 15\times 1.5-\frac{1}{2}\times 10\times 1.5^2 = 11.25(\text{kN}\cdot\text{m})$$

用实线通过 A、极值点、D、B 四点作一抛物线即可得到 AB 段的弯矩图。

BC 段：该段中间不受荷载作用，将虚线改为实线即可。该梁的弯矩图如图 4.28(b)所示。

4.4 梁的应力与强度计算

由上节可知，在一般情况下，梁的横截面上既有弯矩 M 又有剪力 F_Q。弯矩 M 是由梁横截面上的正应力 σ 合成的；剪力 F_Q 是由梁横截面上的剪应力合成的。对

于细长梁，正应力 σ 往往是决定其是否发生强度破坏的主要因素。因此，本节将重点讨论平面弯曲时梁横截面上的正应力及其强度计算，对其剪应力及其强度计算仅简单介绍。

4.4.1 梁的正应力与强度计算

1. 基本概念

(1) 纯弯曲和剪力弯曲

如图 4.29 所示简支梁在荷载作用下发生平面弯曲，CD 段上有弯矩而没有剪力，称为纯弯曲，而 AC、BD 段上既有弯矩又有剪力，称为剪力弯曲或横力弯曲。

(2) 平面假设、中性轴

我们通过实验来观察梁的变形现象。在如图 4.29(b)所示的矩形截面简支梁的侧面画两条相邻的横向线 mm 和 nn，再在横向线间靠近顶面和底面处画两条纵向线 aa 和 bb，然后在梁的两端施加外力偶 m，使梁发生纯弯曲。此时可看到下列现象[见图 4.29(c)]：

1) mm 和 nn 仍为直线，只是相对旋转了一个角度。

2) aa 和 bb 变为弧线，且 aa 缩短，bb 伸长。

3) mm 和 nn 分别与 aa 和 bb 仍保持正交。

据此，可做出如下假设：梁在变形后，原来的横截面仍保持为平面，并且仍然垂直于变形后的梁轴线，只是绕截面内某一轴旋转了一个角度。这就是平面假设。理论和实验都证明平面假设是正确的。

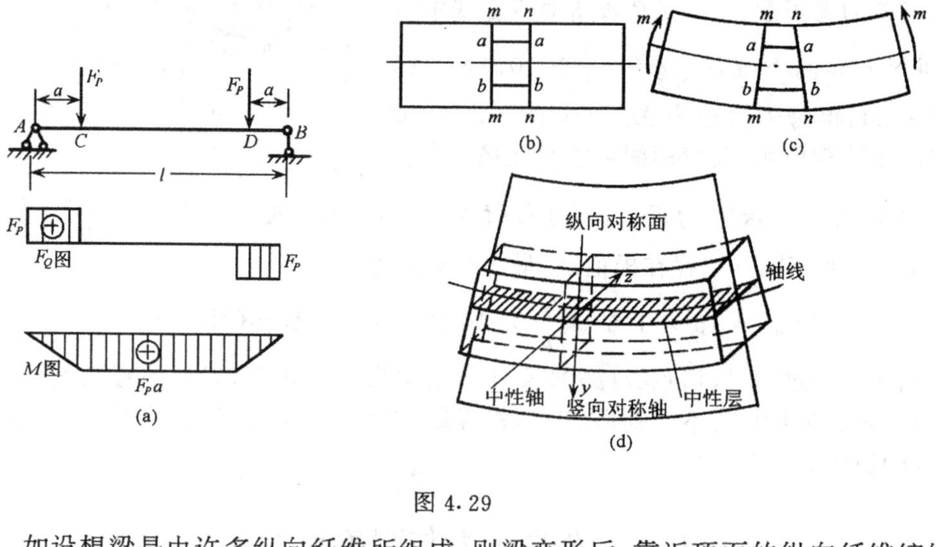

图 4.29

如设想梁是由许多纵向纤维所组成，则梁变形后，靠近顶面的纵向纤维缩短，靠近底面的纵向纤维伸长。由于变形是连续的，因而中间必定有一层既不伸长也不缩短，这一层称为中性层。中性层与横截面的交线，称为中性轴[见图 29(d)]。梁变形时，横截面就是绕中性轴旋转的。

2. 梁的正应力

要推导纯弯曲时梁横截面上的正应力计算公式，需综合考虑几何关系、物理关系和静力平衡条件第 3 个方面。

(1) 几何关系

取梁横截面的对称轴为 y 轴，梁轴线为 x 轴[见图 4.30(c)]。中性轴在横截面上的位置目前还不能确定，现在来分析距中性轴为 y 处的纵向应变，取微段梁长为 $\mathrm{d}x$[见图 4.30(a)]，O_1O_2 为中性层位置，纵向纤维 AB 距中性轴为 y，变形后微段梁如图 4.30(b)所示。

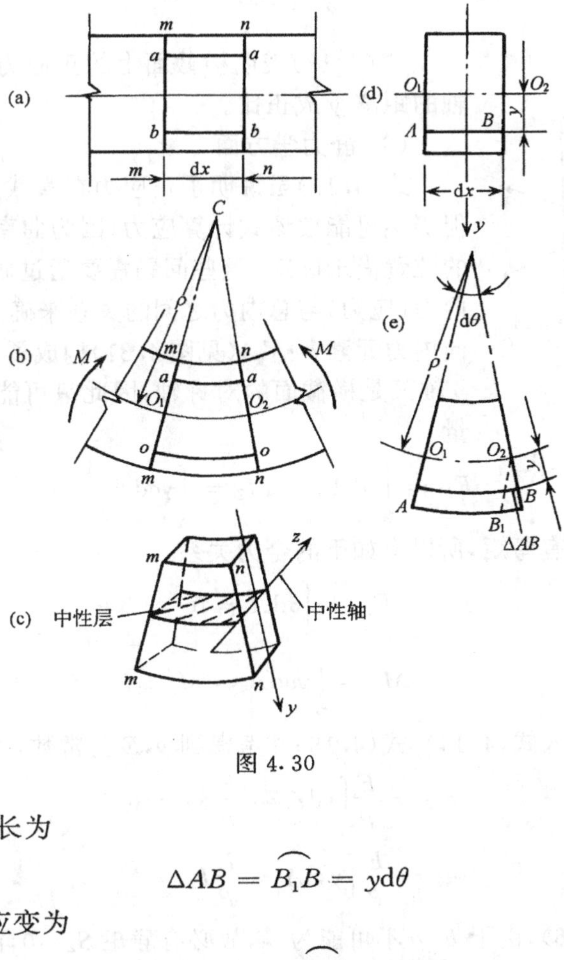

图 4.30

$\overset{\frown}{AB}$比 AB 伸长为

$$\Delta AB = \overset{\frown}{B_1B} = y\mathrm{d}\theta$$

则纵向纤维的线应变为

$$\varepsilon = \frac{\Delta AB}{AB} = \frac{\overset{\frown}{B_1B}}{O_1O_2} = \frac{y\mathrm{d}\theta}{\mathrm{d}x} \tag{4.11}$$

O_1O_2 是中性层的弧长，而 $O_1O_2 = \mathrm{d}x = \rho\mathrm{d}\theta$，所以

$$\frac{1}{\rho} = \frac{\mathrm{d}\theta}{\mathrm{d}x}$$

代入式(4.11)，得

$$\varepsilon = \frac{y}{\rho} \tag{4.12}$$

式中:ρ 为中性层上的纵向纤维弯曲后的曲率半径。

由于纯弯曲时 ρ 为常数,所以纵向纤维的线应变 ε 与该纤维到中性层的距离 y 成正比。

(2) 物理关系

由胡克定律知,材料在弹性范围内应力与应变成正比,即 $\sigma = E\varepsilon$,将式(4.12)代入,得

$$\sigma = \frac{Ey}{\rho} \tag{4.13}$$

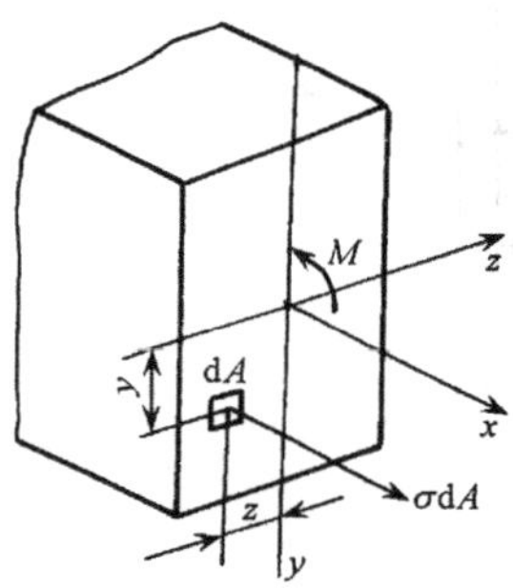

图 4.31

式(4.13)表明横截面上的正应力与该纤维到中性轴的距离 y 成正比。

(3) 静力学方面

式(4.13)虽说明了正应力在横截面上的分布规律,但仍不可能按该式计算应力,因为曲率半径 ρ 和中性轴的位置尚未确定。这些问题需要通过研究横截面上分布内力(应力)与总内力之间的关系来确定。在横截面上法向内力元素 $\sigma \cdot dA$(见图 4.31)构成了空间平行力系,且 y 轴又是横截面的对称轴,因此只可能组成两个内力分量

$$F_N = \int_A \sigma dA \qquad M_Z = \int_A y\sigma dA$$

因为截面上只有弯矩,所以有如下的合力关系:

$$F_N = \int_A \sigma dA = 0 \tag{4.14}$$

$$M_Z = \int_A y\sigma dA = M \tag{4.15}$$

把式(4.13)代入式(4.14)、式(4.15)并考虑到 ρ, E 为常数,得

$$F_N = \frac{E}{\rho}\int_A y dA = \frac{E}{\rho}S_Z = 0 \tag{4.16}$$

$$M_Z = \frac{E}{\rho}\int_A y^2 dA = \frac{E}{\rho}I_Z = M \tag{4.17}$$

欲满足式(4.16),由于 E/ρ 不可能为零,故必有静矩 $S_Z=0$,由此可知:中性轴通过截面的形心。式(4.17)中,$I_Z = \int_A y^2 dA$ 是横截面对 z 轴(即中心轴)的惯性矩(见 4.1.2 节内容)。EI_Z 称为梁的抗弯刚度,它表示梁抵抗弯曲变形的能力。通常将式(4.17)写成如下的形式:

$$\frac{1}{\rho} = \frac{M}{EI_Z} \tag{4.18}$$

上式表明，梁弯曲时其挠曲线的曲率与弯矩成正比，而与梁的抗弯刚度成反比。将式(4.18)代入式(4.13)得到梁在纯弯曲时横截面上任一点处正应力计算公式

$$\sigma = \frac{My}{I_z} \tag{4.19}$$

式中：M——所求正应力截面上的弯矩；

I_z——所求正应力截面对中性轴的惯性矩；

y——所求正应力点到中性轴的距离。

此式表明：横截面上任一点处的正应力与该点到中性轴的距离成正比，其分布规律如图 4.32 所示。

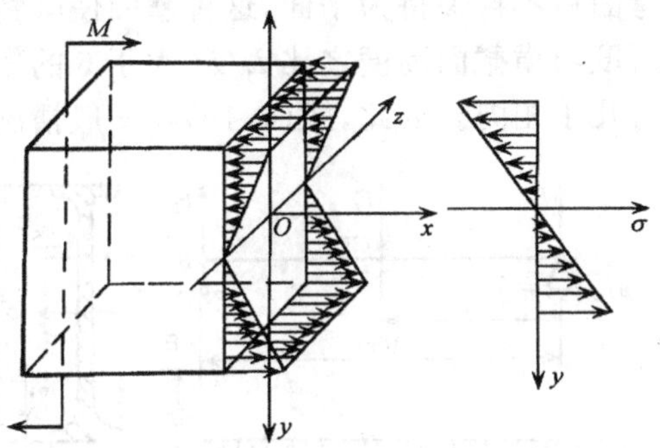

图 4.32

采用式(4.19)计算正应力时，可不考虑式中 M，y 的正负号，均以绝对值代入，最后由梁的变形来确定是拉应力还是压应力。当截面上的弯矩为正时，梁下边受拉，上边受压，所以中性轴以下为拉应力，中性轴以上为压应力。当截面的弯矩为负时，则相反。

梁中最大正应力发生在距中性轴最远的点上，令 $y_{\max}$表示该点到中性轴的距离，则横截面的最大正应力为

$$\sigma_{\max} = \frac{My_{\max}}{I_z} \tag{4.20}$$

若令

$$W_z = \frac{I_z}{y_{\max}} \tag{4.21}$$

则

$$\sigma_{\max} = \frac{M}{W_z} \tag{4.22}$$

其中，W_z 叫做抗弯截面模量。

对于矩形截面[见图 4.33(a)]其惯性矩和抗弯截面模量分别为

$$I_z = \frac{bh^3}{12}, \quad W_z = \frac{bh^2}{6}$$

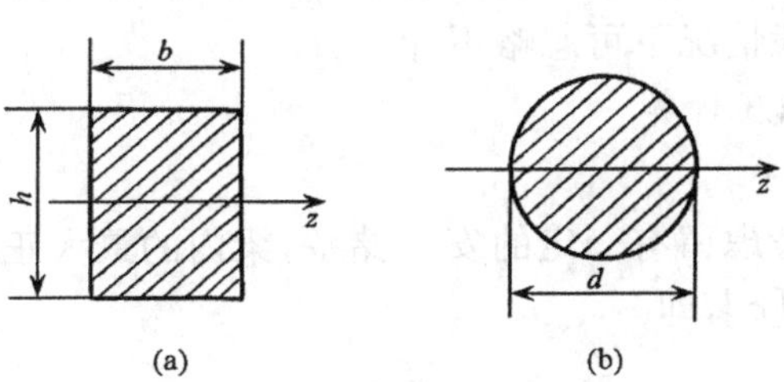

图 4.33

对于实心圆截面[见图 4.33(b)]，其惯性矩和抗弯截面模量分别为

$$I_z = \frac{\pi d^4}{64}, \quad W_z = \frac{\pi d^3}{32}$$

至于其他形式梁的横截面特性，参阅附录，对于各种型钢的抗弯截面横量 W_z 的数值，可以从附录的型钢表中查到。

横力弯曲是弯曲问题中最常见的情况。此时，梁的截面上不仅仅有正应力而且还有剪应力。由于剪应力的存在，梁的横截面将发生翘曲，因而弯曲之前的平面在弯曲后不再保持为平面，这种翘曲使其特性复杂化。但由弹性力学分析证明，对于跨度与横截面高度之比 L/H 大于 5 的梁，其横截面上的正应力变化规律与纯弯曲时几乎相同。因此，式(4.19)在一般情况也可以应用于横力弯曲的梁。

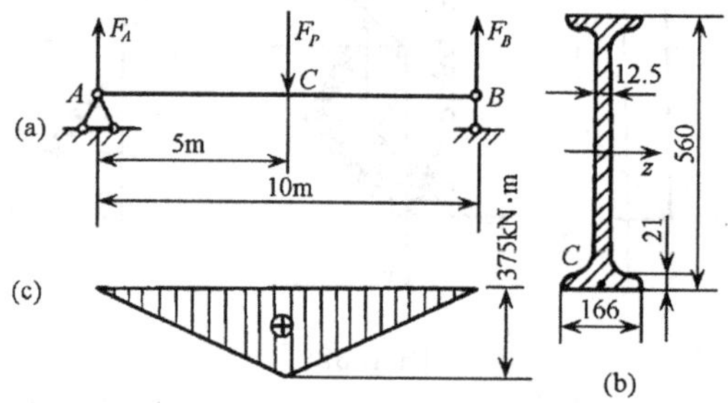

图 4.34

【例 4.18】 图 4.34 所示的简支梁，它由 56a 号工字钢制成。已知 $F_P=150\text{kN}$，试求此梁危险截面上的最大正应力 σ_{max} 和同一截面上腹板与翼缘交界点 C 处(见图 4.34)的正应力 σ_C。

【解】 首先作梁的弯矩图如图 4.34(c)。最大弯矩

$$M_{max} = 375\text{kN} \cdot \text{m}$$

利用型钢表查得：$W_z=2342\times10^3\text{mm}^3$，$I_z=65\ 586\times10^4\text{mm}^4$。危险截面处的最大应力为

$$\sigma_{max} = \frac{M_{max}}{W_z} = \frac{375\times10^6}{2342\times10^3} = 160\text{MPa}$$

腹板与翼缘交界点 C 处的正应力

$$\sigma_c = \frac{M_{max}y_c}{I_z} = \frac{375\times10^6\times\left(\frac{560}{2}-21\right)}{65\ 586\times10^4} = 148(\text{MPa})$$

C 点处的正应力也可按正应力线性变化规律求得，即

$$\sigma_c = \frac{y_c}{y_{max}}\sigma_{max} = \frac{259}{280}\times160 = 148(\text{MPa})$$

本例中没有计及梁的自重，这是因为自重引起的最大正应力与外荷载产生的正应力相比极小，一般情况下可忽略不计。

3. 梁的正应力强度计算

(1) 梁的强度条件

根据要求，同时考虑留有一定的安全储备，梁内的最大正应力 σ_{max} 不能超过材料受弯时的许用应力$[\sigma]$，即

$$\sigma_{max} = \frac{M_{max}}{W_z} \leqslant [\sigma] \tag{4.23}$$

这就是梁按正应力计算的强度条件，利用式(4.23)可以对梁进行强度校核，选择截面或确定许可荷载。

【例 4.19】 一矩形截面简支梁，梁上作用均布荷载(见图 4.35)，已知 $l=4\text{m}$，$b=140\text{mm}$，$h=210\text{mm}$ 弯曲时木材的容许正应力$[\sigma]=10\text{MPa}$，试求梁能承受的最大荷载 $q_{\max}$。

【解】 根据强度条件。梁能承受的最大弯矩为

$$M_{\max} \leqslant W_z[\sigma]$$

$$W_z = \frac{1}{6}bh^2 = \frac{1}{6} \times 140 \times 210^2$$

$$= 1.03 \times 10^6(\text{mm}^3)$$

跨中最大弯矩与荷载 q 的关系为

$$M_{\max} = \frac{1}{8}ql^2$$

所以

$$\frac{1}{8}ql^2 \leqslant W_z[\sigma]$$

从而得

$$q \leqslant \frac{8W_z[\sigma]}{l^2} = \frac{8 \times 1.03 \times 10^6 \times 10}{4000^2} = 5.15(\text{N/mm}) = 5.15(\text{kN/m})$$

即梁承受的最大荷载为 $q_{\max}=5.15\text{kN/m}$。

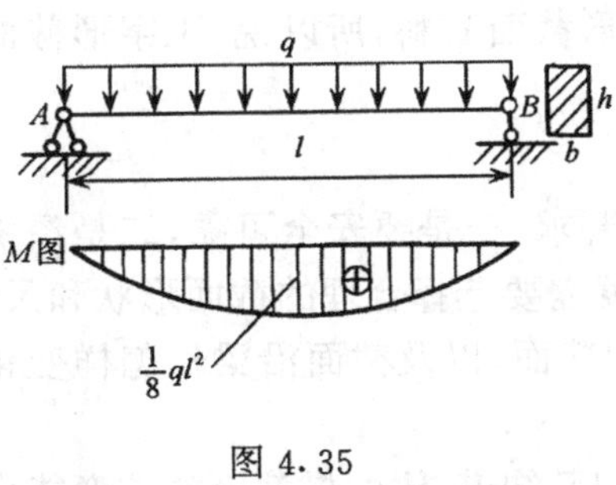

图 4.35

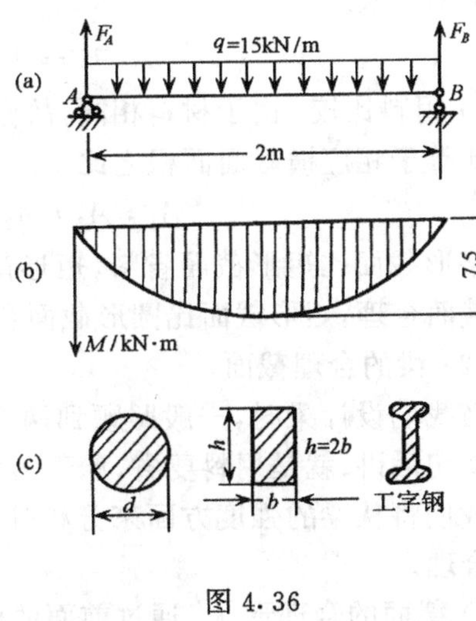

图 4.36

【例 4.20】 图 4.36(a)所示为一根简支梁，受均布荷载作用，材料为低碳钢，容许正应力$[\sigma]=160\text{MPa}$，试选择图 4.36(c)所示 3 种截面尺寸并比较这 3 种情况的用料。

【解】 梁的最大弯矩为 $M_{\max}=\frac{1}{8}ql^2=\frac{1}{8}\times15\times2^2=7.5(\text{kN}\cdot\text{m})$

根据强度条件,求得所需的抗弯截面横量为

$$W \geqslant \frac{W_{\max}}{[\sigma]} = \frac{7.5 \times 10^6}{160} = 4.69 \times 10^4 (\mathrm{mm}^3)$$

1) 求圆截面

$$W_z = \frac{\pi d^3}{32} \geqslant 4.69 \times 10^4 (\mathrm{mm}^3)$$

$$d \geqslant \sqrt[3]{32 \times 4.69 \times 10^4 / \pi} = 78 (\mathrm{mm})$$

$$A_1 = \frac{\pi d^2}{4} = 4.78 \times 10^3 (\mathrm{mm}^2)$$

2) 求矩形截面

$$W_z = \frac{1}{6} bh^2 = \frac{1}{12} h^3 \geqslant 4.69 \times 10^4 (\mathrm{mm}^3);$$

$$h \geqslant \sqrt[3]{4.69 \times 10^4 \times 12} = 83 (\mathrm{mm});$$

$$b = 42 (\mathrm{mm}).$$

此截面面积为

$$A_2 = b \times h = 3.48 \times 10^3 (\mathrm{mm}^2)$$

3) 求工字钢截面:因为 $W_z = 4.69 \times 10^4 \mathrm{mm}^3$,从型钢表中查得应选用 10 号工字钢,其抗弯截面模量为

$$W_z = 4.9 \times 10^4 (\mathrm{mm}^3)$$

其截面面积为

$$A_3 = 1.43 \times 10^3 \mathrm{mm}^2$$

4) 用料比较。由于材料相同,故圆形截面、矩形截面与工字形截面 3 种情况用料之比等于相应横截面面积之比

$$A_1 : A_2 : A_3 = 1 : 0.73 : 0.30$$

即工字形截面比矩形截面省料,矩形截面比圆形截面省料,所以说,工字形截面比矩形截面合理,矩形截面比圆形截面合理。

(2) 梁的合理截面

当我们设计梁时,一般照顾到两个方面的要求:一是要安全可靠,二是经济合理。换句话讲,就是用料要省,承载力要大,这就需要选择合理的截面形状和尺寸。这里我们将从梁的强度方面来分析什么形状的截面,以及截面沿梁长怎样变化才经济合理。

1) 截面的合理形状。通过前面的分析,我们已知道,梁的横截面的抗弯能力直接取决于其抗弯截面模量 W,在例 4.20 中看到,工字形截面最合理,矩形截面次之,圆形截面最差。这是因为就提高抗弯能力而言,应当把材料分布在离中性轴较远的地方,以得到较大的抗弯截面模量。这个原则的合理性也可以从梁截面上的正应力 σ 是按直线分布的规律来加以说明,因为在截面的最外层处 σ 最大而在中性轴 σ 为 0。所以布置在中性轴附近的材料不能充分发挥它的作用,而把材料布置在

距中性轴较远的地方，就能较好地发挥它们的作用。

工程常用的空心梁如图 4.37(a)及挖孔薄腹梁图 4.37(b)等，其孔都是在中性轴附近，这就减少了没有充分发挥作用的材料，从而收到较好的效果。

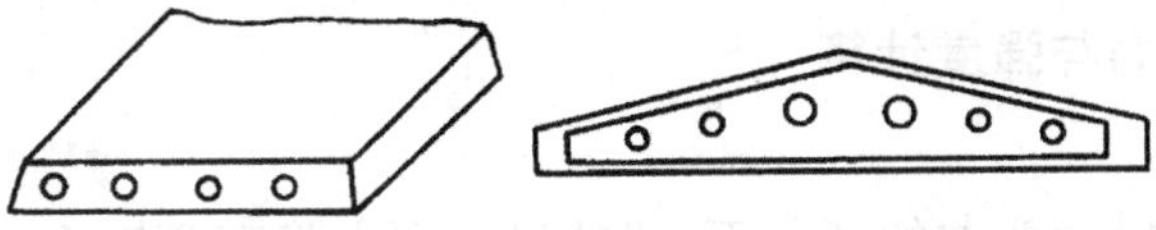

(a) (b)

图 4.37

但是应当注意，在分析梁截面的合理形式时，不能片面地只从强度方面来考虑，还必须综合考虑有关刚度、稳定及使用要求，材料性质和施工方面的因素。例如，设计矩形截面梁时，从强度方面来看可以适当增大截面的高度，减小截面的宽度，这样可在截面面积相同的情况下，得到较大的抗弯截面模量，但是如果片面的强调这一方面，使截面的高度过大，宽度过小，梁就可能发生侧向变形而破坏。又如，对于木材制作的一般梁，最切合实际的截面形状是圆形或者矩形，完全没有必要片面的追求工字形，因为那样的作法反而会浪费材料和造成施工上的困难。

2）变截面梁　在进行梁的强度设计时，是根据截面上的最大弯矩设计的，而其他截面上的弯矩一般都小于最大弯矩。如采用等截面梁，对那些弯矩较小的地方，材料就没有充分发挥作用，要想更好的发挥材料的作用，应该用变截面梁，最理想的变截面梁是使梁的各个截面上的最大正应力同时达到材料的许用应力。由

$$\sigma_{\max} \leqslant \frac{M(x)}{W_z(x)} = [\sigma]$$

得

$$W_z(x) = \frac{M(x)}{[\sigma]}$$

这样，各个截面的大小将随截面上的弯矩而变化，这种梁称为等强度梁。

从强度及材料的应用来看，等强度梁很理想。但是这种梁的加工制作比较困难。因此在工程中，很少采用等强度梁，而是根据不同的具体情况采用其他形式的变截面梁。图 4.38 中给出了工程中常用的几种常用变截面梁的形式。图 4.38(a)

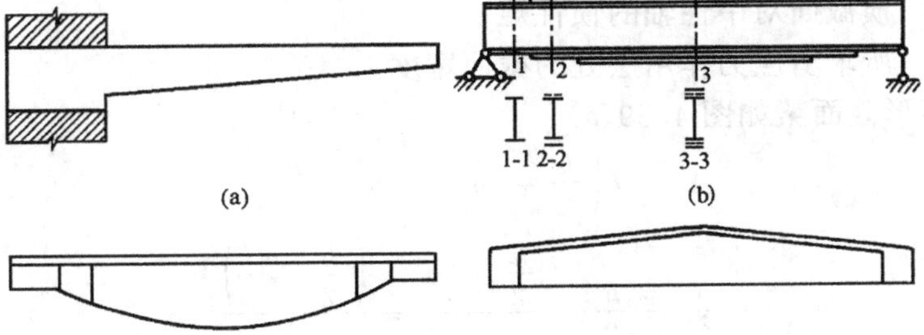

图 4.38

是最常见的阳台下的挑梁。图 4.38(c)是随着跨中弯矩增大，上下增添盖板的钢梁，图 4.38(b)是厂房中的鱼腹式吊车梁，图 4.38(d)是厂房屋顶上的薄腹梁，它的横截面高度适应着屋面的坡度，由两端向中间逐渐扩大。

4.4.2 梁的剪应力与强度计算

1. 梁的剪应力

如前所述，在横力弯曲的情况下，梁的横截面上将有弯矩 M 和剪力 F_Q 同时作用。前面我们已经研究了与弯矩 M 有关的正应力 σ，现在再来研究与剪力 F_Q 有关的应力 τ。

(1) 矩形截面梁

设宽为 b，高为 h 的矩形截面如图 4.39 所示，若 $h>b$，则可对剪应力 τ 的分布作如下假设：

① 横截面上各点处剪应力的方向都与剪力的方向平行；

② 横截面上距中性轴等距离的各点处剪应力相等。

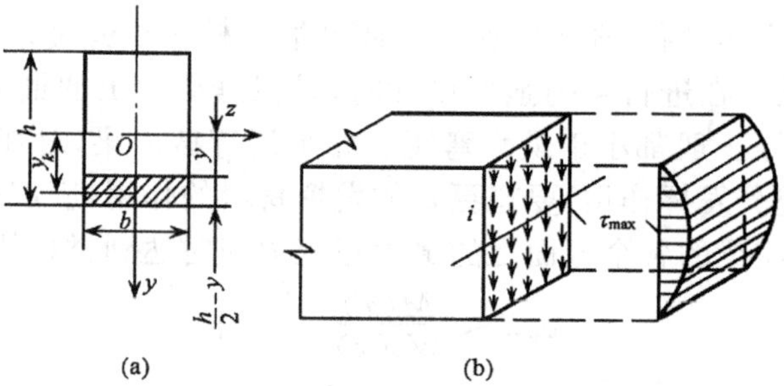

图 4.39

根据以上假设，可以推出矩形截面梁横截面上剪应力的计算公式为

$$\tau = \frac{F_Q S_z}{I_z b} \tag{4.24}$$

式中：F_Q——作用在所求剪应力横截面上的剪力；

S_z——所求剪应力作用层以上或以下部分横截面面积对中性轴的静矩；

I_z——横截面对中性轴的惯性矩；

b——所求剪应力作用层处的截面宽度。

对于矩形截面梁如图 4.39(a)

$$A_1 = b\left(\frac{h}{2} - y\right)$$

$$y_k = \frac{h}{2} - \frac{\frac{h}{2} - y}{2} = \frac{\left(\frac{h}{2} + y\right)}{2}$$

所以 $S_z = A_1 \cdot y_k = b\left(\frac{h}{2} - y\right)\left(\frac{h}{2} + y\right)\Big/2 = \frac{b}{2}\left(\frac{h^2}{4} - y^2\right)$，将其代入式(4.24)，得

$$\tau = \frac{F_Q}{2I_z}\left(\frac{h^2}{4} - y^2\right) \tag{4.25}$$

由此可见，τ 沿截面高度是按二次抛物线规律变化的[见图 4.39(b)]。在截面上、下边缘处$\left(y=\pm\frac{h}{2}\right)$的剪应力为零，在中性轴($y=0$)上剪应力达到最大值，

$$\tau_{\max} = \frac{F_Q h^2}{8I_z} = \frac{3F_Q}{2bh} = \frac{3F_Q}{2A} \tag{4.26}$$

即矩形截面上的最大剪应力为横截面上平均剪应力的 1.5 倍。

(2) 工字形截面

在工程实际中所用工字形，T 形和箱形一类的梁截面，都可以看成是几个矩形截面组成，所以仍可应用式(4.24)计算剪应力，但要注意到此时截面宽度不是一个常量(即翼缘与腹板的宽度不同)所以公式改写为

$$\tau = \frac{F_Q S_z}{I_z b(y)} \tag{4.27}$$

式中：$b(y)$表示截面宽度 b 是 y 的函数。

对于图 4.40 所示的 I 字形截面，翼缘上的剪应力分布情况很复杂，由于其剪应力很小，一般可以忽略不计，所以剪应力主要集中在腹板上，最大剪应力 $\tau_{\max}$仍在截面的中性轴上，其值为

$$\tau_{\max} = \frac{F_Q S_{z\max}}{I_z d} = \frac{F_Q}{d} \cdot \frac{S_{z\max}}{I_z} \tag{4.28}$$

其中，$\frac{S_{z\max}}{I_z}$可在型钢表中查得。

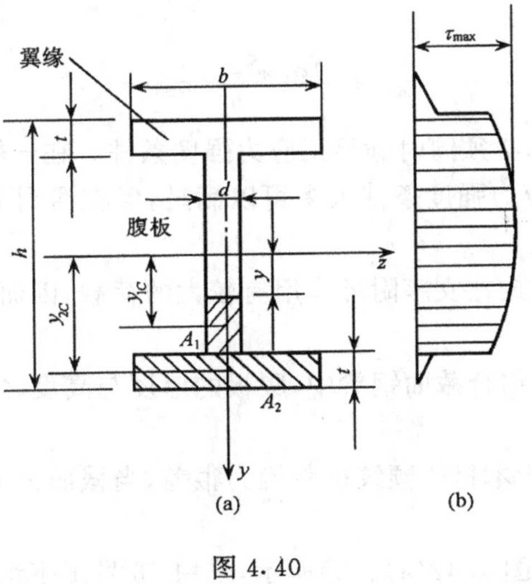

图 4.40

(3) 圆形、圆环形截面

圆形与薄壁圆环形截面的最大剪应力也都发生在中性轴上，并且沿中性轴均匀分布，如图 4.41 所示，其值为

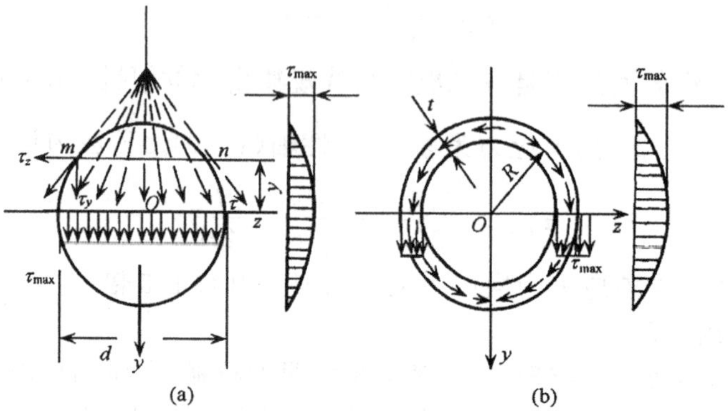

图 4.41

圆形截面：
$$\tau_{\max} = \frac{4F_Q}{3A} \tag{4.29}$$

薄壁圆环形截面：
$$\tau_{\max} = 2\frac{F_Q}{A} \tag{4.30}$$

显然，圆形截面上的最大剪应力 $\tau_{\max}$是截面上平均剪应力的 1.33 倍；薄壁圆环形截面上的最大剪应力 $\tau_{\max}$是截面上平均剪应力的 2 倍。

2. 梁的剪应力强度计算

如上所述，梁中的最大剪应力一般发生在最大剪力 $F_{Q\max}$所在截面的中性轴处。如果 $S_{z\max}$表示截面在中性轴以上或以下部分面积对中性轴的面积矩，以 b 表示横截面沿中性轴的宽度，以$[\tau]$表示材料的许用应力，则可以得到梁的剪应力强度条件为

$$\tau_{\max} = \frac{F_{Q\max}S_{z\max}}{I_{z\max}b} \leqslant [\tau] \tag{4.31}$$

在设计梁截面时，必须同时满足正应力强度条件。在一般情况下，按正应力强度条件设计的梁，剪应力强度条件大多可以满足，但在遇到下列几种情况时，就必须校核梁内的剪应力：

1）梁的跨度较小或在支座附近作用有较大的荷载，因而梁的最大弯矩小而剪力却很大。

2）在铆接焊接的组合截面钢梁中，腹板的厚度与高度之比比一般型钢截面的相应比值小。

3）在木梁中，由于木材的顺纹抗剪能力很差，当截面上剪应力很大时，木梁也可能沿中性层剪坏。

【例 4.21】 梁如图 4.42(a)、(b)所示，采用 56 号工字钢。试求此梁的最大剪应力 $\tau_{\max}$和同一截面腹板与翼缘交界处 C 点的剪应力 τ_c。

【解】 作剪力图[见图 4.42(c)]，由图可知

$$F_{Q\max} = 75\text{kN}$$

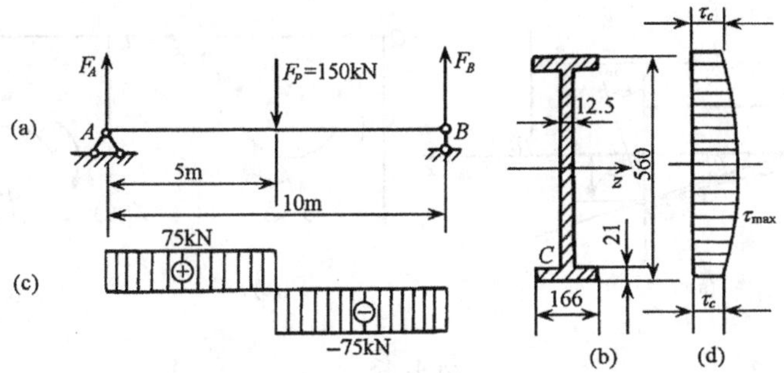

图 4.42

利用附录型钢表查得(56 号工字钢)

$$\frac{I_z}{S_{z\max}} = 477.3\text{mm}$$

将 $F_{Q\max}$、$\frac{I_z}{S_{z\max}}$的值和 $d=12.5$mm 代入式(4.28),得最大剪应力

$$\tau_{\max} = \frac{F_{Q\max}}{I_z} \cdot \frac{S_{\max}}{d} = \frac{F_{Q\max}}{\frac{I_z}{S_{z\max}} \cdot d} = \frac{75 \times 10^2}{477.3 \times 12.5} = 12.6(\text{MPa})$$

将 $F_{Q\max}$、d、S_{zc}之值及查得的 I_z 代入式(4.28),得 C 点剪应力

$$\tau_c = \frac{F_{Q\max} S_{zc}}{I_z d} = \frac{75 \times 10^3 \times 940 \times 10^3}{65\,586 \times 10^4 \times 12.5} = 8.6(\text{MPa})$$

腹板上剪应力分布如图 4.42(d)所示。

4.5 梁的变形与刚度计算

4.5.1 梁的变形

上面研究了梁的强度问题,工程实际中的某些受弯构件,除要求有足够的强度外,还要求其变形不能超过工程上允许的范围,即具有足够的刚度,这就需要求梁的变形。研究弯曲变形的主要目的是解决梁的刚度计算问题及求解超静定梁,并为以后研究压杆稳定等问题奠定基础。

1. 梁的挠曲线近似微分方程

如图 4.43(a)所示。取梁的轴线为 x 轴,与轴线垂直向下的轴为 y 轴。在平面弯曲的情况下,梁的轴线在 xy 平面内弯成一条曲线 AB',称为梁的挠曲线。梁的变形可用以下两个基本量表示。

1) 梁任一横截面的形心在垂直于轴线方向的线位移,称为该横截面的挠度,用 y 表示。规定沿 y 轴正向(即向下)的挠度为正,反之为负。实际上,横截面形心沿轴线方向也存在线位移,但在小变形条件下,这种位移与挠度相比很小,一般略去不计。

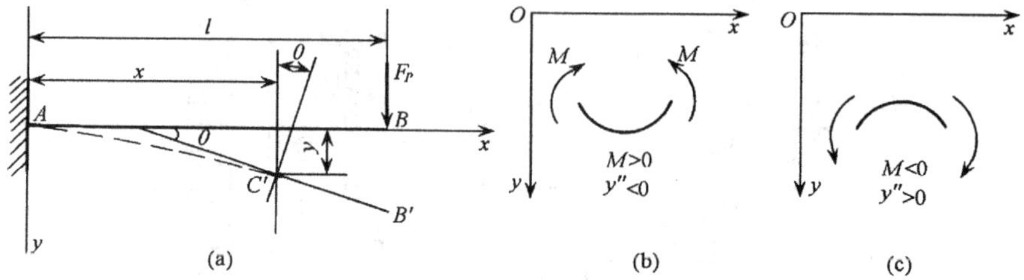

图 4.43

2）梁任一横截面绕其中性轴转过的角度，称为该横截面的转角，用 θ 表示。根据平面假设，梁变形后的横截面仍可保持为平面并与挠曲线正交，因而横截面的转角 θ 也等于挠曲线在该截面处的切线与 x 轴的夹角。规定转角以顺时针转向为正，反之为负。

梁横截面的挠度和转角都随截面位置 x 而变化，是 x 的连续函数，即

$$y = y(x)$$
$$\theta = \theta(x)$$

上面两式分别称为梁的挠曲线方程和转角方程。在小变形条件下，两者存在下面的关系：

$$\frac{\mathrm{d}y}{\mathrm{d}x} = y' = \tan\theta \approx \theta$$

即挠度曲线上任一点处切线的斜率等于该横截面的转角，因此，只要知道梁的挠度曲线 $y=y(x)$，就可求得梁任一横截面的挠度 y 和转角 θ。

在 4.4.1 中已得到等直梁在纯弯曲时的曲率表达式，即

$$\frac{1}{\rho} = \frac{M}{EI}$$

式中：M——横截面上弯矩；

EI——梁的抗弯刚度。

在横力弯曲时，忽略剪力 F_Q 对弯曲变形的影响上式仍然成立，此时弯矩 M 和曲率半径 ρ 都是 x 的函数。故上式可变为

$$\frac{1}{\rho(x)} = \frac{M(x)}{EI} \tag{a}$$

由高等数学可知，平面曲线上任一点的曲率为

$$\frac{1}{\rho(x)} = \pm \frac{\dfrac{\mathrm{d}^2y}{\mathrm{d}x^2}}{\left[1 + \left(\dfrac{\mathrm{d}y}{\mathrm{d}x}\right)^2\right]^{3/2}}$$

在小变形条件下转角 $\theta=\dfrac{\mathrm{d}y}{\mathrm{d}x}$是一个很小的量，故$\left(\dfrac{\mathrm{d}y}{\mathrm{d}x}\right)^2 \ll 1$，为高阶微量，可忽

略不计，于是有

$$\frac{1}{\rho(x)}=\pm\frac{\mathrm{d}^2 y}{\mathrm{d}x^2} \tag{b}$$

由式(a)和式(b)可得

$$\frac{\mathrm{d}^2 y}{\mathrm{d}x^2}=\pm\frac{M(x)}{EI} \tag{c}$$

现在来选择式(c)中的正负号。在图4.42(b)、(c)所示坐标系中，当弯矩$M(x)$为正时，挠曲线向上凹，二阶导数$\frac{\mathrm{d}^2 y}{\mathrm{d}x^2}$为负；当弯矩$M(x)$为负时，挠曲线向下凹，二阶导数$\frac{\mathrm{d}^2 y}{\mathrm{d}x^2}$为正。可见，为了保持等式两边的符号一致，式(c)的右边应取负号。故有

$$\frac{\mathrm{d}^2 y}{\mathrm{d}x^2}=-\frac{M(x)}{EI} \tag{4.32}$$

对于等直梁，刚度EI为常数，上式可改写为

$$EIy''=-M(x) \tag{4.33}$$

式(4.32)和式(4.33)称为梁的挠曲线近似微分方程。其近似在于建立方程时略去了剪力对变形的影响，并不计$\left(\frac{\mathrm{d}y}{\mathrm{d}x}\right)^2$。

2. *用积分法求梁的变形*

以等直梁为例，对式(4.33)积分一次，得转角方程为

$$EI\theta=EIy'=-\int M(x)\mathrm{d}x+C$$

再积分一次，得挠曲线方程为

$$EIy=-\int\left(\int M(x)\mathrm{d}x\right)\mathrm{d}x+Cx+D \tag{4.34}$$

式中：C和D为积分常数，其值可由挠曲线上已知的变形条件来确定。例如，图4.44(a)、(b)中的铰支座A处的挠度$y_A=0$；图4.44(c)中固定端A处的挠度$y_A=0$及$\theta_A=0$，这种条件称为边界条件。

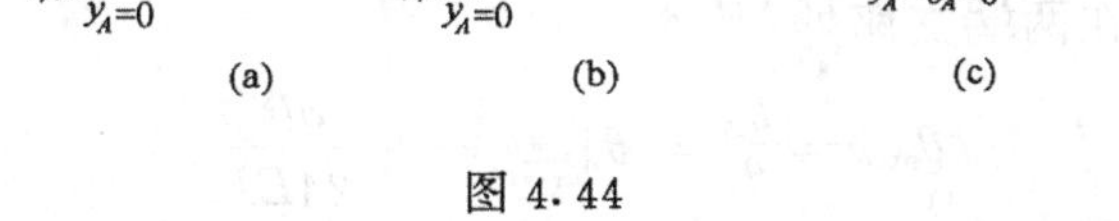

图 4.44

确定了积分常数后，就可根据梁的转角方程和挠曲线方程求得梁任一横截面的转角和挠度。这种求挠度和转角的方法称为积分法。

【例 4.22】 试求图4.45简支梁的挠曲线方程和转角方程并确定最大挠度和最大转角。

【解】 (1) 列弯矩方程和挠曲线方程。

梁的支座反力为 $$F_A = F_B = \frac{ql}{2}$$

弯矩方程为 $$M(x) = \frac{ql}{2}x - \frac{q}{2}x^2 \quad (0 \leqslant x \leqslant l)$$

挠曲线微分方程为 $$EIy'' = -M(x) = -\frac{ql}{2}x + \frac{q}{2}x^2$$

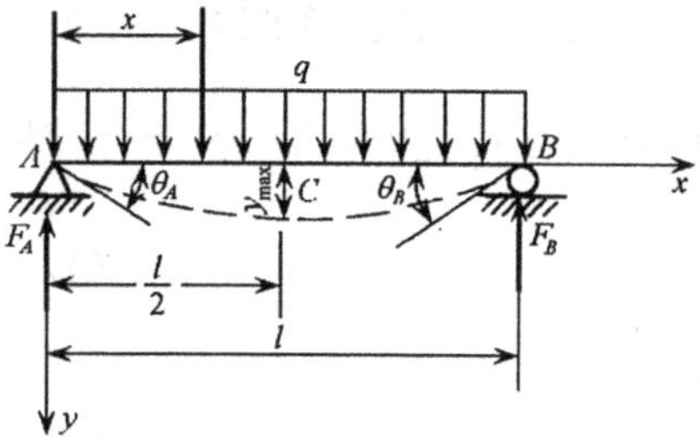

图 4.45

(2) 对微分方程积分并确定积分常数。对(1)中挠曲线微分方程积分两次，可得

$$EI\theta = EIy' = -\frac{ql}{4}x^2 + \frac{q}{6}x^3 + C$$

$$EIy = -\frac{ql}{12}x^3 + \frac{q}{24}x^4 + Cx + D$$

简支梁在左、右两端铰支座处的挠度都等于零，即

在 $x = 0$ 处， $y = 0$；

$x = l$ 处， $y = 0$。

将这两个边界条件代入上面两式，解得

$$C = \frac{ql^3}{24}, \quad D = 0$$

(3) 列转角方程和挠曲线方程。将积分常数 C 和 D 的值代入(2)中两式，即得转角方程和挠曲线方程分别为

$$\theta = \frac{q}{24EI}(l^3 - 6lx^2 + 4x^3), \quad y = \frac{qx}{24EI}(l^3 - 2lx^2 + x^3),$$

(4) 求最大转角和最大挠度。梁各横截面上的弯矩均为正值，并且梁上荷载与边界条件都对称于梁跨的中点，因而梁的挠度曲线应为一对称于中点的上凹曲线，如图 4.45 虚线所示。

$$y_{max} = y_c = y|_{x=l/2} = \frac{5ql^4}{384EI}$$

最大转角发生在两端支座处，其值

$$\theta_{max} = \frac{\theta_A}{\theta_B} = \theta|_{\substack{x=0\\x=l}} = \pm\frac{ql^3}{24EI}$$

3. 用叠加法求梁的变形

工程上经常用叠加法求梁某特定截面的挠度和转角。从表 4.3 中可以看出，挠度和转角都与荷载成线性关系。根据叠加原理，当梁上同时作用几个荷载时，可以先分别从表 4.3 中查出每个荷载单独作用下梁的挠度或转角，然后进行叠加(求代数和)，即得这些荷载共同作用下梁的挠度或转角。

表 4.3　简单荷载作用下梁的变形

序号	梁的计算简图	挠曲线方程	转　角	挠　度
1	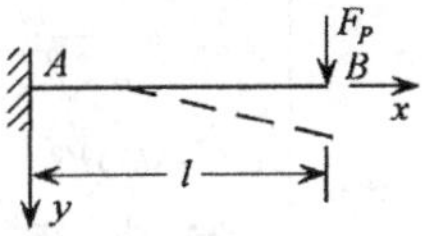	$y=\frac{F_Px^2}{6EI}(3l-x)$	$\theta_B=\frac{F_Pl^2}{2EI}$	$y_B=\frac{F_Pl^3}{3EI}$
2	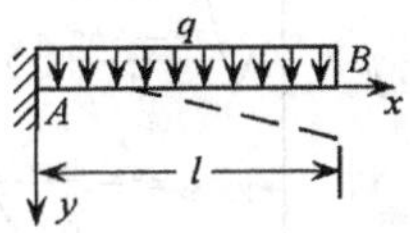	$y=\frac{qx^2}{24EI}(6l^2-4lx+x^2)$	$\theta_B=\frac{ql^3}{6EI}$	$y_B=\frac{ql^4}{8EI}$
3	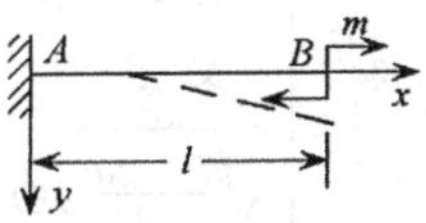	$y=\frac{mx^2}{2EI}$	$\theta_B=\frac{ml}{EI}$	$y_B=\frac{ml^2}{2EI}$
4	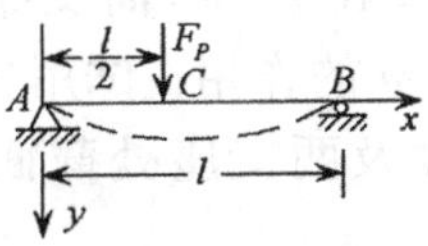	$y=\frac{F_Px}{48EI}(3l^2-4x^2)$ $\left(0\leqslant x\leqslant\frac{l}{2}\right)$ $y=\frac{F_P(l-x)}{48EI}(-l^2+8lx-4x^2)$ $\left(\frac{l}{2}\leqslant x\leqslant l\right)$	$\theta_A=\frac{F_Pl^2}{16EI}$ $\theta_B=\frac{F_Pl^2}{16EI}$	$y_C=\frac{F_Pl^3}{48EI}$
5	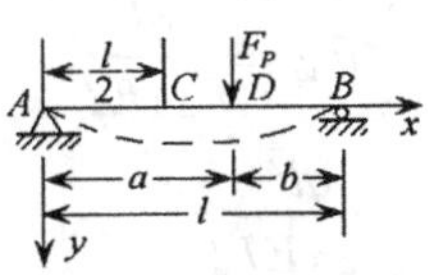	$y=\frac{F_Pbx}{6EI}(l^2-x^2-b^2)$ $(0\leqslant x\leqslant a)$ $y=\frac{F_Pa(l-x)}{6lEI}(2lx-x^2-a^2)$ $(a\leqslant x\leqslant l)$	$\theta_A=\frac{F_Pab(l+b)}{6lEI}$ $\theta_B=\frac{F_Pab(l+b)}{6lEI}$	当 $a>b$ 时 $y_C=\frac{F_Pb}{48EI}(3l^2-4b^2)$ $y_{\max}=\frac{F_Pb}{9\sqrt{3}\,lEI}\times(l^2-b^2)^{3/2}$ （发生在 $x=\sqrt{\frac{l^2-b^2}{3}}$ 处）
6	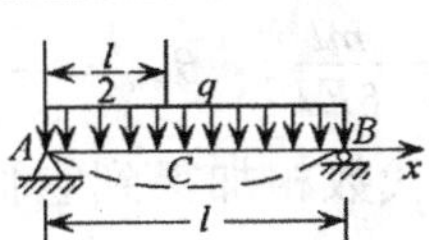	$y=\frac{qx}{24EI}(l^3-2lx^2+x^3)$	$\theta_A=\frac{ql^3}{24EI}$ $\theta_B=-\frac{ql^3}{24EI}$	$y_C=\frac{5ql^4}{384EI}$
7	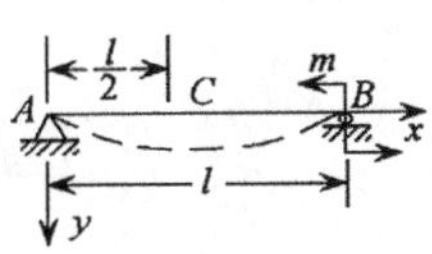	$y=\frac{mx}{6lEI}(l^2-x^2)$	$\theta_A=\frac{ml}{6EI}$ $\theta_B=\frac{ml}{3EI}$	$y_C=\frac{ml^2}{16EI}$ $y_{\max}=\frac{ml^2}{9\sqrt{3}\,EI}$ （发生在 $x=\frac{1}{\sqrt{3}}$ 处）

续表

序号	梁的计算简图	挠曲线方程	转　角	挠　度
8	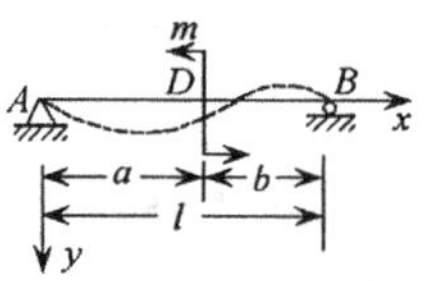	$y=\frac{mx}{6lEI}(l^2-3b^2-x^3)$ $(0\leqslant x\leqslant a)$ $y=\frac{m(l-x)}{6lEI}(3a^2-2lx+x^2)$ $(a\leqslant x\leqslant l)$	$\theta_A=\frac{m}{6lEI}(l^2-3b^2)$ $\theta_B=\frac{m}{6lEI}(l^2-3a^2)$ $\theta_D=\frac{m}{6lEI}\times(l^2-3a^2-3b^2)$	$y_{1\max}=\frac{m}{9\sqrt{3}\,lEI}\times(l^2-3b^2)^{3/2}$ （发生在 $x=\sqrt{\frac{l^2-3b^2}{3}}$ 处） $y_{2\max}=-\frac{m}{9\sqrt{3}\,lEI}\times(l^2-3b^2)^{3/2}$ （发生在 $x=\sqrt{\frac{l^2-3a^2}{3}}$ 处）

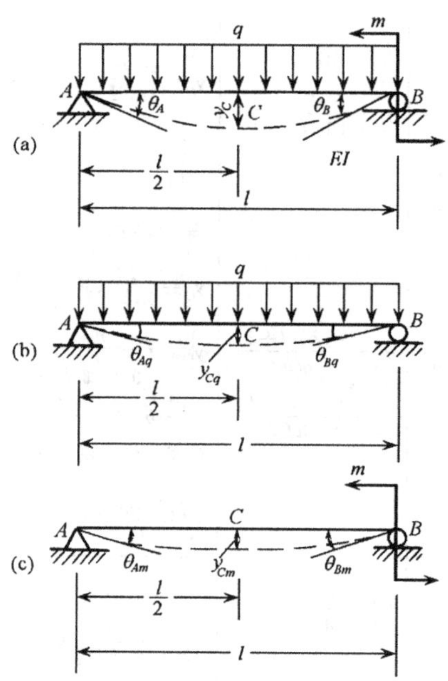

图 4.46

【例 4.23】 图 4.46 所示，简支梁受均布荷载 q 及集中力偶 m 的作用。试用叠加法求跨中截面 C 的挠度及两支座处截面 A、B 的转角。

【解】 由表 4.3 查得，在均布荷载 q 作用下[见图 4.46(b)]，截面 C 的挠度和截面 A、B 的转角分别为

$$y_{C_q}=\frac{5ql^4}{384EI},\quad \theta_{Aq}=\frac{ql^3}{24EI},$$

$$\theta_{Bq}=-\frac{ql^3}{24EI}$$

在集中力偶 m 作用下[见图 4.45(c)]，截面 C 的挠度和截面 A、B 的转角分别为

$$y_{C_m}=\frac{ml^2}{16EI},\quad \theta_{Am}=\frac{ml}{6EI},\quad \theta_{Bm}=-\frac{ml}{3EI}$$

将上述结果分别代数相加得到它们共同作用下截面 C 的挠度为

$$y_C=y_{C_q}+y_{C_m}=\frac{5ql^4}{384EI}+\frac{ml^2}{16EI}$$

截面 A、B 的转角分别为

$$\theta_A=\theta_{Aq}+\theta_{Am}=\frac{ql^3}{24EI}+\frac{ml}{6EI}$$

$$\theta_B=\theta_{Bq}+\theta_{Bm}=-\frac{ql^3}{24EI}-\frac{ml}{3EI}$$

【例 4.24】 试求图 4.47 所示外伸梁上截面 C 的挠度。

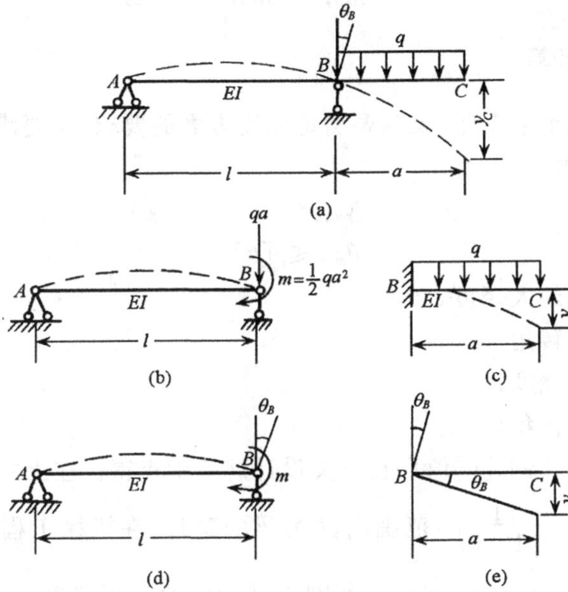

图 4.47

【解】 表 4.3 中虽然没有外伸梁的计算公式，但此题仍可利用表中的公式以叠加法求得。

外伸梁在图示荷载作用下的挠曲线如图 4.47(a)中虚线所示，两支座处只产生转角而挠度等于零。在计算截面 C 的挠度时，将梁的 BC 段可先看成 B 端为固定端的悬臂梁[见图 4.47(c)]，此梁在均布荷载 q 作用下，截面的挠度为 y_{C1}。但外伸梁上的 B 截面并非固定不动，而要产生转角 θ_B，B 截面转动 θ_B 角使 C 截面产生向下的竖向位移(相当于刚体移动)，该竖向位移用 y_{C_2}表示[见图 4.47(e)]。将图 4.47(c)的 y_{C_1}与图 4.47(e)中的 y_{C_2}相叠加，就是外伸梁上截面 C 的挠度，即

$$y_C = y_{C_1} + y_{C_2}$$

因 θ_B 很小，y_{C_2}可用 $a\theta_B$ 表示。外伸梁截面 B 的转角 θ_B 相当于图 4.47(b)示荷载作用下简支梁截面 B 的转角。因集中力 qa 是作用在支座上，故不引起梁的变形，仅力偶 $m=\frac{1}{2}qa^2$ 产生变形。简支梁在 m 作用下截面的转角从表 4.3 中查得为

$$\theta_B = \frac{ml}{3EI} = \frac{\frac{1}{2}qa^2l}{3EI} = \frac{qa^2l}{6EI}$$

所以

$$y_{C_2} = a\theta_B = \frac{qa^3l}{6EI}$$

从表 4.3 查得 $y_{C_1}=\frac{qa^4}{8EI}$，外伸梁截面 C 的挠度则为

$$y_C = y_{C1} + y_{C2} = \frac{qa^4}{8EI} + \frac{qa^3 l}{6EI} = \frac{qa^3}{24EI}(4l + 3a)$$

4.5.2 梁的刚度计算

为了保证梁能正常工作，梁既要满足强度方面的要求，又要满足刚度方面的要求，梁的刚度条件为

$$\begin{aligned} y_{max} &\leqslant [y] \\ \theta_{max} &\leqslant [\theta] \end{aligned} \tag{4.35}$$

式中：y_{max}——梁的最大挠度；

θ_{max}——最大转角；

$[y]$——许用挠度；

$[\theta]$——许用转角。

根据梁的用途，$[y]$，$[\theta]$值可在有关设计规范中查得。在土木建筑中，梁的$[y]$值通常限制在$\left(\frac{1}{250} \quad \frac{1}{1000}\right)l$范围内，$l$为梁的跨长；在机械工程中，对主要的轴，$[y]$值通常限制在$\left(\frac{1}{5000}-\frac{1}{10000}\right)l$范围内，$[\theta]$值通常限制在$\left(\frac{1}{200}-\frac{1}{1000}\right)$rad范围内。

在土建工程中，如果梁满足了强度条件，一般刚度条件也能满足。但对于刚度要求很高的梁，或者按强度选择的截面过于单薄时，则要进行刚度校核，刚度条件有可能起控制作用。

梁的刚度计算可分为3类，即刚度校核，选择截面和确定最大许用荷载。

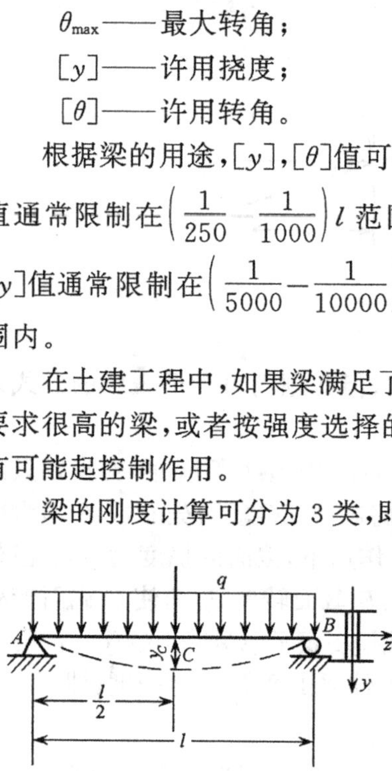

图 4.48

【例 4.25】 图4.48所示的简支梁，$q=4\text{kN/m}$，$l=6\text{m}$采用22a号工字钢，许用挠度为$[y]=\frac{l}{400}$，钢的弹性模量取$E=200\text{GPa}$，试校核梁的刚度。

【解】 从型钢表中查得22a号工字钢的惯性矩为$I_z=0.34\times10^{-4}\text{m}^4$梁跨中的最大挠度为

$$y_{max} = \frac{5ql^4}{384EI} = \frac{5\times4\times10^3\times6^4}{384\times200\times10^9\times0.34\times10^{-4}} = 0.01(\text{m})$$

由式(4.34)得

$$y_{max} = 0.01\text{m} \leqslant [y] = \frac{l}{400} = \frac{6}{400} = 0.015(\text{m})$$

满足刚度要求。

如果梁的变形过大，而不能满足刚度要求时，可以设法减小梁的变形。由表4.3可以看出，梁的挠度和转角与荷载成正比，与梁的抗弯刚度EI成反比，与梁的

跨长 l 的幂成正比。因此在截面面积相同的条件下，采用惯性矩较大的工字形、槽形、箱形等形状的截面，可以提高梁的刚度。因为各种钢材的 E 值是相近的，所以对于钢材来说，采用高强度钢材对提高梁的刚度作用不大。合理布置梁的支座或增加支座，可以减少梁的跨长，从而显著地减小梁的变形。如图 4.49(a)所示厂矿常见的龙门大梁，其支承点不在两端，而是向中间移动一定距离，这样减小了梁的最大挠度值。又如图 4.49(b)所示架空输水管道，增加了中间支撑，其最大挠度将显著减小。

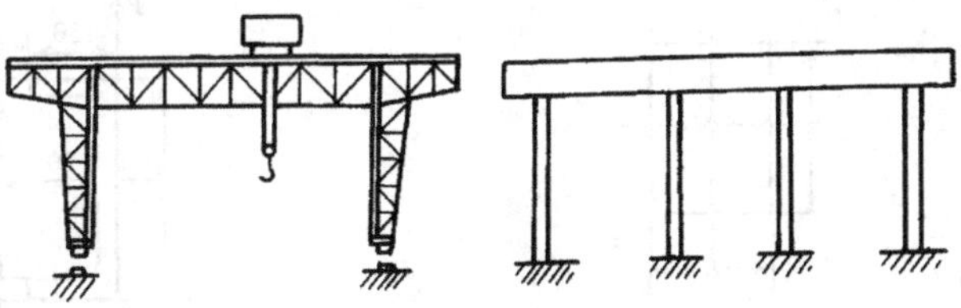

(a) (b)

图 4.49

思 考 题

4.1 什么是静矩？静矩和形心有什么关系？静矩为零的条件是什么？

4.2 思 4.2 图中矩形截面上 $abcd$、$cdef$ 两部分对截面形心轴 y 轴的静矩有何关系？

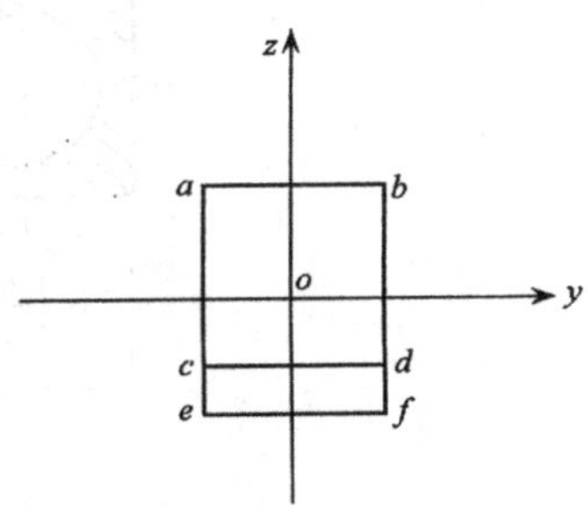

思 4.2 图

4.3 何为截面的惯性矩？惯性矩的平行移轴公式是什么？有什么用处？应用惯性矩的平行移轴公式应注意什么问题？

4.4 截面对其形心轴 z 的静矩 $S_z=0$，截面的惯性矩 I_z 是否也为零？

4.5 平面弯曲的受力和变形有什么特点？

4.6 什么是截面上的剪力和弯矩？剪力和弯矩的正负符号是如何规定的？

4.7 何为中性轴？何为中性层？

4.8 试分析矩形、圆形和工字形截面的合理性？

4.9 梁的最大正应力、最大剪应力发生在梁的何处？

4.10 如何建立梁的正应力和剪应力的强度条件？通过正应力和剪应力的强度条件可以解决工程上的哪些问题？

4.11 提高梁的弯曲强度，可采用哪些措施？

4.12 为什么要计算梁的变形？用叠加法求梁的变形时应注意什么问题？

4.13　钢梁与木梁，两者尺寸和受力情况完全相同，试问：两者的最大正应力是否相同？两者的弯曲是否相同？两根梁的危险程度是否相同？为什么？

习　　题

4.1　试分别计算习题 4.1 图所示矩形对 z、y 轴的静矩。

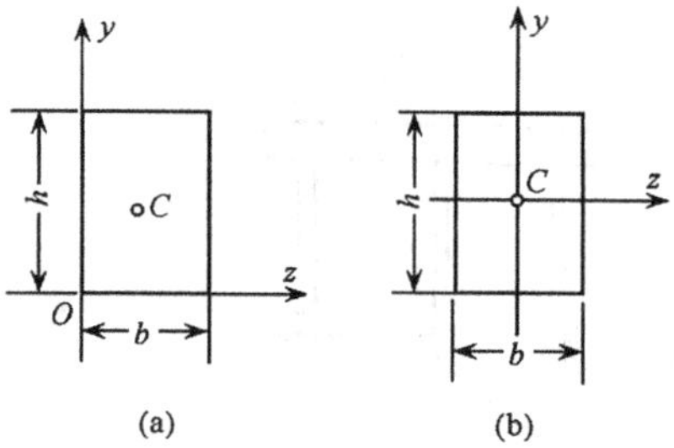

习题 4.1 图

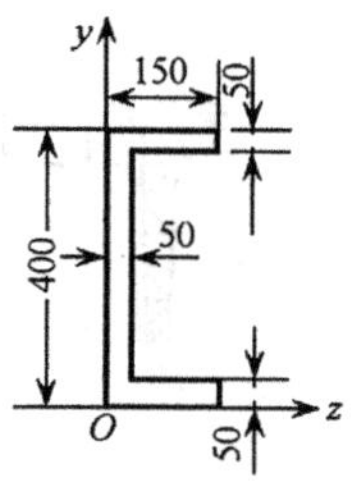

习题 4.2 图

4.2　求图示截面的形心坐标(图中尺寸单位为 mm)。

4.3　求图示空心楼板的惯性矩 I_z(图中尺寸单位为 cm)。

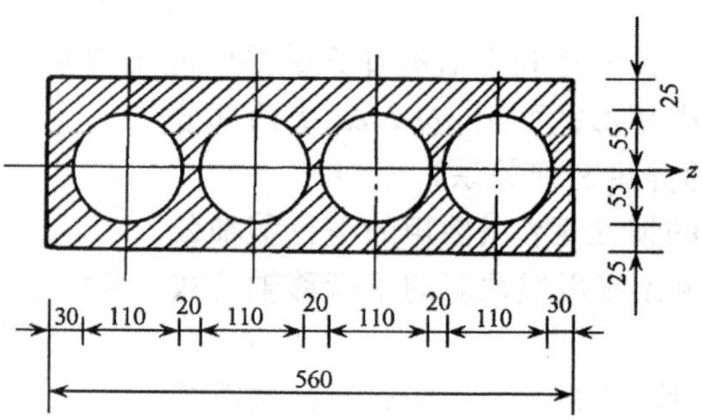

习题 4.3 图

4.4　计算图示截面对 z、y 轴的惯性矩(图中尺寸单位为 cm)。

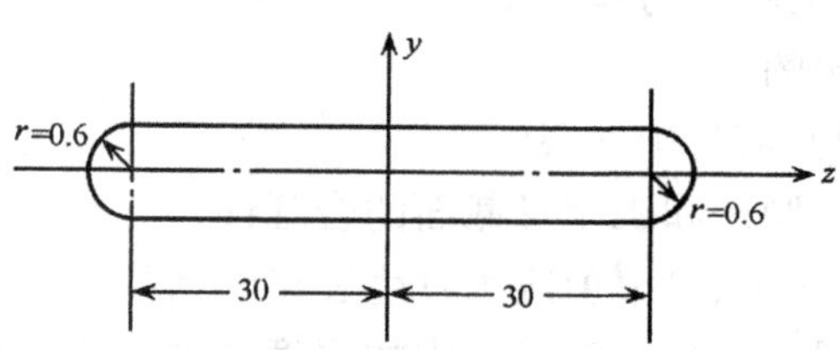

习题 4.4 图

4.5　试求图示各梁指定截面上的剪力和弯矩。

4.6　试列出图示各梁的剪力方程和弯矩方程并做出剪力图和弯矩图。

4.7　试利用荷载集度、剪力、弯矩之间的微积分关系作梁的剪力图和弯矩图。

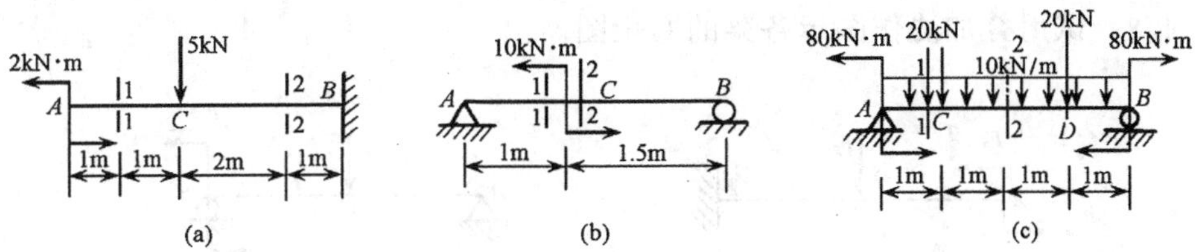

习题 4.5 图

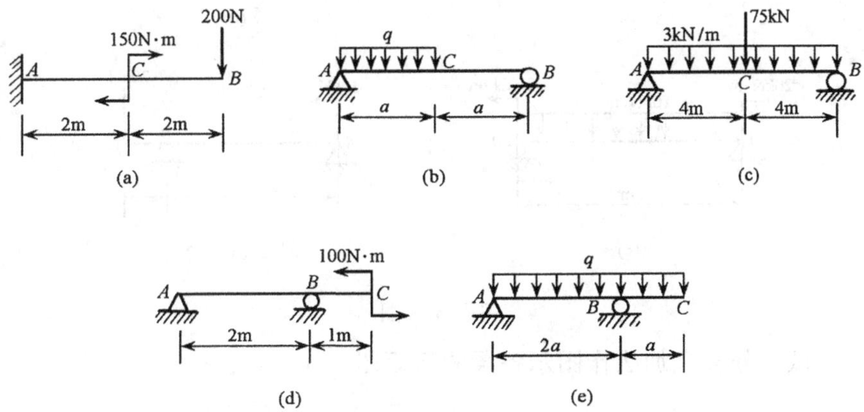

习题 4.6 图

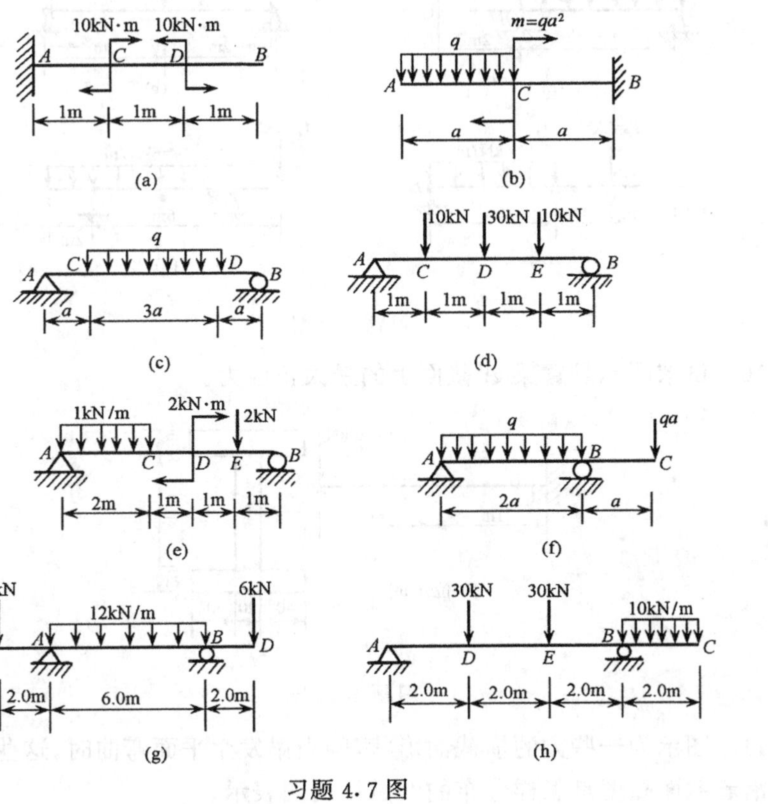

习题 4.7 图

4.8 试用叠加法作图示各梁的弯矩图。

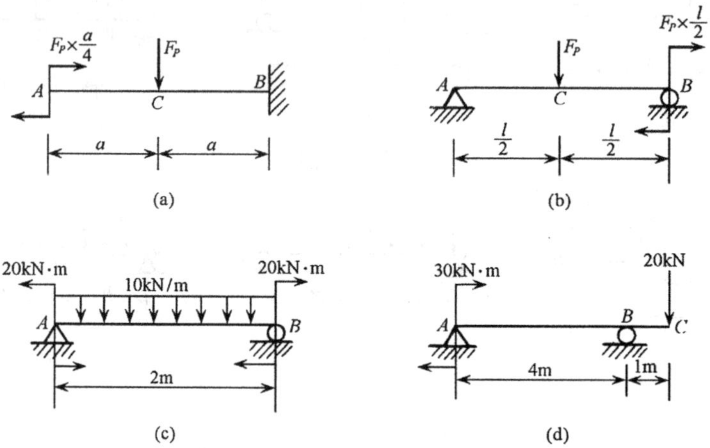

习题 4.8 图

4.9 试用分段叠加法作图示各梁的弯矩图。

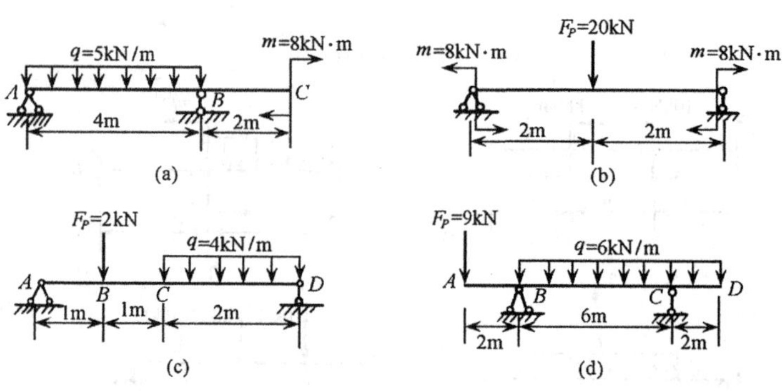

习题 4.9 图

4.10 试求图示悬臂梁 A 截面上的最大正应力。

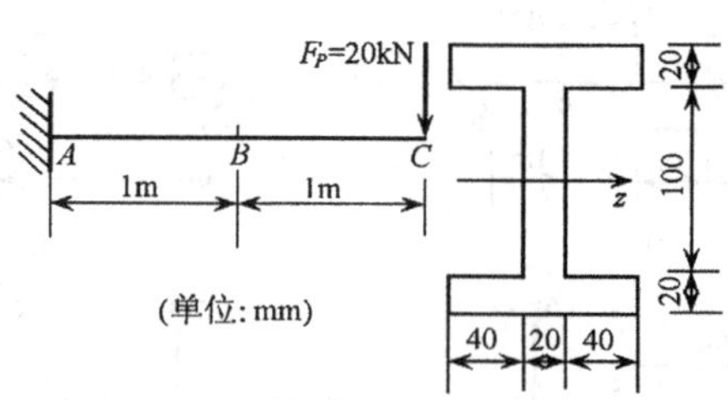

习题 4.10 图

4.11 图示为一些梁的横截面形状,问当梁发生平面弯曲时,这些横截面上的正应力沿着截面高度是怎样分布的?试用简图表示。

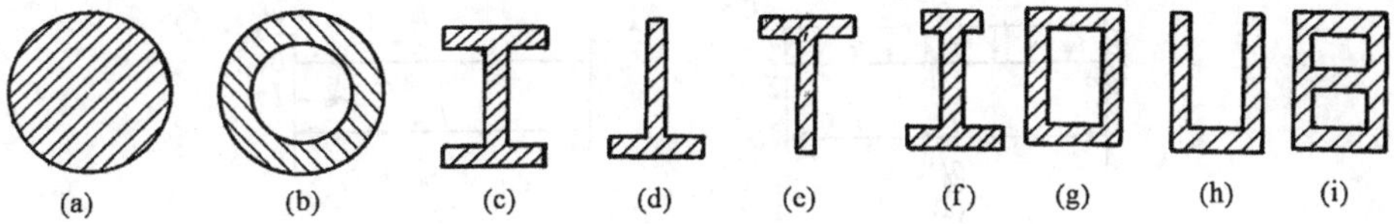

习题 4.11 图

4.12 某简支梁由 22b 号工字钢制成，受力如图所示，材料的许用应力$[\sigma]=170MPa$，试校核此梁的正应力强度。

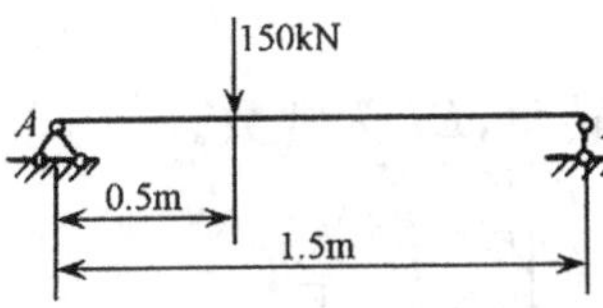

习题 4.12 图

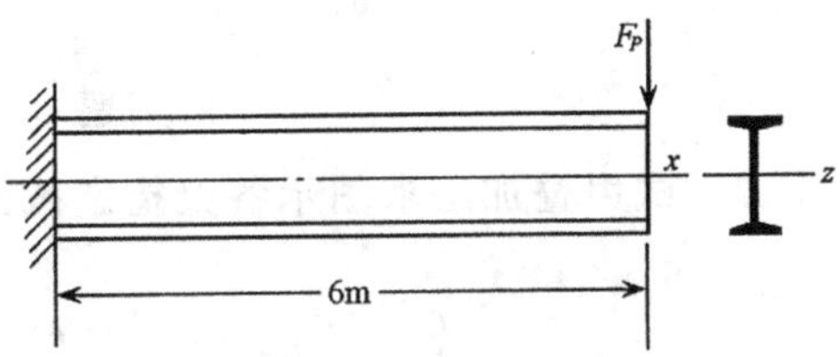

习题 4.13 图

4.13 图示为由一根 40a 号工字钢制成的悬臂梁，在自由端作用一集中荷载F_P，已知钢材的许用应力$[\sigma]=150MPa$，试求此梁的容许最大荷载F_P。

4.14 一简支梁受力如图所示，荷载$F_P=5kN$，距离$a=0.7m$，材料的许用应力$[\sigma]=100MPa$，横截面为$\frac{h}{b}=3$，试按应力强度条件确定此梁横截面尺寸。

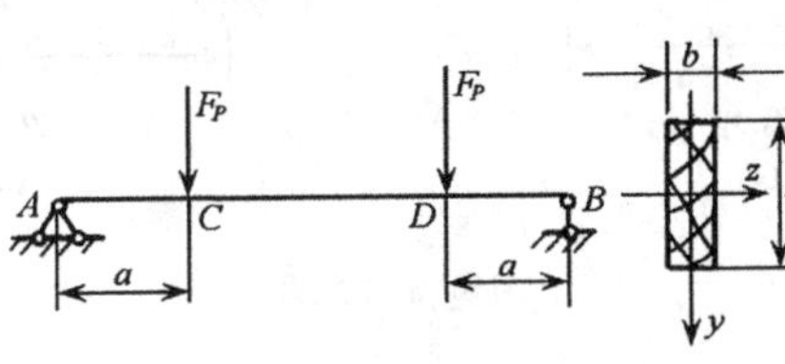

习题 4.14 图

4.15 图示简支梁由两个槽钢所组成，其许用应力$[\sigma]=170MPa$，$[\tau]=100MPa$，试选择槽钢的型号。

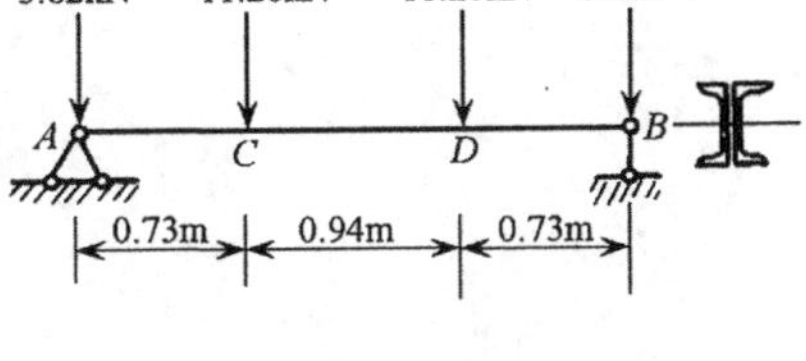

习题 4.15 图

4.16 试用积分法求图示各梁的挠曲线方程和转角方程，并求指定截面的挠度和转角，设刚度EI为常数。

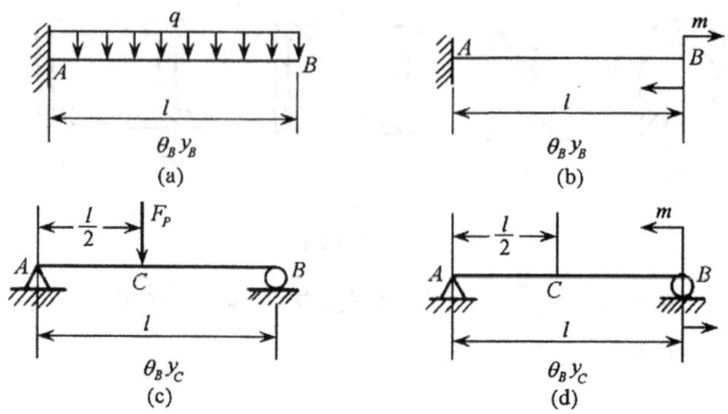

习题 4.16 图

4.17 试用叠加法求图示各梁指定截面的挠度或转角，EI 为常数。

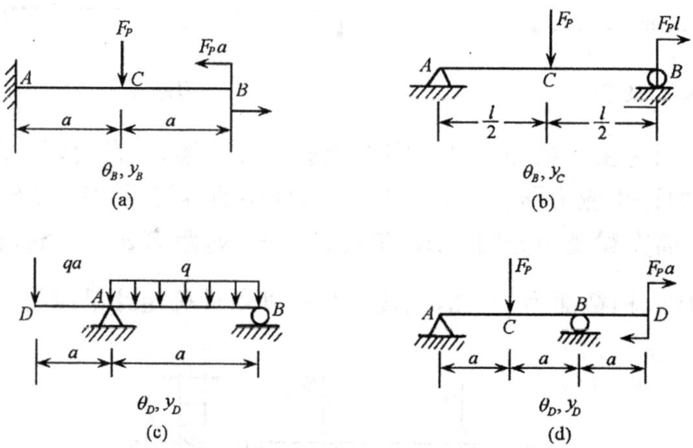

习题 4.17 图

第五章 压杆稳定

在计算压杆的承载能力时，不仅要考虑强度条件，还必须考虑稳定条件。本章主要讨论压杆稳定的概念、压杆临界力、临界应力和压杆的稳定计算。当压杆所受轴向压力等于或小于临界力 F_{pe}时，压杆的直线平衡是稳定的；当轴向压力等于或大于临界力 F_{pe}时，压杆的直线平衡状态是不稳定的，所以临界力 F_{pe}和临界应力 σ_{pe}是压杆稳定的一个界限值。压杆两端的约束情况不同，其临界力也不同，计算压杆的临界力，要注意压杆两端的支承情况。为了实用方便，引入临界应力的概念，计算临界应力时，要注意区分压杆的类型，大柔度杆用欧拉公式计算临界应力；中柔度杆应采用经验公式计算临界应力，而粗短杆则属于简单压缩问题。压杆的稳定计算包括压杆稳定性校核、横截面设计和确定许用荷载。在压杆稳定计算中应特别注意压杆沿不同方向的抗弯刚度及约束状况，以正确确定压杆的失稳方向。

5.1 压杆稳定的概念

前面已经研究了构件的强度和刚度问题，本章将研究压杆的稳定计算问题。

工程中把承受压力的直杆称为压杆。在设计受压杆件时，除考虑强度外，还必须考虑稳定问题。在前面研究杆件的轴向压缩和偏心压缩时，我们用强度条件来确定杆件的承载能力，这对短而粗的杆件来说是正确的，可是衡量细长压杆的承载能力时，则不能应用强度条件，而要用稳定条件。例如，取一根平直的钢锯条，将其立于桌子上，以手压其上方，它在不到 5N 的压力下就朝着厚度很薄的方向弯曲，从而丧失了承载能力。若按强度条件来计算，设钢锯条的长度为 310mm，横截面尺寸为 11.5mm×0.6mm，$[\sigma]=230$MPa，可以承受压力约力 1600N，这个压力是前者的 320 倍，这显然是不符合实际情况的。

现在用图 5.1 所示的压杆来说明与稳定有关的几个概念。在杆的顶端作用一轴向压力 F_p，当力 F_p 的数值小于某一极限值时，杆能一直保持它在直线形状下的平衡。若在杆的侧向加一个微小的干扰力 F_{p1}，则杆将弯曲，并在微弯曲状态下保持平衡。若解除干扰力，杆又恢复原有的直线平衡状态如图 5.1(a)所示。此时，压杆在直线形状下的平衡是稳定的，我们称原有的直线平衡状态为稳定平衡状态。当力 F_p 增大到某一极限值 F_{pe}时，杆暂时也能处于直线平衡状态，但这时若再作用一

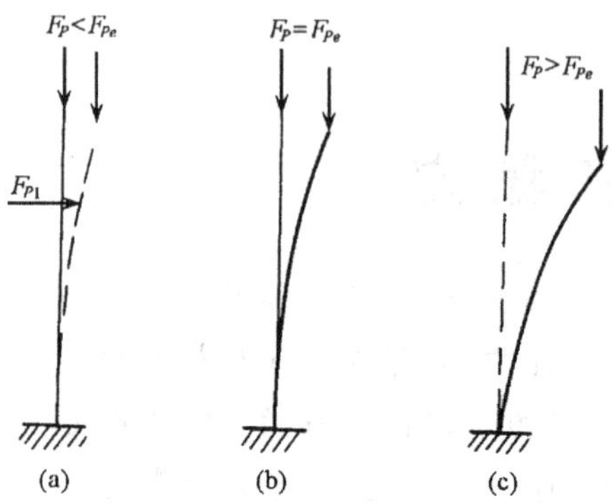

图 5.1

微小的干扰力，使杆发生微小的弯曲变形，则在干扰力解除后，杆仍将保持在曲线形状下的平衡，而不能再恢复其原来的直线形状了[见图 5.1(b)]。若继续增大力 F_p 使其超过 F_{pe}，则杆将继续弯曲，甚至破坏[见图 5.1(c)]。我们称原来暂时的直线平衡状态为不稳定平衡状态。从稳定平衡过渡到不稳定平衡的特定状态称为临界状态。

临界状态下的压力 F_{pe} 称为临界压力 F_{pe}（或简称临界力）。在临界力 F_{pe} 的作用下，压杆可能保持直线平衡，也可能在受到干扰后在微弯情况下保持平衡，这表明原来的直线平衡已经丧失稳定性，简称失稳。由此可见，所谓的压杆稳定（或稳定性）是指：细长压杆在轴向力作用下保持其原有形状下的平衡状态的能力。

综上所述，压杆是否会丧失稳定性关键在于确定压杆的临界力，若荷载小于临界力，平衡是稳定的，若荷载等于或大于临界力，平衡是不稳定的。

除了细长压杆会发生失稳现象外，还存在着其他结构的失稳情况。图 5.2 中列举了几种薄壁结构的失稳现象，可供参考。

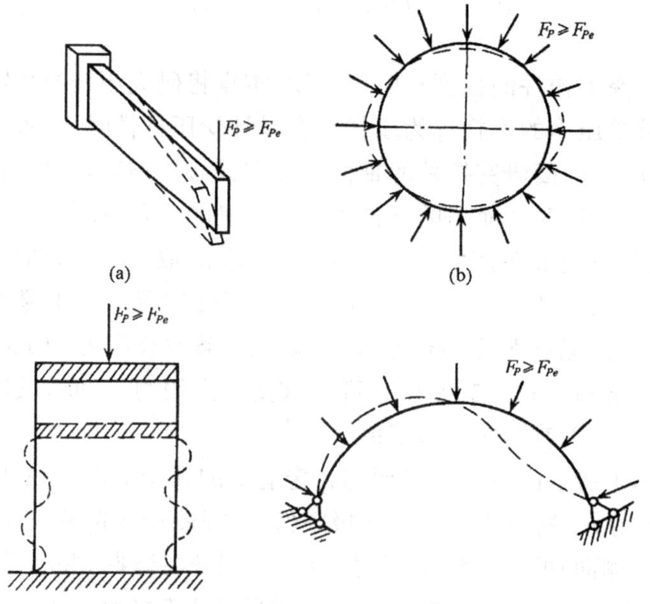

图 5.2

5.2 压杆的临界力

5.2.1 两端铰支细长杆的临界力

首先，对两端铰支座的细长压杆，推导其临界压力 F_{pe}的计算公式。

设两端铰支长度为 l 的细长杆，在轴向压力 F_{pe}的作用下保持微弯平衡状态如图 5.3(a)所示。因杆的弯曲变形很小，所以可应用第四章导出的挠曲线的近似微分方程，即

$$\frac{\mathrm{d}^2 y}{\mathrm{d}x^2} = -\frac{M(x)}{EI} \quad 或 \quad y'' = -\frac{M(x)}{EI}$$

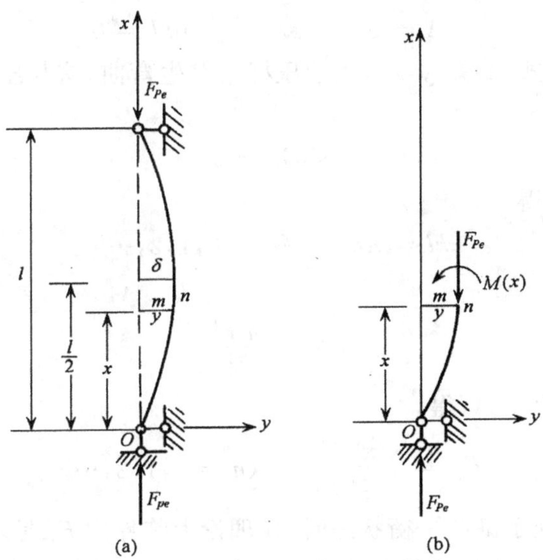

图 5.3

杆在任意截面 x 处的弯矩为

$$M(x) = F_{pe} y$$

代入上式，得

$$y'' = -\frac{F_{pe} y}{EI} \tag{a}$$

令

$$k^2 = \frac{F_{pe}}{EI} \tag{b}$$

则
$$y'' + k^2 y = 0 \tag{c}$$

这是一个常系数线性二阶齐次微分方程，其通解为

$$y = A\sin kx + B\cos kx \tag{d}$$

式中的 A 和 B 为积分常数,可由压杆的边界条件,即

$$x = 0 \quad 时, \quad y = 0$$

$$x = l \quad 时, \quad y = 0$$

来确定。将第一个边界条件代入式(d),得

$$B = 0$$

于是式(d)改写为

$$y = A\sin kx \tag{e}$$

再将第二个边界条件代入式(e),则

$$A\sin kl = 0$$

可得

$$A = 0 \qquad 或 \qquad \sin kl = 0$$

若 $A=0$,则由式(e)知 $y=0$,表示压杆未发生弯曲,这与压杆产生微弯曲的前提矛盾,由此必有

$$\sin kl = 0$$

由上述条件可得

$$kl = n\pi \qquad (n = 0,1,2,\cdots)$$

或

$$k^2 = \frac{n^2\pi^2}{l^2}$$

将式(b)代入上式,可得

$$F_{pe} = \frac{n^2\pi^2 EI}{l^2} \qquad (n = 0,1,2,\cdots)$$

上式表明,当压杆处于微弯平衡状态时,在理论上临界力 F_{pe}是多值的。由于临界力应是压杆在微弯形态下保持平衡的最小轴向压力,所以在上式中取 F_{pe}的最小值。但若取 $n=0$,则临界力 $F_{pe}=0$,表明杆上并无压力,这不符合所讨论的情况。因此取 $n=1$,这样便得到两端铰支压杆的临界力为

$$F_{pe} = \frac{\pi^2 EI}{l^2} \tag{5.1}$$

因上式是由欧拉(L. Euler)于 1744 年首先导出,故通常称为欧拉公式。注意,杆的弯曲将在其最小刚度平面内发生,故上式中的 I 是杆截面的最小形心惯性矩。

在上述临界力 F_{pe}作用下,$k=\dfrac{\pi}{l}$,故式(e)可改为

$$y = A\sin\frac{\pi x}{l}$$

即两端铰支压杆在临界力作用下的挠曲线为半波正弦曲线。A 为杆中点挠度,可为任意的微小位移。

5.2.2 杆端为其他支承形式的细长杆的临界力

我们知道杆件压弯后的曲线形式与杆件两端的支承形式密切相关。工程上最常见的杆端支承形式主要有 4 种，如图 5.4 所示。各种支承情况下压杆的临界力公式，可以仿照两端铰支形式的方法来推导，但也可以把各种支承的弹性曲线与两端铰支形式（基本形式）下的弹性曲线相对比来获得临界力公式。下面用对比的方法来确定各种支承形式下的压杆的临界力公式。

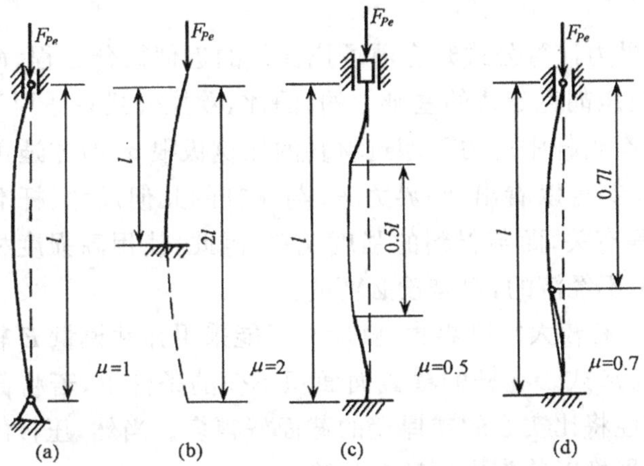

图 5.4

1）对于一端固定、一端自由的压杆如图 5.4(b)所示，其弹性曲线正好和与它 2 倍长度的基本形式的弹性曲线上半部相同。这种形式下压杆的临界力，只要在基本形式的临界力公式中以 $2l$ 替换长度 l 即可。

2）对于两端固定的压杆如图 5.4(c)所示，其弹性曲线上有两个距离端部 $l/4$ 的拐点。该两点即弯矩等于零的点，在力学上相当于铰链。在这种支承形式下，压杆的临界力公式只要在基本形式的临界力公式中以 $0.5l$ 替换长度 l 即可。

3）对于一端固定、一端铰支的压杆如图 5.4(d)所示，在其弹性曲线距离下端 $0.3l$ 处有一个拐点。这样上下两个铰链之间的长度为 $0.7l$。在这种支承形式下，压杆的临界力公式只要在基本形式的临界力中以 $0.7l$ 替换长度 l 即可。

从上述比较可见，其他支承形式下压杆的临界力公式与两端铰支下的临界力公式，仅是长度参数的不同。这样，可把各种支承形式下的欧拉临界力公式写成统一的表达式

$$F_{pe}=\frac{\pi^2EI}{(\mu l)^2}=\frac{\pi^2EI}{l_0^2} \tag{5.2}$$

式中：$l_0=\mu l$——相当长度或计算长度，即各种支承情况下弹性曲线上相当于铰链的两点之间的距离；

μ——长度系数。

4 种支承形式下的 μ 值标于图 5.4 各种形式的下方。

显然，上面所介绍的压杆的几种支承方式都是理想的和典型的。在工程实际中，压杆的实际支承情况比较复杂，因此，应根据杆的实际支承情况，将其恰当地化为上述的典型形式或认定它处在哪两种情况之间，从而定出适当的计算长度。对于常用压杆的计算长度，在各种设计规范中都有具体的规定。

5.2.3 对临界力计算公式的分析

为了进一步了解压杆的一些基本性质，下面对计算临界力的公式作进一步的分析。

1）在推导临界力计算公式时应用了挠曲线的近似微分方程，而该方程是建立在材料必须符合拉压胡克定律的基础上的，因此，欧拉公式只适用于材料处在线弹性的情况下，即只有当杆中应力不超过材料的比例极限 σ_p 时才适用。

2）由公式(5.2)可以看出，临界力 F_{pe} 与压杆的几何尺寸、杆端的支承情况及材料的弹性模量等有关，而与材料的强度无关，因此，使用高强度材料制造细长杆来提高其稳定性是不经济的，也是没必要的。

3）要使压杆具有较大的临界力，就应尽可能采用弹性模量 E 较高的材料和惯性矩 I 较大的截面形式。在杆的横截面面积不变的条件下，若将截面形状做成薄壁，则其整体稳定性将比实心的或厚壁的截面好得多。当然，压杆的壁也不能做得太薄，以防止整体失稳以前先出现翘曲失稳。

另外，在应用公式时，要注意压杆可能的弯曲方向。这与杆端的支承情况及截面转动方向的抗弯刚度 EI 有密切的关系。当杆端在各方向的约束都相同时，即压杆在各方向的计算长度 l_0 相同时，压杆的失稳将发生在抗弯刚度最小的纵向平面内，也就是说，压杆的临界力 F_{pe} 取决于压杆的最小抗弯刚度 $EI_{\min}$。如果压杆截面在各个方向的 EI 也相同，则压杆将在最弱的平面失稳，即在计算长度最大的平面内失稳。

【例 5.1】 有一支承混凝土模板的圆截面木柱。已知柱长 $l=4\text{m}$，其横截面的平均直径为 $D=120\text{mm}$，木材的 $E=10\text{GPa}$。若材料处于弹性阶段，试求此受压木柱的临界力。

【解】 (1) 计算柱截面的惯性矩：

$$I=\frac{\pi d^4}{64}=\frac{3.14\times120^4}{64}=10.2\times10^{-6}\text{m}^4$$

(2) 确定柱的计算长度：由于模板的支柱是可以随时装卸的临时构件，其两则可看成是铰接，故柱的计算长度 $l_0=l=4\text{m}$。

(3) 计算支柱的临界力：

$$F_{pe}=\frac{\pi^2EI}{l_0^2}=\frac{3.14^2\times10\times10^9\times10.2\times10^{-6}}{4^2}=63\times10^3\text{N}=63(\text{kN})$$

【例 5.2】 图 5.5(a)、(b)表示一横截面为矩形的细长压杆，其两端都是用图

5.3(c)所示的“柱形铰”与其他构件相连接。若杆在工作过程中其材料处于弹性阶段,试确定杆截面尺寸 b 与 h 的合理关系。

【解】 因连杆的两端都是用“柱形铰”与其他构件相连接,可认为在垂直于铰轴的平面[见图 5.5(a)中的 Oxy 平面内]是铰接支承,而在包含铰轴的平面[见图 5.5(b)中的 Oxz 平面]则是固定支承。故在设计时,必须分别计算上述两个平面内的临界力,并加以比较。

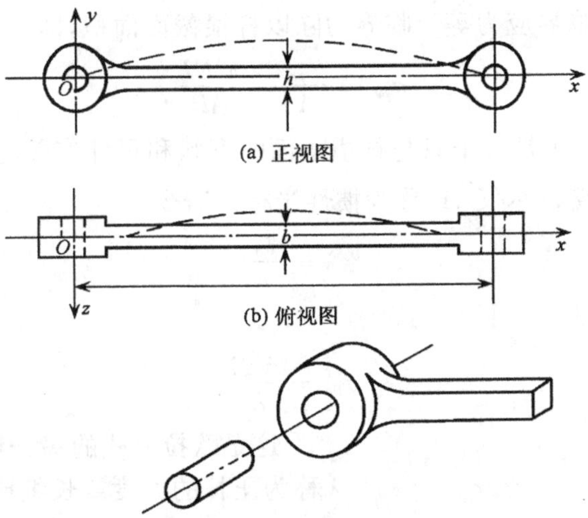

(a) 正视图

(b) 俯视图

(c) 柱形铰

图 5.5

(1) 若压杆在 Oxy 平面内失稳(这个平面是最大刚度平面),则如前所述,两端为铰接,计算长度 $l_0=l$。压杆横截面对 z 轴的惯性矩 $I_z=bh^3/12$。于是可求得

$$F_{pe1}=\frac{\pi^2 EI}{l^2}=\frac{\pi^2 Ebh^3}{12l^2}$$

(2) 若压杆在 Oxz 平面内失稳(这个平面是最小刚度平面),则如前所述,两端为固定支承,计算长度 $l_0=0.5l$。压杆横截面对 y 轴的惯性矩 $I_y=hb^3/12$。于是可求得

$$F_{pe2}=\frac{\pi^2 EI}{(0.5l)^2}=\frac{\pi^2 Ebh^3}{3l^2}$$

(3) 杆横截面的合理尺寸,应使压杆在上述两个平面内具有相同的稳定性,即

$$F_{pe1}=F_{pe2}$$

或

$$\frac{\pi^2 Ebh^3}{12l^2}=\frac{\pi^2 Ebh^3}{3l^2}$$

由此可得

$$h^2=4b^2,\quad h=2b$$

5.3 压杆的临界应力

5.3.1 临界应力与柔度

为了实用方便，除公式(5.2)表达的临界力外，还要引入临界应力的概念。压杆在临界力的作用下处于从稳定平衡向不稳定平衡过渡的状态，假定此时压杆暂时保持直线状态，则临界应力等于临界力除以杆横截面面积，即

$$\sigma_{pe}=\frac{F_{pe}}{A}=\frac{\pi^3 EI}{Al_0^2}$$

上式中比值 I/A 是一个只与杆横截面的形状和尺寸有关的几何量，将其用 i^2 表示，即 $i^2=I/A$ 或 $i=\sqrt{I/A}$，称为惯性半径。若令

$$\lambda=\frac{l_0}{i} \tag{5.3}$$

则有

$$\sigma_{Pe}=\frac{\pi^2 E}{\lambda^2} \tag{5.4}$$

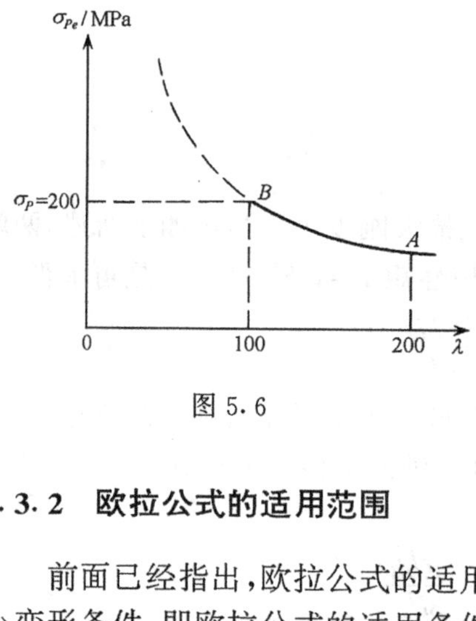

图 5.6

这是欧拉公式的另一种表达形式。式中 λ 称为压杆的柔度或长细比。从式(5.3)和式(5.4)可见，杆件愈细长，其柔度愈大，临界应力愈小，表示杆的承载能力较小。反之，若杆件粗短，其柔度就小，临界应力就较大，表示杆的承载能力较大，所以，柔度 λ 是压杆的一个重要参数，它反映了杆端支承情况、杆件长度、杆件截面形状和尺寸对临界应力的综合影响。临界应力 σ_{Pe}与柔度 λ 之间的关系可用图 5.6 中的欧拉曲线表示出来。

5.3.2 欧拉公式的适用范围

前面已经指出，欧拉公式的适用条件是材料在线弹性范围内工作，并且要符合小变形条件，即欧拉公式的适用条件应该是临界力不超过材料的比例极限，即

$$\sigma_{pe}=\frac{\pi^2 E}{\lambda^2}\leqslant\sigma_p \quad 或 \quad \lambda\geqslant\pi\sqrt{\frac{E}{\sigma_P}} \tag{5.5}$$

设

$$\lambda_P=\pi\sqrt{\frac{E}{\sigma_P}} \tag{5.6}$$

于是欧拉公式的适用范围可用柔度表示为

$$\lambda \geqslant \lambda_P$$

满足这一条件的压杆称为大柔度杆或细长杆。

从式(5.6)可以看出，λ_P 完全取决于材料的力学性质。以 Q235 钢为例，$E=200\text{GPa}$，$\sigma_p=200\text{MPa}$，代入式(5.6)，得

$$\lambda_P = \pi\sqrt{\frac{200 \times 10^9}{200 \times 10^6}} \approx 100$$

即用 $Q235$ 钢制成的压杆，只有当其柔度 $\lambda>100$ 时，才能用欧拉公式计算其临界力或临界应力。

5.3.3 非弹性范围理想压杆的临界应力

当 $\sigma_{Pe}>\sigma_P$ 或 $\lambda<\lambda_P$ 时，压杆已进入非弹性范围内，此类压杆又分为两类。

第一类是粗短杆或小柔度杆，这类杆一般不会因为失稳而破坏，只会因为杆中的压应力达到材料的屈服极限或强度极限而破坏，属于强度破坏，按简单压缩情况计算即可。

第二类杆件为中长杆或中柔度杆，这类杆件工程中用得最多，因此应特别注意。从破坏情况看，此类压杆与细长杆相似，主要是因失稳而破坏。不同之处是其临界应力虽小于材料的屈服极限或强度极限，但已超过比例极限，欧拉公式已不适用。计算这类问题的临界力或临界应力通常采用建立在试验基础上的经验公式，较常用的经验公式为直线公式和抛物线公式等，这里仅介绍由经验得出的直线公式。

直线公式把临界应力表示成柔度的线性关系。

$$\sigma_{Pe} = a - b\lambda \tag{5.7}$$

式中：a 和 b 是与材料有关的常数，它们具有应力的单位(MPa)。

某些材料的 a，b 值列于表 5.1 中。

表 5.1 直线公式的系数 a、b 及柔度 λ_p、λ_s

材　料	a	b	λ_p	λ_s
Q235A	304	1.12	100	62
45 号钢	578	3.744	100	58
铸　铁	332.2	1.454	80	
松　木	28.7	0.19	110	40

直线公式也有一个适用范围，其临界应力不能超过材料的极限应力(σ_s 或 σ_b)，对塑性材料应有

$$\sigma_{Pe} = a - b\lambda \leqslant \sigma_s$$

令 $\sigma_{Pe}=\sigma_s$ 时的柔度为 λ_s，则有

$$\lambda_s = (a - \sigma_s)/b \tag{5.8}$$

对屈服点为 $\sigma_s=235\text{MPa}$ 的 Q235 钢，$a=304$，$b=1.12$，可求得

$$\lambda_s = \frac{304 - 235}{1.12} \approx 62$$

即对 Q235 钢而言，$\lambda \geqslant \lambda_s = 62$ 时才能应用直线公式。表 5.1 中还列出了某些材料的 λ_s 值。

5.3.4 临界应力总图

从欧拉公式的适用范围讨论可知，柔度 $\lambda \geqslant \lambda_p$ 的压杆，称为大柔度杆（或细长杆），可应用欧拉公式；$\lambda_s \leqslant \lambda < \lambda_p$ 的压杆称为中柔度杆（或中长杆），需应用直线公式；$\lambda < \lambda_s$ 的压杆，称为小柔度杆（或粗短杆），小柔度杆不会失稳，可应用强度条件计算。

对大、中、小柔度的 3 类压杆，可用临界应力 σ_{Pe} 为纵坐标，柔度 λ 为横坐标做出 σ_{Pe}-λ 图（见图 5.7），称为临界应力总图。在临界应力总图上可以清楚地显示出 3 类压杆所处的 λ 范围及其适用的临界应力公式。

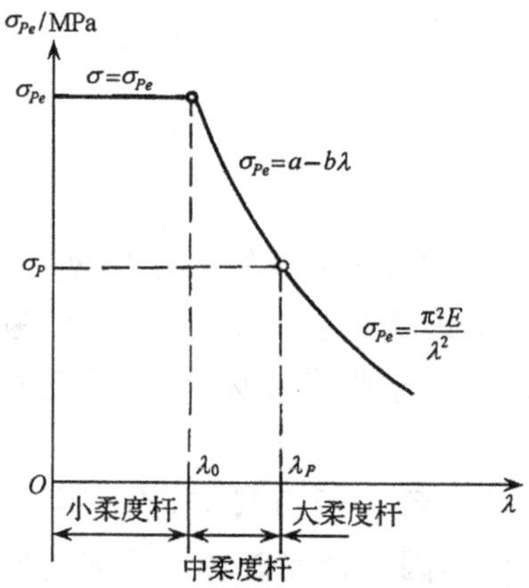

图 5.7 压杆临界应力总图

5.4 压杆的稳定计算

5.4.1 压杆的稳定条件

实际压杆与理想压杆有很大的区别，因为实际压杆常常带有初始缺陷。这些缺陷主要有：①初弯曲，造成压杆截面形心轴线不是理想直线；②初偏心，造成压力作用点与截面形心不重合；③残余应力，造成钢材内部留有初应力；④材质不可能是完全均匀连续的。这些缺陷的存在，不同程度地降低了压杆的承载能力，因此，在对压杆进行稳定计算时，不能使杆中的实际工作应力达到临界应力，必须确定一个稳定安全系数 n_{st}，使实际工作应力不超过稳定许用应力

$$[\sigma_{Pe}] = \frac{\sigma_{Pe}}{n_{st}}$$

一般说来，稳定安全系数 n_{st} 随着压杆柔度 λ 的增大而增大。为了计算方便，我们求出 $[\sigma_{Pe}]$ 与 $[\sigma]$ 之比，并用 φ 来表示，称为纵向弯曲系数。纵向弯曲系数在有关设计规范中给出了它的数值，可通过查表得到，有

$$[\sigma_{Pe}] = \varphi[\sigma]$$

于是可将压杆的稳定条件写成

$$\sigma = \frac{F_N}{A} \leqslant \varphi[\sigma] \tag{5.9}$$

上式是以应力形式表示的稳定条件，式中的 φ 值总小于 1，即稳定许用应力 $[\sigma_{Pe}]$ 总小于 $[\sigma]$。

稳定条件的应用有 3 种情况。

1) 稳定校核。验算压杆的实际应力 $\sigma=\dfrac{F_N}{A}$ 是否超过压杆的稳定许用应力 $[\sigma_{Pe}]$。

2) 确定许用荷载。将式(5.9)改写为 $F_N\leqslant A\varphi[\sigma]$，以计算压杆许可承受的压力。

3) 设计截面。压杆横截面设计，要用试算法。

在用稳定条件式(5.9)设计压杆的截面尺寸时，一般是已知杆的计算长度 l_0、杆的轴向压力 F_N 和材料的许用应力 $[\sigma]$，但横截面面积 A 和纵向弯曲系数 φ 都还是未知的。为了确定 A 必须知道 φ，但 φ 又取决于长细比 λ，λ 又取决于截面的惯性半径 i，i 又取决于横截面的形状和面积 A。由此可见，A 与 φ 这两个量值是相互依赖的，故在设计压杆的横截面时必须采用试算法。现将常用的 φ 系数法步骤介绍如下：

1) 先直接假设一个 φ 值(一般是假设 $\varphi=0.5$)，再用式(5.9)求得初选的 A。

2) 根据初选的 A，利用已有的图表(例如型钢表)或根据实践经验，选择型钢号码或求得截面的具体尺寸。

3) 根据选定的截面尺寸，查得或算得惯性半径 i，算出压杆的长细比 λ。根据 λ 查表 5.2 得相应的 φ 值，若此 φ 值与在 1)中假设的 φ 值相差较大，则需在这两个 φ 值之间再选一个 φ 值重新按以上步骤进行计算，直到求得的 φ 值与假定的 φ 值较接近为止。最后根据求得的 φ 值，按式(5.9)验算是否满足稳定条件。若能满足，又不是过分安全，则选得的截面就是所需的截面。若不满足或过于安全，则应参考验算结果，对截面尺寸做适当的调整，然后再进行计算，直到满足为止。

表 5.2　轴心受压杆的纵向弯曲系数 φ

长细比 λ	Q235 钢	16 锰钢	长细比 λ	Q235 钢	16 锰钢
0	1.000	1.000	130	0.401	0.279
10	0.995	0.993	140	0.349	0.242
20	0.981	0.973	150	0.306	0.213
30	0.958	0.940	160	0.272	0.188
40	0.927	0.895	170	0.243	0.168
50	0.883	0.840	180	0.218	0.151
60	0.842	0.776	190	0.197	0.136
70	0.789	0.705	200	0.180	0.124
80	0.731	0.627	210	0.164	0.113
90	0.669	0.546	220	0.151	0.104
100	0.604	0.462	230	0.139	0.096
110	0.536	0.384	240	0.129	0.089
120	0.466	0.325	250	0.120	0.082

5.4.2 用荷载表示的稳定条件

若压杆的截面尺寸为已知或已根据经验设定好，则在进行稳定性校核时，采用荷载表示的稳定条件是比较方便的。这时，可将稳定条件表达为

$$F_P \leqslant \frac{F_{Pe}}{n_{st}}$$

式中：F_P——实际加在压杆上的轴心压力，即工作荷载；

n_{st}——稳定安全系数；

F_{Pe}——压杆的临界力。

如前所述，对细长杆，F_{Pe}可按欧拉公式进行计算；对中长杆则应按经验公式计算出其临界应力 σ_{Pe}，然后再将其乘以压杆的横截面面积 A 而求得 F_{Pe}。

【例 5.3】 有一根长 4m 的工字钢(Q235 钢)支柱，上下端都是固定支承，在顶端承受的压力为 $F_{Pe}=230\text{kN}$，$[\sigma]=140\text{MPa}$。试选择此柱的截面。

【解】 首先假设 $\varphi=0.5$，由式(5.9)可得

$$A=\frac{F_P}{\varphi[\sigma]}=\frac{230\times10^3}{0.5\times140\times10^6}=32.9\times10^{-4}(\text{m}^2)=32.9(\text{cm}^2)$$

从型钢表中查得 20a 工字钢的 $A=35.5\times10^2\text{mm}^2$，$i=2.12\text{cm}=21.2\text{mm}$，故

$$\lambda=\frac{l_0}{i}=\frac{l}{2i}=\frac{4000}{2\times21.2}=94.3$$

从表 5.2 中查得相应的 $\varphi=0.641$，这和上面假定的 $\varphi=0.5$ 相差较大，必须重新计算。再假定 $\varphi=(0.641+0.5)/2\approx0.60$，得

$$A=\frac{230\times10^3}{0.6\times140\times10^6}=27.4\times10^{-4}(\text{m}^2)=27.4(\text{cm}^2)$$

从型钢表中查得 18 号工字钢的 $A=3060\text{mm}^2$，$i=2\text{cm}=20\text{mm}$，故

$$\lambda=\frac{4000}{2\times20}=100$$

从表 5.2 中查得相应的 $\varphi=0.604$，这和上面假定的 $\varphi=0.6$ 非常接近，可采用 18 号工字钢。

再按照稳定条件进行验算

$$\varphi[\sigma]=0.604\times140=85(\text{MPa})$$

$$\sigma=\frac{F_P}{A}=75.2\text{MPa}<85\text{MPa}$$

不会失稳。

思 考 题

5.1 何谓稳定平衡和不稳定平衡？何谓失稳？

5.2 什么叫压杆的临界力？它和哪些因素有关？

5.3 柔度是什么意思？减小压杆柔度有哪些措施？

5.4　由塑性材料制成的中、小柔度杆在临界力 F_{Pe} 作用下是否仍处于弹性状态？

5.5　在压杆的横截面面积不变的条件下，可以把实心截面改制成空心截面以增大横截面的惯性矩，从而提高压杆的稳定性。以下推论是否正确；若把材料无限制地移置到远离截面形心处，可极大地提高压杆的稳定性。

5.6　思 5.1(a)、(b)图两组截面，若各组中的两截面面积相等，作为压杆哪一种截面较为合理？

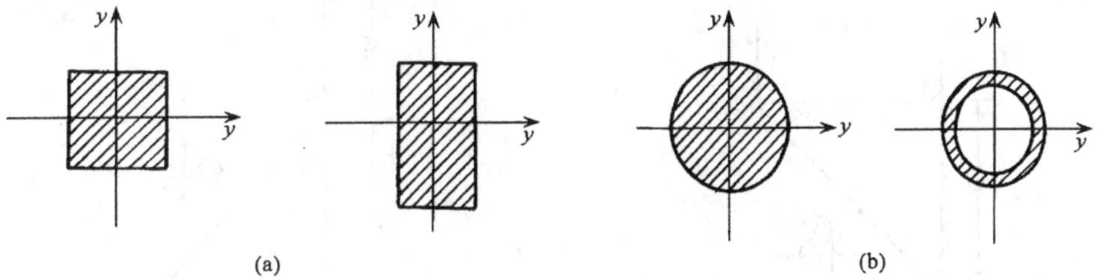

思 5.1 图

习　　题

5.1　图示两端铰支的圆截面受压钢杆(Q235 钢)，已知 $l=2\text{m}$，材料的弹性模量 $E=2\times10^5\text{MPa}$。试求该压杆的临界力。

5.2　图示压杆为 18 号工字形钢，杆长 $l=4\text{m}$，材料弹性模量 $E=2\times10^5\text{MPa}$，试求该压杆的临界力。

5.3　一矩形截面压杆，在图示平面内两端均为铰支，而在垂直于图平面内两端均不能转动，已知 $b=2.5a$，问压力逐渐增加时，压杆将于哪个平面内失稳？

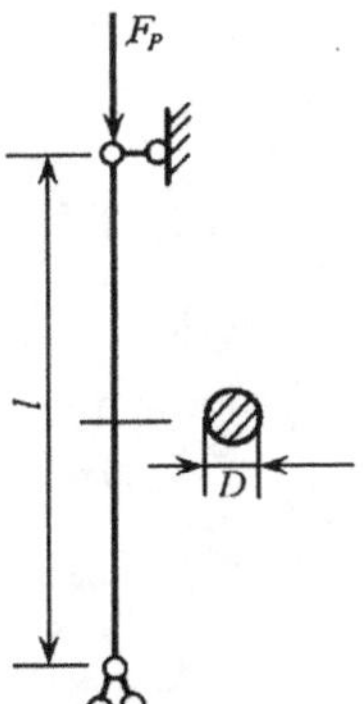

习题 5.1 图

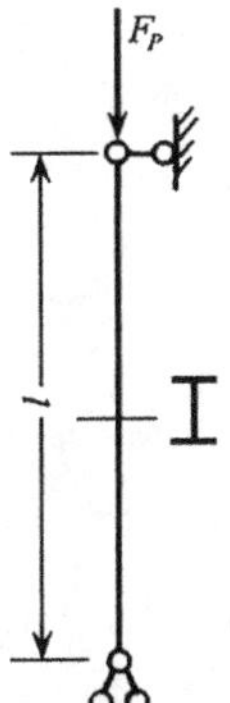

习题 5.2 图

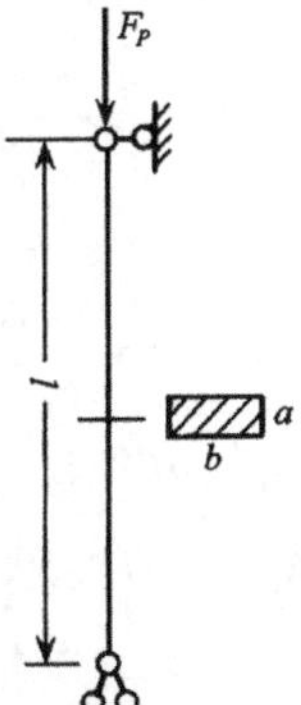

习题 5.3 图

5.4　图示三角架中，BC 为圆截面钢(Q235)杆，已知，$a=1\text{m}$，$D=0.04\text{m}$，材料的许用应力$[\sigma]=170\text{MPa}$。

(1)校核 BC 杆的稳定。

(2)从 BC 杆之稳定考虑，求此三角架所能承受的最大安全荷载 $F_{P\max}$。

5.5　图示三角架中，BC 杆为圆截面钢杆，已知 $F_P=10\text{kN}$，BC 杆的材料许用应力$[\sigma]=170\text{MPa}$，试选择 BC 杆的直径 D。

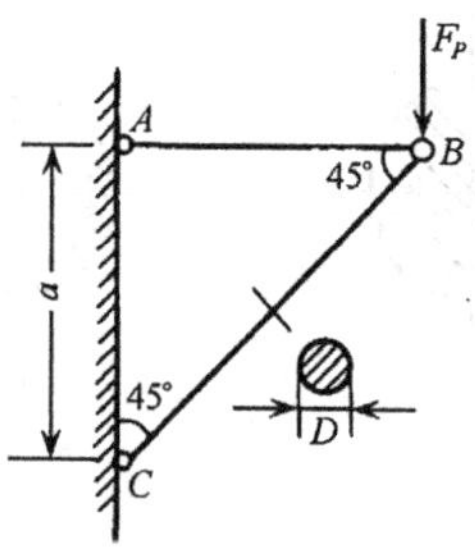

习题 5.4 图

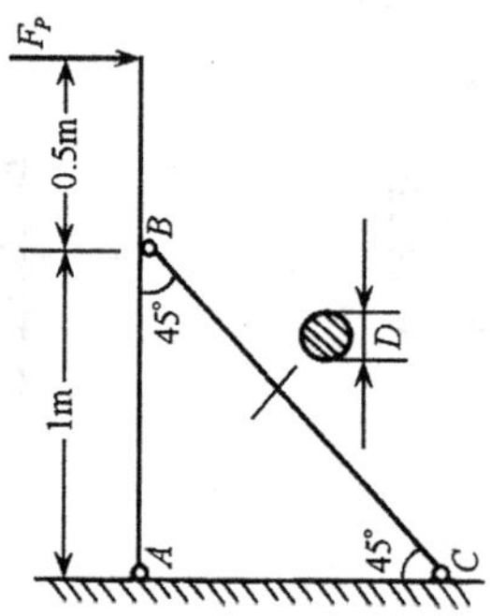

习题 5.5 图

第二篇　建筑结构

第六章　建筑结构材料

结构从广义上讲是指各种建筑物的实体，从狭义上讲是指各种工程实体的承重骨架，也就是若干构件按确定的方法组成互相关联的能承受作用的平面或空间体系，如砌体结构、框架结构、剪力墙结构等。当结构局限于房屋建筑中采用时，则称为建筑结构。除房屋整体结构外，建筑中的屋盖结构、墙体结构等也属建筑结构。

建筑结构根据所用材料的不同分为钢筋混凝土结构、混凝土结构、木结构、砌体结构、金属结构和组合结构。建筑结构构件的受力性能与建筑结构材料的力学性能密切相关。为了更好地掌握建筑结构构件的受力性能，正确地进行建筑结构的设计与构造设计，必须对常用的建筑结构材料及其力学性能有较深入的了解。

6.1　钢　　材

6.1.1　钢材的分类

钢材的品种很多，性能各异，可以按不同的方法进行分类。为了在不同情况下选用合适的钢材，常把钢材按用途、冶炼方法、脱氧方法和化学成分等分类、编号。

1. 按用途分类

钢材按用途可分为结构钢、工具钢和特殊用途钢。适合于制造建筑结构或构筑物的钢材称为结构钢。这类钢材一般都具有较高的强度和较好的塑性，对在低温环境或受动荷载作用的情况下工作的结构钢，还要求有较好的韧性，用于焊接结构则应有较好的可焊性。工具钢如高碳钢和高塑钢。特殊用途钢如不锈钢、耐热钢和抗磁钢。

2. 按冶炼方法分类

(1) 转炉钢

转炉钢按转炉送风口位置不同，又可分为底吹、侧吹、顶吹 3 种。底吹转炉钢的质量甚差，国内已不生产。侧吹转炉钢质量略差，各项性能不如顶吹转炉钢。氧气顶吹转炉钢的有害元素少、杂质少、纯洁度高；质量和加工性能接近于平炉钢；生产效率高，成本低，投资省，建厂快。

(2) 平炉钢

平炉钢的质量较高，能冶炼各种用途的钢材，但冶炼的时间长，成本高。

(3) 电炉钢

电炉钢夹杂物最少，焊接性能最好，但是，电炉钢的耗电能量大，成本高，一般只用来冶炼特种用途的钢材，土建结构上极少采用电炉钢。

3. 按浇注脱氧方法分类

根据钢在炼钢炉中进行的脱氧方法和程度的不同，钢材又可分为沸腾钢、半镇静钢和镇静钢3类。

(1) 沸腾钢

仅用脱氧能力较弱的锰进行脱氧。由于未能充分脱氧，有一氧化碳等气体从钢中逸出，呈现沸腾现象；沸腾钢冷却快，有害气体来不及逸出。钢的构造不均匀，晶粒粗细不匀，质地差，偏析度大；生产率高、成本低。

(2) 镇静钢

除用锰外，再加入适量的硅、铝做脱氧剂，脱氧完全。由于在脱氧过程中产生很多热量，钢的冷却较慢，气体容易逸出，没有沸腾现象。镇静钢品质较纯，构造均匀，晶粒组织紧密结实，各项性能较好，但成本高。

(3) 半镇静钢

介于沸腾钢与镇静钢二者之间，国外用以代替沸腾钢，国内甚少。镇静钢用于重要结构，沸腾钢用于一般结构。

4. 按化学成分分类

按化学成分的不同，钢材可分为碳素钢和合金钢。

(1)碳素钢

碳素钢的主要化学成分是铁(Fe)和碳(C)，另外还含有少量的硅(Si)、锰(Mn)、硫(S)、磷(P)等4种元素。按含碳量的多少可分为低碳钢(C≤0.25%)，中碳钢和高碳钢(C>0.6%)，碳含量低于0.06%的称熟铁，高于2.0%的称生铁或铸铁。建筑用钢的含碳量一般不应超过0.22%(即低碳钢)。硅、锰是有益元素，能提高钢的强度。硫、磷是有害元素，使钢材易脆断。

(2) 普通碳素钢

我国生产的普通碳素钢分为甲、乙、特3类。

甲类钢主要按力学性能供应，乙类钢主要按化学成分供应，特类钢按机械性能与化学成分供应。

钢结构所用的钢材，一般为甲类钢和特类钢。乙类钢没有机械性能方面的保证，不能用于承重结构。特类钢因价格较高而较少采用。

普通碳素钢按含碳量多少分为1、2、3、4、5、6、7共7个钢号。钢号愈大含碳量愈高，钢材的强度和硬度就愈高，但塑性与韧性就愈低。其中3号钢在使用、加工和焊接方面的性能都较好，因而广泛地应用于一般工业与民用建筑中。

普通碳素钢的标号和代号是按钢类、炉种、钢号和浇注方法的顺序，用汉字或符号来表示（见表 6.1）。例如，甲类氧气转炉 3 号沸腾钢的标号为“甲氧 3 沸”或用代号“AY3F”，甲类平炉 3 号镇静钢的标号为：“甲 3”或用代号“A3”。

表 6.1　普通碳素钢的表示方法

表示方法	钢类			炉种				浇注方法		
	甲类钢	乙类钢	特类钢	平炉	氧气转炉	酸性侧吹转炉	碱性侧吹转炉	沸腾钢	镇静钢	半镇静钢
汉字	甲	乙	特	—	氧	酸	碱	沸	—	半
代号	A	B	C	—	Y	S	J	F	—	b

注：“—”表示不用代号。

(3) 普通低合金钢

合金钢按合金元素总含量的不同可分为低合金钢（合金元素＜5%）、中合金钢和高合金钢（合金元素＞10%）。工程结构中常用的是普通低合金钢，它是在普通碳素钢中加入少量的一种或数种合金元素，用以提高其强度、耐腐蚀性和低温冲击韧性。

我国常用的普通低合金钢有 16 锰（16Mn）、16 锰铜（16MnCu），16 锰铌（MnNb）、16 锰稀土（MnRe）、14 锰铌（14MnNb）、15 锰钒（MnV）、15 锰钛（MnTi）等。低合金钢的钢号前面两位数字表示含碳量平均值的万分之几，钢号后面标明合金元素，合金元素的含量一般以百分之几表示。当平均含量高于 1.5%时，在元素符号后面标出；低于 1.5%时不标，最后标明特殊用途。

6.1.2　钢材的力学性能

钢材的力学性能反映钢材在各种作用下的工作性能，其力学性能指标（强度、塑性、韧性、可焊性、冷弯性能等）是结构设计的重要依据。

1. 强度

钢材的强度是根据钢材拉伸时的应力-应变曲线（如图 3.16 所示）确定的，其中屈服强度 f_y 的理论依据为屈服极限 σ_s，它是设计时采用的强度指标。抗拉极限强度 f_t 的理论依据为强度极限 σ_b，f_y/f_t 可看成是衡量钢材强度储备的一个系数。

各种钢材的强度设计值见附录附表 2.1。

低碳钢和普通低合金钢都有明显的屈服点和流幅，但热处理低合金钢没有明显的屈服点和屈服平台，它的应力应变曲线如图 3.22 所示。对于这类没有明显屈服点的钢材，通常以卸荷后试件中的残余应变为 0.2%所对应的应力作为屈服强度，称为条件屈服点或条件屈服强度。

2. 塑性

衡量钢材塑性好坏的主要指标是伸长率 δ 和断面收缩率 ψ，其计算公式见式(3.9)和式(3.10)。

在实际工程中，特别是在动力荷载作用下的构件，钢材的塑性好坏常是决定结构是否安全可靠的主要因素之一，所以钢材的塑性指标比强度指标更为重要。

3. 韧性

韧性表示荷载作用下钢材吸收机械能和抵抗断裂的能力。韧性指标应由冲击试验获得，一般采用截面为 10mm×10mm，长度为 55mm，中间有小槽(缺口)的试件，放在摆锤式冲击试验机上进行试验，如图 6.1 所示。

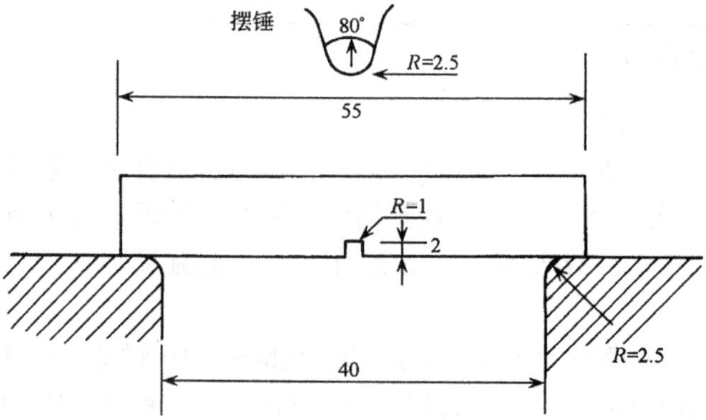

图 6.1 冲击试验

韧性指标用单位断面面积所能承受的冲击功表示：

$$a_k = \frac{A_k}{A_n} \tag{6.1}$$

式中：a_k——冲击韧性值；

A_k——冲击试验机度盘上的直接读出冲击功；

A_n——试件缺口处的净截面面积。

韧性高的钢材其抗动荷载作用和抗脆性破坏的能力较高。

4. 可焊性

可焊性指在一定的材料、工艺和结构条件下，金属经过焊接后能具有良好接头的性能。良好接头的焊缝金属和热影响区金属不会发生裂纹，其力学性能也不低于被焊钢材。

5. 冷弯性能

冷弯性能是钢材经过一定角度冷弯后抵抗产生裂纹的能力。它是钢材塑性变形能力及冶金质量的综合指标。钢材进行冷弯试验后，如无裂纹无分层，则冷弯合格。否则为不合格。重要结构的钢构件，要求冷弯合格。

6.1.3 钢筋的结构形式及接头

1. 钢筋的结构形式

钢筋按其外形的不同可分为光面钢筋和变形钢筋。变形钢筋有螺纹、人字纹和月牙纹，目前常用的是月牙纹钢筋，它避免了纵横相交处的应力集中现象。通常光面钢筋的直径不大于 20mm，变形钢筋的直径不小于 10mm。钢筋或钢丝要经过绑扎或焊接成骨架，便于工程使用。钢筋的形式如图 6.2 所示。

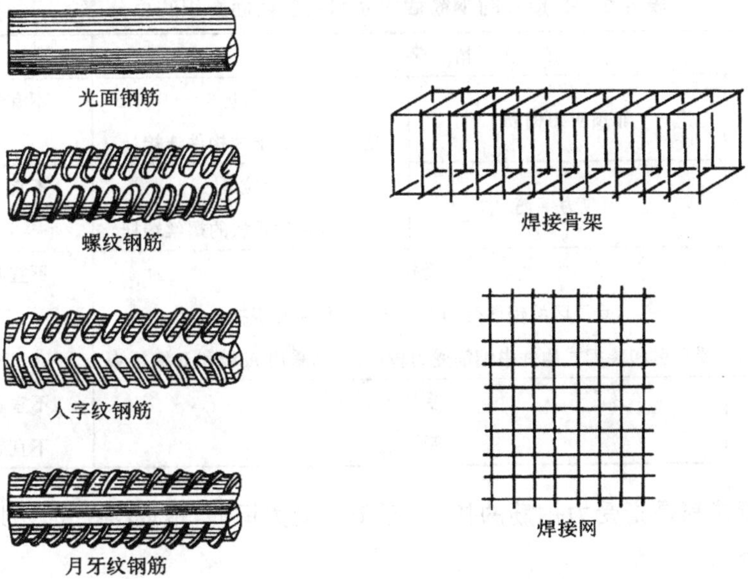

图 6.2　钢筋的形式

钢筋按生产加工工艺的不同，分为热轧钢筋、热处理钢筋、冷拉钢筋和钢丝。热轧钢筋由冶金厂直接热轧而成，按强度不同分为Ⅰ、Ⅱ、Ⅲ和Ⅳ级。其强度标准值和设计值见附录附表 2.3，其强度设计值等于其强度标准值除以钢筋材料分项系数而得。

2. 钢筋的接头

当原材料长度不够构件中所需钢筋的长度或有时为了利用切断剩余的短头，钢筋需要接长而出现接头。

(1) 接头型式

分焊接、机械连接和绑扎 3 种，宜采用焊接接头。由于施工条件影响(如雨季、冬期施工等)，有时采用焊接接头(竖向连接)，有困难而绑扎搭接不可靠时，应采用机械连接接头。

(2) 接头错开规定

在构件中，各受力钢筋之间的接头位置应适当错开，以使接头部位受力较为均匀。当采用机械连接接头时，在接头处 35d；当采用焊接接头，在接头处 35d 且不小于 500mm；采用绑扎搭接接头，在规定的搭接长度任一区段内所存有的接头都按没有错开考虑。

为了完善构件的受力条件，沿构件长度的每个截面中不宜有过多接头，因此，有接头的钢筋截面面积占总截面面积的百分率应符合表 6.2 的规定。

表 6.2 有接头的钢筋截面面积占总截面面积的百分率

接头情况			百分率
焊接	非预应力钢筋	受拉区	不宜超过 50%
		受压区和装配式构件连接处	不限制
	预应力钢筋	受拉区	不宜超过 25%
		受压区和后张法的螺丝端杆	不限制
机械连接	受拉区		不宜超过 50%
	受拉区的钢筋受力较小部位，采用 A 级接头		不限制
	受压区和装配式构件中钢筋受力较小部位，采用 A 级和 B 级接头		不限制
绑扎	受拉区		不宜超过 25%
	受压区		不宜超过 50%

以上所述都是指受力钢筋的接头，至于非受力钢筋，钢筋接头的多少和所处位置则不受限制。

6.2 混 凝 土

6.2.1 混凝土的强度

普通混凝土是由水泥、水及沙石集料按一定比例拌和，并在一定条件下硬化而成的人造石材。其强度是指混凝土达到某种应用极限状态的力学指标，通常用 N/mm^{2}表示。混凝土强度与水泥品种和用量、水灰比、配合比、集料性质、养护条件、施工方法、荷载性质、试件形状和大小、试验方法等因素有关。

1. 立方体抗压强度 f_{cu}

我国《混凝土结构设计规范》规定，采用边长为 150mm 的立方体试块，在温度为(20±3)℃，相对湿度在 90%以上的潮湿空气中养护 28d，按照标准试验方法(试件的承压面不涂滑润剂，加荷速度约每秒 0.15～0.3N/mm^2)加压到破坏，所测得的具有 95%保证率的抗压强度极限值，作为混凝土的立方体标准强度，用 f_{cuk}表示。它不仅是确定混凝土强度等级的基本指标，还是混凝土各种力学指标的基本代表值。《混凝土结构设计规范》列出混凝土强度等级有C15、C20、C25、C30、C35、C40、C45、C50、C55、C60、C65、C70、C75和C80共14个等级。如C20表示混凝土为20N/mm^{2}的强度等级($f_{cuk}=20\text{N/mm}^2$)。也可以采用边长为200mm或100mm的非标准立方体试块来测定强度,但应乘以0.95(200mm)或1.05(100mm)的换算系数。

2. 轴心抗压强度 f_c

轴心抗压强度 f_c 又称棱柱体抗压强度。它是采用高度与正方形截面边长之比为2～3时的混凝土棱柱体试件,按标准方法制作、养护及试验所得的轴心抗压强度极限值。常用试件有150mm×150mm×450mm、100mm×100mm×300mm等尺寸。当试件高度加大后,试验机压板与试件两端接触面摩擦力对试件中部影响相对减弱,因此它反映了混凝土处于单向全截面均匀受压时的抗压强度,可作为实际构件承载力计算依据。混凝土试件抗压强度 f_c 低于立方体抗压强度 f_{cu},根据试验统计结果,两者强度平均值的关系为

$$f_c = 0.76 f_{cu} \tag{6.2}$$

由于构件与试件在制作及养护等方面存在差异,提出了构件中二者平均值之间的关系为

$$f_c = 0.67 f_{cu} \tag{6.3}$$

3. 轴心抗拉强度 f_t

测定混凝土抗拉强度有直接测试法和间接测试法。混凝土的抗拉强度比抗压强度小得多,一般只有抗压强度的5%～10%,而且不与立方体抗压强度成正比,f_{cu}越大,比值 f_t/f_{cu}越小。根据试验统计结果,试件中混凝土抗拉强度 f_t 的平均值与 f_{cu}平均值的关系为

$$f_t = 0.26 f_{cu}^{2/3} \tag{6.4}$$

考虑实际工作情况,《混凝土结构设计规范》规定混凝土轴心抗拉强度平均值取

$$f_t = 0.23 f_{cu}^{2/3} \tag{6.5}$$

混凝土的各种强度标准值及设计值如表6.3所示。

表6.3 混凝土强度标准值和设计值(单位:N/mm^2)

项次	强度种类	符号	混凝土强度等级													
			C15	C20	C25	C30	C35	C40	C45	C50	C55	C60	C65	C70	C75	C80
1	轴心抗压标准值	f_{ck}	10.0	13.4	16.7	20.1	23.4	26.8	29.6	32.4	35.5	38.5	41.5	44.5	47.4	50.2
2	轴心抗拉标准值	f_{tk}	1.27	1.54	1.78	2.01	2.20	2.40	2.51	2.65	2.74	2.85	2.93	3.00	3.05	3.10
3	轴心抗压设计值	f_c	7.2	9.6	11.9	14.3	16.7	19.1	21.2	23.1	25.3	27.5	29.7	31.8	33.8	35.9
4	轴心抗拉设计值	f_t	0.91	1.10	1.27	1.43	1.57	1.71	1.80	1.89	1.96	2.04	2.09	2.14	2.18	2.22

混凝土强度标准值按概率分布的0.05分位数确定,应具有95%的保证率,其

各种强度标准值 f_k 与其平均值 f_m 的关系为

$$f_k = f_m - 1.645\sigma_f = f_m(1 - 1.645\delta_f) \tag{6.6}$$

式中：σ_f——混凝土强度标准差；

δ_f——混凝土强度的变异系数。

混凝土强度设计值由混凝土标准值除以混凝土材料分项系数 γ_c 求得。

4. 复合应力状态下混凝土的强度

在混凝土结构中，混凝土往往处于复合状态，如双向应力状态或三向应力状态。

(1) 双轴受力强度

双向应力状态下的混凝土试验曲线如图 6.3 所示。在双向拉应力作用下，σ_1 与 σ_2 相互影响不大，在双向压应力作用下，一向的强度随另一向压应力的增加而增加，最大可提高 27%（$\sigma_2=0.5\sigma_1$ 或 $\sigma_1=0.5\sigma_2$）；在拉压应力组合情形下，无论是抗拉强度还是抗压强度都要降低。

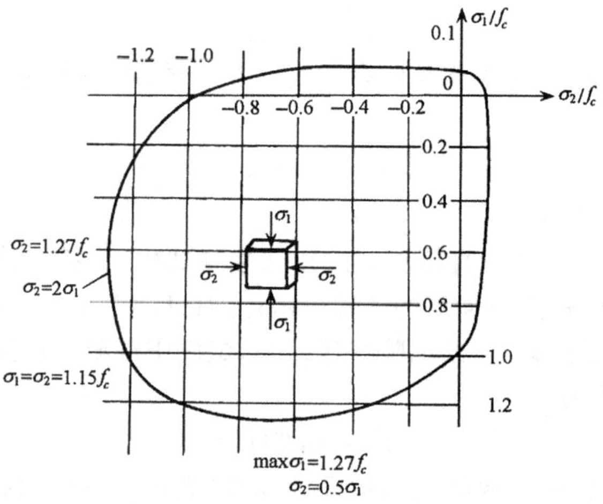

图 6.3 双轴受力强度

混凝土在剪拉或剪压复合压力状态下的强度曲线如图 6.4 所示。混凝土的抗剪强度随拉应力的增加而减小，随压应力的增大而增大，但当压应力大于 $0.6f_c$ 时，抗剪强度反而随压应力的增加而减小。

(2)三轴受压强度

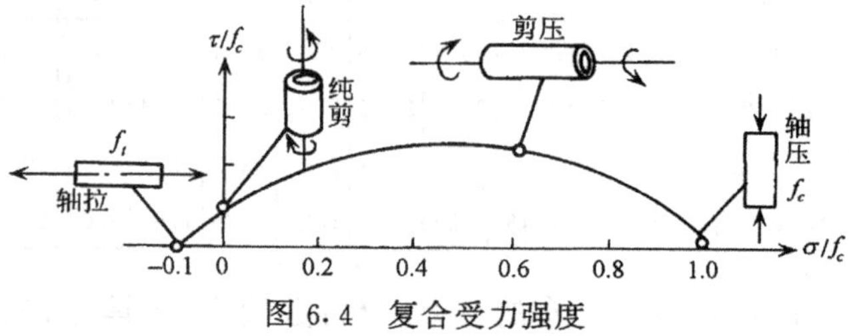

图 6.4 复合受力强度

在三向压力作用下，混凝土强度大大提高。试验得出 σ_1 与 σ_2 的关系（见图 6.5）为

$$\sigma_1 = f_c + 4\sigma_2 \tag{6.7}$$

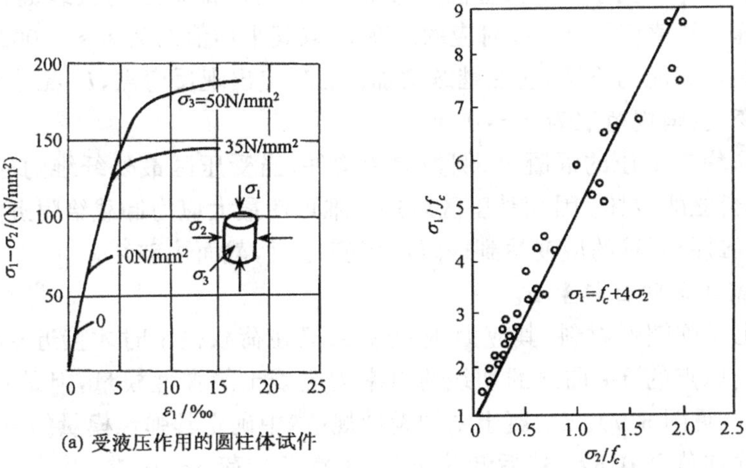

(a) 受液压作用的圆柱体试件

(b) σ_1与σ_2的试验关系

图 6.5

上述理论具有实际工程意义，在工程中采用约束混凝土（钢管混凝土柱、螺旋箍筋柱）均可限制混凝土的横向变形，起到提高混凝土抗压强度及变形能力的效果。

6.2.2 混凝土的变形

1. 混凝土的变形

混凝土的变形可以分为两类：一类是受力作用引起的变形；另一类是非受力因素引起的变形，如收缩、膨胀及温度变化而产生的变形。

混凝土棱柱体在一次加载时的应力-应变关系是混凝土最基本的力学性能之一，其应力-应变关系曲线可分为上升段 OC 及 C 点以后的下降段，如图 6.6 所示。

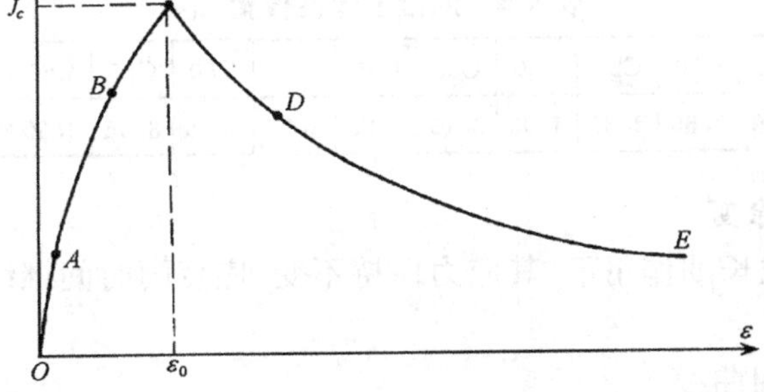

图 6.6　混凝土一次短期荷载下的应力-应变关系曲线

OA 段：$\sigma \leqslant 0.3f_c$，应力-应变关系接近于直线，内部微裂缝没有发展。

AB 段：$\sigma = 0.3f_c \sim 0.8f_c$，塑性变形逐渐增大，新的微裂缝不断产生，旧的不断扩展。

BC 段：$\sigma = 0.8f_c \sim 1.0f_c$，塑性变形显著增大，内部贯通的微裂缝转变为明显的纵向裂缝。峰值应力 $\sigma = f_c$ 对应的应变 ε_0 取其平均值约为 $\varepsilon_0 \approx 0.002$。

CE 段：承载能力下降，应变继续增加。在 D 点出现反弯点，D 点对应的应变为极限压应变，我国规范取为 $\varepsilon_{cu} = 0.0033$。

对于非均匀受压的混凝土，例如受弯构件，当受压区最外纤维的应力达到 f_c 时，截面不会立即破坏。因为受压区最外纤维可使最大应力卸载给附近的纤维。只有当受压区最外纤维的应变达到极限压应变 ε_{cu}时，截面才破坏。

2. 混凝土的弹性模量 E_C

混凝土是弹塑性材料，其应力-应变关系只在荷载很小时才接近直线，因此理论上取通过原点的 σ-ε 曲线的切线的斜率为混凝土的弹性模量，但是它的稳定数值不易测定（见图 6.7）。《混凝土结构设计规范》中确定其弹性模量的方法是：采用棱柱体试件加荷至 $0.5f_c$，然后卸荷至零，再重复加荷 5～10 次，其应力-应变曲线渐趋直线，该直线的斜率即为混凝土的弹性模量 E_C，混凝土的强度等级越高其弹性模量越大，混凝土的弹性模量见表 6.4 所示。

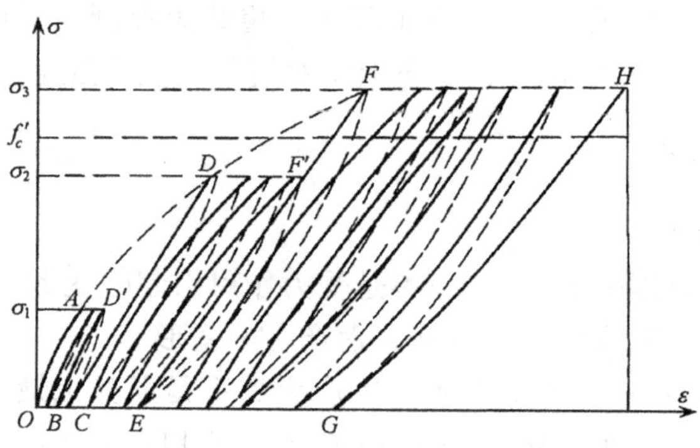

图 6.7　混凝土多次加荷受压时的应力-应变关系

表 6.4　混凝土弹性模量 E_C

混凝土强度等级	C15	C20	C25	C30	C35	C40	C45	C50	C55	C60	C65	C70	C75	C80
$E_C/(\times 10^4 N/mm^2)$	2.20	2.55	2.80	3.00	3.15	3.25	3.35	3.45	3.55	3.60	3.65	3.70	3.75	3.80

3. 混凝土的徐变

混凝土在荷载长期作用下，其应力保持不变，应变随时间继续增长的现象称为混凝土的徐变。

（1）徐变-时间曲线

图 6.8 为混凝土棱柱体试件加荷至 $\sigma = 0.5f_c$ 后使荷载保持不变测得的变形

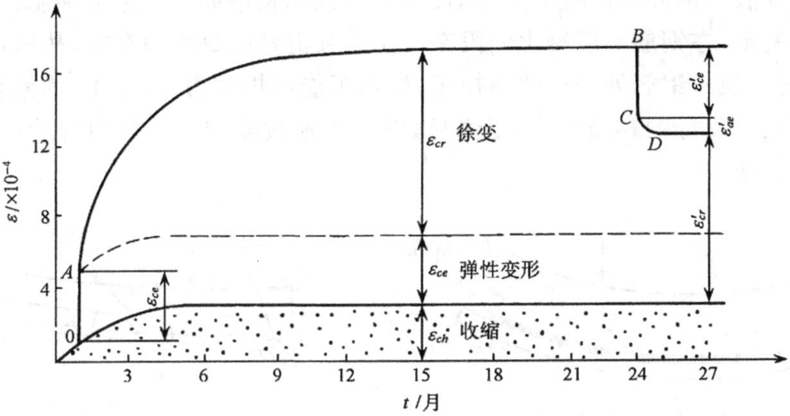

图 6.8　混凝土徐变试件的变形与时间的关系

随时间增长的关系曲线。ε_{ce}为加荷瞬时产生的弹性变形，ε_{ch}为随时间增长产生的收缩变形。由图中可看出，徐变 ε_{cr}4 个月发展较快，6 个月可达最终徐变的 70%～80%，此后增长逐渐减缓。若在 B 点卸荷，立即恢复的变形为 ε'_{ce}，经过一段时间又恢复为变形 ε'_{ae} 为弹性后效，最后留下一部分不能恢复的残余变形为 ε'_{cr} 。

(2) 影响徐变的因素

1) 初始加荷时混凝土的龄期愈小则徐变愈大。加强养护促使混凝土尽早结硬可减小徐变，蒸汽养护的混凝土徐变可减少 20%～35%。

2) 持续作用的应力越大，徐变也越大。当应力较小时($\sigma \leqslant 0.5f_c$)，徐变与应力成正比，称为线性徐变，一般经历 3a 左右徐变基本终止，当混凝土应力较大 $\sigma = 0.5f_c \sim 0.8f_c$ 时，徐变增长比应力增长大，二者不成正比，称为非线性徐变；当 $\sigma > 0.8f_c$ 时，徐变将急剧增加而不再收敛，最终的发展可导致破坏，故设计中取 $\sigma = 0.8f_c$ 为混凝土的长期抗压强度。

3) 混凝土的组成及材料配合比是影响徐变的内在因素。骨料的强度及弹性模量高，徐变小；水灰比大，水泥用量多，徐变大。

4) 环境的相对湿度低，徐变大。高温干燥环境下徐变将显著增大。

(3) 徐变对结构的影响

徐变可使受弯构件的挠度增大 2～3 倍，使较细长柱的附加偏心距增大，还会导致预应力的损失。此外，徐变也有有利的一面，例如，可使构件或结构物产生应力重分布或内力重分布；降低截面上的应力集中现象等。

6.2.3　钢筋和混凝土的共同工作

1. 黏结的作用

黏结力是钢筋与混凝土接触面上沿钢筋轴线方向的分力，这是保证二者共同工作的基础，是防止钢筋在混凝土中滑动所必不可少的。

图 6.9 表示钢筋与混凝土间没有黏结的梁(如将钢筋表面涂上油脂)。梁受力产生弯曲变形,在钢筋与混凝土间没有阻止相互滑移的黏结力存在,故钢筋与梁不能共同工作,虽然钢筋处于梁的受拉区,但却不能承担拉力。图 6.10 的梁在钢筋与混凝土间具有良好的黏结性能,受力后,混凝土通过黏结力将拉力传给钢筋,二者共同承担拉应力。

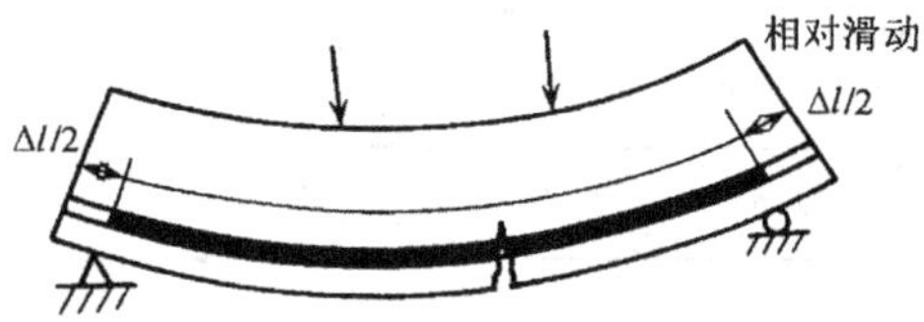

图 6.9　无黏结梁

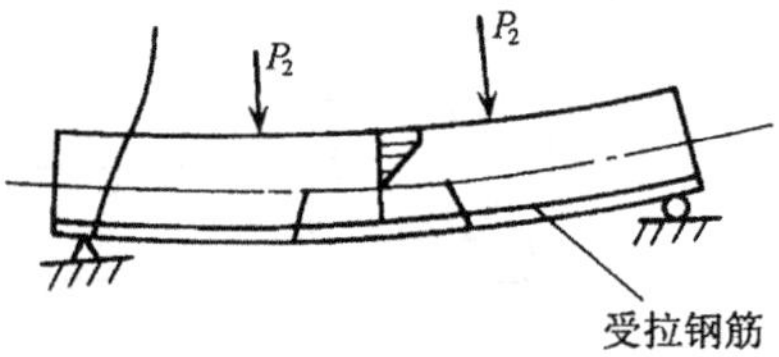

图 6.10　有黏结梁

2. 黏结力的组成

钢筋与混凝土的黏结力,主要由 3 个方面组成。

1) 化学胶着力。混凝土颗粒的化学作用产生的混凝土与钢筋之间的胶合力。

2) 摩擦力。混凝土收缩将钢筋紧紧握裹而产生的摩阻力。

3) 机械咬合力。钢筋表面凸凹不平而与混凝土间产生的机械咬合力。变形钢筋比光面钢筋的机械咬合作用要大得多,另外,钢筋表面的轻微锈蚀也有利于黏结作用。

3. 保证黏结的措施

为了保证钢筋和混凝土的共同工作,《混凝土结构设计规范》在保证黏结强度方面给出了一些主要构造要求。

(1) 受力钢筋的锚固长度 l_a

《混凝土结构设计规范》规定,当计算中充分利用纵向受拉钢筋强度时,其锚固长度不应小于"纵向受拉钢筋的最小锚固长度 l_a",l_a 应按下式计算:

$$l_a = \alpha_a \frac{f_y}{f_t} d \tag{6.8}$$

式中:l_a——受拉钢筋的锚固长度;

f_y——锚固钢筋的抗拉强度设计值;

f_t——锚固区混凝土的抗拉强度设计值;

d——锚固钢筋的直径或锚固并筋的等效直径;

α_a——锚固钢筋的外形系数,按表 6.5 取用。

表 6.5　锚固钢筋的外形系数

钢筋类型	光面钢筋	带肋钢筋	三面刻痕钢丝	螺旋肋钢丝	三股钢绞线	七股钢绞线
钢筋外型系数	0.15	0.14	0.19	0.13	0.16	0.17

(2) 钢筋的搭接长度

绑扎搭接的钢筋之间力的传递是通过钢筋与混凝土间的黏结力来实现的，因此必须有足够的搭接长度。《混凝土结构设计规范》规定：受拉钢筋的搭接长度不应小于 $1.2l_a$，且不应小于 300mm，受压钢筋的搭接长度不应小于 $0.85l_a$，且不应小于 200mm。

(3) 受力钢筋绑扎搭接接头范围内的箍筋应加密

当搭接钢筋为受拉时，其箍筋的间距不应大于 $5d$，且不应大于 100mm。当搭接钢筋为受压时，其箍筋的间距不应大于 $10d$，且不应大于 200mm，d 为受力钢筋的最小直径。

(4) 钢筋的弯钩

光面钢筋的黏结性能较差，对绑扎骨架中的光面钢筋，为了增大其锚固效果，钢筋末端应设置弯钩，如图 6.11 所示。

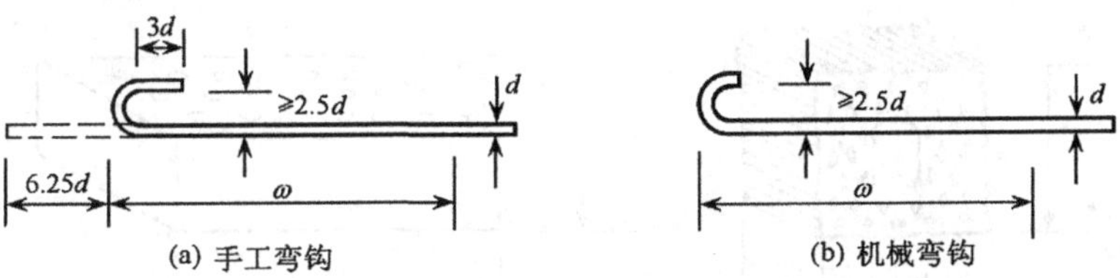

图 6.11 光面钢筋弯钩

6.3 砌体材料

6.3.1 块材

块材又称块体，我国常用的块材有各种砖、砌块、石块。

1. 砖

用于承重结构的砖，有实心砖和烧结多孔砖。

(1) 实心砖

实心砖按原料和生产工艺不同，分烧结普通砖和蒸养(压)砖，其规格为 240mm×115mm×53mm。

烧结普通砖是用塑压黏土、页岩、煤碎石、粉煤灰制坯，干燥后烧结而成，它便于手工砌筑，是一种保温、隔热和耐久性能良好的块体，强度也能满足要求。可用于房屋墙体，还可用来砌筑地面以下的条形基础，地下室墙、挡土墙和储液池等砌体结构。缺点是黏土砖耗用的黏土量很大，与农业争土的矛盾相当突出，应尽量就地取材，变废为宝，采用蒸(压)养砖。

蒸养(压)砖是用工业废渣、石灰、沙等经蒸汽养护或蒸压处理而成。蒸养(压)砖与烧结普通砖相比耐久性较差，所以不宜用于防潮层以下的勒脚、基础及高温、有酸性侵蚀的砌体中。

以上两类实心砖的强度等级是根据实心砖标准受压试件测得的抗压强度来确定的。由于这类砖的厚度较小，在砌体中易受弯、剪而折断，故各种强度等级的实心砖，除必须满足抗压强度要求外，还必须满足规定的抗折强度要求。《砌体结构设计规范》规定采用的强度等级有 MU30、MU25、MU20、MU15、MU10 和 MU7.5 六个等级。

(2) 烧结多孔砖

烧结多孔砖的生产工艺同烧结普通砖，其大面有孔(见图 6.12 所示)，孔洞率约为 15%～35%，砌筑时孔洞垂直于受压面。它与实心砖相比，具有自重小，保温隔热性能好，节省原料等优点，其规格主要有 3 种型号：KM1 尺寸规格为 190mm×190mm×190mm，KP1 尺寸规格为 240mm×115mm×90mm，KP2 尺寸规格为 240mm×180mm×115mm。编号中的字母 K、M、P 分别表示空心、模数和普通。

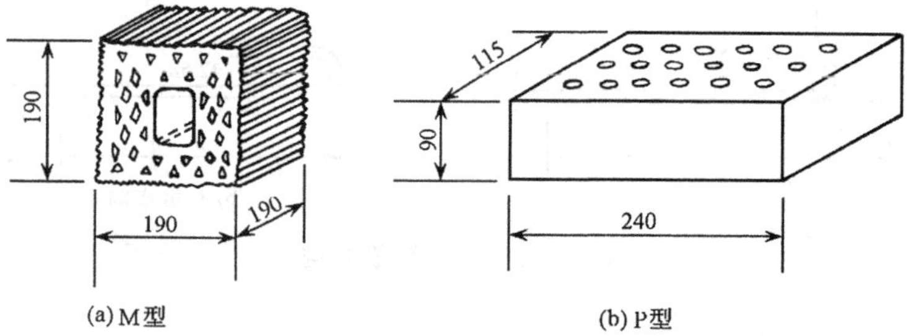

图 6.12 烧结多孔砖

烧结多孔砖的强度等级划分与烧结普通砖相同。其强度等级是根据用规定的试验方法测得的破坏压力值除以受压毛面积的抗压强度来划分的，因此在设计计算时就不需要再考虑孔洞率的影响。

2. *砌块*

砌块的种类有很多，目前使用的有混凝土小型空心砌块、混凝土中型空心砌块和粉煤灰中型空心砌块等。砌块尚无统一的规格，高度在 180～350mm 的块体，一般称为小型砌块，高度在 360～900mm 的块体，一般称为中型砌块；大型砌块尺寸更大，由于起重设备限制，很少应用。砌块具有节土节能、自重轻、施工速度快，易于降低劳动强度，易于就地取材等优点，因此，大力推广应用砌块作为墙体材料来代替部分砖砌体是功在当代，利在千秋的事情。目前，京、沪、津等各大城市采用砌块的建筑已越来越多，砌块的强度等级是根据 3 个砌块毛面积截面的抗压强度的平均值划分的，分为 MU20、MU15、MU10、MU7.5 和 MU5 共 5 个强度。

3. *石材*

常用的天然石材有花岗岩、砂岩和石灰岩等。石材具有抗压强度高、抗冻性能好的优点，故多用于房屋的基础，勒脚和房屋的贴面层等。由于石材开采困难，导热系数大,故不适用于做寒冷地区的墙体。石材按其加工后的外形规则程度,可分为毛石和料石。料石按加工平整程度不同分为细料石、半细料石和毛料石。其中细料石、半细料石价格较高,一般用为镶面材料。粗料石、毛料石和毛石一般用于承重结构。

石材的强度等级是根据3个边长为70mm的立方体石块抗压强度的平均值划分的,共分为MU100、MU80、MU60、MU50、MU40、MU30、MU20、MU15和MU10九个强度等级。

6.3.2 砂浆

砂浆是由胶凝材料(石灰、水泥、石膏等)、细骨料(沙)和水按一定的配合比搅拌的混合材料。按其配合成分的不同,可以分为以下3种:

1. *水泥砂浆*

水泥砂浆是由水泥与沙加水拌和而成,是不加塑性掺和料(石灰、黏土)的纯水泥砂浆。这种砂浆具有较高的强度和较好的耐压性,但和易性和保水性较差,宜用在对强度要求较高的砌体中。

2. *混合砂浆*

混合砂浆是在水泥砂浆中掺入适量塑性掺和料拌和而成。如水泥石灰砂浆、水泥黏土砂浆等。这种砂浆具有一定的强度和耐久性,而且和易性与保水性较好,是一般墙体中常用的砂浆,但不宜用于潮湿环境中的砌体。

3. *非水泥砂浆*

非水泥砂浆是不含水泥的石灰砂浆,石膏砂浆和黏土砂浆等 ,这类砂浆强度低,耐久性差,只能用在强度要求不高的砌体或简易临时性建筑的砌体中。

砂浆的强度等级是按标准方法制作的70.7mm的立方体试块(一组6块),在标准条件下养护28d,经抗压试验所测得的抗压强度的平均值来划分的。砌筑砂浆的强度等级分为M15、M10、M7.5、M5和M2.5五个等级。

6.3.3 砌体的分类及力学性能

1. *砌体种类*

砌体是由不同尺寸和形状的块体用砂浆砌成的整体。它主要分为无筋砌体和配筋砌体两大类。

(1) 无筋砌体

根据选用的块材不同,无筋砌体可分为3类。

1) 砖砌体。在民用房屋建筑中,砖砌体广泛用于内外承重墙、柱或隔墙。承重墙的厚度是根据强度和稳定性要求确定的,外墙的厚度往往还需要考虑保温和隔热的要求。砖砌墙体一般可砌成实心的,有时也可砌成空心的。砖柱应实砌。

实心砖砌体的砌筑方法有一顺一丁、梅花丁、三顺一丁等如图6.13所示。试验表明,砌筑时,如果顺砖的层数超过5层,砌体在较大压力作用下,可能沿竖向灰缝

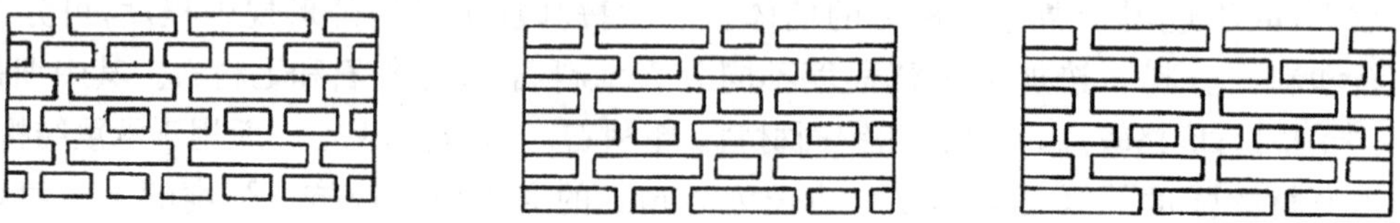

(a) 一顺一丁　　(b) 梅花丁　　(c) 三顺一丁

图 6.13　砖砌体的砌筑方法

开裂，并过早丧失稳定，从而使砌体抗压强度明显下降。实心砖墙可砌成的墙厚为240mm、370mm，490mm、620mm、740mm 等。

实心砖也可砌成空心的砖砌体，形成空斗砌体。一般是将部分或全部砖立砌，内部留有空洞，是中国较古老的传统结构形式，用于构筑房屋的围护墙或内部隔断。这种砌体具有自重轻，热工性能好，节约块体和砂浆及造价低等优点。墙厚一般为 240mm，分为一眠一斗，一眠多斗和无眠斗墙几种，如图 6.14 所示，空斗墙对砖的质量和砌筑质量要求较高，施工比较麻烦，墙体整体性差，地震区不宜采用。

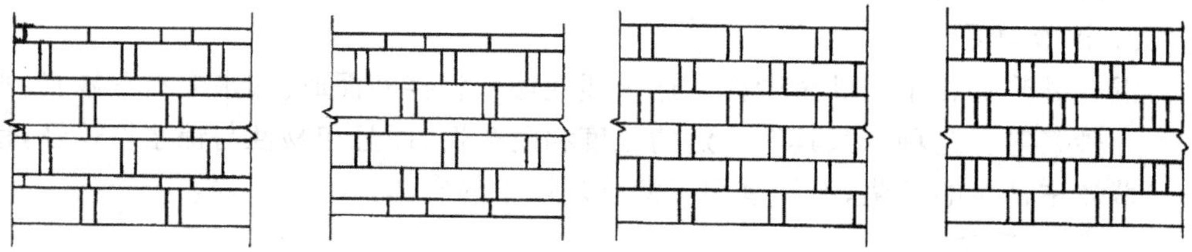

(a) 一眠一斗　　(b) 一眠多斗　　(c) 无眠斗 I　　(d) 无眠斗 II

图 6.14　空斗墙体

2）砌块砌体。由于砌块砌体自重轻，施工进度快，经济效果好，因此采用砌块建筑是墙体改革的一项重要措施。小型砌块尺寸较小，型号多，尺寸灵活，适用面广，但手工砌筑劳动量大。中型砌块尺寸较大，适于机械化施工，提高了劳动生产率，但型号少，使用不够灵活。大型砌块尺寸大，便于机械化施工，但需要相当的生产设备和施工能力。在确定砌块的规格尺寸和型号时，既要考虑起重能力，又要与房屋的建筑设计相协调，要有规律性，使砌块的类型尽量少，并能满足砌块之间的搭接要求。

3）石砌体。分为料石砌体、毛石砌体和毛石混凝土砌体。料石砌体可用于一般民用房屋的承重墙、柱及拱桥、坝和涵洞等。毛石砌体多用于房屋基础。这两种砌体都是由砂浆砌筑而成的。毛石混凝土砌体是在预先安好的模板内浇筑一层混凝土，再铺砌一层毛石，如是交替地进行，一般用于房屋、构筑物的基础和挡土墙等。

（2）配筋砌体

在砖砌体中配置了钢筋的砌体称配筋砌体。其提高了砖砌体的强度，减小了构件截面尺寸，从而扩大了砖砌体的应用范围。配筋砌体可分为两种。

1）横向配筋砌体。在砖砌体水平灰缝中，每隔几层砖配置横向钢筋网，就构成横向配筋砌体，也叫网状配筋砌体。钢筋网可采用方格网和双向连弯钢筋网，如图6.15(a)所示，主要用做轴心受压或小偏心受压的墙、柱。

2）纵向配筋砌体。它是配置了纵向钢筋的砌体。纵向钢筋可设置在砌体的竖向灰缝内或竖向孔洞内。前者施工比较困难，故应用很少。随着各种类型和规格的空心砖及空心砌块的应用不断扩大和发展，在孔洞内配置纵向钢筋并灌筑砂浆或稀细石混凝土，施工方便，故应用较多，如图 6.15(b)所示。

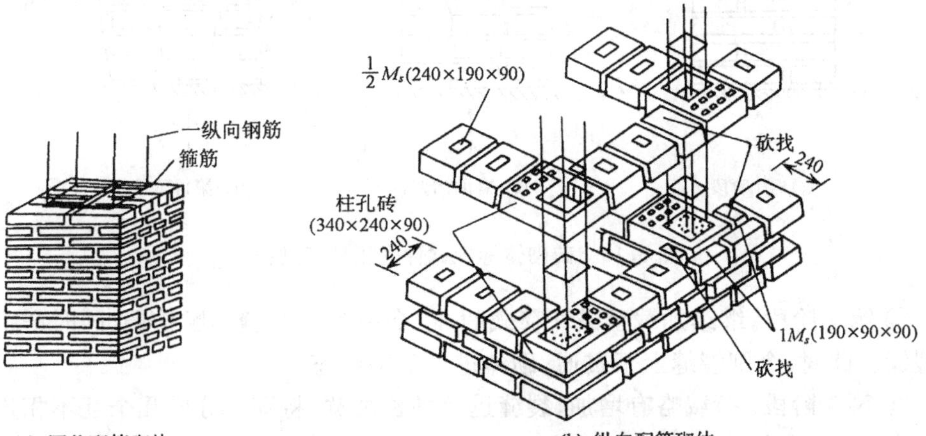

(a) 网状配筋砌体　　(b) 纵向配筋砌体

图 6.15　配筋砌体

（3）组合砌体

由砌体和钢筋砂浆、钢筋混凝土或型钢组合成为整体而共同工作的一种砌体。有钢筋砂浆-砖组合砌体、钢筋混凝土-砖组合砌体、型钢-砖组合砌体等。钢筋砂浆或钢筋混凝土可设置在砌体内部，也可做砌体的面层。型钢一般都设置在砌体外部，组合砌体能进一步提高砌体结构的承载力和延性。在地震区采用组合砌体是较为有效的抗震措施，在新建房屋或房屋的加层、加固中也是一种较好的墙柱构件。

2. *砌体的力学性能*

（1）砌体的抗压强度

实际工程中，砌体主要是受压构件。它是由块体用砂浆或稀细石混凝土铺垫黏结而成，因而它的受压工作性能和单块块体显著不同。砌体的抗压强度一般都低于单块块体的抗压强度，下面通过实验来了解其受力过程和特征。

1）砖砌体轴心受压破坏特征。根据试验观察可知，砖砌体轴心受压破坏可分为 3 个阶段，如图 6.16 所示。

① 第Ⅰ阶段。由加荷开始大约至破坏荷载的 50%～70%，砌体内某些单块砖土开始出现裂缝。如果这时停止加载，裂缝不会继续扩展。

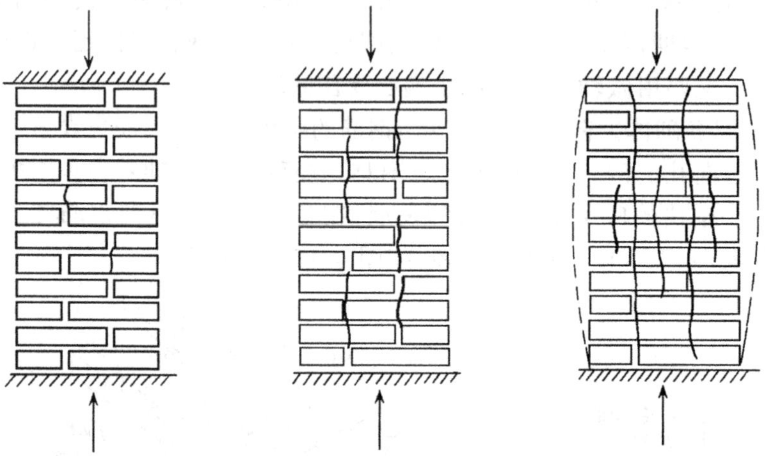

图 6.16 砖砌体标准试件受压破坏过程

② 第Ⅱ阶段。继续加载至破坏荷载的 80%～90%，裂缝不断扩展，同时产生新的裂缝。此时，个别裂缝上下贯通，砌体进入危险状态。

③ 第Ⅲ阶段。荷载略有增加，裂缝迅速加长加宽，将砌体分成几个互不相连的独立小柱，最后终于因压碎或失稳而破坏。

2）砖砌体中单块砖的应力状态。试验结果表明，砖在砖砌体中不仅受压而且受弯、受剪和受拉，处于复杂的应力状态之中。主要原因如下。

① 砂浆层的非均匀性。由于砖与砂浆不能全部接触，而只能局部地支撑在凸凹不平的垫层上，因而处于局部受压、弯、剪复杂应力状态下。砖的抗拉强度较低，当弯、剪引起的主拉应力超过砖的抗拉强度后，砖就会开裂。

② 砌体横向变形时砖与砂浆的交互作用。压力作用下，一般砂浆的自由横向变形比砖大，由于砖与砂浆之间存在着黏结力与摩擦力，砖就阻止砂浆的自由变形，使砂浆受到横向压力，而砖则受到横向拉力，从而引起砖的过早开裂。

③ 竖向灰缝上的应力集中。由于竖向灰缝不可能完全饱满，造成了砌体的不连续性和竖向灰缝处的应力集中，也降低了砌体的抗压强度。

3）影响砌体抗压强度的主要因素。

① 块材的强度等级和块材的尺寸。块材的强度等级是影响砌体抗压强度的主要因素，提高块材的强度等级可明显地增大砌体的抗压强度。增大块体的高度，其抗弯、抗剪能力提高，故可以提高砌体的抗压强度。

② 砂浆的物理、力学性能。提高砂浆的强度等级，块体和砂浆的横向变形差异就缩小，因而砌体抗压强度也相对高些。但是砂浆强度对砌体抗压强度的影响没有块材强度影响大。和易性、保水性好的砂浆，砌筑时灰缝更为均匀、饱满和密实，块体受力更均匀，因而砌体抗压强度也就越高。

③ 砌筑质量的影响。砌体砌筑质量的标志之一就是灰缝的质量，包括灰缝的均匀性和饱满程度。砂浆铺设得均匀、饱满，块体在砌体中均匀受压，可使砌体抗压强度提高，水平灰缝过厚、则变形大，过薄则不易铺平。实践表明：水平灰缝厚度在8～12mm之间对砌体抗压强度有利。

④ 砌体抗压强度。砌体抗压强度和上述各因素有关，根据各类砌块砌体的轴心受压试验结果，《砌体结构设计规范》给出适用于各类砌体的轴心抗压强度平均值的计算公式：

$$f_m = k_1 f_1^a (1 + 0.07 f_2) k_2 \tag{6.9}$$

式中：f_1、f_2——块体和砂浆的抗压强度平均值；

k_1——与砌体类别和砌筑方法有关的系数；

a——与块体高度有关的系数；

k_2——砂浆强度对砌体强度的修正系数。

k_1、k_2、a 值如表 6.6 所示。

表 6.6　k_1、k_2、a 值

序号	砌体种类	k_1	a	k_2
1	黏土砖、空心砖、非烧结硅酸盐砖	0.78	0.5	当 $f_2<1$ 时，$k_2=0.6+0.4f_2$
2	混凝土小型砌块	0.46	0.9	当 $f_2=0$ 时，$k_2=0.8$
3	毛料石	0.79	0.5	当 $f_2<1$ 时，$k_2=0.6+0.4f_2$
4	毛石	0.22	0.5	当 $f_2<2.5$ 时，$k_2=0.4+0.24f_2$

注：k_2 在表列条件以外时均等于 1.0。

砌体抗压强度标准值 f_k 统一取其概率分布的 0.05 分位数确定：

$$f_k = f_m - 1.645\sigma_f \tag{6.10}$$

式中：σ_f——砌体强度标准差，对于受压砌体，毛石砌体取 $0.24f_m$，其他各类砌体取 $0.17f_m$。

砌体抗压强度设计值等于其抗压强度标准值除以砌体结构材料性能分项系数，即

$$f = \frac{f_k}{\gamma_f} \tag{6.11}$$

当块体和砂浆的强度等级确定后，龄期为 28d 的以毛截面面积计算的各类砌体抗压强度标准值和设计值按附录附表 4 采用，对于附录附表 4.8 所列使用情况，砌体强度设计值还应乘以调整系数 γ_a，见附录附表 4.9。

(2) 砌体的轴心抗拉、弯曲抗拉和抗剪强度

实际工程中，砌体有时还受轴心拉力、弯矩、剪力作用。如圆形水池壁在侧向压力作用下将产生轴向拉力，如图 6.17 所示；挡土墙在土压力作用下，将产生弯矩、

剪力作用，如图 6.18 所示。砖砌过梁在自重和楼面荷载作用下受到弯矩、剪力作用等，如图 6.19 所示。

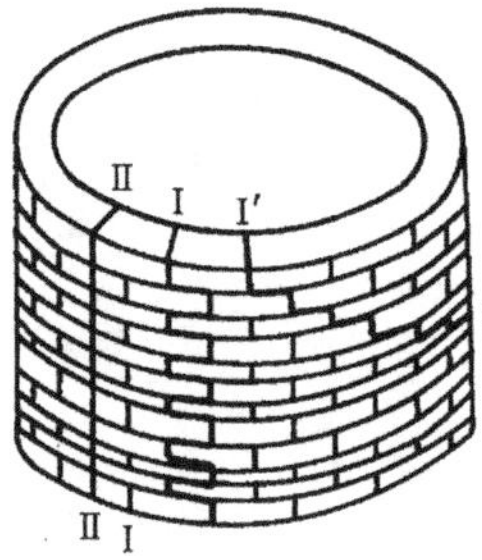

图 6.17　砖砌体轴心受拉

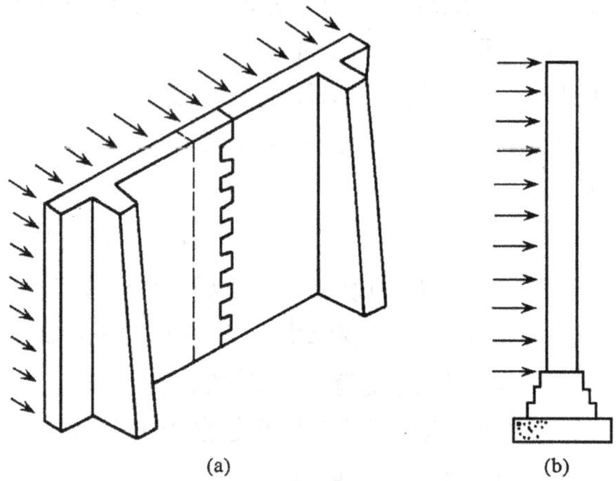

图 6.18　砖砌体弯曲受拉

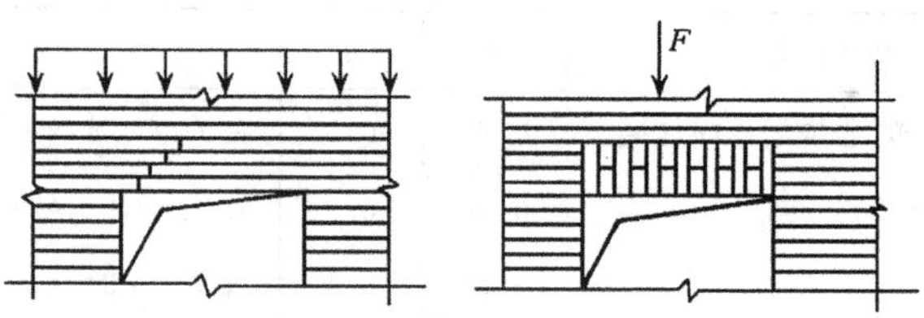

图 6.19　砖砌过梁受剪

1)砂浆和块体间的黏结强度。砌体承受拉、弯、剪作用下的承载力主要是依靠砂浆的黏结力。受拉、受弯和受剪的破坏，一般均发生在砂浆和块体的连接面上。因此，砌体抗拉、抗弯和抗剪强度取决于灰缝强度，即砂浆的强度等级。只有当砂浆强度等级很高而块体强度等级较低时，有可能会出现沿块体的破坏，此时砌体的抗拉、抗弯强度才和块体强度等级有关。根据力的作用方向不同，可将黏结强度分为法向黏结强度和切向黏结强度两类，如图 6.20 所示。法向黏结强度中力的作用方向垂直于灰缝，而切向黏结强度中力的作用方向平行于灰缝。

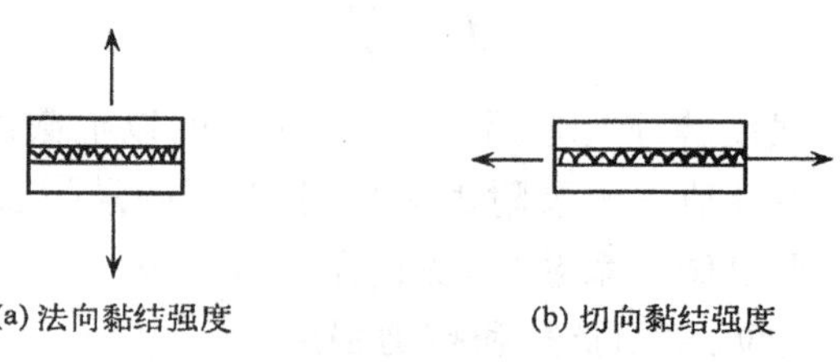

(a) 法向黏结强度　　(b) 切向黏结强度

图 6.20　黏结强度

灰缝中砂浆的黏结强度，可通过砌体的抗剪试验得到。试验结果表明：黏结强度和块体表面特征、清洁程度、本身吸水程度等诸因素有关，其离散性较大。如果块体表面平整、清洁、潮湿，则黏结强度仅和砂浆强度等级 f_2 有关。由于法向黏结强度较低，所以工程中不允许设计成利用法向黏结强度的轴心受拉构件。

2）砌体轴心抗拉、弯曲抗拉和抗剪强度。

① 砌体轴心抗拉、弯曲抗拉和抗剪强度的平均值。

《砌体结构设计规范》给出的强度平均值公式为

轴心抗拉 $$f_{tm}=k_3\sqrt{f_2} \tag{6.12}$$

弯曲抗拉 $$f_{tm,m}=k_4\sqrt{f_2} \tag{6.13}$$

抗剪 $$f_{v,m}=k_5\sqrt{f_2} \tag{6.14}$$

式中：k_3、k_4、k_5——不同砌体种类和受力情况给定的系数，如表 6.7 所示。

表 6.7　k_3、k_4、k_5 值

序号	砌体种类	k_3	k_4		k_5
			沿齿缝	沿通缝	
1	黏土砖、空心砖	0.141	0.250	0.125	0.125
2	混凝土小型空心砌块	0.069	0.081	0.056	0.069
3	蒸压灰砂砖、蒸压粉煤灰砖	—	—	—	0.083
4	毛　石	0.075	0.113	—	0.188

若烧结普通砖砌体沿块体截面破坏时，轴心抗拉和弯曲抗拉强度平均值计算公式为

轴心抗拉 $$f_{t,m}=0.212\sqrt[3]{f_1} \tag{6.15}$$

弯曲抗拉 $$f_{tm,m}=0.318\sqrt[3]{f_1} \tag{6.16}$$

② 砌体轴心抗拉、弯曲抗拉和抗剪强度的标准值。

其强度标准值计算与砌体轴心抗压计算相同。都是取具有 95%保证率的强度值，其标准值见附录附表 5 和附录附表 6。

③ 砌体轴心抗拉、弯曲抗拉和抗剪强度设计值。

其各强度设计值按式(6.11)计算，其值见附录附表 7 和附录附表 8。

(3) 砌体的弹性模量

砌体是弹塑性材料，当应力较小时，砌体具有弹性性质；随着应力增大，应变增长加快，呈非线性性质；在接近破坏时，荷载增加很少，变形却急剧增加。砌体弹性模量取其应力-应变曲线上 $\sigma\approx0.43f_m$ 点的割线模量的取值，用符号 E 表示，各类

砌体弹性模量见表6.8所示。

表6.8 砌体的弹性模量(单位:MPa)

序号	砌体种类	砂浆强度等级					
		M10	M7.5	M5	M2.5	M1	M0.4
1	黏土砖、空心砖、空斗砌体	$1500f$	$1500f$	$1500f$	$1300f$	$1100f$	$700f$
2	硅酸盐砖	$1000f$	$1000f$	$1000f$	$900f$	$700f$	$500f$
3	混凝土小型空心砌块	$1600f$	$1500f$	$1400f$	$1200f$	—	—
4	混凝土中型空心砌块	$2300f$	$2100f$	$1900f$	$1700f$	—	—
5	粉煤灰中型实心砌体	$1100f$	1000	$950f$	$850f$	—	—
6	粗料石、毛料石、毛石	7300	5650	4000	2250	1250	850
7	细料石、半细料石	22×10^3	17×10^3	12×10^3	6750	3750	2550

注:f为砌体的抗压强度设计值。

思 考 题

6.1 混凝土的立方体抗压强度是如何确定的?与试块尺寸有什么关系?

6.2 解释条件屈服强度、屈强比、伸长率。

6.3 混凝土构件应采取哪些措施保证钢筋与混凝土的黏结作用?

6.4 砂浆在砌体中起什么作用?

6.5 砖砌体在轴心受压时分哪几个受力阶段?它们的特征如何?

6.6 影响砌体抗压强度的主要因素有哪几方面?

6.7 为什么工程不允许采用沿水平面通缝截面轴心受拉的构件?

6.8 目前我国建筑结构中常用的钢材有哪些?为什么使用它们?

第七章 建筑结构设计方法

建筑结构设计是在预定的荷载及材料性能一定的条件下，确定结构构件依功能要求所需要的截面尺寸、钢筋布置及构造措施。任何一项结构设计都存在着可靠性与经济性的矛盾，要很好地解决这对矛盾，使设计既可靠又经济，就必须采用科学的设计方法——以概率理论为基础的极限状态设计方法(又称近似概率法)。本章简要介绍这种设计方法的基本概念和设计表达式。

7.1 结构的功能要求和极限状态

7.1.1 结构的功能要求

设计任何一种结构，在规定的使用期限内都必须满足以下 3 个方面的功能要求：

1. 安全性

安全性指结构在正常施工和正常使用条件下，承受可能出现的各种作用的能力，以及在偶然事件发生时和发生后，仍能保持必要的整体稳定性，而不至于连锁倒塌。例如，遇地震、爆炸、撞击等，结构虽有局部损坏，但能保持整体稳定。

2. 适用性

适用性指结构在正常使用条件下，具有良好的工作性能。例如，不发生影响正常使用的过大变形和振幅、不产生过宽的裂缝。

3. 耐久性

耐久性指结构在正常维护条件下，能在预定的使用期限内，满足各项功能要求，具有足够的耐久性。例如，钢筋不发生严重锈蚀、混凝土不严重风化、老化，以免影响结构的使用寿命。

结构满足了以上功能要求，就表明结构具有很高的可靠性。结构可靠性是指结构在规定的时间内(如设计基准期内)，在规定的条件下(如正常设计、正常施工、正常使用和正常维护)，完成预定功能要求的能力。结构可靠性实质上是关于结构安全性、适用性和耐久性的总称。

7.1.2 结构功能的极限状态

结构在使用期间的工作状况称为结构的工作状态，用 Z 表示。结构能够满足某种功能要求，并能良好工作称为结构可靠或有效；反之，则结构不可靠或失效。显然，区分结构工作状态可靠或失效的标志是“极限状态”，结构功能的极限状态是指整个结构或结构的一部分超过某一特定状态就不能满足设计规定的某一功能要求，此特定状态称为该功能的极限状态。

1. 承载能力极限状态

结构或结构构件达到最大承载力、疲劳破坏或不适于继续承载的变形时的特定状态，即为承载能力极限状态。当结构或构件出现下列状态之一时，即认为超过了承载能力极限状态。

1）结构整体或局部作为刚体失去平衡，如雨篷的倾覆、挡土墙的滑移等。

2）结构构件的实际应力超过材料强度或塑性变形过大而不适于继续承载。

3）结构转变为机动体系而失去承载力。

4）结构或结构构件因达到临界荷载而丧失稳定，如柱被压屈。

2. 正常使用极限状态

结构或结构构件达到正常使用或耐久性能的某项规定限值时的特定状态，即为正常使用极限状态。当出现下列状态之一时，即认为超过了正常使用极限状态。

1）影响正常使用或外观的变形。

2）影响正常使用或耐久性的局部损坏(包括裂缝)。

3）影响正常使用的振动。

4）影响正常使用的其他特定状态，如渗漏、腐蚀和冻害等。

从以上 4 种特定状态可以看出，结构或构件超过该类状态时将不能正常工作，影响其耐久性和适用性，但一般不会导致人身伤亡或重大经济损失。设计时，其可靠性可比承载能力极限状态略低一些，通常先按承载能力极限状态设计结构构件，再按正常使用极限状态校核。

7.2 概率极限状态的设计方法

7.2.1 结构上的作用和作用效应

1. 结构上的作用

结构上的作用是指使结构产生内力和变形的所有原因的总称，如荷载、温度变化、支座位移等。由于产生作用的原因具有随机性，导致结构上的作用是一个随机变量。作用效应则是指作用在结构或构件中引起的内力和变形，如支座反力、轴力、弯矩、挠度、转角、裂缝等，用“S”表示。当内力和变形由荷载产生时称为荷载效应，两者近似呈线形关系，即

$$S = CQ \tag{7.1}$$

式中：S——荷载效应；

Q——某种荷载作用；

C——荷载效应系数。

例如，计算跨度为 l_0 的简支梁，跨中承受集中荷载 F_P 的作用，则跨中弯矩 $M=\frac{1}{4}F_Pl_0$，此处 M 是荷载效应 S，F_P 是荷载作用 Q，$\frac{1}{4}l_0$ 相应于荷载效应系数 C。由于作用的随机性，作用效应也是一个随机变量，大量统计资料表明 S 服从正态分布。

2. 结构抗力

结构抗力是结构或构件承受作用效应的能力，用 R 表示。它是材料性能、截面几何特征及计算模式的函数，因这些因素具有随机性，导致结构抗力也是一个随机变量。

综上所述，结构上的作用效应是结构的预定使用功能所赋予结构的任务，而结构的抗力是结构本身所固有的完成任务的能力。

3. 功能函数

结构的工作状态 Z 可以用结构的作用效应 S 和结构抗力 R 的关系式来描述，这种关系式称为结构的功能函数，即

$$Z=g(R,S)=R-S \tag{7.2}$$

当 $Z=R-S>0$ 时，结构处于可靠状态；

当 $Z=R-S=0$ 时，结构处于极限状态；

当 $Z=R-S<0$ 时，结构处于失效状态。

这就是用功能函数所描述的结构工作状态。其中 $Z=R-S=0$ 称为"极限状态方程"。结构极限状态设计法应满足：

$$Z=R-S\geqslant 0 \tag{7.3}$$

7.2.2 结构的可靠度和可靠指标

1. 结构的可靠度

由于结构抗力 R 和作用效应 S 都是随机变量，所以结构功能函数 Z 也是一个随机变量，而且是抗力 R 和作用效应 S 两个随机变量的函数。因此要求 Z 绝对保证只出现 $Z\geqslant 0$(可靠状态)，而不出现 $Z<0$(失效状态)是不可能的，所以结构的可靠性只能用概率来度量。度量结构可靠性的概率称为结构可靠度，结构可靠度的确切定义为：结构在规定的时间内，在规定的条件下，完成预定功能的概率。可见可靠度是对可靠性的定量描述，把结构完成预定功能的概率，即 $Z\geqslant 0$ 时的概率称为"可靠概率"，用 p_s 表示；而结构不能完成预定功能的概率，即 $Z<0$ 时的概率称为"失效概率"，用 p_f 表示，显然 p_s 和 p_f 是互补的，即：

$$p_s=p(Z=R-S\geqslant 0)=1-p_f=1-p(Z=R-S<0) \tag{7.4}$$

结构可靠性既可用可靠概率 p_s 来度量，也可用失效概率 p_f 来度量，即 p_f 愈大，可靠度愈小。

2. 结构构件的可靠指标

大量统计资料表明，作用效应 S 和结构抗力 R 都近似于正态分布，即 $R(u_R,\sigma_R)$、$S(u_S,\sigma_S)$，显然工作状态 Z 也近似于正态分布，即 $Z(u_Z,\sigma_Z)$，其正态分布图如图 7.1 所示。失效概率为 $Z<0$ 时分布曲线的尾部面积，如图 7.1 阴影所示，此时：

$$u_Z = u_R - u_S$$

$$\sigma_Z = \sqrt{\sigma_R^2 + \sigma_S^2} \tag{7.5}$$

式中：u_Z、u_R、u_S——Z、R、S 的平均值；

σ_Z、σ_R、σ_S——Z、R、S 的标准差。

$$\begin{aligned} p_f &= p(Z<0) = p(Z-u_Z<-u_Z) \\ &= p\left(\frac{Z-u_Z}{\sigma_Z}<-\frac{u_Z}{\sigma_Z}\right) \\ &= \Phi\left(-\frac{u_Z}{\sigma_Z}\right) \end{aligned}$$

令 $\beta=\dfrac{u_Z}{\sigma_Z}$，即 $u_Z=\beta\sigma_Z$，则结构的失效概率为

$$p_f = \Phi(-\beta) \quad 或 \quad \beta = \Phi^{-1}(1-p_f) \tag{7.6}$$

式中：$\Phi(\cdot)$——标准正态分布函数。

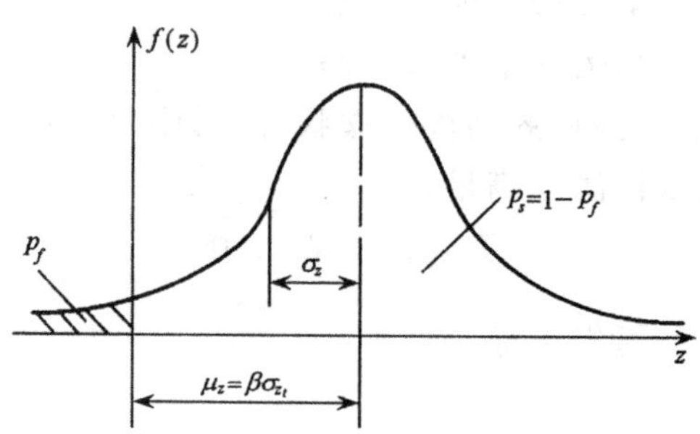

图 7.1

由式(7.6)和图 7.1 看出，β 和 p_f 不仅在数值上，而且在物理意义上都有一一对应的关系，当 β 越大，p_f 越小，结构越可靠，因此，β 和 p_f 一样可以作为衡量结构可靠性的一个指标，β 称为结构的“可靠指标”。由于计算 p_f 一般要通过多维积分，计算比较复杂，而 β 的概念清楚，还可以由基本的统计参数直接表达，因此《建筑结构设计统一标准》采用可靠指标 β 代替失效概率 p_f 来度量结构的可靠性，因此，可得设计表达式为：

$$\beta \geqslant [\beta] \tag{7.7}$$

式中：β——结构或构件实际具有的可靠指标；

$[\beta]$——《建筑结构设计统一标准》允许的目标可靠指标，根据结构构件破坏类型及安全等级，按表 7.1 和表 7.2 取用。

表 7.1 结构构件承载能力极限状态设计时的[β]值

破坏类型	安全等级		
	一级	二级	三级
延性破坏	3.7	3.2	2.7
脆性破坏	4.2	3.7	3.2

建筑结构安全等级是根据建筑结构破坏后果的严重程度划分的，如表 7.2 所示。

表 7.2 建筑结构安全等级

安全等级	破坏后果	建筑物类型
一级	很严重	重要的建筑物
二级	严　重	一般的建筑物
三级	不严重	次要的建筑物

这就是以概率理论为基础，以各种功能要求的极限状态作为设计依据的概率极限状态设计法，因此法还没有达到完善程度，计算中又作了简化，故称近似概率法。

采用概率极限状态设计法进行结构设计时，《建筑结构设计统一标准》采用以荷载代表值、材料性能标准值、几何参数标准值及各种分项系数表达的极限状态实用设计表达式进行结构设计。但需要说明的是进行结构设计采用的实用设计表达式，虽然形式上与我国以往采用过的多系数设计表达式相似，但实质上却是不同的，目前设计表达式中采用的各种分项系数，是根据基本变量的统计特征，以结构可靠度的概率分析为基础经过优选确定的，它们起着相当于 β 值的作用。不过，采用设计表达式后，结构的具体设计方法仍与传统方法相同，并不直接涉及统计参数和概率运算。

7.2.3 荷载代表值和材料性能的标准值

1. 荷载的分类

建筑物在使用期间，受到自身的或外部的、直接的或间接的各种荷载作用，按荷载作用的时间变异分为以下 3 类：

(1) 永久荷载

永久荷载也称为恒载，指在设计使用基准期内基本不变，或者说它的变化与其平均值相比可以忽略不计的荷载，如自重、土压力等。

(2) 可变荷载

可变荷载也称为活载，指在设计使用基准期内经常变动，其变化与其平均值相比不容忽略的荷载，如屋面活荷载、楼面活荷载、风荷载、雪荷载等。

(3) 偶然荷载

偶然荷载指在设计使用基准期内可能发生,但不一定发生的荷载,其发生带有偶然性,但发生时的作用效应对结构的危害很大,常带有破坏性,如爆炸、中度以上的地震、台风等。

2. 荷载的代表值

荷载的代表值是指在实用极限设计表达式中所采用的荷载规定取值。因在实际的设计过程中,绝大部分荷载是随机的,但对每一荷载取值却不是任意的,而是在大量统计数据的基础上或在实践经验基础上,取一个有代表性的数值作为规定取值。荷载的代表值有 3 种。

(1) 荷载标准值

荷载标准值指在结构的使用期间,在正常情况下,可能出现的最大荷载值。它是结构设计时采用的基本代表值,荷载的其他代表值都是以其为基础乘以适当的系数得到的。永久荷载的标准值用 G_K 来表示,一般可按设计规定的结构构件尺寸和现行《建筑结构荷载规范》给定的各种材料的标准自重计算确定;可变荷载的标准值用 Q_K 来表示,现行《建筑结构荷载规范》根据统计分析或长期使用经验,对楼面使用荷载、风荷载、雪荷载等给出了具体取值,设计时可直接查用。

(2) 可变荷载准永久值

可变荷载准永久值指可变荷载中在整个设计基准期内出现时间较长(其累计的总持续时间与整个设计基准期的比值已达到一定值,一般情况下这一比值可取为 0.5)的那部分荷载的代表值。可变荷载虽然在设计基准期内会随时间发生变化,但变化情况不一样,对构件的影响也不一样,如人群荷载流动性大,家具荷载流动性相对较小。可变荷载准永久值记为 $\psi_q Q_k$,其中 ψ_q 为可变荷载的准永久系数,可表示为

$$\psi_q = \frac{\text{荷载标准永久值}}{\text{荷载标准值}} \leqslant 1$$

可见,荷载的准永久值实际上是考虑荷载长期作用效应而对可变荷载标准值的一种折减,各种可变荷载的准永久值系数可从现行《建筑结构设计规范》中查到,其他情况根据工程经验判断确定。可变荷载准永久值主要用于正常使用极限状态按荷载长期效应组合设计。

(3) 可变荷载组合值

当所考虑的结构上有两种或两种以上的荷载同时作用时,就应考虑荷载效应的组合。因为所有这些荷载同时达到其单独作用时可能达到的最大值的概率很小,所以除其中某一个产生最大荷载效应的主导荷载仍用标准值为代表值外,其他伴随的可变荷载均应取某一个小于其标准值的规定值作为其代表值,以反映多个可变荷载同时作用的特点,这一"规定值"称为可变荷载组合值,记为 $\psi_c Q_K$,其中 ψ_c 为可变荷载的组合系数,可表示为

$$\psi_c = \frac{\text{荷载组合值}}{\text{荷载标准值}} \leqslant 1$$

可变荷载组合值主要用于承载能力极限状态或正常使用极限状态按短期效应组合设计。

另外，在承载能力极限状态设计中计算构件的内力时，为了充分考虑荷载的离散性及计算内力时进行简化所带来的不利影响，还必须对荷载标准值乘以一个大于1的系数，称为荷载分项系数。考虑到可变荷载比永久荷载的离散性要大些，因而对可变荷载的分项系数也取得大一些，具体取值按现行《建筑结构设计规范》取用。荷载设计值即为分项系数与荷载标准值的乘积，用于承载力极限状态设计。

3. 材料性能的标准值

钢筋混凝土结构的承载力，主要决定因素是钢筋和混凝土的强度。按同一标准生产的钢筋或混凝土各批之间的强度是常有变化的，不可能绝对相同，即使是同一炉钢轧成的钢筋或按同一配合比搅拌而得的混凝土试件，按照同一方法在同一试验机上进行实验，所测得的强度也不完全相同。因此在进行结构设计时，取材料强度实测值总体中具有95%以上保证率的强度值，作为材料的基本代表值，称为材料的标准值。混凝土和常用钢筋的强度标准值按附录附表2.3和附录附表3取用。

另外，在承载能力极限状态设计表达式中，为了充分考虑材料的离散性和施工中不可避免的偏差带来的不利影响，必须将材料强度的标准值除以一个大于1的系数，这个系数称为材料强度的分项系数。它是经过对构件的可靠度分析求得的，材料强度标准值除以分项系数即为材料强度设计值，混凝土和钢筋的强度设计值按附录附表2.3和附录附表3取用。

7.2.4 极限状态设计表达式

在实际结构设计中，为了满足可靠度的要求，采取了以下3条措施：

1）计算荷载效应时，取足够大的荷载值；多种荷载同时作用时考虑荷载的合理组合。

2）计算结构抗力时，取足够低的强度指标。

3）对安全等级不同的建筑结构，采用一个重要性系数进行调整。

采取以上措施后，给定的目标可靠指标便可得到满足，而不必进行繁杂的概率运算。

1. 承载能力极限状态设计表达式

根据前面所述，结构极限状态设计法应满足：$Z=R-S\geqslant 0$，即$S\leqslant R$，考虑结构的重要性系数，得出承载力极限状态设计表达式为

$$r_0 S \leqslant R \tag{7.8}$$

式中：r_0——结构重要性系数，对安全等级为一级或设计工作寿命为100a及以上的结构构件不应小于1.1，对安全等级为二级或设计工作寿命为50a

的结构构件，不应小于 1.0，对安全等级为三级或设计工作寿命为 5a 及以下的结构构件，不应小于 0.9；在抗震设计中，不考虑结构构件的重要性系数；

S——荷载效应组合（内力组合）设计值；

R——结构构件的承载力设计值。

(1) 荷载效应组合设计值 S 计算

荷载效应组合设计值 S 的计算分为基本组合（永久荷载＋可变荷载）与偶然组合（永久荷载＋可变荷载＋偶然荷载）两种情况。

1) 基本组合。对于一般情况：

$$S = \gamma_G C_G G_K + \gamma_{Q1} C_{Q1} Q_{1K} + \sum_{i=2}^{n} \gamma_{Qi} C_{Qi} \psi_i Q_{iK} \tag{7.9}$$

对于一般排架、框架结构，可采用下列简化表达式：

$$S = \gamma_G C_G G_K + \psi \sum_{i=1}^{n} \gamma_{Qi} C_{Qi} Q_{iK} \tag{7.10}$$

式中：γ_G——永久荷载分项系数，一般情况下可采用 1.2，当永久荷载效应对结构有利时，取 1.0；

γ_{Q1}、γ_{Qi}——第 1 个和第 i 个可变荷载的分项系数，一般情况下可采用 1.4，对楼面结构，当活荷载标准值不小于 $4kN/m^2$ 时取 1.3；

G_K——永久荷载标准值；

Q_{1K}——第 1 个可变荷载标准值，该可变荷载标准值的效应 $\gamma_{Q1}C_{Q1}Q_{1K}$大于其他任意第 i 个可变荷载标准值的效应 $\gamma_{Qi}C_{Qi}Q_{iK}$；

Q_{iK}——其他第 i 个可变荷载标准值；

C_G、C_{Q1}、C_{Qi}——永久荷载、第一个可变荷载和其他第 i 个可变荷载的荷载效应系数；

ψ_i——第 i 个可变荷载的组合系数。当风荷载与其他可变荷载组合时，可采用 0.6,，当没有风荷载参与组合时，取 1.0；

ψ——简化表达式(7.10)中采用的荷载组合系数，当风荷载和其他可变荷载组合时取 0.85，当没有风荷载参与组合时取 1.0。

2) 偶然组合。偶然组合是偶然状况下永久荷载、可变荷载、偶然荷载的效应组合。偶然荷载的代表值不乘分项系数，与偶然荷载同时出现的可变荷载可根据观测资料或工程经验采用适当的代表值。

(2) 结构构件的承载力设计值

结构构件的承载力设计值是由规范规定的材料性能和几何参数标准值确定的，其一般表达式为

$$R = (f_C, f_S, a_K, \cdots) \tag{7.11}$$

式中：$R(\cdot)$——结构构件的承载力函数；

f_C、f_S——混凝土、钢筋的强度设计值；

a_K——构件几何参数的设计值。

2. 正常使用极限状态设计表达式

对使用时需要控制裂缝和变形的结构构件，除了进行承载力计算外，还要分别按荷载效应的标准组合、准永久组合或标准组合并考虑长期作用影响，进行正常使用极限状态的裂缝和变形验算。其正常使用极限状态设计表达式为

$$S \leqslant C \tag{7.12}$$

式中：C——结构构件达到正常使用要求的规定限值，如变形、裂缝等。

(1) 挠度验算

受弯构件挠度验算的一般公式为

$$f_{\max} \leqslant [f] \tag{7.13}$$

式中：$f_{\max}$——受弯构件按荷载效应的标准值并考虑长期作用影响计算的最大挠度；

$[f]$——规范规定的允许挠度，按附录附表 9 取用。

(2) 裂缝宽度验算

根据正常使用极限状态对结构构件的要求，将正截面的裂缝控制等级分为 3 级。

一级：严格要求不出现裂缝的构件，按荷载效应标准组合计算时，构件受拉边缘混凝土不应产生拉应力；

二级：一般要求不出现裂缝的构件，按荷载效应标准组合计算时，构件受拉边缘混凝土拉应力不应大于混凝土抗拉强度标准值；按荷载效应准永久值计算时，构件受拉边缘混凝土不宜产生拉应力，当有可靠经验时可适当放松。

三级：允许出现裂缝的构件，按荷载效应标准组合并考虑长期作用影响计算时，构件的最大裂缝宽度 $\omega_{\max}$ 不应超过附录附表 10 规定的最大裂缝宽度限值。

7.3 混凝土结构的耐久性设计

7.3.1 混凝土结构耐久性设计的基本原则

在混凝土结构设计时，为了保证结构的耐久性，使钢筋不发生严重锈蚀，混凝土不严重风化、老化，就必须按结构的使用环境类别和设计工作寿命对耐久性进行具体设计，以满足混凝土结构对耐久性的具体要求。

7.3.2 混凝土耐久性设计的具体规定

现行《混凝土结构设计规范》具体规定了混凝土结构的使用环境类别及各种环境类别在不同工作受命时耐久性的基本要求和规定。详见附录附表11,设计时直接查用。

思 考 题

7.1 何为结构的功能要求、结构上的作用及其效应、结构抗力?

7.2 何为结构的极限状态? 包括哪两类? 二者本质的区别是什么?

7.3 为什么说结构上的作用、作用效应和结构抗力都是随机变量?

7.4 什么是结构的可靠度? 结构的可靠度和可靠性有何关系?

7.5 何为结构的工作状态? 功能函数?

7.6 结构的可靠概率与结构的失效概率有何关系?

7.7 我国结构设计基准期一般为多少? 是否等于结构的使用寿命?

7.8 何为结构的可靠指标? 与结构的失效概率有何关系?

7.9 荷载按时间的变异分为几类? 各有哪些代表值?

7.10 钢筋和混凝土的标准值如何确定?

7.11 强度(荷载)的设计值与强度(荷载)标准值有何关系?

7.12 写出承载能力极限状态设计表达式,并解释各符号的意义。

7.13 结构耐久性设计的基本原则和具体规定是什么?

第八章　钢筋混凝土受弯构件

钢筋混凝土受弯构件是工程上最常用的构件，是混凝土结构设计的重点之一。本章主要介绍钢筋混凝土受弯构件的基本知识，包括梁、板的构造要求，正、斜截面的承载力计算。

8.1　受弯构件的基本概念及构造要求

8.1.1　概述

在荷载作用下，截面上产生弯矩和剪力的构件称为受弯构件。受弯构件截面中和轴上面受压，下面受拉，当受力钢筋仅配置在受拉区时，称为单筋受弯构件；当受拉区和受压区都配有受力钢筋时，称为双筋受弯构件。

梁、板是典型的受弯构件，梁的截面形式常见的有矩形、T 形、I 字形和倒 L 形等；板的截面形式常用的有矩形、槽形和空心形等，如图 8.1 所示。

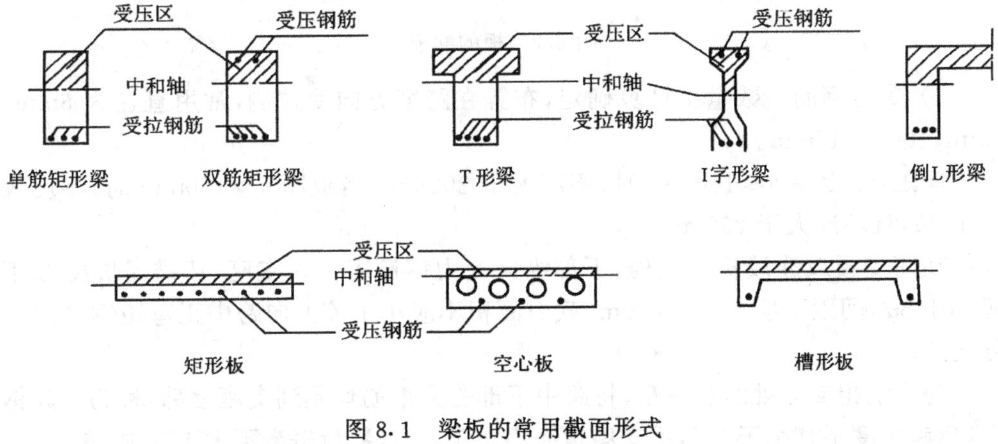

图 8.1　梁板的常用截面形式

受弯构件的破坏有两种可能，一是因弯矩的作用，构件可能沿某个正截面（和构件纵轴线垂直的截面）破坏，因此需要进行正截面受弯承载力计算；二是因剪力和弯矩的共同作用，构件可能沿剪弯区段的某个斜截面（和构件纵轴线不垂直的截面）破坏，因此，需要进行斜截面承载力计算，通过以上计算来确定构件的截面尺寸和配筋数量，但还必须满足必要的构造要求。

8.1.2 构造要求

结构构件的构造要求，是根据长期生产实践经验和科学试验结果总结出来的，它主要考虑那些不需要或不可能通过计算来确定的问题。构造措施是否合理，对工程质量影响很大，对此决不能忽视。

1. 板的一般构造要求

(1) 板的厚度

板厚：现浇板的厚度以 10mm 作为模数，预制板以 5mm 作为模数，并且满足：单跨简支板最小厚度$\nless l_0/35$(l_0 为板的计算跨度)；多跨连续板最小厚度$\nless l_0/40$；悬臂板$\nless l_0/12$，且 $l_0 \nless 60$mm。一般屋面板不小于 50mm，楼面板不小于 60mm，常用的板厚为 60mm、70mm、80mm。

(2) 板的钢筋布置

单向板的配筋如图 8.2 所示，它包括两种钢筋：受力钢筋和分布钢筋。

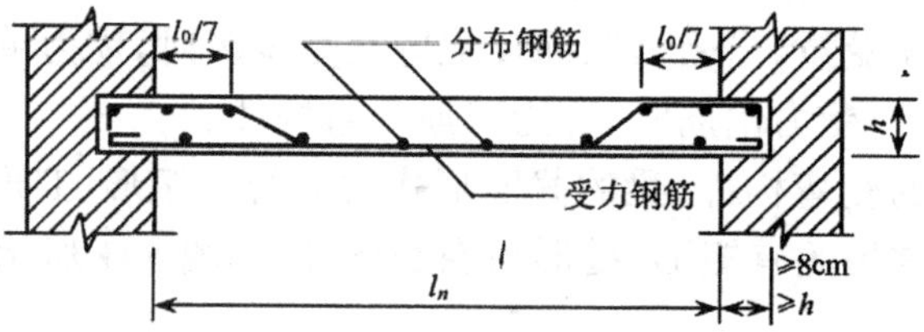

图 8.2 板的配筋

1) 受力钢筋。数量由计算确定，布置在跨度方向受拉侧，常用直径为 6mm、8mm、10mm、12mm。

间距：当板厚 $h \leqslant 150$mm 时，不应大于 200mm；当板厚 $h > 150$mm 时，不应大于 $1.5h$，且不应大于 250mm。

在简支板或连续板支座处，下部纵向受力钢筋应伸入支座，其锚固长度 l_{as} 不应小于 $5d$，间距不应大于 400mm，截面面积不应小于该方向跨中正弯矩钢筋的三分之一。

为了承担支座处的负弯矩，将跨中下部受力钢筋弯起到支座上部，称为弯起钢筋，弯起角度不宜小于 30°，距支座边缘不小于 $l_0/7$，数量每米不少于 5 根 $\phi 6$。

2) 分布钢筋。在垂直于板的受力钢筋方向上布置的构造钢筋，其作用是将板面上的荷载更均匀地传给受力钢筋，同时在施工中可以固定受力钢筋的位置，承担由于混凝土的收缩和外界温度变化在结构中所引起的附加应力。单位长度上分布钢筋的截面面积不应小于单位宽度上的受力钢筋截面面积的 15%，且不应小于该方向板截面面积的 0.15%，分布钢筋的间距不宜大于 250mm，直径不宜小于 6mm。对于集中荷载较大的情况，分布钢筋的截面面积应适当增加，其间距不宜大于 200mm。

2. 梁的一般构造要求

(1) 截面尺寸

梁高一般按高跨比(h/l)估算，其最小高度控制为：次梁取 $l/20$，主梁取 $l/12$，连续次梁取 $l/25$，连续主梁取 $l/15$。梁宽 b 可按截面高宽比(h/b)确定，矩形截面梁为 2.0～3.0，T 形截面梁为 2.5～3.5。为了统一模板尺寸，便于施工，梁的截面尺寸应统一规格：

梁高 $h=250$mm，300mm，…，800mm，…，800mm 以下以 50 为模数，800mm 以上以 100mm 为模数；

梁宽 $b=120$mm，150mm，180mm，200mm，250mm，300mm，250mm 以上以 50mm 为模数。

(2) 梁的钢筋布置

梁的配筋如图 8.3 所示，梁中一般配有以下几种钢筋：

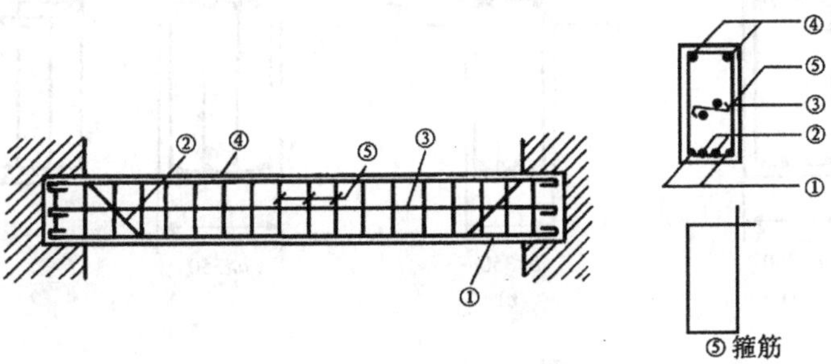

图 8.3　梁的钢筋布置

1) 纵向受力钢筋。配置在受拉区和受压区，用来承受受拉区的拉应力和协助混凝土共同承受受压区的压应力，如①、②、④号钢筋，常用直径为 10～28 mm，根数不少于 2 根。当采用两种直径的钢筋时，两种钢筋的直径差≥2 mm，且交错排放。为了便于施工，保证钢筋与混凝土牢固地黏结在一起及钢筋周围混凝土的密实性，纵向受力筋的净距应满足图 8.4 的要求。在满足净距要求的前提下，尽量排一排，否则排二排。伸入梁的支座范围内的纵向受力筋如①号筋，当梁宽≥100mm 时，不少于 2 根，当梁宽＜100 mm 时，可为 1 根，其锚固长度按有关规范确定。弯起钢筋是将跨中纵向受力钢筋弯起而成，如②号筋，其作用是利用弯起段承担斜截面的剪力和支座负弯矩。钢筋的弯起和截断，也应满足有关规定。

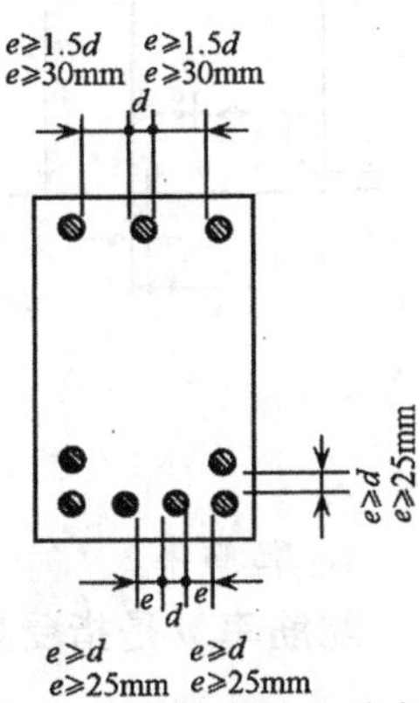

图 8.4　梁内纵向受力钢筋的净距

d 为钢筋直径；

e 为钢筋净距

2) 架立钢筋。为了形成钢筋骨架，固定箍筋位置，在梁的受压区箍筋转角没有纵向受力筋的地方都应沿梁长度方向设置架立钢筋，如④号筋。当梁的跨度小于 4m 时，架立钢筋直径不宜小于 6mm；当梁的跨度为 4～6m 时，架立钢筋直径不宜小于 8mm；当梁的跨度大于 6m 时，架立钢筋直径不宜小于 10mm。

3)梁侧构造筋及拉结筋。当梁高大于 700 mm 时，为了加强钢筋骨架的刚度，承受构件中部由于混凝土收缩及温度变化所引起的拉应力，在梁的两侧沿高度每隔 300～400 mm 设置一根直径不小于 10mm 的纵向构造钢筋，如③号筋，并用 S 形拉结筋固定。拉结筋的直径一般与箍筋相同，间距为 500～700 mm，常取箍筋间距的整数倍。

4) 箍筋。箍筋的作用是固定受力筋和构造筋形成钢筋骨架，传递剪力，抑制斜裂缝的开展。箍筋一般采用 I 级钢筋，常用封闭形式，依梁宽及受力筋的数量而做成单肢、双肢、四肢等，如图 8.5 所示。梁中箍筋的间距按表 8.4 取用，直径按计算或构造要求确定。

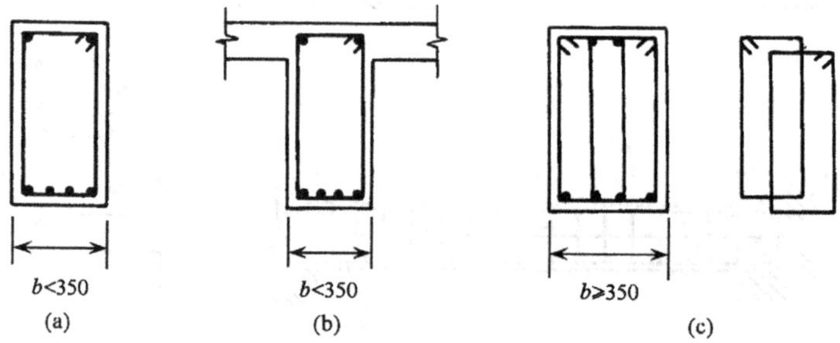

图 8.5　常用箍筋形式

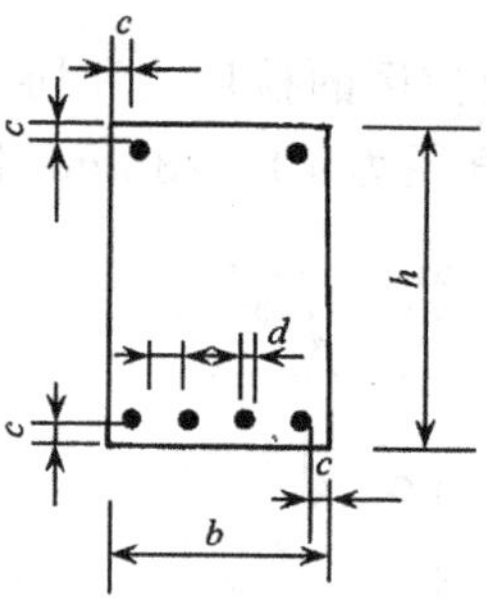

图 8.6

3. 混凝土保护层

受力筋的外缘到混凝土外表面的厚度称为混凝土的保护层，用 c 表示，如图 8.6 所示。混凝土保护层的作用就是为了保护钢筋，防火、防锈，保证钢筋与混凝土之间有良好的黏结和握裹，以满足构件耐久性的要求。混凝土保护层的最小厚度应符合附录附表 12 的具体规定。在对结构进行装修的过程中，绝对不能破坏构件的混凝土保护层，以免破坏钢筋和混凝土之间的黏结，影响二者的共同作用，引起钢筋严重锈蚀，降低构件承载力，最后导致构件的耐久性降低，影响正常使用。

4. 配筋率

配筋率 ρ 是指受拉钢筋面积 A_s 与梁有效面积 bh_0 之比(图 8.7)，即

$$\rho = \frac{A_s}{bh_0} \times 100\% \tag{8.1}$$

式中：A_s——受拉钢筋截面面积；

b——梁截面宽度；

h_0——梁截面有效高度，

$$h_0 = h - a_s$$

其中：h 为梁截面高度；a_s 为纵向受拉钢筋合力作用点至截面受拉边缘的距离，梁：一排钢筋时 $a_s=35\text{mm}$，二排钢筋时 $a_s=60\text{mm}$；板：$a_s=20\text{mm}$。

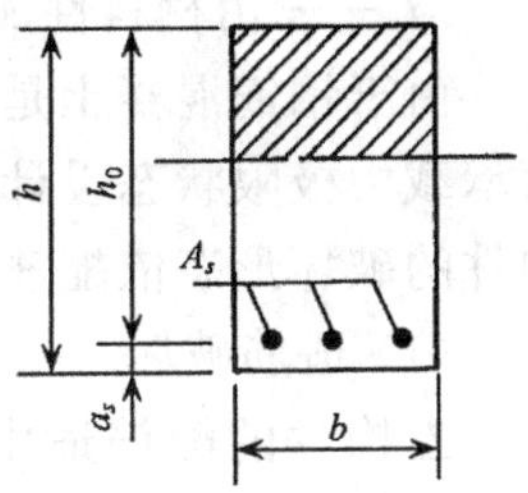

图 8.7

配筋率是反映配筋数量的一个参数，它的大小直接影响构件的受力、破坏特征和经济效果，通过计算，使构件的配筋率 ρ 满足

$$\rho_{\min} \leqslant \rho \leqslant \rho_{\max} \tag{8.2}$$

式中：$\rho_{\min}$——受弯构件纵向受力钢筋最小配筋率，按表 8.1 取用；

$\rho_{\max}$——受弯构件纵向受力钢筋最大配筋率，按式(8.7)计算。

表 8.1　混凝土构件中纵向受力钢筋的最小配筋百分率 $\rho_{\min}$

受力类型		最小配筋百分率 $\rho_{\min}$/%
轴心受压构件 偏心受压构件	全部纵向钢筋	0.6
	一侧纵向钢筋	0.2
受弯构件、偏心受拉、轴心受拉构件一侧受拉钢筋		0.2 和 $45f_t/f_y$ 中较大者

注：1. 轴心受压构件、偏心受压构件全部纵向钢筋的配筋率及各类构件一侧受压钢筋的配筋率应按构件的全截面面积计算；轴心受拉构件及小偏心受拉构件一侧受拉钢筋的配筋率应按构件的全截面面积计算；受弯的梁类构件、大偏心受拉构件一侧受拉钢筋的配筋率应按全截面面积扣除受压边缘面积 $(b_f'-b)h_f'$ 后的截面面积计算。当钢筋沿构件截面周边布置时，"一侧的受压钢筋"或"一侧的受拉钢筋"系指沿受力方向两个对边中的一边布置的纵向钢筋。

2. 当温度、收缩等因素对结构有较大影响时，构件的最小配筋率应较上述规定适当增加。

在构件截面尺寸适宜的情况下，应尽可能把构件配筋率控制在经济配筋率范围内。

板：　　0.4%～0.8%；

矩形截面梁：　　0.6%～1.5%；

T 形截面梁：　　0.9%～1.8%。

8.2　钢筋混凝土受弯构件正截面承载力计算

钢筋混凝土受弯构件正截面承载力计算主要包括单筋矩形截面、双筋矩形截面和单筋 T 形截面的承载力计算。根据第七章已给出的结构构件承载能力极限状态设计表达式(7.8)，得出受弯构件正截面承载力极限状态设计表达式：

$$\gamma_0 M \leqslant M_u \tag{8.3}$$

式中：γ_0——结构重要系数；

M——外荷载在受弯构件正截面上产生的荷载作用效应(弯矩设计值)；

M_u——由材料性能决定的受弯承载力。

由于钢筋混凝土是由两种材料组成的，是一种弹塑性材料，根据受弯构件正截面承载力极限状态设计表达式，具体计算公式是依据试验建立的。根据试验结果，构件的破坏形态依配筋率的不同而有 3 种形态。

(1) 适筋破坏

当构件的配筋适中时，即 $\rho_{min} \leqslant \rho \leqslant \rho_{max}$，整个构件的破坏过程可分为 3 个阶段，如图 8.8 所示。

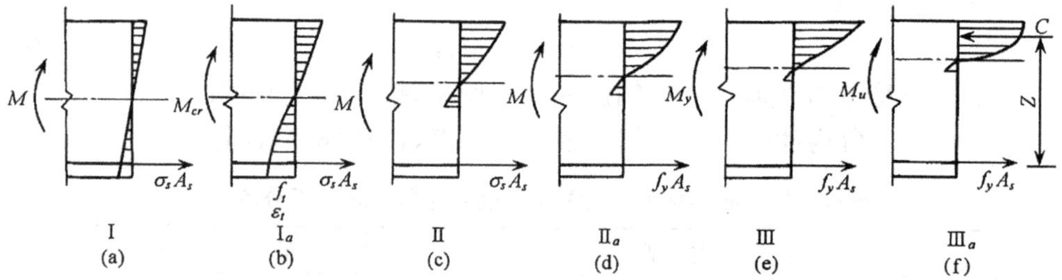

图 8.8 适筋梁的 3 个工作阶段

1) 未裂阶段——第Ⅰ阶段。指从开始加载到裂缝出现前这一阶段。当外荷载极小时，在截面上产生的应力也极小，并接近直线分布，应力应变成正比，构件处于弹性工作阶段，称为第Ⅰ阶段，如图 8.8(a)。随着荷载的增加，受拉区混凝土出现塑性变形，当荷载增大到这个阶段的末尾时，受拉边缘的混凝土大部分达到极限抗拉强度 f_t，其应变基本达到极限抗拉应变 ε_t，若荷载再稍增加，受拉区混凝土就将开裂，截面处在开裂前的临界状态，如图 8.8(b)所示，这种特定的受力状态称为Ⅰ$_a$状态，是计算开裂弯矩 M_{cr} 的依据。

2) 裂缝阶段——第Ⅱ阶段。指从截面开裂到受拉区纵向钢筋达到屈服这一阶段。截面开裂后，混凝土退出工作，拉应力全部由钢筋承担，钢筋的应力会突然增大，受压区混凝土出现明显的塑性变形，如图 8.8(c)所示，称为第Ⅱ阶段。当荷载继续增加，裂缝进一步开展，钢筋和混凝土的应力不断增大，当荷载增加到某一值时，受拉区钢筋开始屈服，应力达到屈服强度 f_y，如图 8.8(d)所示。这种特定受力状态称为Ⅱ$_a$状态，是构件的变形及裂缝宽度极限状态计算的依据。

3) 破坏阶段——第Ⅲ阶段。指从受拉钢筋应力超过屈服强度到构件受弯破坏。受拉区纵向钢筋屈服后，在应力基本保持不变的情况下，产生明显的塑性变形，从而使裂缝急剧开展，中和轴进一步上移，受压区高度迅速减小，压应力不断增大，称为第Ⅲ阶段，如图 8.8(e)所示。当混凝土边缘纤维受压应变达到极限应变时，受压区混凝土发生纵向水平裂缝而被压碎，梁达到破坏时的极限弯矩 M_u 而随之破坏，这种特定的受力状态称为Ⅲ$_a$状态，如图 8.8(f)所示，是按承载能力极限状态法计算受弯构件正截面承载力的依据。通过上面的分析可以看出，受拉区混凝土开裂和受拉钢筋屈服是划分 3 个受力阶段的界限。Ⅰ$_a$、Ⅱ$_a$、Ⅲ$_a$状态分别是抗裂验算、变形及裂缝宽度验算及正截面极限承载力计算的理论依据。适筋梁的破坏特征为受拉区混凝土先开裂，然后受拉钢筋达到屈服强度 f_y，在应力变化不大的情况下，发生较大的塑性变形，直到受压区混凝土被压碎，这种破坏材料能被充分利用，破坏前有明显的征兆，属于延性破坏，如图8.9(a)所示。

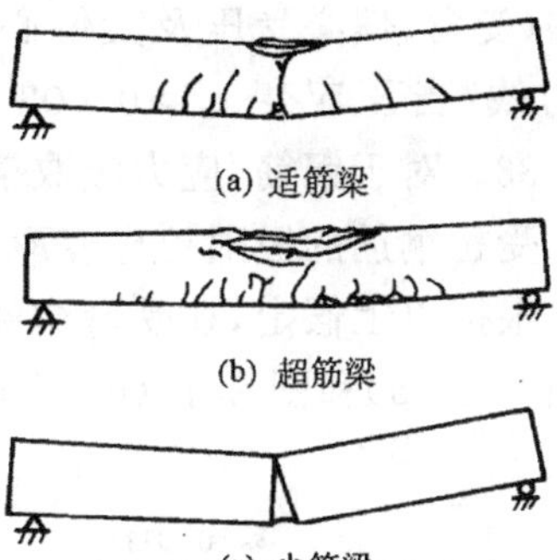

图 8.9　梁的破坏形态示意图

(2) 超筋破坏

当构件的配筋率 $\rho>\rho_{max}$ 时，受拉能力过强，钢筋应力还没达到屈服强度 f_y，受压区混凝土就被压碎而构件随之破坏，这种破坏钢筋不能被充分利用，破坏前没有明显变化，属脆性破坏，如图 8.9(b)所示。

(3) 少筋破坏

当构件的配筋率 $\rho<\rho_{min}$ 时，拉应力主要由混凝土承担，一旦混凝土开裂，钢筋的应力迅速增大超过屈服强度 f_y，裂缝迅速上升，使构件呈折断型破坏。破坏时受压区高度很小，混凝土的抗压能力不能被充分利用，破坏前没有明显的征兆，属于脆性破坏，如图 8.9(c)所示。

在根据 $Ⅲ_a$ 状态建立钢筋混凝土受弯构件的承载能力极限状态的计算公式时，为了推导公式的方便，在大量试验的基础上，采取了以下 3 个基本假定：

1) 平面假定。构件弯曲变形后，截面上任一点的应变与该点到中和轴的距离成正比，并且钢筋应变与外围混凝土的应变相同。

2) 不考虑混凝土的抗拉强度。因混凝土的抗拉强度很低，在拉应力不大的情况下就开裂退出工作，虽然中和轴以下还有未开裂的小部分混凝土，但作用很小，为了安全和计算简化，忽略混凝土的抗拉强度，全部拉力由钢筋承担。

3) 采用理想化的混凝土应力-应变曲线和钢筋应力-应变曲线作为计算依据，如图 8.10 所示。对于混凝土轴心受压时，应力应变关系曲线为抛物线，极限压应变取 0.002，相应的最大压应力取为混凝土轴心抗压强度设计值 f_c；对于非均匀受压

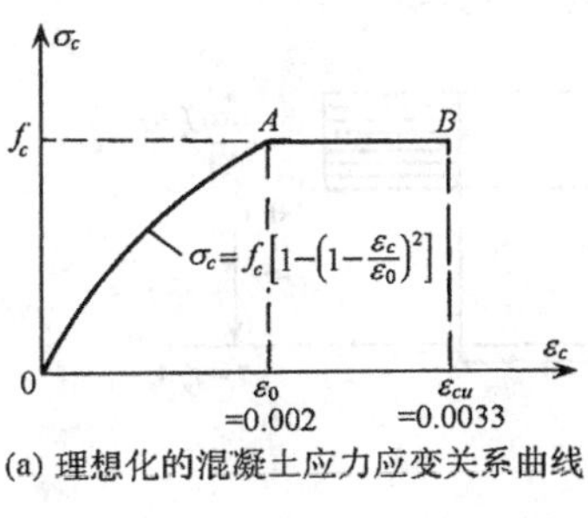

(a) 理想化的混凝土应力应变关系曲线

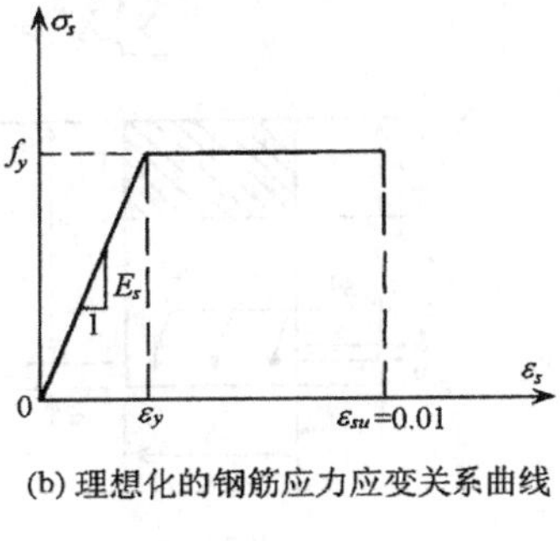

(b) 理想化的钢筋应力应变关系曲线

图 8.10

构件(受弯、偏心受压及大偏心受拉等),当压应变 $\varepsilon_c \leqslant 0.002$ 时,应力应变关系为抛物线;当压应变 $\varepsilon_c > 0.002$ 时,应力应变关系呈水平线,其极限压应变 ε_{cu} 取 0.0033。对于钢筋,应力应取钢筋应变与其弹性模量的乘积,但不大于其强度设计值。受拉钢筋的极限拉应变取 0.01。

根据以上假定,在受弯构件承载能力极限状态下,截面的应变和应力可简化成如图 8.11(a)和图 8.11(b)所示。

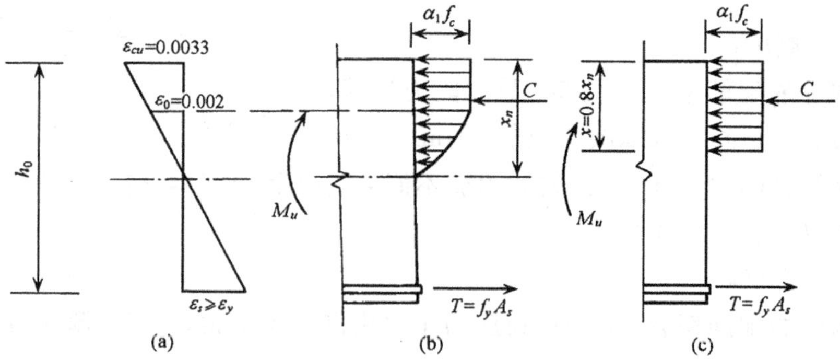

图 8.11　受压区应力图形的简化

因图 8.11(b)的曲线应力图形的曲线函数为已知,故可用积分法求得受压区合力 C 的大小和作用点位置,但计算过于复杂。为了简化计算,便于设计应用,再对压区混凝土曲线应力分布图形进行简化,用一等效矩形应力分布图形代替原曲线应力分布图形。所谓"等效"是指两个图形压应力合力的大小、方向和作用点位置完全相同,如图 8.11(c)所示。根据最终简化的应力图形,利用平衡条件可推出受弯构件极限承载力状态下的计算公式。

8.2.1　单筋矩形截面受弯构件正截面承载力计算

1. 基本公式

根据最终简化的受压区等效矩形应力图形,单筋矩形截面梁承载力计算简图如图 8.12 所示,根据平衡条件有:

$$\sum X = 0 \quad \alpha_1 f_c bx = f_y A_s \tag{8.4}$$

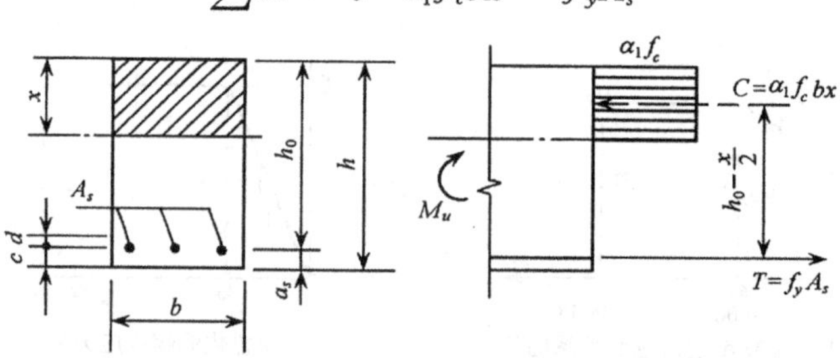

图 8.12　单筋矩形梁正截面强度计算图式

$$\sum M = 0 \quad \gamma_0 M \leqslant M_u = \alpha_1 f_c bx\left(h_0 - \frac{x}{2}\right) \tag{8.5}$$

或

$$\gamma_0 M \leqslant M_u = f_y A_s\left(h_0 - \frac{x}{2}\right) \tag{8.6}$$

式中：γ_0——结构的重要系数，一般工业与民用建筑都为Ⅱ级，$\gamma_0=1.0$；

M——弯矩设计值；

M_u——由材料性能决定的受弯承载力，即破坏弯矩设计值；

α_1——受压区混凝土矩形应力图的应力与混凝土抗压强度设计值 f_c 的比值，当混凝土强度等级不超过C50时，$\alpha_1=1.0$，当混凝土强度等级取为C80时，$\alpha_1=0.94$，其间按线性内插法取用；

f_c——混凝土轴心抗压强度设计值，按附录附表3取用；

f_y——钢筋抗拉强度设计值，按附录附表2.3取用；

b——梁截面宽度；

h_0——梁截面有效高度；

x——混凝土受压区高度；

A_s——受拉钢筋截面面积。

2. 适用条件

基本公式是根据适筋梁Ⅲ$_a$阶段导出的，故该公式只适用于适筋破坏，而不适用于少筋和超筋破坏。

(1) 防止少筋破坏的条件

要使构件不发生少筋破坏，其配筋率 ρ 不得小于最小配筋率 $\rho_{\min}$，即 $\rho \geqslant \rho_{\min}$，$\rho_{\min}$值按表8.1取用，若不能满足，在满足构造要求的前提下，减小截面尺寸。

(2) 防止超筋破坏的条件

要使构件不发生超筋破坏，其配筋率 ρ 不得大于最大配筋率 $\rho_{\max}$，即 $\rho \leqslant \rho_{\max}$。

由基本公式　$\alpha_1 f_c bx = f_y A_s$　得

$$\frac{\alpha_1 f_c}{f_y} = \frac{A_s}{bx}$$

$$\rho = \frac{A_s}{bh_0} = \frac{x}{h_0} \times \frac{A_s}{bx} = \frac{x}{h_0} \times \frac{\alpha_1 f_c}{f_y} = \xi \frac{\alpha_1 f_c}{f_y}$$

上式表明，当材料强度一定时，配筋率 ρ 与相对受压区高度 ξ 成正比，随着 ξ 的增大，配筋率 ρ 逐渐增大，当 ξ 增大到某一值 ξ_b 时，配筋率 ρ 取 $\rho_{\max}$，即超筋：

$$\rho_{\max} = \xi_b \frac{\alpha_1 f_c}{f_y} \tag{8.7}$$

ξ_b 称为相对界限受压区高度，它是指截面内钢筋屈服（$\varepsilon_s=\varepsilon_y=f_y/E_s$）与混凝土压区边缘达极限压应变（$\varepsilon_c=\varepsilon_{cu}$）同时发生时，界限受压区高度 x_b 与截面有效高度 h_0 的比值，即

$$\xi_b = \frac{x_b}{h_0} \tag{8.8a}$$

如图 8.13 所示。

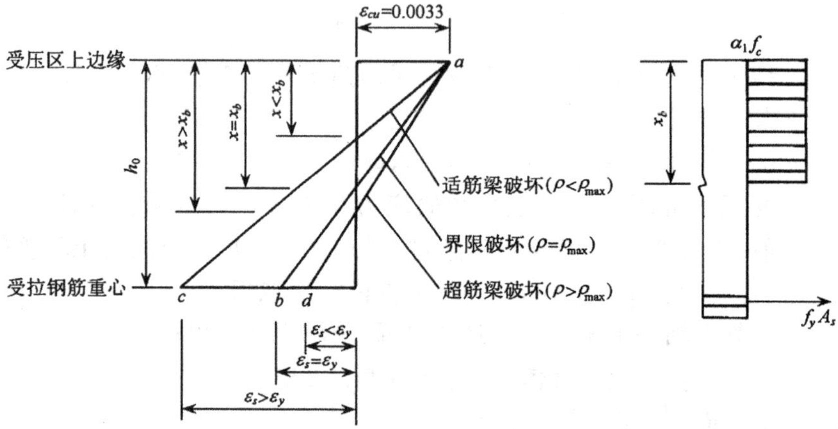

图 8.13　适筋梁破坏、超筋梁破坏和界限破坏时的截面平均应变图

《混凝土结构设计规范》规定 ξ_b 的计算公式为

有屈服点钢筋
$$\xi_b = \frac{\beta_1}{1 + \frac{f_s}{E_s \varepsilon_{cu}}} \tag{8.8b}$$

无屈服点钢筋
$$\xi_b = \frac{\beta_1}{1 + \frac{0.002}{\varepsilon_{cu}} + \frac{f_s}{E_s \varepsilon_{cu}}} \tag{8.8c}$$

式中：ξ_b——相对界限受压区高度；

h_0——截面有效高度；

x_b——界限受压区高度；

β_1——混凝土局部受压时强度提高系数，当混凝土强度等级不超过 C50 时，$\beta_1=0.8$，当混凝土强度等级为 C80 时，$\beta_1=0.74$，其间按线性内插法取用；

f_s——纵向钢筋抗拉强度设计值，对普通钢筋取 f_y；

E_s——钢筋的弹性模量按附录附表 2.2 取用；

ε_{cu}——非均匀受压时混凝土的极限压应变，取 $\varepsilon_{cu}=0.0033$，混凝土强度等级不超过 C50 时，相对界限受压区高度 ξ_b 按表 8.2 查用。

表 8.2　相对界限受压区高度 ξ_b

钢筋级别	f_y/(N/mm²)	ξ_b
Ⅰ级	210	0.614
Ⅱ级	300	0.550
Ⅲ级	360	0.518

综上所述，防止超筋破坏的条件：

$$\xi = \frac{x}{h_0} \leqslant \xi_b = \frac{x_b}{h_0}$$

或

$$x \leqslant x_b = \xi_b h_0 \tag{8.9}$$

或

$$\rho \leqslant \rho_{\max}$$

若以上条件不能满足，可加大截面尺寸、提高混凝土强度等级、采用双筋截面等。

3. *基本公式的应用*

利用基本式(8.4)和式(8.5)进行设计计算时，需解二元二次联立方程组，比较麻烦，为了计算方便，将基本公式改写如下：

$$M \leqslant M_U = \alpha_1 f_c bx\left(h_0 - \frac{x}{2}\right) = \alpha_1 f_c bh_0^2 \frac{x}{h_0}\left(1 - 0.5\frac{x}{h_0}\right)$$

$$= \alpha_1 f_c bh_0^2 \xi(1 - 0.5\xi) = \alpha_s \alpha_1 f_c bh_0^2$$

$$\alpha_s \geqslant \frac{M}{\alpha_1 f_c bh_0^2} \tag{8.10}$$

α_s 称为截面抵抗矩系数，由 $\alpha_s=\xi(1-0.5\xi)$得

$$\xi = 1 - \sqrt{1 - 2\alpha_s} \tag{8.11}$$

把式(8.11)代入式(8.4)，即可求得钢筋截面面积：

$$A_s = \frac{\alpha_1 f_c b\xi h_0}{f_y} \tag{8.12}$$

利用式(8.10)～(8.12)进行设计计算，比较方便。

(1) 截面设计

已知构件承受的荷载(弯矩设计值)，确定截面尺寸和配筋，下面介绍基本思路。

1) 选择材料。根据构件的使用要求、受力特点等合理选择材料。常用的钢筋为Ⅰ级、Ⅱ级和Ⅲ级，箍筋一般选用Ⅰ级钢筋，受力纵筋选用Ⅱ级钢较为经济合理，混凝土等级不能低于C15。

2) 做出构件的计算简图，确定计算长度。计算简图应表示出支座和构件的受力情况，简支板和梁的计算跨度 l_0，按下式取较小者(如图 8.14 所示)：

简支实心板　　　　$l_0 = l_n + a$

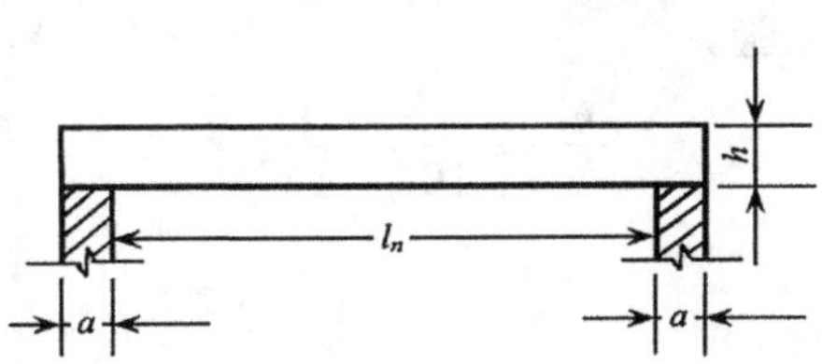

图 8.14　简支板(梁)

$$l_0 = l_n + h$$

$$l_0 = 1.1 l_n$$

简支梁和空心板 $l_0 = l_n + a$

$$l_0 = 1.05 l_n$$

3）统计荷载，计算内力。

4）按基本公式(8.10)～(8.12)进行配筋计算。

5）根据计算结果，结合构造要求，选配钢筋，并画出配筋图。

【例 8.1】 一钢筋混凝土梁，两端搁置于砖墙上，如图 8.15 所示，承受均布标准荷载值 18kN/m，试计算梁的截面尺寸及配筋。

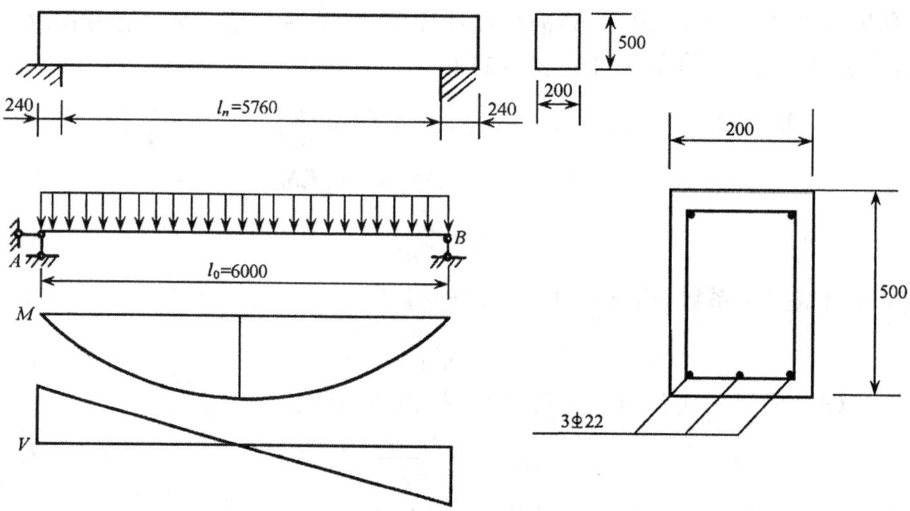

图 8.15

【解】 (1)选择材料

钢筋选 Ⅱ 级，f_y=300N/mm²，混凝土为 C20，f_c=9.6N/mm²

(2) 选定截面尺寸

计算跨度： $l_0 = l_n + a = 5760 + 240 = 6000(\text{mm})$

$$l_0 = 1.05 l_n = 5760 \times 1.05 = 6048(\text{mm})$$

取 l_0=6000mm

根据高跨比及工程经验，

$$\frac{h}{l_0} = \frac{1}{10} \sim \frac{1}{15},$$

取$\frac{h}{l_0}=\frac{1}{12}$，则

$$h = \frac{1}{12} \times 6000 = 500(\text{mm})$$

$$\frac{h}{b}=2\sim3,$$

取$\frac{h}{b}=2.5$,则

$$b=\frac{500}{2.5}=200(\text{mm})$$

取 $b\times h=200\times500\text{mm}^2$

(3)荷载及内力计算

钢筋混凝土的标准密度为 25kg/m^3,可变荷载分项系数为 $\gamma_Q=1.4$,永久荷载分项系数为 $\gamma_G=1.2$,均布荷载设计值为

$$q=1.4\times18+1.2\times0.2\times0.5\times25=25.2+3.0=28.2(\text{kg}\cdot\text{m})$$

跨中最大弯矩设计值:

$$M=\frac{1}{8}ql^2=\frac{1}{8}\times28.2\times6.0^2=126.9(\text{kg}\cdot\text{m})$$
$$=126.9\times10^6(\text{N}\cdot\text{mm})$$

(4) 配筋计算

截面有效高度　　$h_0=h-a_s=500-35=465(\text{mm})$

由式(8.10)得

$$\alpha_s=\frac{M}{\alpha_1f_cbh_0^2}=\frac{126.9\times10^6}{1.0\times9.6\times200\times465^2}=0.306$$

由式(8.11)得

$$\xi=1-\sqrt{1-2\alpha_s}=1-\sqrt{1-2\times0.306}=0.377$$
$$<\xi_b=0.550,\text{满足适用条件。}$$

由式(8.12)得

$$A_s=\frac{\alpha_1f_cb\xi h_0}{f_y}=\frac{1.0\times9.6\times200\times0.377\times465}{300}$$
$$=1122(\text{mm}^2)$$

由式(8.1)得

$$\rho=\frac{A_s}{bh_0}=\frac{1122}{200\times465}=1.21\%>\rho_{\min}=0.2\%$$

(5) 根据计算结果和构造要求选配钢筋,画出配筋图

查附录附表 13.1,选用 3⌀22($A_s=1140\text{mm}^2$),配筋图如图 8.15 所示。

(2) 截面复核

已知截面尺寸及配筋,确定其承载能力,其计算思路为:

1) 计算混凝土受压区高度 x 由式(8.4)得

$$x=\frac{f_yA_s}{\alpha_1f_cb}$$

2) 计算受弯承载力 M_u

$x \leqslant x_b = \xi_b h_0$ 时，

$$M_u = \alpha_1 f_c bx\left(h_0 - \frac{x}{2}\right) = f_y A_s\left(h_0 - \frac{x}{2}\right)$$

$x > x_b$ 时，

$$M_u = \alpha_1 f_c bx_b\left(h_0 - \frac{x_b}{2}\right) \neq f_y A_s\left(h_0 - \frac{x_b}{2}\right)$$

$\rho = \dfrac{A_s}{bh_0} < \rho_{\min}$ 时，

$$M_u = f_y A_s\left(h_0 - \frac{x}{2}\right) \neq \alpha_1 f_c bx\left(h_0 - \frac{x}{2}\right)$$

【例 8.2】 已知混凝土矩形截面尺寸 $b \times h = 250\text{mm} \times 500\text{mm}$，采用 C20 混凝土，受压区配筋为 3 ϕ18（$A_s = 763\text{mm}^2$），求梁能承受的设计弯矩。

【解】 已知条件 $f_c = 9.6\text{N/mm}^2$，$f_y = 300\text{N/mm}^2$

$$h_0 = 500 - \left(25 + \frac{18}{2}\right) = 466(\text{mm})$$

（1）验算适用条件 由式(8.4)得

$$x = \frac{f_y A_s}{\alpha_1 f_c b} = \frac{300 \times 763}{1.0 \times 9.6 \times 250} = 95.375(\text{mm})$$

$$< \xi_b h_0 = 0.55 \times 466 = 256.3(\text{mm}) \text{ 不超筋。}$$

$$\rho = \frac{A_s}{bh_0} = \frac{763}{250 \times 466} = 0.66\% > \rho_{\min} = 0.2\% \quad \text{不少筋。}$$

（2）求设计弯矩 M_u 由式(8.5)得

$$\begin{aligned} M_u &= \alpha_1 f_c bx\left(h_0 - \frac{x}{2}\right) \\ &= 1.0 \times 9.6 \times 250 \times 95.375 \times \left(466 - \frac{95.375}{2}\right) \\ &= 95.75 \times 10^6(\text{N} \cdot \text{mm}) = 95.75(\text{kN} \cdot \text{m}) \end{aligned}$$

或由式(8.6)得

$$\begin{aligned} M_u &= f_y A_s\left(h_0 - \frac{x}{2}\right) = 300 \times 763 \times \left(466 - \frac{95.375}{2}\right) \\ &= 95.75 \times 10^6(\text{N} \cdot \text{mm}) = 95.75(\text{kN.m}) \end{aligned}$$

8.2.2 双筋矩形截面受弯构件正截面承载力计算

在受压区配置钢筋，协助混凝土承担压力，虽然可以提高截面的承载能力，但并不经济，一般不宜采用。但在以下特殊情况下可考虑采用双筋截面。

1）构件承担的弯矩过大，截面尺寸及混凝土等级又都受到限制不能提高，按单筋截面计算会引起超筋。

2）在不同荷载组合下，梁截面承受异号弯矩。

3）构件截面的受压区预先已配置了一定数量的受压钢筋（如连续梁的支座截面承受负弯矩，但跨中承受正弯矩的钢筋必须有一部分伸入支座）。

1. 基本公式

双筋正截面承载力计算公式的建立，除满足单筋正截面基本假定外，还要满足 $x \geqslant 2a'_s$，以保证适筋构件破坏时，受压钢筋达到抗压强度设计值 f'_y。为防止受压钢筋在达到 f'_y 之前被压曲而失效，须在构件内布置间距 s 不大于 $15d$ 或 400mm 的封闭箍筋。

根据双筋矩形截面梁承载力计算简图 8.16(a)，由平衡条件得

$$\sum X = 0 \quad \alpha_1 f_c bx + f'_y A'_s = f_y A_s \tag{8.13}$$

$$\sum M = 0 \quad M \leqslant M_u = \alpha_1 f_c bx\left(h_0 - \frac{x}{2}\right) + f'_y A'_s (h_0 - a'_s) \tag{8.14}$$

式中：f'_y——钢筋抗压强度设计值，按附录附表 2.3 查用；

A'_s——受压钢筋的截面面积；

a'_s——受压钢筋合力作用点到截面受压边缘的距离。

为了能利用单筋正截面承载力计算中截面抵抗矩系数 α_s 进行双筋正截面承载力计算，在实际计算中，通常将双筋截面的抵抗弯矩 M_u 分成 M_{u1} 和 M_{u2} 两个部分，$M_u = M_{u1} + M_{u2}$，其中：

1）M_{u1} 是由受压区混凝土的合力 $\alpha_1 f_c bx$ 和与其相应的那部分受拉钢筋 A_{s1} 的合力 $f_y A_{s1}$ 所形成的抵抗弯矩，相当于单筋截面，如图 8.16(b)所示。

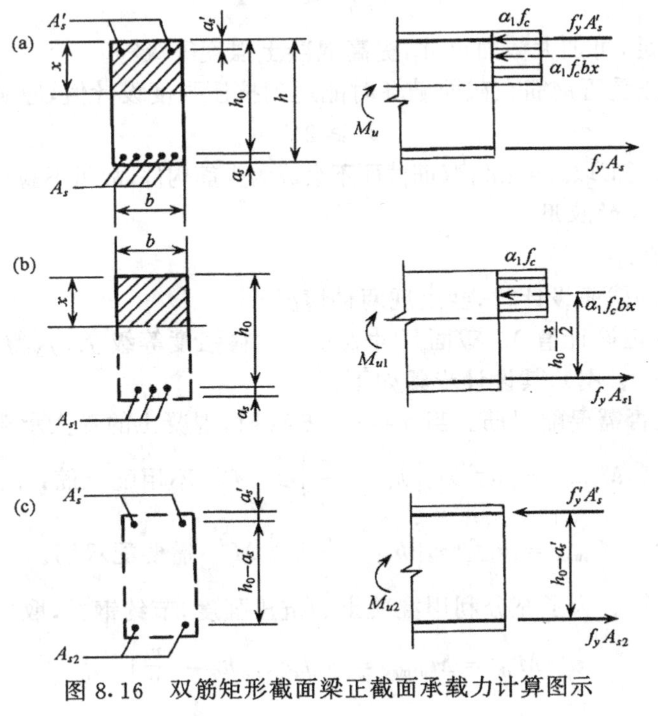

图 8.16　双筋矩形截面梁正截面承载力计算图示

根据平衡条件：

$$\sum X=0 \quad \alpha_1 f_c bx = f_y A_{s1} \tag{8.15}$$

$$\sum M=0 \quad M_{u1}=\alpha_1 f_c bx\left(h_0-\frac{x}{2}\right)=f_y A_{s1}\left(h_0-\frac{x}{2}\right) \tag{8.16}$$

2) M_{u2}是由全部受压钢筋 A_s'的合力 $f_y'A_s'$与其相应的那部分受拉钢筋 A_{s2}的合力 f_yA_{s2}所形成的抵抗弯矩，如图 8.16(c)所示。

根据平衡条件：

$$\sum X=0 \quad f_y'A_s'=f_yA_{s2} \tag{8.17}$$

$$\sum M=0 \quad M_{u2}=f_y'A_s'(h_0-a_s')=f_yA_{s2}(h_0-a_s') \tag{8.18}$$

于是双筋正截面承载力的设计表达式和受拉钢筋总面积为

$$M \leqslant M_u = M_{u1}+M_{u2} \tag{8.19}$$

$$A_s = A_{s1}+A_{s2} \tag{8.20}$$

2. 适用条件

(1) 为了防止构件发生超筋破坏，应满足：

$$\xi \leqslant \xi_b$$

或

$$x \leqslant x_b \tag{8.21}$$

或

$$\rho_1=\frac{A_{s1}}{bh_0}\leqslant \xi_b\frac{\alpha_1 f_c}{f_y}$$

若不能满足，可加大截面尺寸，提高混凝土强度等级等。

(2) 为保证受压钢筋在截面破坏时能达到抗压强度设计值，应满足：

$$x \geqslant 2a_s' \tag{8.22}$$

若不满足，近似取 $x=2a_s'$，双筋截面不会成为少筋构件，故可不验算最小配筋率。

3. 基本公式的应用

(1) 截面设计

在进行双筋截面设计时，会出现两种情况。

1) 已知弯矩设计值 M、截面尺寸 $b\times h$、材料强度等级 f_c、f_y、f_y'，求受拉和受压钢筋的面积(A_s、A_s')，其设计步骤如下：

① 验算是否需要配双筋。当 $x=x_b=\xi_b h_0$ 时，混凝土的最大承载力

$$M_{u1\max}=\alpha_1 f_c bx_b\left(h_0-\frac{x_b}{2}\right)>M \quad \text{不用配双筋；}$$

$$M_{u1\max}=\alpha_1 f_c bx_b\left(h_0-\frac{x_b}{2}\right)<M \quad \text{需要配双筋。}$$

② 配筋计算。为了充分利用混凝土的抗压强度，节约钢材，取 $x=x_b$

$$M_{u1}=M_{u1\max}=\alpha_1 f_c bx_b\left(h_0-\frac{x_b}{2}\right)$$

$$M_{u2} = M - M_{u1max}$$

由式(8.18)得

$$A'_s = \frac{M_{u2}}{f'_y(h_0 - a'_s)}$$

由式(8.13)得

$$A_s = \frac{\alpha_1 f_c b x_b + f'_y A'_s}{f_y}$$

③选配钢筋,画配筋图。以计算出的 A_s 和 A'_s 为依据,同时要满足受力筋排放的构造要求。为满足架力筋的构造要求,A'_s 的最小用量不应小于 2 Φ10(A'_{smin} = 157mm^2)。若不满足,取 $A'_s = A'_{smin}$,再按第二种情况计算 A_s。

2) 已知弯矩设计值 M、截面尺寸 $b \times h$、材料强度等级(f_c、f_y、f'_y)和受压钢筋面积 A'_s,求受拉钢筋面积 A_s,设计步骤如下:

① 计算混凝土受压区高度 x

$$M_{u1} = M - M_{u2} = M - f'_y A'_s (h_0 - a'_s) = \alpha_s \alpha_1 f_c b h_0^2$$

$$\alpha_s = \frac{M_{u1}}{\alpha_1 f_c b h_0^2}$$

$$\xi = 1 - \sqrt{1 - 2\alpha_s}$$

$$x = \xi h_0$$

② 计算受拉钢筋面积 A_s

因为

$$2a'_s \leqslant x \leqslant x_b$$

由式(8.13)得

$$A_s = \frac{\alpha_1 f_c b x + f'_y A'_s}{f_y}$$

$x > x_b$ 增大截面尺寸或提高混凝土的强度等级,若不允许,取 $x = x_b$,按第一种情况重新计算 A_s 和 A'_s。

因为 $x < 2a'_s$　取 $x = 2a'_s$,则

$$M = f_y A_s (h_0 - a'_s)$$

$$A_s = \frac{M}{f_y (h_0 - a'_s)} \qquad (8.23)$$

若 $A_s < \rho_{min} b h_0$,取 $A_s = \rho_{min} b h_0$ 配筋。

③选配钢筋,画配筋图。

【例 8.3】 已知梁截面尺寸 $b \times h = 200\text{mm} \times 450\text{mm}$,混凝土 C20,钢筋Ⅱ级,梁承担的弯矩设计值 $M = 157.8\text{kN} \cdot \text{m}$,试计算梁所需的纵向钢筋。

【解】 由已知条件查附录附表 $f_c = 9.6\text{N/mm}^2$,$f_y = f'_y = 300\text{N/mm}^2$

(1) 验算是否需配双筋。因 M 较大,截面尺寸相对较小,受拉钢筋排两排,

$h_0 = h - 60 = 450 - 60 = 390(\text{mm})$，Ⅱ 级钢筋，$\xi_b = 0.550$，

$$x_b = \xi_b h_0 = 0.550 \times 390 = 214.5(\text{mm})$$

$$M_{u1\max} = \alpha_1 f_c b x_b \left(h_0 - \frac{x_b}{2} \right)$$

$$= 1.0 \times 9.6 \times 200 \times 214.5 \times \left(390 - \frac{214.5}{2} \right)$$

$$= 116.45 \times 10^6(\text{N} \cdot \text{mm}) = 116.45(\text{kN} \cdot \text{m})$$

$< M = 157.8(\text{kN} \cdot \text{m})$，需配置双筋。

(2) 配筋计算。取 $x = x_b = 214.5\text{mm}$

$$M_{u2} = M - M_{u1\max} = 157.8 - 116.45 = 41.35(\text{kN} \cdot \text{m})$$

$$A'_s = \frac{M_{u2}}{f'_y(h_0 - a'_s)} = \frac{41.35 \times 10^6}{300 \times (390 - 35)} = 388(\text{mm}^2)$$

$> A'_{s\min} = 157\text{mm}^2$，满足构造要求。

$$A_s = \frac{\alpha_1 f_c b x + f'_y A'_s}{f y}$$

$$= \frac{1.0 \times 9.6 \times 200 \times 214.5 + 300 \times 388}{300} = 1761(\text{mm}^2)$$

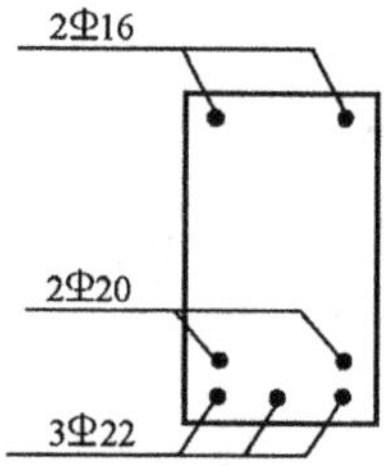

图 8.17

3) 选配钢筋，画配筋图。由 $A'_s = 388\text{mm}^2$，选 2 Φ16，$A'_s = 402\text{mm}^2$；由 $A_s = 1761\text{mm}^2$，选 3 Φ22＋2 Φ20，$A_s = 1140 + 628 = 1768(\text{mm}^2)$，配筋图如图 8.17 所示。

【例 8.4】 已知条件同例 8.3，但梁的受压区已配置 3 Φ18受压钢筋，$A'_s = 763\text{mm}^2$，求 A_s。

【解】 (1)计算混凝土受压区高度

$$M_{u2} = f'_y A'_s (h_0 - a'_s)$$

$$= 300 \times 763 \times (390 - 35) = 81.26 \times 10^6(\text{N} \cdot \text{mm})$$

$$= 81.26(\text{kN} \cdot \text{m})$$

$$M_{u1} = M - M_{u2} = 157.8 - 81.26 = 76.54(\text{kN} \cdot \text{m})$$

$$\alpha_s = \frac{M_{u1}}{\alpha_1 f_c b h^2} = \frac{76.54 \times 10^6}{1.0 \times 9.6 \times 200 \times 390^2} = 0.262$$

$$\xi = 1 - \sqrt{1 - 2\alpha_s} = 0.31$$

$$x = \xi h_0 = 0.31 \times 390 = 121(\text{mm})$$

(2) 配筋计算

$$2a'_s = 2 \times 35 = 70(\text{mm})$$

$$x_b = \xi_b h_0 = 0.55 \times 390 = 214.5(\text{mm})$$

$$2a'_s < x < x_b$$

$$A_s = \frac{\alpha_1 f_c b x + f'_y A'_s}{f_y} = \frac{1.0 \times 9.6 \times 200 \times 121 + 300 \times 763}{300} = 1537(\text{mm}^2)$$

(3) 选配钢筋

由 $A_s=1537mm^2$　选 3 ⌀20+3 ⌀16

$A_s=941+603=1544(mm^2)$，配筋图如图 8.18 所示。

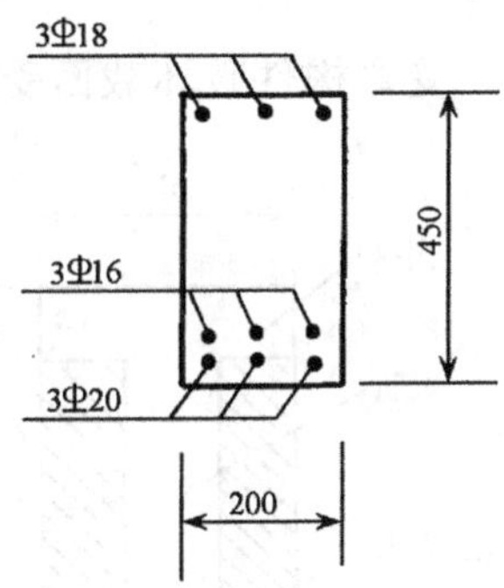

图 8.18　截面配筋图

(4) 截面复核

已知截面尺寸 $b\times h$，材料强度等级(f_c、f_y、f'_y)，及配筋(A_s、A'_s)，求截面能承担的最大弯矩 M_u 或已知设计弯矩 M，验算构件是否安全。计算步骤为：

① 计算混凝土受压区高度。由式(8.13)得

$$x=\frac{f_yA_s-f'_yA'_s}{\alpha_1 f_c b}$$

② 计算构件受弯承载力 M_u

$$2a'_s\leqslant x\leqslant x_b=\xi_b h_0$$

$$M_u=\alpha_1 f_c bx\left(h_0-\frac{x}{2}\right)+f'_yA'_s(h_0-a'_s)$$

因为 $x\geqslant 2a'_s$，取 $x=2a'_s$

$$M_u=f_yA_s(h_0-a'_s)$$

因为 $x\leqslant x_b=\xi_b h_0$，取 $x=x_b$

$$M_u=\alpha_1 f_c bx_b\left(h_0-\frac{x_b}{2}\right)+f'_yA'_s(h_0-a'_s)$$

【例 8.5】　已知混凝土为 C15，钢筋采用 I 级，梁截面尺寸为 200mm×400mm，受拉钢筋采用 $3\phi25(A_s=1473mm^2)$，受压钢筋采用 $2\phi16(A'_s=402mm^2)$，承受的弯矩设计值 $M=90kN\cdot m$，验算此截面是否安全。

【解】　由已知条件查附表　$f_c=7.2N/mm^2$，　$f_y=f'_y=210N/mm^2$

$$h_0=h-a_s=400-\left(25+\frac{25}{2}\right)=362(mm)$$

(1) 计算混凝土受压区高度

$$x=\frac{f_yA_s-f'_yA'_s}{\alpha_1 f_c b}=\frac{210\times(1473-402)}{1.0\times 7.2\times 200}=156(mm)$$

(2) 计算截面承载力 M_u，I 级钢筋 $\xi_b=0.614$，

$$\xi_b h_0=0.614\times 362=222(mm)$$

$$2a'_s=2\times 35=70(mm)$$

$$2a'_s<x<\xi_b h_0$$

$$\begin{aligned}M_u&=\alpha_1 f_c bx\left(h_0-\frac{x}{2}\right)+f'_yA'_s(h_0-a'_s)\\&=1.0\times 7.2\times 200\times 156\times\left(362-\frac{156}{2}\right)+210\times 402\times(362-35)\\&=91.4\times 10^6(N\cdot mm)=91.4(kN\cdot m)>M=90(kN\cdot m)\end{aligned}$$

此截面安全。

8.2.3 T形截面受弯构件正截面承载力计算

受弯构件破坏截面受拉区混凝土因开裂而不能参加工作，对于截面的受弯承载力几乎不起作用，在推导矩形截面受弯承载力计算公式时，就忽略了受拉区混凝土的作用，只考虑受拉钢筋，这样，对于受弯构件来说，这部分混凝土就好像是多余的。把多余部分混凝土挖去，把钢筋集中排放，就形成了工程上广泛应用的T形截面见图8.19，其优点为节省材料、减少自重，受弯承载力不降低。工程上常用的T形截面形式如图8.20所示，其中除独立T形梁之外，其他几种截面都不是典型的T形梁，但都可以按T形梁计算。T形截面的抗弯承载力计算同矩形截面基本相同，不同之处就是T形截面存在受压翼缘，适当加大翼缘宽度，能使受压区高度减小，内力臂增大，从而减小钢筋用量，但试验研究表明，梁受弯后翼缘的压应力分布并不是均匀的，如图8.21所示，靠近肋部翼缘压应力最大，离肋部越远，压应力则逐渐减小，在一定距离以外，翼缘将不能充分发挥其受力作用。根据翼缘的上述受力特点，设计时应对T形梁的翼缘加以限制，对实际翼缘很宽的梁，如现浇梁板结构中的梁，需要规定翼缘的计算宽度。假定计算宽度内翼缘的压应力为均匀分布，根据

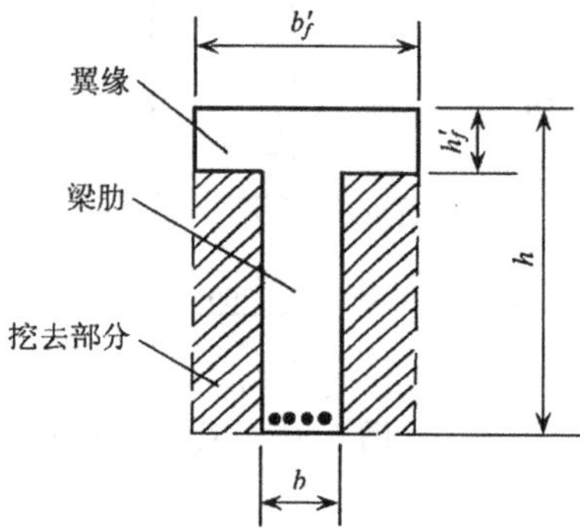

图8.19 T形截面的形式

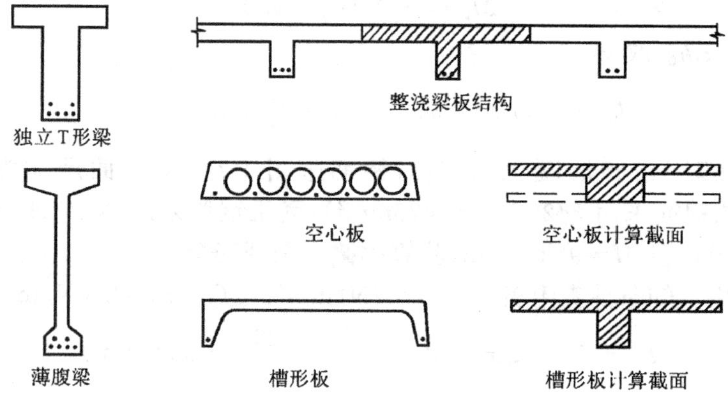

图8.20 T形截面梁实例

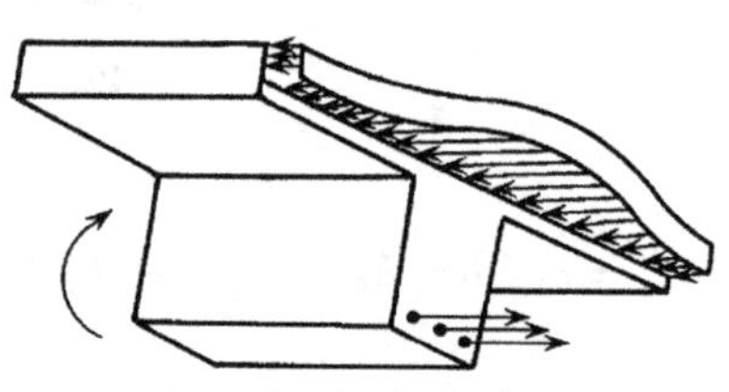

图8.21 T形梁翼缘中压应力沿宽度方向的分布

试验和理论分析，设计规范规定，T 形及倒 L 形截面受弯构件受压区的计算翼缘宽度 b'_f 按表 8.3 各项规定中的最小值取用。

表 8.3　T 形及倒 L 形截面受弯构件翼缘计算宽度 b'_f

考虑情况		T 形截面		倒 L 形截面
		肋形梁(板)	独立梁	肋形梁(板)
按计算跨度 l_0 考虑		$l_0/3$	$l_0/3$	$l_0/3$
按梁(肋)净距 S_n 考虑		$b+S_n$	—	$b+S_n/2$
按翼缘高度 h'_f 考虑	当 $h'_f/h_0\geqslant 0.1$	—	$b+12h'_f$	—
	当 $0.1>h'_f/h_0\geqslant 0.05$	$b+12h'_f$	$b+6h'_f$	$b+5h'_f$
	当 $h'_f/h_0<0.05$	$b+12h'_f$	b	$b+5h'_f$

注：1. 表中 b 为梁的腹板宽度；

2. 如肋形梁在梁跨内设有间距小于纵肋间距的横肋时，则可不遵守表列第三种情况的规定；

3. 对有加腋的 T 形和倒 L 形截面，当受压区加腋的高度 h_h 不小于 h'_f 且加腋的宽度 b_h 不大于 $3h_h$ 时，则其翼缘计算宽度可按表列第三种情况规定分别增加 $2b_h$(T 形截面)和 b_h(倒 L 形截面)；

4. 独立梁受压区的翼缘板在荷载作用下经验算沿纵肋方向可能产生裂缝时，其计算宽度应取用腹板宽度 b。

1. 基本公式

根据破坏时中和轴的位置不同，T 形梁有两种类型。

1) 梁破坏时中和轴在翼缘内，即 $x<h'_f$，计算时不考虑中和轴以下混凝土的作用，故受压区仍为矩形，可按 $b'_f\times h$ 的矩形截面计算正截面的受弯承载力，如图 8.22 所示。

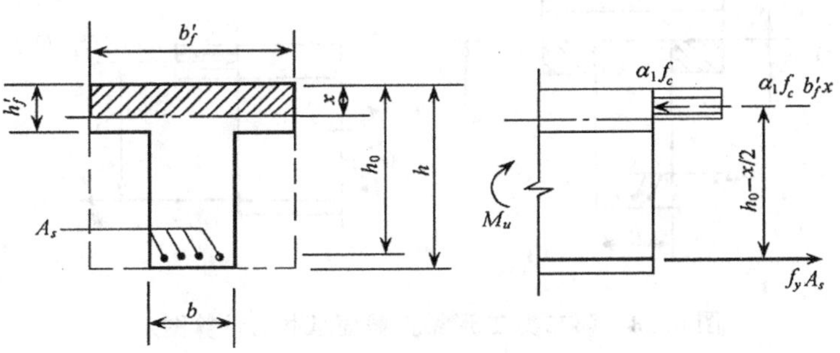

图 8.22　第一类 T 形梁正截面承载力计算图示

其基本公式为

$$\sum X=0\quad \alpha_1 f_c b'_f x=f_y A_s \tag{8.24}$$

$$\sum M=0\quad M\leqslant M_u=\alpha_1 f_c b'_f x\left(h_0-\frac{x}{2}\right) \tag{8.25}$$

或

$$M\leqslant M_u=f_y A_s\left(h_0-\frac{x}{2}\right)$$

基本公式的适用条件如下：

① $x \leqslant \xi_b h_0$ T 形截面的翼缘厚度 h'_f 一般都较小，既然 $x \leqslant h'_f$，因此这个条件一般均能满足，可不必演算。

② $\rho = \dfrac{A_s}{bh_0} \geqslant \rho_{\min}$。

应注意，此处配筋率 ρ 应按肋部有效面积 bh_0 计算，而不是按 $b'_f h_0$ 计算，$\rho_{\min}$ 按表 8.1 采用。

2）梁破坏时中和轴在肋部，即 $x > h'_f$，受压区为 T 形，仿照双筋截面的作法，将截面分成两部分，如图 8.23(b)、(c)所示。

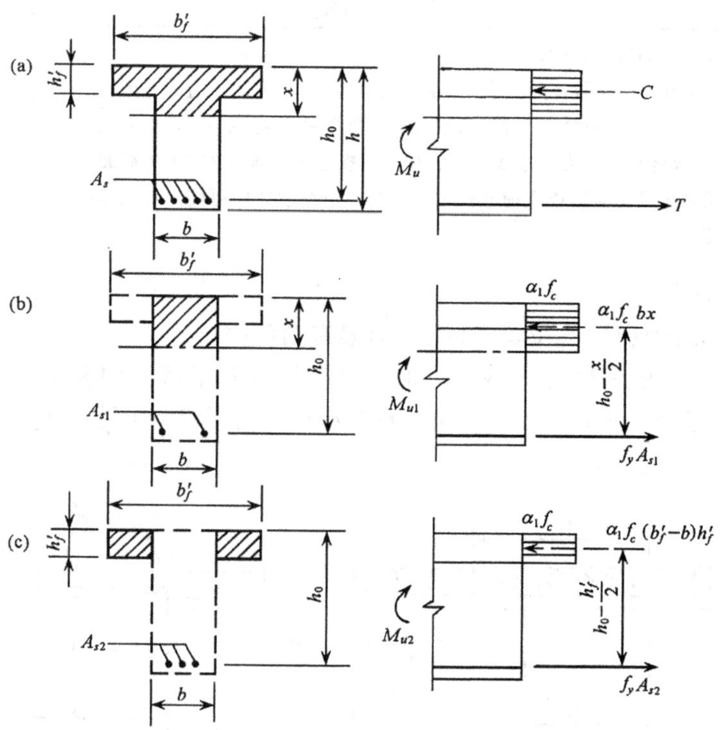

图 8.23 第二类 T 形梁正截面承载力计算图示

① M_{u1} 由肋部受压混凝土与相应受拉钢筋 A_{s1} 组成，其计算公式与单筋截面相同，即

$$\sum X = 0 \quad \alpha_1 f_c bx = f_y A_{s1} \tag{8.26}$$

$$\sum M = 0 \quad M_{u1} = \alpha_1 f_c bx\left(h_0 - \frac{x}{2}\right) = f_y A_{s1}\left(h_0 - \frac{x}{2}\right) \tag{8.27}$$

② M_{u2} 由挑出翼缘部分的受压混凝土与相应的另一部分受拉钢筋 A_{s2} 组成，其计算公式为

$$\sum X = 0 \quad \alpha_1 f_c (b'_f - b)h'_f = f_y A_{s2} \tag{8.28}$$

$$\sum M=0 \quad M_{u2}=\alpha_1 f_c(b'_f-b)h'_f\left(h_0-\frac{h'_f}{2}\right)=f_yA_{s2}\left(h_0-\frac{h'_f}{2}\right) \tag{8.29}$$

整个 T 形截面正截面受弯承载力和受拉钢筋总面积为

$$M_u=M_{u1}+M_{u2} \tag{8.30}$$

$$A_s=A_{s1}+A_{s2} \tag{8.31}$$

综合以上两部分，第二类 T 形梁正截面受弯承载力的基本计算公式为

$$\sum X=0 \quad \alpha_1 f_c bx+\alpha_1 f_c(b'_f-b)h'_f=f_yA_s \tag{8.32}$$

$$\sum M=0 \quad M\leqslant M_u=\alpha_1 f_c bx\left(h_0-\frac{x}{2}\right)+\alpha_1 f_c(b'_f-b)h'_f\left(h_0-\frac{h'_f}{2}\right) \tag{8.33}$$

基本公式适用条件为：

1）$x\leqslant x_b=\xi_b h_0$ 或 $\xi=\dfrac{x}{h_0}\leqslant\xi_b$，以防止超筋破坏。

2）$\rho\geqslant\rho_{\min}$。由于第二类 T 形梁受压区较大，相应受拉钢筋比较多，故一般均能满足此条件，可不必验算。

2. 基本公式的应用

（1）截面设计

已知截面尺寸 $b\times h$，材料强度等级（f_c、f_y、f'_y），弯矩设计值 M，求 A_s。其计算思路如下：

1）按规范规定确定 T 形梁的翼缘计算宽度。

2）判断 T 形梁的类型。

$$M\leqslant\alpha_1 f_c b'_f h'_f\left(h_0-\frac{h'_f}{2}\right) \quad \text{为第一类 T 形梁}$$

$$M>\alpha_1 f_c b'_f h'_f\left(h_0-\frac{h'_f}{2}\right) \quad \text{为第二类 T 形梁}$$

3）计算 A_s。

① 若为第一类，按 $b'_f\times h$ 的单筋矩形截面计算 A_s 为

$$\alpha_s=\frac{M}{\alpha_1 f_c b'_f h_0^2}$$

$$\xi=1-\sqrt{1-2\alpha_s}$$

$$A_s=\frac{\alpha_1 f_c b'_f\xi h_0}{f_y}$$

$$\rho=\frac{A_s}{bh_0}>\rho_{\min} \quad \text{直接配筋}$$

$$\rho=\frac{A_s}{bh_0}\leqslant\rho_{\min} \quad \text{取 }\rho=\rho_{\min}\text{ 配筋}$$

②若为第二类，由式（8.28）

$$A_{s2}=\frac{\alpha_1 f_c(b'_f-b)h'_f}{f_y}$$

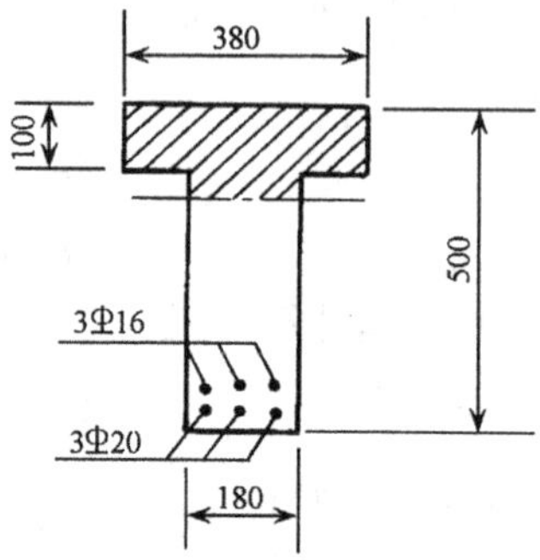

图 8.24

$$M_{u2}=\alpha_1 f_c(b'_f-b)h'_f\left(h_0-\frac{h'_f}{2}\right)$$

$$M_{u1}=M-M_{u2}=\alpha_s\alpha_1 f_c bh_0^2$$

$$\alpha_s=\frac{M_{u1}}{\alpha_1 f_c bh_0^2}$$

$$\xi=1-\sqrt{1-2\alpha_s}\leqslant\xi_b \quad \text{适筋}$$

由式(8.26)

$$A_{s1}=\frac{\alpha_1 f_c b\xi h_0}{f_y}$$

$$A_s=A_{s1}+A_{s2}$$

$\xi>\xi_b$，应加大截面尺寸，提高混凝土等级或改为双筋T形截面。

③ 选配钢筋，画配筋图。

【例8.6】 某T形梁承担弯矩设计值$M=168\text{kN}\cdot\text{m}$，截面尺寸如图8.24所示，混凝土为C20，钢筋Ⅱ级，试计算受拉钢筋的面积A_s。

【解】 由已知条件，$f_c=9.6\text{N/mm}^2$，$f_y=300\text{N/mm}^2$，

$$h_0=h-60=500-60=440(\text{mm})$$

(1) 判断类型

$$\alpha_1 f_c b'_f h'_f\left(h_0-\frac{h'_f}{2}\right)=1.0\times 9.6\times 380\times 100\times\left(440-\frac{100}{2}\right)$$

$$=142.27\times 10^6(\text{N}\cdot\text{mm})=142(\text{kN}\cdot\text{m})<M$$

属于第二类T形截面。

(2) 计算A_s

由式(8.26)至式(8.29)得

$$A_{s2}=\frac{\alpha_1 f_c(b'_f-b)h'_f}{f_y}=\frac{1.0\times 9.6\times(380-180)\times 100}{300}=640(\text{mm}^2)$$

$$M_2=\alpha_1 f_c(b'_f-b)h'_f\left(h_0-\frac{h'_f}{2}\right)$$

$$=1.0\times 9.6\times(380-180)\times 100\times\left(440-\frac{100}{2}\right)$$

$$=74.88\times 10^6(\text{N}\cdot\text{mm})=74.88(\text{kN}\cdot\text{m})$$

$$M_1=M-M_2=168-74.88=93.12(\text{kN}\cdot\text{m})$$

$$\alpha_s=\frac{M_1}{\alpha_1 f_c bh_0^2}=\frac{93.12\times 10^6}{1.0\times 9.6\times 180\times 440^2}=0.278$$

$$\xi=1-\sqrt{1-2\alpha_s}=0.334<\xi_b=0.55$$

由式(8.26)得

$$A_{s1}=\frac{\alpha_1 f_c b\xi h_0}{f_y}=\frac{1.0\times 9.6\times 180\times 0.334\times 440}{300}=847(\text{mm}^2)$$

$$A_s = A_{s1} + A_{s2} = 847 + 640 = 1487(\text{mm}^2)$$

(3) 选配钢筋

选用 3 Φ20+3 Φ16，A_s=941+603=1544(mm^2)，
配筋图如图 8.24 所示。

(2)截面复核

已知截面尺寸 $b \times h$，材料强度等级(f_c、f_y)，配筋 A_s，求截面抗弯承载能力 M_u。其计算思路为如下：

$\alpha_1 f_c b_f' h_f' \geqslant f_y A_s$，为第一类，按 $b_f' \times h$ 的单筋截面进行复核。

$\alpha_1 f_c b_f' < f_y A_s$，为第二类，由式(8.32)得

$$x = \frac{f_y A_s - \alpha_1 f_c (b_f' - b) h_f'}{\alpha_1 f_c b}$$

若 $x \leqslant x_b = \xi_b h_0$，则

$$M_u = \alpha_1 f_c b x \left(h_0 - \frac{x}{2} \right) + \alpha_1 f_c (b_f' - b) h_f' \left(h_0 - \frac{h_f'}{2} \right)$$

若 $x > x_b$，则

$$M_u = \alpha_1 f_c b x_b \left(h_0 - \frac{x_b}{2} \right) + \alpha_1 f_c (b_f' - b) h_f' \left(h_0 - \frac{h_f'}{2} \right)$$

【例 8.7】 已知 T 形截面尺寸 b=200mm，b_f'=400mm，h_f'=100mm，h=600mm，混凝土为 C20，钢筋为Ⅱ级 3 Φ28 (A_s=1847mm^2)，设计弯矩 M=252kN·m，试验算截面是否安全。

【解】 由已知条件：f_c=9.6N/mm^2，f_y=300N/mm^2，

$$h_0 = 600 - \left(25 + \frac{28}{2} \right) = 561(\text{mm})$$

(1) 判别类型

$$\alpha_1 f_c b_f' h_f' = 1.0 \times 9.6 \times 400 \times 100 = 384000(\text{N} \cdot \text{mm})$$

$$f_y A_s = 300 \times 1847 = 554100(\text{N} \cdot \text{mm})$$

$\alpha_1 f_c b_f' h_f' < f_y A_s$，属于第二类 T 形截面。

(2) 计算受弯承载力 M_u

由式(8.32)得

$$x = \frac{f_y A_s - \alpha_1 f_c (b_f' - b) h_f'}{\alpha_1 f_c b}$$

$$= \frac{300 \times 1847 - 1.0 \times 9.6 \times (400 - 200) \times 100}{1.0 \times 9.6 \times 200} = 188.59(\text{mm})$$

$$< \xi_b h_0 = 0.55 \times 561 = 308.55(\text{mm})$$

由式(8.33)得

$$M_u = \alpha_1 f_c b x \left(h_0 - \frac{x}{2} \right) + \alpha_1 f_c (b_f' - b) h_f' \left(h_0 - \frac{h_f'}{2} \right)$$

$$=1.0\times9.6\times200\times188.59\times\left(561-\frac{188.59}{2}\right)$$

$$+1.0\times9.6\times(400-200)\times100\times\left(561-\frac{100}{2}\right)$$

$$=267.1\times10^6(\text{N}\cdot\text{mm})=267.1(\text{kN}\cdot\text{m})>M$$

$$=168(\text{kN}\cdot\text{m})$$

故此截面安全。

8.3 钢筋混凝土受弯构件斜截面承载力计算

钢筋混凝土受弯构件在满足正截面承载力后，还有可能在剪力最大（支座附近）或剪力弯矩都较大的剪弯区段产生斜裂缝导致构件破坏，故还应进行斜截面受剪承载力计算。按计算和构造要求配置箍筋和弯起钢筋（统称为腹筋），以防止产生过宽的斜裂缝导致构件破坏。

8.3.1 受弯构件斜截面破坏的三种形态

1. 影响斜截面受剪破坏形态的主要因素

影响斜截面受剪破坏形态的因素比较复杂，试验表明，在保证斜截面不发生受弯破坏和黏结锚固破坏的前提下，斜截面受剪破坏形态主要与剪跨比和配箍率有关。

(1) 剪跨比 λ

1) 当梁受均布荷载时，其剪跨比为

$$\lambda=\frac{M}{Vh_0} \tag{8.34a}$$

式中：M——计算截面的弯矩；

V——计算截面的剪力。

2) 当简支梁受集中荷载时，其剪跨比为

$$\lambda=\frac{a}{h_0} \tag{8.34b}$$

式中：a——第一个集中荷载至支座的距离，称为剪跨；

h_0——截面有效高度。

剪跨比 λ 实质上反映了正应力 σ_x、剪应力 τ 及 σ_y 对梁的破坏形态和抗剪能力的影响，当 λ 较大时，σ_x 起主要作用；当 λ 很小时，σ_y 及 τ 起主要作用。

(2) 配箍率 ρ_{sv}

$$\rho_{sv}=\frac{nA_{sv1}}{bs}\times100\% \tag{8.35}$$

式中：n——同一截面内箍筋的肢数；

A_{sv1}——单支箍筋的截面面积；

b——梁的截面宽度;

s——箍筋的间距。

2. *斜截面破坏的三种形态及破坏特征*

试验表明,根据剪跨比和配箍率的不同,斜截面受剪破坏形态主要有 3 种形态。

(1) 斜压破坏

当剪跨比较小($\lambda \leqslant 1.0$)或剪跨比适中但配箍率很高(超筋)或 T 形、I 字形截面腹板较薄时,易发生斜压破坏。破坏特征为首先在梁腹部出现若干条平行的斜裂缝,随着荷载的增加,梁腹部被这些斜裂缝分割成若干个斜向短柱,最后因混凝土短柱被压碎而破坏,破坏时腹筋中的应力一般均未达到屈服强度,腹筋未被充分利用,破坏时没有明显的临界斜裂缝,属于脆性破坏,如图 8.25(c)所示。

(2) 剪压破坏

当剪跨比适中($1.0 < \lambda < 3.0$),腹筋配置量正常(适筋)时,常发生剪压破坏。破坏特征为随着荷载的增加,在梁腹部的许多小裂缝中,形成一条明显加宽但不到顶的临界斜裂缝后,与斜裂缝相交的腹筋应力迅速增大,剪压区进一步缩小,最后该部分腹筋应力达到屈服强度,剪压区混凝土达到极限强度而破坏。这种破坏材料被充分利用,破坏有预兆,是抗剪承载力计算的理论依据,如图 8.25(b)所示。

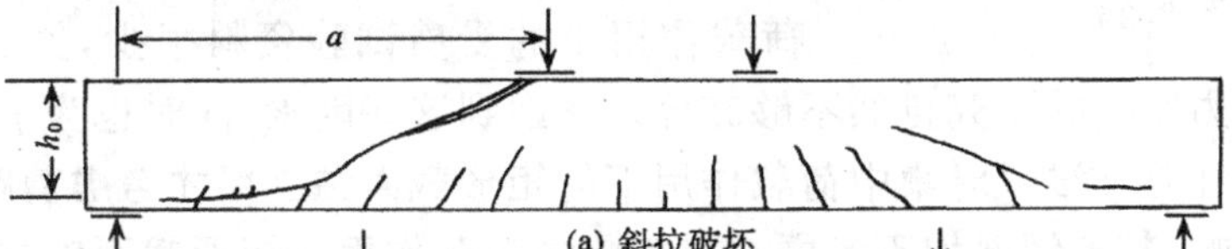

(a) 斜拉破坏

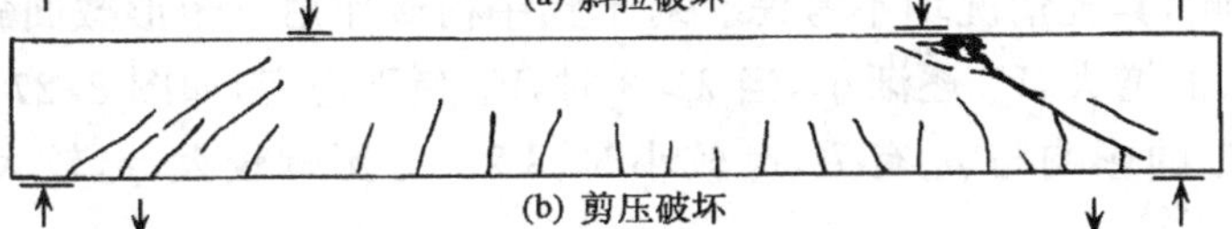
(b) 剪压破坏

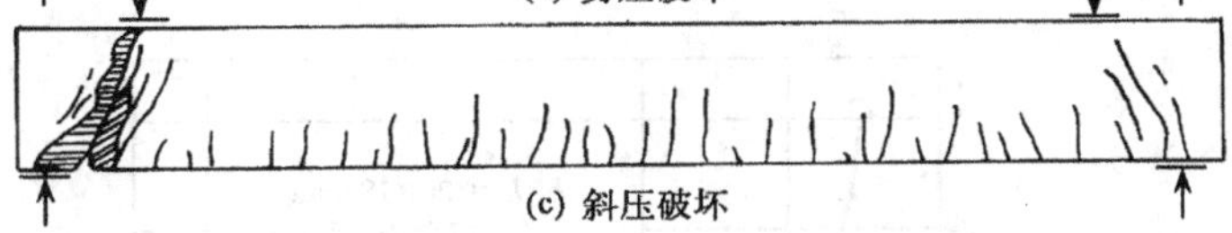
(c) 斜压破坏

图 8.25　斜截面破坏的三种形态及破坏特征

(3) 斜拉破坏

当剪跨比过大($\lambda \geqslant 3.0$),箍筋配置较少(少筋)时,常发生斜拉破坏。破坏特征为一旦出现斜裂缝,就会很快形成临界斜裂缝,并且延伸到斜裂缝边缘,使构件沿临界斜裂缝拉成两部分而破坏,破坏时混凝土的抗压强度得不到充分利用,属脆性破坏,如图 8.25(a)所示。

8.3.2 斜截面受剪承载力计算

1. 影响斜截面受剪承载力的主要因素

(1) 混凝土强度等级

混凝土强度等级愈高,梁的受剪承载力越强,在其他条件相同的情况下,在常用混凝土强度等级范围内,梁的受剪承载力 V_u 与混凝土的轴心抗拉强度 f_t 成线性关系。

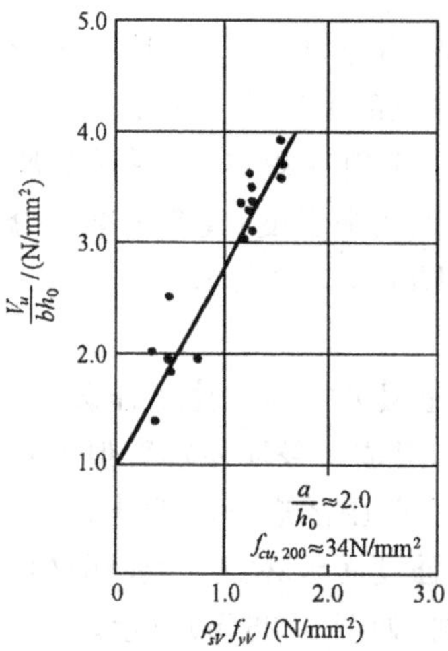

图 8.26

(2) 配箍率和箍筋强度

梁的受剪承载力随配箍率及箍筋强度的增大而增大,在其他条件相同的情况下,梁的受剪承载力 V_u 与配箍率 ρ_{sv} 及箍筋抗拉强度 f_{yv} 的乘积 $\rho_{sv}f_{yv}$ 之间成线性关系,如图 8.26 所示。

(3) 剪跨比

剪跨比对受剪承载力影响的规律性比较复杂,从广义剪跨比定义 $\lambda=\dfrac{M}{Vh_0}$ 看出,它与荷载的分布情况、构件的支撑条件有关,在实际工程中,结构上的荷载情况是很复杂的,到目前为止,复杂荷载作用下的受剪试验资料很少,关于剪跨比对梁受剪承载力影响的研究自然不够充分。考虑到这些因素,同时也为了简化计算,规范采用的计算方法只对集中荷载作用下的矩形截面独立梁才考虑剪跨比对受剪承载力的影响,其他情况均不考虑。对于集中荷载作用下矩形截面独立梁,当无腹筋时,随着 λ 的增大,V_u 逐渐小,当 $\lambda>3$ 时,V_u 趋于稳定,如图 8.27 所示。当有腹筋时,λ 对 V_u 的影响与 ρ_{sv} 有关,ρ_{sv} 较小时,λ 对 V_u 影响较大,ρ_{sv} 较大时,λ 对 V_u 影

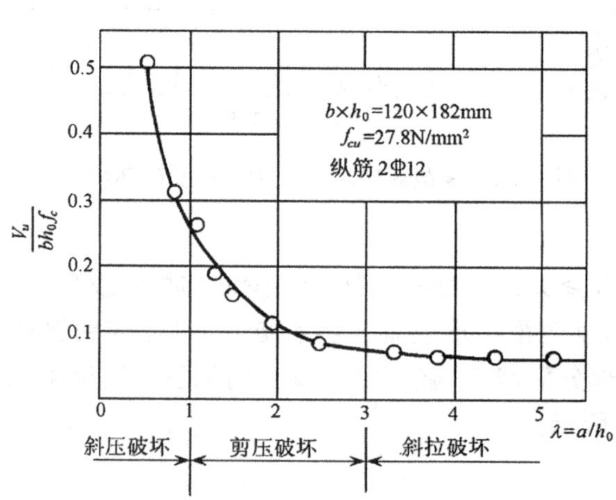

图 8.27

响较小。

除以上主要影响因素外。梁的受剪承载力还与纵筋配筋率 ρ、加载方式及截面高度等因素有关，由于这些影响因素对 V_u 的影响程度相对较小，同时也很难一一做出定量分析，因此没有准确的计算公式，而是在确定梁的受剪承载力经验公式时，采用大量受剪承载力试验实测值分布的偏下限作为设计计算的受剪承载力，以适当考虑这些在公式中未得到反映的因素的影响。

2. 基本计算公式

斜截面受剪承载力计算公式的推导是以剪压破坏为依据，当钢筋混凝土梁出现临界斜裂缝而导致构件破坏时，沿斜裂缝取左边为脱离体，破坏斜截面上的抗力，如图 8.28 所示，其中：V_c 为混凝土抗剪能力；D 为混凝土及受压钢筋的水平压力；T 为纵向受拉钢筋的拉力；T_b 为弯起钢筋的拉力；V_{sv}为箍筋的抗剪力；V 为荷载作用效应，即外剪力。

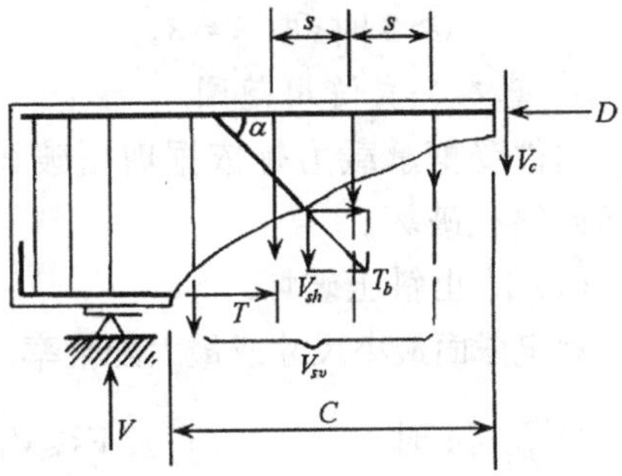

图 8.28

由

$$\sum Y = 0 \quad V \leqslant V_u = V_c + V_{sv} + V_{sh} \tag{8.36}$$

根据梁的截面形状和承载种类不同，受剪承载力计算公式有两种情况。

(1) 均布荷载作用下矩形、T 形及 I 字形截面

$$V \leqslant V_c + V_{sv} + V_{sh} = 0.7 f_t b h_0 + 1.25 f_{yv} \frac{A_{sv}}{S} h_0 + 0.8 f_y A_{sb} \sin\alpha_s \tag{8.37}$$

式中：V——构件斜截面上的最大剪力设计值；

0.7、1.25——线性系数，根据均布荷载作用下，矩形截面梁受剪破坏试验实测结果并通过可靠度分析确定得出；

f_t——混凝土轴心抗拉强度设计值，按附录附表 3 采用；

b——截面宽度；

h_0——构件截面有效高度；

f_{yv}——箍筋抗拉强度设计值，按附录附表 2.3 采用；

A_{sv}——配置在同一截面内箍筋各肢的全部截面积，等于 nA_{sv1}，其中，n 为在同一截面内箍筋的肢数，A_{sv1}为单肢箍筋的截面面积；

S——沿构件长度方向箍筋的间距；

A_{sb}——同一截面内弯起筋的截面面积；

α_s——弯起钢筋与构件纵向轴线的夹角，一般 $\alpha_s = 45°$，当 $h > 800$mm 时，$\alpha_s = 60°$；

0.8——弯起钢筋受力不均匀系数。

(2) 集中荷载作用下的矩形截面独立梁(包括作用有多种荷载,且其中集中荷载对支座截面或节点边缘所产生的剪力值占总剪力值的 75%以上的情况)

$$V \leqslant V_c + V_{sv} + V_{sb} = \frac{1.75}{\lambda + 1.0} f_t b h_0 + f_{yv} \frac{A_{sv}}{S} h_0 + 0.8 f_y A_{sb} \sin\alpha_s \quad (8.38)$$

式中:λ——计算截面的剪跨比,$\lambda=\frac{a}{h_0}$,a 为计算截面至支座截面或节点边缘的距离;计算截面取集中荷载作用点处的截面;当 $\lambda<1.5$ 时,取 $\lambda=1.5$,当 $\lambda>3$ 时,取 $\lambda=3$。

3. 基本公式适用范围

构件受剪承载力是依据剪压破坏建立的,它只适用于剪压破坏,不适用于斜压破坏或斜拉破坏。

(1) 防止斜压破坏

规定截面最小尺寸或最大配箍率。截面尺寸过小或配箍率过高,将引起斜压破坏。

当 $\frac{h_w}{b}\leqslant 4$ 时, $V\leqslant V_u=0.25\beta_c f_c b h_0$ (8.39a)

当 $\frac{h_w}{b}\geqslant 6$ 时, $V\leqslant V_u=0.2\beta_c f_c b h_0$ (8.39b)

当 $4<\frac{h_w}{b}<6$ 时, 按线性内插法取用 (8.39c)

式中:V——构件斜截面上的最大剪力设计值;

β_c——混凝土强度影响系数:当混凝土强度等级不超过 C50 时,取 $\beta_c=1.0$;当混凝土强度等级为 C80 时,取 $\beta_c=0.8$,其间按线性内插法取用;

b——矩形截面的宽度,T 形截面或 I 形截面的腹板宽度;

h_w——截面的腹板高度;矩形截面取有效高度 h_0,T 形截面取有效高度减去翼缘高度,I 形截面取腹板净高。

限制了截面尺寸,实质上也就限制了最大配箍率 ρ_{svmax},将式(8.39)分别代入式(8.37)、式(8.38),就可求出各自的 ρ_{svmax}。

(2) 防止斜拉破坏

规定最小配箍率。箍筋配置过少,可造成斜拉破坏,《规范》规定:当 $V>0.7f_t b h_0$ 时,最小配箍率为

$$\rho_{sv} \geqslant \rho_{svmin} = 0.24\frac{f_t}{f_{yv}} \quad (8.40)$$

取 $\rho_{sv}=\rho_{svmin}=0.24\frac{f_t}{f_{yv}}$,当只配箍筋时,代入式(8.37)、式(8.38)得

均布荷载作用下矩形、T 形及 I 字形梁:

$$V_{cs} = f_t b h_0 \quad (8.41)$$

集中荷载作用下的矩形截面独立梁:

$$V_{cs} = \left(\frac{1.75}{\lambda + 1.0} + 0.24\right) f_t b h_0 \quad (8.42)$$

式中：V_{cs}——混凝土和箍筋共同承担的剪力。

当构件剪力设计值 $V \leqslant V_{cs}$时，可按 ρ_{svmin}进行配箍，但必须满足箍筋最小直径和最大间距的构造要求。

4. 按构造配置箍筋

(1) 按构造配置箍筋的条件

当构件满足下列条件。

1) 均布荷载作用下矩形、T 形及 I 形截面梁：

$$V \leqslant V_c = 0.7 f_t b h_0 \tag{8.43}$$

2) 集中荷载作用下的矩形截面独立梁：

$$V \leqslant V_c = \frac{1.75}{\lambda + 1.0} f_t b h_0 \tag{8.44}$$

可不必进行抗剪能力计算，按构造配置箍筋，就能满足抗剪能力的要求。

(2) 按构造配置箍筋的构造要求

当按构造要求配置箍筋时，必须满足以下规定的构造要求：

1) 当截面高度大于 300mm 时，应沿梁全长设置箍筋，当截面高度为 150～300mm 时，可仅在构件端部各 1/4 跨度范围内设置箍筋，但当在构件中部 1/2 跨度范围内有集中荷载作用时，则应沿梁全长设置箍筋，当截面高度为 150mm 以下时，可不设置箍筋。

2) 箍筋最大间距 S_{max}应满足表 8.4 的要求，以保证必要数量的箍筋穿越每一条裂缝，控制斜裂缝宽度。

表 8.4 梁中箍筋的最大间距(单位：mm)

梁高 h	$V > 0.7 f_t b h_0$	$V \leqslant 0.7 f_t b h_0$
$150 < h \leqslant 300$	150	200
$300 < h \leqslant 500$	200	300
$500 < h \leqslant 800$	250	350
$h > 800$	300	400

3) 箍筋一般采用 I 级钢筋，其最小直径应满足下列要求。

当截面高度大于 800mm 的梁，其箍筋直径不宜小于 8mm；当截面高度为 800mm 及以下的梁，其箍筋直径不宜小于 6mm；梁中配有计算需要的纵向受压钢筋时，箍筋直径尚不应小于 $d/4$(d 为纵向受压钢筋中的最小直径)。

5. 基本公式的应用

(1) 截面设计

已知截面尺寸 $b \times h$，材料强度等级(f_t、f_y、f_{yv})，构件承受的荷载 V，求箍筋用量$\frac{A_{sv}}{s}$，或箍筋和弯起筋用量$\left(\frac{A_{sv}}{s}, A_{sb}\right)$。设计步骤如下：

1) 选择计算截面位置求剪力设计值 V。在计算斜截面的受剪承载力时，其剪力设计值的计算截面应按下列规定采用，见图 8.29 所示。

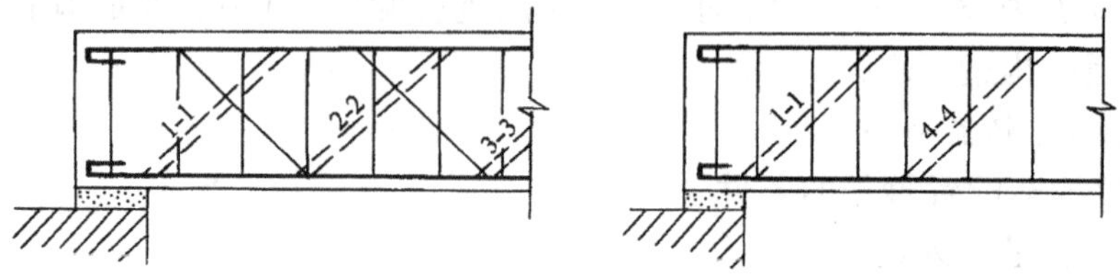

(a) 弯起钢筋　　　　(b) 箍筋

图 8.29　斜截面受剪承载力的计算位置

1-1 支座边缘处的斜截面；2-2、3-3 受拉区弯起钢筋弯起点的斜截面；

4-4 箍筋截面面积或间距改变处的斜截面

① 支座边缘处的截面（图中 1-1 截面），该截面承受的剪力值最大，用该值确定第一排弯起筋 A_{sb1}的用量和 1-1 截面箍筋用量。

② 受拉区弯起筋弯起点处的截面（图中 2-2、3-3 截面），用该处的剪力值计算后排弯起筋的数量。

③ 箍筋截面的面积或间距改变处的截面（图中 4-4 截面）。

④ 腹板宽度改变处的截面。

2）按式(8.39)复核梁的截面尺寸。若不满足，应加大截面尺寸或提高混凝土强度等级。

3）验算是否需要进行斜截面的承载力计算。若满足式(8.43)或式(8.44)，按构造要求配筋；若满足式(8.41)、式(8.42)，按最小配筋率配置箍筋，否则，需计算配腹筋。

4）腹筋计算。在构件需要配置腹筋时，优先采用配箍筋抗剪的方案，既简化设计又方便施工，只有当剪力很大，仅配箍筋抗剪会导致箍筋直径过粗，间距很小，不仅施工麻烦，而且不经济时，再选择箍筋和弯起筋共同抗剪。

① 仅配箍筋时，由式(8.37)、式(8.38)求出$\frac{A_{sv}}{S}$，按构造要求选择箍筋。

② 当弯起筋和箍筋共同抗剪时，有两种方法，一是参考设计经验和构造要求，先选择箍筋，再由式(8.37)、式(8.38)计算出弯起筋面积 A_{sb}：

$$A_{sb}=\frac{V-V_c-V_{sv}}{0.8f_{yv}\sin\alpha_s}=\frac{V-V_{cs}}{0.8f_{yv}\sin\alpha_s}; \tag{8.45}$$

二是跨中正弯矩钢筋较富裕时，可先弯起钢筋 A_{sb}，再按式(8.37)或式(8.38)计算$\frac{A_{sv}}{S}$，或按构造要求配置箍筋。

（2）截面复核

已知截面尺寸 $b\times h$，材料强度等级（f_t、f_y、f_{yv}），腹筋配置$\left(\frac{A_{sv}}{s},A_{sb}\right)$，求抗剪承载力 V_u。复核步骤如下：

1）求配筋率 ρ_{sv}。

2）求抗剪承载力 V_u。

① $\rho_{sv} \leqslant \rho_{sv\min}$，说明是按构造要求配置箍筋，箍筋数量较少，为安全起见，抗剪承载力按式(8.37)、式(8.38)计算时，忽略箍筋的抗剪能力，只计算第一项，即

$$V_u = 0.7 f_t b h_0 \tag{8.46a}$$

$$V_u = \frac{1.75}{\lambda + 1.0} f_t b h_0 \tag{8.46b}$$

② $\rho_{sv} > \rho_{sv\min}$，说明是按计算确定的腹筋，按式(8.37)、式(8.38)计算 V_u，按式(8.39)计算 $V_{u\max}$，当 $V_u \leqslant V_{u\max}$ 时，V_u 即为梁的斜截面受剪承载力；当 $V_u > V_{u\max}$ 时，$V_{u\max}$ 即为梁的斜截面受剪承载力。

【例 8.8】 已知钢筋混凝土矩形截面简支梁，作用有均布荷载设计值 q＝60kN/m（包括自重），梁净跨 l_n＝5300mm，计算跨度 l＝5500mm，截面尺寸 $b \times h$＝250mm×550mm，混凝土采用 C20，受拉钢筋用Ⅱ级，箍筋用Ⅰ级，根据正截面受弯承载力计算已配有 6⌀22 受拉钢筋，按两排布置，分别按下列情况计算腹筋：(1)只配箍筋；(2)配有箍筋和弯起筋。

【解】 已知条件 $f_c = 9.6\text{N/mm}^2$，$f_t = 1.1\text{N/mm}^2$，$f_y = 300\text{N/mm}^2$，$f_{yv} = 210\text{N/mm}^2$

(1) 选择计算截面位置求剪力设计值

支座边缘截面剪力最大为最危险截面，故选 A 截面为整个斜截面抗剪计算的依据，(如图 8.30)剪力设计值为

$$V_A = \frac{1}{2} q l_n = \frac{1}{2} \times 60 \times 5.3 = 159(\text{kN})$$

(2)复核梁的截面尺寸

$$h_w = 550 - 60 = 490\text{mm}, \frac{h_w}{b} = \frac{490}{250} = 1.96 < 4$$

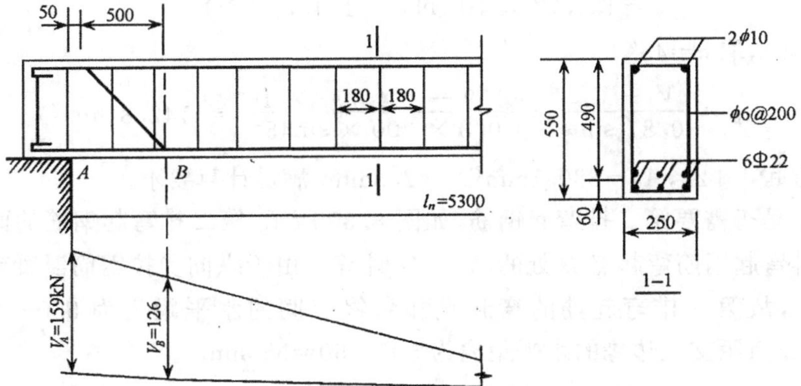

图 8.30

$$V_u = 0.25\beta_c f_c bh_0 = 0.25 \times 1.0 \times 9.6 \times 250 \times 490$$
$$= 294 \times 10^3(\mathrm{N}) = 294(\mathrm{kN})$$

$V_A < V_u$ 截面尺寸满足抗剪要求。

(3) 验算是否需要进行斜截面承载力计算

由式(8.43)、式(8.41)得

$$0.7f_tbh_0 = 0.7 \times 1.1 \times 250 \times 490 = 94325(\mathrm{N}) = 94.325(\mathrm{kN}) < V_A$$
$$f_tbh_0 = 1.1 \times 250 \times 490 = 134750(\mathrm{N}) = 134.75(\mathrm{kN}) < V_A$$

应按计算配置腹筋。

(4) 腹筋计算

1) 仅配置箍筋时，由式(8.37)

$$\frac{A_{sv}}{S} = \frac{V_A - 0.7f_tbh_0}{1.25f_{yv}h_0} = \frac{(159 - 94.325) \times 10^3}{1.25 \times 210 \times 490} = 0.503$$

结合构造要求，选 $\phi8@180$ 双肢箍筋，则

$$\frac{nA_{sv1}}{S} = \frac{2 \times 50.3}{180} = 0.559 > 0.503 \quad \text{满足要求。}$$

2) 配有箍筋和弯起筋时：按构造要求初选 $\phi6@180$ 的双肢箍筋，$A_{sv1} = 28.3\mathrm{mm}^2$，

$$\rho_{sv} = \frac{nA_{sv1}}{bs} = \frac{2 \times 28.3}{250 \times 180} = 0.126\% = \rho_{sv1\min}$$
$$= 0.24\frac{f_t}{f_{yv}} = 0.24 \times \frac{1.1}{210} = 0.126\%$$
$$V_{cs} = 0.7f_tbh_0 + 1.25f_{yv}\frac{A_{sv}}{S}h_0$$
$$= 94325 + 1.25 \times 210 \times \frac{2 \times 28.3}{180} \times 490$$
$$= 134.77 \times 10^3(\mathrm{N}) = 134.77(\mathrm{kN})$$

由式(8.45)，取 $\alpha = 45°$

$$A_{sb} = \frac{V - V_{cs}}{0.8f_y\sin\alpha} = \frac{(159 - 134.77) \times 10^3}{0.8 \times 300 \times \sin45°} = 142.8(\mathrm{mm}^2)$$

由跨中弯起 1 Φ22，$A_{sb} = 380.1\mathrm{mm}^2 > 142.8\mathrm{mm}^2$ 满足计算要求。

验算是否需要第二排弯起钢筋，如图 8.30 所示，第二排弯起钢筋的面积应根据第一排弯起钢筋弯起点 B 处的剪力 V_B 计算。由于纵向受拉钢筋混凝土保护层为 25mm，故第一排弯起筋的弯起点和弯终点间的水平距离为 $550 - 2 \times 25 = 500\mathrm{mm}$，$B$ 点距支座边缘的水平距离为 $500 + 50 = 550\mathrm{mm}$。

$$V_B = 159 - 60 \times 0.55 = 126\mathrm{kN} < V_{cs} = 134.77\mathrm{kN}$$

故不需第二排弯起钢筋。

8.3.3 受弯构件纵向受力钢筋的构造要求

前面介绍的主要是受弯构件斜截面受剪承载力的计算问题，斜裂缝的产生还会导致斜裂缝处纵向钢筋拉力增加，甚至屈服，引起斜截面受弯承载力不足，发生斜截面受弯破坏，同时纵向钢筋也有可能因锚固不足被拔出来，因此在设计中除了保证受弯构件正截面受弯承载力和斜截面受剪承载力满足要求外，在纵筋弯起、截断和锚固时，还需依据正截面抵抗弯矩图在构造上采取措施，以保证梁的斜截面受弯承载力满足要求。

1. 钢筋混凝土梁正截面抵抗弯矩图(材料图)

在钢筋混凝土梁正截面受弯承载力计算中，纵向受力钢筋是按跨中截面最大设计弯矩 M_{max} 确定的，其他任意截面设计弯矩 M_x 均小于 M_{max}。按实际配置的纵向受力钢筋画出的梁上各正截面所能抵抗的弯矩图称为抵抗弯矩图，它反映了沿梁全长正截面上材料的抗力，故又称为材料图。材料图应满足以下两点要求：一是材料图应包住弯矩图，以保证构件不发生正截面受弯破坏；二是材料图应接近弯矩图，以节约钢筋。材料图实质上是用作图法布置钢筋。

2. 抵抗弯矩图的作法和构造

梁中的受力筋 A_s 是以跨中最大弯矩 M_{max} 为依据算得并选配的。为简化计算，假设各截面抵抗弯矩与钢筋的截面面积成正比，这样每根钢筋所分担的抵抗弯矩可按其占全面积的百分比进行计算。

(1) 全部纵向钢筋向两端一直伸入支座的材料图

根据跨中最大弯矩 M_{max} 计算出纵向受力钢筋 A_s 后，实选钢筋 A_{su} 一般情况下均大于 A_s，由 A_{su} 可以求出与其对应的 M_{umax}，由于沿净跨各正截面纵向钢筋的面积不变，各截面上的抵抗弯矩也就彼此相等，都为 M_{umax}，其抵抗弯矩图为一矩形图形，如图 8.31(a)所示。简支梁和连续梁两端的下部纵向钢筋伸入梁支座范围内的锚固长度 l_{as} 应符合下列条件：如图 8.31(b)所示。

1) 当 $V \leqslant 0.7f_tbh_0$ 时，　　　$l_{as} \geqslant 5d$

2) 当 $V > 0.7f_tbh_0$ 时，　　　$l_{as} \geqslant 0.35l_a$

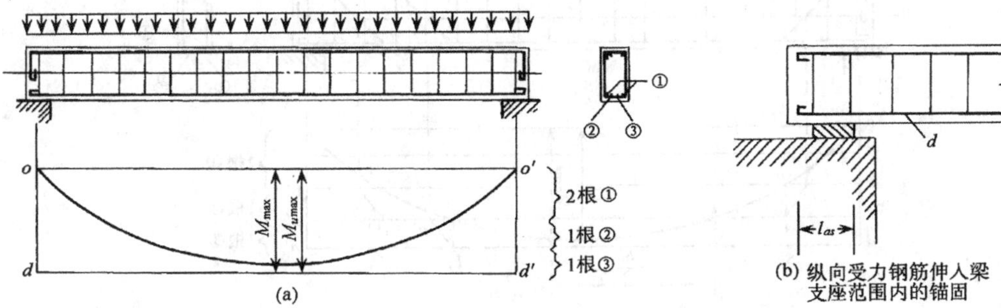

(b) 纵向受力钢筋伸入梁支座范围内的锚固

图 8.31

式中：l_a——规范规定的受拉钢筋锚固长度，按式(6.8)计算。

(2) 部分纵向受拉钢筋弯起的材料图及构造

1) 求每根钢筋所承担的抵抗弯矩。图 8.32 所示为跨中配置 4 根钢筋，每根钢筋承担的抵抗弯矩为$\frac{M_{u\max}}{4}$，并标于图上，则 $o'a'$、$o'b'$、$o'c'$、$o'd'$就分别表示正截面配有 1 根、2 根、3 根、4 根钢筋时，截面的抵抗弯矩。

2) 确定每根钢筋的充分利用点和计算不需要点(理论切断点)。过 a'、b'、c'各作与梁轴 oo'平衡的直线，分别与弯矩图相交于左右两点。如 cc'与弯矩图的交点 e、e'，e 点以左、e'以右的弯矩设计值小于 e、e'点的弯矩设计值，e、e'之间的弯矩设计值大于 e、e'两点的弯矩设计值。只有 e、e'两点钢筋的抵抗弯矩与截面设计弯矩相等，故 e、e'两点为②号钢筋的充分利用点，也是③号钢筋的计算不需要点，同理 h、h'两点为①号钢筋的充分利用点，也是②号钢筋的计算不需要点。

3) 画出材料图。各钢筋的计算不需要点是弯起筋弯起的极限位置。在图 8.32 中，将③号钢筋在其两端的计算不需要截面 e 和 e'的对应点 f 和 f'处弯起。在上弯过程中，随着离弯起点 f 和 f'水平距离的逐渐增大，③号钢筋在正截面中的内力臂不断减小，梁在弯起后所能承担的弯矩也随之逐渐降低，直至③号钢筋弯起穿过梁中心线后，即可认为包括交点在内的后一弯起段中的内力臂已减小为零，而不能再承担正截面中的弯矩，这种假定偏于安全。从弯起点 f 和 f'到弯起钢筋与梁中心线的交点对应点 g 和 g'之间的连接直线段 fg 和 $f'g'$，就表示了弯起钢筋弯起段所能承担的正截面中弯矩的变化过程，只要 g 和 g'点满足在③号钢筋的计算不需要点之外，则梁各个正截面的受弯承载力就可得到保证，同理画出②号弯起钢筋弯起段所能承担的正截面中弯矩的变化过程，所得折线图线 $objigff'g'i'j'b'o'$即为有弯起筋时的材料图。为了充分利用钢筋，使材料图更贴近弯矩图，在梁的受拉区中，弯起钢筋的弯起点，可设在按正截面受弯承载力计算不需要该钢筋截面之前，但弯起钢筋与梁中心线的交点，应在不需要该钢筋的截面之外。为了满足钢筋在弯起过程中斜截面抗弯承载力的要求，弯起筋的弯起点还要满足图 8.32 的构造要求。

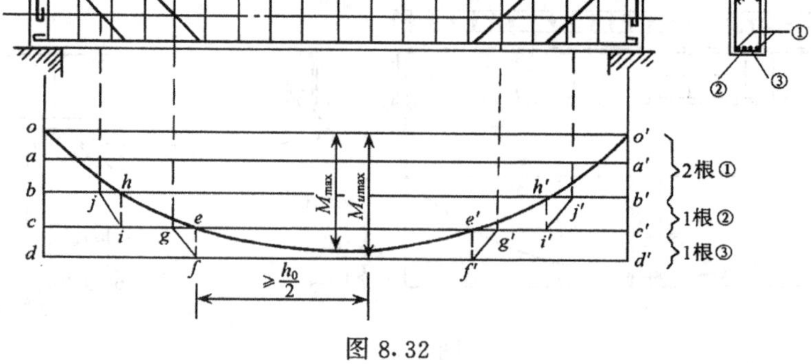

图 8.32

(3) 部分纵向受拉钢筋截断的材料图及构造

通常情况下,跨中正弯矩的受力筋不宜截断,应伸入支座或部分弯起,而支座附近负弯矩区段的受力纵筋可在不需要处截断,以节省钢筋。材料图的作法同(2),把每根钢筋从计算不需要点处截断,得到一折线型材料图,如图 8.33 所示。

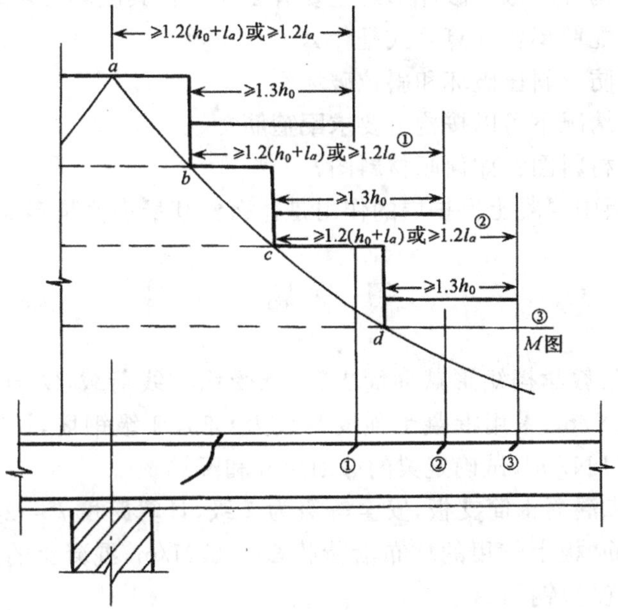

图 8.33 纵筋的截断位置

从材料图看出,虽然正截面受弯承载力可以满足,但因各钢筋是在充分利用点处截断,安全储备不高,另一方面,为了满足斜截面抗弯承载力的要求,钢筋截断时,要以理论切断点为依据,向外伸延一段长度后再截断,如图 8.33 所示。

当负弯矩段内有弯下钢筋时,其构造要求同正弯矩段。

思 考 题

8.1 钢筋混凝土受弯构件正截面承载力计算包括哪几部分?

8.2 何为单筋截面?适筋受弯构件从加载到破坏共分几个阶段。各阶段的应力-应变有何特点?截面的抗裂验算、裂缝宽度验算、承载力验算分别建立在哪些阶段基础上?

8.3 根据配筋率的不同,受弯构件分为几种类型? 各种类型的破坏特征是什么?

8.4 进行正截面承载力计算时,引入了哪些基本假设?

8.5 写出单筋矩形截面受弯构件正截面承载力的计算公式,并解释各符号意义。

8.6 如何防止受弯构件设计成少筋或超筋构件?

8.7　什么是双筋截面？什么情况下采用双筋截面？

8.8　写出双筋矩形截面正截面承载力计算公式，并解释各符号的意义。

8.9　T形截面分为几种类型？如何判断？

8.10　T形梁的基本计算公式及各符号的意义是什么？

8.11　受弯构件斜截面破坏形态主要有哪几种？其破坏特点是什么？

8.12　何为配筋率？计算公式是什么？

8.13　如何防止斜压破坏和斜拉破坏？

8.14　什么情况下可以按构造要求配箍筋？

8.15　何为材料图？如何画材料图？

8.16　梁、板中混凝土保护层的作用是什么？其最小值是多少？

习　　题

8.1　已知某教学楼矩形截面简支梁，承受均布线荷载，$G_k=9$kN/m（不包括梁自重），$Q_k=7$kN/m，采用混凝土强度等级为C20，Ⅱ级钢筋，计算跨度$l_0=6$m，混凝土的密度25kN/m^3，试确定梁的截面尺寸和配筋。

8.2　一现浇混凝土简支板，安全等级为Ⅱ级，计算跨度$l_0=2.24$m，采用C20混凝土，Ⅰ级钢筋，板上作用的均布活荷载$Q_k=2$kN/m，混凝土的密度25kN/m^3，试确定板厚h及受拉钢筋A_s。

8.3　已知梁的截面尺寸为200mm×450mm，受拉钢筋4Φ16，$A_s=804$mm^2，混凝土等级采用C20，钢筋采用Ⅱ级，承受弯矩$M=89$kN·m，验算此截面是否安全。

8.4　一现浇板，混凝土采用C20，钢筋采用ϕ8@200（$A_s=359$mm^2），板厚$h=80$mm，混凝土净保护层$c=15$mm，求M_u。

8.5　已知梁的截面尺寸为200mm×500mm，承受弯矩设计值$M=145$kN·m，混凝土采用C20，Ⅱ级钢筋，受压区配有3Φ20（$A'_s=941$mm^2）钢筋，求A_s。

8.6　已知梁的截面尺寸为200mm×500mm，混凝土为C20，Ⅱ级钢筋，承受弯矩设计值$M=250$kN·m，受压区配有2Φ20（$A'_s=628$mm^2）钢筋，求A_s。

8.7　某矩形截面简支梁，截面尺寸为250mm×400mm，采用C20混凝土，Ⅱ级钢筋，配有受拉钢筋6Φ22（$A_s=2281$mm^2），求：(1)当受压钢筋为2Φ18（$A'_s=509$mm^2）时，该梁所能承受的设计弯矩？(2)当受压区钢筋为4Φ25（$A'_s=1964$mm^2）时，该梁所能承受的设计弯矩？

8.8　已知T形梁截面尺寸如图，承受设计弯矩$M=450$kN·m，采用C20混凝土，Ⅱ级钢筋，求A_s。

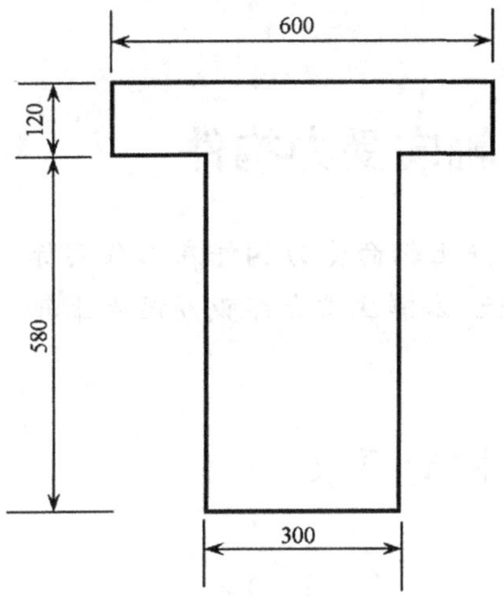

习题 8.8 图

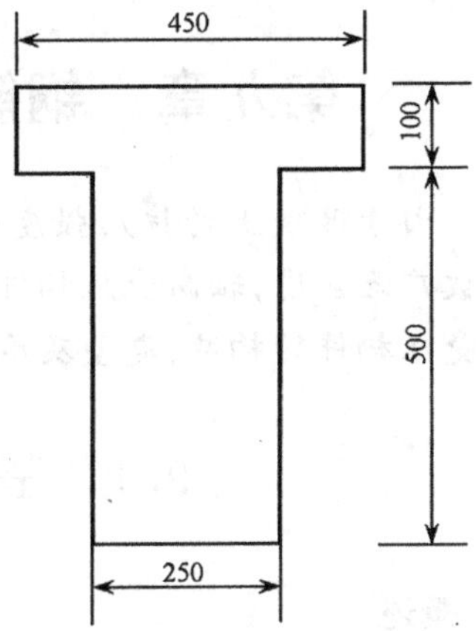

习题 8.9 图

8.9 已知 T 形梁截面尺寸如图，混凝土为 C20，Ⅱ级钢筋，试计算：(1)当受拉区配有 3 ⌀18($A_s=763$ 时 mm^2)；(2) 受拉区配有 6 ⌀25($A_s=2945mm^2$)时，截面所能承担的设计弯矩分别是多少？

8.10 一混凝土矩形截面简支梁，其支撑条件及跨度如图所示，作用于梁上为均布荷载，恒载（包括自重）$G_k=25kN\cdot m$，荷载系数为 1.2，活荷载 $Q_k=45kN\cdot m$，荷载系数为 1.4，截面尺寸为 250mm×450mm($h_0=415mm$)，混凝土采用 C20($f_c=10N/mm^2$)，箍筋为Ⅰ级钢筋，弯起钢筋与纵筋相同，为Ⅱ级钢筋，试设计该梁（进行配筋计算）。

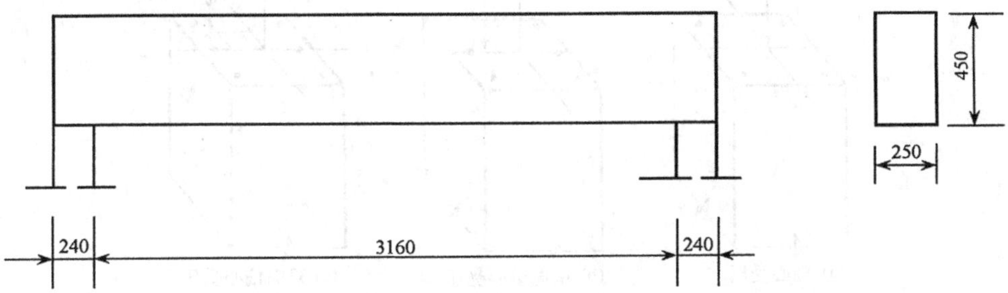

习题 8.10 图

8.11 已知某混凝土矩形截面简支梁，计算跨度为 $l=6m$，净跨 $l_n=5.74m$，截面尺寸为 250mm×550mm，采用混凝土 C20，Ⅱ级纵向钢筋和Ⅰ级箍筋，纵筋为 4 ⌀22，求当箍筋采用双肢 $\phi6@200$ 时，梁所能承受的均匀荷载设计值（提示：按正截面受弯求出 q_1，按斜截面受剪求出 q_2，二者取小者）。

第九章　钢筋混凝土轴向受力构件

由于混凝土的抗压强度较高，钢筋混凝土轴向受力构件在工程实际中被广泛应用，轴向受压构件应用更为广泛。本章主要介绍钢筋混凝土轴向受压构件的构造、类型及承载力计算。

9.1　基本概念及构造要求

9.1.1　概述

钢筋混凝土受压构件在荷载作用下其截面上一般作用有轴力、弯矩和剪力。在计算受压构件时，常将作用在截面上的弯矩化为等效的、偏离截面形心的轴向力考虑。当轴向力作用线与构件截面形心轴重合时，称为轴心受压构件。当弯矩和轴力共同作用于构件上或当轴向力作用线与构件截面形心轴不重合时，称为偏心受压构件。当轴向力作用线与截面的形心轴平行且沿某一主轴偏离形心时，称为单向偏心受压构件。当轴向力作用线与截面的形心平行且偏离两个主轴时，称为双向偏心受压构件，如图 9.1 所示。

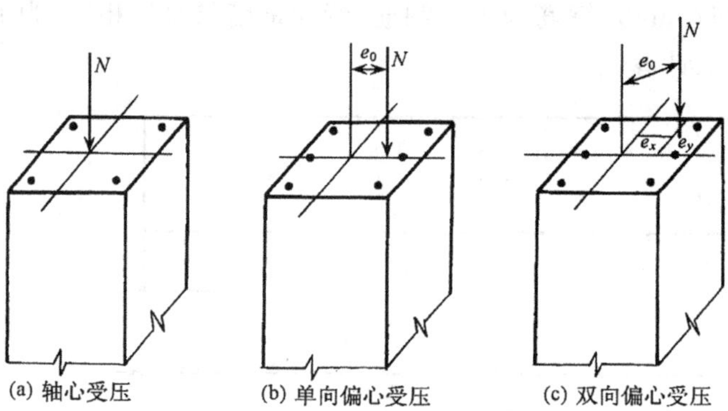

图 9.1　轴心受压与偏心受压

在实际结构中，由于混凝土质量不均匀、配筋的不对称、制作和安装误差等原因，往往存在着或多或少的偏心，所以，在工程中理想的轴心受压构件是不存在的。因此，目前有些国家的设计规范中已取消了轴心受压构件的计算。在我国考虑到对以恒载为主的多层房屋的内柱、屋架的斜压腹杆和压杆等构件，往往因弯矩很小而略去不计，因此仍近似简化为轴心受压构件进行计算。承受纵向拉力的构件，称为受拉构件。当纵向拉力作用线与构件截面形心轴线重合时为轴心受拉构件；当纵向拉力作用线偏离构件截面形心轴线时，或构件上既作用拉力又作用有弯矩时，则称为偏心受拉构件。真正的钢筋混凝土轴心受拉构件是很少的，但有些构件，如钢筋混凝土桁架中的拉杆、有内压力的圆管管壁、圆形水池的环形池壁等，可以按轴心受拉构件计算。偏心受拉构件在钢筋混凝土结构中也会遇到。例如，联肢剪力墙的某些墙肢、双肢柱的某些肢杆、悬伸式桁架承受节间竖向荷载的受拉上弦杆，以及一般屋架承担节间荷载的下弦杆等都属于偏心受拉构件；此外，经常遇到矩形筒仓、斗仓及水池，其仓壁或池壁也同时受到轴向拉力及弯矩的作用，故也属于偏心受拉构件。在钢筋混凝土结构中局部有受拉构件时，如将受拉构件做成钢构件，不仅会给施工带来不便，也会因处理钢筋混凝土和钢构件之间的连接构造而给设计带来不便，在此情况下也常将受拉构件设计为钢筋混凝土构件。此时，拉力由构件中的纵向钢筋承担，外围混凝土能对钢筋起到有效的防护作用，因此与纯钢构件相比，可以免去经常性的维护，而且构件的刚度也较纯钢构件大。在实际工程中的这类构件有钢筋混凝土屋架或托架的受拉弦杆及拱的拉杆等。此时一定要采取措施把构件的裂缝宽度控制在允许的范围内。

钢筋混凝土结构中的有些构件，在大多数时间里都是承受轴向压力，但在某些荷载组合下却承受轴向拉力，从而发生内力变号现象。这类构件一般都设计成钢筋混凝土构件，在设计时要按受压构件和受拉构件两种情况进行承载力计算，也要按受拉构件进行裂缝计算。这类构件的典型例子是钢筋混凝土屋架中的部分腹杆。

混凝土的抗拉强度低，一般钢筋混凝土受拉构件在外拉力不大时，混凝土就会出现裂缝。因此除了强度计算外，还需要做抗裂度或裂缝宽度的验算。

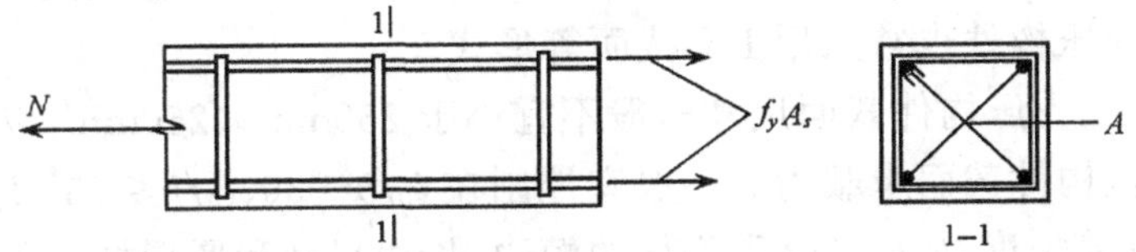

图 9.2　钢筋混凝土轴心受拉构件

钢筋混凝土轴心受拉构件一般采用正方形、矩形或其他对称截面，纵向钢筋在截面中对称布置或沿周边均匀布置(图 9.2)，偏心受拉构件的截面多为矩形。由于偏心受拉构件的截面作用有弯矩，所以矩形截面的长边宜和弯矩作用平面平行，纵向钢筋布置在短边上(图 9.3)。轴心受拉和偏心受拉构件中的纵向钢筋配筋都应满足最小配筋率的要求。

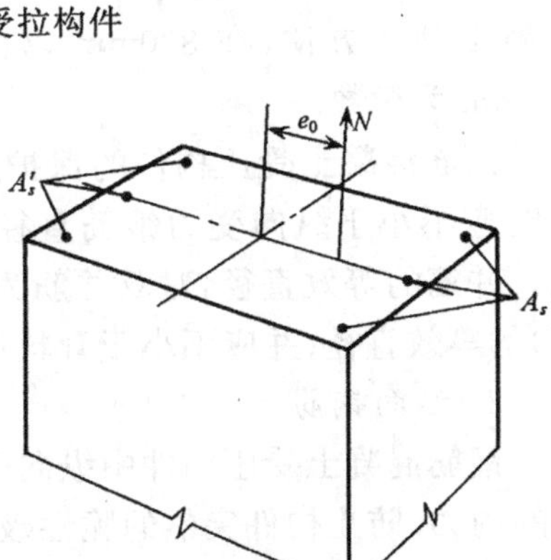

图 9.3　钢筋混凝土偏心受拉构件的截面

从受力的角度看，轴心受拉构件中并不需要箍筋，但为了形成钢筋骨架，仍必须设置箍筋，如屋架下弦箍筋间距一般不宜大于

200mm，箍筋直径 4～6mm。偏心受拉构件要进行斜截面抗剪计算，配置箍筋时应考虑抗剪要求。偏心受拉杆件中的箍筋一般宜满足有关受弯构件箍筋的各项构造要求。水池等薄壁构件中一般双向都有钢筋，形成钢筋网。

9.1.2 基本构造要求

受压构件除满足承载力计算要求外，还应满足相应的构造要求，这些构造要求内容多而复杂。这里只介绍一些基本构造要求，本节未涉及的一些构造规定可参阅《混凝土结构设计规范》(以下简称《规范》)。

1. 材料强度等级

混凝土强度等级对受压构件正截面承载力影响较大，为了充分利用混凝土承压，节约钢材，减小构件的截面尺寸，受压构件宜采用较高强度等级的混凝土。一般设计中常用的混凝土强度等级为 C20～C40 或更高。

由于在受压构件中，钢筋与混凝土共同受压，在混凝土达到极限压应变时，钢筋的压应力最高只能达到 400N/mm^2，采用高强度钢材不能充分发挥其作用，因而，不宜选用高强度钢筋来试图提高受压构件承载力。故一般设计中常采用Ⅱ级和Ⅲ级钢筋。

2. 截面形式和尺寸

钢筋混凝土受压构件的截面形式要考虑受力合理和模板制作方便。轴心受压构件的截面形式一般做成正方形或矩形，有特殊要求的情况下，亦可做成圆形或多边形；偏心受压构件的截面形式一般多采用矩形截面。为了节省混凝土及减轻结构自重，装配式受压构件也常采用 I 形截面等形式。

钢筋混凝土受压构件截面尺寸一般不宜小于 250mm×250mm，以避免长细比过大，降低受压构件截面承载力。一般宜控制在 $l_0/b\leqslant 30$、$l_0/h\leqslant 25$ 、$l_0/d\leqslant 25$。此处 l_0 为柱的计算长度，b、h、d 分别为柱的短边、长边尺寸和圆形柱的截面直径。为了施工制作方便，在 800mm 以内时，宜取 50mm 为模数；800mm 以上时，可取 100mm 为模数。

钢筋混凝土受压构件的保护层厚度，在室内正常环境下，最小厚度为 30mm，同时应不小于纵向受力钢筋直径 d 或并筋(用于当单根受力钢筋布置困难的情况。并筋的等效直径，对双并筋为单筋直径的 1.4 倍；对三并筋为单筋直径的 1.7 倍)的等效直径；并应不小于骨料最大粒径 1.5 倍。

3. 纵向钢筋

钢筋混凝土受压构件中纵向受力钢筋的作用是与混凝土共同承担由外荷载引起的内力。防止构件突然的脆性破坏，减小混凝土不匀质性引起的影响；同时，纵向钢筋还可以承担构件失稳破坏时，凸出面出现的拉力及由于荷载的初始偏心、混凝土收缩徐变、构件的温度变形等因素所引起的拉力等。

受压构件中，为了增加钢筋骨架的刚度，减小钢筋在施工时的纵向弯曲及减少箍筋用量，宜采用较粗直径的钢筋，以便形成刚性较好的骨架。因此，纵向受力钢筋直径 d 不宜于小于 12 mm，一般在 12～32mm 范围内选用。

矩形截面偏心受压构件中纵向受力钢筋根数不得少于 4 根，以便与箍筋构成骨架。轴心受压构件中的纵向钢筋应沿构件截面周边均匀布置，偏心受压构件中的纵向钢筋按计算要求布置在和偏心压力作用平面垂直的两侧。圆形截面受压构件中纵向钢筋一般应沿周边均匀布置，根数不宜少于 8 根。

当矩形截面偏心受压构件的截面高度 $h \geqslant 600$mm 时，应在截面两个侧面设置直径 d 为 10～16mm 的纵向构造钢筋，以防止构件因温度和混凝土收缩应力而产生裂缝，并相应地设置复合箍筋或拉筋。

纵向钢筋的净距不应小于 50mm，对不平位置浇筑的预制受压构件，其纵向钢筋的净距要求与梁相同。偏心受压构件中在垂直于弯矩作用平面配置的纵向受力钢筋和轴心受压构件中各边的纵向钢筋的中距都不应大于 350mm。

为使纵向受力钢筋起到提高受压构件截面承载力的作用，纵向钢筋应满足最小配筋率的要求，对于轴心受压构件全部受压钢筋的配筋率不得小于 0.6%，对于偏心受压构件一侧钢筋的配筋率不应小于 0.2%。当温度、收缩等因素对结构产生较大影响时，构件的最小配筋率应适当增加。为了施工方便和经济要求，全部纵向钢筋配筋率不宜超过 5%。

4. 箍筋

钢筋混凝土受压构件中箍筋的作用是为了防止纵向钢筋受压时压曲，同时保证纵向钢筋的正确位置并与纵向钢筋组成整体骨架。柱中箍筋应做成封闭式。

采用热轧钢筋时，箍筋直径不应小于 $d/4$ 且不应小于 6mm；采用冷拔低碳钢丝时，箍筋直径不应小于 $d/5$，且不应小于 5mm（d 为纵向钢筋最大直径）。柱内纵向钢筋搭接长度范围内的箍筋直径不宜小于搭接钢筋直径的 0.25 倍。当柱中全部纵向受力钢筋的配筋率超过 3%时，箍筋直径不宜小于 8mm。

任何情况下箍筋间距不应大于 400mm 且不应大于构件截面的短边尺寸；同时在绑扎骨架中不应大于 $15d$，在焊接骨架中不应大于 $20d$（d 为纵向钢筋最小直径）。

对柱内纵向钢筋来说，当采用非焊接的搭接接头时，如在规定搭接长度的任一区段内及采用焊接接头时，在焊接接头处 $35d$ 且不小于 500mm 区段内，当搭接钢筋为受拉时，其间距不应大于 $5d$ 且不应大于 100mm；当搭接钢筋为受压时，其间距不应大于 $10d$ 且不应大于 200mm（d 为纵向钢筋最小直径）。当受压钢筋直径大于 25mm 时，应在搭接接头两个端面外 50mm 范围内，各设置两个箍筋。

当柱中全部纵向受力钢筋的配筋率超过 3%时，其箍筋应焊成封闭式，箍筋末端应做成不小于 135°的弯钩，弯钩末端平直段的长度不应小于 10 倍箍筋直径；间距不应大于 10 倍纵向钢筋的最小直径且不应大于 200mm。

纵向钢筋至少每隔一根放置于箍筋转弯处。当柱截面短边大于 400mm 但截面各边纵向钢筋多于 3 根时，或者当柱截面短边不大于 400mm 但截面各边纵向钢筋多于 4 根时，应设置附加箍筋[图 9.4(a)、(b)]。附加箍筋的直径和间距均与构件内设置的箍筋相同。

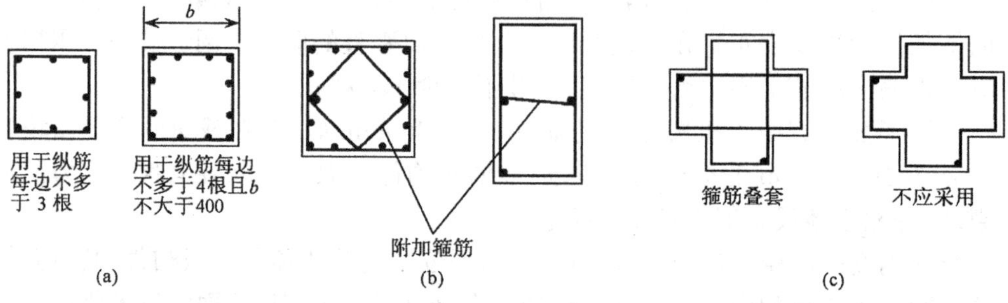

图 9.4

对截面形状复杂的柱，不可采用具有内折角的箍筋，避免产生向外的拉力，致使折角处的混凝土破损，而应采用分离式箍筋[图 9.2(c)]。

在配置普通箍筋的轴心受压构件中，箍筋和纵筋形成骨架，防止纵筋在混凝土压碎之前，在较大长度上向外压曲，从而保证纵筋能与混凝土共同受力直到构件破坏。同时箍筋还对核芯混凝土起到一些约束作用，并与纵向钢筋一起在一定程度上改善构件最终可以发生的突然脆性破坏，提高极限压应变。

配置螺旋式(或焊接环式)箍筋的轴心受压构件，箍筋能对芯混凝土形成较强的环向被动约束，从而能够进一步提高构件的承载能力和受压延性。

5. 上下层柱的接头

在多层房屋中，上下柱要做接头。柱内纵筋接头位置一般设在各层楼面处 500～1200mm范围内。通常是将下层柱的纵筋伸出楼面一段距离，与上层柱纵筋相搭接，其长度为钢筋的搭接长度 l_a。

位于同一接头范围内的受压钢筋搭接接头百分率不宜超过 50%。当采用搭接连接时，受压纵筋搭接长度当接头面积百分率不大于 50%时，取 $0.85l_a$；当接头面积大于 50%时，取 $1.05l_a$；且在任何情况下不应小于 200mm。

焊接骨架在受力方向的连接若采用搭接连接，则受拉钢筋的搭接长度不应小于 l_a，受压钢筋的搭接长度不应小于 $0.7l_a$。

当柱每边的纵筋不多于 4 根时，可在同一水平截面处接头；当每边的纵筋为 5～8根时应在两个水平截面处接头；当每边纵筋为 9～12 根时，应在三个截面处接头[图 9.5(a)、(b)、(c)]。

当下柱截面尺寸大于上柱截面尺寸，且上下柱相互错开尺寸与梁高之比$\leqslant l/6$时，下柱钢筋可弯折伸入上柱；当上下柱相互错开尺寸与梁高之比$>l/6$ 时，应加短筋。短筋直筋和根数与上柱相同[图 9.5(d)、(e)]。

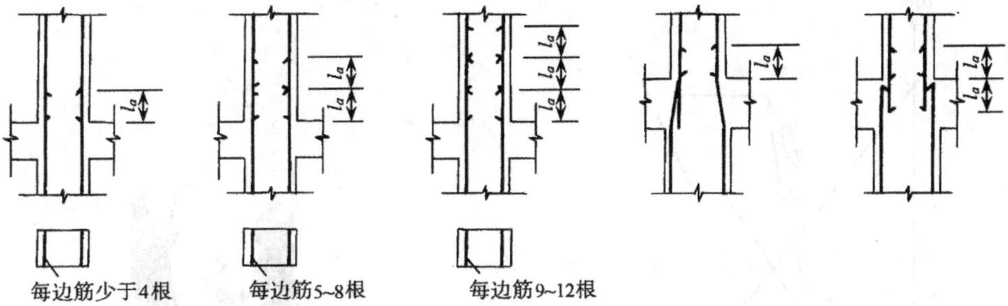

(a) (b) (c) (d) (e)

图 9.5 柱的钢筋接头

9.2 钢筋混凝土受压构件的承载力计算

9.2.1 轴心受压

1. 轴心受压短柱的应力分布及破坏形态

构件在轴心压力作用下和各级加载过程中，由于钢筋和混凝土之间存在着黏结力，因此纵向钢筋与混凝土共同受压。压应变沿构件长度上基本上是均匀分布的。

试验表明，轴心受压素混凝土棱柱体构件达到最大压应力值时的压应变值一般为 0.0015～0.002，而钢筋混凝土轴心受压短柱达到峰值应力时的压应变一般在 0.0025～0.0035 之间，其主要原因可以认为是构件中配置了纵向钢筋，起到调整混凝土应力的作用，能比较好地发挥混凝土的塑性性能，使构件到达峰值应力时的应变值得到增加，改善了轴心受压构件破坏的脆性性质。

在轴心受压短柱中，不论受压钢筋在构件破坏时是否达到屈服，构件的承载力最终受制于混凝土的压碎应力值。当达到极限荷载时，在构件最薄弱区段的混凝土将出现由微裂缝发展而成的肉眼可见的纵向裂缝，随着压应变的增长，这些裂缝将相互贯通，在外层混凝土剥落之后，核芯部分的混凝土将在纵向裂缝之间被完全压碎。在这个过程中，混凝土的侧向膨胀将向外推挤钢筋，而使纵向受压钢筋在箍筋之间呈现灯笼状向外受压屈服，如图 9.6 所示。破坏时，一般中等强度的钢筋，均能达到其抗压屈服强度，混凝土能达到轴心抗压强度，钢筋和混凝土都得到充分的利用。

若采用高强度钢筋，钢筋可能达不到屈服强度，不能被充分地利用。计算时，以构件的压应变等于 0.002 为控制条件，认为此时混凝土达到轴心抗压强度 f_c；相应的纵向钢筋应力值 $\sigma_s' = E\varepsilon_s \approx 2\times10^5\times0.002 = 400(\text{N/mm}^2)$，因此，在轴心受压构件中，若采用的纵向钢筋其抗拉强度设计值小于 400N/mm^2 时，则其抗压强度设

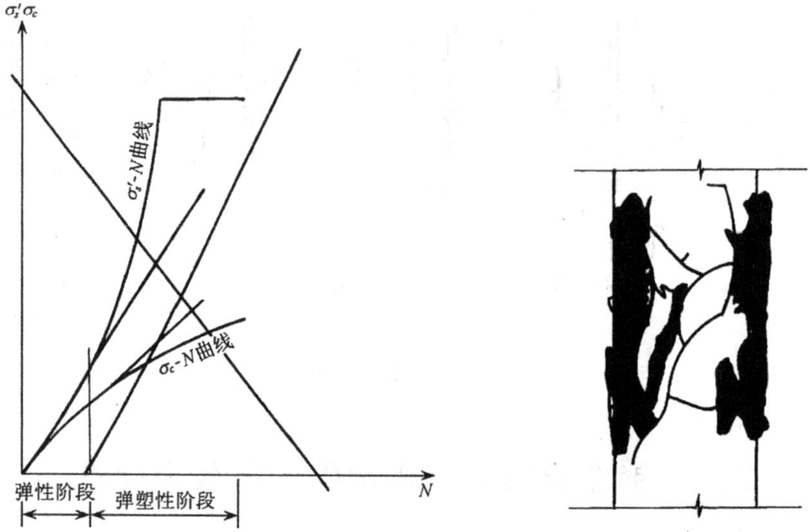

(a) 荷载-应力曲线　　(b) 轴心受压短柱破坏形态

图 9.6　轴心受压短柱的破坏试验

计值取等于其抗拉强度设计值，若其抗拉强度设计值大于或等于 400N/mm^2 时，则抗压强度设计值只能取 400N/mm^2。

2. 轴心受压长柱的应力分布及破坏形态

正如前面已经指出的，在轴心受压构件中，轴向压力的初始偏心（或称偶然偏心）实际上是不可避免的。在短粗构件中，初始偏心对构件的承载能力尚无明显影响。但在细长轴心受压构件中，以微小初始偏心作用在构件上的轴向压力将使构件朝与初始偏心相反的方向产生侧向弯曲。如图 9.7(a)所示，在构件的各个截面中

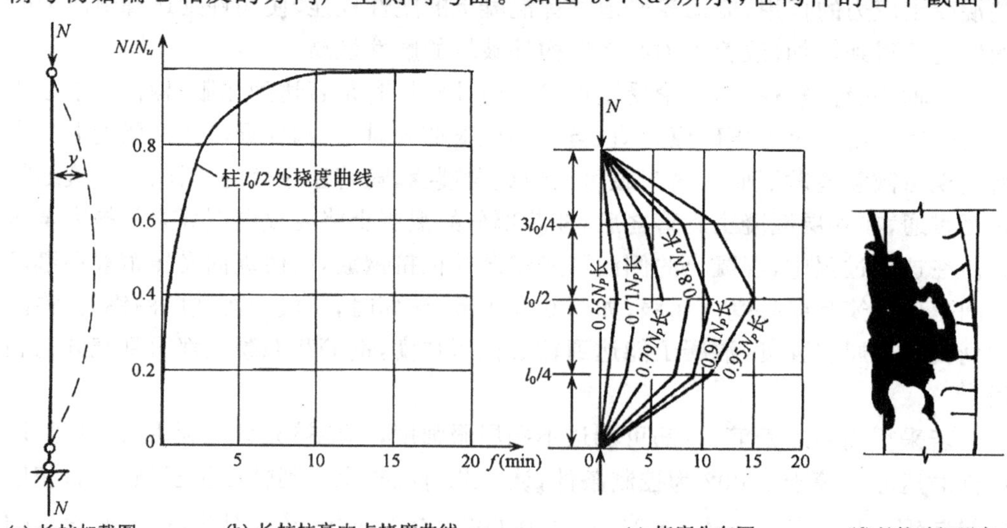

(a) 长柱加载图　　(b) 长柱柱高中点挠度曲线　　(c) 挠度分布图　　(d) 长柱破坏形态

图 9.7　轴心受压长柱的性质

除轴向压力外还将有附加弯矩 $M=NY$ 的作用，因此构件已从轴心受压转变为偏心受压。试验结果表明，当长细比较大时，侧向挠度最初是以与轴向压力成正比例的方式缓慢增长的；但当压力达到破坏压力的 60%～70%时，挠度增长速度加快[图 9.7(b)]，最后构件在轴向压力和附加弯矩的作用下破坏。破坏时，受压一侧往往产生较长的纵向裂缝，钢筋在箍筋之间向外压屈，构件高度中部的混凝土被压碎，而另一侧混凝土则被拉裂，在构件高度中部产生若干条以一定间距分布的水平裂缝，如图 9.7(d)所示。这实际上是偏心受压构件破坏的典型特征。

由于偏心受压构件截面所能承担的压力是随着偏心距的增大而减小的，因此，当构件截面尺寸不变时，长细比越大，破坏截面的附加弯矩就越大，构件所能承担的轴向压力也就越小。

当轴心受压构件的长细比 l_0/b 更大，例如，当 $l_0/b>35$ 时(指矩形截面，其中 l_0 为柱的计算长度，b 为产生侧向挠曲方向的截面边长)就可能发生失稳破坏。亦即当构件的侧向挠曲随着轴向压力的增大而增长到一定程度时，构件将不再能保持稳定平衡。这时构件截面虽未产生材料破坏，但已达到了所能承担的最大轴向压力。这个压力将随着构件长细比的增大而逐步降低。

试验表明，长柱承载力低于其他条件相同的短柱承载力，规范采用构件的稳定系数 φ 来表示长柱承载力降低的程度。

构件的稳定系数 φ 主要和构件的长细比 l_0/b 有关，混凝土强度等级及配筋率对其影响较小。根据国内外试验的实测结果，规范中对 φ 值制定了计算表(见表 9.1)，可直接查用。

表 9.1　钢筋混凝土轴心受压构件的稳定系数

l_0/b	l_0/d	l_0/i	φ	l_0/b	l_0/d	l_0/i	φ
8	7	28	1	30	26	104	0.52
10	8.5	35	0.98	32	28	111	0.48
12	10.5	42	0.95	34	29.5	118	0.44
14	12	48	0.92	36	31	125	0.40
16	14	55	0.87	38	33	132	0.36
18	15.5	62	0.81	40	34.5	139	0.32
20	17	69	0.75	42	36.5	146	0.29
22	19	76	0.70	44	38	153	0.26
24	21	83	0.65	46	40	160	0.23
26	22.5	90	0.60	48	41.5	167	0.21
28	24	97	0.56	50	43	174	0.19

注：表中 l_0——构件计算长度；b——矩形截面的短边尺寸；d——圆形截面的直径；i 截面的最小回转半径，$i=\sqrt{I/A}$。

应该指出的是，在查表 9.1 时，如果在柱的纵向有其他构件存在时，而且该构件能对柱起到纵向支撑作用，防止柱沿纵向的压曲，则柱的长细比应分别按 $\lambda_1=\frac{l_0}{h}$，$\lambda_2=\frac{l_0'}{b}$（l_0'为柱在另一平面内的计算长度）计算，并取 $\lambda=(\lambda_1,\lambda_2)_{\max}$作为设计计算的长细比。对于任意截面，也应按上述原则进行长细比的计算。如 $l_0'=l_0$ 时，则可按 l_0/b 来取 φ 值。

构件的计算长度 l_0 与构件两端的支撑有关，可按图 9.8 采用。

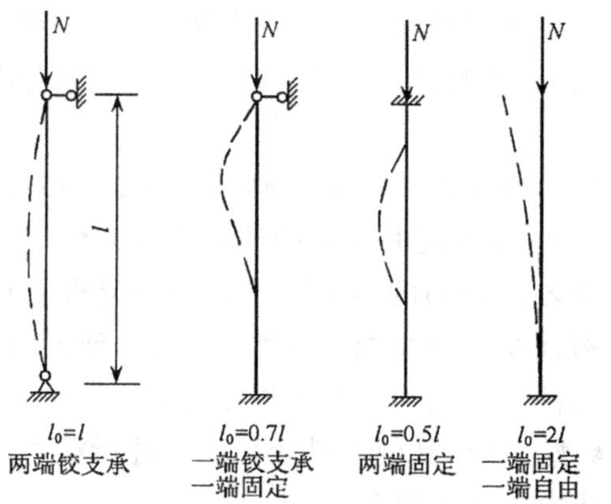

图 9.8　柱的计算长度

实际结构中，构件的支撑情况比上述理想的不动铰支撑或固定端要复杂得多，应结合具体情况进行分析。规范规定，轴心受压和偏心受压柱的计算长度 l_0 可按下列规定取用：

1）刚性屋盖单层房屋排架柱、露天吊车和栈桥柱，其计算长度 l_0 可按表 9.2 取用。

表 9.2　刚性屋盖的单层工业厂房排架柱、露天吊车柱和栈桥柱的计算长度 l_0

柱的类型		排架方向	垂直排架方向	
			有柱间支撑	无柱间支撑
无吊车厂房柱	单跨	$1.5H$	$1.0H$	$1.2H$
	两跨及多跨	$1.25H$	$1.0H$	$1.2H$
有吊车厂房柱	上 柱	$2.0H_u$	$1.25H_u$	$1.5H_u$
	下 柱	$1.0H_l$	$0.8H_l$	$1.0H_l$
露天吊车和栈桥柱		$2.0H_l$	$1.0H_l$	—

注：1. H 为从基础顶面算起的柱子全高；H_l 为从基础顶面至装配式吊车梁底面或现浇式吊车梁顶面的柱子下部高度；H_u 为从装配式吊车梁底面或从现浇式吊车梁顶面算起的柱子上部高度。

2. 有吊车厂房排架柱的计算长度，当计算中不考虑吊车荷载时，可按无吊车厂房的计算长度采用，但上柱的计算长度仍按有吊车厂房采用。

3. 有吊车厂房排架柱的上柱在排架方向的计算长度，仅适用于 $H_u/H_l\geqslant0.3$ 的情况；当 $H_u/H_l<0.3$，计算长度宜采用 $2.5H_u$。

2）对一般多层房屋的框架柱，梁柱为刚接的框架各层柱段，其计算长度可取为

现浇楼盖：底层柱段 $l_0=1.0H$；其余各层柱段 $l_0=1.25H$；

装配式楼盖：底层柱段 $l_0=1.25H$；其余各层柱段 $l_0=1.5H$ 。

3）对按无侧移考虑的框架结构，如具有非轻质填充墙且梁柱为刚接的框架各层柱段，当框架为三跨及三跨以上，或为两跨且框架总宽度不小于其总高度的三分之一时，其计算长度可取为 H。

在以上的规定中，对底层柱段，H 为从基础顶面到一层楼盖顶面的高度；对其余各层柱段，H 为上、下两层楼盖顶面之间的高度。

4）按有侧移考虑的框架结构，当竖向荷载较小或竖向荷载大部分作用框架节点上或其附近时，各层段的计算长度应根据可靠设计经验取用较上述规定更大的数值。

5）不设楼板或楼板上开孔较大的多层钢筋混凝土框架柱及无抗侧向力刚性墙体的单层钢筋混凝土框架柱的计算长度，应根据可靠设计经验或按计算确定。

3. 正截面受压承载力计算

根据上述短柱的破坏特征，钢筋混凝土柱的承载力计算图示如图 9.9 所示，考虑侧向挠度对长柱承载力的影响，得出轴心受压构件正截面承载力计算公式为

$$N = 0.9\varphi(f_cA + f'_yA'_s) \qquad (9.1)$$

式中：N——轴向压力设计值；

φ——钢筋混凝土构件的稳定系数，按表 9.1 采用；

f_c——混凝土的轴心抗压强度计值，按附录附表 3 采用；

A——构件截面面积；

f'_y——纵向钢筋的抗压强度设计值，按附录附表 2.3 采用；

A'_s——全部纵向钢筋的截面面积。

当纵向钢筋率大于 3%时，式中 A 应改为 A_n，$A_n=A-A'_s$。

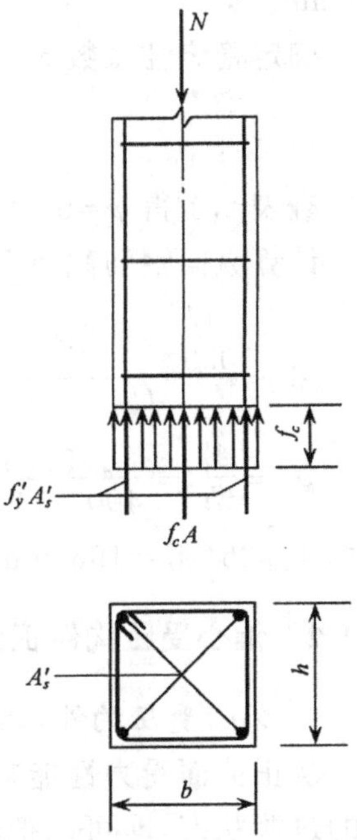

图 9.9

在实际工程中遇到的轴心受压构件的设计问题可以分为截面设计和截面复核两大类。

（1）截面设计

在设计截面时可以先选定材料强度等级，并根据轴向压力的大小及房屋总体刚度和建筑设计的要求确定构件截面的形状和尺寸，然后利用表 9.1 确定稳定系数 φ，再由公式(9.1)求出所需的纵向钢筋数量。如果计算所得纵筋的配筋率偏高，可考虑增大截面尺寸后重新计算，反之则考虑能否减小柱的截面尺寸。

应当指出，在实际工程中轴心受压构件沿截面 x、y 两个主轴方向的杆端约束条件可能不同，因此计算长度 l_0 也就可能不完全相同。如为正方形、圆形或多边形截面，则应按其中较大的 l_0 确定 φ。如为矩形截面，应分别按 x、y 两个方向确定 φ，并取其中较小者代入公式(9.1)进行承载力计算。

(2) 截面复核

轴心受压构件的截面复核步骤比较简单，只需将有关数据代入式(9.1)即可求得构件所能承担的轴向力设计值。

【例 9.1】 某多层现浇框架结构房屋，底层中间柱按轴心受压构件计算。该柱以承受恒荷载为主，安全等级为二级。轴向力设计值 $N=2160\text{kN}$，从基础顶面到一层楼盖顶面的高度 $H=5.6\text{m}$，混凝土强度等级为 C25($f_c=11.9\text{N/mm}^2$)，钢筋采用Ⅲ级($f'_y=360\text{N/mm}^2$)。求该柱截面尺寸及纵筋面积。

【解】 初步确定截面形式和尺寸：

由于是轴心受压构件，因此采用方形截面形式，并拟定截面尺寸 $b=h=400\text{mm}$。

确定稳定性系数 φ：取计算长度 $l_0=1.0H=1.0\times5600(\text{mm})$

则
$$\frac{l_0}{b}=\frac{5600}{400}=14$$

查表 9.1 得 $\varphi=0.92$

计算纵向钢筋截面面积 A'_s：由公式(9.1)$N=0.9\varphi(f_cA+f'_yA'_s)$得

$$A'_s=\frac{\dfrac{N}{0.9\varphi}-f_cA}{f'_y}=\frac{\dfrac{2160\times10^3}{0.9\times0.92}-11.9\times400\times400}{360}=1957.5(\text{mm}^2)$$

$$\rho'=\frac{A'_s}{bh}=\frac{1957.5}{400\times400}=1.22\%>\rho'_{\min}=0.6\% \quad \text{满足要求。}$$

选筋 4 Φ25($A'_s=1964\text{mm}^2$)。

9.2.2 偏心受压构件正截面承载力计算

1. 偏心受压构件正截面的破坏形态和机理

从正截面受力性能来看，我们可以把偏心受压状态看成是轴心受压与受弯之间的过渡状态，即可以把轴心受压看成是偏心受压状态在 $M=0$ 时的一种极端情况，而把受弯看成是偏心受压状态在 $N=0$ 时的另一种极端情况。因此可以断定，偏心受压截面中的应变和应力分布特征将随着 M/N 的逐步降低而从接近于受弯构件的状态过渡到接近于轴心受压状态。

试验表明，从加荷开始到接近破坏为止，用较大的测量标距量测得到的偏心受压构件的截面平均应变值都较好地符合平面假定。

根据已经做过的大量偏心受压构件的试验，可以把偏心受压构件按其破坏特征划分为以下两类：

第一类，受拉破坏，习惯上常称为“大偏心受压破坏”；

第二类，受压破坏，习惯上常称为“小偏心受压破坏”。

(1) 大偏心受压破坏(受拉破坏)

当构件截面中轴向压力的偏心距较大，而且没有配置过多的受拉钢筋时，就将发生这种类型的破坏。

这类构件由于 e_0 较大，即弯矩 M 的影响较为显著，因此它具有与适筋受弯构件类似的受力特点。在偏心距较大的轴向压力 N 作用下，远离纵向偏心力一侧截面受拉。当 N 增大到一定程度时，受拉边缘混凝土将达到其极限拉应变，从而出现垂直于构件轴线的裂缝。这些裂缝将随着荷载的增大而不断加宽并向受压一侧发展，裂缝截面中的拉力将全部转由受拉钢筋承担。随着荷载的增大，受拉钢筋将首先达到屈服。随着钢筋屈服后的塑性伸长，裂缝将明显加宽并进一步向受压一侧延伸，从而使受压区面积减小，受压边缘的压应变逐步增大。最后当受压边缘混凝土达到其极限压应变 ε_{cu} 时，受压区混凝土被压碎而导致构件的最终破坏。这类构件的混凝土压碎区一般都不太长，破坏时受拉区形成一条较宽的主裂缝。试验所得的典型破坏状况如图 9.10(a)所示。只要受压区相对高度不致过小，混凝土保护层不是太厚，即受压钢筋不是过分靠近中性轴，而且受压钢筋的强度也不是太高，则在混凝土开始压碎时，受压钢筋一般都能达到屈服强度。

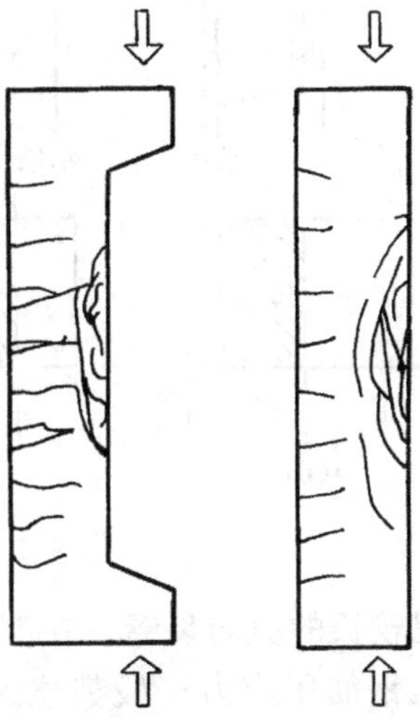

(a) 大偏心受压破坏　(b) 小偏心受压破坏

图 9.10　偏心受压柱的破坏形态

在上述破坏过程中，关键的破坏特征是受拉钢筋首先达到屈服，然后受压钢筋也能达到屈服，最后由于受压区混凝土压碎而导致构件破坏，这种破坏形态在破坏前有明显的预兆，属于塑性破坏。所以这类破坏也称为受拉破坏。破坏阶段截面中的应变及应力分布图形如图 9.11(a)所示。

(2) 小偏心受压破坏(受压破坏)

当构件截面中轴向压力的偏心距较小或很小，或者虽然偏心距较大，但配置过多的受拉钢筋时，构件就将发生这种类型的破坏。

当偏心距较小，或偏心距虽然较大，但受拉钢筋配置较多时，截面可能处于大部分受压而少部分受拉状态。当荷载增加到一定程度时，受拉边缘混凝土将达到其极限拉应变，从而沿构件受拉边出现垂直于构件轴线的裂缝。在构件破坏时，中和轴距受拉钢筋较近，钢筋中的拉应力较小，受拉钢筋达不到屈服强度，因此也不可能形成明显的主拉裂缝。构件的破坏是由受压区混凝土的压碎所引起的，而且压碎区的长度往往较大。当柱内配置的箍筋较少时，还可能在混凝土压碎前在受压区内

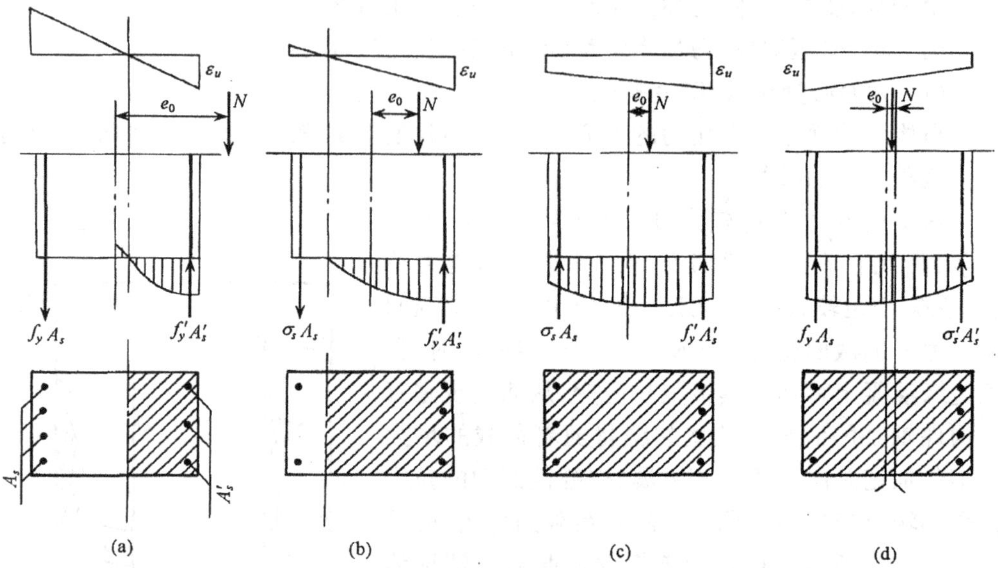

图 9.11　偏心受压构件截面受力的几种情况

出现较长的纵向裂缝。在混凝土压碎时,受压一侧的纵向钢筋只要强度不是过高,受压钢筋压应力一般都能达到屈服强度。这种情况下的构件典型破坏状况如图 9.10(b)。破坏阶段截面中的应变及应力分布图形则如图 9.11(b)所示。这里需要注意的是,由于受拉钢筋中的应力没有达到屈服强度,因此在截面应力分布图形中其拉应力只能用 σ_s 来表示。

当轴向压力的偏心距很小时,构件截面将全部受压,只不过一侧压应变较大,另一侧压应变较小。这类构件在整个受力过程中压应变较小一侧不会出现与构件轴线垂直的裂缝。构件的破坏是由压应变较大一侧的混凝土压碎所引起的。在混凝土压碎时,靠近纵向偏心力一侧的纵向钢筋只要强度不是过高,其压应力一般均能达到屈服强度。这种受压情况破坏阶段截面中的应变及应力分布图形如图 9.11(c)所示。由于受压较小一侧的钢筋压应力通常也达不到屈服强度,故在应力分布图形中它的应力也只能用 σ_s 表示。

此外,当轴向压力的偏心距很小,而远离纵向偏心压力一侧的钢筋配置得过少,接近纵向偏心压力一侧的钢筋配置较多时,截面的实际重心和构件的几何形心不重合,重心轴向纵向偏心压力方向偏移,且越过纵向压力作用线,在这种特殊情况下,破坏阶段截面中的应变及应力分布图形如图 9.11(d)所示。可见远离纵向偏心压力一侧边缘的混凝土的压应力反而大,出现远离纵向偏心压力一侧边缘混凝土的应变首先达到极限压应变,混凝土被压碎,最终构件破坏的现象。由于压应力较小一侧钢筋的应力通常也达不到屈服强度,因此在截面应力分布图形中其应力只能用 σ_s' 来表示。

上述小偏心受压情况所共有的关键性破坏特征是:构件的破坏是由受压区混

凝土的压碎所引起的。破坏时，压应力较大一侧的受压钢筋的压应力一般都能达到屈服强度，而另一侧的钢筋不论受拉还是受压，其应力一般都达不到屈服强度。构件在破坏前变形不会急剧增长，但受压区垂直裂缝不断发展，破坏时没有明显预兆，属脆性破坏。具有这类特征的破坏的形态也统称为“受压破坏”。

(3) 界限破坏

在“受拉破坏”和“受压破坏”之间存在着一种界限状态，称为“界限破坏”。它不仅有横向主裂缝，而且比较明显。它在受拉钢筋应力达到屈服的同时，受压混凝土出现纵向裂缝并被压碎，在界限破坏时，混凝土压碎区段的大小比“受拉破坏”情况时的大，比“受压破坏”情况时的要小。

图 9.12 显示出偏心受压构件各种情况下的截面应变分布图形，图 9.12 中 ab、ac 即表示在大偏心受压状态下的截面应变状态，随着纵向压力的偏心距减小或受拉钢筋量的增加，在破坏时形成斜线 ad 所示的应变分布状态，即当受拉钢筋达到屈服应变时，受压边缘混凝土也刚好达到极限应变值 $\varepsilon_{cu}=0.0033$，这就是界限状态。如纵向压力的偏心距进一步减小或受拉钢筋配筋量进一步增大，则截面破坏时将形成斜线 ae 所示的受拉钢筋达不到屈服的小偏心受压状态，当进入全截面受压状态后，混凝土受压较大一侧的边缘极限压应变将随着纵向压力偏心距的减小而逐步有所下降，其截面应变分布如斜线 af、ag 和水平线 $a''h$ 所示的顺序变化，在变化的过程中，受压边缘的极限压应变将由 0.0033 逐步下降到接近轴心受压时的 0.002。上述偏心受压构件截面应变变化规律与受弯构件截面应变的变化是相似的。

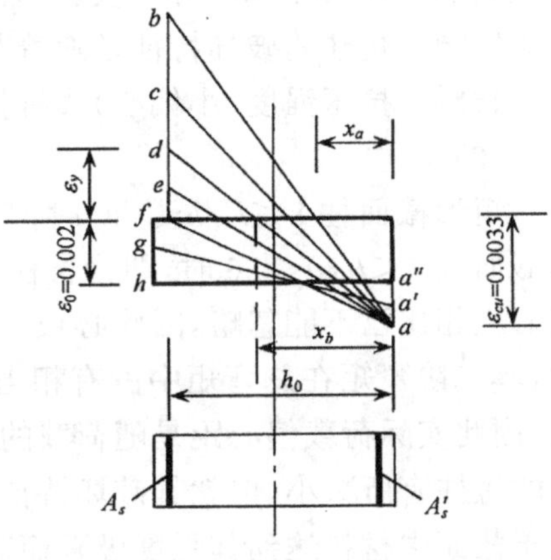

图 9.12 偏心受压构件的截面应变分布

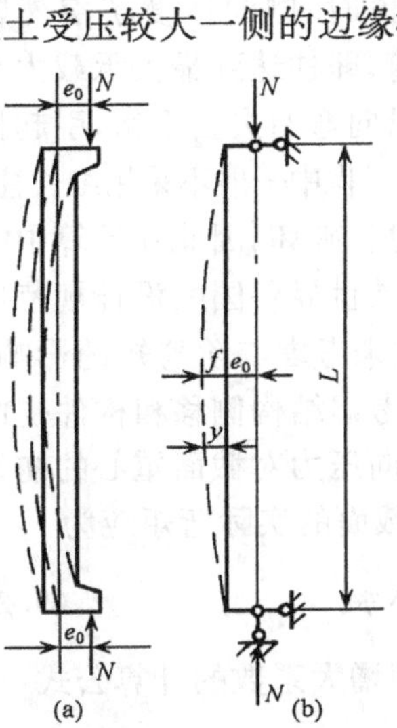

图 9.13 偏心受压构件的侧向挠度

2. 偏心受压构件的纵向弯曲影响

钢筋混凝土受压构件在承受偏心荷载后，将产生纵向弯曲变形，即产生侧向挠度，对长细比小的短柱，侧向挠度小，计算时一般可忽略其影响。对长细比较大的长柱，由于侧向挠度的影响，各个截面所受的弯矩不再是 Ne_0，而变为 $N(e_0+y)$(图 9.13)，y 为构件任意点的水平侧向挠度，则在柱高中点处，侧向挠度最大的截面中的弯矩为 $N(e_0+f)$，f 是侧向挠度，随着荷载的增大而不断加大，因而弯矩的增长也就越来越快。偏心受压构件中的弯矩受轴向压力和构件侧向附加挠度影响的现象称为“细长效应”或“压弯效应”，并把截面弯矩中的 Ne_0 称为初始弯矩或一阶弯矩（不考虑细长效应构件截面中的弯矩），将 Ny 或 Nf 称为附加弯矩或二阶弯矩。

钢筋混凝土柱按长细比可分为短柱、长柱和细长柱。

(1) 短柱

偏心受压短柱中，虽然偏心荷载作用将产生一定的侧向附加挠度，但其 f 值很小，一般可以忽略不计。例如，由于 f 产生的二阶弯矩 $M=Nf$ 与初始弯矩 $M=Ne_0$ 相比 $<5\%$，可不考虑二阶弯矩，各个截面中的弯矩均可以认为等于 Ne_0，即弯矩与轴向压力为线性关系。因此，《规范》规定，对于矩形截面柱 $l_0/h\leqslant 8$ 时、T 形及 I 形截面柱 $l_0/i\leqslant 28$ 时，环形及圆形截面柱 $l_0/d\leqslant 7$，可不考虑纵向弯曲引起的二阶弯矩影响。短柱的破坏特征是随着荷载的增大，当达到极限承载力时，构件的截面由于材料的抗压强度（小偏心）或抗拉强度（大偏心）达到其极限强度而破坏。

(2) 长柱

矩形截面柱 $8<l_0/h\leqslant 30$ 时，T 形及 I 形截面柱 $28<l_0/i\leqslant 104$ 时、环形及圆形截面柱 $7<l_0/d\leqslant 26$ 时，即为长柱。长柱受偏心荷载作用侧向挠度 f 大，与初始偏心距相比已不能忽略，因此必须考虑二阶弯矩影响，特别是在偏心距较小的构件中，其二阶弯矩在总弯矩中占有相当大的比例。由于 f 是随荷载的增加而不断增大，因此实际荷载偏心距是随荷载的增大而呈非线性增加，构件的承载力比相同截面的短柱有所减小，但就其破坏特征来说与短柱相同，即构件控制截面最终仍然是由于截面中材料达到其强度极限而破坏，仍属材料破坏。

(3) 细长柱

长细比很大（$l_0/h>30$）的柱，当偏心压力达到最大值时，侧向挠度 f 突然剧增，此时钢筋和混凝土的应变均未达到材料破坏的极限值，即柱达到最大承载力是发生在其控制截面材料强度还未达其破坏强度，但由于纵向弯曲失去平衡，引起构件破坏。由于此时的失稳破坏与材料破坏有了本质的区别，工程中一般不采用细长柱。

实际工程中最常遇到的是长柱，由于其最终破坏是材料破坏，因此在计算中需考虑由于构件的侧向挠度而引起的二阶弯矩的影响。目前世界各国的设计规范均采用对一阶弯矩乘以一个能反映构件长细比的扩大系数来考虑二阶弯矩的影响。我国《规范》规定，对长细比 $l_0/i>28$ 的偏心受压构件，应考虑结构侧移和构件挠曲引起的二阶弯矩对轴向压力偏心距的影响，此时，应将轴向压力对截面重心的初始偏心距 e_i 乘以偏心距增大系数 η。即偏心受压构件控制截面的实际弯矩应为

$$M=N(e_i+f)=N\frac{e_i+f}{e_i}e_i=N\eta e_i \tag{9.2}$$

根据大量理论分析及试验结果，《规范》给出了偏心距增大系数的计算公式

$$\eta=C_m\left[1+\frac{K}{1400\dfrac{e_i}{h_0}}\left(\frac{l_0}{h}\right)^2\zeta_1\zeta_2\right] \tag{9.3}$$

$$C_m = 0.7 + 0.3\frac{M_1}{M_2}$$

$$\zeta_1 = 0.2 + 2.7\frac{e_i}{h_0}$$

$$\zeta_2 = 1.15 - 0.01\frac{l_0}{h}$$

式中：C_m——无侧移结构中偏心受压构件杆端弯矩不等的影响系数，当计算出的 $C_m<0.55$ 时，取 $C_m=0.55$；对有侧移的框架和排架结构中的偏心受压构件，取 $C_m=1.0$；

K——荷载长期影响系数：对无侧移结构中的偏心受压构件，取 $K=1.0$；对有侧移结构中的偏心受压构件，取 $K=0.85$；

l_0——构件的计算长度，按表 9.2 取用；对无侧移结构的偏心受压构件，可取两端不动支点间的轴线长度；

h——截面高度：其中，对环形截面，取外直径 d；对圆形截面，取直径 d；

M_1——绝对值较小的杆端弯矩设计值，当与弯矩 M_2 同号时取正值，当与弯矩 M_2 反号时取负值；

M_2——绝对值较大的杆端弯矩设计值，取正值；

h_0——截面有效高度；

ζ_1——偏心受压构件截面曲率修正系数，当 $\zeta_1>1.0$ 时取 $\zeta_1=1.0$；

ζ_2——偏心受压构件长细比对截面曲率的影响系数，当 $l_0/h<15$ 时，取 $\zeta_2=1.0$。

当按式(9.3)计算的 η 值小于 1.0 时，应取为 1.0。

上式仅适用矩形截面 $l_0/h\leqslant30$，T 形、I 形截面 $l_0/i\leqslant104$，圆形及环形截面 $l_0/d\leqslant26$的偏心受压构件。试验表明，当 $l_0/h>30$(如 $l_0/h=40\sim50$)时，当柱达到其极限承载力时，控制截面应变值较小，离其材料破坏还相当远，为此《规范》规定公式(9.3)适用的长细比上限值，对于矩形截面 $l_0/h=30$。试验表明，对矩形、I 形、T 形、环形和圆形截面偏心受压构件，当长细比 $l_0/h\leqslant8$(或 $l_0/i\leqslant28$，$l_0/d\leqslant7$)时，侧向挠度对偏心距增大的影响对截面承载力降低很少，可不考虑侧向挠度对偏心距的影响，即取 $\eta=1$。偏心受压构件的计算长度 l_0 取值与轴心受压构件相同。

3. 偏心受压构件正截面承载力计算的基本假定

偏心受压构件和受弯构件在破坏形态和受力方面有相似之处，因此，偏心受压构件计算的基本假定大部分与受弯构件相同。截面变形后的平截面假定仍然适用，同时也不考虑混凝土的抗拉强度，受压区混凝土的应力图形仍用一个等效的矩形应力图形来代替。但是，由于偏心受压构件的受力情况和截面应力分布情况的多样性和复杂性，和受弯构件相比较也有不同之处。受压混凝土的极限压应变在偏心受压构件中随偏心程度的大小而有所变化，不像在受弯构件中那样基本不变。为了保持正截面计算的统一性和便于应用,《规范》对偏心受压正截计算仍采用了与受弯构件正截面计算一样基本假定,包括取统一的 $\varepsilon_{cu}=0.0033$,并采用与受弯构件一样的混凝土应力-应变曲线。由此带来的计算误差由采用适当的附加偏心距等方法加以补偿,所得的计算结果与实验结果的一致性表明能满足工程计算的要求。

4. 附加偏心距

由于工程中实际存在着荷载作用位置的不定性、混凝土质量的不均匀性及施工的偏差等因素,都可能产生附加偏心距。《规范》规定,在偏心受压构件的正截面承载力计算中应考虑轴向压力在偏心方向的偏心距 e_a,其值应不小于 20mm 和偏心方向截面尺寸的 1/30 两者中的较大值。正截面计算时所取的偏心距 e_i 由 e_0 和 e_a 两者相加而成,即

$$e_0=\frac{M}{N} \tag{9.4}$$

$$e_a=\frac{h}{30}\geqslant 20\text{mm} \tag{9.5}$$

$$e_i=e_0+e_a \tag{9.6}$$

式中:e_0——由截面上 M、N 计算所得的原始偏心距;

e_a——附加偏心距;

e_i——初始偏心距。

《规范》在决定附加距取值时也考虑了对偏心受压构件正截面计算结果的修正作用,以补偿基本假定和实际情况不完全相符带来的计算误差。

5. 两种破坏形态的界限

从大小偏心受压破坏特征可以看出,两者之间的根本区别在于破坏时受拉钢筋能否达到屈服。这和受弯构件的适筋与超筋破坏两种情况完全一致。因此,两种偏心受压破坏形态的界限与受弯构件与超筋破坏的界限也必然相同,即在破坏时纵向钢筋应力达到屈服强度,同时受压区混凝土也达到极限压应变 ε_{cu}值,此时其相对受压区高度称为界限受压区高度 ξ_b。

当 $\xi\leqslant\xi_b$ 时,属于大偏心受压破坏;

当 $\xi>\xi_b$ 时,属于小偏心受压破坏。

6. 小偏心受压构件中远离纵向偏心力一侧的钢筋应力

试验分析表明,小偏心受压构件,破坏时的应力分布图形可能是截面部分受压部分受拉或全截面受压。一般情况下,靠近纵向力 N 作用一侧的混凝土被压碎,并且这一侧的纵向受压钢筋 A_s'的应力达到屈服,而远离纵向偏心力一侧的钢筋 A_s,可能受拉或受压,但应力往往均达不到屈服强度用 σ_s 表示。特殊情况也会出现远离纵向力作用的一侧混凝土先破坏的情况,如图 9.11 所示。

一般情况下,远离纵向偏心力一侧的纵向钢筋 A_s 的应力不论受拉还是受压,均不会达到屈服强度,只能达到 σ_s。理论上,σ_s 可根据平截面假定确定,但这时 σ_s 和 ξ 之间的函数关系十分复杂,不便于计算。《规范》建议采用以下方法来确定 σ_s

的值。

取界限状态下 $\xi=\xi_b$ 时 $\sigma_s=f_y$，再取 $\xi=\beta_1$ 时 $\sigma_s=0$，通过以上两点即可找出 σ_s-ξ的近似线性关系为

$$\sigma_s=\frac{f_y}{\xi_b-\beta_1}\left(\frac{x}{h_0}-\beta_1\right)=\frac{f_y}{\xi_b-\beta_1}(\xi-\beta_1) \tag{9.7}$$

式中：ξ_b——界限状态相对受压区高度系数；

β_1——混凝土局部受压时强度提高系数，按公式(8.8)说明取用。

此时计算的钢筋应力应符合 $f'_y\leqslant\sigma_s\leqslant f_y$。

7. 不对称配筋矩形截面偏心受压构件正截面承载力计算

(1) 大偏心受压构件的截面计算

试验分析表明，大偏心受压构件，若受拉钢筋配置不过多时，破坏状态与适筋梁相同，破坏时截面平均应变和裂缝截面处的应力分布如图 9.14(a)所示，即其受拉及受压纵向钢筋均能达到屈服强度，受压区混凝土应力为抛物线形分布。为了简化计算，同样可以采用等效矩形应力图形，如图 9.14(b)的计算图示。

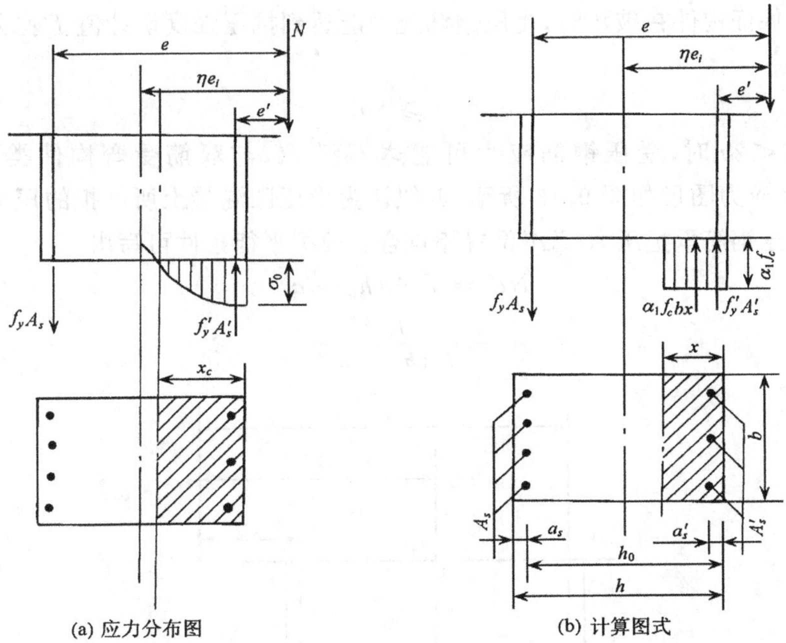

图 9.14　大偏心受压构件的截面计算

由沿构件纵轴方向的内外力之和为零，可得

$$N\leqslant\alpha_1f_cbx+f'_yA'_s-f_yA_s \tag{9.8}$$

由截面上内、外力对受拉钢筋合力点的力矩之和等于零，可得

$$Ne\leqslant\alpha_1f_cbx\left(h_0-\frac{x}{2}\right)+f'_yA'_s(h_0-a'_s) \tag{9.9}$$

式中：N——轴向压力设计值；

x——混凝土受压区高度；

e——轴向压力作用点至纵向受拉钢筋合力点之间的距离。

由截面上内、外力对受压钢筋合力点的力矩之和等于零，可得

$$Ne' \leqslant f_y A_s(h_0 - a_s') - \alpha_1 f_c bx\left(\frac{x}{2} - a_s'\right) \tag{9.10}$$

式中：e'——轴向压力作用点至纵向受压钢筋合力点之间的距离。

$$e = \eta e_i + \frac{h}{2} - a_s \tag{9.11}$$

$$e' = \eta e_i - \frac{h}{2} + a_s' \tag{9.12}$$

为了保证构件在破坏时，受拉钢筋应力能达到抗拉强度设计值 f_y，必须满足适用条件

$$\xi = \frac{x}{h_0} \leqslant \xi_b \tag{9.13}$$

为了保证构件在破坏时，受压钢筋应力能达到抗压强度设计值 f_y'必须满足适用条件

$$x \geqslant 2a_s' \tag{9.14}$$

当 $x < 2a_s'$时，受压钢筋应力可能达不到 f_y'，与双筋受弯构件类似，可取 $x = 2a_s'$。其应力图形如图 9.15 所示，近似认为受压区混凝土所承担的压力的作用位置与受压钢筋承担压力 $f_y'A_s'$位置相重合。根据平衡条件可写出

$$Ne' = f_y A_s(h_0 - a_s') \tag{9.15}$$

$$A_s = \frac{Ne'}{f_y(h_0 - a_s')} \tag{9.16}$$

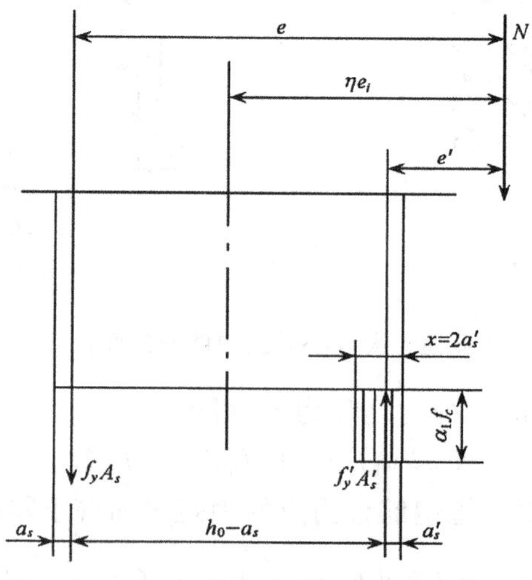

图 9.15　$x < 2a_s'$大偏心受压构件的截面计算

大偏心受压情况的截面设计，同双筋受弯构件一样，区分为 A_s、A'_s均未知和 A'_s已知两种情形。

第一种情形：已知截面尺寸 $b\times h$、构件计算长度、混凝土强度等级、钢筋种类、轴向力设计值 N 及弯矩设计值 M，求钢筋截面面积 A_s 及 A'_s。

基本计算式(9.8)和式(9.9)表明，此时有两个方程 3 个未知数，即 A_s、A'_s、x。不能求得惟一解，和双筋受弯构件相仿，需要补充一个条件才能求解。为了使总用钢量($A_s+A'_s$)最少，应充分利用受压区混凝土承受压力，也就是应使受压区高度尽可能大，因此取 $x=x_b=\xi_b h_0$ 代入公式(9.9)可得

$$A'_s=\frac{Ne-\alpha_1 f_c b x_b(h_0-0.5x_b)}{f'_y(h_0-a'_s)}=\frac{Ne-\alpha_1 f_c b h_0^2\xi_b(1-0.5\xi_b)}{f'_y(h_0-a'_s)} \tag{9.17}$$

若求得的 $A'_s\geqslant 0.002bh$，代入公式(9.8)可得

$$A_s=\frac{\alpha_1 f_c b h_0\xi_b+f'_y A'_s-N}{f_y} \tag{9.18}$$

当 $A_s>0.0015bh$ 时，按此 A_s 配筋；

当 $A_s<0.0015bh$ 时，应按 $A_s=0.0015bh$ 配筋；

当 $A_s<0$ 时，说明截面不是大偏心受压情况，因所取 $x=x_b=\xi_b h_0$，不可能不需要 A_s；再者，若属于大偏心受压，A_s 必然不能为零，因此所做计算与实际不符，应按小偏心受压构件重新计算。

当求得的 $A'_s<0.002bh$ 时或 $A'_s<0$ 时，取 $A'_s=0.002bh$，按 A'_s已知，参照第二种情形重新计算。

第二种情形：已知截面尺寸 $b\times h$、构件计算长度、混凝土强度等级、钢筋种类、轴向力设计值 N 弯矩设计值 M 及受压钢筋 A'_s，求受拉钢筋 A_s。

基本计算公式(9.8)和式(9.9)表明此时有两个方程两个未知数，即 A_s 和 x。因此可代入公式直接求解。具体求解方法和受弯构件双筋截面计算方法完全一样。求得 x 后可能有几种情况：

当 $2a'_s\leqslant x\leqslant\xi_b h_0$ 时，继续求 A_s，且使 $A_s\geqslant\rho_{\min}bh$；否则取 $A_s=\rho_{\min}bh$ ；

当 $x>\xi_b h_0$ 时，应加大构件截面尺寸或按 A'_s未知的情形，照第一种情形重新计算；

当 $x<2a'_s$时，应先按公式(9.16)计算 A_s，再按不考虑受压钢筋 A'_s即 $A'_s=0$ 代入基本计算公式计算 A_s，取两者中较小值。

(2) 小偏心受压构件的截面计算

一般情况下[图 9.16(a)、(b)]，由截面上纵轴方向的内、外力之和为零和截面上内、外力对受拉钢筋合力点的力矩之和等于零的条件，可以得出

$$N\leqslant\alpha_1 f_c bx+f'_y A'_s-\sigma_s A_s=\alpha_1 f_c b h_0\xi+f'_y A'_s-\sigma_s A_s \tag{9.19}$$

$$\begin{aligned}Ne&\leqslant\alpha_1 f_c bx\left(h_0-\frac{x}{2}\right)+f'_y A'_s(h_0-a'_s)\\&=\alpha_1 f_c b h_0^2\xi(1-0.5\xi)+f'_y A'_s(h_0-a'_s)\end{aligned} \tag{9.20}$$

在进行小偏心受压计算时，如已知 A_s 或 A'_s，那么，可以直接联立求解上述两

个基本公式。如果 A_s 和 A_s' 均未知，根据试验结果，对于小偏心受压破坏情况，远离偏心压力一侧的纵向受力钢筋不论受拉还是受压、配置数量是多还是少，其应力一般均不能达到屈服强度，因此除去偏心距过小（$e_0 \leqslant 0.15h_0$）同时轴向压力又比较大（$N > \alpha_1 f_c b h_0$）的情况外，均可取 A_s 等于最小配筋量，这样就为小偏心受压计算补充了一个经济配筋的条件，由于在未得出计算结果之前无法确定出远离轴向压力一侧的钢筋是受拉还是受压，故对这部分钢筋统一取受压钢筋最小配筋量为 $A_s = 0.002bh$。这样得出的（$A_s' + A_s$）一般为最经济。

当纵向偏心压力的偏心距很小（$e_0 \leqslant 0.15h$）且纵向偏心压力又比较大（$N > \alpha_1 f_c b h_0$）的全截面受压情况下，如果接近纵向偏心压力一侧的纵向钢筋 A_s' 配置较多，而远离偏心一侧的钢筋 A_s 配置相对较少时，可能出现特殊情况，此时 A_s 有可能达到受压屈服强度，远离纵向偏心压力一侧的混凝土也有可能先被压坏。这时的截面应力图形如图 9.16(c)所示，因而当 $e_0 \leqslant 0.15h_0$ 且 $N > \alpha_1 f_c b h_0$ 时，为使 A_s 配置不致过少，应按图 9.16(c)对 A_s' 合力点取力矩平衡求得 A_s。这时取 $x = h$ 可得

$$Ne' \leqslant \alpha_1 f_c bh\left(h_0' - \frac{h}{2}\right) + f_y' A_s (h_0' - a_s) \tag{9.21}$$

式中：h_0'——纵向钢筋 A_s' 合力点离偏心压力较远一侧边缘的距离，即 $h_0' = h - a_s'$

$$e' = \frac{h}{2} - e_i - a_s' \tag{9.22}$$

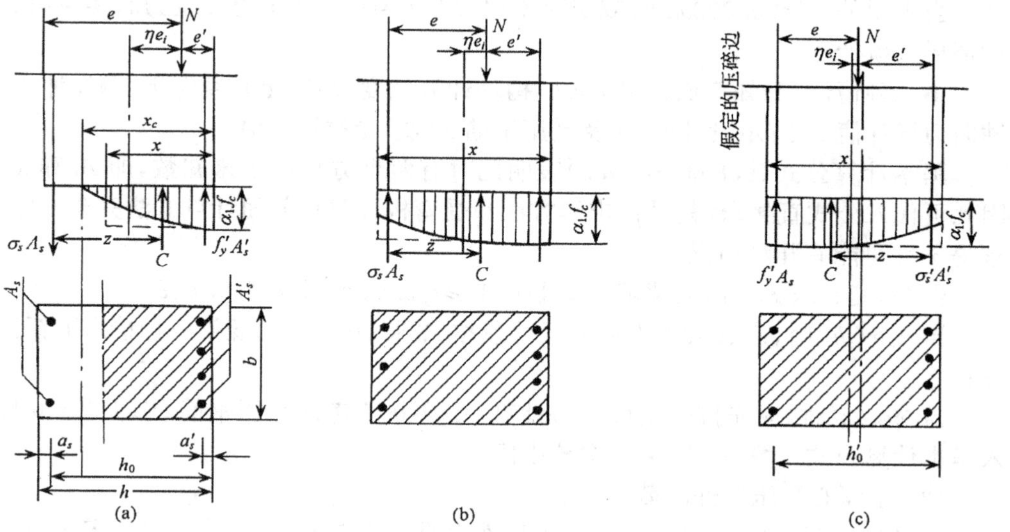

图 9.16　小偏心受压构件的截面计算

图 9.16(c)的应力图形是认为受压破坏发生在 A_s 一侧，此时，轴向力作用点接近截面重心，在计算中不考虑偏心距增大系数，初始偏心距取 $e_i = e_0 - e_a$，因此式(9.21)可改写为

$$N\left[\frac{h}{2} - a_s' - (e_0 - e_e)\right] = \alpha_1 f_c bh\left(h_0' - \frac{h}{2}\right) + f_y' A_s (h_0' - a_s) \tag{9.23}$$

$$A_s = \frac{N\left[\frac{h}{2} - a_s' - (e_0 - e_a)\right] - \alpha_1 f_c bh\left(h_0' - \frac{h}{2}\right)}{f_y'(h_0' - a_s)} \tag{9.24}$$

这时的 A_s' 仍按式(9.20)计算。

为避免远离纵向力一侧混凝土先压坏，当 $e_0 \leqslant 0.15h_0$ 且 $N > \alpha_1 f_c bh_0$ 时，应先按式(9.24)计算 A_s，与 A_s 取最小配筋率 $A_s = 0.002bh$ 相比较，取两者的较大值作为 A_s 的取值。

值得注意的是小偏心受压满足 $\xi > \xi_b$ 及 $-f_y \leqslant \sigma_s \leqslant f_y$ 的条件，当纵向受力钢筋 A_s 的应力 σ_s 达到受压屈服强度($-f_y$)且 $f_y' = f_y$ 时，根据公式(9.7)可计算出此状态相对受压区高度 $\xi = 2\beta_1 - \xi_b$。

当 A_s 确定后，代入基本计算式(9.19)和式(9.20)可首先求得 x(或 ξ)。

当 $\xi < 2\beta_1 - \xi_b$ 时，说明 $-f_y' < \sigma_s < f_y$，此时 $\xi \leqslant h/h_0$，可由基本公式求得 A_s'，且使 $A_s' \geqslant 0.002bh$，否则 $A_s' = 0.002bh$；当 $\xi > 2\beta_1 - \xi_b$ 时，说明 $\sigma_s = -f_y'$，可直接取 $\xi = 2\beta_1 - \xi_b$，此时当 $\xi \leqslant h/h_0$，可由基本公式求得 A_s 和 A_s'，且使 $A_s(A_s') \geqslant 0.002bh$；当 $\xi > h/h_0$，取 $\xi = h/h_0$，再由基本公式可求 A_s、A_s' 且使 $A_s(A_s') \geqslant 0.002bh$。当 $\xi \geqslant h/h_0$ 时，还应按轴心受压构件正截面承载力计算公式计算垂直于弯矩作用平面的截面配筋量。此时计算出的 A_s' 应大于 $A_s + A_s'$ 的总量，否则增加配筋量。

当 $\xi < \xi_b$ 时，按大偏心受压构件计算。

(3) 截面复核

在进行截面复核时，一般已知截面尺寸 b、h，配筋量 A_s 及 A_s'，材料强度等级，构件计算长度，以及构件需要承受的轴向压力 N 和弯矩 M，要求复核截面的承载力是否足够安全；或是在确定的偏心距下，复核截面所能承担的偏心压力；或已知 N 值，求所能承受的弯矩设计值 M。

截面复核时，必须计算出截面受压区高度，确定构件属于大偏心受压还是小偏心受压，然后按基本公式确定构件的承载力。为了确定截面的受压区高度，可利用图 9.15 中各纵向内力对纵向压力 N 作用点取矩的平衡条件，得

$$A_s f_y e \pm A_s' f_y' e' = \alpha_1 f_c bh_0^2 \xi\left(\frac{\eta e_i}{h_0} - \frac{1}{2} + 0.5\xi\right) \tag{9.25}$$

式(9.25)中当 N 作用于 A_s 及 A_s' 以外时，公式左边取负号，且 $e' = \eta e_i - \left(\frac{h}{2} - a_s'\right)$；

当 N 作用于 A_s 及 A_s' 之间时，公式左边取正号，且 $e' = \frac{h}{2} - \eta e_i - a_s'$。

由式(9.25)可求得 ξ 值。

如 $\xi \leqslant \xi_b$，为大偏心受压构件，将 ξ 代入到大偏心受压构件基本计算公式即可计算截面的承载力。

$\xi > \xi_b$，为小偏心受压构件，此时应由小偏心受压基本公式重新联立求解 ξ，并

进而求得截面的承载力。

当求得 $N\leqslant\alpha_1 f_c bh_0$，此 N 即为构件的承载力；

当求得的 $N>\alpha_1 f_c bh_0$，且 $e_0<0.15h_0$ 时，尚需按式(9.24)计算构件的承载力，两者的较小值即为构件的承载力。

此外，对小偏心受压构件还应按轴心受压构件验算垂直于弯矩平面的受压承载力。

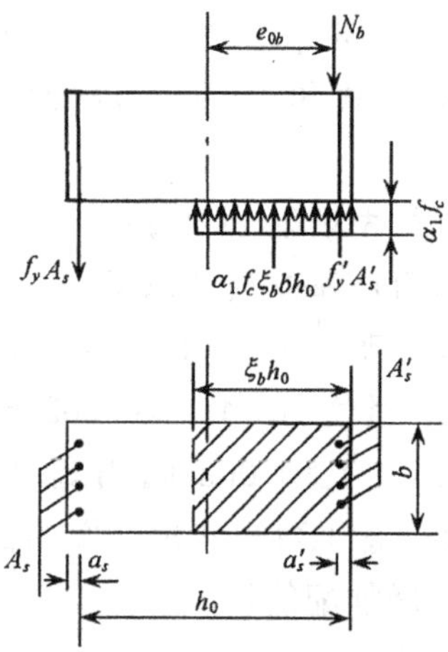

图 9.17　偏心受压构件界限状态度下计算图形

(4) 大、小偏心的判别

无论是截面设计还是截面复核，都需要首先判别截面是属于大偏心还是小偏心，然后才能使用相应的公式进行计算，判别大小偏心有若干种方法，分别适用于不同的情况。

1) 直接计算 ξ 以判别大小偏心。如果根据已知条件可以使用基本公式直接计算 ξ，那么，可以将计算所得的 ξ 值与 ξ_b 相比较以判别大、小偏心。此方法适用于截面复核，也可用于一些特殊情况(如对称配筋矩形截面)下的截面设计。

2) 使用界限偏心距判别大小偏心。图 9.17 表示刚好处于大、小偏心受压界限状态下的矩形截面应力分布情况。此时混凝土在界限状态下受压区相对高度为 ξ_b，受压钢筋已经达到屈服强度，即 $\sigma_s=f_y$。则由平衡条件可得

$$N_b=\alpha_1 f_c bh_0\xi_b+f_y'A_s'-f_yA_s \tag{9.26}$$

$$M_b=N_b e_{0b}=\alpha_1 f_c bh_0\xi_b\left(\frac{h}{2}-\frac{\xi_b h_0}{2}\right)+f_y'A_s'\left(\frac{h}{2}-a_s'\right)+f_yA_s\left(\frac{h}{2}-a_s\right) \tag{9.27}$$

$$e_{0b}=\frac{M_b}{N_b}=\frac{\alpha_1 f_c bh_0\xi_b\left(\frac{h}{2}-\frac{\xi_b h_0}{2}\right)+f_y'A_s'\left(\frac{h}{2}-a_s'\right)+f_yA_s\left(\frac{h}{2}-a_s\right)}{\alpha_1 f_c bh_0\xi_b+f_y'A_s'-f_yA_s} \tag{9.28}$$

e_{0b}称为界限偏心距，可用于判别截面的大、小偏心，当截面上的 $\eta e_i>e_{0b}$时，为大偏心，反之为小偏心，由于 e_{0b}的计算中要用到 A_s 及 A_s'，故这一方法也仅适用于截面复核。

3) 使用经验公式判别大、小偏心。将 $A_s=\rho bh_0$ 和 $A_s'=\rho' bh_0$ 代入式(9.28)可得

$$\frac{e_{0b}}{h_0}=\frac{\alpha_1 f_c \xi_b\left(\frac{h}{h_0}-\xi_b\right)+(\rho' f'_y+\rho f_y)\left(\frac{h}{h_0}-\frac{2a_s}{h_0}\right)}{2(\alpha_1 f_c \xi_b+\rho' f'_y-\rho f_y)} \tag{9.29}$$

取工程中常遇到的材料性质和几何尺寸间的关系(如 $h=1.05h_0$),$a_s=a'_s=0.05h_0$,$f_y=f'_y$,混凝土强度等级 C15～C40,钢筋级别Ⅱ级等),以及配筋率 ρ 和 ρ' 的下限代入上式,可得出 e_{0b}/h_0 大约在 0.3 左右,且变化幅度不大,可以用于判别截面的大、小偏心。

当 $\eta e_i<0.3h_0$ 时,截面属于小偏心受压破坏;当 $\eta e_i \geqslant 0.3h_0$ 时,可先按大偏心受压破坏进行计算,计算过程中得到 ξ 后,再根据 ξ 的值最终确定截面属于哪一种受力情况。使用经验公式判别大小偏心可用于截面设计,但由于公式是针对矩形截面推导得出的,这一经验公式只适用于矩形截面。

4) 试算法。在截面设计时先按大偏心破坏计算,计算过程中得到 ξ 后再加以判断。如 $\xi \leqslant \xi_b$ 则说明原定假设正确,继续进行计算;如 $\xi>\xi_b$ 则说明原定假设错误,改按小偏心重新计算。改按小偏心重新计算所得的 ξ 必然满足 $\xi>\xi_b$,但数值上不会和第一次按大偏心计算所得的 ξ 相同(第一次计算所得的 ξ 是按错误的假定计算得出的,没有意义),这一点应了解。

本方法可用于任何形状截面的设计计算。

以上各种方法在计算中可按实际情况灵活选用。

8. 对称配筋矩形截面偏心受压构件正截面承载力计算

偏心受压构件采用对称配筋在实际结构中极为常见。偏心受压构件在各种不同荷载(风荷载、地震作用、竖向荷载)组合下,在同一截面内可能分别承受变化弯矩,即截面在一种荷载组合下为受拉的部位,在另一种荷载组合下变为受压,截面中原受拉的钢筋则会由受拉而变为受压,因此,当其产生的正弯矩值相差较大,而按对称配筋计算时,其纵向钢筋的用量比按不对称配筋计算时纵向钢筋总的用量相差不多时,为便于设计和施工,宜采用对称配筋;再者对预制构件,为保证吊装时不出现差错,一般都采用对称配筋。所谓对称配筋是指:$A_s=A'_s$,$f_y=f'_y$,$a_s=a'_s$。由于对称配筋是非对称配筋的特殊情形,因此基本计算公式仍可应用。

(1) 大、小偏心受压构件的判别

将 $A_s=A'_s$、$f_y=f'_y$ 代入大偏心受压构件基本公式(9.8)、公式(9.9)中,就得到对称配筋大偏心受压基本计算公式

$$N=\alpha_1 f_c bx=\alpha_1 f_c bh_0\xi \tag{9.30}$$

$$Ne=\alpha_1 f_c bx\left(h_0-\frac{x}{2}\right)+f'_y A'_s(h_0-a'_s) \tag{9.31}$$

由式(9.30)可得

$$\xi=\frac{N}{\alpha_1 f_c bh_0} \tag{9.32}$$

当 $\xi \leqslant \xi_b$ 时,为大偏心受压构件;当 $\xi>\xi_b$ 时,为小偏心受压构件。

应注意两个问题：一是ξ值对小偏心受压构件来说仅为判断依据，不能作为小偏心受压构件的实际相对受压区高度系数值；二是在实际设计中，由于构件截面尺寸的选择一般取决于构件的刚度，因此有可能出现截面尺寸很大而荷载相对较小以及偏心距也很小的情形，此时按式(9.32)就会得出大偏心受压的结论，但又存在$\eta e_i < 0.3h_0$的情况，实际上这种情况属于小偏心受压，这种情况无论按大偏心受压计算还是按小偏心受压计算都接近构造配筋，因此，只要是对称配筋就可以用ξ与ξ_b的关系作为判别大、小偏心受压构件的惟一依据，这样可使计算得到简化。

(2) 截面计算

1) 大偏心受压构件。由式(9.32)得出ξ值及$x=\xi h_0$；若$2a'_s \leqslant x < \xi_b h_0$，利用公式(9.31)可直接求得$A'_s$，并使$A_s=A'_s$；若$x < 2a'_s$则表示受压筋不能达到屈服强度，这时可利用公式(9.16)求得A_s；再按$A'_s=0$代入公式(9.30)和式(9.31)求A_s，两者取较小值，最后使$A_s=A'_s$。

2) 小偏心受压构件。将$A'_s=A_s$，$f_y=f'_y$及σ_s代入小偏心受压构件基本计算公式(9.19)和式(9.20)中，可以得到对称配筋小偏心受压基本计算公式

$$N = \alpha_1 f_c bx + f'_y A'_s - f_y A_s \frac{\xi - \beta_1}{\xi_b - \beta_1} \tag{9.33}$$

$$Ne = \alpha_1 f_c bx\left(h_0 - \frac{x}{2}\right) + f'_y A'_s (h_0 - a'_s) \tag{9.34}$$

由此两式可解得一个关于ξ的三次方程，但ξ值很难求解。分析表明，在小偏心受压构件中，对于常用材料的强度，可采用近似计算公式

$$\xi = \frac{N - \xi_b \alpha_1 f_c bh_0}{\dfrac{Ne - 0.43\alpha_1 f_c bh_0^2}{(\beta_1 - \xi_b)(h_0 - a'_s)} + \alpha_1 f_c bh_0} + \xi_b \tag{9.35}$$

显然，$\xi > \xi_b$，肯定为小偏心受压情况。将ξ代入式(9.34)可求得

$$A_s = A'_s = \frac{Ne - \alpha_1 f_c bh_0^2 \xi(1 - 0.5\xi)}{f'_y (h_0 - a'_s)} \tag{9.36}$$

当求得$A_s + A'_s > 0.05bh_0$时，说明截面尺寸过小，宜加大柱截面尺寸。

当求得$A'_s < 0$时，表明柱的截面尺寸较大。这时，应按受压钢筋最小配筋率配置钢筋，取$A'_s = A_s = 0.002bh_0$。

对称配筋偏心受压构件的截面承载力复核，可按不对称配筋偏心受压构件的方法和步骤进行计算，只是此时应取$f_y A_s = f'_y A'_s$。

【例 9.2】 某柱截面尺寸$b \times h = 300\text{mm} \times 400\text{mm}$，$a_s = a'_s = 35\text{mm}$，柱计算高度$l_0 = 4\text{m}$，混凝土强度等级为C25，钢筋采用Ⅲ级。承受轴向力设计值$N=250\text{kN}$，弯矩设计值$M=160\text{kN}\cdot\text{m}$，求钢筋截面面积$A_s$和$A'_s$值(按有侧移框架柱考虑)。

【解】 $\dfrac{l_0}{h} = \dfrac{4000}{400} = 10 > 8$ 需考虑纵向弯曲影响

$$e_0 = \frac{M}{N} = \frac{160\,000}{250} = 640(\text{mm})$$

$$e_i = e_0 + e_a = 640 + 20 = 660(\text{mm})$$

$$\zeta_1 = 0.2 + \frac{2.7e_i}{h_0} = 0.2 + 2.7 \times \frac{660}{365}$$

$$= 5.08 > 1，取\ \zeta_1 = 1.0$$

由 $l_0/h<15$，取 $\zeta_2=1.0$；$C_m=1.0$；$K=0.85$

则

$$\eta = C_m\left[1 + \frac{K}{\frac{1400e_i}{h_0}}\left(\frac{l_0}{h}\right)^2\zeta_1\zeta_2\right]$$

$$= 1.0\left[1 + \frac{0.85}{1400 \times \frac{660}{365}} \times 10^2 \times 1 \times 1\right] = 1.0336$$

$\eta e_i=682.16\text{mm}>0.3h_0=109.5\text{mm}$，故按大偏心受压构件计算。

$$e = \eta e_i + \frac{h}{2} - a_s = 682.16 + 200 - 35$$

$$= 847.16(\text{mm})，取\ \xi = \xi_b = 0.518$$

由式(9.17)得

$$A'_s = \frac{Ne - \alpha_1 f_c b\xi_b h_0^2(1 - 0.5\xi_b)}{f'_y(h_0 - a'_s)}$$

$$= \frac{250\,000 \times 847.16 - 1.0 \times 11.9 \times 300 \times 365^2 \times 0.518(1 - 0.5 \times 0.518)}{360 \times (365 - 35)}$$

$$= 246.83(\text{mm}^2) > A'_{s\min} = 0.002 \times b \times h = 0.002 \times 300 \times 400$$

$$= 240(\text{mm}^2)$$

由式(9.18)得

$$A_s = \frac{\alpha_1 f_c b h_0 \xi_b + f'_y A'_s - N}{f_y}$$

$$= \frac{1.0 \times 11.9 \times 300 \times 365 \times 0.518 + 360 \times 246 - 250\,000}{360}$$

$$= 1426(\text{mm}^2)$$

选筋：受压筋 2 ⌀14(308mm^2)；受拉筋 3 ⌀25(1473mm^2)。

【例 9.3】 已知条件同例 9.2，并知 $A'_s=942\text{mm}^2$(3 ⌀20)，求受拉钢筋 A_s。

【解】 由公式(9.9)，即 $Ne=\alpha_1 f_c bx\left(h_0-\frac{x}{2}\right)+f'_y A'_s(h_0-a'_s)$得

$$250\,000 \times 847.16 = 1 \times 11.9 \times 300x(365 - 0.5x) + 360 \times 942 \times (365 - 35)$$

$$1785x^2 - 1303050x + 99880400 = 0$$

解得

$$x = 87.03\text{mm}$$

$$2a_s = 70\text{mm} < x < \xi_b h_0 = 0.518 \times 365 = 189(\text{mm})$$

将 x 代入公式(9.8)，得

$$N = \alpha_1 f_c bx + f'_y A'_s - f_y A_s$$

$$A_s = \frac{\alpha_1 f_c bx + f'_y A'_s - N}{f_y}$$

$$= \frac{11.9 \times 300 \times 87.03 + 360 \times 942 - 250\ 000}{360}$$

$$= 1110.6(\text{mm}^2)$$

选筋：3 ⏀22(1140mm²)。

【例 9.4】 已知矩形截面偏心受压柱截面尺寸 $b \times h = 350\text{mm} \times 500\text{mm}$，承受纵向压力设计值 $N = 320\text{kN}$，弯矩设计值 $M = 280\text{kN} \cdot \text{m}$，混凝土强度等级 C35，钢筋Ⅲ级，柱的计算长度为 4m，求截面所需纵向钢筋 A_s 及 A'_s。

【解】 由 $\frac{l_0}{h} = \frac{4000}{500} = 8$，则 $\eta = 1.0$

$$e_0 = \frac{M}{N} = \frac{280\ 000}{320} = 875(\text{mm})$$

$$h_0 = h - 35 = 500 - 35 = 465(\text{mm})$$

$$e_a = \left(20, \frac{h}{30}\right)_{\max} = \left(20, \frac{500}{30}\right)_{\max} = 20(\text{mm})$$

$$\eta e_i = (e_0 + e_a) = 875 + 20 = 895(\text{mm}) > 0.3h_0$$

$$= 0.3 \times 465 = 139.5(\text{mm})$$

按大偏心受压情况计算。

$$e = \eta e_i + \frac{h}{2} - a_s = 895 + 250 - 35 = 1110(\text{mm}), \quad \xi_b = 0.518$$

取 $\xi = \xi_b = 0.518$，由式(9.17)得

$$A'_s = \frac{Ne - \xi_b(1 - 0.5\xi_b)\alpha_1 f_c b h_0^2}{f_y(h_0 - a'_s)}$$

$$= \frac{320\ 000 \times 1110 - 0.518 \times (1 - 0.5 \times 0.518) \times 1 \times 16.7 \times 350 \times 465^2}{360 \times (465 - 35)}$$

$$< 0$$

取 $A'_s = \rho'_{\min} bh = 0.002 \times 350 \times 500 = 350(\text{mm}^2)$，这样该题转变成已知受压钢筋 A'_s，求受拉钢筋 A_s 的问题(以下从略)。

【例 9.5】 已知一偏心受压柱 $b \times h = 300\text{mm} \times 500\text{mm}$，$a_s = a'_s = 35\text{mm}$，$l_0/h < 8$，作用在柱上的荷载设计值所产生的内力 $N = 1800\text{kN}$，$M = 200\text{kN} \cdot \text{m}$，钢筋采用Ⅲ级，混凝土采用 C25，求 A_s、A'_s。

【解】 因 $\frac{l_0}{h} < 8$ 则 $\eta = 1.0$

$$e_0 = \frac{M}{N} = \frac{200\ 000}{1800} = 111.11(\text{mm}) > 0.15h_0 = 69\text{mm},$$

$$e_a = \left(20, \frac{h}{30}\right)_{\max} = 20(\text{mm})$$

$$\eta e_i = 131.11\text{mm} < 0.3h_0 = 0.3 \times 465 = 139.5(\text{mm})$$

故按小偏心受压构件计算。

$$e = \eta e_i + \frac{h}{2} - a_s = 131.11 + 250 - 35 = 346.11(\text{mm})$$

$$e' = \frac{h}{2} - a'_s - \eta e_i = 250 - 35 - 131.11 = 83.89(\text{mm})$$

取

$$A_s = 0.002bh = 0.002 \times 300 \times 500 = 300(\text{mm}^2)$$

代入公式(9.19)和式(9.20)联立求解,或对受压钢筋合力点取矩:

$$Ne' \leqslant \alpha_1 f_c bx\left(\frac{x}{2} - a'_s\right) - \sigma_s A_s(h_0 - a'_s)$$

$$\sigma_s = \frac{\xi - \beta_1}{\xi_b - \beta_1} f_y = \frac{\frac{1}{h_0}x - 0.8}{0.518 - 0.8} \times 360 = 1021.276 - 2.7454x$$

$$1\,800\,000 \times 83.89 = 1 \times 11.9 \times 300x(0.5x - 35) - (1021.276 - 2.7454x) \times 300 \times 430$$

$$1785x^2 + 2\,292\,066x - 282\,746\,604 = 0$$

$$x = 339\text{mm} < h = 500\text{mm}$$

且

$$x > \xi_b h_0 = 0.518 \times 465 = 241\text{mm} < (2\beta_1 - \xi_b)h_0 = 503\text{mm}$$

代入公式(9.20)求 A'_s:

$$Ne \leqslant \alpha_1 f_c bx\left(h_0 - \frac{x}{2}\right) + f'_y A'_s(h_0 - a'_s)$$

$$A'_s = \frac{1\,800\,000 \times 346.11 - 11.9 \times 300 \times 339 \times (465 - 0.5 \times 339)}{360 \times (465 - 35)}$$

$$= 1714(\text{mm}^2) > A'_{s,\min}$$

选筋:A'_s 2 ⌀25+2 ⌀22(1742mm²);A_s 2 ⌀14(308mm²)。

【例 9.6】 已知条件同例 9.5,但 M=129.6kN·m,N=2700kN,求 A_s、A'_s。

【解】

$$e_0 = \frac{M}{N} = \frac{129\,600}{2700} = 48(\text{mm}) < 0.15h_0 = 69.75\text{mm}$$

$$\alpha_1 f_c bh_0 = 1 \times 11.9 \times 300 \times 465 = 1660.05(\text{kN}) < N = 2700\text{kN}$$

应考虑可能出现远离纵向偏心压力一侧的混凝土先被压坏的情况。代入公式(9.24),得

$$A_s = \frac{N\left[\frac{h}{2} - a'_s - (e_0 - e_a)\right] - \alpha_1 f_c bh\left(h'_0 - \frac{h}{2}\right)}{f'_y(h' - a_s)}$$

$$= \frac{2\,700\,000 \times (250 - 35 - 48 + 20) - 11.9 \times 300 \times 500 \times (465 - 250)}{360 \times 430}$$

$$= 782(\text{mm}^2) > A'_{s,\min}$$

取 $A_s=782\text{mm}^2$

$$e=\eta e_i+\frac{h}{2}-a_s=(48-20)+250-35=243(\text{mm})$$

$$e'=\frac{h}{2}-a'_s-\eta e_i=250-35-28=187(\text{mm})$$

对受压钢筋合力点取矩得

$$Ne'\leqslant\alpha_1 f_c bx(0.5x-a'_s)-\sigma_s A_s(h_0-a'_s)$$

$$2\,700\,000\times187=1\times11.9\times300x(0.5x-35)$$

$$-(1021.276-2.7454x)\times782\times430$$

$$1785x^2+798\,218x-848\,314\,267.8=0,$$

解得

$$x=501\text{mm}$$

$$\xi_b h_0=241<x<(2\beta_1-\xi_b)h_0=503$$

取 $x=500\text{mm}$，代入公式(9.20)，求 A'_s：

$$A'_s=\frac{Ne-\alpha_1 f_c bx(h_0-0.5x)}{f'_y(h_0-a'_s)}$$

$$=\frac{2\,700\,000\times243-11.9\times300\times500\times(465-250)}{360\times430}$$

$$=1759(\text{mm}^2)$$

选筋：A_s 3 ⌀20(942mm²)；A'_s 4 ⌀24(1808mm²)。

【例 9.7】 已知条件同例 9.2，仅采用对称配筋，求钢筋截面面积。

【解】 由 $\xi=\frac{N}{\alpha_1 f_c bh_0}=\frac{250\,000}{1\times11.9\times300\times365}=0.192<\xi_b=0.518$，属大偏心受压构件

$x=\xi h_0=70\text{mm}=2a'_s=70\text{mm}$，由公式(9.31)，则

$$A'_s=\frac{Ne-\alpha_1 f_c bx\left(h_0-\frac{x}{2}\right)}{f'_y(h_0-a'_s)}$$

$$=\frac{250\,000\times847.16-1\times11.9\times300\times70\times(365-35)}{360\times(365-35)}$$

$$=1088(\text{mm}^2)=A_s$$

选筋：3 ⌀22(1140mm²)。

【例 9.8】 已知条件同例 9.5，仅采用对称配置筋，求 A_s 和 A'_s。

【解】 由 $\xi=\frac{N}{\alpha_1 f_c bh_0}=\frac{1\,800\,000}{11.9\times300\times465}=1.0843>\xi_b=0.518$，属小偏心受压构件

由公式(9.35)重新求 ξ

$$\xi = \frac{N - \xi_b \alpha_1 f_c b h_0}{\dfrac{Ne - 0.43\alpha_1 f_c b h_0^2}{(\beta - \xi_b)(h_0 - a_s')} + \alpha_1 f_c b h_0} + \xi_b$$

$$= \frac{1\,800\,000 - 0.518 \times 1 \times 11.9 \times 300 \times 465}{\dfrac{1\,800\,000 \times 346.11 - 0.43 \times 1 \times 11.9 \times 300 \times 465^2}{(0.8 - 0.518)(465 - 35)} + 1 \times 11.9 \times 300 \times 465}$$

$$+ 0.518 = 0.75$$

代入公式(9.36)求 $A_s(A_s')$：

$$A_s' = A_s = \frac{Ne - \alpha_1 f_c b h_0^2 \xi(1 - 0.5\xi)}{f_y'(h_0 - a_s')}$$

$$= \frac{1\,800\,000 \times 346.11 - 11.9 \times 300 \times 465^2 \times 0.75 \times (1 - 0.5 \times 0.75)}{360 \times 430}$$

$$= 1687(\mathrm{mm}^2)$$

选筋：2 ⌀25＋2 ⌀22(1742mm²)。

9.3 钢筋混凝土受拉构件的承载力计算

9.3.1 轴心受拉

钢筋混凝土轴心受拉构件，开裂以前混凝土与钢筋共同承担拉力；开裂以后，开裂截面混凝土退出工作，全部拉力由钢筋承担；破坏时整截面全部裂通。轴心受拉构件的正截面承载力按下列公式计算：

$$N \leqslant f_y A_s \tag{9.37}$$

式中：N——轴向拉力设计值；

f_y——钢筋抗拉强度设计值，为了控制受拉构件在使用荷载下的变形和裂缝开展，规定轴心受拉和小偏心受拉构件的 f_y 大于 300N/mm² 时，仍应按 300N/mm² 取用；

A_s——全部受拉钢筋的截面面积。

应该注意，轴心受拉构件的钢筋用量并不总是由强度要求决定的，在许多情况下，裂缝宽度验算对纵筋用量起决定作用。

【例 9.9】 某钢筋混凝土屋架的下弦杆，按轴心受拉构件设计。其拉力设计值为 N＝245kN。若截面为矩形且寸为 $b \times h$＝200mm×140mm，混凝土强度等级为 C25，钢筋为Ⅱ级，试按正截面承载力要求计算所需纵向受力钢筋的面积。

【解】 由附录附表 2.3 查得Ⅱ级钢筋 f_y＝300N/mm²，有

$$A_s = \frac{N}{f_y} = \frac{245\,000}{300} = 817(\mathrm{mm}^2)$$

9.3.2 偏心受拉

1. 两种偏心受拉构件

我们可以把偏心受拉构件正截面的受力性能看成是介于受弯($N=0$)和轴心受拉($M=0$)之间的一种过渡状态,因此,当截面中作用的弯矩和轴向拉力的比值不同,也就是轴向拉力偏心距 $e_0=M/N$ 的不同时,截面的受力情况将出现明显的差异。偏心受拉构件按照轴向力 N 作用在截面上位置(偏心距 e_0)的不同,有两种破坏形态。

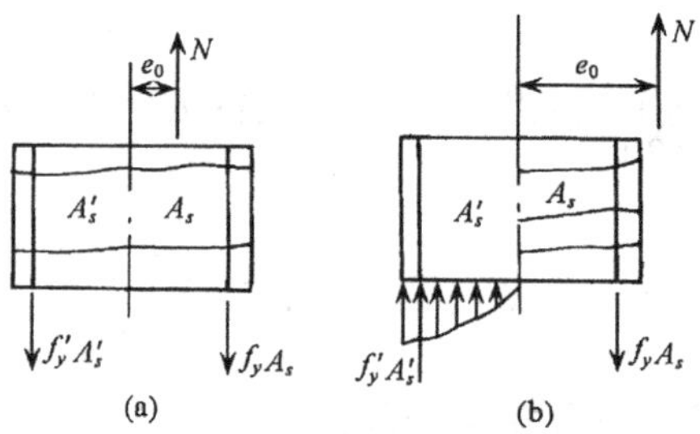

图 9.18

设矩形截面上距轴向力 N 较近一侧的纵向钢筋为 A_s,远一侧为 A_s',如图 9.18 所示。

当轴力 N 作用在 A_s 与 A_s'之间,即$e_0=M/N<h/2-a_s$ 时,混凝土开裂后,纵向钢筋 A_s 及 A_s'均受拉,中和轴在截面以外[图 9.18(a)],这种情况称为小偏心受拉。

当轴力 N 的偏心距较大,从而 N 作用于钢筋 A_s 与 A_s'间距以外,即 $e_0=M/N>h/2-a_s$ 时,截面部分受压、部分受拉。拉区混凝土开裂以后,由力矩平衡关系可知,截面必定保留有受压区,不会形成贯通整个截面的通缝,距轴力较远一侧钢筋 A_s'及混凝土受压[图 9.18(b)]。这种情况称为大偏心受拉。

受拉构件计算时无需考虑二次弯矩的影响,也无需考虑初始偏心距,直接按偏心 e_0 计算。

2. 小偏心受拉构件正截面承载力计算

小偏心受拉构件中,临破坏之前截面全部裂通,拉力完全由钢筋承受如图 9.19 所示。在这种情况下构件破坏时,钢筋 A_s 与 A_s'的应力都达到屈服强度。根据平衡条件,可写出小偏心受拉构件的计算公式

$$Ne \leqslant f_y'A_s'(h_0 - a_s') \qquad (9.38)$$

$$Ne' \leqslant f_yA_s(h_0 - a_s') \qquad (9.39)$$

其中

$$e=\frac{h}{2}-e_0-a_s$$

$$e'=\frac{h}{2}+e_0-a_s'$$

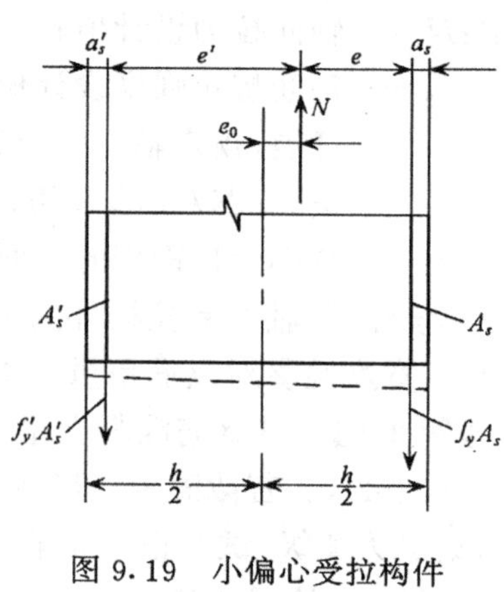

图 9.19 小偏心受拉构件截面受力情况

若小偏心受拉选用对称配筋截面,则每侧都只能按由式(9.38)、式(9.39)算得的偏大的钢筋面积配置钢筋,有

$$A_s = A'_s = \frac{Ne'}{f_y(h_0 - a'_s)} \tag{9.40}$$

复核截面时，将已知条件直接代入式(9.38)、式(9.39)和式(9.40)检查是否满足即可。

【例 9.10】 偏心受拉构件的截面尺寸为 $b=300\text{mm}$，$h=450\text{mm}$，$a_s=a'_s=35\text{mm}$；构件承受轴向拉力设计值 $N=760\text{kN}$，弯矩设计值 $M=72\text{kN}\cdot\text{m}$，混凝土强度等级为C20，钢筋为Ⅱ级，试计算钢筋截面积 A_s 和 A'_s。

【解】 (1)判别破坏类型 $h_0=450-35=415(\text{mm})$

$$e_0 = \frac{72\ 000\ 000}{760\ 000} = 94.7(\text{mm}) < \frac{h}{2} - a_s = \frac{450}{2} - 35 = 190(\text{mm}),$$

为小偏心破坏。

(2) 求 A_s 和 A'_s

$$e = \frac{h}{2} - e_0 - a_s = \frac{450}{2} - 94.7 - 35 = 95.3(\text{mm})$$

$$e' = \frac{h}{2} + e_0 - a'_s = \frac{450}{2} + 94.7 - 35 = 248.7(\text{mm})$$

$$A'_s = \frac{Ne}{f'_y(h_0 - a'_s)} = \frac{760\ 000 \times 95.3}{300 \times (415 - 35)} = 635(\text{mm}^2)$$

$$A_s = \frac{Ne'}{f_y(h_0 - a'_s)} = \frac{760\ 000 \times 284.7}{300 \times (415 - 35)} = 1898(\text{mm}^2)$$

(3) 验算最小配筋率

$$\rho_{\min} = \rho'_{\min} = 45\frac{f_t}{f_y} = 45 \times \frac{1.1}{300} = 0.165 < 0.2 \text{ 取 } \rho_{\min} = \rho'_{\min} = 0.2\%$$

$$\rho = \frac{A'_s}{b \times h} = \frac{635}{300 \times 415} = 0.0051 = 0.51\% > \rho'_{\min} = 0.2\%$$

$$\rho = \frac{A_s}{b \times h_0} = \frac{1898}{300 \times 415} = 0.015 = 1.5\% > \rho_{\min} = 0.2\%$$

(4) 选择钢筋的直径和根数

离轴向拉力较远侧钢筋选用 2 Φ20($A'_s=628\text{mm}^2$)，离轴向拉力较近侧钢筋选用 4 Φ25($A_s=1964\text{mm}^2$)。

3. 大偏心受拉构件正截面承载力计算

在大偏心拉力作用下，临界破坏之前截面虽然开裂，但没有裂通，仍然有混凝土受压区存在。离偏心力较近一侧的钢筋受拉屈服；另一侧钢筋受压，在一般情况下屈服，特殊情况下也可能不屈服。截面上的受力情况如图 9.20 所示。

构件破坏时，如果钢筋 A_s 和 A'_s 的应力都达屈服强度，那么，根据平衡条件有基本计算公式

$$N \leqslant f_y A_s - f'_y A'_s - \alpha_1 f_c b x \tag{9.41}$$

$$Ne \leqslant \alpha_1 f_c b x\left(h_0 - \frac{x}{2}\right) + f'_y A'_s (h_0 - a'_s) \tag{9.42}$$

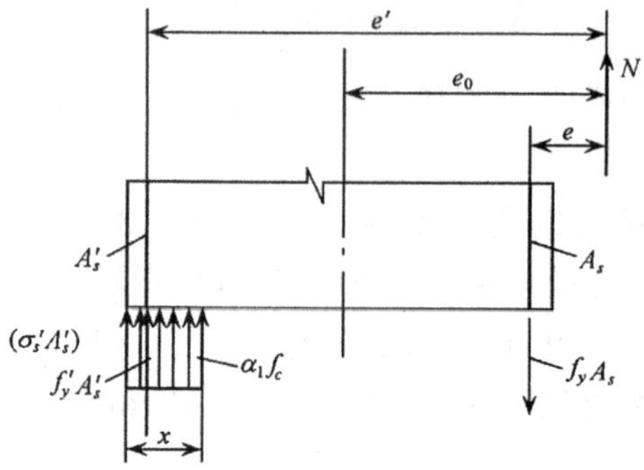

图 9.20　大偏心受拉构件截面受力情况

基本公式的适用条件为

$$2a_s' \leqslant x \leqslant \xi_b h_0 \tag{9.43}$$

如果 $x>\xi_b h_0$，则受压区混凝土将可能先于受拉钢筋屈服而被压碎。这与超筋受弯构件的破坏形式类似。由于这种破坏是脆性的，而且受拉钢筋的强度也没有得到充分利用，这种情况在设计中应当避免。

如果 $x<2a_s'$截面破坏时受压钢筋不能屈服，此时可以取 $x=2a_s'$，即假定受压区混凝土的压力与受压钢筋承担的压力的作用点相重合。于是，利用对受压钢筋形心的力矩平衡条件即可写出

$$Ne' = A_s f_y (h_0 - a_s') \tag{9.44}$$

或直接计算 A_s 公式

$$A_s = \frac{Ne'}{f_y(h_0 - a_s')} \tag{9.45}$$

式(9.41)、式(9.42)中 α_1 取值与受弯构件相同。

在截面设计时，如果 A_s'及 A_s 未知，尚需补充一个条件：为使 A_s+A_s'最小，同偏心受压构件一样，应取 $\xi=\xi_b$。如果已知 A_s'求 A_s，那么，先根据式(9.42)求出 x，再检查是否满足适用条件式(9.43)，如发现 $x>x_b$，说明原配 A_s'过小，应加大后重新计算；如发现 $x<2a_s'$，说明受压钢筋不屈服，应按式(9.45)计算 A_s。

复核截面时，可对偏心力作用点取矩求出 x，再用式(9.41)的平衡条件求出承载力 N_u 与截面内力 N 相比较即可。如果计算过程中发现 $x>\xi_b h_0$，说明 A_s 配置过多，不能屈服。此时应计算钢筋应力 σ_s，所用方法和公式同受压构件，然后对偏心力作用点取矩，再用式(9.41)求出 N_u。

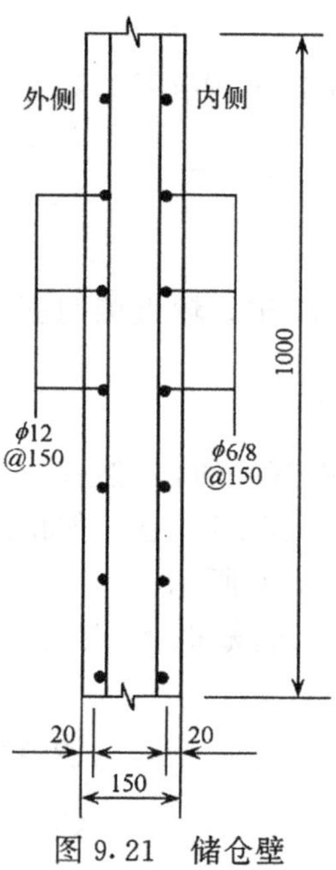

图 9.21　储仓壁

【例 9.11】　某矩形钢筋混凝土储仓的仓壁如图 9.21，厚度 $h=150\text{mm}$，混凝土强度等级为 C20，钢筋为 I

级。在某个 1m 高的仓壁范围内，仓壁垂直截面内作用有水平轴心拉力 $N=22.5\text{kN}$，弯矩 $M=16.88\text{kN}\cdot\text{m}$（该弯矩使仓壁外侧受拉，内侧受压）。试按正截面承载力确定在这段 1m 高的垂直截面中沿内壁和外壁需配置的水平受力钢筋。

【解】 由图 9.21 中可以看出 $a_s=2a'_s=20\text{mm}$。

$$e_0=\frac{M}{N}=\frac{16\,880\,000}{22\,500}$$

$$=750(\text{mm})>\frac{h}{2}-a_s=75-20=55(\text{mm})$$

截面属于大偏心受拉。由于 A_s 和 A'_s 均为未知，故取

$$x=x_b=\xi_b h_0=0.614\times(150-20)=79.82(\text{mm})$$

$$e=e_0-\frac{h}{2}+a_s=750-75+20=695(\text{mm}),$$

由式(9.42)得

$$A'_s=\frac{Ne-\alpha_1 f_c bx\left(h_0-\dfrac{x}{2}\right)}{f'_y(h_0-a'_s)}$$

$$=\frac{22\,500\times695-1\times9.6\times1000\times79.82\times\left(130-\dfrac{79.82}{2}\right)}{210\times(130-20)}<0$$

表明按计算不需要受压钢筋，但按构造受压钢筋应为

$$A'_s=\rho'_{\min}\ bh_0=0.002\times1000\times130=260(\text{mm}^2)$$

选 $\phi6/8@150$，$A'_s=262\text{mm}^2$ 置于仓壁内侧。然后按已知 A'_s 求 A_s，需重新求 ξ。

$$\alpha_s=\frac{Ne-f'_yA'_s(h_0-a'_s)}{\alpha_1 f_c bh_0^2}$$

$$=\frac{22\,500\times695-210\times262\times(130-20)}{1\times9.6\times1000\times130^2}=0.0591$$

$$\xi=1-\sqrt{1-2\alpha_s}=1-\sqrt{1-2\times0.0591}=0.0610<\xi_b=0.614$$

$$\xi h_0=0.0610\times130=7.03<a'_s=2\times20=40(\text{mm})$$

受压钢筋不屈服，由式(9.45)得

$$e'=e_0+\frac{h}{2}-a'_s=750+75-20=805(\text{mm})$$

$$A_s=\frac{Ne'}{f_y(h_0-a'_s)}=\frac{22500\times805}{210\times(130-20)}=784(\text{mm}^2)$$

$$\rho=\frac{A_s}{bh_0}=\frac{784}{1000\times110}\times0.71\%>\rho_{\min}=45\frac{f_t}{f_y}$$

$$=45\times\frac{1.1}{210}=0.24\%$$

实选 $\phi12@150$，$A_s=784\text{mm}^2$，置于仓壁外侧。截面配筋如图 9.21。

4. 偏心受拉构件斜截面承载力计算

轴向拉力的存在将使构件的抗剪能力明显降低，而且降低的幅度随拉力的增加而增大。但试验表明，构件内箍筋的抗剪能力基本上不受轴向拉力的影响，而是保持在与受弯构件相似的水准上不变。

设计规范考虑到偏心受拉构件的上述特点，建议采用下列抗剪强度计算公式

$$V \leqslant \frac{1.75}{\lambda + 1.0} f_c b h_0 + 1.0 f_{yv} \frac{n A_{sv1}}{s} h_0 - 0.2N \tag{9.46}$$

式中：N——按设计剪力 V 的相同荷载情况求得的相应设计轴向拉力；

λ——计算截面的剪跨比。

从上式可以看出，不等式右侧的两项采用与受集中荷载作用的受弯构件相同的形式，第 3 项则考虑了轴向拉力对抗剪强度的降低作用。考虑到上面所说的构件内箍筋抗剪能力基本未变的特点，规范还要求上式右侧计算出的数值不得小于

$$1.0 f_{yv} h_0 n A_{sv1} / s$$

思 考 题

9.1 在轴心受压构件中，配置纵向钢筋的作用是什么？为什么要控制纵向钢筋的最小配筋率？

9.2 试述并分析普通箍筋柱中箍筋有什么作用？布置原则及要求是什么？

9.3 分析在轴心受压构件中，荷载、配筋率对纵向钢筋与混凝土应力变化规律的影响。

9.4 在轴心受压构件中，受压钢筋在什么情况下会屈服？什么情况下达不到屈服？设计中如何考虑？钢筋抗压强度取值应注意什么问题？为什么？为什么宜采用较高强度等级的混凝土？

9.5 轴心受压短柱的破坏特征是什么？长柱和短柱的破坏特点有何不同？计算中如何考虑长柱影响？

9.6 怎样确定受压构件的计算长度？

9.7 偏心受压长柱随 l_0/h 的变化可能发生哪几种破坏？说明偏心距增大系数 η 的物理意义。影响 η 的因素有哪些？η 同轴心受压构件中 φ 比较有何异同？

9.8 矩形截面大、小偏心受压破坏有何本质区别？其判别条件是什么？

9.9 附加偏心距的物理意义是什么？

9.10 为何不对称配筋小偏心受压构件要对离偏心荷载较远一侧的混凝土先被压坏的情况进行验算？为何该验算公式不考虑 η 值？又为何 e_0 与 e_a 是相减关系？

9.11 为何不对称配筋偏心受压构件设计时，可用 $\eta e_i > 0.3h_0$（或 $\eta e_i \leqslant 0.3h_0$）来判断是哪种偏心受压情形？对称配筋时，必须用 $\xi \leqslant \xi_b$（或 $\xi > \xi_b$）来判断大、小偏心受压构件？

9.12 在偏心受压不对称配筋截面设计中，当 $\eta e_i > 0.3h_0$ 时，在什么情况上会出现 $\xi > \xi_b$？这种情况是大偏心受压还是小偏心受压？设计这样的截面是否合理？应如何改进？

9.13 为何要对小偏心受压构件进行垂直于弯矩方向截面的承载能力验算？

9.14 偏心受压构件对材料、纵筋、箍筋直径及间距如何选择？构件截面尺寸如何确定？

9.15 偏心距的变化对偏心受压构件的承载力有何影响？

9.16 在进行大偏心受压构件截面设计时①在什么情况下假定 $\xi = \xi_b$？当求得的 $A'_s \leqslant 0$ 或 $A_s \leqslant 0$ 时，应如何处理？②当 A'_s 为已知时，是否也可假定 $\xi = \xi_b$？如何求得 A_s？③什么情况下出现 $\xi < 2a'_s/h_0$ 的情况？此时如何求钢筋面积？④什么情况下 A_s 可按 $A_s = Ne'/[f_y(h_0 - a'_s)]$ 计算，这是否安全可靠？在什么情况下，计算中可不考虑受压钢筋 A'_s 的作用？

9.17 举例说明哪些结构构件可按轴心受拉构件计算，哪些构件按偏心受拉构件计算？

9.18 钢筋混凝土偏心受拉构件划分大、小偏心的条件是什么？大、小偏心破坏的受力特点和破坏特征各有何不同？

9.19 比较双筋梁，非对称配筋大偏心受压构件及大偏心受拉构件三者截面承载力计算的异同。

习　题

9.1 已知柱截面尺寸 350mm×350mm，柱的计算长度 $l_0 = 5$m，轴向力设计值 $N = 1600$kN，混凝土采用 C30，纵向钢筋采用Ⅲ级($f_y = f'_y$)，计算其配筋 A'_s。

9.2 某多层房屋现浇钢筋混凝土框架的底层中柱，采用方形截面，其尺寸为 400mm×400mm，配有 4 根直径为 25mm 的Ⅱ级钢筋，混凝土采用 C20，计算跨度 $l_0 = 7$m，试确定该柱承受的轴向力 N 为多少？

9.3 已知矩形截面柱 $b \times h = 400\text{mm} \times 500\text{mm}$，柱的计算长度 $l_0 = 7$m，轴向力设计值 $N = 2100$kN，弯矩设计值 $M = 185\text{kN} \cdot \text{m}$，混凝土为 C25，纵向钢筋采用Ⅲ级($f_y = f'_y$)，求纵向受力钢筋 A'_s、A_s。

9.4 矩形截面柱 $b \times h = 400\text{mm} \times 600\text{mm}$，计算长度 $l_0 = 10.2$m，轴向力设计值 $N = 1000$kN，弯矩设计值 $M = 300\text{kN} \cdot \text{m}$，混凝土为 C30，纵向钢筋采用Ⅲ级($f_y = f'_y$)，已知纵向受压钢筋截面面积 $A'_s = 1520\text{mm}^2$，求所需受拉钢筋 A_s。

9.5 已知矩形截面柱 $b \times h = 300\text{mm} \times 600\text{mm}$，柱的计算长度 $l_0 = 4.8$m，轴向力设计值 $N = 3000$kN，弯矩设计值 $M = 336\text{kN} \cdot \text{m}$，混凝土为 C30，纵向钢筋采用Ⅱ级，求纵向受力钢筋 A'_s、A_s。

9.6 已知矩形截面柱 $b \times h = 300\text{mm} \times 500\text{mm}$，柱的计算长度 $l_0 = 6$m，混凝土

为 C30，纵向钢筋采用Ⅲ级，截面配筋 $A_s'=1140\text{mm}^2$，$A_s=402\text{mm}^2$，轴向力设计值 $N=1800\text{kN}$，求此柱所能承受的最大弯矩值 M。

9.7　已知矩形截面柱 $b\times h=400\text{mm}\times500\text{mm}$，柱的计算长度 $l_0=6\text{m}$，混凝土为 C35，纵向钢筋采用Ⅲ级，截面配筋 $A_s'=628\text{mm}^2$，$A_s=1256\text{mm}^2$，当 $e_0=300\text{mm}$，求截面承受的轴向力设计值 N 及弯矩值 M。

9.8　已知矩形截面柱 $b\times h=300\text{mm}\times600\text{mm}$，柱的计算长度 $l_0=4.8\text{m}$，轴向力设计值 $N=1000\text{kN}$，弯矩设计值 $M=300\text{kN}\cdot\text{m}$，混凝土为 C25，纵向钢筋采用Ⅱ级，求对称纵向受力钢筋 A_s'、A_s。

9.9　已知矩形截面柱 $b\times h=400\text{mm}\times600\text{mm}$，柱的计算长度 $l_0=4\text{m}$，轴向力设计值 $N=1530\text{kN}$，弯矩设计值 $M=345\text{kN}\cdot\text{m}$，混凝土为 C30，纵向钢筋采用Ⅱ级，求纵向受力钢筋 A_s'、A_s。

9.10　一根钢筋混凝土偏心受杆件，截面为矩形，$b=250\text{mm}$，$h=400\text{mm}$。截面承受的纵向拉力设计值 $N=530\text{kN}$，弯矩设计值 $M=62\text{kN}\cdot\text{m}$，若混凝土强度等级为 C20，钢筋为Ⅱ级，试确定截面中所需的纵向钢筋数量。

9.11　已知某水池的池壁厚 $h=200\text{mm}$ $a_s=a_s'=20\text{mm}$，每米长度上的内力设计值 $N=400\text{kN}$，$M=23\text{kN}\cdot\text{m}$。混凝土强度等级为 C20，钢筋采用Ⅰ级，求每米长度上的 A_s 和 A_s'。

第十章　钢筋混凝土梁板结构

钢筋混凝土梁板结构是工业与民用建筑和构筑物中常用的结构，例如，钢筋混凝土楼盖（屋盖）、阳台、雨篷、楼梯等。此外，在特种结构中，水池的顶板和底板、烟囱的板式基础，也都是梁板结构。

本章着重讲述整体式单向板肋形楼盖；整体式双向板肋形楼盖的内力分别按弹性理论的计算和按考虑塑性内力重分布的计算；现浇板式、梁式楼梯的计算与配筋构造；雨篷的计算与构造；装配式混凝土楼盖的结构平面布置、设计要求及连接等。

10.1　梁板结构的型式和内力计算方法

10.1.1　梁板结构的型式

混凝土梁板结构按其施工方法可分为现浇整体式、装配式和装配整体式三种型式。

现浇整体式混凝土梁板结构具有整体刚性好、抗震性强、防水性能好等优点，它的缺点是模板用量较多，现场工作量较大，造价较高。随着施工技术的不断革新和多次重复使用的工具式钢模板的发展，现浇整体式梁板结构的应用将会日益增多。

混凝土楼盖是梁板结构的主要组成部分，对 6～12 层的全现浇框架结构，楼盖用钢量占全部用钢量的 50%左右；对于混合结构，其用钢量主要在楼盖中。因此，楼盖结构选型和布置的合理性及结构计算和构造的正确性，对建筑的安全使用和经济有着非常重要的意义。

现浇整体式楼盖按受力和支撑条件的不同，可分为肋形楼盖和无梁楼盖。肋形楼盖又可分为单向板肋形楼盖、双向板肋形楼盖和井式楼盖。单向板肋形楼盖广泛用于多层厂房和公共建筑。双向板肋形楼盖多用于公共建筑和高层建筑。井式楼盖是用梁将板划分成若干个正方形或接近正方形的小区格，两方向的梁无主、次梁之分，因此可少设或取消内柱，能跨越较大空间，获得较美的天花板，适用于方形或接近方形的中、小礼堂、餐厅及公共建筑的门厅等，但用钢量和造价较高。无梁楼盖是指将板直接支撑在柱顶的柱帽上，不设主次梁，因而天棚平坦，净空较高，通风与采光较好，适用于柱网尺寸不超过 6m 的图书馆、冷冻库等建筑物。

装配式混凝土楼盖，可以是现浇梁和预制板结合而成，也可以是预制梁和预制板结合而成。由于楼板采用了预制构件，装配式混凝土楼盖便于工业化生产，在多层民用建筑和多层工业化厂房中得到广泛应用。但是，这种楼盖由于整体性、抗震性、防水性较差，不便于开设孔洞，故对高层建筑及有抗震设防要求的建筑及使用上要求防水和开设孔洞的楼盖，均不宜使用。

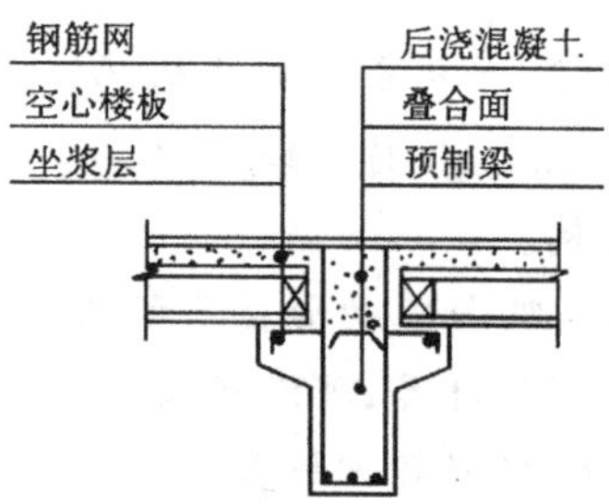

图 10.1　叠合梁

装配整体式混凝土楼盖是在预制板(梁)上现浇一叠合层而成为一个整体，如图 10.1 所示。这种楼盖兼有现浇整体式和预制装配式楼盖的优点，既比装配式楼盖有好的整体性，又较现浇整体式节省模板和支撑。但这种楼盖要进行混凝土二次浇灌，有时还需增加焊接工作量，故对施工进度和造价带来一些不利影响。它仅适用于荷载较大的多层工业厂房、高层民用建筑及有抗震设防要求的建筑。

10.1.2　内力计算方法

肋形楼盖是由板、次梁、主梁等构件组成的，板的四周可支撑于次梁、主梁或砖墙上。在荷载作用下，板短边方向最大挠度与跨度比(即曲率)比长边方向的曲率大得多，板上荷载主要是沿短边方向传到支撑构件上，沿长边方向传递的荷载很小，可略去不计，这种沿短边弯曲的板就叫做单向板。当板的长边与短边相差不大时，由于沿长边传递的荷载也较大，不可忽略，我们把这种沿双向弯曲的板叫双向板。两种板的弯曲如图 10.2 所示。

沿两边支撑的板应按单向板计算。四边支撑的板应按以下原则计算：当长边与短边比值不小于 3 时，可按沿短边方向的单向板计算；当长边与短边比值小于 3 时，宜按双向板计算；其中当长边与短边比值介于 2 到 3 之间时，也可按沿短边方向的单向板计算，但应沿长边方向布置足够数量的构造钢筋；当长边与短边比值不大于 2 时，应按双向板计算。

肋形楼盖的结构内力计算方法有两种：一种是假设钢筋混凝土梁板为匀质弹性体，按结构力学的方法计算，叫做弹性理论的计算方法；另一种是考虑钢筋混凝土材料的塑性变形，进行内力重分布的塑性计算法。

房屋结构中的连续次梁和连续单向板可按弯矩调幅法进行承载能力极限状态计算，但应满足正常使用极限状态验算并应有专门的构造措施。主梁因属重要构件，一般不宜按考虑塑性内力重分布的方法计算，而应按弹性理论的方法计算。

周边嵌固的双向板可对弹性分析的内力在支座处进行弯矩调幅，并确定相应的跨中弯矩。周边嵌固且承受均布荷载作用的矩形板可采用塑性铰线法或条带法等塑性极限分析方法计算承载能力极限状态时的内力，但还应对正常使用极限状态进行验算。

10.2 整体式梁板结构

10.2.1 整体式单向板肋形楼盖

计算单向板时，可取一单位宽度(b=1m)的板带作为计算单元进行配筋计算，计算方法与矩形梁相同，所以单向板又称梁式板。

在单向板肋形楼盖中，荷载的传递路线是：板→次梁→主梁→柱或墙，也就是说，板的支座为次梁，次梁的支座为主梁，主梁的支座为柱或墙。由于板、次梁、主梁整体浇筑在一起，因此楼盖中的板和梁往往形成多跨连续结构，在计算和构造上与单跨简支板、梁均有较大区别，这是现浇楼盖在设计和施工中必须注意的一个重要特点。

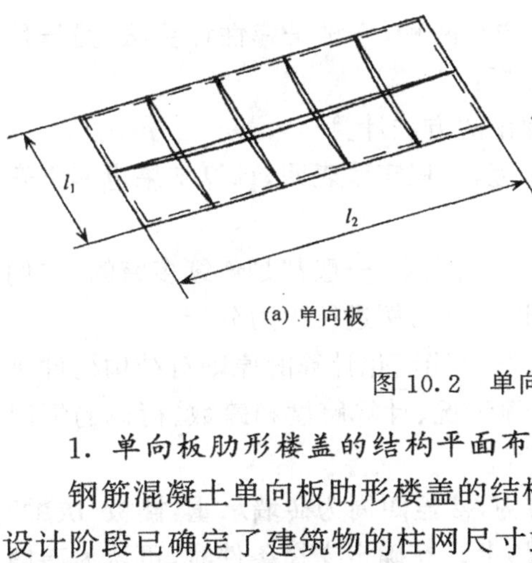

(a) 单向板

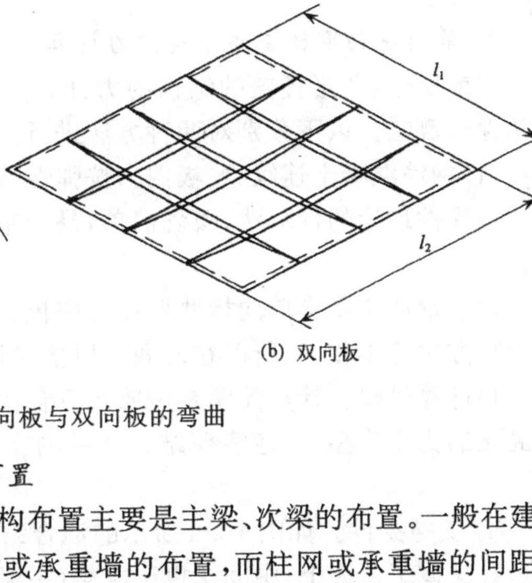

(b) 双向板

图 10.2 单向板与双向板的弯曲

1. 单向板肋形楼盖的结构平面布置

钢筋混凝土单向板肋形楼盖的结构布置主要是主梁、次梁的布置。一般在建筑设计阶段已确定了建筑物的柱网尺寸或承重墙的布置，而柱网或承重墙的间距决定了主梁的跨度，主梁间距决定了次梁的跨度，次梁间距又决定了板的跨度。因此，如何根据建筑平面及使用功能、工程造价等因素合理确定肋形楼盖的主、次梁布置，就成为一个十分重要的问题。

主梁的布置方案有两种：一种沿房屋横向布置，另一种沿房屋纵向布置。

当主梁沿房屋横向布置，次梁沿纵向布置时，在建筑物横向，一般可由主梁与柱形成横向框架受力体系，通过纵向次梁将各榀横向框架联成整体。由于主梁与外纵墙面垂直，纵墙上窗洞高度可较大，有利于室内自然采光。

当横向柱距比纵向柱距大得较多或房屋有集中通风的要求时，可采用主梁沿房屋纵向布置，次梁沿房屋横向布置方案。当主梁沿房屋纵向布置时，可增加房屋净空，但房屋的横向刚度较差，而且常由于次梁支撑在窗过梁上而限制了窗洞的高度。

如果建筑物为办公楼、病房楼、客房楼和集体宿舍楼等，常见的平面布置是中间为走道、两侧为房间的形式，则可利用纵墙承重，此时可仅布置次梁而不设主梁。

对沿街的底层为大空间的商店，上部几层为住宅的民用建筑及一些公共建筑的门厅，往往在楼盖上有承重墙、隔断墙。此时，在墙下受有较大集中荷载的楼盖处，应设置承重梁。在楼板上开有较大的洞口时，在洞口周边也应设置小梁。

梁格的布置还应尽量做到规则、整齐，荷载传递直接。梁宜在整个建筑平面范围内拉通。

在楼盖结构中，板的混凝土用量占整个楼盖混凝土用量的50%～70%，因此板厚宜取合理值，在梁格布置时应考虑这一因素。此外，当主梁跨间布置的次梁多于一根时，主梁弯矩变化平缓，受力较有利。根据设计经验，板的跨度一般为1.7～2.7m，不宜超过3.0m；次梁的跨度一般为4.0～6.0 m；主梁的跨度一般为5.0～8.0 m。

2. 单向板肋形楼盖的结构内力计算

如前所述，肋形楼盖的结构内力计算方法有两种，一种是弹性计算法，另一种是塑性计算法。以下分别对两种方法进行分析：

(1)钢筋混凝土连续梁、板内力按弹性理论的方法计算

按弹性理论的计算法，概念简单，易于掌握，工程实践表明，计算结果也偏于安全。

由于钢筋混凝土单向板肋形楼盖中板、次梁、主梁，一般都是连续多跨的，它们的计算方法基本相同，所以在此我们以多跨连续梁为例进行内力分析。

1)计算简图。计算简图是按照既符合实际又能简化计算的原则对结构构件进行简化的力学模型，它应表明结构构件的支撑情况、计算跨度和跨数、荷载的情况等。

① 支撑条件。如图10.3所示的混合结构，楼盖四周为砖墙承重，楼板(次梁)两边缘支撑于砖墙上，中间支撑于次梁(主梁)上。在确定支撑条件时，可认为砖墙对于板或次梁为不动铰支撑，次梁对于板(主梁或次梁)也认为是不动铰支撑，而不考虑次梁(主梁)的弯曲变形和次梁对板(主梁对次梁)的约束作用，由此引起的误差在计算荷载和内力时加以调整，这样板(次梁)就可简化为多跨连续梁。对中间支撑于柱顶，两端支撑于砖墙或砖柱上的主梁，砖墙或砖柱对主梁也是不动铰支座，而钢筋混凝土柱对于主梁的支撑，应根据梁柱线刚度比确定：当梁柱线刚度比大于4时，按不动铰支座考虑，否则主梁按框架梁考虑。

② 计算跨度。计算跨度 l_0 是指在计算内力时所采用的跨间长度。该值与支座反力的分布有关，即与构件的搁置长度 a 和构件刚度有关。计算跨度 l_0 详见附录附表14。

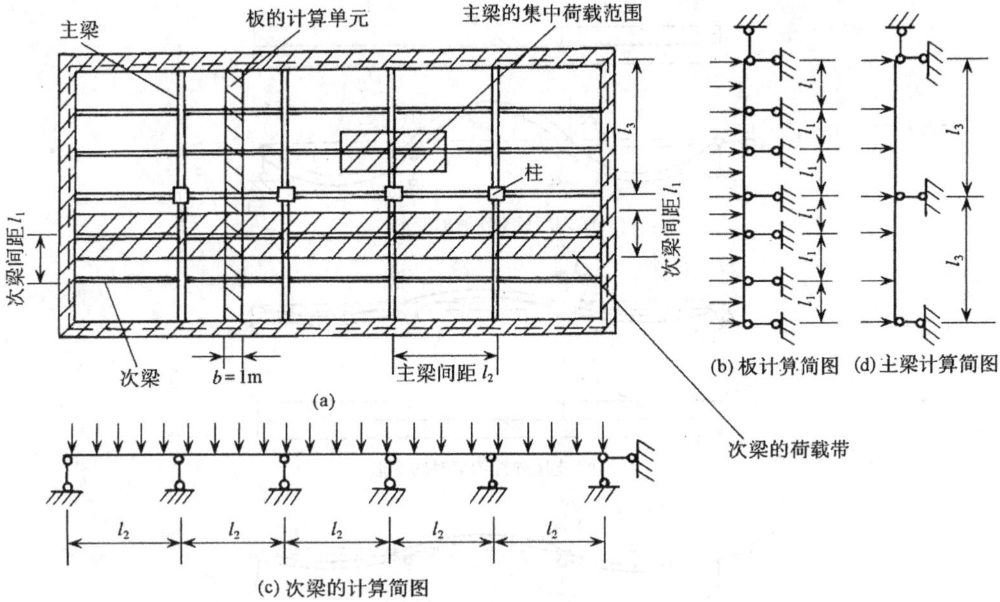

图 10.3　单向板肋形楼盖的计算简图

③ 跨数。对五跨及五跨以内的连续梁(板),按实际跨数考虑;对五跨以上的连续梁(板),当跨度相差不超过 10%,各跨荷载和截面相同时,可按五跨计算,其中中间各跨均按第三跨考虑。计算支座负弯矩时,计算跨度取相邻两跨跨长平均值。

④ 荷载。楼面荷载包括永久荷载 g 和可变荷载 q。永久荷载包括板、梁自重,隔墙重和固定设备重等。可变荷载包括人和临时性设备重、作用位置和方向随时间变化的其他荷载。永久荷载标准值应根据构件面积或体积,按材料单位质量计算确定,设备重按实际取值。可变荷载标准值应根据《建筑结构荷载规范》查取或根据实际情况考虑。

楼板通常按计算单元计算,即取 1m 宽的板带计算。作用在板上的荷载通常为均布荷载,计算时每米长度上的荷载值与板上每平方米上的荷载数值相等。对于次梁作用在其上的荷载包括由板传来和次梁的自重。它所承担的荷载范围是次梁间距中心线间的范围。次梁传给主梁的荷载是集中荷载,其大小应根据次梁与次梁间、主梁与主梁间的中心线所围成的矩形面积计算,如图 10.3 所示。主梁除承受次梁的荷载外,还有自重,一般为简化计算,可把主梁自重折算成集中荷载作用于主梁上对应于次梁的位置处。

⑤折算荷载。以板为例进行分析。前面在考虑板的支撑条件时,认为次梁对于与其整浇的板是不动铰支座而忽略次梁对板的约束作用。这对于可变荷载满布于各跨时是可行的,因为此时板在中间支座处的转角很小,计算简图与实际基本相符。如果活荷载隔跨布置时,情况就不同。如图 10.4 所示,当板发生转动时,必然

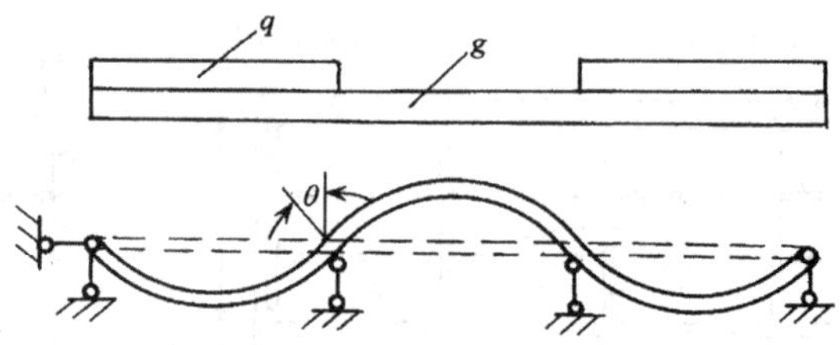

(a) 理想铰支座时的变形

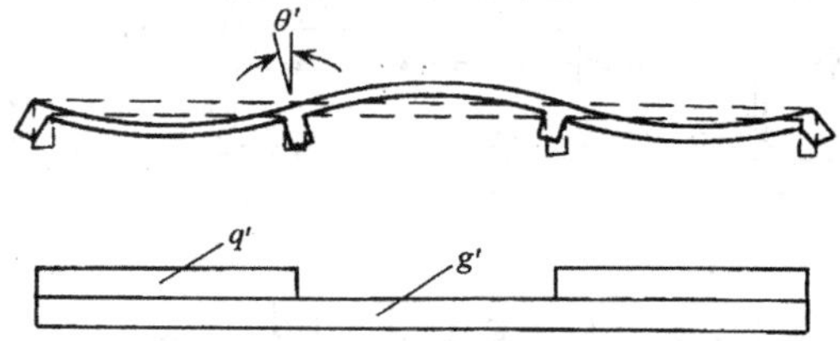

(b) 支座弹性约束时的变形

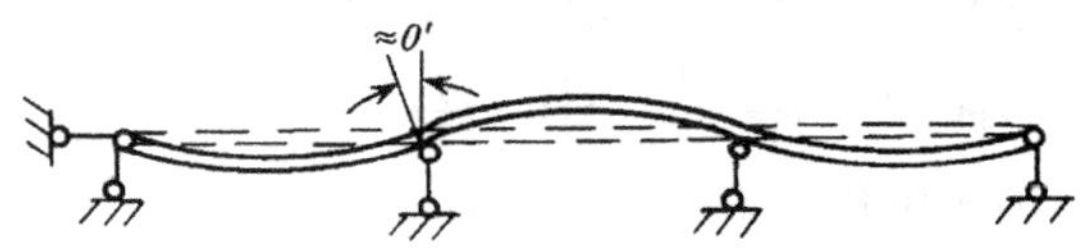

(c) 采用折算荷载时的变形

图 10.4　连续梁的变形

带动与之整浇在一起的次梁发生扭转，而次梁本身具有一定的抗扭刚度，并且受到主梁的约束，这将部分地阻止板的自由转动，使板发生的转角 θ' 小于自由转角 θ，从而板的跨中正弯矩将有所降低，支座负弯矩有所增长(但不会大于相邻两跨满布活荷载的支座负弯矩)，类似的情况也存在于次梁与主梁中。为了考虑由于次梁对板的约束作用，而对板的内力产生的影响，通常用折算荷载代替实际荷载。折算荷载如下：

对于板
$$\left.\begin{aligned} g' &= g + \frac{q}{2} \\ q' &= \frac{q}{2} \end{aligned}\right\} \tag{10.1}$$

对于次梁
$$\left.\begin{aligned} g' &= g + \frac{q}{4} \\ q' &= \frac{3q}{4} \end{aligned}\right\} \tag{10.2}$$

式中：g,q——单位长度上恒荷载、活荷载设计值；

g',q'——单位长度上折算恒荷载、折算活荷载的设计值。

如果柱对主梁的约束作用较大时，主梁按框架梁考虑，约束作用较小时，这种有利的影响很小，一般不考虑。另外，当板、次梁搁置于砖墙或钢梁上时，不得做此调整，按实际荷载计算。

2)活荷载的最不利布置和内力包络图。

①活荷载的不利布置。由于活荷载位置的可变性，多跨连续梁板在不同的活荷载布置下，各截面将会产生不同的内力。在设计连续梁板时，应研究活荷载如何布置，将使结构各截面的内力为最不利内力。现以五跨连续梁为例来说明。如图 10.5 所示，为五跨连续梁在不同跨布置活荷载时，在各截面所产生的弯矩与剪力图。其中第四跨布置活荷载的情况与第二跨布置活荷载的情况相同，第五跨布置活荷载的情况与第一跨布置活荷载的情况相同。

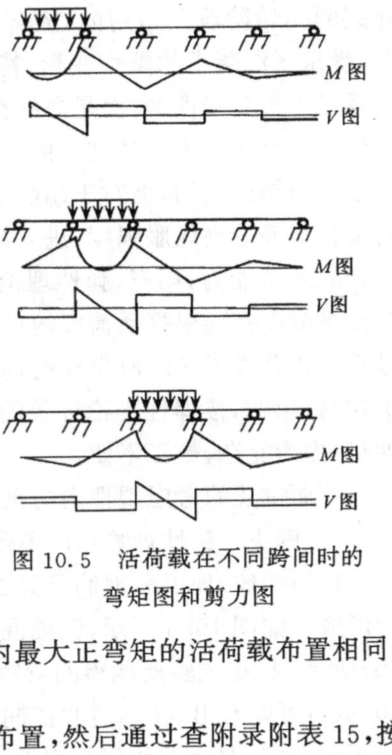

图 10.5　活荷载在不同跨间时的弯矩图和剪力图

由图中不难看出，欲求出第一跨跨中最大正弯矩，应在第一、三、五跨同时布置活荷载；欲求出第一跨最小弯矩，应在第二、四跨同时布置活荷载；同理可求出其他各截面为最不利内力时，活荷载的布置情况。由此不难推出活荷载最不利布置的法则：

求某跨跨内最大正弯矩时，应在该跨布置活荷载，然后向左右隔跨布置活荷载；

求某跨跨内最大负弯矩(即最小弯矩)时，本跨不布置活荷载，而在相邻两跨布置活荷载，然后每隔一跨布置；

求某支座最大负弯距时，应在该支座左右两跨布置活荷载，然后隔跨布置活荷载；

求某支座最大剪力时的活荷载布置与求该支座最大负弯矩时的活荷载布置相同；求边支座截面处最大剪力时，活荷载的布置与求边跨跨内最大正弯矩的活荷载布置相同；

连续梁上的恒载应按实际情况布置。

根据上述法则，可以确定出活荷载的最不利布置，然后通过查附录附表 15，按照下述公式求出跨中或支座截面的最大内力：

均布荷载作用下：
$$\left.\begin{aligned} M &= k_1 g l_0^2 + k_2 q l_0^2 \\ V &= k_3 g l_0 + k_4 q l_0 \end{aligned}\right\} \quad (10.3)$$

集中荷载作用下：
$$\left.\begin{aligned} M &= k_1 G l_0 + k_2 Q l_0 \\ V &= k_3 G + k_4 Q \end{aligned}\right\} \quad (10.4)$$

式中：k_1, k_2, k_3, k_4——系数，通过查附录附表 15 求出；

g, G——均布恒载、集中恒荷载设计值；

q, Q——均布活载，集中活荷载设计值。

②内力包络图。通过内力计算，在同一基线上绘出各控制截面为最不利活荷载布置下的内力图，即得到各控制截面为最不利荷载组合下的内力叠合图，内力叠合图的外包线即为内力包络图曲线。

③弯矩、剪力计算值。按弹性理论计算连续梁内力时，计算跨度取至支撑中心

线间的距离，因此支座截面最大负弯矩发生在支座中心截面，但是此处由于支撑构件的加入，截面高度很大，危险截面并非在负弯矩最大处，而是在支座边缘处。故计算内力值应取支座边缘处的内力。该内力值可通过取隔离体的方法计算求得。

(2)钢筋混凝土连续梁按考虑塑性内力重分布的计算

前述的按弹性理论的计算方法存在着4个主要问题：第一，按弹性理论计算时，假定钢筋混凝土是匀质弹性体，荷载与内力呈线性关系，这在荷载较小，混凝土开裂的初始阶段是适用的，随着荷载的增加，由于受拉区混凝土裂缝的出现和开展，受压区混凝土的塑性变形，特别是受拉钢筋屈服后的塑性变形，内力与荷载的关系已不再是线性的，而是非线性的；第二，按弹性理论计算时，认为只要整个结构的任何一个截面内力达到其内力设计值，就认为整个结构达到其承载能力，这对于静定结构是适用的，但对于超静定结构的钢筋混凝土连续梁板来说，即使某个截面的受拉钢筋达到屈服强度，进入第III阶段，整个结构也还不是几何可变体系，仍有一定的承载能力；第三，弹性理论计算法是以保证各个截面的强度为依据，为此每个计算截面都要根据活荷载的最不利布置，按内力包络图来配筋，可是这种活荷载最不利布置并不是同时出现的，所以各截面的配筋并不能同时达到设计强度，浪费了材料；第四，按弹性理论计算的支座弯矩总是比跨中弯矩大得多，所以支座配筋拥挤，构造复杂，施工不便。

下面讲述的考虑塑性内力重分布的计算法充分考虑了材料的塑性性质和非线性关系，解决了弹性计算法的不足。

1)塑性铰。现以一钢筋混凝土简支适筋梁为例，说明钢筋混凝土构件上塑性铰的形成。如图10.6所示，钢筋混凝土简支梁承受集中荷载P，其弯矩图如图10.6(b)所示。根据试验所测得的弯矩M与梁曲率φ间的关系如图10.6(c)所示。由图10.6(c)可以看出，在加荷的初期，弯矩M与曲率φ间呈线性关系，到A点受拉区混凝土开裂，M-φ曲线发生转折，φ的增长速度加快。随着荷载的加大，弯矩的提高，当达到B点时，受力钢筋屈服，M-φ曲线发生了更大的变化，此时对应的弯矩为M_y，曲率为φ_y，如果再增加少许荷载，裂缝继续向上开展，混凝土受压区缩小，中

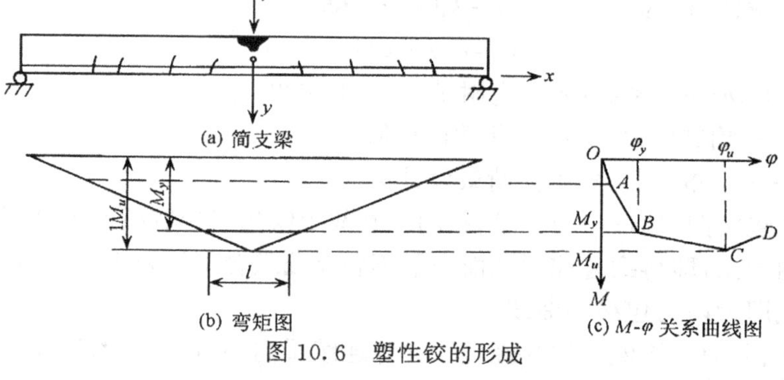

图10.6 塑性铰的形成

和轴上升，内力臂有所增加，使截面抵抗弯矩可增加到图 10.6(c)中的 C 点，即截面的极限抵抗弯矩 M_u，相应的曲率为 φ_u，最后由于混凝土达到极限压应变使构件丧失承载能力。在 M-φ 曲线的 BC 段，弯矩虽稍有提高，可曲率增长更快，也就是说截面的相对转角激增，从而形成了一个能转动的“铰”，这是由于塑性变形集中发展的结果。对于这种在结构中，非弹性变形集中产生的区域，在杆系构件中称为塑性铰，在板内则称为塑性铰线。上述适筋梁塑性铰的产生主要是由于受拉钢筋屈服后产生较大的塑性变化，使截面发生塑性转动所形成。对于超筋梁，一般在破坏时钢筋尚未屈服，此时塑性铰主要是由于混凝土的塑性变形引起截面转动而形成，其转动量比适筋梁要小得多。

2)内力重分布。现以两跨连续梁为例进行分析，如图 10.7 所示，在两跨连续梁中间支座两侧各 $l/3$ 处作用一集中力 F，通过试验绘制出力 F 与弯矩 M 的关系曲线，由此曲线可以看出，以下 3 项内容：

① 弹性阶段。加载初期，混凝土开裂之前，由于梁内各截面的抗弯刚度基本相同，力与弯矩的关系呈线性，不存在内力重分布的现象。

② 弹塑性阶段。加载至 B 支座受拉区混凝土开裂，可以看出继续加载，支座弯矩的增长率减缓，而跨中弯矩的增长率却加快，当加载至跨中受拉区混凝土也开裂时，我们又可看到，继续加载，跨中弯矩增长减缓而支座弯矩的增幅加大。这是由于混凝土开裂，引起各截面抗弯刚度变化而导致内力重分布的缘故。

③ 塑性阶段。当支座处受拉钢筋屈服，即支座处形成塑性铰，可以看出随着荷载的加大，支座处弯矩几乎不再增大，而跨中弯矩的增幅却又有较大的提高。这是由于支座钢筋屈服后发生较大的塑性变形，使内力再一次重新分布的缘故。

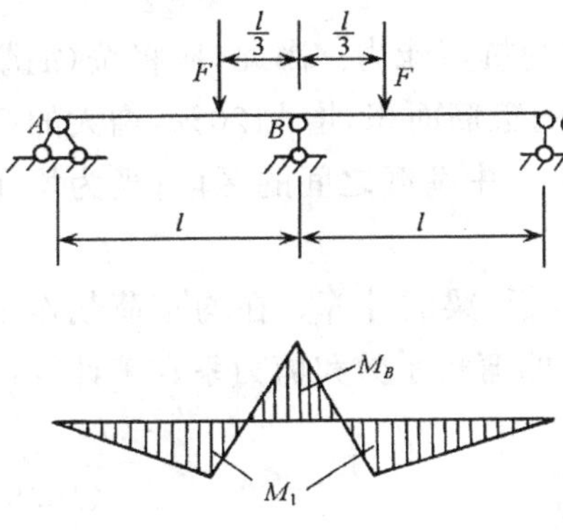

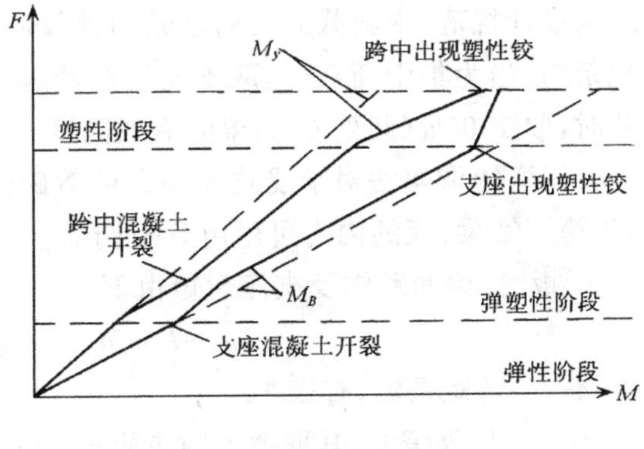

图 10.7 两跨连续梁的 M-F 关系曲线

实线为实测值，虚线为按弹性理论的计算值

支座形成塑性铰后还可继续增加荷载，直到跨中也形成塑性铰，才标志该两跨连续梁的破坏。

综上所述，内力重分布主要发生于两个过程。第一过程是在裂缝出现到塑性铰形成以前，由于裂缝的形成和开展，使构件刚度发生变化而引起的内力重分布；第二过程发生于塑性铰形成后，由于铰的转动而引起的内力重分布。

由简支梁和连续梁的破坏过程可以看出，对于静定结构，塑性铰的产生将导致结构因失去几何稳定性而破坏，但对超静定结构，塑性铰的出现只能表示结构约束度的减少，直到出现足够数目的塑性铰，超静定结构形成机动体系后，整个结构才算破坏。

3)考虑塑性内力重分布进行计算的基本原则。考虑内力重分布的计算方法有多种，但我国现在常用的方法是弯矩调幅法，即在弹性理论计算的基础上，对某些截面的弯矩值进行调整的一种计算方法。按弯矩调幅法对超静定结构计算时，应遵守下列基本原则：

① 为了防止塑性内力重分布过程过长，致使裂缝开展过宽，挠度过大而影响正常使用，一般情况下，连续板、梁弯矩调幅值不应超过 30%，当 $g\geqslant 3q$ 时，调幅不应超过 15%(g,q 分别为均布恒荷载、均布活荷载)。

② 试验表明，塑性铰的转动能力随配筋率的提高而降低，并主要取决于截面的相对受压区高度。为了保证调幅截面能形成塑性铰，且具有足够的转动能力，要求受压区混凝土高度 $x\leqslant 0.35h_0$。

③ 为了满足平衡条件，调整后每跨两端支座负弯矩(绝对值)的平均值与跨中弯矩之和应不小于相应简支梁的跨中弯矩。

④ 在均布荷载作用下的梁中，调整后的截面计算弯矩不得小于$\dfrac{(g+q)l^2}{24}$。

⑤ 考虑内力重分布后，结构构件必须有足够的抗剪能力。因此，应将按《混凝土结构设计规范》中斜截面受剪承载力计算所需的箍筋面积，增大 20%，增大的范围规定为：当为集中荷载时，取支座边至最近一个集中荷载之间的区段；当为均布荷载时，取 $1.05h_0$(此处 h_0 为梁的有效高度)。

4)用弯矩调幅法对承受均布荷载的等跨连续板、梁的计算。在均布荷载作用下，等跨连续梁、板的内力可用由弯矩调幅法求得的弯矩系数和剪力系数来计算：

① 板、次梁的跨中及支座弯矩由下式计算：

$$M = a(g+q)l_0^2 \tag{10.5}$$

式中：a——弯矩系数，查表 10.1；

l_0——计算跨度，其取值见附录附表 14；

g,q——板或梁上均布恒载、均布活荷载的设计值。

② 支座剪力按下列公式计算：

$$V = \beta(g+q)l_n \tag{10.6}$$

式中：β——剪力系数，查表 10.2；

l_n——净跨度；

g,q——意义同前。

表 10.1 弯矩系数表

截面	边跨中	第一内支座	中跨中	中间支座
α 值	1/11	−1/11	1/16	−1/16

表 10.2 剪力系数表

截面	边支座	第一内支座左	第一内支座右	中间支座
β 值	0.4	0.6	0.5	0.5

值得注意的是，表 10.1 中的弯矩系数是由均布活荷载与均布恒载的比值 $q/g>1/3$ 的五跨连续梁（板）推导出来的，对于 $q/g\leqslant 1/3$ 时，上述系数应予调整。同时表 10.1 中的弯矩系数也适用于跨度相差不超过 10% 的不等跨连续梁（板），此时，计算跨内弯矩时取各自的跨度值，而支座弯矩则按相邻两跨的较大跨度计算。

5)考虑塑性内力重分布计算方法的适用范围。采用塑性内力重分布的计算方法，其变形和裂缝宽度均较大，因此，按此法计算的构件不适用以下情况：

①在使用阶段下不允许出现裂缝或对裂缝的开展有严格要求的结构，不能用此法计算。例如，水池池壁、自防水屋面等。

②直接承受动力荷载或重复荷载的结构。

③处于负温条件下工作的结构或处于侵蚀环境中的结构。

④重要部位的结构和可靠度要求较高的结构。

⑤预计配筋较高的结构构件或采用塑性性质较差的钢筋的构件，均不宜按塑性方法计算。

对一般工业与民用建筑的整体式楼盖中的板和次梁，可采用此法计算。

10.2.2 整体式双向板肋形楼盖

1. 双向板的受力特点和试验研究

双向板在两个方向都起承重作用，即双向工作，但两个方向所承担的荷载及弯矩与板的边长比和四边

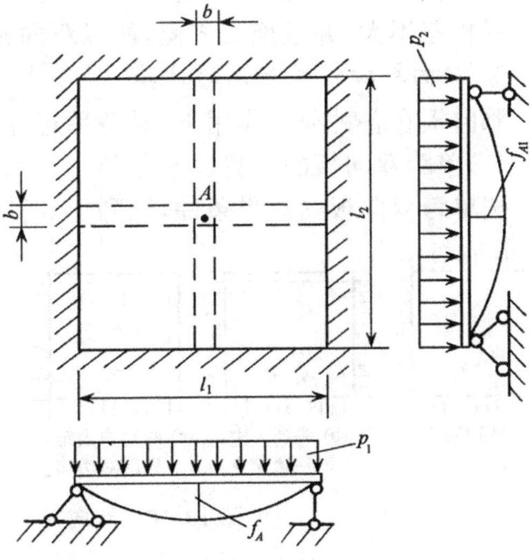

图 10.8 双向板工作原理

的支撑条件有关。如图 10.8，假如从双向板的中央取出两条相互垂直的板带，如果不考虑相邻板带的影响，由于两条板带中点 A 的挠度一致，而 $l_2>l_1$，所以短跨方向板带的曲率比长跨方向板带的曲率大，也就是说，短跨方向承担的荷载大。

由于双向板是双向工作，所以其配筋也是双向的。

四边简支的正方形或接近于方形的矩形板在均布荷载作用下的试验表明，荷载较小时，板基本处于弹性工作阶段，随着荷载的增大，首先在板底中部对角线方向出现第一批裂缝，并逐渐向四周扩展。即将破坏时，板顶靠近四角处，出现垂直于对角线方向的环状裂缝，如图 10.9 所示。

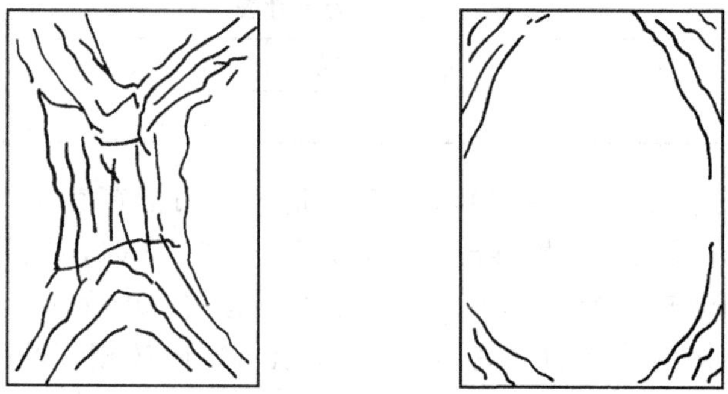

(a) 四边简支矩形板底裂缝图　　(b) 四边简支矩形板顶裂缝图

图 10.9　均布荷载下双向板裂缝图

双向板在受荷后，板的四周有翘曲现象，所以板的主要支撑点不在四角，而在板边的中部，即双向板传给支撑构件的荷载，并不是沿板边均匀分布的，而在板的中部较大，两端较小。

从理论上讲，双向板的受力钢筋应垂直于板的裂缝方向，即在板边倾斜，但这样做施工很不方便。试验表明，沿着平行于板边方向配置双向钢筋网，其承载能力与前者相差不大，并且施工方便，所以双向板采用平行于板边方向的配筋。

2. 双向板按弹性理论的计算

双向板在各种荷载作用下，对各种边界条件的计算是个复杂的问题。

(1)单跨双向板的计算

按单跨双向板的边界条件，选列了 6 种计算简图，如图 10.10 所示。

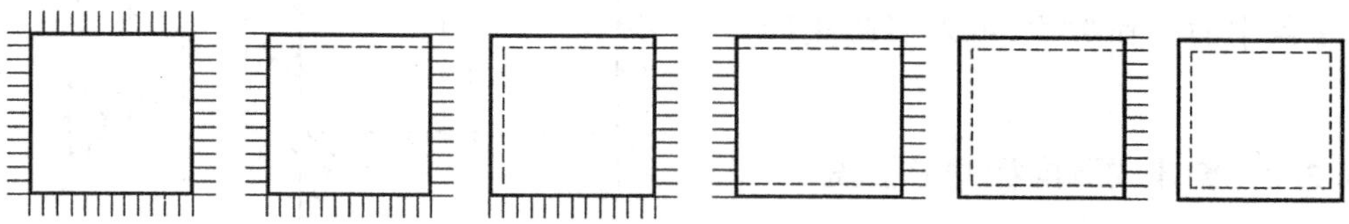

(a) 四边简支　(b) 一边固定，三边简支　(c) 两对边固定，另两对边简支　(d) 两邻边固定，另两邻边简支　(e) 三边固定，一边简支　(f) 四边固定

图 10.10　双向板六种边界表示方法

代表固定边；　代表简支边

根据不同的计算简图，查出对应的弯矩系数，即可按下式求弯矩：

$$M = kpl_0^2 \tag{10.7}$$

式中：k——弯矩系数；

l_0——板的较小计算跨度；

p——作用于双向板上的面荷载设计值；

M——跨中或支座单位板宽内的弯矩设计值。

对钢筋混凝土，跨中弯矩按下式计算：

$$M_1^{\nu} = M_1 + \nu M_2 \quad M_2^{\nu} = M_2 + \nu M_1 \tag{10.8}$$

式中：ν——钢筋混凝土材料的泊松比，取 $\nu = \dfrac{1}{6}$。

(2)多跨连续双向板的计算

多跨连续双向板按弹性理论的计算非常复杂，所以在设计中，采用简化计算法，即假定支撑梁无垂直变形，板在梁上可自由转动，应用单跨双向板的计算系数表进行计算，按这种方法进行计算时，要求在同一方向的相邻最小跨与最大跨跨长之比应大于 0.75。

计算多跨连续双向板同多跨连续单向板一样，也应考虑活荷载的不利布置。

1)跨中最大弯矩的计算。求某跨跨中最大弯矩时，活荷载的不利布置为棋盘形布置，即该区格布置活荷载，其余区格均在前后左右隔一区格布置活荷载。

计算时，采用正、反对称荷载，即 $g' = g + q/2, q' = \pm q/2$ 进行计算。

在正对称荷载作用下，由于板在内部支座处几乎没有转动，故内部区格按四边固定考虑，边区格的外边界按实际考虑；在反对称荷载作用下，板在支座上的转动较大，认为中间支座处的弯矩为零，故内区格跨中弯矩按四边简支查表计算，边区格的外边界仍按实际考虑，将上述两种荷载作用下的跨中弯矩叠加，即为该跨跨中最大弯矩。

2)支座最大弯矩。为计算简便，认为全板各区格上均布置活荷载时，支座弯矩为最大，因此内区格按四边固定，边区格的内支座也固定，而外边界按实际考虑。边区格内支座的弯矩取相邻两区格板在该支座上弯矩的平均值。

3. 双向板按塑性理论的计算

在单向板肋形楼盖中，当荷载达到一定值，钢筋屈服时，多跨连续梁就会形成塑性铰，在板中同样也会形成塑性铰线。四边固定的双向板的塑性铰线的分布如图 10.11 中虚线所示。塑性铰线将双向板分成 A、B、C、D 四部分。现分别用 M_1、M_2、M_i、M'_1、M'_1、M'_X、代表各塑性铰线上总的极限弯矩，并取 A 作为隔离体进行研究，如图 10.12 所示。

由 $\sum M_{ab} = 0$ 得

$$M_1 + M_1 = p \times \frac{l_1}{2} \times l_2 \times \frac{l_1}{4} - 2 \times p \times \frac{1}{2} \times \frac{l_1}{2} \times \frac{l_1}{2} \times \frac{2}{3} \times \frac{l_1}{2}$$

$$=\frac{pl_1^2}{24}(3l_2-2l_1)$$

同理对 B、C、D 取隔离体可得

$$M_1+M_{\mathrm{I}}'=\frac{pl_1^2}{24}(3l_2-2l_1)$$

$$M_2+M_X=\frac{pl_1^3}{24}$$

$$M_2+M_{\mathrm{II}}'=\frac{pl_1^3}{24}$$

以上 4 式相加得

$$2M_1+2M_2+M_{\mathrm{I}}+M_{\mathrm{I}}'+M_{\mathrm{II}}+M_{\mathrm{II}}'=p\frac{l_1^2}{12}(3l_2-l_1) \tag{10.9}$$

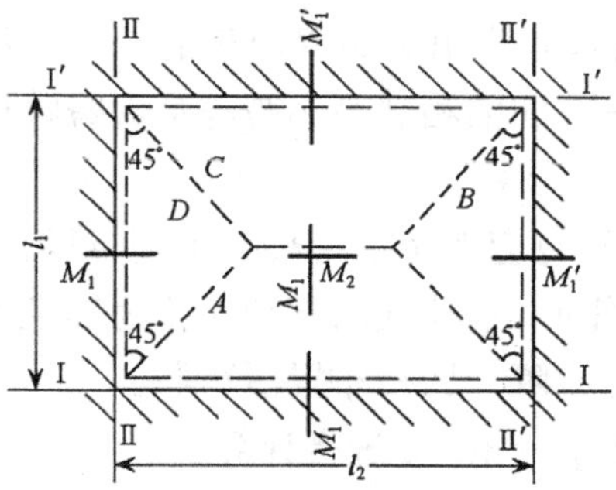

图 10.11　双向板的塑性铰线

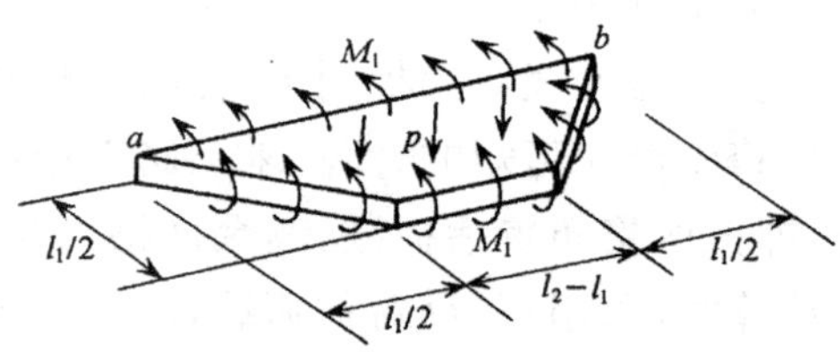

图 10.12　板块 A 隔离体图

由于板底的部分跨中钢筋在靠近支座处弯起并伸入支座以承受负弯矩，这样在通过 45°斜向塑性铰线前就弯起的钢筋，在塑性铰线处已不再承担由 $+M$ 引起的拉力，如图 10.13，因此计算 M_1 和 M_2 时，不把这部分钢筋考虑在内。现假设弯起的钢筋为 $A_{sl}/2$ 和 $A_{s2}/2$，并且假设在通过斜向塑性铰线前就弯起的钢筋分布在两侧各 $l_1/4$ 的范围内，因此 M_1、M_2 也可由下式计算：

$$M_1=\left[A_{s1}\left(l_2-\frac{l_1}{2}\right)+\frac{A_{s1}}{2}\times 2\times\frac{l_1}{4}\right]\times f_y h_{01}\gamma_s$$

$$M_2=\left(A_{s2}\times\frac{l_1}{2}+\frac{A_{s2}}{2}\times 2\times\frac{l_1}{4}\right)\times f_y h_{02}\gamma_s$$

用钢筋面积表示支座弯矩为

$$M_{\mathrm{I}}=A_{s\mathrm{I}}l_2 f_y h_{0\mathrm{I}}\gamma_s$$

$$M_{\mathrm{II}}=A_{s\mathrm{II}}l_1 f_y h_{0\mathrm{II}}\gamma_s$$

$$M_{\mathrm{I}}'=A_{s\mathrm{I}}'l_2 f_y h_{0\mathrm{I}}\gamma_s$$

$$M_{\mathrm{II}}'=A_{s\mathrm{II}}'l_1 f_y h_{0\mathrm{II}}\gamma_s$$

式中：γ_s——内力臂系数，一般取 $\gamma_s=0.9$；

h_{01}, h_{02}——沿 l_1、l_2 方向，跨中截面的有效高度，如图 10.14 所示，通常可取 $h_{02}=0.9h_{01}$；

$h_{0\mathrm{I}}$、$h_{0\mathrm{II}}$——支座截面 Ⅰ-Ⅰ（Ⅰ′-Ⅰ′）、Ⅱ-Ⅱ（Ⅱ′-Ⅱ′）的有效高度，通常取 $h_{0\mathrm{I}}=h_{0\mathrm{II}}=h_{01}$；

A_{s1}, A_{s2}——沿 l_1、l_2 方向跨中受力钢筋的总截面积；

$A_{s\mathrm{I}}, A'_{s\mathrm{I}}$——支座 Ⅰ-Ⅰ、Ⅰ′-Ⅰ′上受力钢筋的总截面积，一般 $A_{s\mathrm{I}}=A'_{s\mathrm{I}}$；

$A_{s\mathrm{II}}, A'_{s\mathrm{II}}$——支座 Ⅱ-Ⅱ、Ⅱ′-Ⅱ′上受力钢筋的总截面积，一般 $A_{s\mathrm{II}}=A'_{s\mathrm{II}}$；

l_1, l_2——双向板短向与长向计算跨度，对中间区格等于板净跨度；对于边区格，当板与圈梁整浇时，也等于板净跨度，当板边支座为简支时，取净跨加板厚的一半。

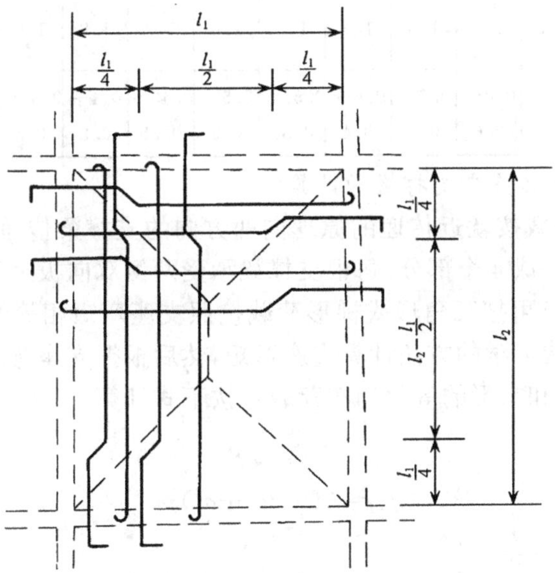

图 10.13　弯起钢筋与塑性铰线的关系

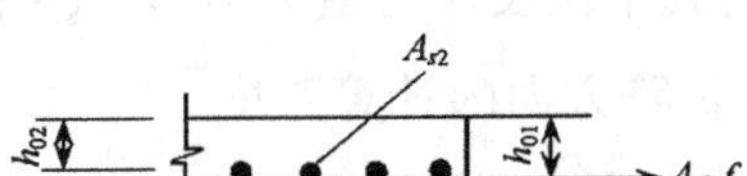

图 10.14　双向板截面的有效高度

经整理得

$$
\left.\begin{aligned}
M_1 &= A_{s1}\left(l_2-\frac{1}{4}l_1\right)f_y\times 0.9h_{01}\\
M_2 &= A_{s2}\times\frac{3}{4}l_1 f_y\times 0.9\times 0.9h_{01}\\
M_{\mathrm{I}} &= M'_{\mathrm{I}} = A_{s\mathrm{I}}l_2 f_y\times 0.9h_{01}\\
M_{\mathrm{II}} &= M'_{\mathrm{II}} = A_{s\mathrm{II}}l_1 f_y\times 0.9h_{01}
\end{aligned}\right\}\qquad(10.10)
$$

令各种钢筋截面积之比如下：

$$\alpha=\frac{A_{s2}}{A_{s1}},\quad \beta=\frac{A_{s\,\mathrm{I}}(\text{或}A'_{s\,\mathrm{I}})}{A_{s1}}=\frac{A_{s\,\mathrm{II}}(\text{或}A'_{s\,\mathrm{II}})}{A_{s2}}$$

据经验，α 值可查表 10.3，一般 $\beta=1\sim2.5$，常取 $\beta=2.0$。

将式(10.10)及 α、β 值代入式(10.9)，即可解得 A_{s1}，然后根据 α、β 值求解其他钢筋截面面积。

计算时，一般先由中间区格开始，陆续计算相邻区格。当某支座配筋已由相邻区格求出时，该支座的钢筋截面积应作为已知值代入式(10.9)，计算其他钢筋截面积。

表 10.3　双向板跨中钢筋面积比 α 值表

$n=\frac{l_2}{l_1}$	1.0	1.1	1.2	1.3	1.4	1.5	1.6	1.7	1.8	1.9	2.0	2.5	3.0
$\alpha=\frac{A_{s2}}{A_{s1}}$	1.0～0.8	0.9～0.7	0.8～0.6	0.7～0.5	0.6～0.4	0.55～0.35	0.5～0.3	0.45～0.25	0.4～0.2	0.35～0.2	0.3～0.15	0.2～0.1	0.1～0.01

4. 双向板肋形楼盖中支撑梁的计算

双向板上的荷载按就近传递的原理向两方向的支撑梁传递，这样可以将双向板按 45°角平分线分成 4 个部分。每根支撑梁承受两侧双向板上三角形或梯形部分的荷载，为简化计算可把三角形或梯形荷载按照支座弯矩相等的原则转化为等效均布荷载，再用结构力学的方法计算支座弯矩，然后根据支座弯距和实际荷载计算跨中弯矩。三角形和梯形的等效均布荷载可按下式计算：

三角形荷载
$$p_{eq}=\frac{5}{8}p \tag{10.11}$$

梯形荷载
$$p_{eq}=(1-2a^2+a^3)p \tag{10.12}$$

式中：a—— 系数，$a=\frac{l_1}{2l_2}$；

p—— 三角形或梯形荷载单位长度上最大值 $p=(g+q)\times\frac{l_2}{2}\times2=(g+q)l_2$；

l_1, l_2—— 双向板短跨、长跨方向的计算跨度。

5. 双向板截面的计算特点

1)对于四边与梁整浇的板，由于梁对板水平推力的有利影响，使双向板的承载能力有较大的提高，因此，设计双向板时，应根据下列情况对弯矩进行调整：

①中间跨的跨中截面及中间支座上，减少 20%；

②边跨的跨中截面及第一内支座上，

当 $l_{02}/l_{01}<1.5$ 时，减少 20%

当 $1.5\leqslant l_{02}/l_{01}<2$ 时，减少 10%

式中：l_{01}—— 垂直于楼板边缘方向的计算跨度；

l_{02}—— 平行于楼板边缘方向的计算跨度。

③角区格的楼板内力不予折减。

2)双向板中跨中钢筋纵横叠置,因此在设计时,截面的有效高度应根据纵横两向取用不同的值,沿短跨方向的跨中钢筋放在外侧,有效高度 $h_{01}=h-(25-30)$(mm),对正方形板,为简化计算,有效高度可取两者的平均值。

3)当板与支座整浇时,支座弯矩的计算值按下列要求考虑:按弹性理论计算时,计算弯矩取支座边缘处弯矩;按塑性理论计算时,因计算跨度取为净跨,因此内力分析所得的弯矩就是支座边缘的弯矩。

4)由单位宽度内截面弯矩设计值 M,按下式计算受拉钢筋的截面积:

$$A_s=\frac{M}{\gamma_s h_0 f_y}$$

其中,γ_s 可近似取 0.9～0.95。

10.3 装配式混凝土楼盖

装配式混凝土楼盖主要有铺板式、密肋式和无梁式。其中铺板式是目前工业与民用建筑最常用的形式,铺板式楼面是将密铺的预制板两端支撑在砖墙上或梁上构成,它的构件主要是预制板和预制梁。

装配式楼盖的设计内容主要是合理地进行楼盖结构布置,正确选用预制构件,并对构件进行验算,妥善处理好预制构件间的连接及预制构件和墙、柱的连接等。

10.3.1 结构平面布置

铺板式混凝土楼盖的结构平面布置是楼盖设计中重要一环,做好结构平面布置对建筑的使用功能、经济、施工等都有非常重要的意义。按墙体的承重情况,铺板式楼盖的结构平面布置方案有以下 4 种:

1. 横墙承重方案

将预制板直接搁置在横墙上,由横墙承重。横墙承重方案的受力特点是:主要靠横墙支撑楼板,横墙是主要承重墙,纵墙主要起围护、隔断和维持横墙的整体作用,故纵墙是自承重墙(内纵墙可能支撑走廊板重量,但荷载较小),这种方案的优点是横墙较密、房屋的横向刚度大,故整体刚性好。由于外纵墙不是承重墙,故外纵墙立面处理比较方便,可以开设较大的门窗洞;其缺点是横墙间距很密、房间布置灵活性差,故多用于宿舍,住宅等居住建筑。

2. 纵墙承重方案

将板直接搁置在纵墙上或将板搁置在沿横向布置的进深梁(或屋面梁、屋架)上,进深梁(或屋面梁、屋架)则搁置在纵墙上,这种方案即为纵墙承重方案。纵墙承重方案的受力特点是:板荷载传给梁,由梁传给纵墙。纵墙是主要承重墙,横墙只承受小部分荷载,横墙的设置主要为了满足房屋刚度和整体性的需要,它的间距可以比较大。该方案的优点是房间的空间可以较大，平面布置比较灵活，墙面积小，其缺点是房屋的刚度较差，纵墙受力集中，纵墙较厚和要加壁柱。这种方案适用于使用上要求有较大空间或隔墙位置可能变化的房屋，如教学楼、实验楼、办公楼等。

3. 纵横墙承重方案

有的楼板搁置在横墙上，有的楼板搁置在纵墙上；或者当楼板一端搁置于横墙上，另一端搭在大梁上，大梁则搭在纵墙上，这种承重方案即为纵横墙承重方案。

4. 内框架承重方案

房屋有时由于使用上的要求，往往采用钢筋混凝土柱代替内承重墙，以取得较大的空间。例如，沿街住宅底层为商店的房屋可以采用内框架承重方案。这种结构既不是全框架承重，也不是全由砖墙承重。其特点是：①由于横墙较小，房屋的空间刚度较差，此外，墙的条形基础和柱的单独基础在沉降量方面不易一致，钢筋混凝土柱和砖墙的压缩性能不一样，结构容易产生一定的内应力，房屋层数较多时，这一问题应在设计上给予注意；②以柱代替内承重墙在使用上可以取得较大的空间，故内框架承重方案一般用于教学楼、医院、商店、旅馆等建筑。

在确定结构平面布置方案时，从结构经济合理的角度考虑，板应有较小的跨度，这样节省材料。从施工方便的角度考虑，应尽量减少板的型号，另外还应结合各种方案的优缺点及房屋的使用功能适当选择。

10.3.2 预制梁板设计要点

1. 预制板

预制板按形式分为空心板、槽形板、实心平板、双 T 形板等；根据钢筋的应力情况分为非预应力和预应力两种。一般为了节约材料，提高构件刚度，宜尽量采用预应力板。

实心平板上下表面平整，制作简单，其跨度一般≤2.4m，常用宽度为 400～600mm，厚度为 60～100mm，常用于走廊板、楼梯平台板、地沟盖板等。

当板跨较大时，为了节省混凝土，减小自重，可将实心板受拉区及中部的部分混凝土挖去形成空心板和槽形板。

空心板刚度大，隔声、隔热效果均较好，比实心板自重轻且经济。因此在一般民用建筑中最为常用，但其缺点是板面不能任意开洞，自重比槽形板要大。空心板的孔型有圆形、方形、矩形、长圆形等多种，视截面尺寸和抽心设备而定，孔洞数量视板宽而定。一般构件厂主要生产圆孔空心板，其跨度为 3.0～6.0m，以 0.3m 进级。非预应力板最大跨度一般可达 4.8m，预应力板最大跨度可达 6m，宽度一般有 600mm、900mm、1200mm 几种。

槽形板有正槽形板和反槽形板两种，正槽板(肋向下)板面混凝土受压，其受力较合理，但天棚不平整，使用时常需做吊顶；反槽形板虽然受力性能较差，但天棚平整。槽形板混凝土用量较空心板还少，自重更轻，并且板面开孔更方便。因槽形板隔声、保温性能较差，一般不在普通楼盖中使用，在厕所、厨房的楼盖及工业建筑中较常用到。

2. 预制梁

装配式混凝土楼盖中所用的楼盖梁有现浇的和预制的两种，应视梁的尺寸和起吊条件而定。预制的楼盖梁一般为简支或悬臂梁，其截面形式主要有矩形、T 形、倒 L 形、十字形和花篮形等。

有时为了加强楼盖的整体性，楼盖梁也可采用叠合梁，即先预制梁的一部分，并露出箍筋，吊装预制板后，再浇捣梁上部的混凝土，使板与梁连成整体。

一般各地区都有本地区的标准构件图集，它收录了本地区所生产和使用的主要预制构件的规格、尺寸及各种材料用量等指标。在设计装配式混凝土楼盖时，当结构平面布置确定后，可根据房间的开间和进深尺寸，按照荷载设计值或内力设计值来选用合适的预制构件。

3. 预制梁板的计算特点

(1)使用阶段的验算

装配式混凝土楼盖中，预制构件按受弯构件的基本原理进行使用荷载作用下的承载力验算和裂缝宽度及变形的验算，具体计算可参考前述有关各章的内容。截面较为复杂的构件的计算，应首先简化截面，例如，对圆孔空心板首先应按孔的面积及惯性矩相等的原则，将圆孔空心截面简化为工字形截面，然后按 T 形截面计算。

(2)施工阶段的验算

预制构件在构件运输、堆放、吊装过程中的工作状态往往与使用阶段的工作状态不同，因此应选择最不利情况进行施工阶段的验算或采取必要的措施，以防止构件过早开裂及防止在不应开裂的部位开裂。

在进行施工阶段验算时，应注意下列几个问题：

1) 按实际吊点的位置确定计算简图。

2) 动力系数采用 1.5，即考虑自重增加 50%。

3) 结构重要性系数的取值按比使用阶段计算时降低一个等级考虑，但不得低于三级。

4) 对预制楼板、挑檐板、预制小梁、雨篷板等，应考虑在最不利位置作用一个施工或检修集中荷载，并按如下规定取值：

屋面板、檩条、挑檐、预制小梁：0.8kN；

钢筋混凝土雨篷：1.0kN。

计算挑檐、雨篷的强度时，每隔 1m 布置一个集中荷载；计算倾覆时，每隔 2.5～3.0m布置一个集中荷载。

10.3.3 连接

1. 板与板之间的连接

主要通过填实板缝来解决。板缝的截面形式应有利于楼板间能够相互传递荷载，图 10.15(a)、(b)为常见的两种连接形式。为了能使板缝灌筑密实，缝的上口宽度不宜小于 30mm，缝的下端宽度以 10mm 为宜。填缝材料与板缝宽度有关，当缝宽大于 20mm 时，一般宜用细石混凝土（强度不应低于 C15）灌筑，当缝宽小于或等于 20mm 时，宜用水泥砂浆（强度不低于 $15N/mm^2$）灌筑。当板缝过宽（≥50mm）时，则应按板缝上作用有楼面荷载的现浇板带计算配筋，如图 10.15(c)所示。填缝材料的强度等级宜比构件混凝土的强度等级提高二级。

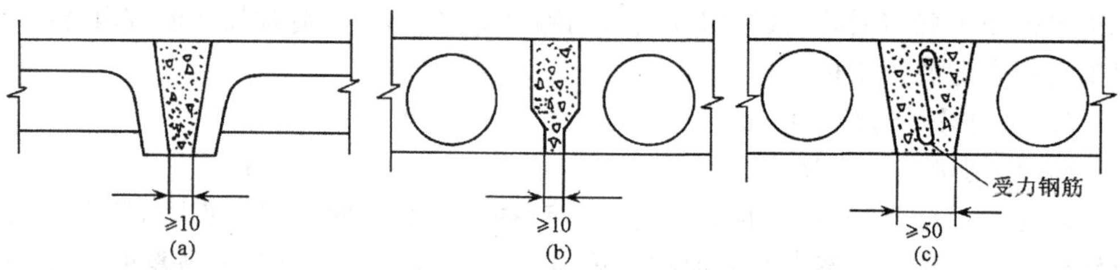

图 10.15 板与板的连接图

2. 板与墙、梁的连接

一般情况下，预制板搁置于墙、梁上，不承受水平荷载，故不需要特殊的连接措施，仅在搁置前，支撑面铺设一层 10～15mm 厚的水泥砂浆（坐浆），然后将构件直接平铺上去即可（砂浆强度不应低于 $5N/mm^2$）。为了使板与墙、梁搭接可靠，《混凝土结构设计规范》规定预制板在墙上的支撑长度，不宜小于 100mm，在梁上的支撑长度不小于 80mm，如图 10.16 所示。

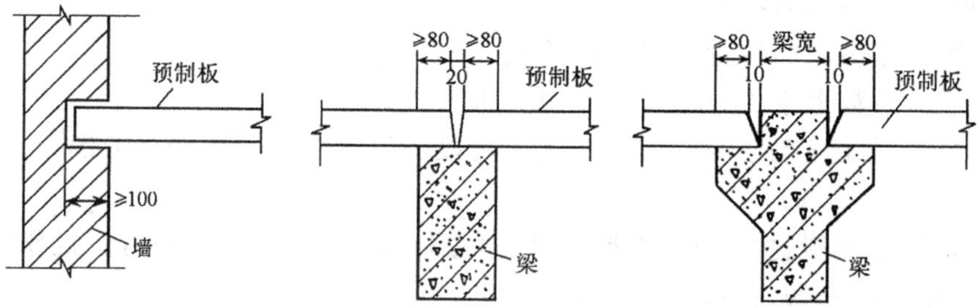

图 10.16 预制板的搁置长度

空心板搁置在砖墙上时，为防止板嵌入墙内的端部被压坏，一般当作用板上的压力较大时（$\geq 1.20N/mm^2$），则两端需用混凝土块或砖将孔洞堵塞密实。槽形板搁置在墙上时，因板的两端为实体横肋，除坐浆外，不必采取其他措施。

对于装配式楼面的整体性要求较高时（如平屋顶、地下室等），预制板在支座上部应设置锚固钢筋与墙或梁连接，具体构造如图 10.17 所示。

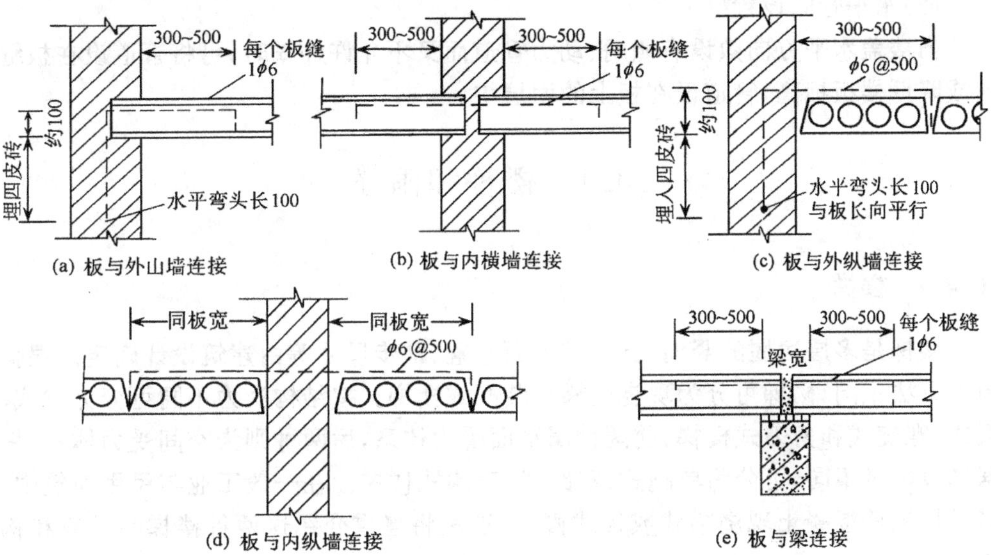

图 10.17　板与墙、梁连接构造

3. 梁与墙的连接构造

梁在砖墙上的支撑长度，应满足梁内受力钢筋在支座处的锚固要求和支座处砌体局部抗压承载力的要求。一般情况下，预制梁在墙上的支撑长度应根据梁的跨度确定，且不小于 180mm，而且在支撑处应坐浆 10～20mm，以承受因梁在墙上偏心作用而产生的水平拉力；在个别情况下(如抗地震时)，在预制梁端应设置拉接筋。

预制梁下砌体局部受压验算承载力不足时，应按计算设置梁垫，梁和梁垫及梁垫和墙体之间都要坐浆。

另外，地震区预制楼盖的连接构造还有更高的要求，设计时，请参见有关规范和设计手册。

4. 板间较大空隙的处理

当排板后剩余空隙较大，又无相应规格的板时，可采用下列方法进行处理：

1)扩大板缝，将板缝均匀增大，但最大不超过 30mm。

2)采用不同宽的板搭配。

3)结合立管的设置，当现浇板带。

4)当所余空隙小于半砖时(120mm)，可由墙面挑砖补缝。

5. 管道设置

(1)立管的设置

在厨房、卫生间、实验室等房间往往有一些立管穿越楼板，如果立管直径较小，位置分散，可直接凿洞穿管，但不得伤肋断筋；如立管直径较大或位置集中，应采用槽形板或设现浇板带。

(2)水平管的设置

当楼盖水平方向敷设有照明、动力管道而又不允许外露时,可将管道设在板缝内或降低楼板标高,管道设在板上的面层中。

10.4 楼梯和雨篷

10.4.1 楼梯

楼梯是多层房屋的竖向通道,其平面布置、踏步尺寸等由建筑设计确定。根据施工方法不同,楼梯可分为现浇楼梯和装配式楼梯。按结构受力不同可分为梁式、板式、螺旋式和剪刀式楼梯,前两种属平面受力体系,后两种则为空间受力体系。根据梯段数量不同,可分为单跑式、双跑式、三跑式楼梯。在一般工业与民用建筑中,多采用钢筋混凝土现浇梁式或板式楼梯,这里将着重介绍这两种楼梯的计算和构造。

1. 现浇楼梯的结构选型

板式楼梯的梯段是一块斜放的板,板端支撑在平台梁上,最下面的梯段可支撑在地垄墙上,如图 10.18 所示。楼梯段上的荷载直接传至平台梁或地垄墙上。这种楼梯的优点是下表面平整,因而支模施工方便,外观简洁,其缺点是斜板较厚(跨度的 1/25~1/30),在跨度较大时材料用量较多。因而板式楼梯适用于梯段跨度较小的情况。在梯段较长时,为节省材料,可在斜板两侧或中间设置斜梁,这样就形成了梁式楼梯,如图 10.19 所示。梁式楼梯的踏步板支撑在斜梁上,斜梁再支撑于平台梁上。作用于楼梯上的荷载先由踏步板传给斜梁,再由斜梁传给平台梁。当梯段较长时,梁式楼梯较节约材料,结构自重也较小,比较经济。但它支模及施工都比较复杂,外观有时显得也较为笨重。

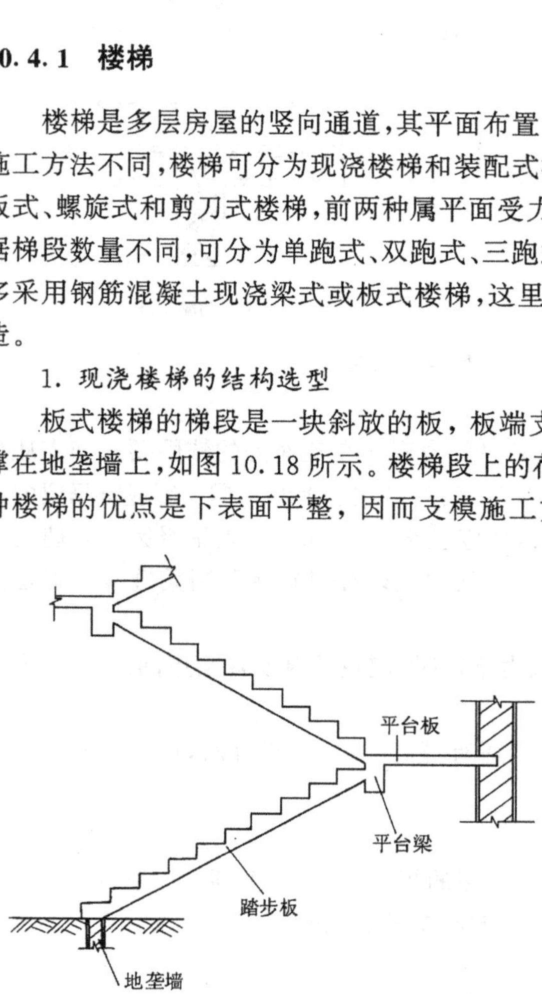

图 10.18 板式楼梯

设计时选取现浇板式楼梯还是梁式楼梯,《规范》上没有明确规定,主要根据楼梯的跨度(梯段的水平投影长度)并考虑经济、美观、施工的难易程度等因素。一般地,当楼梯的跨度≤3.0m 时,选择板式楼梯;当楼梯的跨度大于 3.0m,而

≤3.6m 时，可先选择板式楼梯，若计算用钢量太大，可改为梁式楼梯；当楼梯的跨度大于 3.6m 时，选择梁式楼梯。

2. 板式楼梯的计算

板式楼梯的内力计算，包括梯段板、平台板和平台梁的内力计算，其计算简图如图 10.20 所示。

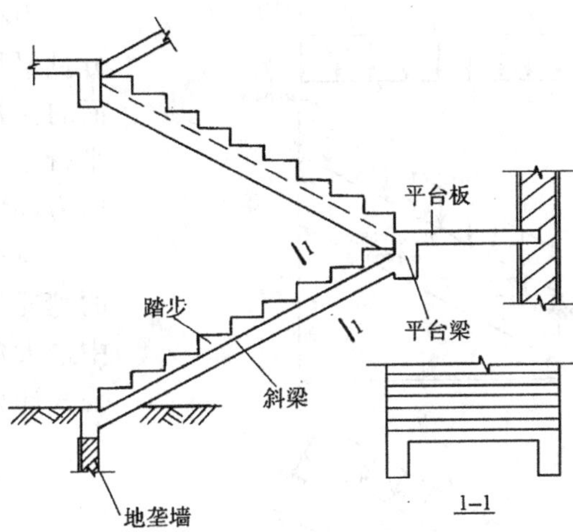

图 10.19 梁式楼梯

(1)梯段板

板式楼梯的梯段板一般由平台梁支撑，可以取 1m 宽的板作为计算单元，并将梯段板与平台梁的连接简化为简支。其计算简图如图 10.20(b)所示。如果梯段板上单元水平长度上竖向均布荷载为 q(与水平面垂直)，则沿斜板方向的单位长度上的竖向均布荷载为 $q_c = q\cos\alpha$，如图 10.21(a)所示。此处，α 为梯段板与水平线之间的夹角。

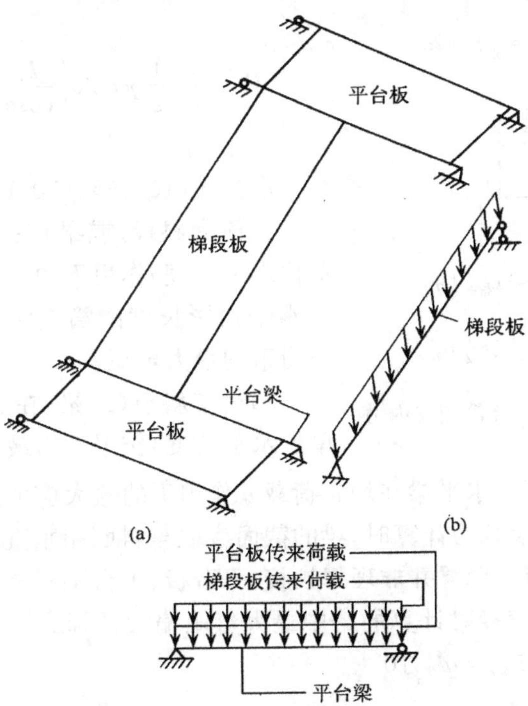

图 10.20 板式楼梯计算简图

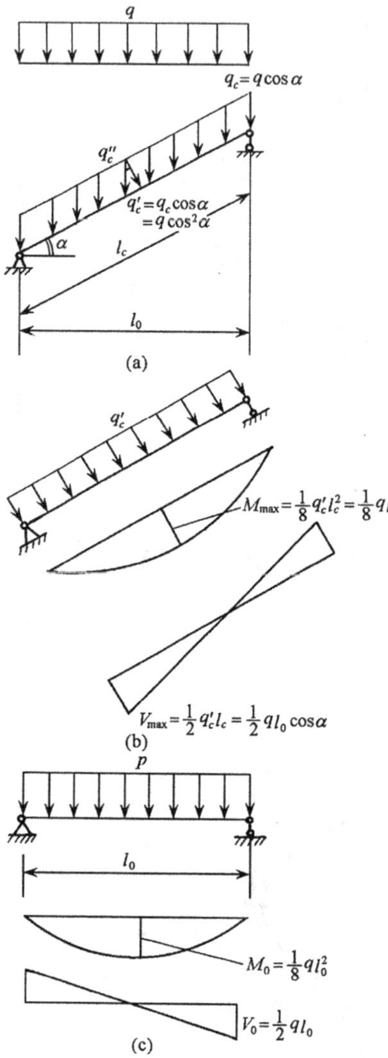

图 10.21　梯段板的计算简图与内力

均布荷载 q_c 可分解为垂直于板面的荷载分量 q_c' 和平行于板面的荷载分量 q_c''，垂直于板面的荷载分量 q_c' 将使梯段板产生弯矩和剪力；平行于板面的荷载分量 q_c'' 将使梯段板产生轴向力，但其值不大，可予以忽略。

在垂直板面的荷载分量 q_c' 作用下，梯段板的弯矩图和剪力图如图 10.21(b)所示，其跨中最大弯矩 M_{max} 和支座处剪力 V_{max} 可按下列公式计算：

$$M_{max}=\frac{1}{8}q_c'l_c^2 \tag{10.13}$$

$$V_{max}=\frac{1}{2}q_c'l_c \tag{10.14}$$

由于 $q_c'=q_c\cos\alpha=q\cos^2\alpha l_c=l_0/\cos\alpha$，则式(10.13)、式(10.14)可改写成

$$M_{max}=\frac{1}{8}q\cos^2\alpha\left(\frac{l_0}{\cos\alpha}\right)^2=\frac{1}{8}ql_0^2 \tag{10.15}$$

$$V_{max}=\frac{1}{2}q\cos^2\alpha\left(\frac{l_0}{\cos\alpha}\right)=\frac{1}{2}ql_0\cos\alpha \tag{10.16}$$

由公式(10.15)、(10.16)可得如下结论：

1)简支斜板(或梁)在竖向均布荷载 q(沿单位水平长度)作用下的最大弯矩等于跨度为其水平投影长度的简支水平梁在均布荷载 q 作用下的最大弯矩；

2)简支斜板(或梁)在竖向均布荷载 q(沿单位水平长度)作用下的最大剪力等于跨度为其水平投影长度的简支水平梁在均布荷载 q 作用下的最大剪力乘以 $\cos\alpha$。

必须注意，截面承载力计算时，梁的截面应取与斜面相垂直的截面。

考虑到梯段板与平台梁并非理想铰接，平台板、平台梁对梯段板的板端有一定的约束作用，使得按铰接时计算的跨中最大弯矩偏大，因此，板式楼梯梯段板的跨中最大弯矩可取为 $M_{max}=ql_0^2/10$。

(2)平台板

平台板一边与平台梁整体连接，另一边支撑在墙上或与过梁整体连接。当平台外端简支于墙上时，可近似按简支板计算，取跨中弯矩 $M_{max}=\frac{1}{8}ql_0^2$($l_0$ 为平台板计

算跨度)；当平台板外端与过梁整体连接时，取 $M_{max}=\frac{1}{10}ql_0^2$。

(3)平台梁

平台梁承受由梯段板、平台板传来的荷载和平台梁自重，荷载沿梁长按均布考虑，计算简图如图 10.20(c)所示。

(4)构造要求

梯段板厚度不小于梯段跨度的 1/25～1/30，一般可取板厚 $h=80\sim120$mm。

梯段板配筋应满足图 10.22 的各项构造要求，配筋可采用弯起式，也可采用分离式。

平台板、平台梁的构造要求与一般现浇整体式梁板结构的构造要求相同。

梯段板支座处实际上存在一定的负弯矩，必须配置适当的支座负筋，其构造方式如图 10.22 所示。

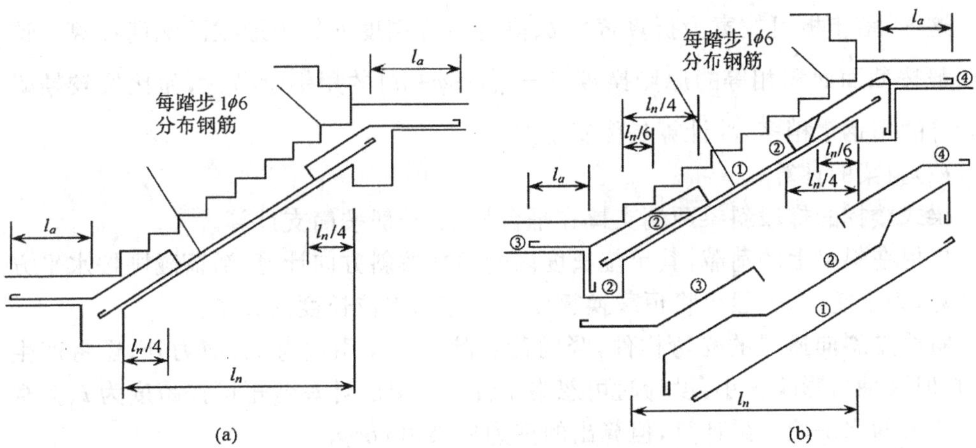

图 10.22　板式楼梯的配筋

3. 现浇梁式楼梯的计算

梁式楼梯的计算包括踏步板、斜梁、平台板和平台梁的计算。

(1)踏步板的计算

踏步板是支撑在斜梁上的单向板，可取一个踏步作为计算单元，如图 10.23 所示，其截面为五边形，为简化计算，可根据图 10.23(b)中三角形 ABC(踏步)全部受压时，混凝土受压区合力的大小和作用点不变的原则，将五边形截面折算成等效矩形截面，其宽和高分别为

$$\left.\begin{aligned} b &= \frac{0.75a_1}{\cos\varphi} \\ h &= \frac{2b_1}{3}\cos\varphi + d \end{aligned}\right\} \tag{10.17}$$

式中：a_1——踏步宽度；

b_1——踏步高度；

d——踏步板伸入斜梁的底板厚度；

φ——梯段与水平面的夹角。

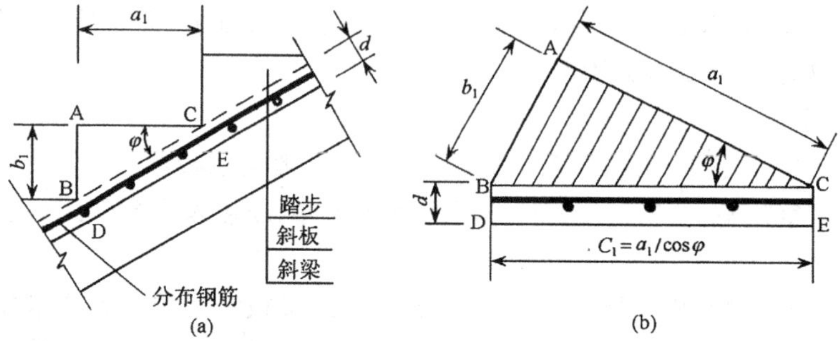

图 10.23　踏步板的截面图

这样，踏步板可按宽为折算宽度 b、高为折算高度 h 的矩形截面配筋计算。这比一般按截面面积相等的原则换算$\left(h=\dfrac{b_1}{2}\cos\varphi+d\right)$的用钢量节约，而比按较精确法计算的用钢量稍多，故计算是偏安全的。

(2)斜梁的计算

梁式楼梯的梯段斜梁两端支撑在平台梁上，一般按简支计算。

作用在斜梁上的荷载，其单位长度内的恒载按斜方向计算，活荷载则按水平方向计算，为了统一，一般可将恒载换算成水平方向单位长度内分布。

斜梁是斜向搁置的受弯构件，竖向荷载除在梁中引起弯矩、剪力外，还将产生轴力，但因轴力影响很小，设计时可忽略不计。斜梁的计算弯矩可按跨度为 l、荷载为$(g+q)$的水平简支梁计算，但算出的剪力应乘以 $\cos\varphi$。

斜梁的截面计算高度 h 应按垂直斜向取用。

(3)平台板和平台梁的计算

平台板一般为单向板，支撑于平台梁及外墙上或钢筋混凝土过梁上，计算弯矩可取$(g+q)l^2/8$或$(g+q)l^2/10$。

梁式楼梯的平台梁除承受平台板传来的均布荷载外，还承受上、下梯段斜梁传来的集中荷载，如图 10.24 所示。

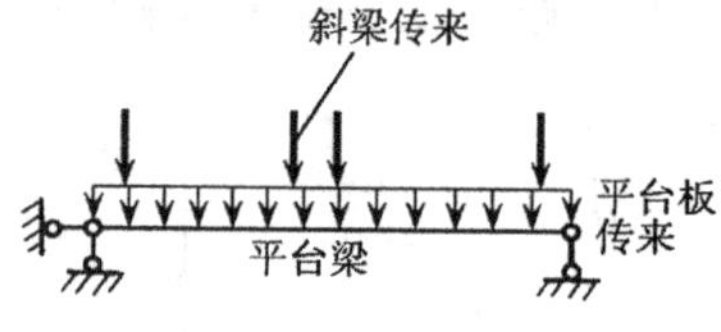

图 10.24　梁式楼梯平台梁受荷示意图

(4)现浇梁式楼梯的构造

梁式楼梯踏步板的高和宽由建筑设计确定。踏步板厚度一般取 30～50mm。踏步板的配筋除按计算确定外，还要求每一级踏步不少于 2ϕ6 的受力钢筋，沿梯段布置间距不大于 300mm 的分布钢筋，如图 10.25 所示。

梁式楼梯斜梁的配筋如图 10.26 所示。

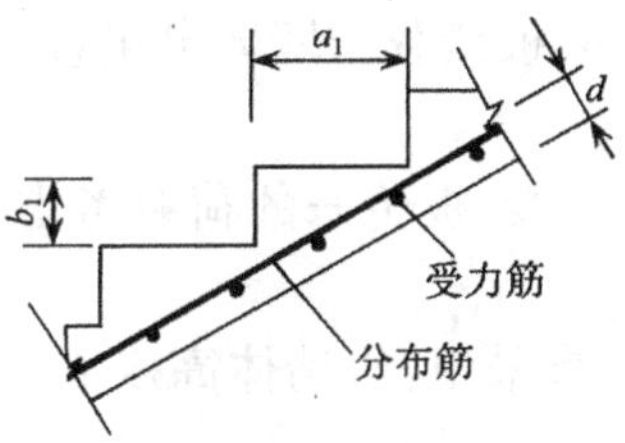

图 10.25　梁式楼梯踏步板配筋

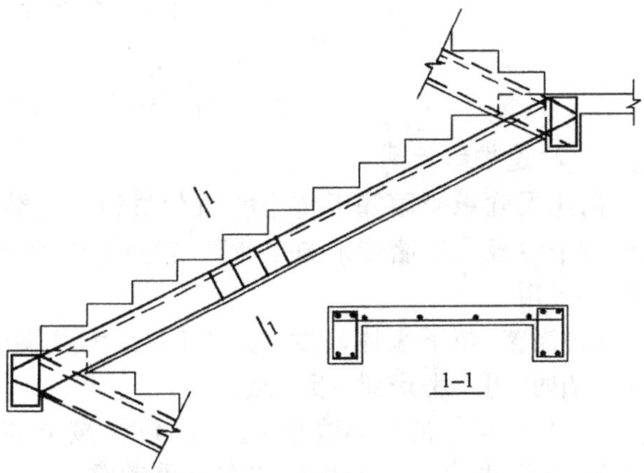

图 10.26　梁式楼梯斜梁配筋

设计时应注意：梁式楼梯的踏步板不宜搁在墙上。因为，若把踏步板搁在墙上，可省一根斜梁，但需在墙上预留槽口，因而造成施工麻烦，并削弱墙身承载力。

10.4.2　雨篷

雨篷是建筑工程中常见的悬挑构件，一般由雨篷板和雨篷梁组成。雨篷梁除支撑雨篷板外，又兼有过梁的作用。当悬挑较长时，可在雨篷中布置边梁，这种形式可按一般梁板结构设计。当无边梁时，应按悬臂板设计。计算时悬挑部分除按一般悬臂板、梁进行截面设计外，还必须进行整体的抗倾覆验算。现以板式雨篷来说明雨篷的设计方法。

1. 雨篷板的计算

作用在雨篷板上的荷载有恒载（包括自重、面层、抹灰等构造层重）、雪荷载和活荷载等。活荷载可为均布活荷载（标准值为 0.75kN/m^2）或施工与检修集中荷载（标准值为 1.0kN/m^2）。

在进行抗弯计算时，雨篷板上的荷载可按两种情况考虑，第一种情况：恒载＋均布活荷载或雪荷载（均布活荷载一般不与雪荷载同时考虑，取较大者），如图 10.27(a)所示；第二种情况：恒载＋施工或检修集中荷载（沿板宽每隔 1m 考虑一个集中荷载，作用于最不利位置上），如图 10.27(b)所示。

按两种荷载情况分别计算出最大弯矩后，选其较大值进行配筋计算。

雨篷板通常取 1m 宽进行计算。

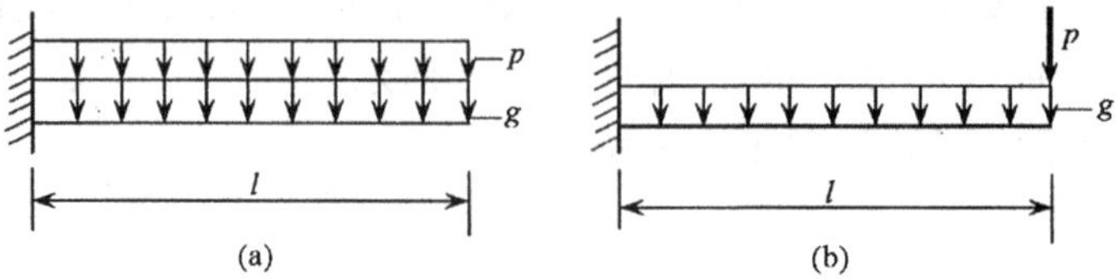

图 10.27　雨篷板的计算简图

2. 雨篷梁的计算

雨篷梁除承受雨篷板传来的恒荷载和活荷载外，还承受雨篷梁上的墙重及楼面板或平台板通过墙传来的恒荷载与活荷载。对于砖墙、梁板荷载与墙体自重按下列规定采用：

(1)当梁、板下墙体高度 $h_w<l_n$ 时(l_n 为过梁净跨)，按梁、板传来的荷载考虑。当$h_w \geqslant l_n$时，可不考虑梁、板荷载。

(2)当过梁上的墙体高度 $h_w<l_n/3$ 时，按全部墙体自重采用，当墙体高度 $h_w \geqslant l_n/3$ 时，按高度为 $l_n/3$ 墙体的均布自重考虑。

对于小型砌块砌体和中型砌块砌体，梁板荷载及墙体自重的取用详见《砌体结构设计规范》。

由于雨篷板传给雨篷梁的荷载作用点不在梁的竖向对称面上，故这些荷载除使梁产生弯曲外，还使梁产生扭转。在均布荷载$(g+q)$作用下，板上沿梁长度方向单位长度内的扭矩为

$$t_1 = (g+q)l\left(\frac{l+b}{2}\right) \tag{10.18}$$

由 t_1 在梁支座处产生的最大扭矩为

$$T_{1\max} = \frac{1}{2}t_1 l_0 \tag{10.19}$$

式中：l_0——雨篷梁的净跨度；

l——雨篷板的净长度；

b——雨篷梁的宽度。

扭矩在梁内的分布如图 10.28 所示。

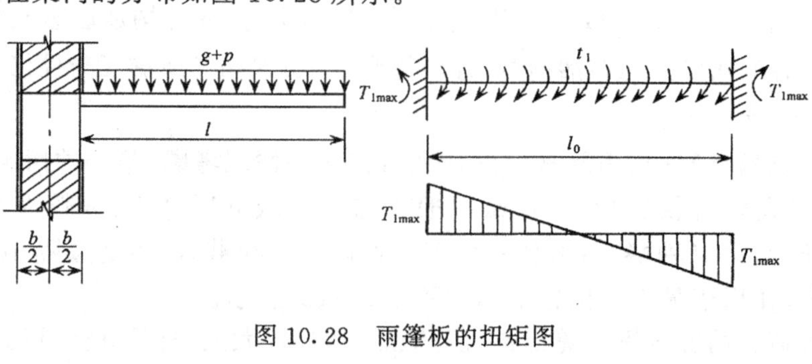

图 10.28　雨篷板的扭矩图

同理，在均布恒载 g 和集中荷载 P 作用下，在梁端也将产生扭矩。与均布荷载

$(g+q)$作用下梁端产生的扭矩相比，取二者中较大者作为计算扭矩。

设计时应注意：雨篷梁属于弯、剪、扭构件，应按弯、剪、扭构件进行纵筋和箍筋计算。

3. 抗倾覆验算

由于雨篷为悬挑构件，作用在雨篷上的荷载将绕 O 点产生倾覆力矩 M_{OV}，如图 10.29 所示，而梁自重、墙重及梁板传来的恒载(不考虑活荷载的作用)将产生绕 O 点的抗倾覆力矩 M_r。考虑墙体在极限状态时，可能因受压较大而局部压碎，倾覆点 O 点到雨篷板根部的距离可近似采用 $x_0=0.3h_b$(h_b 为雨篷板根部的板厚)。抗倾覆要求需满足下列条件：

$$M_r \geqslant M_{OV} \tag{10.20}$$

式中：M_{OV}——按雨篷板上不利荷载组合计算的绕 O 点的倾覆力矩，对恒载、活荷载应分别乘以荷载系数；

M_r——按雨篷梁上恒载计算的绕 O 点的抗倾覆力矩设计值，可按公式 $M_r=0.8G_r(l_2-x_0)$计算。抗倾覆荷载 G_r 可按图 10.29 中阴影部分所示范围内的恒载计算。

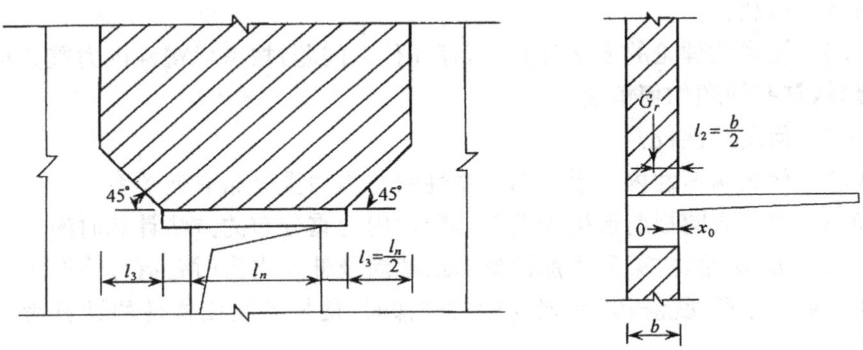

图 10.29　雨篷抗倾覆计算简图

当式 10.20 条件不满足时，可适当增加雨篷梁的支撑长度，以增大梁上墙体自重或采取与周围结构的拉结措施。

4. 雨篷梁、板的构造

根据雨篷板的受力特点，其板厚可做成变厚度的，且板端厚度一般不小于 50mm，根部厚度不小于 70mm。雨篷板受力钢筋按悬臂板计算确定，且不小于 $\phi6@200$mm，受力钢筋必须伸入雨篷梁，并与梁中箍筋连接。此外，还需要按构造配置分布钢筋，一般不小于 $\phi6@300$mm。

雨篷梁宽一般与墙厚相同，高度按计算确定，为保证足够的嵌固，雨篷梁伸入墙内的支撑长度应不小于 370mm。雨篷梁按弯、剪、扭构件计算配筋，其箍筋必须按抗扭箍筋要求制作。具体配筋构造如图 10.30 所示。

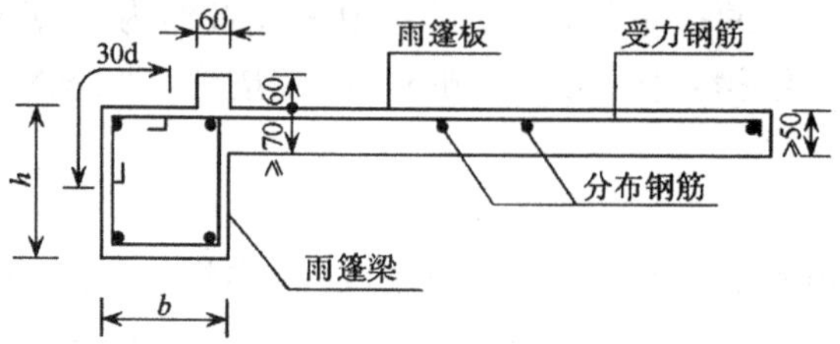

图 10.30　雨篷截面及配筋构造

思　考　题

10.1　钢筋混凝土楼盖根据施工方法的不同，可分为哪几种？各有什么特点？在实际应用中应如何选择？

10.2　简述单向板与双向板的区分界限、工作原理和计算特点。

10.3　试述按弹性理论的方法计算单向板肋形楼盖的要点。

10.4　按弹性理论的方法计算单向板肋形楼盖中板与次梁的内力时，为什么要采用折算荷载？

10.5　按弹性理论的方法计算时，存在什么问题？按考虑塑性内力重分布的方法计算时，这些问题如何解决？

10.6　何谓塑性铰？

10.7　什么叫塑性内力重分布？塑性铰与内力重分布有何关系？

10.8　简述双向板肋形楼盖按考虑塑性内力重分布的方法计算时的步骤。

10.9　板、次梁、主梁受力筋的弯起或截断及伸入支座时各有什么要求？

10.10 在计算现浇板式和现浇梁式楼梯时，楼梯各组成构件的计算简图应如何确定？

10.11 楼梯斜板或斜梁在竖向荷载作用下的内力与相应水平简支梁的内力有何关系？

习　　题

10.1　5 跨连续板的内跨板带如图所示，板跨为 2.7m，受恒荷载标准值 $g_k=2.5\text{kN/m}^2$，活荷载标准值 $q_k=3.5\text{kN/m}^2$，混凝土强度等级为 C20，Ⅰ级钢筋，次梁截面尺寸为 200mm×400mm，试确定板厚，并按弹性理论方法和按考虑塑性内力重分布的方法分别计算配筋，绘出配筋图。

10.2　某教学楼现浇板式楼梯平面尺寸如图所示，每踏步高 150mm，采用 C20 混凝土，Ⅰ级钢筋，踏步为 30mm 厚水磨石面层，板底为 15mm 厚混合砂浆抹灰，采用金属栏杆，试设计此楼梯。

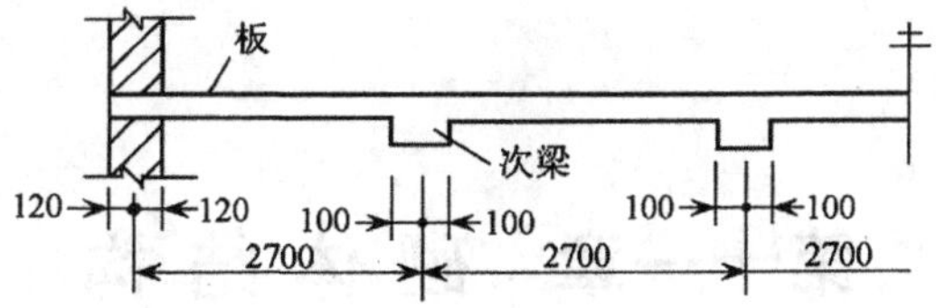

习题 10.1 图

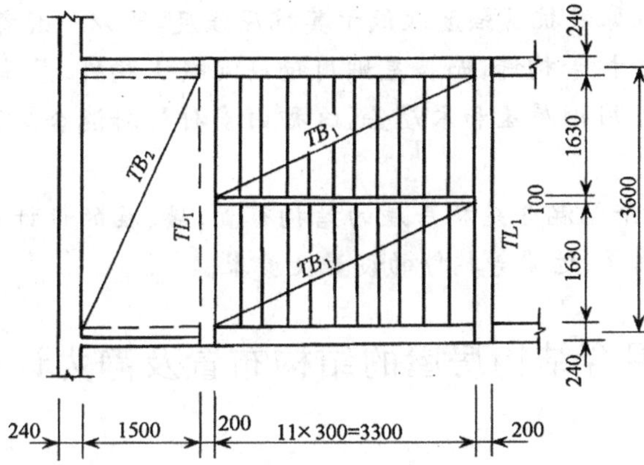

习题 10.2 图

第十一章　砌体结构

砌体结构是由砖、砌块及石料等块材通过砂浆砌筑而成的结构。由于砌体的抗拉、抗弯及抗剪强度远低于其抗压强度，所以一般都用砌体作房屋的基础、墙和柱等构件，而楼盖则用钢筋混凝土构件，屋盖除钢筋混凝土构件外，还可用钢屋盖和木屋盖，这种由多种材料混合建造的结构，称为混合结构。

本章主要介绍混合结构房屋的结构布置，墙、柱的设计计算方法、构造要求，以及圈梁、过梁等构件的设置及要求。

11.1　混合结构房屋的结构布置及静力计算方案

11.1.1　结构布置

混合结构是指墙、柱、基础等竖向承重构件采用砖、石、砌块等砌体材料，楼盖、屋盖等水平承重构件用钢筋混凝土材料建造的房屋。目前在多层、低层民用建筑中，应用最广泛的结构即为混合结构。

在混合结构房屋设计中，其结构布置方案根据承重墙、柱的位置，一般分为以下几种：

1. 纵墙承重方案

纵墙承重方案是由纵墙直接承受楼面（或屋面）荷载，再由纵墙将荷载传至基础，基础传至地基。在这种结构布置方案中，纵墙为主要的承重构件，如图 11.1 所示。

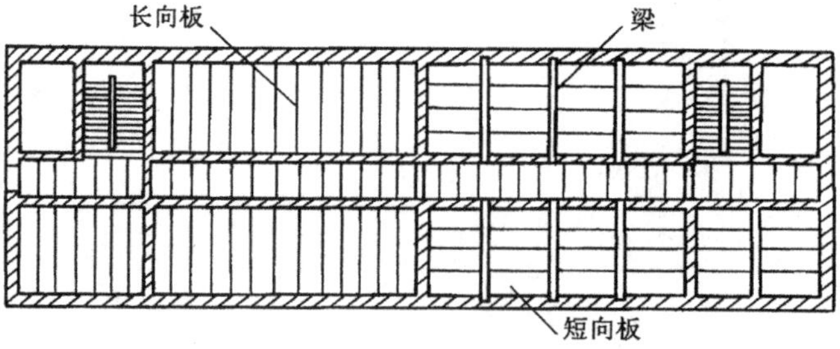

图 11.1　纵墙承重方案

2. 横墙承重方案

横墙承重方案是由横墙直接承受楼面（屋面）荷载，其荷载的传递路线为：楼面

(屋面)荷载传至横墙,横墙传至基础,基础传至地基。其中横墙为主要的承重构件,如图 11.2 所示。

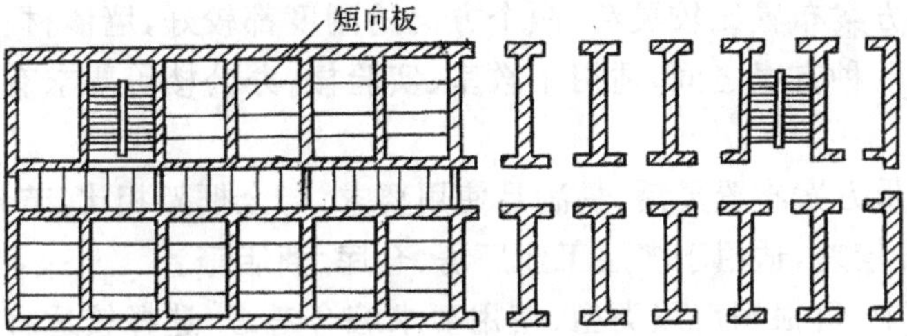

图 11.2　横墙承重方案

3. 混合承重方案

若由纵墙和横墙混合承受楼面(屋面)荷载,则形成纵横墙混合承重方案,其荷载的传递路线为:楼面(屋面)荷载传至纵墙和横墙,再传至相应的基础,最后传至地基,如图 11.3 所示。

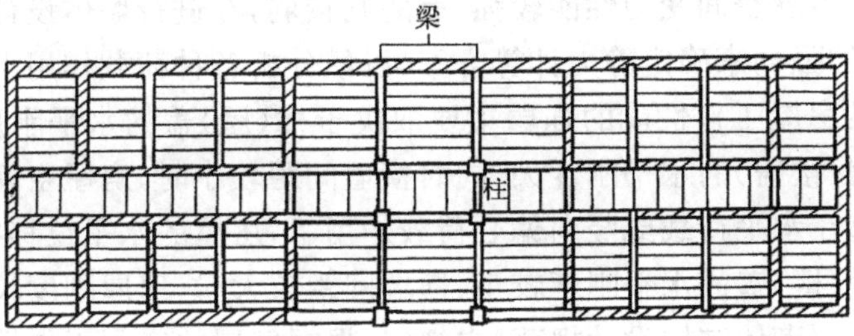

图 11.3　混合承重方案

4. 内框架承重方案

由房屋内部的钢筋混凝土框架柱和外墙共同承受楼面(屋面)荷载的承重方案称为内框架承重方案,如图 11.4 所示。在这种承重方案中,荷载的传递路线为:楼面(屋面)荷载传至外墙和框架柱,再传至基础,最后传至地基。

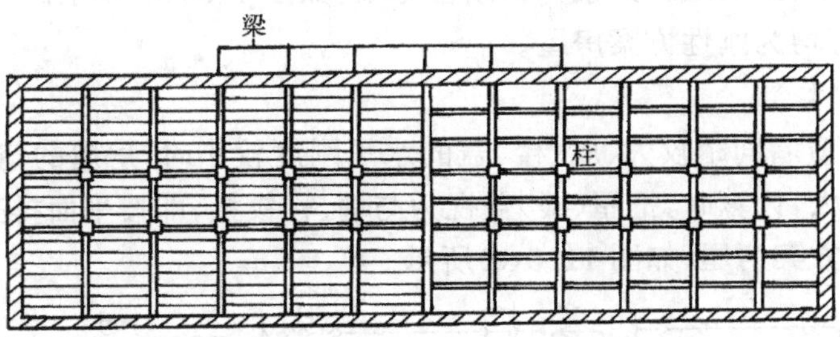

图 11.4　内框架承重方案

4 种承重方案的优缺点如下:

纵墙承重方案室内空间较大,使用布置灵活,但横向刚度较差,楼盖、屋盖用材较多,适用于空间要求较大的房屋,如厂房、仓库等。

横墙承重方案中，房屋的横向刚度较大，但横墙较密，布置受限制，且墙体材料用量较多，适用于横墙间距较密的房屋，如住宅、宿舍、旅馆等。

混合承重方案布置比较灵活，两个方向的刚度都较好，墙体材料和楼盖、屋盖用材介于以上两种方案之间，适用于教室、实验楼、办公楼等要求有较大空间的房屋。

内框架承重方案布置灵活，易满足使用要求，与全框架相比，节省水泥、钢筋用量，但空间刚度较差，适用于多层工业厂房、仓库、商店等。

实际设计中，可根据房屋类型、使用要求综合考虑，选择较适宜的结构布置方案。

11.1.2 静力计算方案

由墙、柱、基础等竖向承重构件与楼(屋)盖组成的水平承重构件相互连接，组成一个空间受力体系，以共同承受作用于房屋上的各种荷载。但这种空间受力体系性能不同，有的房屋空间受力性能较强，有的则较弱，在进行墙体设计时，必须根据空间受力性能的强弱来确定静力计算方案，以便分析各种荷载作用下的内力。

试验表明：房屋工作性能的强弱主要取决于楼(屋)盖的水平刚度和横墙间距的大小。当屋盖(楼盖)的水平刚度大，同时横墙间距较小时，房屋空间刚度大，空间受力性能较强。在水平荷载或竖向偏心荷载作用下，房屋的水平位移很小甚至可以忽略不计；当屋(楼)盖的水平刚度较小、横墙间距较大时，房屋刚度较小，水平位移较大，不能忽略。《砌体结构设计规范》中规定：根据房屋的空间工作性能，房屋的静力计算方案可分为以下 3 种：

1. 刚性方案

当横墙间距较小、屋(楼)盖的水平刚度较大时，在水平荷载作用下，房屋的水平位移可忽略不计，确定计算简图时，可将屋(楼)盖视为纵墙或柱的不动铰支座，忽略房屋的水平位移，这种方案称为刚性方案，如图 11.5(a)所示。一般多层住宅、办公楼、宿舍等均为刚性方案房屋。

2. 弹性方案

当房屋的横墙间距较大、屋(楼)盖的水平刚度较小时，房屋的空间刚度较弱，其水平位移较大，计算时，把屋(楼)盖视为与墙、柱铰接，即按平面排架计算。这种房屋称为弹性方案房屋，如图 11.5(c)所示。

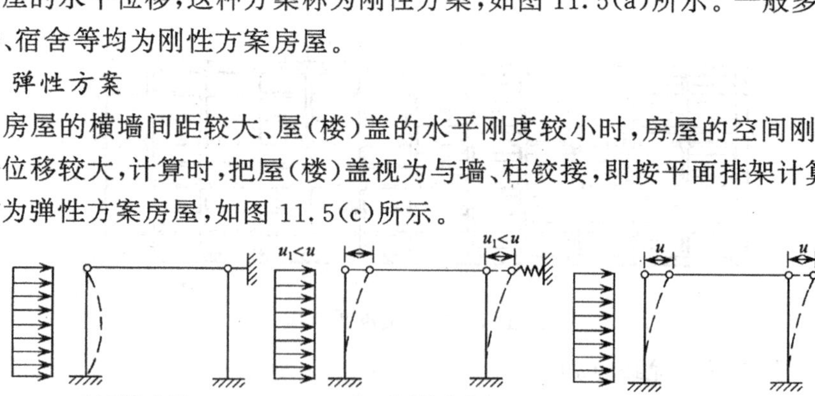

图 11.5 混合结构房屋的计算简图

3. 刚弹性方案

介于上述两种方案之间的房屋，其屋(楼)盖具有一定的水平刚度，横墙间距不太大，能起到一定的空间作用。在水平荷载作用下，其水平位移较弹性方案小，这种房屋称为刚弹性方案，计算时，按横梁(楼盖或屋盖)具有弹性支撑的平面排架计算，如图 11.5(b)所示。

根据上述原则，《砌体结构设计规范》根据楼盖(屋盖)的刚度，并考虑房屋的横墙间距来确定其计算方案，如表 11.1 所示。

表 11.1 房屋的静力计算方案

序号	屋盖或楼盖类别	刚性方案	刚弹性方案	弹性方案
1	整体式、装配整体式和装配式无檩体系钢筋混凝土屋盖或楼盖	$S<32$	$32\leqslant S\leqslant 72$	$S>72$
2	装配式有檩体系钢筋混凝土屋盖、轻钢屋盖、有密铺望板的木屋盖或木楼盖	$S<20$	$20\leqslant S\leqslant 48$	$S>48$
3	冷摊瓦木屋盖和石棉水泥瓦轻钢屋盖	$S<16$	$16\leqslant S\leqslant 36$	$S>36$

注：1)S 为房屋横墙间距，单位：m；

2)对无山墙或伸缩缝处无横墙的房屋，应按弹性方案考虑。

由表 11.1 可见，确定静力计算方案时，楼盖(屋盖)的类型是主要因素之一，而楼盖(屋盖)的类型确定之后，横墙间距则为重要条件，静力计算方案中的横墙应符合下列条件：

1)横墙的厚度不宜小于 180mm。

2)横墙中开有洞口时，洞口的水平截面面积不应超过横墙总截面面积的50%。

3)单层房屋的横墙长度不宜小于其高度，多层房屋的横墙长度不宜小于 $H/2$(H为横墙总高度)。

11.2 混合结构房屋的墙、柱设计

11.2.1 墙柱的构造要求

在砌体结构的设计中，墙、柱应满足以下构造要求：

1. 材料选用

1)多层房屋每层墙体宜采用同一强度等级的砂浆。

2)5 层及 5 层以上房屋外墙，以及受振动或层高大于 6m 的墙、柱所用材料的最低强度等级为：砖 MU10，砂浆 M5，砌块 MU7.5，石材 MU30。

3)地面以下或防潮层以下的砌体及潮湿房间的墙，根据地基土的潮湿程度，其材料最低强度等级应符合表 11.2 的规定。

表 11.2　地面以下或防潮层以下的砌体、潮湿房间墙所用材料的最低强度等级

基土的潮湿程度	烧结普通砖、蒸压灰砂砖		混凝土砌块	石材	水泥砂浆
	严寒地区	一般地区			
稍潮湿的	—	—	MU7.5	MU30	M5
很潮湿的	MU15	—	MU7.5	MU30	M7.5
含水饱和的	MU20	MU15	MU10	MU40	M10

注：地面以下或防潮层以下的砌体，不宜采用多孔砖。当采用混凝土空心砌块砌体时，其孔洞应采用强度等级不低于C20的混凝土灌实。

2. 墙体布置

对多层房屋的静力计算方案除应采用刚性方案外，还应注意几点要求。

1)墙、柱的截面。墙体的最小厚度都应符合砖的模数，同一片墙的厚度应相同，壁柱间距应有规律，承重的独立砖柱截面尺寸不应小于240mm×370mm。

2)墙、柱上下洞口应对齐，尤其注意承重墙上下层门窗洞口能否对齐，使上下层荷载能直接传递。宜避免在纵横墙交接处开门窗洞口或留通长沟槽，以致破坏纵横墙连接的整体性。

3)垫块设置。跨度大于6m的屋架和跨度大于4.8m(对砖砌体)、3.9m(对毛石砌体)、4.2m(对砌块)的梁，支撑面下的砌体应设混凝土或钢筋混凝土垫块，墙中设有圈梁时，垫块宜与圈梁浇成整体。

4)壁柱设置。对厚度等于240mm的墙，当大梁跨度大于6m(对砖墙)或4.8m(对砌块)时，其支撑处宜加设壁柱或采用其他加强措施，山墙处的壁柱宜砌至山墙顶部。

11.2.2　墙、柱的强度计算

砌体结构中的主要承重构件为墙、柱。墙、柱按受力情况可分为受压、受拉、受弯及受剪，墙柱的设计方法和钢筋混凝土构件相同，即采用极限状态设计法，并采用内力表达式形式。由于墙、柱的截面面积较大，一般可不进行正常使用状态的验算，而是采用构造措施来保证其正常使用要求。在强度计算时，一般先选定截面面积和材料强度等级，然后再进行计算，属于截面校核的内容，本节主要介绍砖墙、柱构件的受压承载力和局部受压承载力的计算原理和计算方法。

1. 受压墙、柱的承载力计算

在轴心压力作用下，短而粗的砖墙、柱截面在破坏阶段的应力是均匀分布的，破坏截面所能承受的最大压应力即为砖墙、柱的抗压强度，如图11.6(a)所示。当轴向压力有较小的偏心距时，截面虽然全部受压，但压应力分布不均匀，破坏将发生在压应力较大的一侧，破坏边缘的压应力稍大于f，如图11.6(b)所示。偏心距增大时，远离压力一侧的边缘可能出现拉应力，受压区边缘的压应力将更大些，如图11.6(c)所示。若偏心距再增大，截面受拉边缘将出现沿水平灰缝的裂缝，受拉区

墙、柱将退出工作，如图 11.6(d)所示。以上 4 种情况中，受压区压应力的合力 a 图最大，b 图次之，d 图最小。

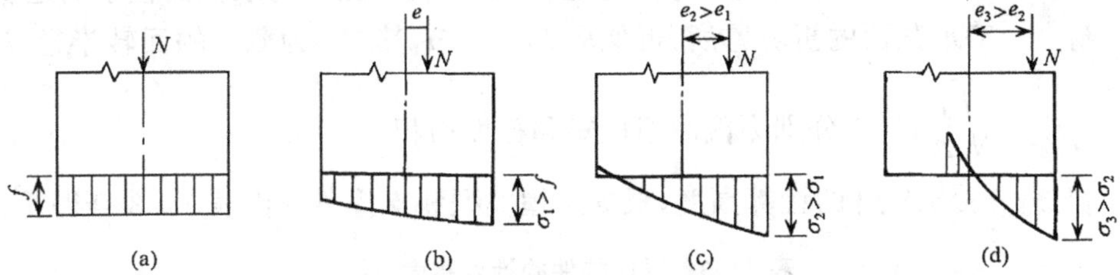

图 11.6　砌体的受压状态

对细长的受压构件，受力情况又有所不同。在轴心压力作用下，细长受压构件的承载力随高厚比的增加而减小，在偏心压力作用下，细长受压构件还会发生侧向挠曲和侧向弯曲，而且随高厚比的增加，其侧向挠曲愈加明显，侧向挠度愈来愈大，使构件的承载力进一步减小。

综合考虑以上因素，墙、柱受压构件的承载力计算公式可统一表述为

$$N \leqslant N_u = \gamma_a \varphi A f \tag{11.1}$$

式中：N——荷载设计值产生的轴向力；

N_u——砖墙、柱截面的抗压承载力；

γ_a——砌体设计强度的调整系数，当受压构件的截面面积 $A<0.3\text{m}^2$ 时，$\gamma_a=0.7+A$（A 以 m^2 计）；当采用水泥砂浆砌筑时 $\gamma_a=0.85$；

A——砖墙、柱的截面面积，按毛截面面积计算。对带壁柱的墙，计算多层房屋的面积时，翼缘宽度取窗间墙宽度（有门窗洞口时）或相邻壁柱间距离（无门窗洞口时），单层房屋在不大于上述尺寸的前提下取壁柱宽加 2/3 墙高；

f——砌体抗压强度设计值；

φ——高厚比 β 和轴向力的偏心距 e 对受压构件承载力的影响系数，按附录附表 16 采用。

应用式(11.1)进行计算时注意 4 个方面。

(1)影响系数 φ

式(11.1)既然是一个适用于各种轴向压力、各种高厚比的统一公式，则影响系数 φ 必然包含各种因素的影响，φ 主要与高厚比 β、砂浆强度、偏心距 e 等因素有关，所以 φ 由高厚比 β、砂浆强度和偏心距 e 三项确定，为方便应用，《砌体结构设计规范》做出了表格（见附录附表 16），可直接查用。

(2)高厚比 β

高厚比 β 按下列公式计算。

对矩形截面：

$$\beta=\frac{H_0}{h} \tag{11.2}$$

对 T 形截面：

$$\beta=\frac{H_0}{h_T} \tag{11.3}$$

式中：h——矩形截面轴向力偏心方向的边长，当为轴心压力时取截面较小的边长；

h_T——T 形截面的折算厚度，近似取 $h_T=3.5i$，其中 i 为截面的回转半径，$i=\sqrt{\frac{I}{A}}$，I、A 分别为截面惯性矩和截面面积；

H_0——受压构件的计算高度，根据房屋类型和支撑条件由表 11.3 查得。

表 11.3　受压构件的计算高度 H_0

房屋类型			柱		带壁柱墙或周边拉结的墙		
			排架方向	垂直排架方向	$S>2H$	$2H\geqslant S>H$	$S\leqslant H$
有吊车的单层房屋	变截面柱上段	弹性方案	$2.5H_u$	$1.25H_u$	$2.5H_u$		
		刚性、刚弹性方案	$2.0H_u$	$1.25H_u$	$2.0H_u$		
	变截面柱下段		$1.0H_l$	$0.8H_l$	$1.0H_l$		
无吊车的单层和多层房屋	单跨	弹性方案	$1.5H$	$1.0H$	$1.5H$		
		刚弹性方案	$1.2H$	$1.0H$	$1.2H$		
	两跨或多跨	弹性方案	$1.25H$	$1.0H$	$1.25H$		
		刚弹性方案	$1.10H$	$1.0H$	$1.10H$		
	刚性方案		$1.0H$	$1.0H$	$1.0H$	$0.4s+0.2H$	$0.6s$

注：1）表中 H_u 为变截面柱的上段高度，H_l 为变截面柱的下段高度；

2）对于上端为自由端的构件，$H_0=2H$；

3）独立砖柱，当无柱间支撑时，柱在垂直排架方向的 H_0 应按表中数值乘以 1.25 后采用。

在应用 β 值查影响系数 φ 时，应先对构件高厚比 β 乘以下列系数：黏土砖、多孔砖为 1.0，混凝土小型空心砌块为 1.1，粉煤灰中型实心砌块 1.2，毛石砌块 1.5，以考虑不同砌体在受力性能上的差异。

(3)偏心距 e

轴向力的偏心距 e 由荷载设计值计算，即

$$e=\frac{M}{N} \tag{11.4}$$

式中：M——荷载设计值产生的弯矩设计值；

N——荷载设计值产生的轴力设计值。

(4)公式的适用范围

式(11.1)仅适用于 $e\leqslant 0.7y$ 的情况，其中 y 为截面形心到轴向力偏心方向截面边缘的距离，如图 11.7 所示。

当 $0.7y<e\leqslant 0.95y$ 时，因偏心距过大，受拉区开裂过早、过宽，受压区高度减小过多，使得构件承载力明显降低，故《砌体结构设计规范》规定：

对 $0.7y<e\leqslant 0.95y$ 的受压构件，除按式(11.1)进行承载力验算外，还应进行

抗裂验算，以限制裂缝宽度。由于抗裂验算时截面应力较小，故可按材料力学的公式计算，即受拉边缘的应力不超过 $f_{tm.k}$（见图 11.7）：

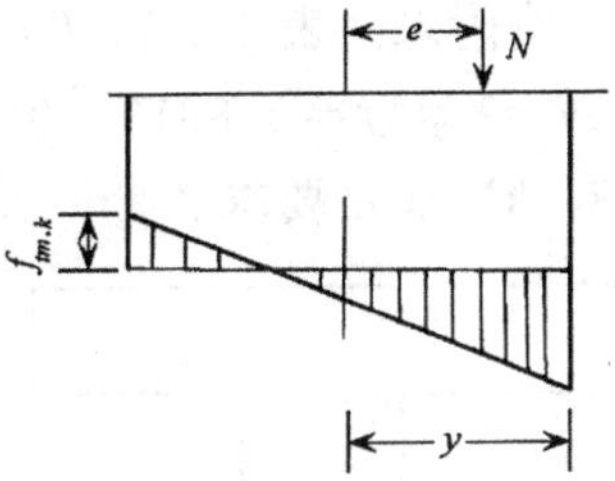

图 11.7　受压构件拉裂验算简图

由 $$\frac{N_s \cdot e}{W}-\frac{N_s}{A}\leqslant f_{tm.k}$$

得 $$N_s \leqslant \frac{A \cdot f_{tm.k}}{\frac{Ae}{W}-1} \tag{11.5}$$

式中：N_s——按荷载的短期效应组合计算的轴向力标准值；

$f_{tm.k}$——砌体沿通缝的弯曲抗拉强度标准值；标准值取 $f_{tm.k}=1.5f_{tm}$；

f_{tm}——砌体沿通缝的弯曲抗拉强度设计值，按附录附表 7 采用；

A——砌体的截面面积；

W——截面抵抗矩。

当 $e>0.95y$ 时，截面承受的轴向力较小，而弯矩较大，此时的偏心受压构件已接近受弯构件，所以只能按砌体沿通缝破坏的弯曲抗拉强度值来确定截面的承载力，即

$$N \leqslant \frac{A \cdot f_{tm}}{\frac{Ae}{W}-1} \tag{11.6}$$

式中：N——轴向力设计值。

其余符号意义同前。

应该指出：实际设计中，若遇到 $e>0.95y$ 的情况，宜修改截面尺寸。

对于矩形截面，当偏心力方向的截面边长大于另一方向的边长时，除按偏心受压计算外，还应对较小边长方向按轴心受压验算。

【例 11.1】　某砖柱截面尺寸为 $b\times h=370\text{mm}\times 490\text{mm}$，柱高 3.6m，上下端均为不动铰支撑，采用 MU10 砖、M2.5 混合砂浆砌筑，在柱顶作用有轴向压力：由恒载算得的压力标准值为 70kN，由活载算得的压力标准值为 50kN，试验算该柱的承载力。

【解】　(1)求轴力设计值

由于柱较重，考虑自重以后，柱底截面的轴力最大，故轴力设计值为

$$N=(70+0.37\times 0.49\times 3.6\times 19)\times 1.2+50\times 1.4=168.9(\text{kN})$$

(2)求影响系数

由于该柱上下端均为铰支，故 $H_0=H=3.6\text{m}$

由 $\beta=\frac{H_0}{h}=\frac{3.6}{0.37}=9.73,\frac{e}{h_o}=0$，查表得 $\varphi=0.835$

(3)求柱的承载力

由于 $A=0.37\times 0.49=0.1813\text{m}^2<0.3\text{m}^2$，则 $\gamma_a=0.7+A=0.8813$

查附录附表 4.5 得 $f=1.29\text{N/mm}^2$

故 $N=\gamma_a\varphi Af=0.8813\times0.835\times(370\times490)\times1.29=172\ 100(\text{N})=172.1\text{kN}>168.9\text{kN}$ 满足要求。

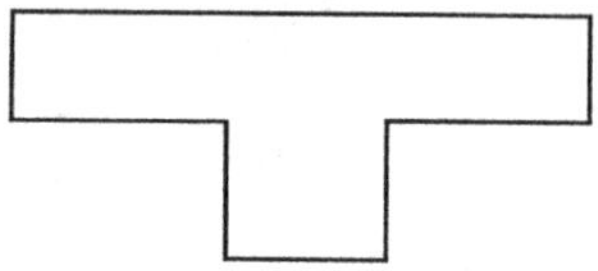

图 11.8　窗间墙截面尺寸

【例 11.2】 带壁柱窗间墙截面尺寸如图 11.8 所示。计算高度 $H_0=9.72\text{m}$,采用 MU10 砖、M5 混合砂浆砌筑,柱底截面的轴向力设计值为 200kN,弯矩设计值为 30kN·m,荷载偏向肋部一侧,试验算该柱的承载力。

【解】 (1)求计算参数

$$A=3000\times240+490\times500=965\ 000(\text{mm}^2)=0.965\text{m}^2>0.3\text{m}^2$$

故 $\gamma_a=1.0$

$$y_1=\frac{3000\times240\times120+490\times500\times(240+250)}{965\ 000}=213.94(\text{mm})$$

$$y_2=(240+500)-213.94=526.06(\text{mm})$$

$$I=\frac{1}{12}\times3000\times240^3+3000\times240\times(213.94-120)^2+$$

$$\frac{1}{12}\times490\times500^3+490\times500\times(526.06-250)^2=335.86\times10^8(\text{mm}^4)$$

$$i=\sqrt{\frac{I}{A}}=\sqrt{\frac{335.86\times10^8}{965\ 000}}=186.56(\text{mm})$$

$$h_T=3.5i=653.0\text{mm}$$

(2)求高厚比及影响系数

$$\beta=\frac{H_0}{h_T}=\frac{9.72}{0.653}=14.89$$

$$e=\frac{M}{N}=\frac{30\times10^6}{200\times10^3}=150(\text{mm})\qquad\frac{e}{h_T}=\frac{150}{653}=0.230$$

查表得 $\varphi=0.33$。

(3)承载力验算($f=1.48\text{N/mm}^2$)

由于$\dfrac{e}{y_2}=\dfrac{150}{526.06}=0.285<0.7$,故只验算承载力即可。

$N_u=\gamma_a\varphi fA=1.0\times0.33\times1.48\times965\ 000=471.3(\text{kN})>200\text{kN}$ 满足要求。

【例 11.3】 条件同例 11.2,但荷载偏向翼缘一侧,试验算此构件的承载力。

【解】 由于荷载偏向翼缘一侧,则 $y=y_1=213.94\text{mm}$,因为

$$\frac{e}{y}=\frac{150}{213.94}=0.701{\geq0.7\atop\leq0.95}$$

故除验算承载力外,还需按式(11.5)进行正常使用极限状态下控制裂缝的验算。

(1)承载力验算

和例 11.2 相同，$N_u=471.3\text{kN}>200\text{kN}$ 满足要求。

(2)裂缝验算

查表 $f_{tm}=0.11\text{N/mm}^2$，$f_{tm,k}=1.5f_{tm}=0.165\text{N/mm}^2$

$$W=\frac{I}{y_2}=\frac{335.86\times10^8}{526.06}=63.8\times10^6(\text{mm}^3)$$

$$\frac{f_{tm,k}A}{\frac{Ae}{W}-1}=\frac{0.165\times965\ 000}{\frac{965\ 000\times150}{63.8\times10^6}-1}=125.5(\text{kN})<200\text{kN}$$

不满足要求。

2. 墙、柱的局部受压承载力验算

当轴向压力仅作用于墙、柱的部分截面上时称为局部受压。如果轴向压力在该截面上产生的压应力均匀分布，称为局部均匀受压，如承受墙、柱传来压力的基础顶面等，如图 11.9(a)；如果压应力非均匀分布，称为局部非均匀受压，如直接承受梁端支撑反力的墙体如图 11.9(b)。虽然试验结果表明，当砌体在局部面积上受压时，该受压面上的砌体抗压强度一般高于全截面受压时的抗压强度，但由于局部受压面积远小于整个面积，往往成为整个结构中的最薄弱环节，有可能导致砌体的局部受压破坏，因此，在砌体结构设计中，除应对整个构件进行承载力验算外，还应验算局部承压面下的承载力。

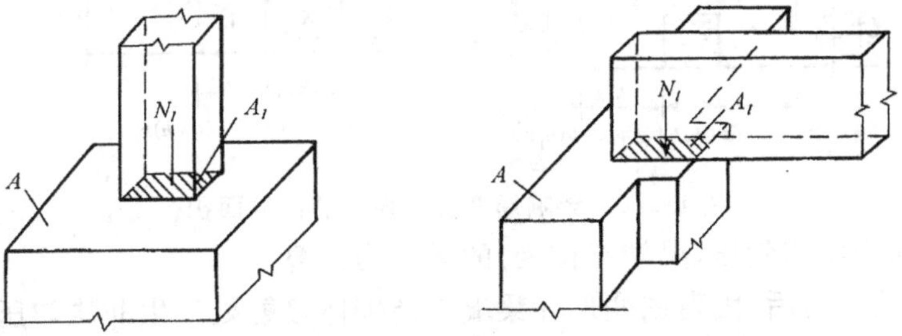

图 11.9　砌体的局部承压

(1)局部均匀受压时的承载力计算

直接位于局部受压面积下的砌体，因其横向变形受到周围砌体的约束，实际上处于三向受压状态。正是由于周围砌体的约束作用，使局部受压面上的抗压强度有所提高。砌体局部受压承载力主要取决于砌体的抗压强度和周围砌体对局部受压区段的约束作用。凡能影响局部抗压强度提高的面积称为影响局部抗压强度的计算面积，用 A_0 表示，并用 A_0/A_l(A_l 为局部受压面积)来反映周围砌体对局部抗压强度提高的影响程度。整个计算面积 A_0 越大，这种约束作用也越强，但并不是没有限度的，《砌体结构设计规范》根据各种局部受压位置的试验结果，给出了局部均匀受压时的承载力计算公式：

$$N_l = \gamma f A_l \tag{11.7}$$

式中：N_l——局部受压面积上的轴向力设计值；

f——砌体抗压强度设计值；

A_l——局部受压面积；

γ——砌体局部抗压强度提高系数，

$$\gamma = 1 + 0.35\sqrt{\frac{A_0}{A_l} - 1} \tag{11.8}$$

A_0——影响砌体局部抗压强度的计算面积，按图 11.10 确定。

计算所得的 γ 值，应符合下列规定：

图 11.10(a)中，$\gamma \leqslant 2.5$，图 11.10(b)中，$\gamma \leqslant 1.25$，图 11.10(c)中，$\gamma \leqslant 2.0$，图 11.10(d)中，$\gamma \leqslant 1.5$。

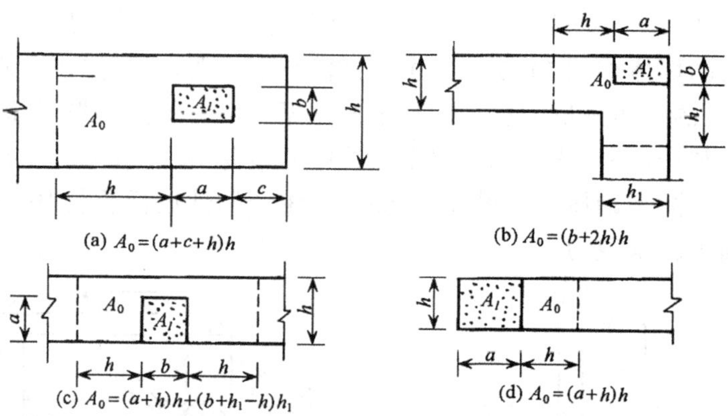

(a) $A_0=(a+c+h)h$　(b) $A_0=(b+2h)h$　(c) $A_0=(a+h)h+(b+h_1-h)h_1$　(d) $A_0=(a+h)h$

图 11.10　影响局部抗压强度的计算面积

(2)局部非均匀受压(梁端支撑处)的承载力计算

梁受荷载作用后，因弯曲变形在梁端与砖砌体接触处产生非均匀压应力，梁端支撑处的砌体局部受压承载力与梁端有效支撑长度及梁端支撑面承受的上部荷载有关，下面分别介绍。

1)梁端有效支撑长度 a_0。如图 11.11 所示，当梁端支撑处砌体局部受压时，其压应力的分布是不均匀的，同时，由于梁的变形和支撑处砌体的压缩变形，梁端存在转角 θ，因而梁的有效支撑长度 a_0 小于梁的实际支撑长度 a，当梁直接支撑在砌体上，梁端有效支撑长度可按下式计算：

$$a_0 = 38\sqrt{\frac{N_l}{bf\tan\theta}} \tag{11.9}$$

式中：a_0——梁端有效支撑长度(mm)，当 $a_0 > a$ 时，应取 $a_0 = a$；

a——梁端实际支撑长度(mm)；

N_l——梁端荷载设计值产生的支撑压力(kN)；

b——梁的截面宽度；

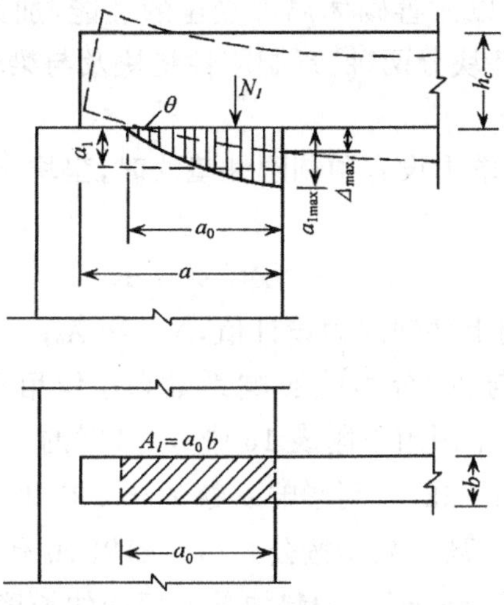

图 11.11 梁端有效支撑长度 a_0

f——砌体的抗压强度设计值；

$\tan\theta$——梁变形时，梁端轴线倾角的正切，对于受均布荷载的简支梁，当 $w/l_0=1/250$ 时，可取 $\tan\theta=1/78$；

w——梁的最大挠度；

l_0——梁的计算跨度。

2)梁端支撑处砌体的局部受压承载力计算。梁端支撑处砌体的局部受压承载力计算中，局部压力包括两部分：一是梁端传来的荷载(梁端支撑压力)N_l，二是局部受压面积上由上部墙体传来的轴向力 N_0。由于支座下的砌体被压缩，致使梁端顶部与上部砌体脱开而形成内拱作用，故计算时对上部墙体传下的荷载 N_0 作适当的折减，其折减系数与 A_0/A_l 的比值有关，A_0/A_l 的值愈大，内拱作用愈大，由上部墙体传下的荷载愈小。综合考虑试验研究结果和工程经验，梁端支撑处砌体的局部受压承载力可按下式计算：

$$\Psi N_0+N_l\leqslant\eta\gamma fA_l \tag{11.10}$$

式中：Ψ——上部荷载的折减系数，$\Psi=1.5-0.5\dfrac{A_0}{A_l}$，当$\dfrac{A_0}{A_l}\geqslant3$ 时，取 $\Psi=0$；

N_0——上部墙体作用于局部受压面积上的轴向力设计值，$N_0=\sigma_0\cdot A_l$；

σ_0——上部荷载设计值在整个截面 A 上产生的平均压应力，计算时，A 取一开间作为计算单元，由该单元所受的荷载除以窗间墙面积得出；

N_l——梁端荷载设计值产生的支撑压力；

A_l——局部受压面积，$A_l=a_0b$，b 为梁宽；

η——梁底压应力图形完整系数，一般取 $\eta=0.7$；

其余符号意义同前。

(3)梁端设有垫块时的砌体局部受压承载力计算

梁端下设有垫块，可以改善砌体局部受压的性能，加大局部承压面积，以满足砌体局部承压的要求。垫块分两种：预制刚性垫块及与梁端现浇成整体的垫块，下面分别介绍。

1)预制刚性垫块。梁端下设有预制刚性垫块时，垫块下砌体局部受压承载力应按下式计算：

$$N_0 + N_l \leqslant \varphi \gamma_l f A_b \tag{11.11}$$

式中：N_0——垫块面积内上部轴向力设计值，$N_0=\sigma_0 A_b$；

φ——垫块上 N_0 与 N_l 合力的影响系数（N_l 作用点可近似取距砌体内侧 $0.4a_0$ 处，）应采用附录附表 16 中 $\beta\leqslant3$ 时的 φ 值；

γ_l——垫块外砌体面积的有利影响系数 $\gamma_l=0.8\gamma$，但不小于 1.0。γ 为砌体局部抗压强度提高系数。按公式(11.8)以 A_b 代替 A_l 计算得出；

A_b——垫块面积，$A_b=a_b b_b$，a_b 为垫块伸入墙内的长度，b_b 为垫块的宽度。

刚性垫块的高度不宜小于 180mm，自梁边算起的垫块挑出长度不宜大于垫块的高度 t_b。当在带壁柱墙的壁柱内设有垫块时，其计算面积应取壁柱面积，不应计算翼缘部分。同时壁柱上垫块伸入翼墙内的长度不应小于 120mm，如图 11.12(a)、(c)所示。

2)与梁现浇成整体的垫块（现浇垫块）。梁设有现浇垫块时，由于垫块与梁端现浇成整体，当梁在荷载作用下发生挠曲时，梁垫将随梁端一起转动，如图 11.12(b)所示，因此梁端支撑处的局部受压承载力仍按式(11.10)计算，此时 $A_l=a_0\cdot b_b$，同时按式(11.9)计算 a_0 时，应以 b_b 代替 b。

【例 11.4】 已知某楼层预制梁，跨度为 5.7m，截面尺寸 200mm×550mm，支

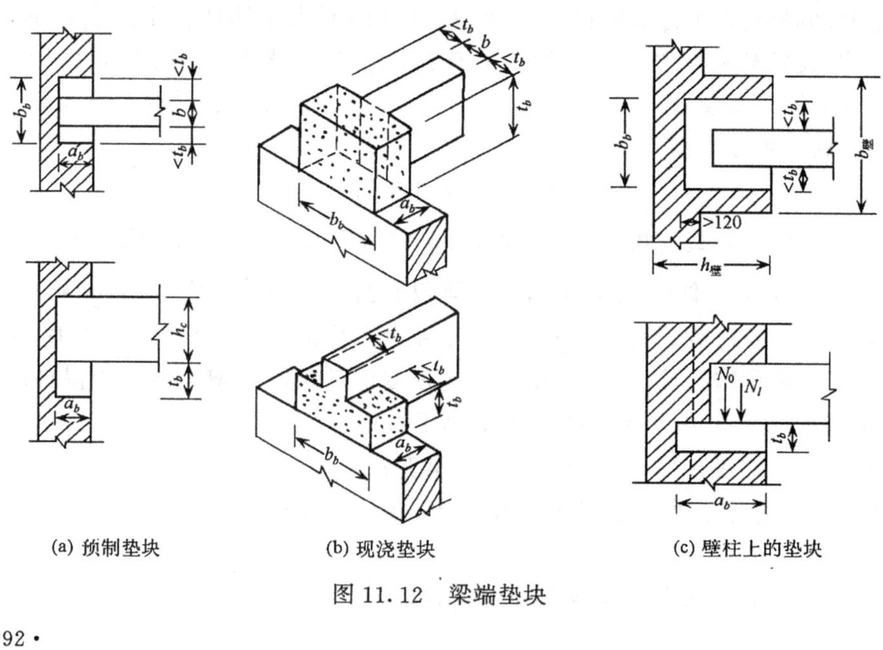

(a) 预制垫块　(b) 现浇垫块　(c) 壁柱上的垫块

图 11.12　梁端垫块

撑在 MU10 砖，M2.5 混合砂浆砌筑的内墙上，如图 11.13(a)所示。梁端实际支撑长度 $a=240\text{mm}$，荷载设计值产生的梁端支撑压力 $N_l=80\text{kN}$，上部墙体传来的荷载设计值产生的轴向力 $N_0=150\text{kN}$，窗间墙截面面积为 1200mm×240mm，梁的容许相对挠度为 1/250，试验算梁端支撑处砌体局部受压承载力，若不满足设计应采取什么措施？

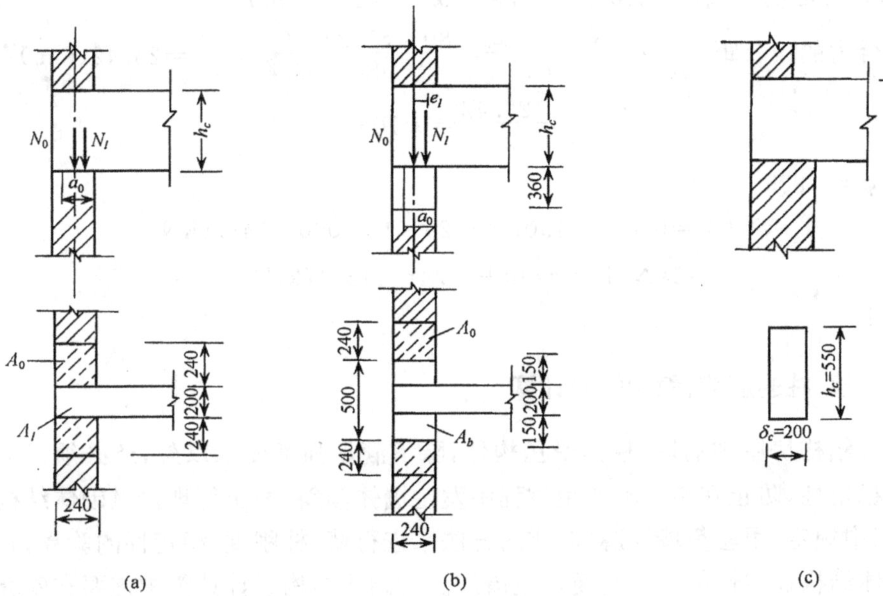

图 11.13　例 11.4

【解】 (1)求计算参数

$$a_0=38\sqrt{\frac{N_l}{bf\tan\theta}}=38\sqrt{\frac{80}{200\times1.29\times\frac{1}{78}}}=186.9(\text{mm})$$

$$A_0=240\times(2\times240+200)=163\ 200(\text{mm}^2)$$

$$A_l=a_0b=186.9\times200=37\ 376.3(\text{mm}^2)$$

(2)求 Ψ、γ

$A_0/A_l=163\ 200/37\ 376.3=4.37>3$，取 $\Psi=0$

$$\gamma=1+0.35\sqrt{\frac{A_0}{A_l}-1}=1+0.35\sqrt{4.37-1}=1.64<2.0$$

(3)梁端支撑处局部受压承载力验算

$\eta\gamma fA_l=0.7\times1.64\times1.29\times37\ 376.3=55.4(\text{kN})<N_l=80\text{kN}$，不满足要求，需加设垫块。

(4)采用预制刚性垫块

设垫块的尺寸为 $a_b=240\text{mm}$，$b_b=500\text{mm}$，$t_b=360\text{mm}$，如图 11.13(b)所示。由 $A_b=240\times500=120\ 000(\text{mm}^2)$，$A_0=240\times(2\times240+500)=235\ 200(\text{mm}^2)$

$$\gamma=1+0.35\sqrt{\frac{235\ 200}{120\ 000}-1}=1.34,\gamma_l=0.8\gamma=0.8\times1.34=1.07$$

$$\sigma_0=\frac{N_2}{A}=\frac{150\times10^3}{1200\times240}=0.52(\text{N/mm}^2),N_0=\sigma_0A_b=0.52\times120\ 000=62.4\times10^3(\text{N})$$
$$=62.4\text{kN}$$

N_l 到垫块形心的距离 $e_l=240/2-0.4\times186.9=45.24(\text{mm})$

N_l、N_0 合力的偏心距 $e=\dfrac{N_le_l+N_0e_0}{N_l+N_0}=\dfrac{80\times45.24+62.4\times0}{80+62.4}=25.42(\text{mm})$

$$\frac{e}{h}=\frac{25.42}{240}=0.106,$$

查表得 $\varphi=0.885$

$$\varphi\gamma_lfA_b=0.885\times1.07\times1.29\times120\ 000=146.6\text{kN}$$
$$>N_l+N_0=80+62.4=142.4(\text{kN})$$

满足要求。

11.2.3 墙、柱的刚度、稳定性的计算

混合结构房屋中的墙、柱是受压构件，除了满足强度要求以外，还必须保证其刚度和稳定性，防止在施工和使用过程中发生墙体倾斜、鼓出等现象，《砌体结构设计规范》中规定，用验算墙、柱高厚比的方法来进行墙、柱刚度、稳定性的验算，它是保证砌体结构稳定性的一项重要构造措施。在砌体结构设计计算中需要在验算构件强度之前预先加以考虑，并在很大程度上根据高厚比的验算确定墙厚和柱的截面尺寸。

墙、柱高厚比的验算由两部分组成，一是实际高厚比的计算，二是允许高厚比限值[β]的确定。影响允许高厚比[β]取值的因素很多，如砂浆强度等级、墙上是否开洞、洞口尺寸大小、是否承重、支撑条件及施工质量等各方面的因素都会影响[β]的取值，很难用一个理论推导的公式来计算，目前《砌体结构设计规范》中的允许高厚比限值[β]主要是根据实践经验确定的，按不同强度等级的砂浆砌筑的墙、柱，其允许高厚比[β]可按表 11.4 采用。

表 11.4 墙、柱的允许高厚比[β]值

砂浆强度等级	墙	柱
M2.5	22	15
M5	24	16
≥M7.5	26	17

注：1）毛石墙、柱允许高厚比应按表中数值降低 20%；

2）组合砖砌体构件的允许高厚比，可按表中数值提高 20%，但不得大于 28；

3）验算施工阶段砂浆尚未硬化的新砌砌体高厚比时，允许高厚比对墙取 14，对柱取 11。

1. 矩形截面墙、柱的高厚比验算

矩形截面墙、柱的高厚比应按下式验算：

$$\beta = \frac{H_0}{h} \leqslant \mu_1\mu_2[\beta] \tag{11.12}$$

式中：H_0——墙、柱的计算高度，应按表 11.3 采用；

h——墙厚或矩形柱与 H_0 相对应的边长；

$[\beta]$——墙、柱的允许高厚比，按表 11.4 取用；

μ_1——非承重墙允许高厚比的修正系数；

μ_2——有门窗洞口的墙、柱允许高厚比的修正系数。

式(11.12)中的$[\beta]$是对承重墙、柱而定的，对于厚度 $h\leqslant 240$mm 的非承重墙，允许高厚比应乘以下列修正系数；

$$h = 240\text{mm}, \quad \mu_1 = 1.2;$$
$$h = 90\text{mm}, \quad \mu_1 = 1.5;$$

90mm$<h<$240mm，可按插入法取值。对于上端为自由端的非承重墙，除按上述规定提高外，尚可提高 30%。

对有门窗洞口的墙、柱，允许高厚比$[\beta]$的值应乘以修正系数 μ_2，μ_2 按下式计算：

$$\mu_2 = 1 - 0.4\frac{b_s}{s_1} \tag{11.13}$$

式中：b_s——宽度 s 范围内的门窗洞口宽度；

s_1——相邻窗间墙或壁柱之间的距离。

当按式(11.13)算得的 μ_2 值小于 0.7 时，应取 $\mu_2=0.7$，当洞口高度等于或小于墙高的 1/5 时，可取 $\mu_2=1.0$。

2. 带壁柱墙体的高厚比验算

若单层或多层房屋的墙体设有壁柱，则需要分别验算整片墙和壁柱间墙体的高厚比。

(1)整片墙的高厚比验算

带壁柱的墙为 T 形截面，在验算高厚比时，应将式(11.12)中的墙厚 h 改为 T 形截面的折算厚度 h_T，即

$$\beta = \frac{H_0}{h_T} \leqslant \mu_1\mu_2[\beta] \tag{11.14}$$

式中：h_T——带壁柱墙截面的折算厚度，$h_T=3.5i$；

i——带壁柱墙的回转半径，$i=\sqrt{\frac{I}{A}}$；

I、A——带壁柱墙的惯性矩和截面面积；

其余符号的意义和式(11.12)相同。

在确定带壁柱墙的计算高度 H_0 时，s 取相邻横墙间的距离。在确定截面回转半径 i 时，带壁柱墙截面翼缘计算宽度 b_f 应按下列规定选取：对多层房屋，有门窗

洞口时，可取窗间墙宽度；无门窗洞口时，取相邻壁柱间的距离；对单层房屋，$b_f=b+2H/3$（b 为壁柱宽度，H 为墙高），但不大于窗间墙宽度和相邻壁柱间距离。

（2）壁柱间墙体的高厚比验算

对带壁柱的墙体，除按以上方法验算整片墙的高厚比以外，还应对壁柱之间厚度为 h 的墙体按式（11.12）进行高厚比验算。此时，可将壁柱看成是壁柱间墙体的不动铰支座，故在确定计算高度 H_0 时，s 应取相邻壁柱间的距离，并且不论带壁柱的墙体采用哪种静力计算方案，壁柱间墙体的计算高度一律按刚性方案考虑。

对设有钢筋混凝土圈梁的带壁柱墙体，当圈梁的宽度 b 与壁柱间的距离 s 之比 $b/s \geqslant 1/30$ 时，圈梁可作为壁柱间的不动铰支座，这时墙的计算高度应取圈梁之间的距离。

【例 11.5】 某教学楼平面尺寸如图 11.14 所示。外墙厚 370mm，内纵墙及横墙厚 240mm，底层墙高 4.8m，隔墙厚 120mm，高 3.6m，砂浆强度等级为 M5，采用钢筋混凝土楼盖，试验算底层各墙体的高厚比。

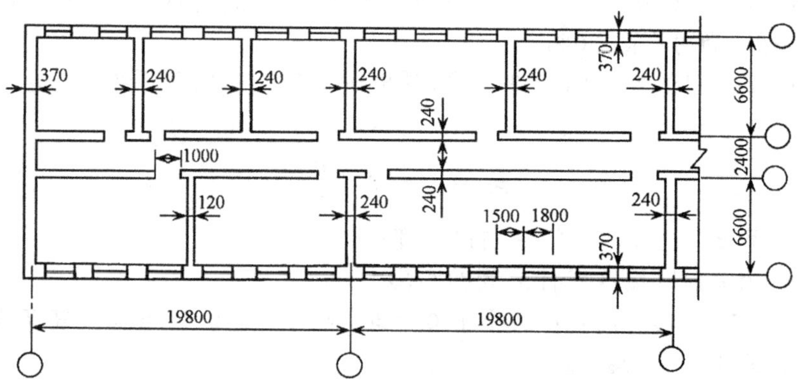

图 11.14　例 11.5 图

【解】（1）外纵墙高厚比验算

对外纵墙，横墙最大间距 $s=19.8\text{m}$，根据楼盖类型查表 11.1 可确定为刚性方案，且 $s=19.8\text{m}>2H=2\times4.8=9.6\text{m}$，查表 11.3 得 $H_0=1.0H=4.8\text{m}$

由砂浆强度等级 M5，查表 11.4 得 $[\beta]=24$，外纵墙为承重墙，则 $\mu_1=1.0$，

外纵墙的相邻窗间墙间距 $s_1=3.3\text{m}$，门窗洞口宽度为 $b_s=1.8\text{m}$，故

$$\mu_2=1-\frac{0.4b_s}{s_1}=1-\frac{0.4\times1.8}{3.3}=0.78$$

$$\beta=\frac{H_0}{h}=\frac{4.8}{0.37}=12.97<\mu_1\mu_2[\beta]=1.0\times0.78\times24=18.72$$

高厚比满足要求。

（2）内纵墙高厚比验算

内纵墙的门窗洞口宽度 $b_s=2\times1.0=2\text{m}$，$s_1=19.8\text{m}$

$$\mu_2=1-\frac{0.4b_s}{s_1}=1-\frac{0.4\times2.0}{19.8}=0.96\text{，承重墙 }\mu_1=1.0$$

$$\beta=\frac{H_0}{h}=\frac{4.8}{0.24}=20<\mu_1\mu_2[\beta]=1.0\times0.96\times24=23.04$$

高厚比满足要求。

(3)横墙高厚比验算

对横墙而言，$s=6.6\text{m}$，$2.0H=2.0\times4.8=9.6\text{m}$，故 $H<s<2.0H$，则

$$H_0=0.4s+0.2H=0.4\times6.6+0.2\times4.8=3.6(\text{m})$$

承重墙 $\mu_1=1.0$，且无门窗洞口 $\mu_2=1.0$，

$$\beta=\frac{H_0}{h}=\frac{3.6}{0.24}=15<\mu_1\mu_2[\beta]=1.0\times1.0\times24=24$$

高厚比满足要求。

(4)隔墙高厚比验算

隔墙砌筑时一般用斜放立砖顶住梁底，可按不动铰支点考虑，则

$$H_0=1.0H=3.6\text{m}$$

隔墙为非承重墙，墙厚 120mm，则 $\mu_1=1.44$，无门窗洞口 $\mu_2=1.0$

$$\beta=\frac{H_0}{h}=\frac{3.6}{0.12}=30<\mu_1\mu_2[\beta]=1.44\times1.0\times24=34.56$$

高厚比满足要求。

【例 11.6】 某单层单跨库房，采用装配式无檩体系钢筋混凝土屋盖。库房总长 56m，其间无横墙，纵墙的窗间墙为带壁柱截面，截面尺寸如图 11.15 所示。墙高 8.1m，壁柱间距 4.0m，窗口宽 2.0m，试验算外纵墙的高厚比。

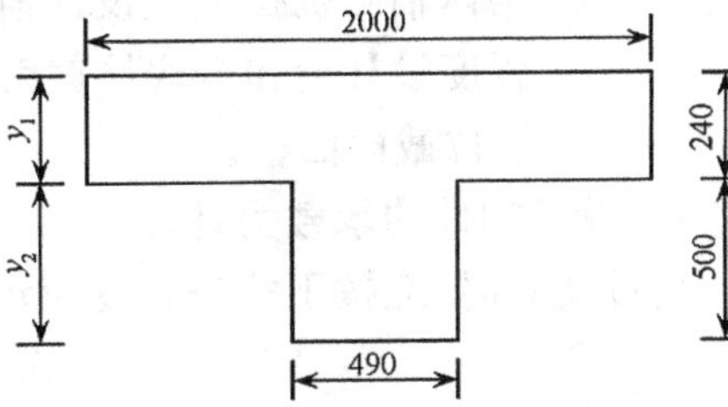

图 11.15　例 11.6 图

【解】 (1)求计算参数

$$A=2000\times240+490\times500=725\ 000(\text{mm}^2)$$

$$y_1=\frac{240\times2000\times120+490\times500\times(240+250)}{725\ 000}=245(\text{mm})$$

$$y_2=(240+250)-245=495(\text{mm})$$

$$I=\frac{1}{12}\times2000\times240^3+2000\times240\times(245-120)^2+$$

$$\frac{1}{12}\times490\times500^3+490\times500\times(495-250)^2=296.14\times10^8(\text{mm}^4)$$

$$i=\sqrt{\frac{I}{A}}=\sqrt{\frac{296.14\times10^8}{725\ 000}}=202.11(\text{mm})$$

$$h_T=3.5i=3.5\times202.11=707.39(\text{mm})$$

(2)外纵墙高厚比验算

由 $s=56\text{m}$，查表 11.1 可知，该结构为刚弹性方案，故 $H_0=1.2H=1.2\times8.1=9.72(\text{m})$

承重墙 $\mu_1=1.0,\mu_2=1-\dfrac{0.4b_s}{s_1}=1-\dfrac{0.4\times2.0}{4.0}=0.8$

$\beta=\dfrac{H_0}{h_T}=\dfrac{9.72\times10^3}{707.39}=13.74<\mu_1\mu_2[\beta]=1.0\times0.8\times24=19.2$

高厚比满足要求。

(3)壁柱间墙体高厚比验算

相邻壁柱间距 $s=4.0\text{m}$，墙高 $H=8.1\text{m}$，$s<H$，查表得

$$H_0=0.6s=0.6\times4.0=2.4(\text{m})$$

$$\beta=\frac{H_0}{h}=\frac{2.4}{0.24}=10<\mu_1\mu_2[\beta]=1.0\times0.8\times24=19.2$$

高厚比满足要求。

3. *砌体轴心受拉、受弯、受剪承载力计算*

(1)轴心受拉构件的承载力计算

构件轴心受拉时，应按下式进行承载力计算

$$N_t\leqslant f_tA \tag{11.15}$$

式中：N_t——轴心拉力设计值；

f_t——砌体轴心抗拉强度设计值，应取沿砖砌体灰缝截面破坏时的轴心抗拉强度设计值和沿块体截面破坏时的轴心抗拉强度设计值中的较小值；

A——受拉截面面积。

(2)受弯构件的承载力计算

构件受弯时，应按下式进行受弯承载力计算

$$M\leqslant f_{tm}W \tag{11.16}$$

式中：M——弯矩设计值；

f_{tm}——砌体的弯曲抗拉强度设计值，应取沿砖砌体灰缝截面破坏时的弯曲抗拉强度设计值和沿块体截面破坏时的弯曲抗拉强度设计值中的较小值；

W——截面抵抗矩。

同时还应按下式进行受剪承载力计算

$$V\leqslant f_vbz \tag{11.17}$$

式中：V——剪力设计值；

f_v——砌体的抗剪强度设计值；

b——截面宽度；

z——内力臂，$z=I/S$，对矩形截面 $z=2h/3$，其中：I 为截面惯性矩；S 为截面面积矩；h 为截面高度。

(3)受剪构件的承载力计算

构件沿通缝受剪时，应按下式进行承载力计算

$$V \leqslant (f_v + 0.17\sigma_k)A \tag{11.18}$$

式中：σ_k——永久荷载标准值产生的平均压应力。

其余符号意义同前。

11.3 圈梁、过梁和挑梁

11.3.1 圈梁的设置及构造要求

在墙体内沿水平方向同一标高设置的封闭的钢筋混凝土梁称为圈梁。它能提高墙体在其平面内的抗拉能力，承受由地基不均匀沉降而引起的墙体内的拉应力，并且能增加房屋的整体刚度，防止由于地基不均匀沉降或较大振动荷载等对房屋的不利影响。

1. 圈梁的设置

按照房屋的类型、砌体材料、有无吊车及有无抗震要求等情况，圈梁应按下列要求设置：

1)对车间、仓库、食堂等空旷的单层砖砌体房屋，当墙厚 $h \leqslant 240$mm，檐口标高为 5～8m 时，应在檐口部位或窗顶标高处设置一道圈梁，檐口标高大于 8m 时，宜适当增设；对有吊车或较大振动设备的单层工业房屋，除在檐口或窗顶标高处设置现浇钢筋混凝土圈梁外，尚宜在吊车梁标高处或其他适当位置增设。

2)对多层民用砖房，当墙厚 $h \leqslant 240$mm，且层数为 3～4 层时，应在檐口标高处设置一道圈梁，当层数超过 4 层时，可适当增设。

3)对多层砖砌体工业房屋，应每层设置现浇钢筋混凝土圈梁。

4)对建筑在软弱地基或不均匀地基上的多层房屋，应在基础和顶层各设置一道圈梁，其他各层可隔层或每层设置。

2. 圈梁的构造要求

1)钢筋混凝土圈梁的宽度宜与墙厚相同，当墙厚 $h \geqslant 240$mm 时，其宽度不宜小于 $2h/3$，圈梁的高度不应小于 120mm，纵向钢筋不宜少于 $4\phi 8$，绑扎接头的搭接长度按受拉钢筋考虑，箍筋间距不宜大于 300mm。混凝土强度等级不宜低于 C15（现浇）和 C20（预制）。

2)圈梁宜连续地设在同一水平面上，并形成封闭状。当圈梁被门窗洞口截断时，应在洞口上部增设相同截面的附加圈梁，附加圈梁与圈梁的搭接长度不应小于垂直间距 H 的 2 倍，且不得小于 1m。如图 11.16 所示。

3)刚性房屋的圈梁应与横墙连接，即将圈梁伸入横墙 1.5～2m（或在该横墙上设置贯通圈梁），其间距不宜大于表 11.1 中规定的相应横墙的间距。

4)当圈梁兼当过梁时，过梁部分的钢筋应按计算用量单独配置。

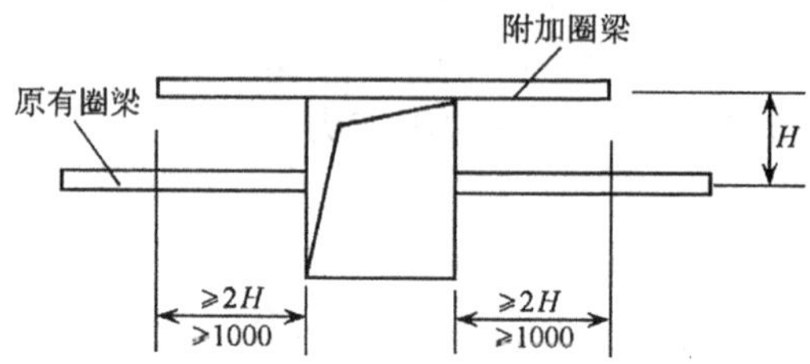

图 11.16　附加圈梁

5)为保证圈梁与墙体紧密连接,圈梁特别是屋盖处的圈梁应现浇。当采用预制圈梁时,安装应坐浆,并应保证接头可靠。在纵横墙圈梁接头处,横墙圈梁的纵向钢筋应伸入纵墙圈梁,其伸入长度应满足受拉钢筋锚固长度的要求。

11.3.2　过梁及构造要求

1.过梁的种类

过梁是指墙体门窗洞口上部的梁,其作用是支撑门窗洞口上部墙体的自重及楼(屋)盖构件传来的荷载。常用的过梁类型有砖砌过梁和钢筋混凝土过梁两大类。砖砌过梁又分为钢筋砖过梁和砖砌平拱过梁、砖砌弧拱过梁,如图 11.17 所示。由于钢筋混凝土过梁施工方便,所以在单层、多层混合结构房屋中,应用最多。在没有较大振动设备的房屋中,当跨度不大时,可采用砖砌过梁。钢筋砖过梁的跨度不宜大于 2m,砖砌平拱过梁的跨度不宜大于 1.2m。砖砌弧拱过梁由于施工不便,已很少采用。

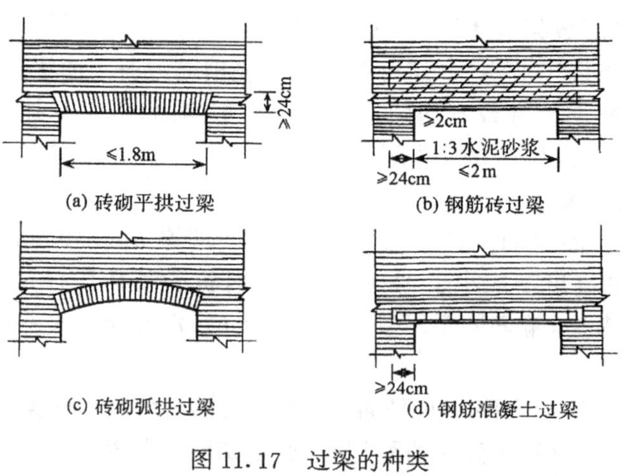

图 11.17　过梁的种类

2. 过梁的荷载

过梁上的荷载包括墙体自重和梁、板的荷载。由于过梁既是梁,又是墙体的组成部分,过梁上的墙体在砂浆硬结后具有一定的刚度,可将过梁以上的荷载部分地传给过梁两侧的墙体,所以在设计过梁时,应先恰当地确定过梁上的荷载。过梁上的荷载可按如下原则来确定。

(1)墙体自重

对砖砌体，当过梁上的墙体高度 $h_w<l_n/3$ 时(l_n 为过梁的净跨)，应按实际墙体的均布自重采用；当过梁上的墙体高度 $h_w\geqslant l_n/3$ 时，应按高度为 $l_n/3$ 的墙体自重考虑。其余墙体自重可认为通过过梁上墙体的拱作用，传递给过梁两侧的墙体，而不再由过梁承担。

(2)梁、板荷载

对砖砌体，当梁、板下的墙体高度 $h_w<l_n$ 时，可按梁、板传来的荷载采用，当梁、板下的墙体高度 $h_w\geqslant l_n$ 时，可不考虑梁、板荷载，认为它们由过梁上墙体的拱作用，传递给过梁两侧的墙体，如图 11.18 所示。

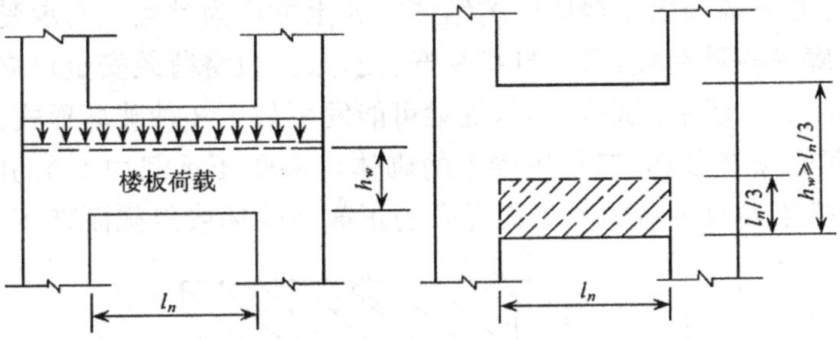

图 11.18　过梁上的荷载

3. 过梁的计算

(1)砖砌平拱过梁

对砖砌平拱过梁，可按砌体受弯构件承载力计算式(11.16)、式(11.17)并采用沿齿缝截面的弯曲抗拉强度设计值进行计算，一般情况下，承载力由式(11.16)控制。

(2)钢筋砖过梁

钢筋砖过梁的受剪承载力按式(11.17)计算，受弯承载力可按下式计算

$$M\leqslant 0.85h_0f_yA_s \tag{11.19}$$

式中：M——按简支梁计算的跨中弯矩设计值；

f_y——受拉钢筋的强度设计值；

A_s——受拉钢筋的截面面积；

h_0——过梁截面的有效高度，$h_0=h-a$；

a——受拉钢筋重心至截面下边缘的距离；

h——过梁截面的计算高度，取过梁底面以上的墙体高度，但不大于 $l_n/3$，当考虑梁、板传来的荷载时，则按梁、板下的高度采用。

(3)钢筋混凝土过梁

对钢筋混凝土过梁，可按钢筋混凝土受弯构件计算，验算过梁下砌体局部承载

力时，可不考虑上部荷载的影响（$\Psi=0$），并取 $\eta=1.0$，$\gamma=1.25$，$a=a_0$ 进行计算。

4. 砖砌过梁的构造要求

1）砖砌过梁截面计算高度内的砂浆强度等级不宜低于 M5。

2）砖砌平拱用竖砖砌筑部分的高度不应小于 240mm。

3）钢筋砖过梁底面砂浆层处的钢筋，其直径不应小于 5mm，间距不宜大于 120mm，钢筋伸入支座砌体内的长度不宜小于 240mm，砂浆层的厚度不宜小于 30mm。

11.3.3 挑梁及构造要求

1. 挑梁的受力

一端挑出另一端嵌固于墙体内的钢筋混凝土梁称为挑梁。它承受挑出于墙体的阳台、外走廊等各种荷载，通过自身受弯、受剪、受扭将荷载安全可靠地传递给承重墙体，如图 11.19 所示。试验表明，挑梁可能发生如下 3 种破坏形式：一是抗倾覆力矩不足引起的倾覆破坏；二是挑梁下的砌体局部受压承载力不足引起的局部受压破坏；三是挑梁自身承载力不足而导致的正截面破坏或斜截面破坏。

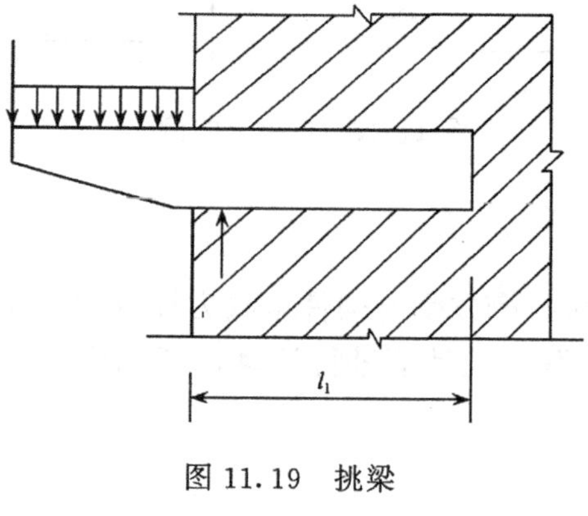

图 11.19　挑梁

2. 挑梁的设计

挑梁的设计计算包括挑梁的抗倾覆验算、挑梁自身承载力计算及挑梁下砌体局部受压承载力验算 3 个部分。

（1）抗倾覆验算

挑梁抗倾覆验算的计算简图如图 11.20 所示。图中 G_{Ov} 为挑梁挑出部分的恒载，P_{Ov}、q_{Ov} 为挑出部分的活载，G_r 为挑梁埋入段恒载，O 为计算倾覆点，即挑梁发生倾覆时，理论上挑梁将绕 O 点发生转动。

挑梁挑出部分由荷载设计值对计算倾覆点发生的倾覆力矩 M_{Ov} 应小于或等于挑梁插入墙体部分一定范围内的砌体自重及作用在墙体一定长度的楼（屋）盖静荷载产生的抗倾力矩 M_r，即

$$M_r \geqslant M_{Ov} \tag{11.20}$$

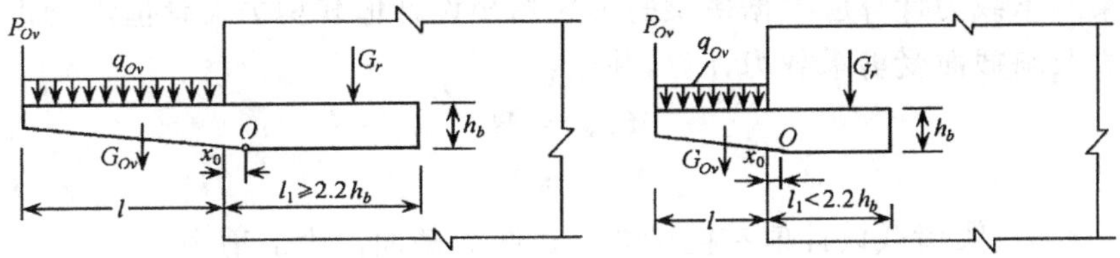

图 11.20　挑梁的计算简图

进行抗倾覆验算时，需先确定计算倾覆点位置 x_0，进而求得抗倾覆力矩 M_r，下面分别介绍。

1)计算倾覆点位置的确定。计算倾覆点至墙外边缘的距离 x_0，可按下列规定采用：

当 $l_1 \geqslant 2.2h_b$ 时，

$$x_0 = 1.25\sqrt[4]{h_b^3} \tag{11.21}$$

也可近似采用 $x_0 = 0.3h_b$，且不大于 $0.13l_1$。

当 $l_1 < 2.2h_b$ 时，

$$x_0 = 0.13l_1 \tag{11.22}$$

式中：l_1——挑梁埋入砌体墙中的长度；

x_0——计算倾覆点至墙体外边缘的距离；

h_b——挑梁的截面高度。

2)抗倾覆力矩设计值 M_r。挑梁的抗倾覆力矩设计值 M_r，可按下式计算：

$$M_r = 0.8G_r(l_2 - x_0) \tag{11.23}$$

式中：G_r——挑梁的抗倾覆荷载，取挑梁尾端上部 45°扩散角范围(其水平长度为 l_2)内一层的砌体与楼面恒荷标准值之和；

l_2——G_r 作用点至墙体边缘的距离。

(2)挑梁下砌体的局部受压承载力验算

挑梁下砌体的局部受压承载力验算，可按下式进行：

$$N_l \leqslant \eta\gamma f A_l \tag{11.24}$$

式中：N_l——挑梁下的支撑压力，取 $N_l = 2R$，R 为挑梁的倾覆荷载设计值；

η——梁端底面压应力图形的完整系数，可取 $\eta = 0.7$；

γ——砌体局部抗压强度提高系数，当有十字交叉的翼墙时，取 $\gamma = 1.5$，没有时取 $\gamma = 1.25$；

f——砌体抗压强度设计值；

A_l——砌体局部受压面积，取 $A_l = 1.2bh_b$，b、h_b 分别为挑梁的截面宽度和高度。

(3)挑梁的承载力计算

挑梁的承载力计算应根据挑梁的最大弯矩设计值和剪力设计值进行正截面受弯承载力及斜截面受剪承载力计算，并取：

$$M_{\max} = M_{ov} \tag{11.25}$$

$$V_{\max} = V_0 \tag{11.26}$$

式中：V_0——挑梁荷载设计值在挑梁墙外边缘处截面产生的剪力。

3. *挑梁的构造要求*

挑梁设计除应符合《混凝土结构设计规范》有关规定外，尚应满足下列要求：

(1)纵向受力钢筋至少应有 1/2 的钢筋面积伸入梁尾端，且不少于 $2\phi12$。其他钢筋伸入支座的长度不应小于 $2l_1/3$。

(2)挑梁埋入砌体长度 l_1 与挑出长度 l 之比宜大于 1.2，当挑梁上无砌体时，l_1 与 l 之比宜大于 2。

思 考 题

11.1　砌体结构房屋的静力计算方案有几种？根据什么条件确定房屋属于哪种方案？

11.2　对刚性方案房屋的横墙有哪些要求？

11.3　如何采用砌体设计强度的调整系数？

11.4　简述砖砌体构件矩形截面不同偏心距 e 时的计算公式。

11.5　简述砌体局部抗压强度提高的原因。提高系数 γ 如何计算？

11.6　为什么要验算墙、柱的高厚比？如何进行验算？

11.7　简述带壁柱墙体高厚比的验算步骤。

11.8　为什么要设置圈梁？怎样设置？有何构造要求？

11.9　如何确定过梁上的荷载？

习　　题

11.1　一轴心受压砖柱，截面尺寸为 490mm×490mm，采用 MU10 砖、M5 混合砂浆砌筑，荷载设计值在柱顶产生的轴力为 220kN，柱的计算高度为 $H_0=H=5$m，试校核该柱的承载力是否满足要求？

11.2　某教学楼的窗间墙截面尺寸如图所示。轴向力设计值 $N=450$kN，弯矩设计值 $M=5$kN·m，荷载偏向翼缘一侧，计算高度 $H_0=4.2$m，墙体采用 MU10 砖、M2.5 的混合砂浆砌筑，试验算墙体的承载力是否满足要求？

11.3　试验算房屋纵墙梁端下砌体的局部受压承载力。已知梁的截面尺寸为 $b\times h=200\text{mm}\times500\text{mm}$，梁伸入墙体内的长度 $a=240$mm，梁传来的由荷载设计值产生的支座反力 $N_1=59$kN，上层墙体传来的荷载为 180kN(设计值)，窗间墙截面

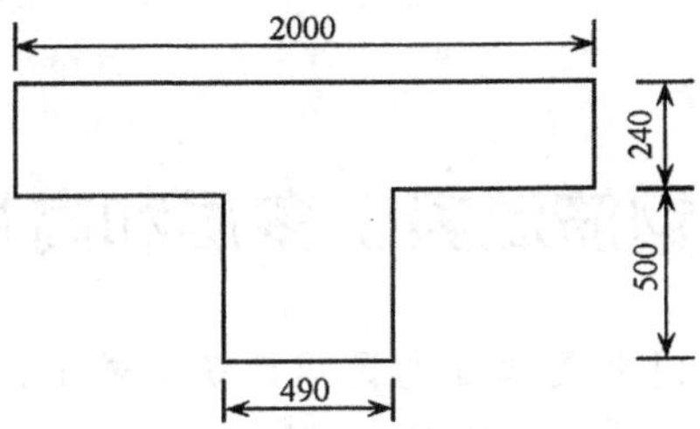

习题 11.2 图

尺寸为 1500mm×240mm，采用 MU10 砖、M5 的混合砂浆砌筑。

11.4　如图所示为某教学楼的平面图。首层层高为 3.9m，采用装配式钢筋混凝土楼盖，外墙墙厚 370mm，采用 M5 的混合砂浆砌筑，每个教室有 3 个宽 1.8m 的窗洞，室内外高差为 0.45m，试验算外纵墙的高厚比。

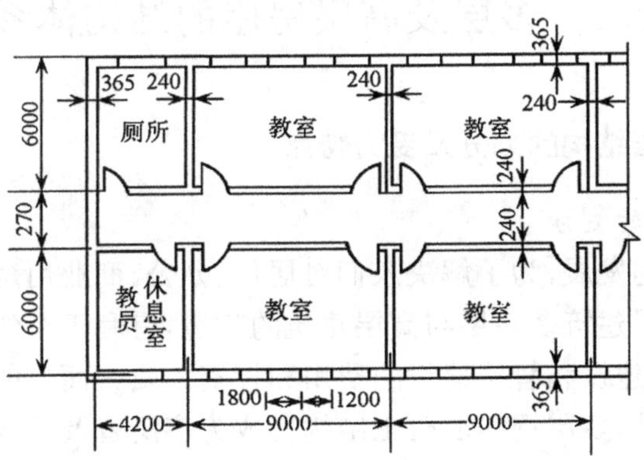

习题 11.4 图

第十二章　钢筋混凝土多层和高层房屋结构

多层和高层房屋结构是工业与民用建筑中最常见的房屋类型。选用多层和高层房屋结构，可以节约用地、节约市政工程费用、减少拆迁费用等，所以多层和高层房屋在我国迅速增长。量大面广的多层建筑，除了传统的混合结构外，钢筋混凝土结构已成为广泛应用的结构形式。

本章主要介绍钢筋混凝土多层和高层房屋结构的受力特点、结构体系，并简要介绍框架体系的计算要点及构造要求。

12.1　多层及高层房屋的结构体系

12.1.1　多层及高层结构的划分及受力特点

1. 多、高层结构的划分

随着国民经济的发展，为了解决人们对居住、办公、商业用房的需要，陆续兴建了大量的多层与高层建筑。多层与高层建筑的建造，有利于节约用地，减少拆迁费用，有利于节约市政建设和管网建设的费用和投资。量大面广的多层建筑，除了传统的多层混合结构外，多层钢筋混凝土结构已成为广泛普及的结构形式。我国的高层建筑自 20 世纪 50 年代开始，一直以钢筋混凝土为主，如 1959 年建造的民族饭店，12 层，高 47.4m。20 世纪 70 年代以来，高层建筑迅速发展，大量建造的 10～30 层的高层住宅及高度更大的旅游饭店及办公楼，都是钢筋混凝土结构。广州的广东国际大厦，63 层，高 200.18m，即为钢筋混凝土结构。

钢筋混凝土结构材料来源丰富，便于做成各种形状，特别是结构的刚度大，耐火性能好。但钢结构与钢筋混凝土结构相比，具有自重轻、材料强度高、抗震性能好等优点。在钢材多的国家，高层建筑用钢结构的较多，建筑高度也大，不过由于钢筋混凝土的优点，近年来钢筋混凝土高层建筑也日益增多。我国近年已开始建造高层钢结构，数量虽然不是很多，但高度较大，如北京京广中心大厦，53 层，高 208m，就是采用钢结构建造的。

多层与高层房屋结构的界限，各国不一，但一般还是将 1～2 层的建筑称为低层建筑；3～8 层的建筑称为多层建筑，8 层以上的建筑称为高层建筑。

2. 高层建筑结构的受力特点

高层建筑结构都是由多层水平的楼盖和竖向的墙、柱组成的。楼盖主要承受竖向荷载，其设计计算方法和第十章梁板结构的计算相同，而竖向的墙、柱构件和一般墙、柱相比，则由于建筑高度的增加，其受力特点有明显的变化。

竖向构件不仅要承担楼盖、屋盖等构件传来的竖向荷载，还要抵抗风载及地震作用等水平荷载。水平荷载使墙、柱产生的内力和变形，除与荷载大小有关外，还与高度有很大关系，随高度的增加，侧向位移增加最快，弯矩次之，而竖向荷载产生的轴向力仅与高度成正比，因此对高层建筑而言，水平荷载将成为主要荷载。

过大的侧向变形，影响正常使用，也会使装修材料、玻璃、填充墙等出现裂缝或损坏，使电梯轨道变形，使竖向荷载产生附加弯矩，增加附加侧移，甚至引起结构倒塌，因此要将水平荷载引起的侧移限制在一定的范围内。故高层建筑必须有较大的抵抗侧向变形的能力——即抗侧移刚度。

在地震区，高层建筑都要有较好的抗震性能，有较好的塑性变形能力。在高层建筑中，由于地震作用引起的变形很大，对结构的延性要求较高，故高层建筑应设计成延性结构。

综上所述，高层建筑结构具有以下受力特点：

(1)高层建筑结构的竖向构件自上而下一层层地传递积累的重力荷载，因而较低层的承重构件需要有较大的截面面积来承受这些荷载；

(2) 高层建筑的水平荷载是受力分析中的主要问题，侧向力使承重构件产生的内力及整个建筑物的水平侧移比低层建筑要大得多；

(3)在地震设防区，高层建筑要有延性要求。

至于多层建筑，在水平荷载作用下的侧移不会太大，一般情况下可以不计算侧向变形。

12.1.2 多、高层建筑的结构体系

多、高层房屋结构的基本构件为梁、柱、墙、板、桁架及筒体，由这些基本构件组成建筑物的主体结构，可以形成各种各样的结构体系，其中最常见的主要有几种。

1. 框架结构体系

框架结构是由梁、柱组成的承受竖向荷载和水平荷载的结构体系。墙体只起维护和分隔作用，如图 12.1 所示。

框架结构的优点是建筑平面布置灵活，可做成较大空间的会议室、餐厅、办公室、工作车间等，加隔墙后也可做成小房间。梁、柱可以采用预制构件，也可以现浇。但多层住宅中一般较少使用框架结构，这是因为柱截面尺寸较大，会突出墙外而影响家具布置，并且造价较高。

框架结构的侧向刚度较小，水平位移较大，故建筑高度不宜过高，一般不宜超过 50m，否则会使截面尺寸过大，占用较多使用空间，也不经济。

2. 剪力墙结构体系

利用建筑物的墙体(内、外墙)作为承受竖向荷载和抵抗侧力的结构，称为剪力墙结构。如图 12.2 所示。这种结构以房屋中的墙体代替传统的梁、柱构件来承受

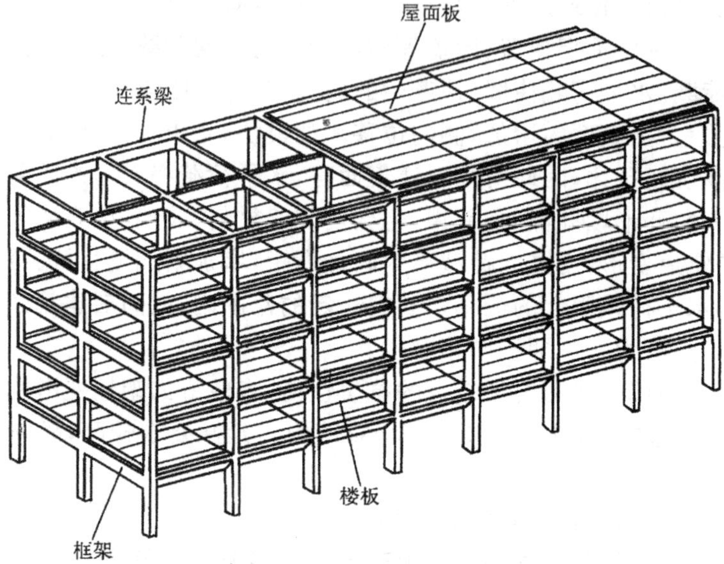

图 12.1　框架结构体系

竖向荷载和水平荷载。一般房屋的承重墙主要承受压力，而剪力墙除了承受竖向压力以外，还要承受由水平荷载引起的剪力和弯矩。楼板直接支撑在墙上，墙体同时起到分隔和承重作用。

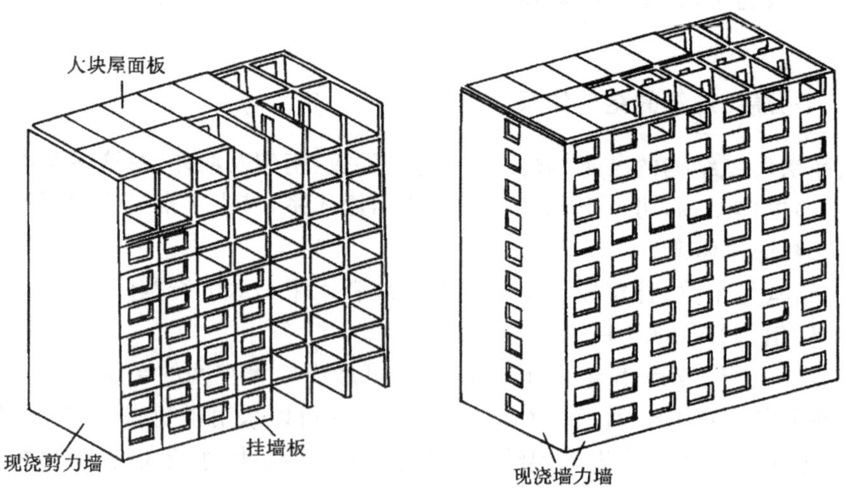

图 12.2　剪力墙结构体系

剪力墙在水平荷载作用下，犹如一根下部嵌固在基础顶面的悬臂深梁。如图 12.3 所示。剪力墙的总高度有时可达几十米甚至上百米。截面高度即墙体的长度，一般为几米、十几米，但截面宽度（墙体厚度）一般只有十几或几十厘米，所以剪力墙的抗侧刚度比框架结构大得多，尽管其自重较大，但由于剪力墙截面惯性矩大，抗侧刚度大，水平位移小，所以剪力墙仍为抗震能力较强的结构体系，故剪力墙又称为抗震墙。

钢筋混凝土剪力墙的类型可分为现浇剪力墙结构、装配式大型墙板结构及盒子结构。现浇剪力墙结构可全部现浇墙体，也可以内墙现浇，外墙采用装配式挂墙板，由于其整体性好，成本低，建筑高度可达40～50层。装配式大型墙板结构是一种全部由大型板材拼装而成的剪力墙结构，这种结构一般层数不高。盒子结构是工业化程度更高的结构形式，一个房间在加工厂一次成型，盒子单元的刚度与整体性好，但因起重设备的限制，一般层数不宜过高。

剪力墙体系也有很明显的缺点和局限性，如结构自重较大，且平面布置中较难设置大空间的房间。为此，有时将墙体下部做成框架，成为框支剪力墙结构。框支层空间加大，扩大了使用功能。但是全部用框支剪力墙结构时，结构上下刚度突变，在地震作用下建筑物会遭受到严重破坏，故在地震区建造有底层商店的公寓住宅或底层设置公用房间的旅馆，可用部分框支剪力墙、部分落地剪力墙做成底层（或多层）大空间剪力墙结构，这种结构也属于剪力墙结构体系，如图12.4所示。

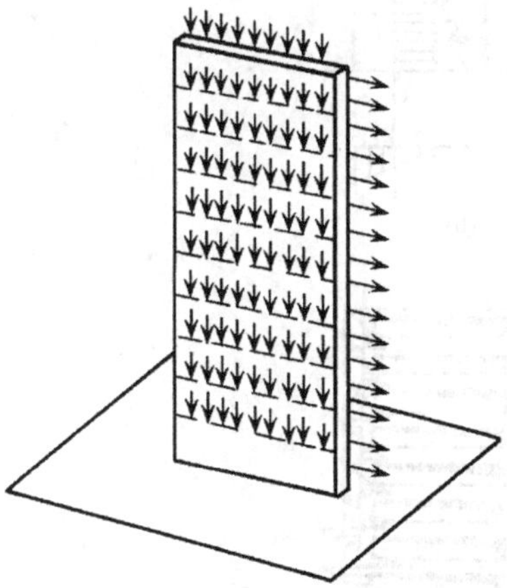

图12.3　剪力墙受力示意图

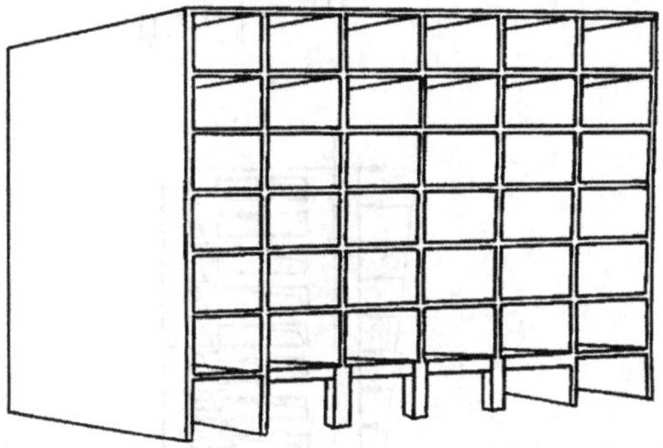

图12.4　框支剪力墙

剪力墙很少是实心墙体，大多都开有门窗洞口，这些洞口的大小、数量及排列方式都对剪力墙的受力性能有很大的影响，下面分几种情况进行分析：

1）如果墙体上不开门窗洞口或虽开有洞口，但洞口面积很小（洞口面积不大于剪力墙总面积的15%）时，在水平荷载作用下，其受力如同一个整体的悬臂受弯构件。在剪力墙的整个高度上，弯矩图既不出现突变也不出现反弯点，截面中的正应力分布图形符合直线分布规律，如图12.5(a)所示，这类剪力墙称为按整截面计算的剪力墙，简称整截面剪力墙。

2）如果洞口面积加大，但总的来说洞口仍很小时的开口剪力墙称为整体小开口墙（其具体划分条件应按专门方法确定）。整体小开口墙在水平荷载作用下其弯矩图在洞口处有突变，但在墙肢高度上没有或仅在个别楼层上才出现反弯点，如图12.5(b)所示，整体小开口墙的截面在受力后，仍能基本上保持平面，其正应力分布图形也大体上保持直线分布。

3)如果剪力墙上门窗洞口尺寸较大，则在水平荷载作用下，整个墙肢的弯矩图仍类似整体小开口墙，但在整个剪力墙截面上的正应力已不再成直线分布。开有一排洞口的称为双肢剪力墙(简称双肢墙)；开有多排洞口的称为多肢剪力墙(简称多肢墙)。如图 12.5(c)所示为双肢剪力墙。

4)当剪力墙的洞口尺寸更大，则剪力墙的受力性能已接近框架，称为壁式框架，其墙体即为框架柱。在水平荷载作用下，框架柱的弯矩图不仅在楼层处有突变，而且各层柱中均出现反弯点，如图 12.5(d)所示。

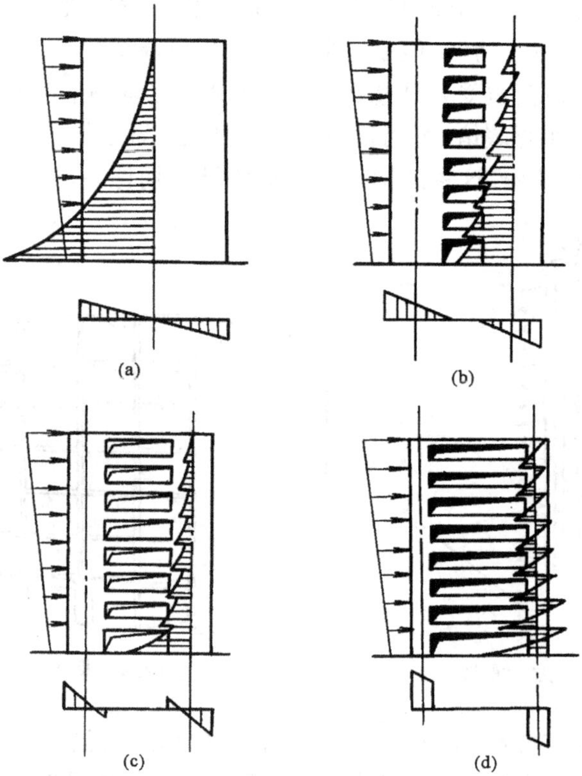

图 12.5　开口剪力墙的受力特点

3. 框架-剪力墙结构体系

框架-剪力墙结构体系是把框架和剪力墙结合在一起共同抵抗竖向和水平荷载的一种结构体系，如图 12.6 所示。它利用剪力墙的高抗侧刚度和承载力，以弥补框架结构抗侧移刚度差、变形较大的弱点，同时又因为只有部分位置上有剪力墙，所以保持了框架结构具有较大灵活空间、立面易于变化的优点。框架-剪力墙结构的侧移较小，同时由于剪力墙与框架的协同工作，改善了纯剪力墙和纯框架的变形性能，使得框架-剪力墙结构的层间变形减小而且上下均匀。此外框架-剪力墙的抗震性能较好，所以框架-剪力墙结构是一种比较好的结构体系，在多、高层建筑中得到广泛的应用。

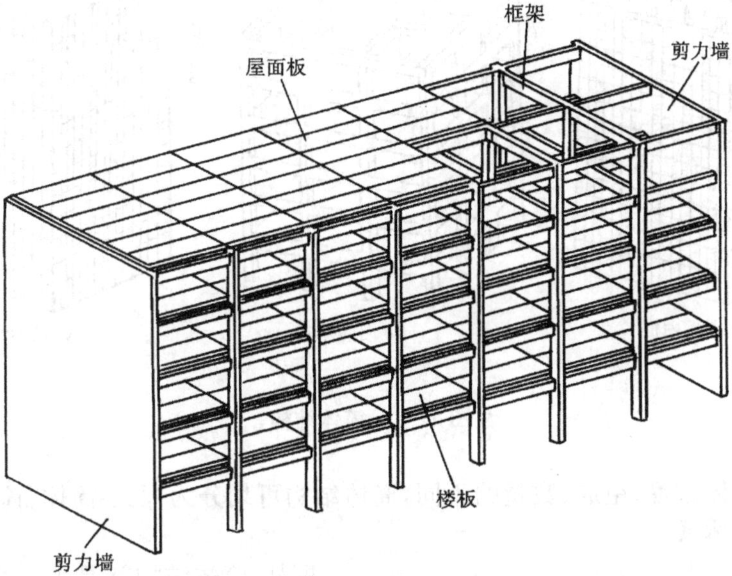

图 12.6　框架-剪力墙结构

框架-剪力墙结构中剪力墙是抵抗水平力的主要构件，所以剪力墙布置的是否合理直接影响结构的安全与经济，剪力墙应按如下原则布置：

1)剪力墙应对称均匀布置，横向剪力墙宜均匀对称地布置在建筑物的端部附近、平面形状变化处及恒载较大的地方。

2)纵向剪力墙宜布置在房屋两端附近，这对房屋长度方向的收缩变形将有较大的约束作用。

3)为了取得较大的刚度，每片剪力墙应尽量连在一起，尤其是房屋的转角部位，将纵横剪力墙连成 L 形，有利于提高房屋的抗扭刚度。

4)剪力墙沿竖向宜贯通建筑物全高。

5)在地震区，由于纵横两个方向都可能有地震力的作用，故沿房屋纵横方向都应布置剪力墙。

4. 筒体结构

随着现代化城市建设的飞速发展，出现了大量层数大于 30 层的超高层建筑。由于建筑物高度的增加，框架结构、剪力墙结构已不能满足水平荷载作用下的强度和刚度要求，这时应采用筒体结构。筒体结构是将剪力墙或密柱深梁式的框架集中到房屋的内部和外围而形成的空间封闭式的筒体，它使整个结构具有相当大的抗侧刚度，再通过每一层楼盖保证各片框架与剪力墙之间的协同工作，形成很大的空间构架，如图 12.7 所示，这样不仅能抵抗很大的水平荷载，也将侧向位移控制在较小的范围内。

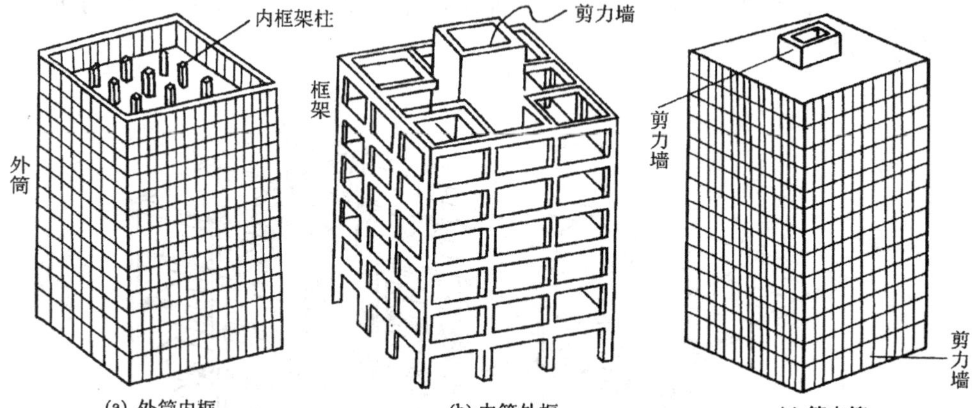

(a) 外筒内框　　(b) 内筒外框　　(c) 筒中筒

图 12.7　筒体结构

根据筒体布置、组成、数量的不同，筒体结构可划分为框架-筒体、筒中筒、组合筒三种结构体系。

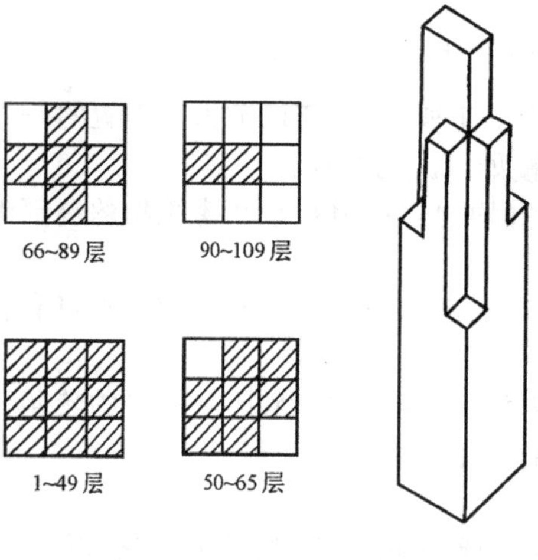

图 12.8　西尔斯大厦示意图

框架-筒体结构就是由一个或若干个筒体和框架组成的结构体系。根据框架布置的位置，又分为外筒内框架和内筒外框架两种不同的框架-筒体结构，如图 12.7(a)、(b)所示。筒中筒结构是由内、外设置的几层筒体通过各层楼面的梁板联系，成为一个能共同工作的空间筒状承重骨架，如图 12.7(c)所示。组合筒结构则是由几个单元筒集合成一体形成的空间刚度极大的一种结构体系，又称成束筒。目前世界上最高的西尔斯大厦就是组合筒结构。西尔斯大厦共 110 层，总高 443m，全部采用钢结构。其平面为正方形，由四个方形单元筒组合而成。沿建筑物的高度方向在三个不同标高处(50 层、66 层、90 层)中断了某些单元筒，不仅受力合理而且造型新颖，如图 12.8 所示。

筒体结构有较大的灵活空间，平面分区合理，受力也合理，适用于建筑高度很大的超高层建筑。

12.2　多层框架结构设计

12.2.1　多层框架结构布置

多层框架结构是由横梁和立柱组成的。框架可以是等跨或不等跨的，也可以是层高相同或不完全相同的，有时因工艺和使用要求，也可以在某层缺柱或某跨缺梁，如图 12.9 所示。

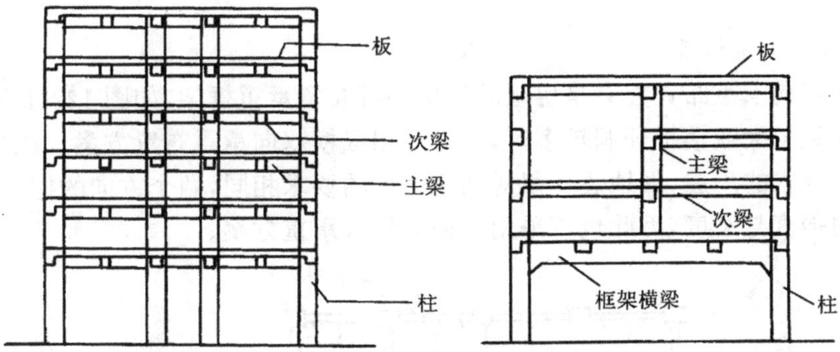

图 12.9　多层框架结构

在竖向荷载和水平荷载作用下，框架的梁、柱都将产生内力和变形。框架横梁的主要内力为弯矩和剪力，其轴力很小，常可忽略不计。框架柱的主要内力为轴力、弯矩和剪力。框架设计时考虑的主要变形为水平位移，即侧移。侧移是由水平荷载引起的，其值太大会影响房屋的正常使用。

对框架进行结构布置时，除满足使用要求以外，还要注意：①结构的受力要明确；②结构尽可能匀称布置；③非承重隔墙宜采用轻质材料以减轻结构自重；④构件类型、尺寸、规格要尽量减少，以利于生产的工业化。

根据承重框架布置方向的不同，其布置方案有 3 种。

1. 横向承重

横向承重布置方案的主梁沿横向布置，板和连系梁沿纵向布置，如图 12.10 所示。主梁横向布置可使房间平面尺寸较短的横向增加刚度，故一般房屋常采用横向承重。

2. 纵向承重

在纵向承重布置方案中，主梁沿房屋纵向布置，板和连系梁沿横向布置，如图 12.11 所示。这种布置有利于楼层净高的有效利用，在房屋开间布置上也比较灵活，但因其横向刚度较弱，故纵向承重方案应用较少，一般只适用于层数不多的无抗震设防要求的厂房。

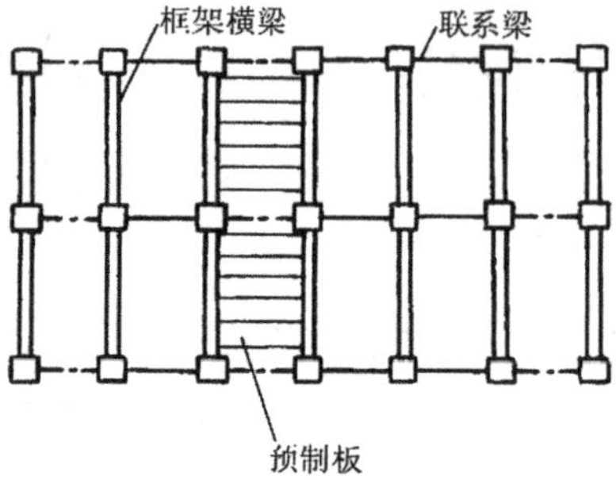

图 12.10　横向承重

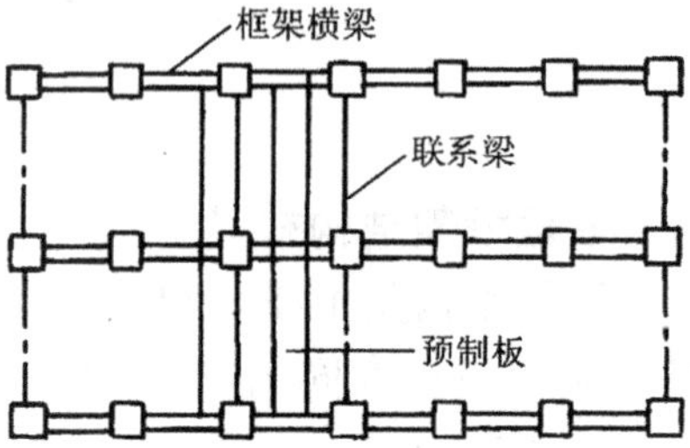

图 12.11　纵向承重

3. 纵横双向承重

纵横双向承重布置方案是房屋的纵横向都布置承重框架，如图 12.12 所示。当楼面活荷载较大或楼板开洞较多时，常常采用纵横双向承重布置方案。此外，对有抗震设防要求的房屋，因地震作用对两个方向的要求相同，两个方向的框架都应具有足够的强度与刚度，因此也应采用纵横向混合承重方案。

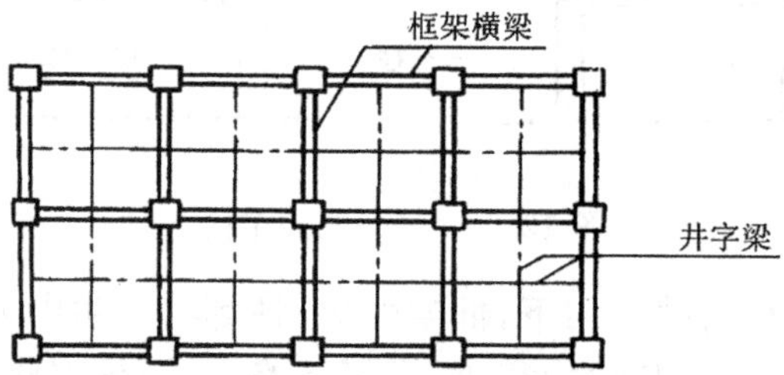

图 12.12　纵横双向承重

12.2.2 框架结构的计算要点

1. 计算简图

框架结构实际上是一个由纵横框架组成的空间结构，但在一般情况下，常常忽略它们之间的空间作用，单独取出一榀框架作为计算单元，按平面框架计算，如图 12.13 所示。

计算简图中，杆件用其轴线表示，杆件间的连接用节点表示，杆件长度取节点距离，荷载作用点在杆件轴线上，跨度取柱轴线间距离，柱高，对楼层取层高，对底层柱，预制楼板取基础顶面至二层楼板底面之间的高度，现浇楼板则取基础顶面至二层楼板顶面之间的高度。当跨度不等但差值不超过 10%时，可取平均跨度按等跨框架计算。

2. 框架结构的内力计算

(1)竖向荷载作用下的内力计算——分层计算法

如图 12.14(a)所示为一多层框架，当在某一层作用竖向荷载时，只有直接受

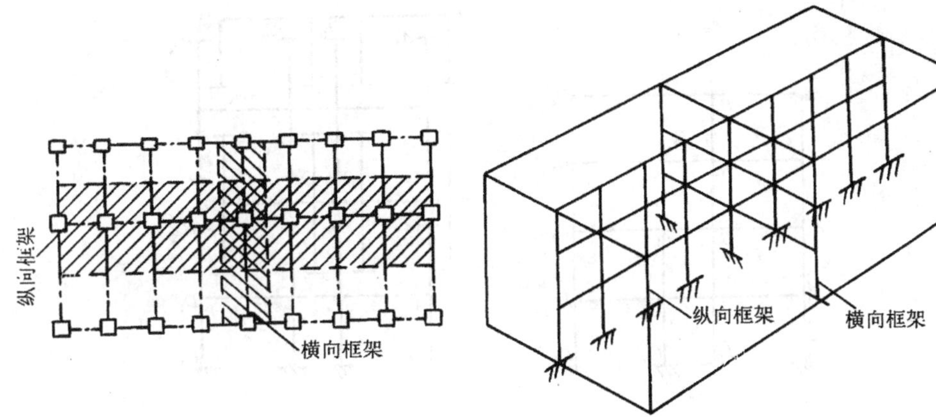

图 12.13　框架结构计算简图

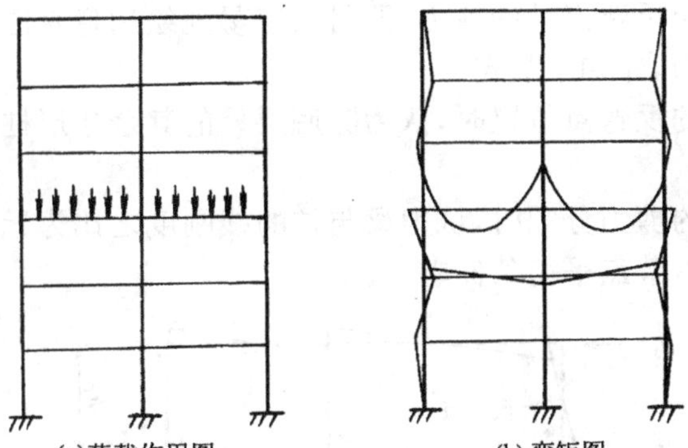

图 12.14　多层框架

荷的梁及与它相连的上、下层柱弯矩较大，其他各层梁、柱的弯矩均较小，如图 12.14(b)；同时侧移对内力的影响较小。基于以上分析，为简化计算作如下假定：

1) 在竖向荷载作用下，多层多跨框架的侧移忽略不计。

2) 每层梁上的荷载对其他各层梁的影响忽略不计。

根据以上假定，我们采用如图 12.15 所示的分层方法：将原框架分解为几个单层框架，用力矩分配法计算各层框架的内力。分层计算所得的梁的弯矩即为最后弯矩，而柱子除底层外，每个柱子同属相邻的上下两层，因此柱的弯矩应由上下两层计算所得弯矩值叠加而得。这种计算内力的方法称为分层计算法。

框架结构按图 12.15 所示方法分层后，各柱远端视为固定端。实际上，除底层柱端为固定约束外，其余柱的远端应看成弹性约束，为反映这个特点，可将除底层外的各柱的线刚度乘以折减系数 0.9，传递系数由$\frac{1}{2}$改为$\frac{1}{3}$。

(2)水平荷载作用下的内力计算——反弯点法

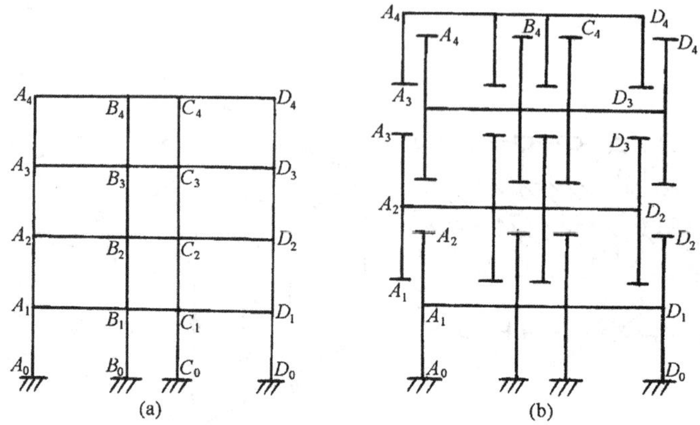

图 12.15 分层计算法

多层框架受风荷载作用时，可将均布风荷载简化为水平节点荷载，其弯矩图为直线形，如图 12.16 所示，每根立柱都有一个反弯点，即弯矩为零的点，只要能求出各柱反弯点的位置及反弯点处的剪力，即可很容易地绘出弯矩图。为了求出反弯点的位置和该点的剪力，作如下规定：

1)在确定各柱的反弯点位置时，认为除底层外的其余各层柱上、下两端的转角相等；

2)在进行各柱的剪力分配时，认为梁与柱的线刚度之比为无限大；

3)梁端弯矩可由节点平衡条件求得。

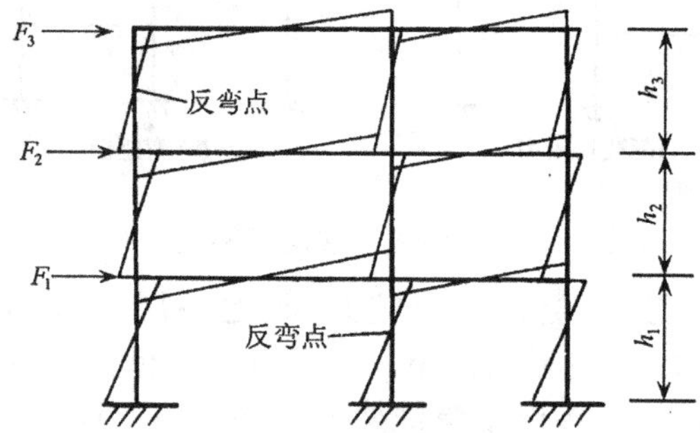

图 12.16 水平荷载作用下多层框架的弯矩图

根据以上假定，我们可以求得：

1) 反弯点高度 $\bar{y}$。反弯点高度 $\bar{y}$ 是指反弯点处至该层柱下端的距离。根据假定，除底层外各柱的上、下端转角相等，则柱上、下端弯矩也相等，故反弯点在柱中点，即 $\bar{y}=\dfrac{1}{2}h$（h 为柱高）；对底层柱，由于柱脚固定时柱下端的转角为 0，则上端弯矩比下端弯矩小，反弯点偏移柱中点而上移，根据分析，取 $\bar{y}=\dfrac{2}{3}h_1$（h_1 为底层柱高）。

2）同层各柱剪力。如图 12.17 所示框架，当忽略横梁轴向变形时，同层柱顶侧移均为 Δ，各柱侧移产生的柱顶剪力为[如图 12.17(b)]：

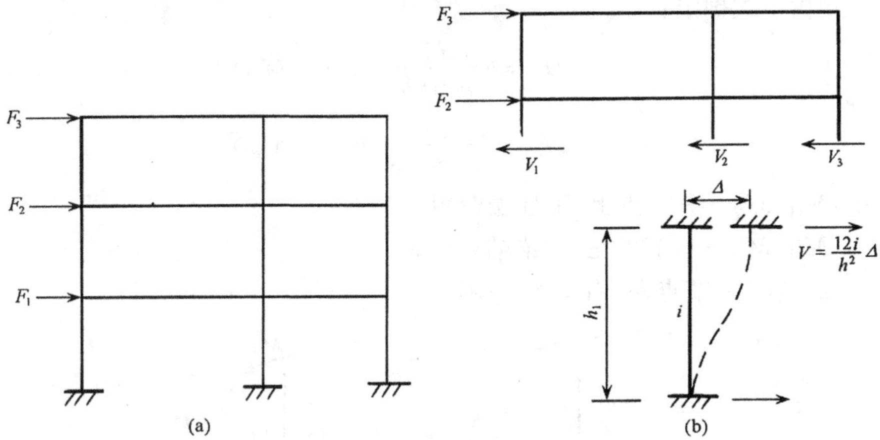

图 12.17　反弯点法求框架在水平荷载作用下的剪力

$$V_1 = \frac{12i_1}{h_1^2}\Delta = K_1\Delta \tag{a}$$

K 称为柱的侧移刚度系数，即柱两端有相对单位侧移（两端转角为 0）时在柱内引起的剪力。

同理，
$$V_2=\frac{12i_2}{h_2^2}\Delta=K_2\Delta,\quad V_3=\frac{12i_3}{h_3^2}\Delta=K_3\Delta \tag{b}$$

取图 12.17(b)所示隔离体，由 $\sum X=0$ 得

$$V_1 + V_2 + V_3 = \sum F \tag{c}$$

联立求解(a)、(b)、(c)式，可得

$$V_i = \frac{K_i}{\sum K_i}F = \eta_i \sum F$$

式中 η 称为剪力分配系数，说明柱顶剪力是由该层以上水平力之和按各柱侧移刚度的大小分配给各柱。

3)柱端及梁端弯矩。求得各柱的反弯点位置及该点的剪力后，即可求得柱端弯矩：

$$M_{i下} = V_i \cdot \bar{y}_i \tag{12.1}$$

$$M_{i上} = V_i \cdot (h_i - \bar{y}_i) \tag{12.2}$$

式中：$M_{i上}$、$M_{i下}$——柱上、下端的弯矩值；

$\bar{y}_i$——该层柱的反弯点高度；

h_i——该层柱的高度；

V_i——该层柱的剪力。

根据节点平衡，即可求得梁端弯矩，对中间节点有两根横梁时(图 12.18)，梁端弯矩由下式确定：

$$M_{b1}=\frac{i_{b1}}{i_{b1}+i_{b2}}(M_{c1}+M_{c2}) \tag{12.3}$$

$$M_{b2}=\frac{i_{b2}}{i_{b1}+i_{b2}}(M_{c1}+M_{c2}) \tag{12.4}$$

式中：M_{c1}、M_{c2}——节点上、下柱端弯矩；

M_{b1}、M_{b2}——节点左、右梁端弯矩；

i_{b1}、i_{b2}——节点左、右梁的线刚度。

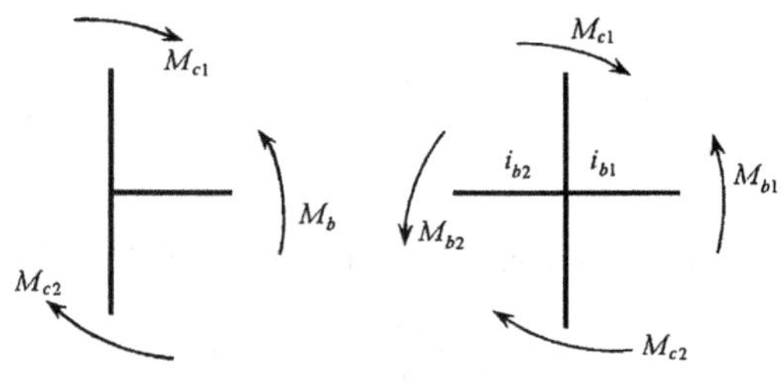

图 12.18

3. 水平荷载作用下侧移的近似计算

框架结构在水平荷载标准值作用下的侧移可以看成是梁柱弯曲变形和轴向变形所引起的侧移的叠加。由梁柱弯曲变形所导致的层间相对侧移具有越靠下越大的特点，其侧移曲线与悬臂梁的剪切变形曲线相一致，故称这种变形为总体剪切变形，如图 12.19 所示，而由框架轴力所引起的柱的伸长和缩短导致的框架变形，与悬臂梁的弯曲变形曲线类似，故称这种变形为总体弯曲变形，如图 12.20 所示。

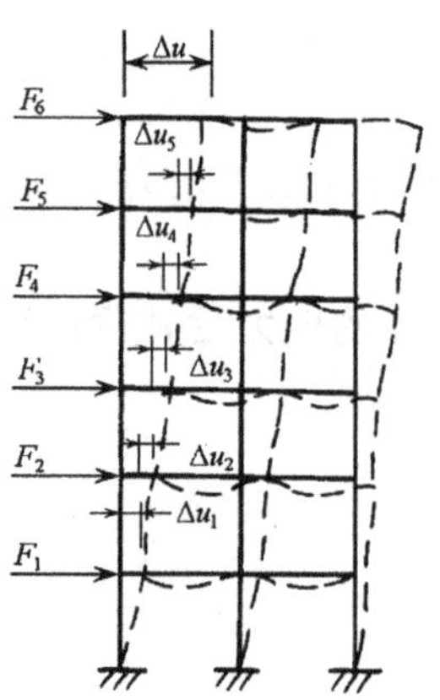

图 12.19 框架总体剪切变形

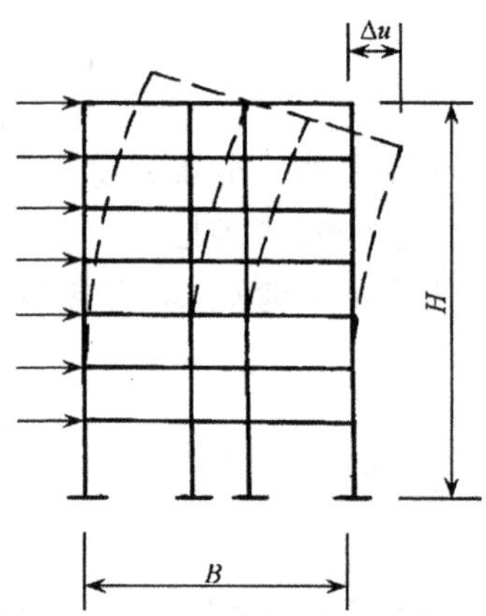

图 12.20 框架总体弯曲变形

一般框架总体剪切变形的计算可采用 D 值法，第 j 层框架上下节点的相对侧移为(本书仅给出计算公式，具体计算方法可见参考文献)：

$$\Delta u_j = \frac{\sum F}{\sum_{i=1}^{n} D_{ji}} \tag{12.5}$$

框架顶点的总侧移为各层相对侧移之和，即

$$\Delta u = \sum_{i=1}^{m} \Delta u_j \tag{12.6}$$

式(12.5)和式(12.6)中，n 为计算层的总柱数，m 为框架总层数，$\sum F$ 为计算层以上水平荷载标准值的总和，$\sum_{i=1}^{n} D_{ji}$ 为第 j 层各柱侧移刚度之和。

一般框架结构，其侧移主要是由梁柱的弯曲变形所引起的，即主要发生总体剪切变形，在计算时考虑该项变形已足够精确。但对于房屋高度大于 50m 或房屋高宽比 H/B 大于 4 的框架结构，则需考虑柱轴力引起的总体弯曲变形。总体弯曲变形的计算方法可见有关参考文献。

无论是房屋顶点侧移还是层间相对侧移，均应满足《钢筋混凝土高层建筑结构设计与施工规定》所要求的限值。在风荷载标准值作用下：

顶点侧移 Δu

采用轻质隔墙时 $$\Delta u \leqslant \frac{H}{550} \tag{12.7}$$

采用砌体填充墙时 $$\Delta u \leqslant \frac{H}{650} \tag{12.8}$$

其中 H 为房屋总高。

层间相对侧移 Δu_j

采用轻质隔墙时 $$\Delta u_j \leqslant \frac{h}{450} \tag{12.9}$$

采用砌体填充墙时 $$\Delta u_j \leqslant \frac{h}{550} \tag{12.10}$$

其中 h 为第 j 层的层高。

4. 框架的内力组合

框架在各种荷载作用下的内力确定后，在进行框架梁柱截面配筋设计之前，必须找出构件的控制截面及其最不利内力，以作为梁、柱配筋的依据。对于每一个控制截面，要分别考虑各种荷载下最不利的作用状态及其组合的可能性，从几种组合中选取最不利组合，求出最不利内力。

(1) 控制截面及最不利内力类型

1)框架横梁。框架横梁的控制截面是支座截面和跨中截面。在支座截面处，一般产生最大负弯矩和最大剪力；跨中截面则产生最大正弯矩。

由于内力分析的结果是轴线位置处的内力，而梁支座截面的最不利位置应是柱边缘处，因此在求该处的最不利内力时，应根据梁轴线处的弯矩和剪力算出柱边

截面的弯矩和剪力，如图 12.21 所示，即

$$M' = M - b \cdot \frac{V}{2} \tag{12.11}$$

$$V' = V - \Delta V \tag{12.12}$$

式中：M'、V'——柱边处梁截面的弯矩和剪力；

M、V——柱轴线处梁截面的弯矩和剪力；

b——柱宽度；

ΔV——在长度 $b/2$ 范围内的剪力改变值。

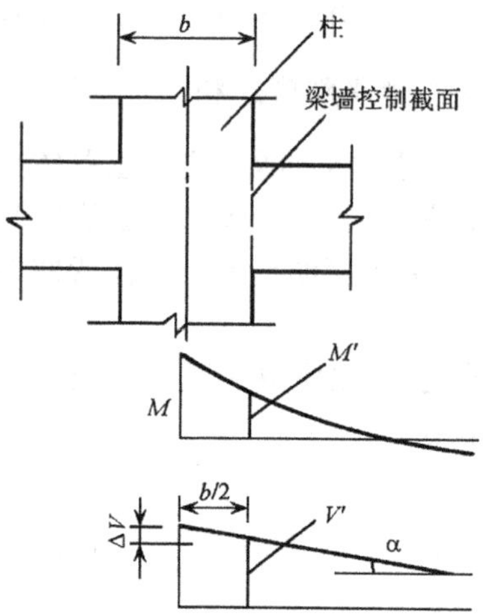

图 12.21　横梁的控制截面

2）框架柱。对于框架柱，由弯矩图可知，弯矩最大值在柱的两端，剪力和轴力通常在一层内无变化或变化很小，因此柱的控制截面是柱的上下端。

随着 M 和 N 的比值不同，柱的破坏形态将发生变化。在出现大偏心受压破坏时，M 越大则柱越不利；而出现小偏心受压破坏时，N 越大对柱越不利。此外，柱的正负弯矩绝对值也不同，因此最不利内力有多种情况，但一般的框架柱都采用对称配筋，因此，只需选择最大的弯矩来考虑即可，从而柱的最不利内力可归结为如下 3 种类型：

$|M|_{max}$及相应的 N、V；

N_{max}及相应的 M、V；

N_{min}及相应的 M、V。

（2）荷载组合

作用在多层房屋结构上的各种荷载同时达到各自最大值的可能性几乎不存在，因此，在计算各种荷载引起的结构最不利内力组合时，可将某些荷载值适当降低，即乘以小于 1 的组合系数。

对于一般框架结构，按荷载效应基本组合进行承载力计算时，可有以下 3 种荷载组合形式：

恒荷载＋活荷载；

恒荷载＋风荷载；

恒荷载＋0.85（活荷载＋风荷载）。

在进行正常使用极限状态验算时，则应考虑荷载效应的短期组合和长期组合。

（3）活荷载的最不利布置

作用于框架结构上的垂直荷载包括恒荷载和活荷载。恒荷载是永久荷载，一旦作用在结构上将不再发生变化，因此只要按照恒荷载全部作用情况计算出框架内力，然后参与荷载组合即可，但是活荷载是可变荷载，计算时应考虑其最不利布置。

在用计算机进行计算时，可以将活荷载逐层逐跨单独作用在框架上，求出每种

活荷载作用下的框架内力，然后针对各控制截面最不利内力的几种类型，分别进行组合。

手算时，在保证设计精度的前提下，对于活荷载和恒荷载之比不大于3的情况，通常采用以下几种方法进行活荷载布置，以简化计算。

1)活荷载一次性布置。当活荷载较小时(如民用建筑楼面活荷载标准值为1.5～2.0kN/m^2)，或活荷载与恒荷载之比不大于1时，它所产生的内力较小，从而可考虑将各层各跨的活荷载作一次性布置，并与恒荷载一起作用计算内力，即不考虑活荷载的最不利布置。但算得的梁跨中弯矩宜乘以1.1的增大系数。

2)活荷载分跨布置。在实际设计时，只要活荷载不是太大(如活荷载设计值与恒荷载设计值之比不大于3时)，还可以采用分跨布置的方法。对于图12.22所示的四跨框架，最多只需考虑四种布置方案，如图12.22所示。

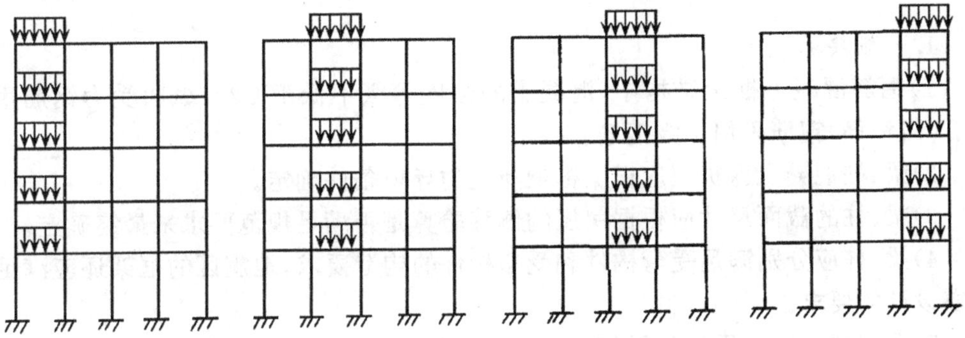

图 12.22　活荷载的最不利布置

对n跨框架，活荷载的布置只有n种，从而大大减少计算工作量。但这样的布置方法其内力组合并非最不利，为弥补由此产生的不利影响，可不考虑活荷载的折减。

(4)风荷载的布置

风荷载有向右(左风)和向左(右风)两个可能的作用方向，考虑风荷载作用下的内力时，只能取其一。

(5)弯矩调幅

框架中的弯矩调幅包含两个方面的内容：其一是框架中允许梁端出现塑性铰，因此在梁中可以考虑塑性内力重分布，通常在垂直荷载作用下考虑支座调幅以降低支座弯矩；其二是对于装配式或装配整体式框架，由于钢筋焊接及接缝不密实等原因，受力后可能产生节点变形，节点的整体性低于现浇框架，因节点变形而引起梁端弯矩降低和跨中弯矩增加。

考虑塑性内力重分布时，支座弯矩降低后要引起跨中弯矩的增加。但是，经过荷载组合求出的跨中最大正弯矩和支座最大负弯矩并不是在同一荷载作用下发生的，故相应于支座最大负弯矩下的跨中弯矩虽然经过调幅加大，通常也不会超过跨中最不利正弯矩。因而在用最不利内力作截面配筋时，支座最大负弯矩经调幅降低后，跨中最不利正弯矩不必再加大。

考虑塑性内力重分布时，现浇框架的支座弯矩调幅系数可采用 0.8～0.9。

5. 框架梁、柱的截面配筋计算

求得框架结构内力以后，即可对框架梁、柱进行配筋计算。对框架横梁，可按受弯构件正截面抗弯承载力和斜截面抗剪承载力的计算和构造要求来确定横梁的纵向受力钢筋及腹筋。同时还应满足裂缝宽度的要求。框架柱属于偏心受压构件，一般在中间轴线上的框架柱按单向偏心受压考虑，位于边轴线的角柱，则应按双向偏心受压考虑。框架柱除进行正截面受压承载力计算外，还应进行斜截面抗剪承载力计算。对框架的边柱，若偏心距 $e_0>0.55h_0$，则应进行裂缝宽度验算。

12.2.3 框架结构的构造要求

1. 一般要求

1)钢筋混凝土框架结构中，混凝土的强度等级不低于 C20，纵向受力钢筋用Ⅰ、Ⅱ级钢筋，箍筋采用Ⅰ级钢筋。

2)梁、柱混凝土保护层应根据框架所处的环境条件确定。

3)梁、柱的截面尺寸应根据房屋的侧移验算是否满足规范要求来最终确定。

4)梁、柱应分别满足受弯构件和受压构件的构造要求，地震区的框架还应满足抗震设计的要求。

5)框架柱一般采用对称配筋，柱中全部纵向受力钢筋的配筋率不宜超过 3%，不应超过 5%，也不应少于 0.4%。

2. 连接构造

构件连接是框架设计的一个重要组成部分，现浇框架的连接主要是梁与柱及柱与柱之间的配筋构造。

框架梁上部纵向钢筋伸入中间层端节点的锚固长度，当采用直线锚固形式时，不应小于第六章规定的受拉钢筋的锚固长度，且伸过柱中心线不少于 $5d$，d 为梁上部钢筋直径；当上部纵向钢筋在端节点内水平锚固长度不够时，应沿柱节点外边向下弯折，弯折前和弯折后的钢筋长度应满足图 12.23 的要求。

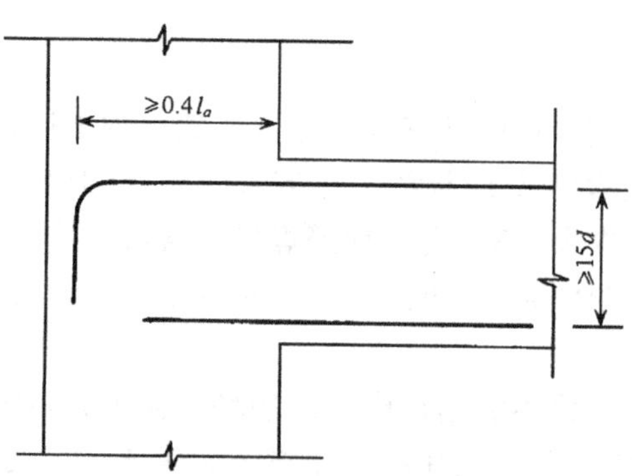

图 12.23　梁中纵向钢筋在节点范围内的锚固

框架梁或连续梁的上部纵向钢筋应贯穿中间节点或中间支座范围。该钢筋自节点或支座边缘伸向跨中的截断位置应符合受拉钢筋的构造要求。

框架柱的纵向钢筋应贯穿中间层，柱中间节点钢筋接头应设在节点区以外。

框架顶层端节点处，可将柱外层纵向钢筋的相应部分弯入梁内作为梁上部纵向钢筋使用，也可将梁上部纵向钢筋和柱外侧纵向钢筋在顶层端节点及其邻近部位搭接。搭接时应满足以下要求：

(1)搭接接头可沿顶层端节点外侧及梁端顶部布置[图 12.24(a)]，搭接长度不应小于 $1.5l_a$，伸入梁内的柱外侧筋截面面积不应小于外柱筋截面面积的 70%，其中不能伸入梁内的外侧柱筋应沿节点顶部伸至柱内边向下弯折不小于 $8d$ 后截断，d 为该部分柱筋的直径。

(2)搭接接头也可沿柱外侧布置[图 11.24(b)]，搭接长度不应小于 $1.7l_a$。

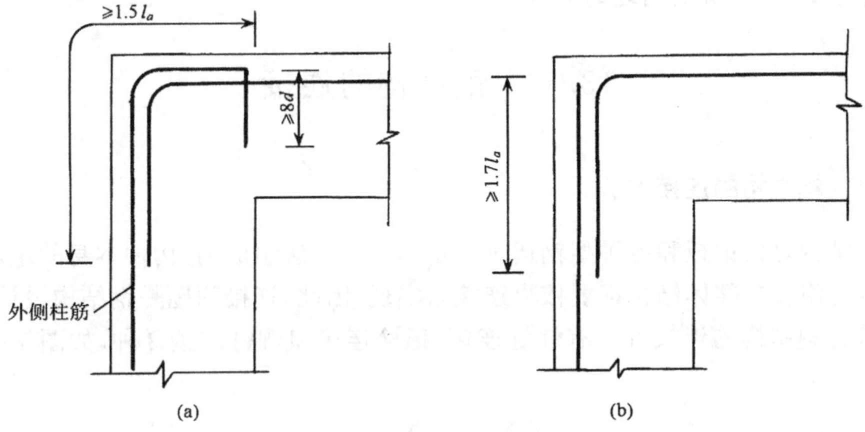

图 12.24　搭接接头

思　考　题

12.1　多层与高层建筑如何区分？多层与高层建筑有几种结构体系？

12.2　简述高层建筑结构的受力特点。

12.3　何为剪力墙？剪力墙有几种？简述各种剪力墙的受力特点。

12.4　框架结构常用哪种承重方案？为什么？

12.5　如何计算框架结构的内力？

第十三章 钢 结 构

钢结构是应用比较广泛的一种建筑结构。一些超高层建筑、大跨结构、塔桅结构等,采用钢结构越来越多。本章主要介绍钢结构的连接方法,梁和轴心受压钢柱的强度、刚度、稳定性计算方法。通过本章的学习,使读者了解有关钢结构方面的概念,掌握这两种基本构件的设计计算方法,培养分析问题、解决问题的能力。

13.1 钢结构的连接

13.1.1 钢结构的连接方法

钢结构是由钢板和各种型钢通过一定的连接方法组成的。构件本身的组成,以及各构件组合成整体结构都要依靠连接来实现,因此,连接问题是钢结构设计的重要环节。钢结构的连接方法有焊缝连接、螺栓连接和铆钉连接 3 种,如图 13.1 所示。

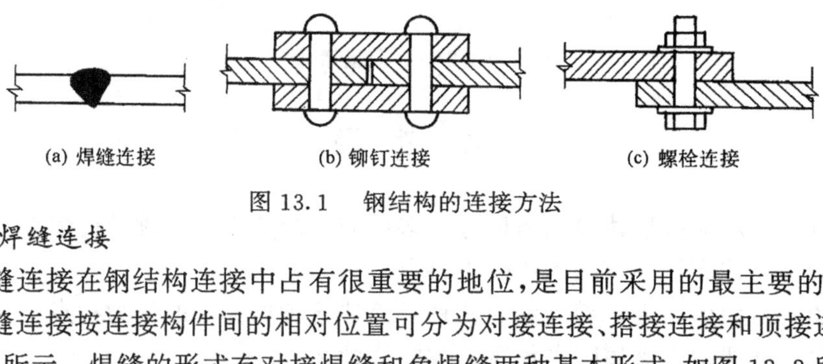

(a) 焊缝连接　(b) 铆钉连接　(c) 螺栓连接

图 13.1 钢结构的连接方法

1. 焊缝连接

焊缝连接在钢结构连接中占有很重要的地位,是目前采用的最主要的连接方法。焊缝连接按连接构件间的相对位置可分为对接连接、搭接连接和顶接连接,如图 13.2 所示。焊缝的形式有对接焊缝和角焊缝两种基本形式,如图 13.3 所示。

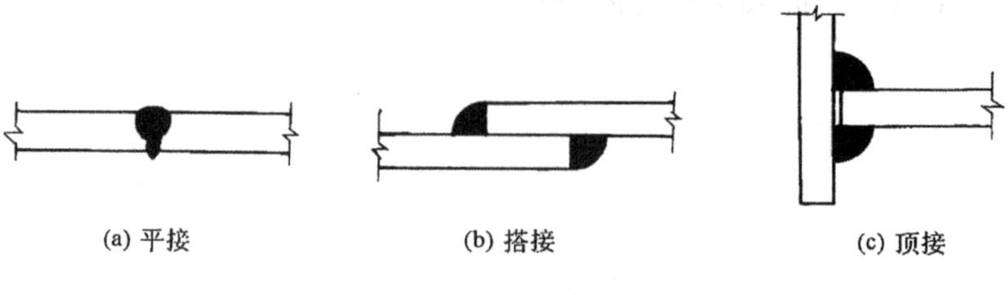

(a) 平接　(b) 搭接　(c) 顶接

图 13.2 焊缝的连接形式

焊缝连接的优点是：构造简单，对构件无削弱，可焊成任何形态；一般不需要辅助零件，省钢省工，易于采用自动化操作，生产效率高；连接的密闭性好，结构刚度大。所以，焊缝连接在建筑钢结构中占有很重要的地位。但是，焊缝连接也有它的缺点，例如，焊接热影响区的钢材易脆；焊件中产生的焊接残余应力和残余变形对结构的工作不利等。在施焊时采取一些有效措施，这些不利影响是可以减少或避免的。

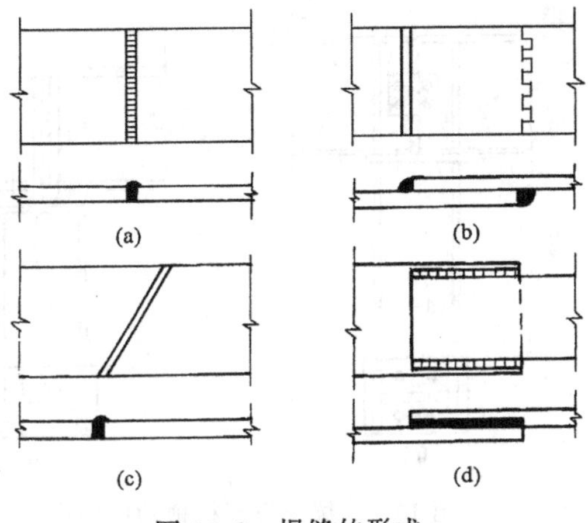

图 13.3　焊缝的形式

2. 铆钉连接

铆钉连接需要先在构件上开孔，把铆钉加热到 750～1000℃后进行铆合，有时也可用常温的铆钉进行铆合，但需要较大的铆合力。铆钉连接费钢费工，现已少用。但是，铆钉连接的塑性、韧性较好，传力均匀可靠，质量易于检查，对一些动力荷载作用下的结构有时仍然采用。

3. 螺栓连接

螺栓连接有普通螺栓连接和高强螺栓连接两种。螺栓连接的特点是拆装方便，操作简单，不需特殊设备，常用于安装节点的连接和装拆式结构的连接。

普通螺栓一般采用 A3F 钢材制成，分为 A、B、C 三级。C 级螺栓称粗制螺栓，A 级、B 级螺栓称精制螺栓。粗制螺栓的杆径与孔径相差 1～2.0mm，精制螺栓的杆径与孔径相差 0.3～0.5mm，其受力性能较粗制螺栓为好。但是，精制螺栓由于制作和安装比较复杂，造价昂贵，在钢结构中已少采用。

高强度螺栓由低合金钢或优质碳素钢制成。经过热处理获得较高强度，并具有一定的塑性和韧性。高强度螺栓在安装时采用特制的扳手将螺帽拧紧，将构件的接触面压紧，使受力后构件滑移面上产生很大的摩擦力，阻止连接构件间的相互滑移，以达到传递外力的目的。这种连接优点是连接紧密、受力性能好、耐疲劳、可拆换，能承受动力荷载等，将逐步代替铆接。

13.1.2　梁柱连接

1. 梁支撑于柱顶的连接

图 13.4 是梁支撑于柱顶的铰接构造图。梁的反力通过柱的顶板传给柱子；顶板一般取 16～20mm 厚，与柱用焊缝相连；梁与顶板用普通螺栓相连。

图 13.4(a)中，梁支撑加劲肋对准柱的翼缘，使梁的支撑反力直接传给柱的翼缘。这种连接传力明确，构造简单，施工方便，但当两相邻梁的反力不等时，可引起

柱的偏心受压，导致柱翼缘的局部屈曲。

图 13.4(b)中，梁的反力通过凸缘加劲肋作用于柱的轴线附近，即使两相邻梁反力不等，柱仍接近于轴心受压。这种连接柱腹板是主要受力部分，其厚度不能太薄；在柱顶板下应设置有足够长度的加劲肋，以满足焊缝长度和应力均匀扩散的要求。

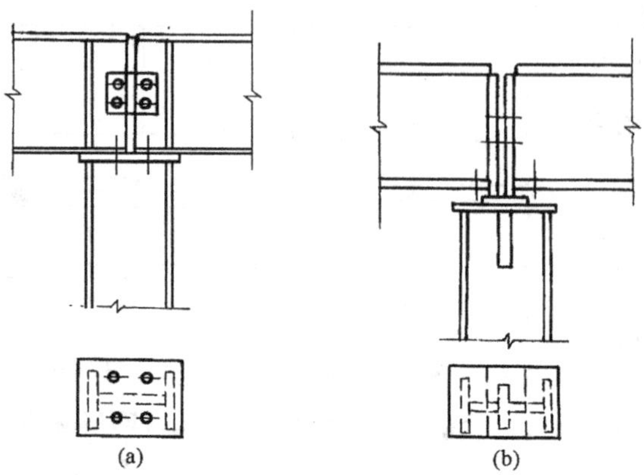
图 13.4　梁支撑于柱顶的铰接连接

2. 梁支撑于柱侧的铰接连接

在中间层框架中，梁只能支撑于柱侧，其铰接构造如图 13.5 所示。

图 13.5(a)这种连接只适用于梁反力较小的情况，此时梁端不设加劲肋，直接搁置在柱牛腿上，用普通螺栓相连。

当梁反力较大时，可采用 13.5(b)的做法。梁的反力由端部加劲肋传给支托，支托采用厚钢板或用加劲后的角钢，与柱侧用焊缝相连。

当两相邻梁反力相差较大时，可采用图 13.5(c)的连接形式，梁端加劲肋与柱腹板相连，梁的反力通过柱的腹板传递。

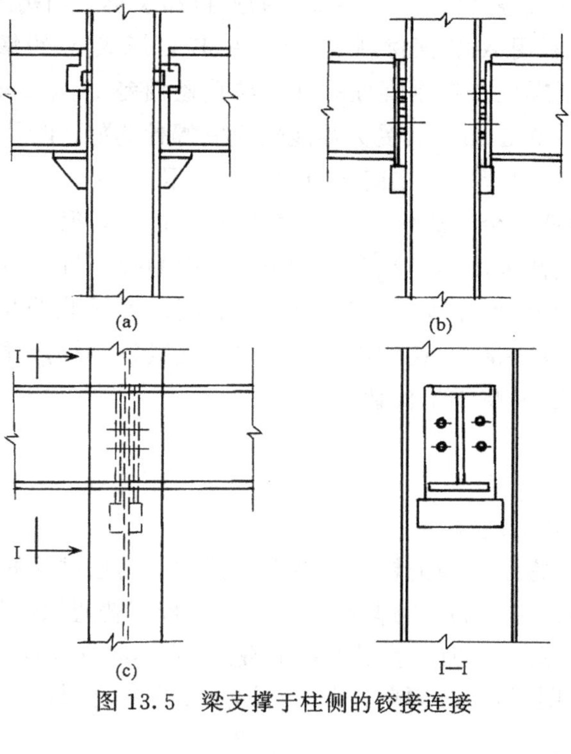
图 13.5　梁支撑于柱侧的铰接连接

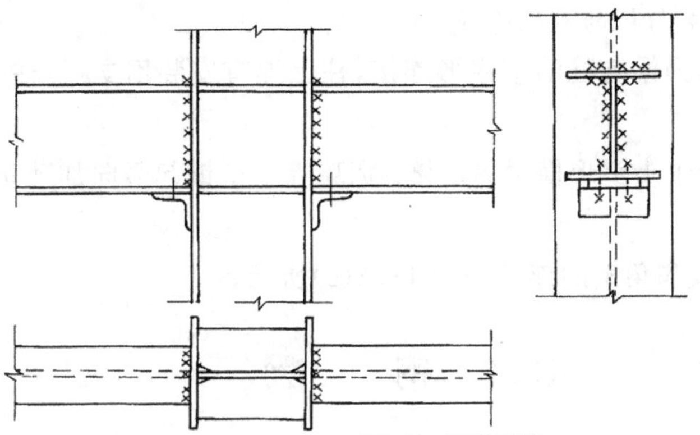

(a) 梁与柱丁字形连接

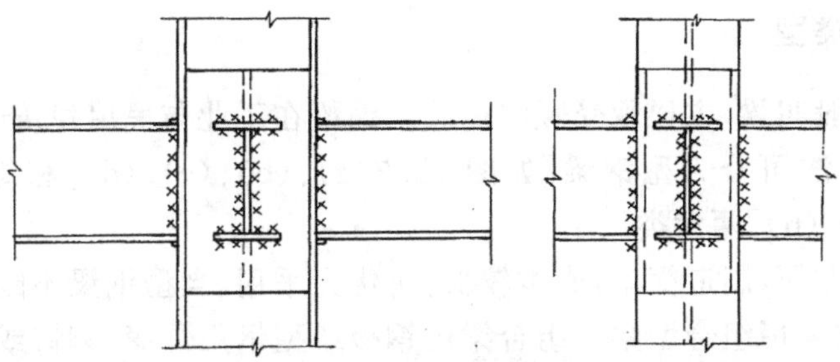

(b) 有丁形加劲肋的梁与柱 4 个方向连接

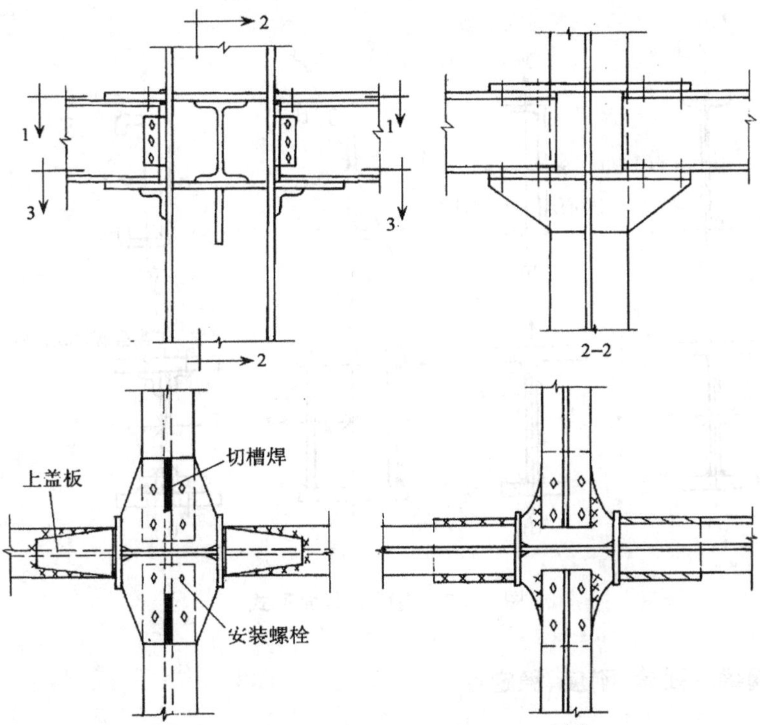

(c) 有盖板与角钢的梁与柱四向连接

图 13.6　刚性节点的构造措施

3. 多层框架中梁与柱的刚性连接

图 13.6(a)所示为梁与柱的丁字形连接，柱上焊有安装用支托，柱的腹板用横向加劲肋加强。

图 13.6(b)适合于十字形横梁的连接。宽翼缘下型钢起竖向加劲肋作用，把梁与柱连起来。

梁与柱通过盖板和角钢的连接如图 13.6(c)所示。

13.2 钢　　梁

13.2.1 钢梁的类型

受弯构件一般叫梁，主要承受竖向荷载。钢梁在工业与民用建筑中应用较多，按材料和制作方法可分为型钢梁[如图 13.7(a)、(b)、(c)、(d)]和组合梁[如图 13.7(e)、(f)、(g)、(h)]两大类。

型钢梁加工方便，制造简单，成本较低，可优先采用。当型钢梁不能满足强度和刚度要求时，必须采用组合型梁。组合梁由钢板或型钢用焊缝、铆钉或螺栓连接而成。

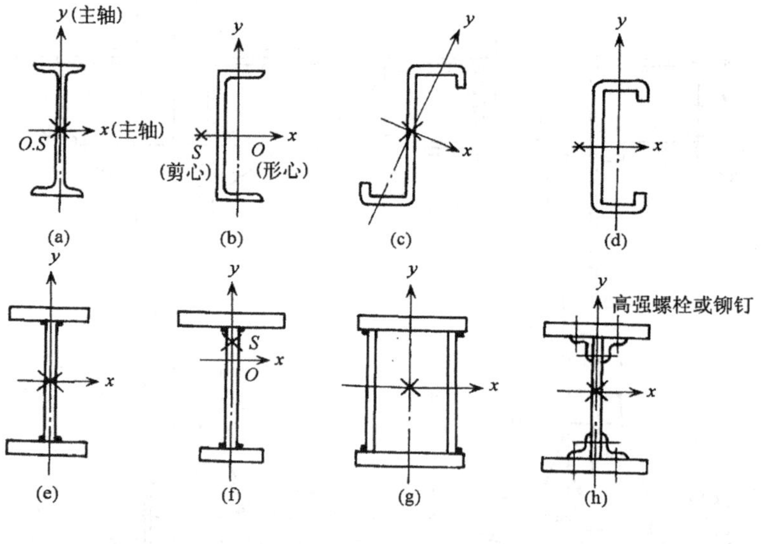

图 13.7 钢梁的截面形式

13.2.2 钢梁的强度、刚度、稳定性

钢梁的承载力包括强度、刚度和稳定性 3 个方面的计算。

1. 钢梁的强度计算

(1)弯曲正应力计算公式为

$$\frac{M_x}{\gamma_x W_{nx}} + \frac{M_y}{\gamma_y W_{ny}} \leqslant f \tag{13.1}$$

式中：M_x、M_y——绕 x 轴和 y 轴的弯矩；

W_{nx}、W_{ny}——对 x 轴和 y 轴的净截面抵抗矩；

γ_x、γ_y——截面塑性发展系数；对工字形截面，$\gamma_x=1.05$；$\gamma_y=1.20$；对箱形截面，$\gamma_x=\gamma_y=1.05$；

f——钢材抗弯强度设计值。

(2)剪应力计算公式为

$$\tau = \frac{VS}{It_w} \leqslant f_v \tag{13.2}$$

式中：V——计算截面沿腹板平面作用的剪力；

S——计算剪应力处以上毛截面对中和轴的面积矩；

I——毛截面惯性矩；

t_w——腹板厚度；

f_v——钢材抗剪强度设计值，按附录附表 2.1 采用。

(3)局部压应力计算公式为

$$\sigma_c = \frac{\Psi F}{t_w l_z} \leqslant f \tag{13.3}$$

式中：F——集中荷载，对于动力荷载，应考虑动力系数；

Ψ——集中荷载增大系数；对重级工作制吊车梁，$\Psi=1.35$；对其他梁，$\Psi=1.0$；

l_z——集中荷载在腹板计算高度边缘的假定分布长度，

$$l_z = a + 5h_y + 2h_R \tag{13.4}$$

a——集中荷载沿梁跨度方向的支撑长度，对吊车梁可取 50mm；

h_y——自吊车梁轨顶或其他梁顶至腹板计算高度上边缘的距离；

h_R——轨道高度，对梁顶无轨道的梁，$h_R=0$。

(4)折算应力计算公式为

$$\sqrt{\sigma^2 + \sigma_c^2 - \sigma\sigma_c + 3\tau^2} \leqslant \beta_1 \cdot f \tag{13.5}$$

式中：σ、τ、σ_c——腹板计算高度边缘同一点上同时产生的正应力、剪应力和局部压应力；

β_1——计算折算应力的强度设计值增大系数，当 σ 与 σ_c 异号时，取 $\beta_1=1.2$；当 σ 与 σ_c 同号或 $\sigma_c=0$ 时，取 $\beta_1=1.1$。

τ 和 σ_c 应按式(13.2)、式(13.3)计算，σ 应按下式计算(σ 和 σ_c 以拉应力为正值，压应力为负值)：

$$\sigma = \frac{M}{I_n} y_1 \tag{13.6}$$

式中：I_n——梁净截面惯性矩；

y_1——所计算点到梁中和轴的距离。

2. 刚度计算

受弯构件的刚度条件是要求梁的最大挠度不大于容许挠度值，即

$$W \leqslant [W] \tag{13.7}$$

式中：W——梁的挠度(不考虑螺栓或铆钉孔引起的截面削弱，按毛截面计算)；

$[W]$——梁的容许挠度。

3. 梁的整体稳定计算

当有板(各种钢筋混凝土板或钢板)密铺在梁的受压翼缘上与其牢固相连，能阻止梁受压翼缘的侧向位移时，或者工字形截面简支梁受压翼缘的自由长度 l_1 与其宽度 b_1 之比不超过表 13.1 所规定的数值时，梁的整体稳定可不计算，否则应按下式验算梁的整体稳定性。

表 13.1　工字形截面简支梁不需计算整体稳定性的最大 l_1/b_1 值

钢　号	跨中无侧向支撑点的梁		跨中有侧向支撑点的梁，不论荷载作用于何处
	荷载作用在上翼缘	荷载作用在下翼缘	
Q235	13	20	16
Q345	10.5	16.5	13
Q390	10	15.5	12.5
Q420	9.5	15.0	12.0

注：1)l_1 为梁的受压翼的自由长度；对跨中无侧向支撑点的梁，为其跨度；对跨中有侧向支撑点的梁，为受压翼缘侧向支撑点间的距离(梁的支撑)；

2)其他钢号的梁不需计算整体稳定性的最大 l_1/b_1 的值，应为 Q235 号钢的数值乘以 $235/f_y$；

3)梁的支座处，应采取构造措施以防止梁端面的扭转。

单向弯曲时：

$$\frac{M_x}{\varphi_b W_x} \leqslant f \tag{13.8}$$

式中：M_x——绕 x 轴作用的最大弯矩；

φ_b——整体稳定系数，按附录附表 17 确定；

W_x——按受压翼缘确定的梁毛截面抵抗矩。

双向弯曲时：

$$\frac{M_x}{\varphi_b W_x} + \frac{M_y}{\gamma_y W_y} \leqslant f \tag{13.9}$$

式中：M_y——绕 y 轴的弯矩；

W_y——按受压翼缘确定的对 y 轴的毛截面抵抗矩；

γ_y——截面塑性发展系数。

【例 13.1】 焊接工字形等截面简支梁(图 13.8 所示),跨度 15m,在距支座 5m 处各有一个次梁,次梁传来的集中荷载为 $F=200\text{kN}$(设计值),钢材为 3 号钢,试验算其抗弯、抗剪强度和整体稳定性。

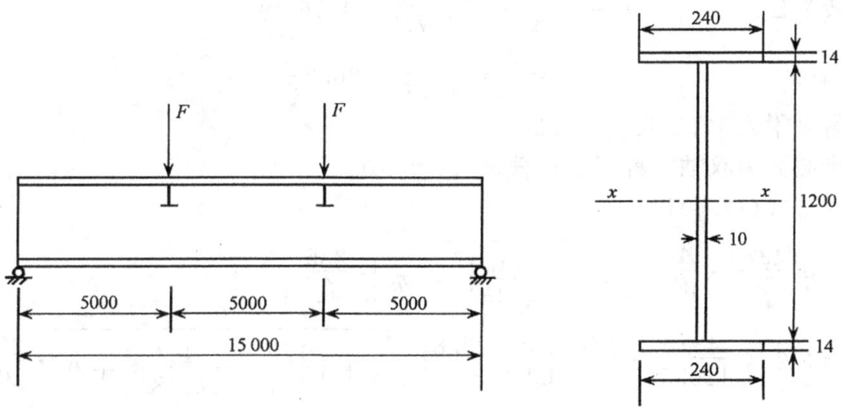

图 13.8 例题 13.1 构造图

【解】 设梁的自重设计值为 2.4kN/m

梁跨中最大弯矩为

$$M = 200 \times 5 + \frac{1}{8} \times 2.4 \times 15^2 = 1068(\text{kN} \cdot \text{m})$$

梁支座处最大剪力为

$$V = 200 + \frac{1}{2} \times 2.4 \times 15 = 218(\text{kN})$$

$$A = 2 \times 24 \times 1.4 + 1.0 \times 120 = 187.2(\text{cm}^2)$$

$$I_x = \frac{1}{12}(24 \times 122.8^3 - 23 \times 120^3) = 391\ 609\ (\text{cm}^4)$$

$$I_y = 2 \times \frac{1}{12} \times 1.4 \times 24^3 + \frac{1}{12} \times 120 \times 1.0^3 = 3236\ (\text{cm}^4)$$

$$S = 24 \times 1.4 \times 60.70 + 60 \times 1.0 \times 30 = 3840(\text{cm}^3)$$

$$W_x = \frac{391\ 609}{61.4} = 6378(\text{cm}^3)$$

(1)梁的正应力

$$\sigma = \frac{M_x}{\gamma_x W_x} = \frac{1068 \times 100}{1.05 \times 6378} = 15.95(\text{kN/cm}^2) = 159.5(\text{N/mm}^2) < 215\text{N/mm}^2$$

(2)梁的剪应力

$$\tau = \frac{VS}{It_w} = \frac{218 \times 3840}{391\ 609 \times 1.0} = 2.14(\text{kN/cm}^2) = 21.4(\text{N/mm}^2) < f_v = 125\text{N/mm}^2$$

(3)梁的整体稳定性

$$\frac{l_1}{b_1}=\frac{500}{24}=20.8>16$$

故必须按公式验算此梁的整体稳定性：

回转半径 $$i_y=\sqrt{\frac{I_y}{A}}=\sqrt{\frac{3236}{187.2}}=4.16(\text{cm})$$

长细比 $$\lambda=\frac{l_1}{i_y}=\frac{500}{4.16}=120.2$$

由附录附表 17.1 取 $\beta_b=1.20$。

因梁截面为双轴对称工字形截面，故 $\eta_b=0$。

由附公式(17.1)得

$$\varphi_b=\beta_b\frac{4320}{\lambda_y^2}\cdot\frac{Ah}{W_x}\left[\sqrt{1+\left(\frac{\lambda_y t_1}{4.4h}\right)^2}+\eta_b\right]\cdot\frac{235}{f_y}$$

$$=1.2\times\frac{4320}{120.5^2}\cdot\frac{187.2\times122.8}{6378}\left[\sqrt{1+\left(\frac{120.5\times1.4}{4.4\times122.8}\right)^2}+0\right]\cdot\frac{235}{35}$$

$$=1.348>0.6$$

要考虑弹塑性阶段的稳定系数 φ_b'。

由附公式(17.2)得 $\varphi_b'=1.0$。

计算梁的整体稳定性

$$\frac{M_x}{\varphi_b'W_x}=\frac{1068\times100}{1.0\times6378}=16.7(\text{kN/mm}^2)=167(\text{N/mm}^2)<f=215\text{N/mm}^2$$

因此，梁的强度和整体稳定性均能满足要求。

4. *梁的局部稳定*

为了提高焊接组合梁的强度和刚度，腹板宜选得高一些，为了提高梁的整体稳定性，翼缘板宜选得宽一些。若板件过于宽薄，常会在梁发生强度破坏或丧失整体稳定之前，梁的组成板件会偏离原来的平面位置而发生波形鼓曲，如图 13.9 所示，这种现象称为梁丧失局部稳定或板的屈曲。

对热轧型钢梁和冷弯薄壁型钢梁一般不需验算其局部稳定，只有组合梁需要验算其局部稳定，组合梁腹板局部稳定性计算按下式进行。

$$\frac{h_0}{t_w}\leqslant80\sqrt{\frac{235}{f_y}}\tag{13.10}$$

当满足上式时，梁腹板的局部稳定性是有保证的。否则应设置加劲肋、加劲肋有横向加劲肋、纵向加劲肋和短加劲肋几种，如图 13.10 所示。通过加劲肋，把腹板划分成较小的区格，以防止板的局部失稳。

对其他情况应按钢结构设计规范的有关公式计算。

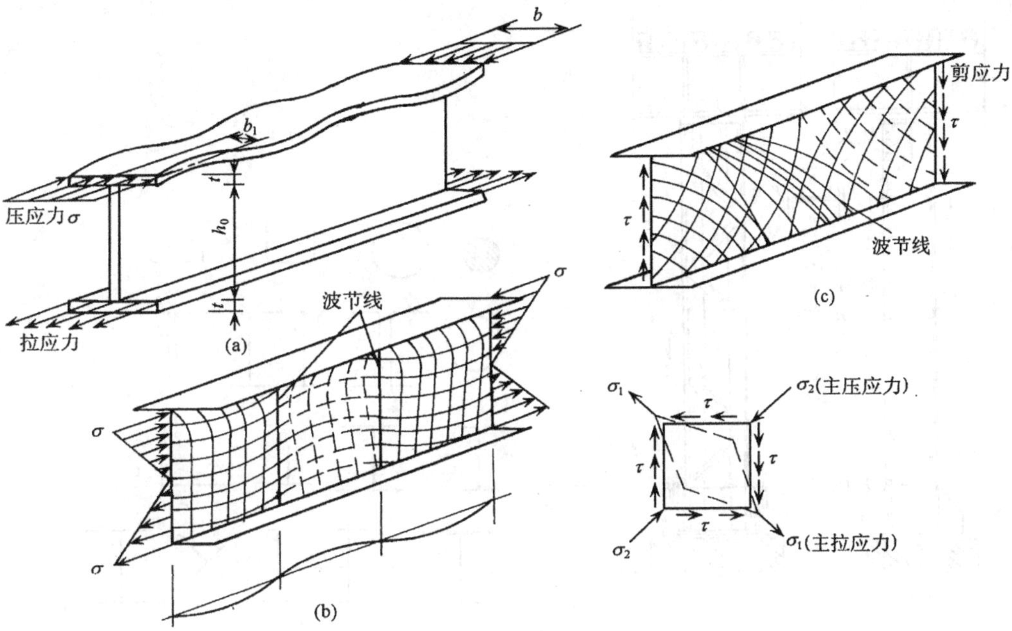

图 13.9　组成板件的局部失稳

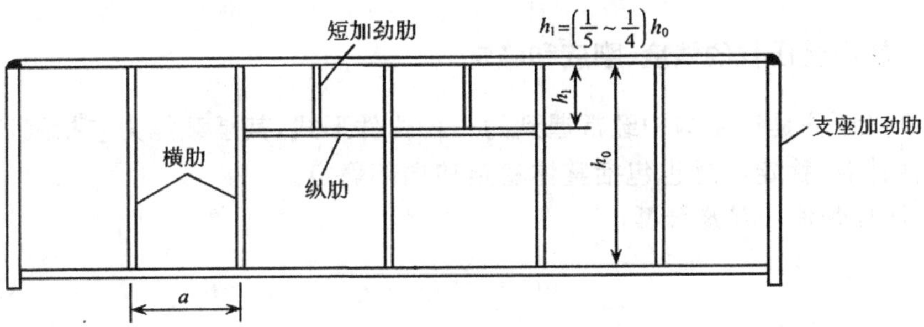

图 13.10　加劲肋的布置

13.3　钢　　柱

13.3.1　钢柱的类型

钢柱按截面的构造形式可分为实腹式和格构式两类(如图 13.11 所示)。实腹式构件制造省工,与其他构件连接方便,构造简单;格构式构件制造费工,但省钢材,轴心受力杆件常用截面形式如图 13.12 所示。当受压构件较高大时,可采用格构式,加大两肢的间距,增加惯性矩,提高刚度,节约钢材。

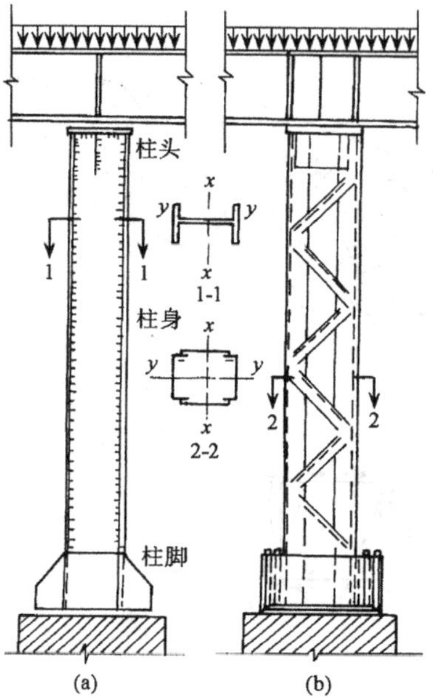

图 13.11　实腹柱和格构柱

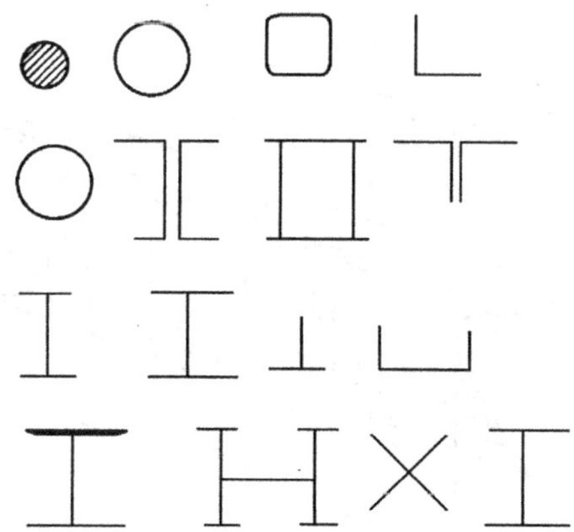

图 13.12　轴心受力杆件的截面形式

13.3.2　轴心受压柱的强度、刚度和稳定

轴心受压柱是钢结构中经常遇到的一种构件形式，其承载能力包括强度、刚度和稳定性计算，稳定问题也包括整体稳定和局部稳定。

1. 轴压构件的强度计算

$$\sigma = \frac{N}{A_n} \leqslant f \tag{13.11}$$

式中：N——轴心压力；

A_n——构件的净截面面积；

f——钢材的抗压强度设计值。

2. 轴压构件的刚度计算

轴心受压构件的刚度要能满足正常使用的要求，主要是通过构件长细比的限制来得到保证，即

$$\lambda_{max} = \left(\frac{l_0}{i}\right)_{max} \leqslant [\lambda] \tag{13.12}$$

式中：λ_{max}——构件的最大长细比；

l_0——构件的计算长度；

i——截面的回转半径；

$[\lambda]$——容许长细比，如表 13.2 所示。

表 13.2 受压构件的容许长细比

项次	构 件 名 称	[λ]
1	柱、桁架和天窗构件 柱的缀条、吊车梁或吊车桁架以下的柱间支撑	150
2	支撑(1 中支撑除外) 用以减少受压构件长细比的杆件	200

3. 轴压构件的整体稳定计算

(1)实腹柱的整体稳定

轴心压杆的稳定极限承载力受到许多因素的影响，实际设计中采用一种简单的表达形式：

$$\frac{N}{\varphi A} \leqslant f \tag{13.13}$$

式中：A——压杆的毛截面面积；

φ——轴心压杆稳定系数，根据压杆作用的钢材以及长细比 λ 和截面分类按附录附表 17.4～17.7 取用，截面分类按附录附表 17.8 确定。

构件长细比 λ 应按照规定确定。

①截面为双轴对称或极对称的构件，

$$\lambda_x = \frac{l_{ox}}{i_x}, \quad \lambda_y = \frac{l_{oy}}{i_y} \tag{13.14}$$

式中：l_{ox}，l_{oy}——构件对主轴 x 和 y 的计算长度；

i_x，i_y——构件截面对主轴 x 和 y 的回转半径。

对双轴对称十字形截面构件，λ_x，λ_y取值不得小于 5.07 b/t(其中 b/t 为悬伸板件宽厚比)。

②截面为单轴对称的构件，绕对称轴(设为 y 轴)应取计及扭转效应的下列换算长细比代替 λ_y：

$$\lambda_{yz} = \frac{1}{\sqrt{2}}\left[(\lambda_y^2 + \lambda_z^2) + \sqrt{(\lambda_y^2 + \lambda_z^2)^2 - 4\left(1 - \frac{e_o^2}{i_o^2}\right)\lambda_y^2\lambda_z^2}\right]^{\frac{1}{2}}$$

$$\lambda_z^2 = i_o^2 A\left(\frac{I_t}{25.7} + \frac{I_\omega}{l_\omega^2}\right) \tag{13.15}$$

$$i_o^2 = e_o^2 + i_x^2 + i_y^2$$

式中：e_o——截面形心至剪心的距离；

i_o——截面对剪心的极回转半径；

λ_y——构件对对称轴的长细比；

λ_z——扭转屈曲的换算长细比；

I_t——毛截面抗扭惯性矩；

I_ω——毛截面扇性惯性矩；

A——毛截面面积；

l_ω——扭转屈曲的计算长度，对两端铰接端部截面可自由翘曲或两端嵌固端部截面的翘曲完全受到约束的构件，取 $l_\omega=l_{oy}$。

③单角钢截面和双角钢组合 T 形截面绕对称轴的 λ_{yz} 可采用下列简化方法确定：

a. 等边单角钢截面

当 $b/t\leqslant 0.54l_{oy}/b$ 时 $$\lambda_{yz}=\lambda_y\left(1+\frac{0.85b^4}{l_{oy}^2t^2}\right) \tag{13.16a}$$

当 $b/t>0.54l_{oy}/b$ 时 $$\lambda_{yz}=4.78\frac{b}{t}\left(1+\frac{l_{oy}^2t^2}{13.5b^4}\right) \tag{13.16b}$$

式中：b、t——角钢肢宽度和厚度。

b. 等边双角钢截面

当 $b/t\leqslant 0.58l_{oy}/b$ 时 $$\lambda_{yz}=\lambda_y\left(1+\frac{0.475b^4}{l_{oy}^2t^2}\right) \tag{13.17a}$$

当 $b/t>0.58l_{oy}/b$ 时 $$\lambda_{yz}=3.9\frac{b}{t}\left(1+\frac{l_{oy}^2t^2}{18.6b^4}\right) \tag{13.17b}$$

c. 长肢相并的不等边双角钢截面

当 $b_2/t\leqslant 0.48l_{oy}/b_2$ 时 $$\lambda_{yz}=\lambda_y\left(1-\frac{1.09b_2^4}{l_{oy}^2t^2}\right) \tag{13.18a}$$

当 $b_2/t>0.48l_{oy}/b_2$ 时 $$\lambda_{yz}=5.1\frac{b_2}{t}\left(1+\frac{l_{oy}^2t^2}{17.4b_2^4}\right) \tag{13.18b}$$

d. 短肢相并的不等边双角钢截面，可近似取 $\lambda_{yz}=\lambda_y$

④单轴对称的轴心压杆在绕非对称轴以外的任一轴失稳时应按照弯扭屈曲计算其稳定性。当计算等边单角钢构件绕平行轴稳定时，可用下式计算其换算长细比 λ_{uz}，并按 b 类截面确定 φ 值：

当 $b/t\leqslant 0.69l_{ou}/b$ 时 $$\lambda_{uz}=\lambda_u\left(1-\frac{0.25b^4}{l_{ou}^2t^2}\right) \tag{13.19a}$$

当 $b/t>0.69l_{ou}/b$ 时 $$\lambda_{uz}=\frac{5.4b}{t} \tag{13.19b}$$

其中，$\lambda_u=l_{ou}/i_u$。

注：1)无任何对称轴且又非极对称的截面(单面连接的不等边单角钢除外)不宜用作轴心受压构件。

2)对单面连接的单角钢轴心受压构件，按规范考虑折减系数后，可不考虑弯扭效应。

3)当槽形截面用于格构式构件的分肢，计算分肢绕对称轴(y 轴)的稳定性时，不必考虑扭转效应，直接用 λ_y 查出 φ_y 值。

(2)格构柱的整体稳定

格构式轴压柱的整体稳定计算公式和实腹式构件的整体稳定计算公式形式完全相同，但 φ 的采用不完全相同。格构式轴压柱应分别验算其实轴 x 和虚轴 y 的整体稳定性。对实轴和实腹式轴压柱相同；对虚轴，应按选定的截面尺寸准确地计算 I_y、i_y、λ_y、λ_{oy}，再按钢材种类、截面分类及换得长细比 λ_{oy}，查附录附表 17.4～17.7 得

φ_y。

换算长细比 λ_{oy}可如下计算：

$$\lambda_{oy} = \sqrt{\lambda_y^2 + \lambda_1^2} \tag{13.20}$$

式中：λ_1——单肢对平行于虚轴的自身重心轴的长细比。

4. 轴压柱的局部稳定计算

(1)实腹柱局部稳定

我国《钢结构设计规范》按等稳定性原则考虑，即令腹板局部稳定的屈曲应力与构件整体稳定的临界应力相等，并由此推导得按等稳定性原则考虑的板件宽厚比的限值。

工字形截面翼缘板的自由外伸宽度 b 与其厚度 t 之比的限值为

$$\frac{b}{t} \leqslant (10 + 0.1\lambda)\sqrt{\frac{235}{f_y}} \tag{13.21}$$

式中：λ——构件两方向长细比的较大值，当 $\lambda<30$ 时，取 $\lambda=30$ 时(当 $\lambda>100$ 时，取 $\lambda=100$)；

f_y——钢材的屈服强度。

工字形截面腹板的高厚比限值为

$$\frac{h_o}{t_w} \leqslant (25 + 0.5\lambda)\sqrt{\frac{235}{f_y}} \tag{13.22}$$

(2)格构柱单肢稳定

格构柱在两个相邻缀条节点或缀板之间的单肢，是一个单独的轴心受压的实腹构件，它的长细比为 $\lambda_1 = l_{o1}/i_1$ 其中的 l_{o1}为单肢计算长度，对缀条柱取缀条节点之间的距离 l_1，对焊接连接的缀板柱取缀板之间的净距 l_1，对螺栓(或铆钉)连接的缀板柱取相邻两缀板边缘螺栓的最近距离，i_1 为单肢的最小回转半径，即单肢绕 1-1 轴的回转半径。为了保证柱的单肢稳定性不低于柱的整体稳定性，对缀条柱的单肢长细比 λ_1 应不大于绕实轴 λ_x 和绕虚轴 λ_y 中较大值 λ_{max}的 0.7 倍。对于缀板柱则 λ_1 不应大于 40，并应不大于 λ_{max}的 0.5 倍(当 $\lambda_{max}\leqslant 50$ 时，取 $\lambda_{max}=50$)。

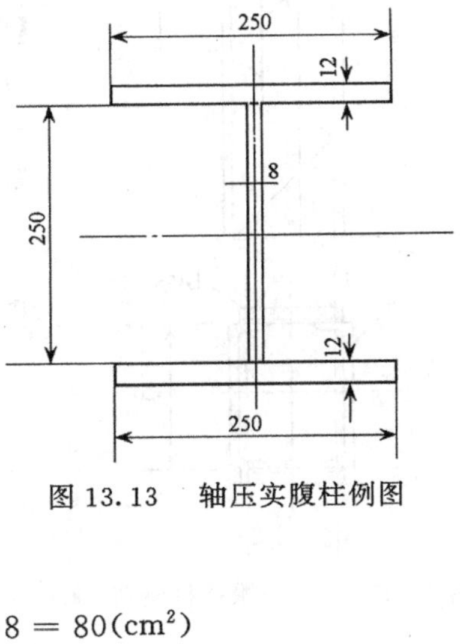

图 13.13　轴压实腹柱例图

【例 13.2】 验算图 13.13 所示截面的轴心受压焊接实腹柱的整体稳定，轴心压力设计值 $N=2000\text{kN}$，柱的计算长度 $l_{ox}=6\text{m}$，$l_{oy}=3\text{m}$，钢材为 16Mn，翼缘板为焰切边，截面无削弱。

【解】 (1)截面特性

$$A = 25 \times 1.2 \times 2 + 25 \times 0.8 = 80(\text{cm}^2)$$

$$I_x = (25 \times 27.4^3 - 24.2 \times 25^3)/12 = 11\,345(\text{cm}^4)$$

$$I_y = (1.2 \times 25^3 \times 2 + 25 \times 0.8^3)/12 = 3126(\text{cm}^4)$$

$$i_x = \sqrt{\frac{I_x}{A}} = \sqrt{\frac{11\,345}{80}} = 11.91(\text{cm})$$

$$i_y = \sqrt{\frac{I_y}{A}} = \sqrt{\frac{3126}{80}} = 6.25(\text{cm})$$

$$\lambda_x = \frac{l_{ox}}{i_x} = \frac{600}{11.91} = 50.4$$

$$\lambda_y = \frac{l_{oy}}{i_y} = \frac{300}{6.25} = 48.0$$

(2)截面验算

焊接工字钢的翼缘为焰切边属 b 类截面，当 $\lambda=50.4$ 时查表得 $\varphi=0.802$，代入式(13.13)，得

$$\frac{N}{\varphi A} = \frac{2\,000\,000}{0.802 \times 8000} = 311.7\text{N/mm}^2 < f = 315\text{N/mm}^2$$

(3)刚度验算

$$\lambda_{max}=50.4<[\lambda]=150$$

因截面无削弱，故不必验算强度。整体稳定满足。

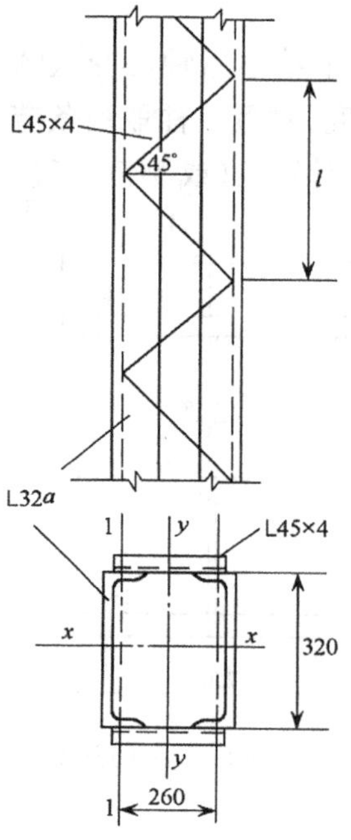

图 13.14　轴压缀条柱例图

【例 13.3】 验算图 13.14 所示截面的轴心受压缀条柱，格构式柱截面由两个普通槽钢(2[]32a)组成，柱肢的中心距为 260mm，缀条采用单角钢(∠45×4)。轴心压力设计值 $N=1750\text{kN}$，$l_{ox}=l_{oy}=6\text{m}$，钢材为 A3F，截面无削弱。

【解】 (1)截面特性

柱截面面积　　$A=2\times48.7=97.4(\text{cm}^2)$

单肢回转半径　　$i_x=12.5\text{cm}$，　$i_y=2.5(\text{cm})$

绕虚轴惯性矩　　$I_y=2(305+48.7\times13^2)=17\,071(\text{cm}^4)$

虚轴回转半径　$i_y=\sqrt{\frac{I_y}{A}}=\sqrt{\frac{17071}{97.4}}=13.2(\text{cm})$

$$\lambda_x=\frac{l_{ox}}{i_x}=\frac{600}{12.5}=48$$

$$\lambda_y=\frac{l_{oy}}{i_y}=\frac{600}{13.2}=45.4$$

缀条截面面积　　$A_1=2\times3.49=6.98(\text{cm}^2)$

$$\lambda_{oy}=\sqrt{\lambda_y^2+27\frac{A}{A_1}}$$

$$=\sqrt{45.4^2+27\frac{97.4}{6.98}}=49.4$$

(2)截面验算

双槽钢格构式柱属 b 类截面，当 $\lambda=49.4$ 时，查得 $\varphi=0.859$，将 φ 代入式(13.13)得

$$\frac{N}{\varphi A}=\frac{1\ 750\ 000}{0.859\times9740}=209(\text{N/mm}^2)<f=215\text{N/mm}^2$$

(3)刚度验算

$$\lambda_{\max}=49.5<[\lambda]=150$$

因截面无削弱，故不必验算强度，整体稳定满足。

习　　题

13.1　普通螺栓与高强度螺栓有哪些不同之处？

13.2　轧制 I50*a*，三号钢，已知 $l_{ox}=6\text{m}$，$l_{oy}=3\text{m}$，试计算能承受的最大轴心压力是多少？

13.3　设计一个钢结构轴心受压实腹柱，柱截面采用焊接组合工字形，翼缘用焰切边，钢材采用 Q235，已知柱轴心压力 $N=2000\text{kN}$(包括自重)，计算长度 $l_{ox}=8\text{m}$，$l_{oy}=4\text{m}$。

附 录

附录 1 型 钢 表

附录 1.1 等边角钢(YB166-65)

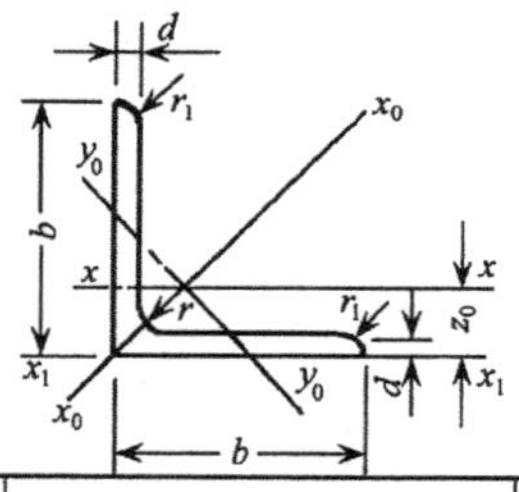

符号意义：

b——边宽； d——边厚；

r——内圆弧半径； r_1——边端内弧半径，$r_1=\frac{d}{3}$；

I——惯性矩； i_x, i_{x0}, i_{y0}——惯性半径；

W——截面系数； z_0——重心距离。

角钢号数	尺寸/mm			截面面积/cm²	理论重力 (kg/m)/(N/m)	外表面积/(m²/m)	参考数值										z_0
							x-x			x_0-x_0			y_0-y_0			x_1-x_1	
	b	d	r				I_x /cm⁴	i_x /cm	W_x /cm³	I_{x0} /cm⁴	i_{x0} /cm	W_{x0} /cm³	I_{y0} /cm⁴	i_{y0} /cm	W_{y0} /cm³	I_{x1} /cm⁴	/cm
4	40	3	5	2.359	1.852 / 18.15	0.157	3.59	1.23	1.23	5.69	1.55	2.01	1.49	0.79	0.96	6.41	1.09
		4		3.086	2.422 / 23.72	0.157	4.60	1.22	1.60	7.29	1.54	2.58	1.91	0.79	1.19	8.56	1.13
		5		3.791	2.976 / 29.16	0.156	5.53	1.21	1.96	8.76	1.52	3.10	2.30	0.78	1.39	10.74	1.17
4.5	45	3		2.659	2.088 / 20.46	0.177	5.17	1.40	1.58	8.20	1.76	2.58	2.14	0.90	1.24	9.12	1.22
		4		3.486	2.736 / 26.81	0.177	6.65	1.38	2.05	10.56	1.74	3.32	2.75	0.89	1.54	12.18	1.26
		5		4.292	3.369 / 33.02	0.176	8.04	1.37	2.51	12.74	1.72	4.00	3.33	0.88	1.81	15.25	1.30
		6		5.076	3.985 / 39.05	0.176	9.33	1.36	2.95	14.76	1.70	4.64	3.89	0.88	2.06	18.36	1.33

5	50	3	5.5	2.971	2.332/22.85	0.197	7.18	1.55	1.96	11.37	1.96	3.22	2.98	1.00	1.57	12.50	1.34
		4		3.897	3.059/29.98	0.197	9.26	1.54	2.56	14.70	1.94	4.16	3.82	0.99	1.96	16.69	1.38
		5		4.803	3.770/36.95	0.196	11.21	1.53	3.13	17.79	1.92	5.03	4.64	0.98	2.31	20.9	1.42
		6		5.688	4.465/43.76	0.196	13.05	1.52	3.68	20.68	1.91	5.85	5.42	0.98	2.63	25.14	1.46
5.6	56	3	6	3.343	2.624/25.72	0.221	10.19	1.75	2.48	16.14	2.20	4.08	4.24	1.13	2.02	17.56	1.48
		4		4.390	3.446/33.77	0.220	13.18	1.73	3.24	20.92	2.18	5.28	5.46	1.11	2.52	23.43	1.53
		5		5.415	4.251/41.66	0.220	16.02	1.72	3.97	12.42	2.17	6.42	6.61	1.10	2.98	29.33	1.57
		8		8.367	6.568/64.37	0.219	23.63	1.68	6.03	37.37	2.11	9.44	9.89	1.09	4.16	47.24	1.68
6.3	63	4	7	4.978	3.907/38.29	0.248	19.03	1.96	4.13	30.17	2.46	6.78	7.89	1.26	3.29	33.35	1.70
		5		6.143	4.822/47.26	0.248	23.17	1.94	5.08	36.77	2.45	8.25	9.57	1.25	3.90	41.73	1.74
		6		7.288	5.721/56.07	0.247	27.12	1.93	6.00	43.03	2.43	9.66	11.20	1.24	4.46	50.14	1.78
		8		9.515	7.469/73.20	0.247	34.46	1.90	7.75	54.56	2.40	12.25	14.33	1.23	5.47	67.11	1.85
		10		11.657	9.151/89.68	0.246	41.09	1.88	9.39	64.85	2.36	14.56	17.33	1.22	6.36	84.31	1.93

续表

角钢号数	尺寸/mm			截面面积/cm²	理论重力 (kg/m)/(N/m)	外表面积/(m²/m)	参考数值										z_0
							x-x			x_0-x_0			y_0-y_0			x_1-x_1	
	b	d	r				I_x /cm⁴	i_x /cm	W_x /cm³	I_{x0} /cm⁴	i_{x0} /cm	W_{x0} /cm³	I_{y0} /cm⁴	i_{y0} /cm	W_{y0} /cm³	I_{x1} /cm⁴	/cm
7	70	4	8	5.570	4.372/42.85	0.275	26.39	2.18	5.14	41.80	2.74	8.44	10.99	1.40	4.17	45.74	1.86
		5		6.875	5.397/52.89	0.275	32.21	2.16	6.32	51.08	2.73	10.32	13.34	1.39	4.95	57.21	1.91
		6		8.160	6.406/62.78	0.275	37.77	2.15	7.48	59.93	2.71	12.11	15.61	1.38	5.67	68.73	1.95
		7		9.424	7.398/72.50	0.275	43.09	2.14	8.59	68.35	2.69	13.81	17.82	1.38	6.34	80.29	1.99
		8		10.667	8.373/82.06	0.274	48.17	2.12	9.68	76.37	2.68	15.43	19.98	1.37	6.98	91.92	2.03
7.5	75	5	9	7.367	5.818/57.02	0.295	39.97	2.33	7.32	63.30	2.92	11.94	16.63	1.50	5.77	70.56	2.04
		6		8.797	6.905/67.67	0.294	46.95	2.31	8.64	74.38	2.90	14.02	19.51	1.49	6.67	84.55	2.07
		7		10.160	7.976/78.16	0.294	53.57	2.30	9.93	84.96	2.89	16.02	22.18	1.48	7.44	98.71	2.11
		8		11.503	9.030/88.49	0.294	59.96	2.28	11.20	95.07	2.88	17.93	24.86	1.47	8.19	112.97	2.15
		10		14.126	11.089/108.67	0.293	71.98	2.26	13.64	113.92	2.84	21.48	30.05	1.46	9.56	141.71	2.22
8	80	5	9	7.912	6.211/60.87	0.315	48.79	2.48	8.34	77.33	3.13	13.67	20.25	1.60	6.66	85.36	2.15
		6		9.397	7.376/72.28	0.314	57.35	2.47	9.87	90.98	3.11	16.08	23.72	1.59	7.65	102.50	2.19
		7		10.860	8.525/83.55	0.314	65.58	2.46	11.37	104.07	3.10	18.40	27.09	1.58	8.58	119.70	2.23
		8		12.303	9.658/94.65	0.314	73.49	2.44	12.83	116.60	3.08	20.61	30.39	1.57	9.46	136.97	2.27
		10		15.126	11.874/116.37	0.313	88.43	2.42	15.64	140.09	3.04	24.76	36.77	1.56	11.08	171.74	2.35

9	90	6	10	10.637	8.350 81.83	0.354	82.77	2.79	12.61	131.26	3.51	20.63	34.28	1.80	9.95	145.87	2.44
		7		12.301	9.656 94.63	0.354	94.83	2.78	14.54	150.47	3.50	23.64	39.18	1.78	11.19	170.30	2.48
		8		13.944	10.946 107.27	0.353	106.47	2.76	16.42	168.97	3.48	26.55	43.97	1.78	12.35	194.80	2.52
		10		17.167	13.476 132.06	0.353	128.58	2.74	20.07	203.90	3.45	32.04	53.26	1.76	14.52	244.07	2.59
		12		20.306	15.940 156.21	0.352	149.22	2.71	23.57	236.21	3.41	37.12	62.22	1.75	16.49	293.76	2.67
10	100	6	12	11.932	9.366 91.79	0.393	114.95	3.10	15.68	181.98	3.90	25.74	47.92	2.00	12.69	200.07	2.67
		7		13.796	10.830 106.13	0.393	131.86	3.09	18.10	208.97	3.89	29.55	54.74	1.99	14.26	233.54	2.71
		8		15.638	12.276 120.30	0.393	148.24	3.08	20.47	235.07	3.88	33.24	61.41	1.98	15.75	267.09	2.76
		10		19.261	15.120 148.18	0.392	179.51	3.05	25.06	284.68	3.84	40.26	74.35	1.96	18.54	334.48	2.84
		12		22.800	17.898 175.40	0.391	208.90	3.03	29.48	330.95	3.81	46.80	86.84	1.95	21.08	402.34	2.91
		14		26.256	20.611 201.99	0.391	236.53	3.00	33.73	374.06	3.77	52.90	99.00	1.94	23.44	470.75	2.99
		16		29.627	23.257 227.92	0.390	262.53	2.98	37.82	414.16	3.74	58.57	110.89	1.94	25.63	539.80	3.06

续表

角钢号数	尺寸/mm b	尺寸/mm d	尺寸/mm r	截面面积 /cm²	理论重力 (kg/m)/(N/m)	外表面积 /(m²/m)	参考数值 x-x I_x /cm⁴	x-x i_x /cm	x-x W_x /cm³	x_0-x_0 I_{x0} /cm⁴	x_0-x_0 i_{x0} /cm	x_0-x_0 W_{x0} /cm³	y_0-y_0 I_{y0} /cm⁴	y_0-y_0 i_{y0} /cm	y_0-y_0 W_{y0} /cm³	x_1-x_1 I_{x1} /cm⁴	z_0 /cm
11	110	7	12	15.196	11.928 / 116.89	0.433	177.16	3.41	22.05	280.94	4.30	36.12	73.38	2.20	17.51	310.64	2.96
		8		17.238	13.532 / 132.61	0.433	199.46	3.40	24.95	316.49	4.28	40.69	82.42	2.19	19.39	355.20	3.01
		10		21.261	16.690 / 163.56	0.432	242.19	3.38	30.60	384.39	4.25	49.42	99.98	2.17	22.91	444.65	3.09
		12		25.200	19.782 / 193.86	0.431	282.55	3.35	36.05	448.17	4.22	57.62	116.93	2.15	26.15	534.60	3.16
		14		29.056	22.809 / 223.53	0.431	320.71	3.32	41.31	508.01	4.18	65.31	133.40	2.14	29.14	625.16	3.24
12.5	125	8	14	19.750	15.504 / 151.94	0.492	297.03	3.88	32.52	470.89	4.88	53.28	123.16	2.50	25.86	521.01	3.37
		10		24.373	19.133 / 187.50	0.491	361.67	3.85	39.97	573.89	4.85	64.93	149.46	2.48	30.62	651.93	3.45
		12		28.912	22.696 / 222.42	0.491	423.16	3.83	41.17	671.44	4.82	75.96	174.88	2.46	35.03	783.42	3.53
		14		33.367	26.193 / 256.69	0.490	481.65	3.80	54.16	763.73	4.78	86.41	199.57	2.45	39.13	915.61	3.61
14	140	10	14	27.373	21.488 / 210.58	0.551	514.65	4.34	50.58	817.27	5.46	82.56	212.04	2.78	39.20	915.11	3.82
		12		32.512	25.522 / 250.11	0.551	603.68	4.31	59.80	958.79	5.43	96.85	248.57	2.76	45.02	1099.28	3.90
		14		37.567	29.490 / 289.00	0.550	688.81	4.28	68.75	1093.56	5.40	110.47	284.06	2.75	50.45	1284.22	3.98
		16		42.539	33.393 / 327.25	0.549	770.24	4.26	77.46	1221.81	5.36	123.42	318.67	2.74	55.55	1470.07	4.06

16	160	10	16	31.502	24.729 242.34	0.630	779.53	4.98	66.70	1237.30	6.27	109.36	321.76	3.20	52.76	1365.33	4.31
		12		37.441	29.391 288.03	0.630	916.58	4.95	78.98	1455.68	6.24	128.67	377.49	3.18	60.74	1639.57	4.39
		14		43.296	33.987 333.07	0.629	1048.36	4.92	90.95	1665.02	6.20	147.17	431.70	3.16	68.24	1914.68	4.47
		16		49.067	38.518 377.47	0.629	1175.08	4.89	102.63	1865.57	6.17	164.89	484.59	3.14	75.31	2190.82	4.55
18	180	12	16	42.241	33.159 324.96	0.710	1321.35	5.59	100.82	2100.10	7.05	165.00	542.61	3.58	78.41	2332.80	4.89
		14		48.896	38.383 376.15	0.709	1514.48	5.56	116.25	2407.42	7.02	189.14	621.53	3.56	88.38	2723.48	4.97
		16		55.467	43.542 426.71	0.709	1700.99	5.54	131.13	2703.37	6.98	212.40	698.60	3.55	97.83	3115.29	5.05
		18		61.955	48.634 476.61	0.708	1875.12	5.50	145.64	2988.24	6.94	234.78	762.01	3.51	105.14	3502.43	5.13
20	200	14	18	54.642	42.894 420.36	0.788	2103.55	6.20	144.70	3343.26	7.82	236.40	863.83	3.98	111.82	3734.10	5.46
		16		62.013	48.680 477.06	0.788	2366.15	6.18	163.65	3760.89	7.79	265.93	971.41	3.96	123.96	4270.39	5.54
		18		69.301	54.401 533.13	0.787	2620.64	6.15	182.22	4164.54	7.75	294.48	1076.74	3.94	135.52	4808.13	5.62
		20		76.505	60.056 588.55	0.787	2867.30	6.12	200.42	4554.55	7.72	322.06	1180.04	3.93	146.55	5347.51	5.69
		24		90.661	71.168 697.45	0.785	3338.25	6.07	236.17	5294.97	7.64	374.41	1381.53	3.90	166.55	6457.16	5.87

注:钢号为 2～4 号、4.5～8 号、9～14 号、16～20 号的角钢长度分别为 3～9m、4～12m、4～19m、6～19m。

附录 1.2 不等边角钢(YB167-65)

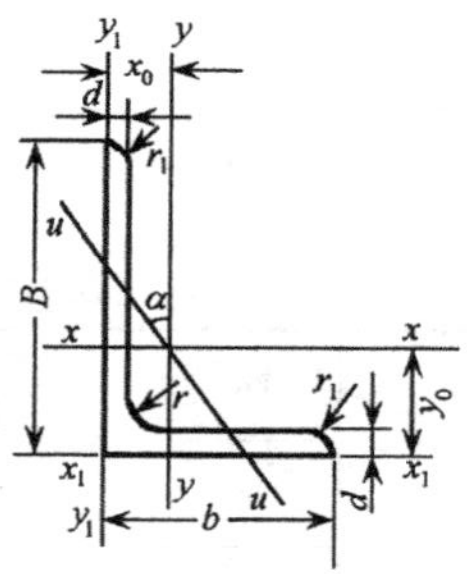

符号意义：

B——长边宽度； b——短边宽度；

d——边厚； r——内圆弧半径；

r_1——边端内弧半径，$r_1=\frac{d}{3}$； I——惯性矩；

i_x, i_v, i_u——惯性半径； W——截面系数；

x_0——重心距离； y_0——重心距离。

角钢号数	尺寸/mm				截面面积 /cm²	理论重力 (kg/m)/(N/m)	外表面积 /(m²/m)	参考数值														
								x-x			y-y			x_1-x_1		y_1-y_1		u-u				
	B	b	d	r				I_x /cm⁴	i_x /cm	W_x /cm³	I_y /cm⁴	i_y /cm	W_y /cm³	I_{x1} /cm⁴	y_0 /cm	I_{y1} /cm⁴	x_0 /cm	I_u /cm⁴	i_u /cm	W_u /cm³	tgα
6.3/4	63	40	4	7	4.053	3.185 / 31.21	0.202	16.49	2.02	3.87	5.23	1.14	1.70	33.30	2.04	8.63	0.92	3.12	0.88	1.40	0.398
			5		4.993	3.920 / 38.42	0.202	20.02	2.00	4.74	6.31	1.12	2.71	41.63	2.08	10.86	0.95	3.76	0.87	1.71	0.396
			6		5.908	4.638 / 45.45	0.201	23.36	1.96	5.59	7.29	1.11	2.43	49.98	2.12	13.12	0.99	4.34	0.86	1.99	0.393
			7		6.802	5.339 / 52.32	0.201	26.53	1.98	6.40	8.24	1.10	2.78	58.07	2.15	15.47	1.03	4.97	0.86	2.29	0.389
7/4.5	70	45	4	5	4.547	3.570 / 34.99	0.226	23.17	2.26	4.86	7.55	1.29	2.17	45.92	2.24	12.26	1.02	4.40	0.98	1.77	0.410
			5		5.609	4.403 / 43.15	0.225	27.95	2.23	5.92	9.13	1.28	2.65	57.10	2.28	15.39	1.06	5.40	0.98	2.19	0.407
			6		6.647	5.218 / 51.14	0.225	32.54	2.21	6.95	10.62	1.26	3.12	68.35	2.32	18.58	1.09	6.35	0.98	2.59	0.404
			7		7.657	6.011 / 58.91	0.225	37.22	2.20	8.03	12.01	1.25	3.57	79.99	2.36	21.84	1.13	7.16	0.97	2.94	0.402

7.5/5	75	50	5	8	6.125	4.808/47.12	0.245	34.86	2.39	6.83	12.61	1.44	3.30	70.00	2.40	21.04	1.17	7.41	1.10	2.74	0.435
			6		7.260	5.699/55.85	0.245	41.12	2.38	8.12	14.70	1.42	3.88	84.30	2.44	25.37	1.21	8.54	1.08	3.19	0.435
			8		9.467	7.431/72.82	0.244	52.39	2.35	10.52	18.53	1.40	4.99	112.50	2.52	34.23	1.29	10.87	1.07	4.10	0.429
			10		11.590	9.098/89.16	0.244	62.71	2.33	12.79	21.96	1.38	6.04	140.80	2.60	43.43	1.36	13.10	1.06	4.99	0.423
8/5	80	50	5	8	6.375	5.005/49.05	0.255	41.96	2.56	7.78	12.82	1.42	3.32	85.21	2.60	21.06	1.14	7.66	1.10	2.74	0.388
			6		7.560	5.935/58.16	0.255	49.49	2.56	9.25	14.95	1.41	3.91	102.53	2.65	25.41	1.18	8.85	1.08	3.20	0.387
			7		8.724	6.848/67.11	0.255	56.16	2.54	10.58	16.96	1.39	4.48	119.33	2.69	29.82	1.21	10.18	1.08	3.70	0.384
			8		9.867	7.745/75.90	0.254	62.83	2.52	11.92	18.85	1.38	5.03	136.41	2.73	34.32	1.25	11.38	1.07	4.16	0.381
9/5.6	90	56	5	9	7.212	5.661/55.48	0.287	60.45	2.90	9.92	18.32	1.59	4.21	121.32	2.91	29.53	1.25	10.98	1.23	3.49	0.385
			6		8.557	6.717/65.83	0.286	71.03	2.88	11.74	21.42	1.58	4.96	145.59	2.95	35.58	1.29	12.90	1.23	4.13	0.384
			7		9.880	7.756/76.01	0.286	81.01	2.86	13.49	24.36	1.57	5.70	169.66	3.00	41.71	1.33	14.67	1.22	4.72	0.382
			8		11.183	8.779/86.03	0.286	91.03	2.85	15.27	27.15	1.56	6.41	194.17	3.04	47.93	1.36	16.34	1.21	5.29	0.380

续表

角钢号数	尺寸/mm				截面面积/cm²	理论重力 (kg/m)/(N/m)	外表面积/(m²/m)	参考数值													
								x-x			y-y			x_1-x_1		y_1-y_1		u-u			
	B	b	d	r				I_x/cm⁴	i_x/cm	W_x/cm³	I_y/cm⁴	i_y/cm	W_y/cm³	I_{x1}/cm⁴	y_0/cm	I_{y1}/cm⁴	x_0/cm	I_u/cm⁴	i_u/cm	W_u/cm³	tgα
10/6.3	100	68	6	10	9.617	7.550/73.99	0.320	99.06	3.21	14.64	30.94	1.79	6.35	199.71	3.24	50.50	1.43	18.42	1.38	5.25	0.394
			7		11.111	8.722/85.48	0.320	113.45	3.20	16.88	35.26	1.78	7.29	233.00	3.28	59.14	1.47	21.00	1.38	6.02	0.393
			8		12.584	9.878/96.80	0.319	127.37	3.18	19.08	39.39	1.77	8.21	266.32	3.32	67.88	1.50	23.50	1.37	6.78	0.391
			10		15.467	12.142/118.99	0.319	153.81	3.15	23.32	47.12	1.74	9.98	333.06	3.40	85.73	1.58	28.33	1.35	8.24	0.387
10/8	100	80	6		10.637	8.350/81.83	0.354	107.04	3.17	15.19	61.24	2.40	10.16	199.83	2.95	102.68	1.97	31.65	1.72	8.37	0.627
			7		12.301	9.656/94.63	0.354	122.73	3.16	17.52	70.08	2.39	11.71	233.20	3.00	119.98	2.01	36.17	1.72	9.60	0.626
			8		13.944	10.946/107.27	0.353	137.92	3.14	19.81	78.58	2.37	13.21	266.61	3.01	137.37	2.05	40.58	1.71	10.80	0.625
			10		17.167	13.476/132.06	0.353	166.87	3.12	24.24	94.65	2.35	16.12	333.63	3.12	172.48	2.13	49.10	1.69	13.12	0.622
11/7	110	70	6		10.637	8.350/81.83	0.354	133.37	3.54	17.85	42.92	2.01	7.90	265.78	3.53	69.08	1.57	25.36	1.54	6.53	0.403
			7		12.301	9.656/94.63	0.354	153.00	3.53	20.60	49.01	2.00	9.09	310.07	3.57	80.82	1.61	28.95	1.53	7.50	0.402
			8		13.944	10.946/107.27	0.353	172.04	3.51	23.30	54.87	1.98	10.25	354.39	3.62	92.70	1.65	32.45	1.53	8.45	0.401
			10		17.167	13.476/132.06	0.353	208.39	3.48	28.54	65.88	1.96	12.48	443.13	3.70	116.83	1.72	39.20	1.51	10.29	0.397

12.5/8	125	80	7	11	14.096	11.066 108.45	0.403	227.98	4.02	26.86	74.42	2.30	12.01	154.99	4.01	120.32	1.80	43.81	1.76	9.92	0.408
			8		15.989	12.551 123.00	0.403	256.77	4.01	30.41	83.49	2.28	13.56	519.99	4.06	137.85	1.84	49.15	1.75	11.18	0.407
			10		19.712	15.474 151.65	0.402	312.04	3.98	37.33	100.67	2.26	16.56	650.09	4.14	173.40	1.92	59.45	1.74	13.64	0.404
			12		23.351	18.330 179.63	0.402	364.41	3.95	44.01	116.67	2.24	19.43	780.39	4.22	209.67	2.00	69.35	1.72	16.01	0.400
14/9	140	90	8	12	18.038	14.160 138.77	0.453	365.64	4.50	38.48	120.69	2.59	17.34	730.53	4.50	195.79	2.07	70.83	1.98	14.31	0.411
			10		22.261	17.475 171.26	0.452	445.50	4.47	47.31	146.03	2.56	21.22	913.20	4.58	245.92	2.12	85.82	1.96	17.48	0.409
			12		26.400	20.724 203.10	0.451	521.59	4.44	55.87	169.79	2.54	24.95	1096.09	4.66	296.89	2.19	100.21	1.95	20.54	0.406
			14		30.456	23.908 234.30	0.451	594.10	4.42	64.18	192.10	2.51	28.54	1279.26	4.74	348.82	2.27	114.13	1.94	23.52	0.403
16/10	160	100	10	13	25.315	19.872 194.75	0.512	668.69	5.14	62.13	205.03	2.85	26.56	1362.89	5.24	336.59	2.28	121.74	2.19	21.92	0.390
			12		30.054	23.592 231.20	0.511	784.91	5.11	73.49	239.06	2.82	31.28	1635.56	5.32	405.94	2.36	142.33	2.17	25.79	0.388
			14		34.709	27.247 267.02	0.510	896.30	5.08	84.56	271.20	2.80	35.83	1908.50	5.40	476.42	2.43	162.23	2.16	29.56	0.385
			16		39.281	30.835 302.18	0.510	1003.04	5.05	95.33	301.60	2.77	40.24	2181.79	5.48	548.22	2.51	182.57	2.16	33.44	0.382

续表

角钢号数	尺寸/mm				截面面积/cm^2	理论重力/(kg/m)/(N/m)	外表面积/(m^2/m)	参考数值													
								x-x			y-y			x_1-x_1		y_1-y_1		u-u			
	B	b	d	r				I_x/cm^4	i_x/cm	W_x/cm^3	I_y/cm^4	i_y/cm	W_y/cm^3	I_{x1}/cm^4	y_0/cm	I_{y1}/cm^4	x_0/cm	I_u/cm^4	i_u/cm	W_u/cm^3	tgα
18/11	180	110	10	14	28.373	22.273/218.28	0.571	956.25	5.80	78.96	278.11	3.13	32.49	1940.40	5.89	447.22	2.44	166.50	2.42	26.88	0.376
			12		33.712	26.464/259.35	0.571	1124.72	5.78	93.53	325.03	3.10	33.32	2328.38	5.98	538.94	2.52	194.87	2.40	31.66	0.374
			14		38.967	30.589/299.77	0.570	1286.91	5.75	107.76	369.55	3.08	43.97	2716.60	6.06	631.95	2.59	222.30	2.39	36.32	0.372
			16		44.139	34.649/339.56	0.569	1443.06	5.72	121.64	411.85	3.06	49.44	3105.15	6.14	726.46	2.67	248.94	2.38	40.87	0.369
20/12.5	200	125	12		37.912	29.761/291.66	0.641	1570.90	6.44	116.73	483.16	3.57	49.99	3193.85	6.54	787.74	2.83	285.79	2.74	41.23	0.392
			14		43.867	34.436/337.47	0.640	1800.97	6.41	134.65	550.83	3.54	57.44	3726.17	6.62	922.47	2.91	326.58	2.73	47.34	0.390
			16		49.739	39.045/382.64	0.639	2023.35	6.38	152.18	615.44	3.52	64.69	4258.86	6.70	1058.86	2.99	366.21	2.71	53.32	0.388
			18		55.526	43.588/427.16	0.639	2238.30	6.35	169.33	677.19	3.49	71.74	4792.00	6.78	1197.13	3.06	404.83	2.70	59.18	0.385

注：6.3/4～9/5.6 号角钢长 4～12m；10/6.3～14/9 号角钢长 4～19m；16/10～20/12.5 号角钢长 6～19m。

附录 1.3　普通槽钢(GB707-65)

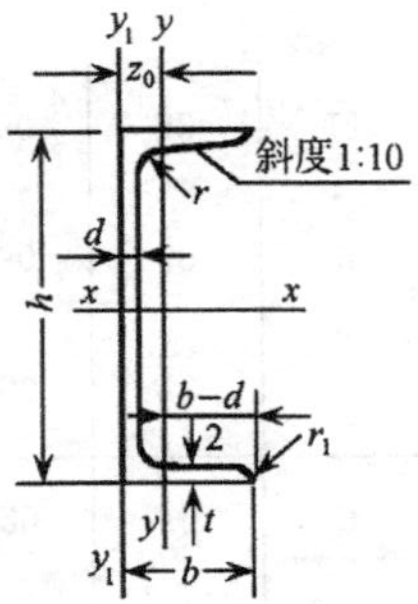

符号意义：
h——高度；
b——腿宽；
d——腰厚；
t——平均腿厚；
r——内圆弧半径；
r_1——腿端圆弧半径；
I——惯性矩；
W——截面系数；
i_x, i_y——惯性半径；
z_0——y-y 轴与 y_1-y_1 轴线间距离。

型号	尺寸/mm						截面面积/cm^2	理论重力 (kg/m)/(N/m)	参考数值							
									x-x			y-y			y_1-y_1	z_0/cm
	h	b	d	t	r	r_1			W_x/cm^3	I_x/cm^4	i_x/cm	W_y/cm^3	I_y/cm^4	i_y/cm	I_{y1}/cm^4	
5	50	37	4.5	7	7	3.5	6.93	5.44/53.31	10.4	26	1.94	3.55	8.3	1.1	20.9	1.35
6.3	63	40	4.8	7.5	7.5	3.75	8.444	6.63/64.97	16.123	50.786	2.453	4.50	11.872	1.185	28.38	1.36
8	80	43	5	8	8	4	10.24	8.04/78.79	25.3	101.3	3.15	5.79	16.6	1.27	37.4	1.43
10	100	48	5.3	8.5	8.5	4.25	12.74	10.00/98.00	39.7	198.3	3.95	7.8	25.6	1.41	54.9	1.52
12.6	126	53	5.5	9	9	4.5	15.69	12.37/121.23	62.137	391.466	4.953	10.242	37.99	1.567	77.09	1.59
14 a	140	58	6	9.5	9.5	4.75	18.51	14.53/142.39	80.5	563.7	5.52	13.01	53.2	1.7	107.1	1.71
14 b	140	60	8	9.5	9.5	4.75	21.31	16.73/163.95	87.1	609.4	5.35	14.12	61.1	1.69	120.6	1.67

续表

型号	尺寸 /mm						截面面积 /cm²	理论重力 (kg/m) / (N/m)	参考数值							
									x-x			y-y			y_1-y_1	z_0 /cm
	h	b	d	t	r	r_1			W_x /cm³	I_x /cm⁴	i_x /cm	W_y /cm³	I_y /cm⁴	i_y /cm	I_{y1} /cm⁴	
16a	160	63	6.5	10	10	5	21.95	17.23 / 168.85	108.3	866.2	6.28	16.3	73.3	1.83	144.1	1.8
16	160	65	8.5	10	10	5	25.15	19.74 / 193.45	116.8	934.5	6.1	17.55	83.4	1.82	160.8	1.75
18a	180	68	7	10.5	10.5	5.25	25.69	20.17 / 197.67	141.4	1272.7	7.04	20.03	98.6	1.96	189.7	1.88
18	180	70	9	10.5	10.5	5.25	29.29	22.99 / 225.30	152.2	1369.9	6.84	21.52	111	1.95	210.1	1.84
20a	200	73	7	11	11	5.5	28.83	22.63 / 221.77	178.0	1780.4	7.86	24.2	128	2.11	244	2.01
20	200	75	9	11	11	5.5	32.83	25.77 / 252.55	191.4	1913.7	7.64	25.88	143.6	2.09	268.4	1.95
22a	220	77	7	11.5	11.5	5.75	31.84	24.99 / 244.90	217.6	2393.9	8.67	28.17	157.8	2.23	298.2	2.1
22	220	79	9	11.5	11.5	5.75	36.24	28.45 / 278.31	233.8	2571.4	8.42	30.05	176.4	2.21	326.3	2.03
a	250	78	7	12	12	6	39.91	27.47 / 269.21	269.597	3369.619	9.823	30.607	175.529	2.243	322.256	2.065
25b	250	80	9	12	12	6	39.91	31.39 / 307.62	282.402	3530.035	9.405	32.657	196.421	2.218	353.187	1.982
c	250	82	11	12	12	6	44.91	35.32 / 346.14	295.236	3690.452	9.065	35.926	218.415	2.206	384.133	1.921

a	280	82	7.5	12.5	12.5	6.25	40.02	31.42/307.92	340.328	4764.587	10.91	35.718	217.989	2.333	387.566	2.097
28*b*	280	84	9.5	12.5	12.5	6.25	45.62	35.81/350.94	366.460	5130.453	10.6	37.929	242.144	2.304	427.589	2.016
c	280	86	11.5	12.5	12.5	6.25	51.22	40.21/394.06	392.594	5496.319	10.35	40.301	267.602	2.286	426.597	1.951
a	320	88	8	14	14	7	48.7	38.22/374.56	474.879	7598.064	12.49	46.473	304.787	2.502	552.31	2.242
32*b*	320	90	10	14	14	7	55.1	43.25/423.85	509.012	8144.197	12.15	49.157	336.332	2.471	592.933	2.158
c	320	92	12	14	14	7	61.5	48.28/473.14	543.145	8690.33	11.88	52.642	374.175	2.467	643.299	2.092
a	360	96	9	16	16	8	60.89	47.80/468.44	659.7	11874.2	13.97	63.54	455	2.73	818.4	2.44
36*b*	360	98	11	16	16	8	68.09	53.45/523.86	702.9	12651.8	13.63	66.85	496.7	2.7	880.4	2.37
c	360	100	13	16	16	8	75.29	59.10/579.18	746.1	13429.4	13.36	70.02	536.4	2.67	947.9	2.34
a	400	100	10.5	18	18	9	75.05	58.91/577.32	878.9	17577.9	15.30	78.83	592	2.81	1067.7	2.49
40*b*	400	102	12.5	18	18	9	83.05	65.19/638.86	932.2	18644.5	14.98	82.52	640	2.78	1135.6	2.44
c	400	104	14.5	18	18	9	91.05	71.47/700.41	985.6	19711.2	14.71	86.19	687.8	2.75	1220.7	2.42

注：5～8 号槽钢长 5～12m；10～18 号槽钢长 5～19m；20～40 号槽钢长 6～19m。

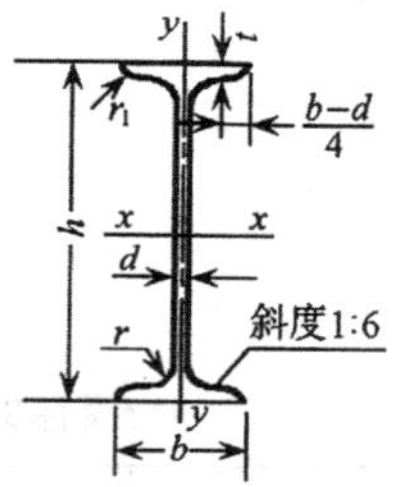

附录 1.4　普通工字钢(GB706-65)

符号意义：

h——高度；

b——腿宽；

d——腰厚；

t——平均腿厚；

r——内圆弧半径；

r_1——腿端圆弧半径；

I——惯性矩；

W——截面系数；

i_x, i_y——惯性半径；

S——半截面的面积矩。

型号	尺寸 /mm						截面面积 /cm²	理论重力 (kg/m) / (N/m)	参考数值						
									x-x				y-y		
	h	b	d	t	r	r_1			I_x /cm⁴	W_x /cm³	i_x /cm	$I_x:S_x$	I_y /cm⁴	W_y /cm³	i_y /cm
10	100	68	4.5	7.6	6.5	3.3	14.3	11.2 / 109.76	245	49	4.14	8.59	33	9.72	1.52
12.6	126	74	5	8.4	7	3.5	18.1	14.2 / 139.16	488.434	77.529	5.195	10.848	46.906	12.677	1.609
14	140	80	5.5	9.1	7.5	3.8	21.5	16.9 / 165.62	712	102	5.76	12	64.4	16.1	1.73
16	160	88	6	9.9	8	4	26.1	20.5 / 200.90	1130	141	6.58	13.8	93.1	21.2	1.89
18	180	94	6.5	10.7	8.5	4.3	30.6	24.1 / 236.18	1660	185	7.36	15.4	122	26	2
20a	200	100	7	11.4	9	4.5	35.5	27.9 / 273.42	2370	237	8.15	17.2	158	31.5	2.12
20b	200	102	9	11.4	9	4.5	39.5	31.1 / 304.78	2500	250	7.96	16.9	169	33.1	2.06

22*a*	220	110	7.5	12.3	9.5	4.8	42	33 323.40	3400	309	8.99	18.9	225	40.9	2.31
22*b*	220	112	9.5	12.3	9.5	4.8	46.4	36.4 356.72	3570	325	8.78	18.7	239	42.7	2.27
25*a*	250	116	8	13	10	5	48.5	38.1 373.38	5023.54	401.883	10.18	21.577	280.046	48.283	2.403
25*b*	250	118	10	13	10	5	53.5	42 411.60	5283.965	422.717	9.938	21.27	309.297	52.423	2.404
28*a*	280	122	8.5	13.7	10.5	5.3	55.45	43.4 425.32	7114.14	508.153	11.32	24.62	345.051	56.565	2.495
28*b*	280	124	10.5	13.7	10.5	5.3	61.05	47.9 469.42	7480.006	534.286	11.08	24.241	379.496	61.209	2.493
a	320	130	9.5	15	11.5	5.8	67.05	52.7 516.46	11 075.525	692.202	12.84	27.458	459.929	70.758	2.619
32*b*	320	132	11.5	15	11.5	5.8	73.46	57.7 565.46	11 621.378	726.333	12.58	27.093	501.534	75.989	2.614
c	320	134	13.5	15	11.5	5.8	79.95	62.8 615.44	12 167.511	760.469	12.34	26.766	543.811	81.166	2.608
a	360	136	10	15.8	12	6	76.3	59.9 587.02	15 760	875	14.4	30.7	552	81.2	2.69
36*b*	360	138	12	15.8	12	6	83.5	65.6 642.88	16 530	919	14.1	30.3	582	84.3	2.64
c	360	140	14	15.8	12	6	90.7	71.2 697.76	17 310	962	13.8	29.9	612	87.4	2.6

续表

型号	尺寸/mm						截面面积 $/cm^2$	理论重力 (kg/m) / (N/m)	参考数值						
									x-x				y-y		
	h	b	d	t	r	r_1			I_x $/cm^4$	W_x $/cm^3$	i_x /cm	$I_x : S_x$	I_y $/cm^4$	W_y $/cm^3$	i_y /cm
a	400	142	10.5	16.5	12.5	6.3	86.1	67.6 / 662.48	21 720	1000	15.9	34.1	660	93.2	2.77
40b	400	144	12.5	16.5	12.5	6.3	94.1	73.8 / 723.24	22 780	1140	15.6	33.6	692	96.2	2.71
c	400	146	14.5	16.5	12.5	6.3	102	80.1 / 784.98	23 850	1190	15.2	33.2	727	99.6	2.65
a	450	150	11.5	18	13.5	6.8	102	80.4 / 787.92	32 240	1430	17.7	38.6	855	114	2.89
45b	450	152	13.5	18	13.5	6.8	111	87.4 / 856.52	33 760	1500	17.4	38	894	118	2.84
c	450	154	15.5	18	13.5	6.8	120	94.5 / 926.10	35 280	1570	17.1	37.6	938	122	2.79
a	500	158	12	20	14	7	119	93.6 / 917.28	46 470	1860	19.7	42.8	1120	142	3.07
50b	500	160	14	20	14	7	129	101 / 989.80	48 560	1940	19.4	42.4	1170	146	3.01
c	500	162	16	20	14	7	139	109 / 1068.20	50 640	2080	19	41.8	1220	151	2.96
a	560	166	12.5	21	14.5	7.3	135.25	106.2 / 1040.76	65 585.566	2312.31	22.02	47.727	1370.163	165.079	3.182
56b	560	168	14.5	21	14.5	7.3	146.45	115 / 1127.00	68 512.499	2446.687	21.63	47.166	1486.75	174.247	3.162
c	560	170	16.5	21	14.5	7.3	157.85	123.9 / 1214.22	71 439.43	2551.408	21.27	46.663	1558.389	183.339	3.158
a	630	176	13	22	15	7.5	154.0	121.6 / 1191.08	93 916.18	2981.47	24.62	54.173	1700.549	193.244	3.314
63b	630	178	15	22	15	7.5	167.5	131.5 / 1288.70	98 083.63	3163.98	24.2	53.514	1812.069	203.603	3.289
c	630	180	17	22	15	7.5	180.1	141 / 1381.80	102 251.08	3298.42	23.82	52.923	1924.913	213.879	3.268

注：10～18 号工字钢长 5～19m；20～63 号工字钢长 6～19m。

附录 2 钢材及钢筋强度设计指标和弹性模量

附录 2.1 钢材的强度设计值

钢材		抗拉、抗压和抗弯 f/(N/mm²)	抗剪 f_v/(N/mm²)	端面承压（刨平顶紧）f_{ce}/(N/mm²)
牌号	厚度或直径/mm			
Q235 钢	≤16	215	125	325
	>16～40	205	120	
	>40～60	200	115	
	>60～100	190	110	
Q345 钢	≤16	310	180	400
	>16～35	295	170	
	>35～50	265	155	
	>50～100	250	145	
Q390 钢	≤16	350	205	415
	>16～35	335	190	
	>35～50	315	180	
	>50～100	295	170	
Q420 钢	≤16	380	220	440
	>16～35	360	210	
	>35～50	340	195	
	>50～100	325	185	

附录 2.2 钢筋弹性模量

种　　类	E_s/(N/mm²)
HPB235 级钢筋	2.1×10^5
HRB335 级钢筋、HRB 400 级钢筋、RRB 400 级钢筋、热处理钢筋	2.0×10^5
消除应力光面钢丝、螺旋肋钢丝、刻痕钢丝	2.05×10^5
钢绞线	1.95×10^5

注：必要时钢绞线可采用实测的弹性模量。

附录 2.3 普通钢筋强度标准值和设计值

种类		符号	d/mm	f_{yk}/(N/mm²)	f_y 或 f_y'/(N/mm²)
热轧钢筋	HPB235(Q235)	ϕ	6～50	235	210
	HRB335(20MmSi)	Φ	6～50	335	300
	HRB400(20MnSiV、20MnSiNb、20MnTi)	Φ	6～50	400	360
	RRB400(20MnSi)				

注：1)在钢筋混凝土结构中，轴心受拉和小偏心受拉构件的钢筋抗拉强度设计值大于 300N/mm² 时，仍应按 300N/mm² 取用；

2)构件中配有不同种类的钢筋时，每种钢筋根据其受力情况应采用各自的强度设计值。

附录 3 混凝土强度标准值和设计值(单位:N/mm²)

强度种类	混凝土强度等级													
	C15	C20	C25	C30	C35	C40	C45	C50	C55	C60	C65	C70	C75	C80
轴心抗压 f_{ck}	10.0	13.4	16.7	20.1	23.4	26.8	29.6	32.4	35.5	38.5	41.5	44.5	47.4	50.2
轴心抗拉 f_{tk}	1.27	1.54	1.78	2.01	2.20	2.40	2.51	2.65	2.74	2.85	2.93	3.00	3.05	3.10
轴心抗压 f_c	7.2	9.6	11.9	14.3	16.7	19.1	21.2	23.1	25.3	27.5	29.7	31.8	33.8	35.9
轴心抗拉 f_t	0.91	1.10	1.27	1.43	1.57	1.17	1.80	1.89	1.96	2.04	2.09	2.14	2.18	2.22

注：1)计算现浇钢筋混凝土轴心受压及偏心受压构件时，如截面的长边或直径小于 300mm，则表中混凝土的强度设计值应乘以系数 0.8；当构件质量(如混凝土成型、截面和轴线尺寸等)确有保证时，可不受此限制；

2)离心混凝土的强度设计值应按有关专门标准取用。

附录 4 各类砌体的强度标准值和设计值

附录 4.1 砖砌体的抗压强度标准值(单位:MPa)

砖强度等级	砂浆强度等级					砂浆强度
	M15	M10	M7.5	M5	M2.5	0
MU30	6.25	5.18	4.65	4.11	3.58	1.83
MU25	5.70	4.73	4.24	3.76	3.27	1.67
MU20	5.10	4.23	3.79	3.36	2.92	1.49
MU15	4.42	3.66	3.29	2.91	2.53	1.29
MU10	3.61	2.99	2.68	2.38	2.07	1.06
MU7.5	—	2.59	2.32	2.06	1.79	0.91

附录 4.2 混凝土小型空心砌体的抗压强度标准值(单位:MPa)

砌块强度等级	砂浆强度等级					砂浆强度
	M15	M10	M7.5	M5	M2.5	0
MU20	9.06	7.93	7.11	6.30	—	—
MU15	6.99	6.44	5.78	5.12	4.45	3.03
MU10	4.85	4.47	4.01	3.55	3.09	2.10
MU7.5	—	3.45	3.10	2.74	2.39	1.62
MU5	—	—	2.15	1.90	1.66	1.13

附录 4.3 毛料石砌体的抗压强度标准值(单位:MPa)

料石强度等级	砂浆强度等级			砂浆强度
	M7.5	M5	M2.5	0
MU100	8.67	7.58	6.68	3.41
MU80	7.76	6.78	5.98	3.05
MU60	6.72	5.95	5.18	2.64
MU50	6.13	5.43	4.72	2.41
MU40	5.49	4.86	4.23	2.16
MU30	4.75	4.20	3.66	1.87
MU20	3.88	3.43	2.99	1.53
MU15	3.36	2.97	2.59	1.32
MU10	2.74	2.43	2.11	1.08

附录 4.4 毛石砌体的抗压强度标准值(单位:MPa)

毛石强度等级	砂浆强度等级			砂浆强度
	M7.5	M5	M2.5	0
MU100	2.03	1.80	1.56	0.53
MU80	1.82	1.61	1.40	0.48
MU60	1.57	1.39	1.21	0.41
MU50	1.44	1.27	1.11	0.38
MU40	1.28	1.14	0.99	0.34
MU30	1.11	0.98	0.86	0.29
MU20	0.91	0.80	0.70	0.24
MU15	0.79	0.70	0.61	0.21
MU10	0.64	0.57	0.49	0.17

附录 4.5　砖砌体的抗压强度设计值(单位:MPa)

砖强度等级	砂浆强度等级					砂浆强度
	M15	M10	M7.5	M5	M2.5	0
MU30	3.90	3.23	2.91	2.57	2.24	1.14
MU25	3.56	2.95	2.05	2.34	2.04	1.04
MU20	3.19	2.64	2.37	2.10	1.83	0.94
MU15	2.76	2.29	2.05	1.82	1.58	0.81
MU10	2.25	1.87	1.68	1.48	1.29	0.66

附录 4.6　单排孔对孔砌筑的混凝土和轻骨料混凝土小型空心砌块砌体的抗压强度设计值

小砌块强度等级	砂浆强度等级				砂浆强度
	M15	M10	M7.5	M5	0
MU20	5.66	4.95	4.44	3.94	2.33
MU15	4.37	4.02	3.61	3.20	1.89
MU10	3.03	2.79	2.50	2.22	1.31
MU7.5		2.16	1.93	1.72	1.01
MU5			1.33	1.19	0.70

注:1)对错孔砌筑的砌体,应按表中数值乘以 0.8;

2)对独立柱或厚度为双排砌体的砌体,应按表中数值乘以 0.7;

3)对 T 形截面砌体,应按表中数值乘以 0.85。

附录 4.7　块体高度为 180～350mm 的毛料石砌体的抗压强度设计值(单位:MPa)

石材强度等级	砂浆强度等级			砂浆强度
	M7.5	M5	M2.5	0
MU100	5.42	4.80	4.18	2.09
MU80	4.85	4.29	3.73	1.91
MU60	4.20	3.71	3.23	1.65
MU50	3.83	3.39	2.95	1.51
MU40	3.43	3.04	2.64	1.35
MU30	2.97	2.63	2.29	1.17
MU20	2.43	2.15	1.87	0.96
MU15	2.10	1.86	1.61	0.83
MU10	1.72	1.52	1.32	0.68

注:对下列各类料石砌体,应按表中数值分别乘以系数:细料石砌体 1.5;半细料石砌体 1.3;粗料石砌体 1.2;周边密缝石砌体 0.8。

附录 4.8 毛石砌体的抗压强度设计值(单位:MPa)

石材强度等级	砂浆强度等级			砂浆强度
	M7.5	M5	M2.5	0
MU100	1.27	1.13	0.98	0.34
MU80	1.13	1.00	0.87	0.30
MU60	0.98	0.87	0.76	0.26
MU50	0.90	0.80	0.69	0.23
MU40	0.81	0.71	0.62	0.21
MU30	0.69	0.62	0.53	0.18
MU20	0.56	0.51	0.44	0.15
MU15	0.49	0.43	0.38	0.13
MU10	0.40	0.36	0.31	0.10

附录 4.9 砌体强度设计值的调整系数

使用情况	γ_a
有吊车房或跨度 $l \leqslant 9$m 的房屋	0.9
构件截面面积 $A<0.3\text{m}^2$	0.7+A (对局部受压,$\gamma_a=1$)
验算施工中房屋的构件	1.1
用水泥砂浆砌筑的各类砌体	0.85 0.75 0.5

附录 5 各类砌体沿砌体灰缝截面破坏时的轴心抗拉强度标准值 f_{tk}、弯曲抗拉强度标准值 f_{tmk} 和抗剪强度标准值 f_{vk}(单位:N/mm²)

序号	强度类别	破坏特征	砌体种类	砂浆强度等级			
				M10	M7.5	M5	M2.5
1	轴心抗拉	沿齿缝	黏土砖、空心砖	0.30	0.26	0.21	0.15
			混凝土小型空心砌	0.15	0.13	0.10	—
			毛 石	0.14	0.12	0.10	0.07
2	弯曲抗拉	沿齿缝	黏土砖、空心砖	0.53	0.46	0.38	0.27
			混凝土小型空心砌块	0..17	0.15	0.12	—
			毛 石	0.20	0.18	0.14	0.10
		沿通缝	黏土砖、空心砖	0.27	0.23	0.19	0.13
			混凝土小型空心砌块	0.12	0.10	0.08	—
3	抗剪		黏土砖、空心砖	0.27	0.23	0.19	0.13
			蒸压灰砂砖、蒸压粉煤灰砖	0.18	0.15	0.12	0.09
			混凝土小型空心砌块	0.15	0.13	0.10	—
			毛 石	0.34	0.29	0.24	0.17

附录 6　沿块体截面破坏时的烧结普通砖砌体的轴心抗拉强度标准值 f_{tk} 和弯曲抗拉强度标准值 f_{tmk}（单位：N/mm^2）

序号	强度类别	砖强度等级				
		MU30	MU25	MU20	MU15	MU10
1	轴心抗拉	0.44	0.42	0.38	0.35	0.31
2	弯曲抗拉	0.66	0.62	0.58	0.53	0.46

附录 7　各类砌体沿砌体灰缝面破坏时的轴心抗拉强度设计值 f_t、弯曲抗拉强度设计值 f_{tm} 和抗剪强度设计值 f_v（单位：N/mm^2）

序号	强度类别	破坏特征及砌体种类		砂浆强度等级			
				≥M10	M7.5	M5	M2.5
1	轴心抗拉	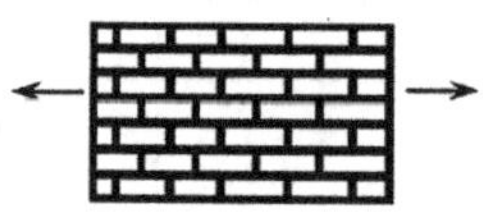 沿齿缝	黏土砖、空心砖	0.19	0.16	0.13	0.09
			混凝土小型空心砌块	0.09	0.08	0.07	
			毛石	0.08	0.08	0.06	0.04
2	弯曲抗拉	 沿齿缝	黏土砖、空心砖	0.34	0.29	0.23	0.17
			混凝土小型空心砌块	0.11	0.09	0.08	
			毛石	0.13	0.11	0.09	0.08
		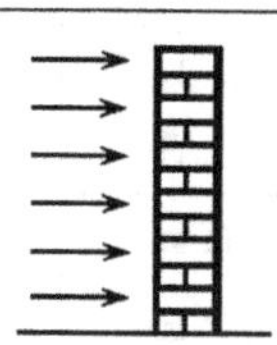 沿通缝	黏土砖、空心砖	0.17	0.14	0.11	0.08
			混凝土小型空心砌块	0.08	0.07	0.06	
3	抗剪	黏土砖、空心砖		0.17	0.014	0.11	0.08
		混凝土小型空心砌块		0.09	0.08	0.07	
		蒸压灰砂砖，蒸太粉煤灰砖		0.11	0.09	0.08	0.06
		毛石		0.21	0.19	0.15	0.10

注：1）对于用形状规则的块体砌筑的砌体，当搭接长度与块体高度的比值小于 1 时，其 f_1 和 f_{tm} 应按表中数值乘以比值后采用；

2）对空心率不大于 35% 的双排乳孔轻骨料混凝土小型空心砌块砌体的抗剪强度设计值，可按表中混凝土小型空心砌块砌体抗剪强度设计值乘以 1.1。

附录 8 沿块体截面破坏时的烧结普通砖砌体的轴心抗拉强度设计值 f_t 和弯曲抗拉强度设计值 f_{tm}（单位：N/mm^2）

序号	强度类别	砖强度等级				
		MU30	MU25	MU20	MU15	MU10
1	轴心抗拉	0.27	0.26	0.24	0.22	0.19
2	弯曲抗拉	0.41	0.39	0.36	0.33	0.29

附录 9 受弯构件的挠度限值

构件类型	挠度限值（以计算跨度 l_0 计算）
吊车梁：手动吊车 电动吊车	$l_0/500$ $l_0/600$
屋盖、楼盖及楼梯构件： 当 $l_0<7m$ 时 当 $7\leqslant l_0\leqslant 9m$ 时 当 $l_0>9m$ 时	 $l_0/200(l_0/250)$ $l_0/250(l_0/300)$ $l_0/300(l_0/400)$

注：1）如果构件制作时预先起拱，且使用上也允许，则在验算挠度时，可将计算所得的挠度值减去起拱值，预应力混凝土构件尚可减去预加应力所产生的反拱值；
2）表中括号内的数值适用于使用上对挠度有较高要求的构件；
3）悬臂构件的挠度限值按表中相应数值乘以系数 2.0 取用。

附录 10 结构构件的裂缝控制等级和最大裂缝宽度限值（单位：mm）

环境类别	钢筋混凝土结构		预应力混凝土结构	
	裂缝控制等级	最大裂缝宽度限值	裂缝控制等级	最大裂缝宽度限值
一	三	0.3	三	0.2
二	三	0.2	二	—
三	三	0.2	一	—

注：1）表中规定适用于采用热轧钢筋的钢筋混凝土构件和采用预应力钢丝、钢绞线及热处理钢筋的预应力混凝土构件。当采用其他类别的钢丝或钢筋时，其裂缝控制要求可参照专门规范确定；
2）在一类环境条件下，对于钢筋混凝土屋架、托架及需作疲劳验算的吊车梁，其最大裂缝宽度限值应为 0.2mm；
3）在一类环境条件下，对于预应力混凝土屋面梁、托梁、屋架、托架和民用房屋的楼板，按荷载效应的标准组合计算时，其受拉边缘混凝土拉应力不应大于混凝土抗拉强度标准值；在一类和二类环境条件下，对于需进行疲劳验算的预应力混凝土吊车梁，按荷载效应的标准组合计算时，其受拉边缘混凝土不应产生拉应力；
4）表中规定的预应力混凝土构件的裂缝控制等级和最大裂缝宽度限值仅适用于正截面的验算。预应力混凝土构件的斜截面裂缝控制验算应符合本规范第 8 章的要求；
5）对于配置后张无黏结预应力钢筋的构件、承受可变荷载为主的构件（如铁路、公路桥梁的构件）及烟囱、筒仓和处于液体压力下的结构构件，其裂缝控制要求应符合专门规范或规程的有关规定；
6）对于处于四、五类环境条件下的结构构件，其裂缝控制要求应符合专门规范的有关规定；
7）本条所述结构构件的裂缝宽度系指荷载作用引起的裂缝，不包括混凝土干缩和温度变化引起的裂缝；
8）对承受水压且有抗裂要求的钢筋混凝土构件，应按专门规范的规定验算。

附录11　耐久性规定

1. 混凝土结构的耐久性应根据附表11.1的使用环境类别和设计工作寿命进行设计。

附录11.1　混凝土结构的使用环境类别

环境类别		说　　明
一		室内正常环境：无侵蚀性介质、无高温高湿影响、不与土壤直接接触的环境
二	a	室内潮湿环境、露天环境及与无侵蚀性的水或土壤直接接触的环境
	b	严寒和寒冷地区的露天环境及与无侵蚀性的水或土壤直接接触的环境
三		使用除冰盐的环境、严寒及寒冷地区冬季的水位变动环境、滨海室外环境
四		海水环境(海水潮汐区、浪溅区、海面大气区、海水水下区)
五		受人为或自然的侵蚀性物质影响的环境

注：表中第四类和第五类环境的详细说明及相应的混凝土结构的耐久性要求见有关标准。

2. 一类、二类和三类环境中，设计工作寿命为50a的结构混凝土应符合表11.2的规定。

附录11.2　结构混凝土耐久性的基本要求

环境类别		水灰比不大于	水泥用量不少于/(kg/m³)	混凝土强度等级不小于	氯离子含量不大于	碱含量不大于/(kg/m³)
一		0.65	200	C20	1.00%	不限制
二	a	0.60	225	C25	0.30%	3.0
	b	0.55	250	C30	0.30%	3.0
三		0.50	275	C30	0.15%	3.0

注：1)氯离子含量按水泥总重量的百分率计算；

2)预应力混凝土构件中的氯离子含量不得超过0.06%；

3)当混凝土中加入掺和料时可酌情降低水泥用量；

4)当有工程经验时，处于一类和二类环境中的混凝土强度等级可降低一级，但保护层厚度应符合附表12的具体规定；

5)二类、三类环境中，当混凝土中加入矿渣、粉煤灰等活性掺和料且有可靠根据时，可放宽碱含量限制；

6)当使用非碱活性骨料时，可不对混凝土中的碱含量进行限制。

3. 对于设计工作寿命为100a且处于一类环境中的混凝土结构应符合下列规定：

1)结构混凝土强度等级不应低于C30；

2)混凝土中氯离子含量不得超过水泥重量的0.06%；

3)宜使用非碱活性骨料；当使用碱活性骨料时，混凝土中的碱含量不得超过3.0kg/m^3；

4)在使用过程中应有定期维护措施。

4. 对设计寿命为100a且处于二类和三类环境中的混凝土结构应采取专门有效的措施。

5. 处于严寒及寒冷地区潮湿环境中的结构混凝土应满足抗冻要求，混凝土抗冻等级应符合有关规范的要求。

6. 有抗渗要求的混凝土结构，混凝土的抗渗等级应符合有关规范的要求。

7. 对于暴露在侵蚀性环境中的结构或构件，其受力钢筋宜采用环氧涂层带肋钢筋，预应力钢筋应有防护措施；且宜采用有利于提高耐久性的高性能混凝土。

8. 对于结构中使用环境较差的混凝土构件，宜设计成易维修或可更换的构件。

9. 对临时性混凝土结构，可不考虑耐久性要求。

10. 未经技术鉴定或设计许可，不得改变结构的使用环境和用途。

附录12　混凝土保护层最小厚度(单位：mm)

环境类别		板 墙 壳			梁 柱		
		≤C20	C25～C45	≥C50	≤C20	C25～C45	≥C50
一		20	15	15	30	25	25
二	a	—	20	15	—	30	25
	b	—	25	20	—	35	30
三		—	30	25	—	40	35

注：1)基础的保护层厚度不小于40mm；当无垫层时不小于70mm；

2)处于一类环境且由工厂生产的预制构件，当混凝土强度等级不低于C20时，其保护层厚度可按表中规定减少5mm，但预制构件中的预应力钢筋的保护层厚度不应小于15mm；处于二类环境且由工厂生产的预制构件，当表面另做水泥砂浆抹面层且有质量保证措施时，保护层厚度可按表中一类环境数值取用；

3)预制钢筋混凝土受弯构件钢筋端头的保护层厚度宜为10mm；预制肋形板主肋钢筋的保护层厚度应按梁的数值采用；

4)板、墙、壳中分布钢筋的保护层厚度不应小于10mm；梁、柱中箍筋和构造钢筋的保护层厚度不应小于15mm；

5)处于二类环境中的悬臂板，其上表面应另作水泥砂浆保护层或采取其他保护措施；

6)有防火要求的建筑物，其保护层厚度尚应符合国家现行有关防火规范的规定。

附录 13　钢筋表

附录 13.1　钢筋的计算截面面积及公称质量

直径 d/mm	计算截面面积/mm²,当根数 n 为									单根钢筋公称质量 /(kg/m)
	1	2	3	4	5	6	7	8	9	
3	7.1	14.1	21.2	28.3	35.3	42.4	49.5	56.5	63.6	0.055
4	12.6	25.1	37.7	50.2	62.8	75.4	87.9	100.5	113	0.099
5	19.6	39	59	79	98	118	138	157	177	0.154
6*	28.3	57	85	113	142	170	198	226	256	0.222
7	38.5	77	115	154	192	231	269	308	346	0.302
8*	50.3	101	151	201	252	302	352	402	453	0.395
9	63.5	127	191	254	318	382	445	509	572	0.499
10*	78.5	157	236	314	393	471	550	628	707	0.617
11	95.0	190	285	380	475	570	665	760	855	0.750
12*	113.1	226	339	452	565	678	791	904	1017	0.888
13	132.7	262	398	531	664	796	929	1062	1195	1.040
14*	153.9	308	461	615	769	923	1077	1230	1387	1.208
15	176.7	353	530	707	884	1050	1237	1414	1512	1.390
16*	201.1	402	603	804	1005	1206	1407	1608	1809	1.578
17	227.0	454	681	908	1135	1305	1589	1816	2043	1.780
18*	254.5	509	763	1017	1272	1526	1780	2036	2290	1.998
19	283.5	567	851	1134	1418	1701	1985	2268	2552	2.230
20*	314.2	628	941	1256	1570	1884	2200	2513	2827	2.466
21	346.4	693	1039	1385	1732	2078	2425	2771	3117	2.720
22*	380.1	760	1140	1520	1900	2284	2664	3041	3421	2.981
23	415.5	831	1246	1662	2077	2498	2908	3324	3739	3.260
24	452.4	904	1356	1808	2262	2714	3167	3619	4071	3.551
25*	490.9	982	1473	1964	2454	2945	3436	3927	4418	3.850
26	530.9	1062	1593	2124	2655	3186	3717	4247	4778	4.170
27	572.6	1144	1716	2291	2865	3435	4008	4580	5153	4.495
28*	615.3	1232	1847	2463	3079	3695	4310	4926	5542	4.830
30*	706.9	1413	2121	2827	3534	4241	4948	5655	6362	5.550
32*	804.3	1609	2418	3217	4021	4826	5630	6434	7238	6.310
34	907.9	1816	2724	3632	4540	5448	6355	7263	8171	7.130
35	962.0	1924	2886	3848	4810	5772	6734	7696	8658	7.500
36	1017.9	2036	3054	4072	5086	6107	7125	8143	9161	7.990
40	1256.1	2513	3770	5027	6283	7540	8796	10053	11310	9.865

注:带 * 号的直径为国内常规供货直径。

附录 13.2　每米板宽内的钢筋截面面积

钢筋间距/mm	当钢筋直径/mm 为下列数值时的钢筋截面面积/mm²													
	3	4	5	6	6/8	8	8/10	10	10/12	12	12/14	14	14/16	16
70	101	179	281	404	561	719	920	1121	1369	1616	1908	2199	2536	2872
75	94.3	167	262	377	524	671	859	1047	1277	1508	1780	2053	2367	2681
80	88.4	157	245	354	491	629	805	981	1198	1414	1669	1924	2218	2513
85	83.2	148	231	333	462	592	758	924	1127	1331	1571	1811	208	2365
90	78.5	140	218	314	437	559	716	872	1064	1257	1484	1710	1972	2234
95	74.5	132	207	298	414	529	678	826	1008	1190	1405	1620	1868	2116
100	70.6	126	196	283	393	503	644	785	958	1131	1335	1539	1775	2011
110	64.2	114	178	257	357	457	585	714	871	1028	1214	1399	1614	1828
120	58.9	105	163	236	327	419	537	654	798	942	1112	1283	1480	1676
125	56.5	100	157	226	314	402	515	628	766	905	1068	1232	1420	1608
130	54.4	96.6	151	218	302	387	495	604	737	870	1027	1184	1366	1547
140	50.5	89.7	140	202	281	359	560	561	684	808	954	1100	1268	1436
150	47.1	83.8	131	189	262	335	429	523	639	754	890	1026	1183	1340
160	44.1	78.5	123	177	246	314	403	491	599	707	834	962	1110	1257
170	41.5	73.9	115	166	231	296	379	462	564	665	786	906	1044	1183
180	39.2	69.8	109	157	218	279	358	436	532	628	742	855	985	1117
190	37.2	66.1	103	149	207	265	339	413	504	595	702	810	934	1058
200	35.3	62.8	98.2	141	196	251	322	393	479	565	668	770	888	1005
220	32.1	57.1	89.3	129	178	228	292	357	436	514	607	700	807	914
240	29.4	52.4	81.9	118	164	209	268	327	399	471	556	641	740	838
250	28.3	50.2	78.5	113	157	201	258	314	383	452	534	616	710	804
260	27.2	48.3	75.5	109	151	193	248	302	368	435	514	592	682	773
280	25.2	44.9	70.1	101	140	180	230	281	342	404	477	550	634	718
300	23.6	41.9	65.5	94	131	168	215	262	320	377	445	513	592	670
320	22.1	39.2	61.4	88	123	157	201	245	299	353	417	481	554	628

注：钢筋直径中的 6/8、8/10、… 系指两种直径的钢筋间隔放置。

附录 14　连续梁板的计算跨度 l_0

方法＼构件	连续板	连续梁
按弹性分析内力	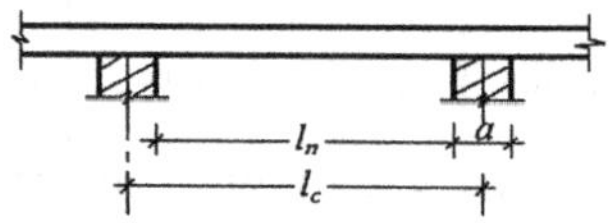 当 $a\leqslant0.1l_c$ 时，$l_0=l_c$ 当 $a>0.1l_c$ 时，$l_0=1.1l_n$ 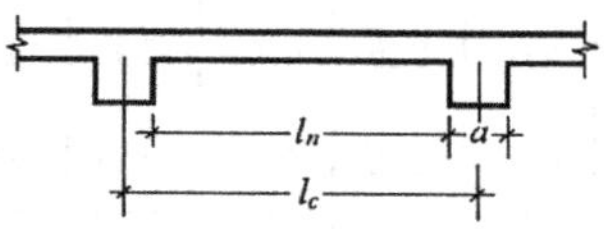 $l_0=l_n$ 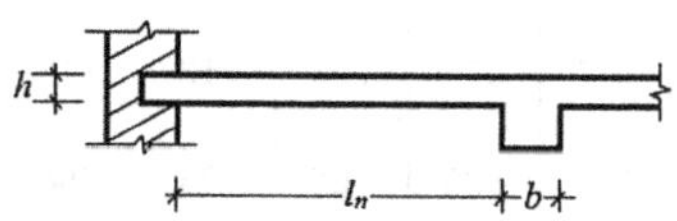 $l_0=l_n+\frac{h}{2}+\frac{b}{2}$	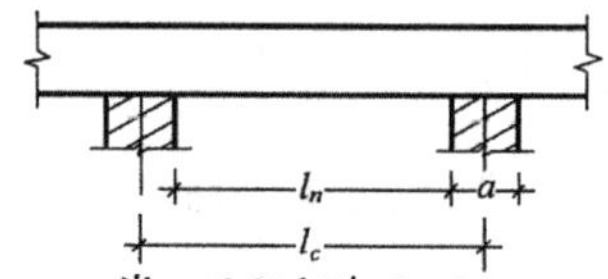 当 $a\leqslant0.05l_c$ 时，$l_0=l_c$ 当 $a>0.05l_c$ 时，$l_0=1.05l_n$ 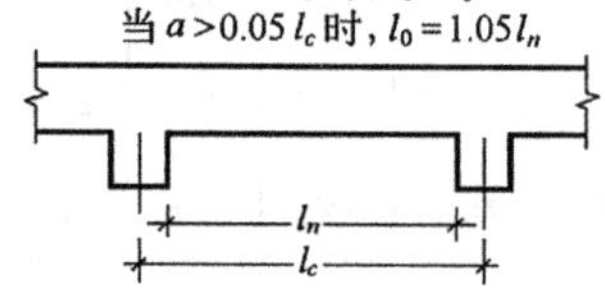 $l_0=l_n$ 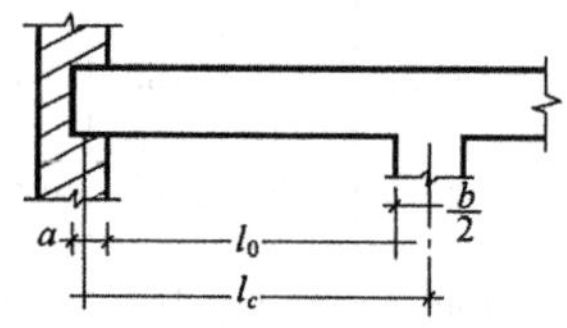 $l_0=\frac{a}{2}+l_n\leqslant1.05l_n$
按考虑塑性内力重分布分析内力	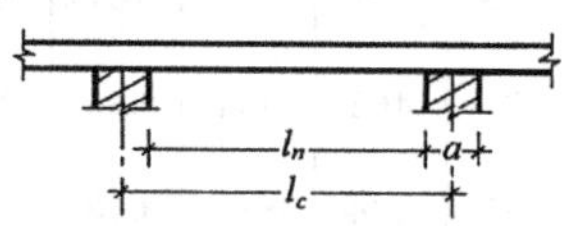 当 $a\leqslant0.1l_c$ 时，$l_0=l_c$ 当 $a>0.1l_c$ 时，$l_0=1.1l_n$ 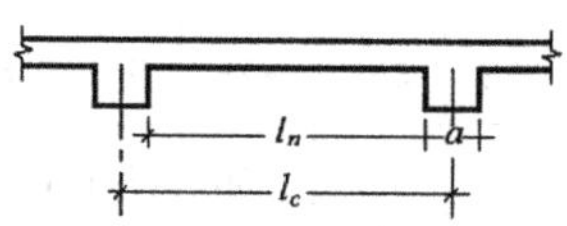 $l_0=l_n$ 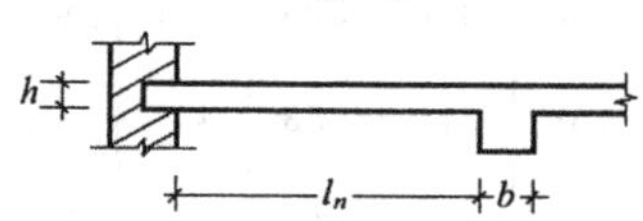 $l_0=l_n+\frac{h}{2}$	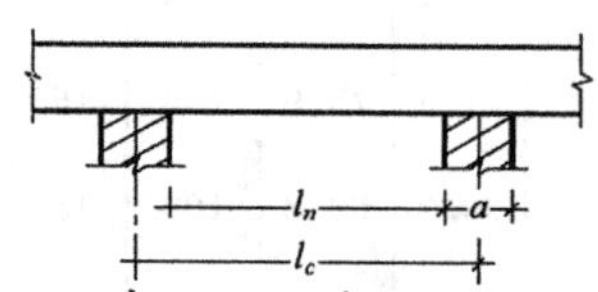 当 $a\leqslant0.05l_c$ 时，$l_0=l_c$ 当 $a>0.05l_c$ 时，$l_0=1.05l_n$ 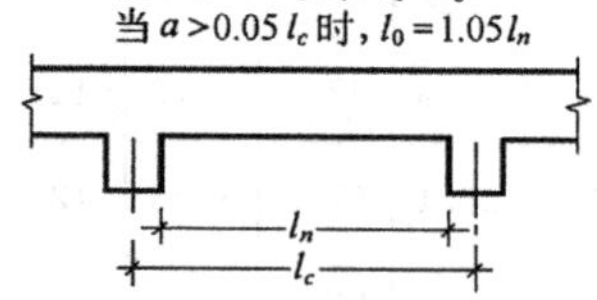 $l_0=l_n$ 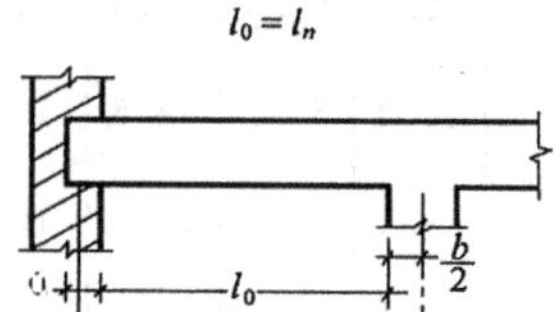 $l_0=l_c\leqslant1.025l_0+\frac{b}{2}$

附录 15　等截面等跨连续梁在常用荷载作用下按弹性分析的内力系数表

1. 在均布及三角形荷载作用下：

$$M=\text{表中系数}\times ql_0^2;$$

$$V=\text{表中系数}\times ql_0;$$

2. 在集中荷载作用下：

$$M=\text{表中系数}\times Fl_0;$$

$$V=\text{表中系数}\times F;$$

3. 内力正负号规定：

M——使截面上部受压、下部受拉为正；

V——对邻近截面所产生的力矩沿顺时针方向者为正。

附录 15.1　两跨梁

荷载图	跨内最大弯矩		支座弯矩	剪　　力		
	M_1	M_2	M_B	V_A	V_{Bl} V_{Br}	V_c
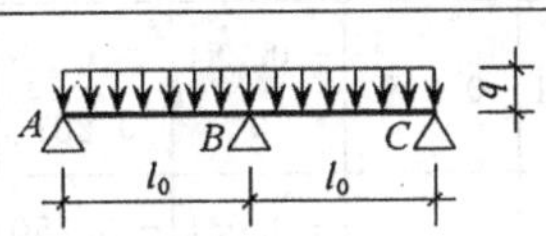	0.070	0.0703	−0.125	0.375	−0.625 0.625	−0.375
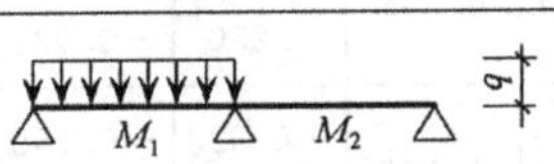	0.096	—	−0.063	0.437	−0.563 0.063	0.063
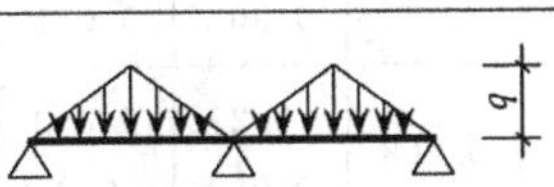	0.048	0.048	−0.078	0.172	−0.328 0.328	−0.172
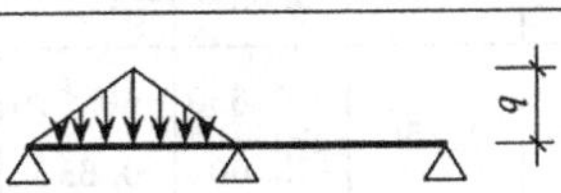	0.064	—	−0.039	0.211	−0.289 0.039	0.039
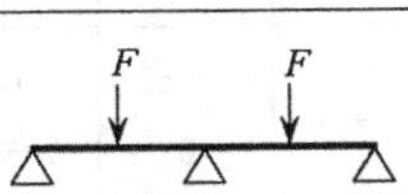	0.156	0.156	−0.188	0.312	−0.688 0.688	−0.312
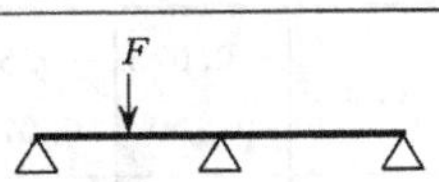	0.203	—	−0.094	0.406	−0.594 0.094	0.094
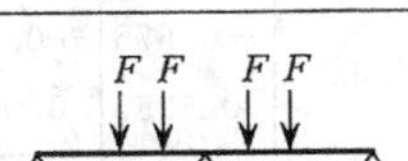	0.222	0.222	−0.333	0.667	−1.333 1.333	−0.677
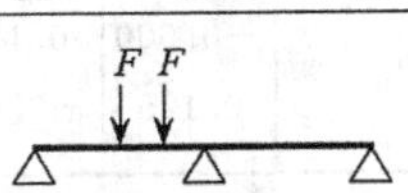	0.278	—	−0.167	0.833	−1.167 0.167	0.167

附录 15.2 三跨梁

荷载图	跨内最大弯矩		支座弯矩		剪力			
	M_1	M_2	M_B	M_C	V_A	V_{Bl} V_{Br}	$V_{cl}V_{cr}$	V_D
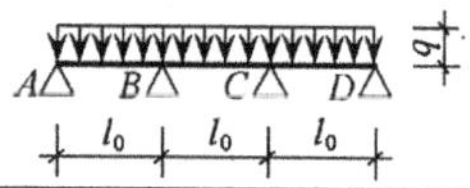	0.080	0.025	−0.100	−0.100	0.400	−0.600 0.500	−5.000 0.600	−0.400
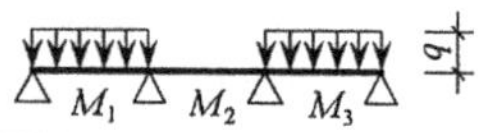	0.101	—	−0.050	−0.050	0.450	−0.550 0	0 0.550	−0.450
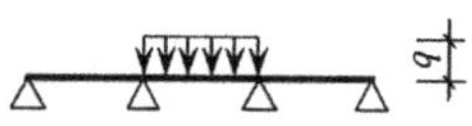	—	0.075	−0.050	−0.050	0.050	−0.050 0.500	−0.500 0.050	0.050
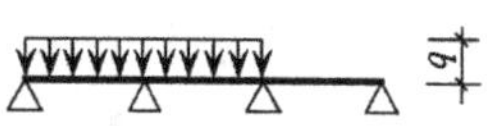	0.073	0.054	−0.117	−0.033	0.383	−0.617 0.583	−0.417 0.033	0.033
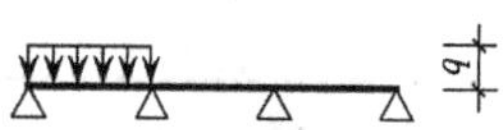	0.094	—	−0.067	0.017	0.433	−0.567 0.083	0.083 −0.017	−0.017
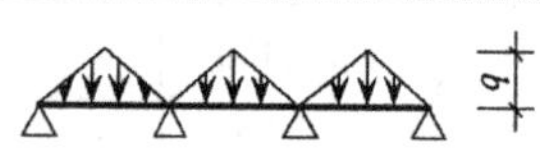	0.054	0.021	−0.063	−0.063	0.183	−0.313 0.250	−0.250 0.313	−0.188
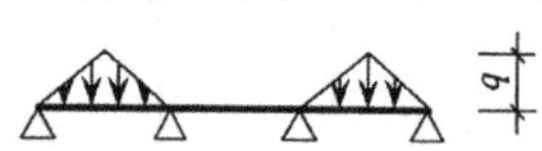	0.063	—	−0.031	−0.031	0.219	−0.281 0	0 0.281	−0.219
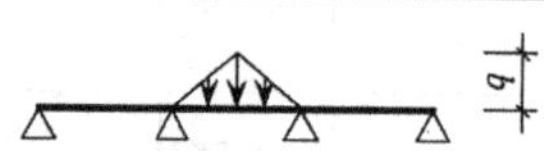	—	0.052	−0.031	−0.031	0.031	−0.031 0.250	−0.250 −0.031	0.031
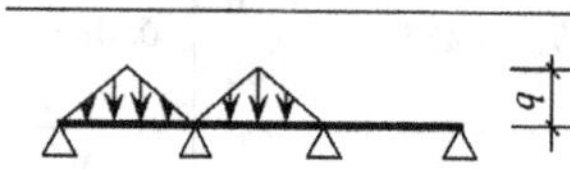	0.050	0.038	−0.073	−0.021	0.177	−0.323 0.302	−0.198 0.021	0.021
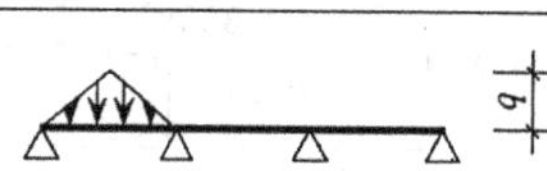	0.063	—	−0.042	0.010	0.208	−2.292 0.052	0.052 −0.010	−0.010
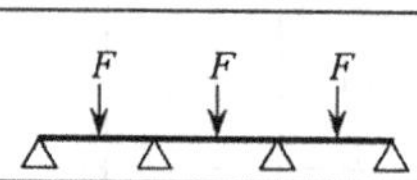	0.175	0.100	−0.150	−0.150	0.350	−0.650 0.500	−0.500 0.650	−0.350
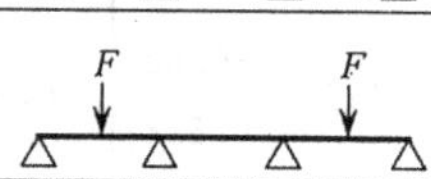	0.213	—	−0.075	−0.075	0.425	−0.575 0	0 0.575	−0.425
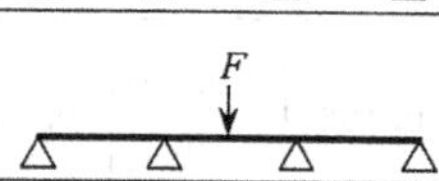	—	0.175	−0.075	−0.070	−0.075	−0.075 0.500	−0.500 0.075	0.075
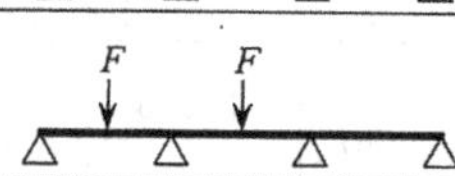	0.162	0.137	−0.175	−0.050	0.325	−0.675 0.625	−0.375 0.050	0.050
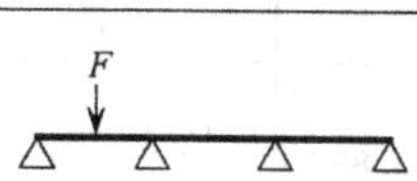	0.200	—	−0.100	0.025	0.400	−0.600 0.125	0.125 −0.025	−0.025

续表

荷载图	跨内最大弯矩		支座弯矩		剪力			
	M_1	M_2	M_B	M_C	V_A	V_{Bl} V_{Br}	V_{cl} V_{cr}	V_D
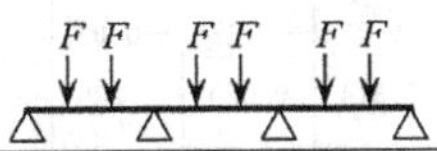	0.244	0.067	−0.267	−0.267	0.733	−1.267 1.000	−1.000 1.267	−0.733
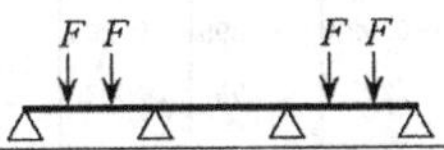	0.289	—	−0.133	−0.133	0.866	−1.134 0	0 1.134	−0.866
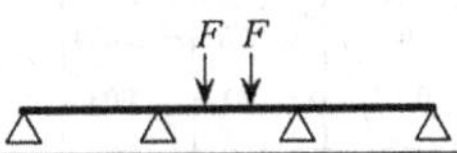	—	0.200	−0.133	−0.133	−0.133	−0.133 1.000	−1.000 0.133	0.133
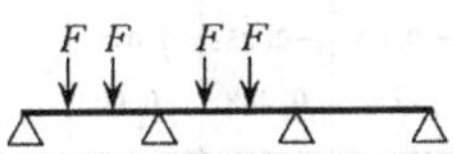	0.229	0.170	−0.311	−0.089	0.689	−1.311 1.222	−0.778 0.089	0.089
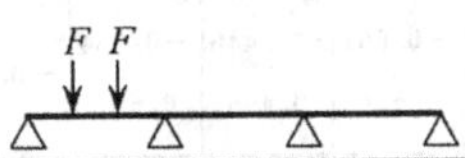	0.274	—	−0.178	0.044	0.822	−1.178 0.222	0.222 −0.044	−0.044

附录 15.3 四跨梁

荷载图	跨内最大弯矩				支座弯矩			剪力				
	M_1	M_2	M_3	M_4	M_B	M_C	M_D	V_A	V_{Bl} V_{Br}	V_{cl} V_{cr}	V_{Dl} V_{Dr}	V_E
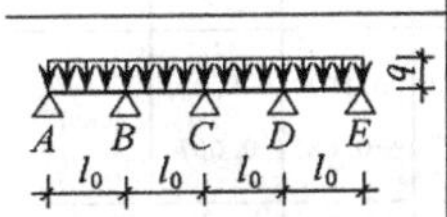	0.077	0.036	0.036	0.077	−0.107	−0.071	−0.107	−0.393	−0.607 0.536	−0.464 0.464	−0.536 0.607	−0.393
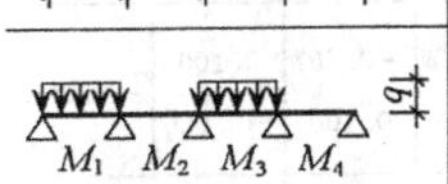	0.100	—	0.081	—	−0.054	−0.036	−0.054	0.446	−0.554 0.018	0.018 0.482	−0.518 0.054	0.054
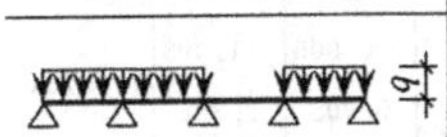	0.072	0.061	—	0.098	−0.121	−0.018	−0.058	0.380	−0.620 0.603	−0.397 0.040	−0.040 0.558	−0.442
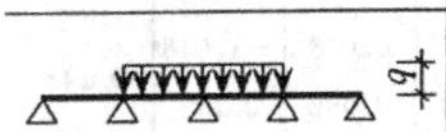	—	0.056	0.056	—	−0.036	−0.107	−0.036	−0.036	−0.036 0.429	−0.571 0.571	−0.429 0.036	0.036
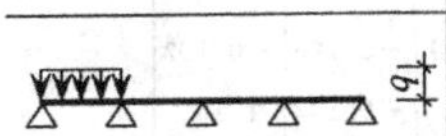	0.094	—	—	—	−0.067	0.018	−0.004	0.433	−0.567 0.085	0.085 0.022	−0.022 0.004	0.004
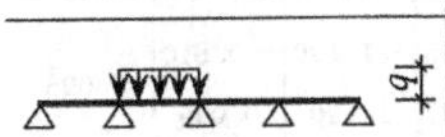	—	0.071	—	—	−0.496	−0.054	0.013	−0.049	−0.049 0.496	−0.504 0.067	0.067 −0.013	−0.013
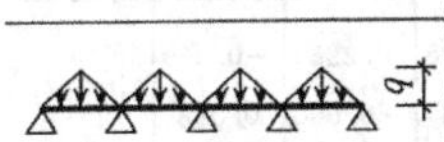	0.052	0.028	0.028	0.052	−0.067	−0.045	−0.067	0.183	−0.317 0.272	−0.228 0.223	−0.272 0.317	−0.183
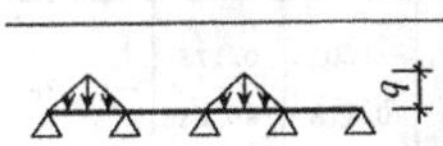	0.067	0.055	—	—	−0.034	−0.022	−0.034	0.217	−0.284 0.011	0.011 0.239	−0.261 0.034	0.034

荷载图	跨内最大弯矩				支座弯矩			剪力				
	M_1	M_2	M_3	M_4	M_B	M_C	M_D	V_A	V_{Bl} V_{Br}	V_{cl} V_{cr}	V_{Dl} V_{Dr}	V_E
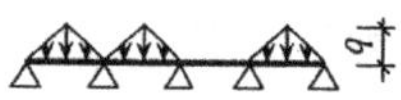	0.049	0.042	—	0.066	−0.075	−0.011	−0.036	0.175	−0.325 0.314	−0.186 0.025	−0.025 0.286	−0.214
	—	0.040	0.040	—	−0.022	−0.067	−0.022	−0.022	−0.022 0.205	−0.295 0.295	−0.205 0.022	0.022
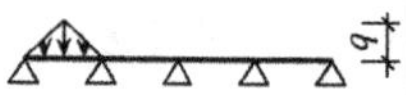	0.063	—	—	—	−0.042	0.011	−0.003	0.208	−0.292 0.053	0.053 −0.014	−0.014 0.003	0.003
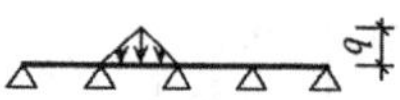	—	0.051	—	—	−0.031	−0.034	0.008	−0.031	−0.031 0.247	−0.253 0.042	0.042 −0.008	−0.008
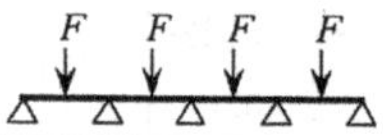	0.169	0.116	0.116	0.169	−0.161	−0.107	−0.161	0.339	−0.661 0.554	−0.446 0.446	−0.554 0.661	−0.339
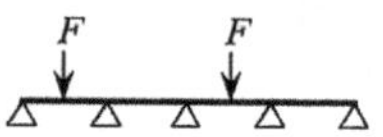	0.210	—	0.183	—	−0.080	−0.054	−0.080	0.420	−0.580 0.027	0.027 0.473	−0.527 0.080	0.080
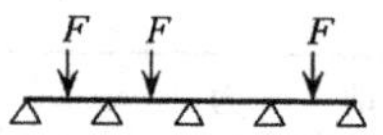	0.159	0.146	—	0.206	−0.181	−0.027	−0.087	0.319	−0.681 0.654	0.346 −0.060	−0.060 0.587	−0.413
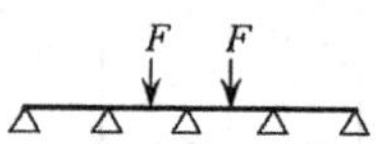	—	0.142	0.142	—	−0.054	−0.161	−0.054	0.054	−0.054 0.393	−0.607 0.607	−0.393 0.054	0.054
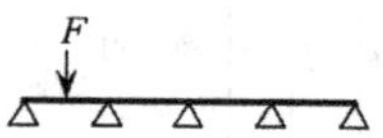	0.200	—	—	—	−0.100	0.027	−0.007	0.400	−0.600 0.127	0.127 −0.033	−0.033 0.007	0.007
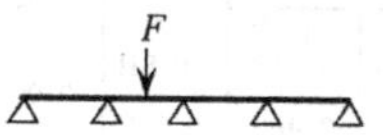	—	0.173	—	—	−0.074	−0.080	0.020	−0.074	−0.074 0.493	−0.507 0.100	0.100 −0.020	−0.020
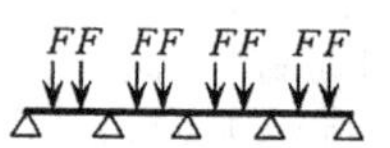	0.238	0.111	0.111	0.238	−0.286	−0.191	−0.286	0.714	1.286 1.095	−0.905 0.905	−1.095 1.286	−0.714
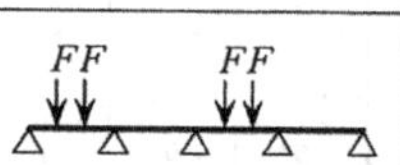	0.286	—	0.222	—	−0.143	−0.095	−0.143	0.857	−0.143 0.048	0.048 0.952	−1.048 0.143	0.143
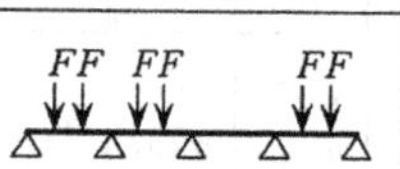	0.226	0.194	—	0.282	−0.321	0.043	−0.155	0.679	−1.321 1.274	−0.726 −0.107	−0.107 1.155	−0.845
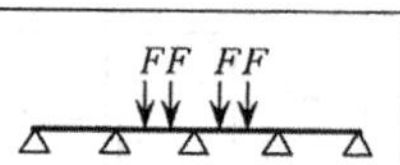	—	0.175	0.175	—	−0.095	−0.286	−0.095	−0.095	−0.095 0.810	−1.190 1.190	−0.810 0.095	0.095
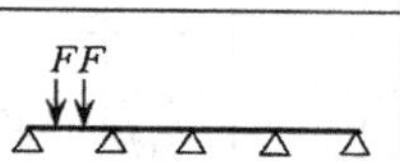	0.274	—	—	—	−0.178	0.048	−0.012	0.822	−1.178 0.226	0.226 −0.060	−0.060 0.012	0.012
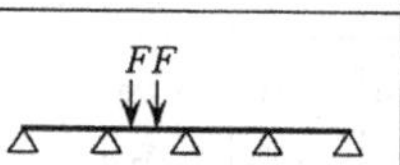	—	0.198	—	—	−0.131	−0.143	0.036	−0.131	−0.131 0.988	−1.012 0.178	0.178 −0.036	−0.036

附录 16　影响系数

附录 16.1　影响系数 φ(砂浆强度等级≥M5)

β	e/h 或 e/h_T																	
	0	0.025	0.05	0.075	0.1	0.125	0.15	0.175	0.2	0.225	0.25	0.275	0.3	0.325	0.35	0.4	0.45	0.5
≤3	1	0.99	0.97	0.94	0.89	0.84	0.79	0.73	0.68	0.62	0.57	0.52	0.48	0.44	0.40	0.34	0.29	0.25
4	0.98	0.95	0.91	0.86	0.80	0.75	0.69	0.64	0.58	0.53	0.48	0.44	0.40	0.36	0.33	0.28	0.23	0.20
6	0.95	0.91	0.86	0.82	0.76	0.70	0.64	0.59	0.54	0.49	0.44	0.40	0.37	0.33	0.30	0.25	0.21	0.17
8	0.91	0.87	0.82	0.77	0.71	0.66	0.60	0.55	0.50	0.45	0.41	0.37	0.34	0.30	0.28	0.23	0.19	0.16
10	0.87	0.82	0.77	0.72	0.66	0.61	0.56	0.51	0.46	0.42	0.38	0.34	0.31	0.28	0.25	0.21	0.17	0.14
12	0.82	0.77	0.72	0.67	0.62	0.57	0.52	0.47	0.43	0.39	0.35	0.31	0.28	0.26	0.23	0.19	0.15	0.13
14	0.77	0.72	0.68	0.63	0.58	0.53	0.48	0.44	0.40	0.36	0.32	0.29	0.26	0.24	0.21	0.17	0.14	0.12
16	0.72	0.68	0.63	0.58	0.54	0.49	0.45	0.40	0.37	0.33	0.30	0.27	0.24	0.22	0.20	0.16	0.13	0.10
18	0.67	0.63	0.59	0.54	0.50	0.46	0.42	0.38	0.34	0.31	0.28	0.25	0.22	0.20	0.18	0.15	0.12	0.10
20	0.62	0.58	0.54	0.50	0.46	0.42	0.39	0.35	0.32	0.28	0.26	0.23	0.21	0.19	0.17	0.13	0.11	0.09
22	0.58	0.54	0.51	0.47	0.43	0.40	0.36	0.33	0.30	0.27	0.24	0.22	0.19	0.17	0.16	0.12	0.10	0.08
24	0.54	0.50	0.47	0.44	0.40	0.37	0.34	0.30	0.28	0.25	0.22	0.20	0.18	0.16	0.14	0.12	0.09	0.08
26	0.50	0.47	0.44	0.40	0.37	0.34	0.31	0.28	0.26	0.23	0.21	0.19	0.17	0.15	0.13	0.11	0.09	0.07
28	0.46	0.43	0.41	0.38	0.35	0.32	0.29	0.26	0.24	0.22	0.20	0.17	0.16	0.14	0.12	0.10	0.08	0.06
30	0.42	0.40	0.38	0.35	0.32	0.30	0.27	0.25	0.22	0.20	0.18	0.16	0.15	0.13	0.12	0.09	0.08	0.06

附录 16.2　影响系数 φ(砂浆强度等级 M2.5)

β	e/h 或 e/h_T																	
	0	0.025	0.05	0.075	0.1	0.125	0.15	0.175	0.2	0.225	0.25	0.275	0.3	0.325	0.35	0.4	0.45	0.5
≤3	1	0.99	0.97	0.94	0.89	0.84	0.79	0.73	0.68	0.62	0.57	0.52	0.48	0.44	0.40	0.34	0.29	0.25
4	0.97	0.94	0.89	0.84	0.79	0.73	0.68	0.62	0.57	0.52	0.47	0.43	0.39	0.35	0.32	0.27	0.22	0.19
6	0.93	0.89	0.84	0.79	0.74	0.68	0.62	0.57	0.52	0.47	0.43	0.39	0.35	0.32	0.29	0.24	0.20	0.16
8	0.89	0.84	0.79	0.74	0.68	0.63	0.57	0.52	0.48	0.43	0.39	0.35	0.32	0.29	0.26	0.21	0.18	0.15
10	0.83	0.78	0.74	0.68	0.63	0.58	0.53	0.48	0.43	0.39	0.36	0.32	0.29	0.26	0.24	0.19	0.16	0.13
12	0.78	0.73	0.68	0.63	0.58	0.53	0.48	0.44	0.40	0.36	0.32	0.29	0.26	0.24	0.21	0.17	0.14	0.12
14	0.72	0.67	0.63	0.58	0.53	0.49	0.44	0.40	0.36	0.33	0.30	0.27	0.24	0.22	0.19	0.16	0.13	0.10
16	0.66	0.62	0.58	0.53	0.49	0.45	0.41	0.37	0.34	0.30	0.27	0.24	0.22	0.20	0.18	0.14	0.12	0.09
18	0.61	0.57	0.53	0.49	0.45	0.41	0.38	0.34	0.31	0.28	0.25	0.22	0.20	0.18	0.16	0.13	0.10	0.08
20	0.56	0.52	0.49	0.45	0.42	0.38	0.35	0.31	0.28	0.26	0.23	0.21	0.18	0.17	0.15	0.12	0.10	0.08
22	0.51	0.48	0.45	0.41	0.38	0.35	0.32	0.29	0.26	0.24	0.21	0.19	0.17	0.15	0.14	0.11	0.09	0.07
24	0.46	0.44	0.41	0.38	0.35	0.32	0.30	0.27	0.24	0.22	0.20	0.18	0.16	0.14	0.13	0.10	0.08	0.06
26	0.42	0.40	0.38	0.35	0.32	0.30	0.27	0.25	0.22	0.20	0.18	0.16	0.15	0.13	0.12	0.09	0.08	0.06
28	0.40	0.37	0.35	0.32	0.30	0.28	0.25	0.23	0.21	0.19	0.17	0.15	0.14	0.12	0.11	0.09	0.07	0.06
30	0.36	0.34	0.32	0.30	0.28	0.26	0.24	0.21	0.19	0.18	0.16	0.14	0.13	0.11	0.10	0.08	0.06	0.05

附录 16.3 影响系数 φ(砂浆强度等级 M0)

β	e/h 或 e/h_T																	
	0	0.025	0.05	0.075	0.1	0.125	0.15	0.175	0.2	0.225	0.25	0.275	0.3	0.325	0.35	0.4	0.45	0.5
≤3	1	0.99	0.97	0.94	0.89	0.84	0.79	0.73	0.68	0.62	0.57	0.52	0.48	0.44	0.40	0.34	0.29	0.25
4	0.87	0.83	0.78	0.72	0.67	0.62	0.56	0.51	0.46	0.42	0.38	0.34	0.31	0.28	0.25	0.21	0.17	0.14
6	0.76	0.71	0.66	0.61	0.56	0.52	0.47	0.43	0.38	0.35	0.31	0.28	0.25	0.23	0.21	0.17	0.14	0.11
8	0.63	0.59	0.55	0.51	0.47	0.43	0.39	0.36	0.32	0.29	0.26	0.23	0.21	0.19	0.17	0.14	0.11	0.09
10	0.53	0.49	0.46	0.43	0.39	0.36	0.33	0.30	0.27	0.24	0.22	0.20	0.18	0.16	0.14	0.11	0.09	0.07
12	0.44	0.41	0.39	0.36	0.33	0.30	0.28	0.25	0.23	0.21	0.19	0.17	0.15	0.13	0.12	0.10	0.08	0.06
14	0.36	0.34	0.32	0.30	0.28	0.26	0.24	0.22	0.20	0.18	0.16	0.14	0.13	0.11	0.10	0.08	0.06	0.05
16	0.30	0.29	0.28	0.26	0.24	0.22	0.20	0.19	0.17	0.15	0.14	0.12	0.11	0.10	0.09	0.07	0.06	0.04
18	0.26	0.25	0.24	0.22	0.21	0.19	0.18	0.16	0.15	0.13	0.12	0.11	0.10	0.09	0.08	0.06	0.05	0.04
20	0.22	0.21	0.20	0.19	0.18	0.17	0.16	0.14	0.13	0.12	0.10	0.10	0.08	0.08	0.07	0.05	0.04	0.03
22	0.19	0.18	0.18	0.17	0.16	0.15	0.14	0.12	0.12	0.10	0.09	0.08	0.08	0.07	0.06	0.05	0.04	0.03
24	0.16	0.16	0.15	0.15	0.14	0.13	0.12	0.11	0.10	0.09	0.08	0.08	0.07	0.06	0.05	0.04	0.03	0.03
26	0.14	0.14	0.14	0.13	0.12	0.12	0.11	0.10	0.09	0.08	0.07	0.07	0.06	0.05	0.05	0.04	0.03	0.02
28	0.12	0.12	0.12	0.12	0.11	0.10	0.10	0.09	0.08	0.07	0.07	0.06	0.05	0.05	0.04	0.03	0.03	0.02
30	0.11	0.11	0.11	0.10	0.10	0.09	0.09	0.08	0.07	0.07	0.06	0.05	0.05	0.04	0.04	0.03	0.02	0.02

附录 17　构件的强度与稳定

一、梁的整体稳定系数

1. 焊接工字形等截面简支梁

焊接工字形等截面(见附图 17.1)简支梁的整体稳定系数 φ_b 应按下式计算：

$$\varphi_b = \beta_b \frac{4320}{\lambda_y^2} \cdot \frac{Ah}{W_x}\left[\sqrt{1+\left(\frac{\lambda_y t_1}{4.4h}\right)^2}+\eta_b\right]\frac{235}{f_y} \qquad \text{(附 17.1)}$$

式中：β_b——系数，按附表 17.1 采用；

λ_y——梁在侧向支撑点间对截面弱轴 y-y 的长细比，l_1 见 13.2.2. 中的 3，i_y 为梁主截面对 y 轴的回转半径，

$$\lambda_y = l_1/i_y$$

A——梁的毛截面面积；

h、t_1——梁截面的全高和受压翼缘厚度；

η_b——截面的不对称影响系数：

对双轴对称工字形截面[附图 17.1(a)]$\eta_b=0$

对单轴对称工字形截面[附图 17.1(b)、(c)]

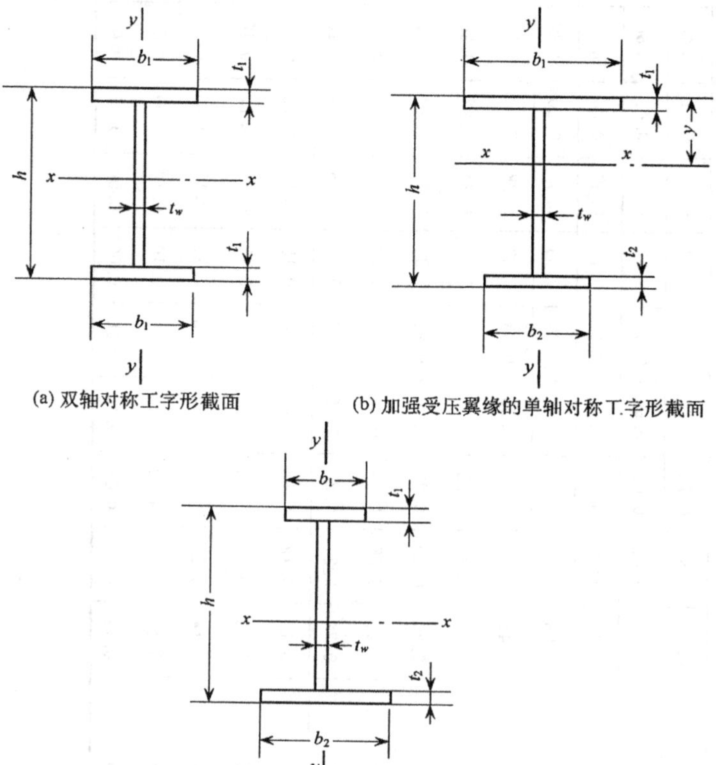

(a) 双轴对称工字形截面　(b) 加强受压翼缘的单轴对称工字形截面

(c) 加强受拉翼缘的单轴对称工字形截面

附图 17.1　焊接工字形截面

加强受压翼缘 $\eta_b=0.8(2a_b-1)$

加强受拉翼缘 $\eta_b=2a_b-1$

其中，$a_b=\dfrac{I_1}{I_1+I_2}$；　　I_1 和 I_2 分别为受压翼缘和受拉翼缘对 y 轴的惯性矩。

当按公式(附表 17.1)算出的 φ_b 大于 0.60 时，应按下式计算的 φ'_b 代替 φ_b 值。

$$\varphi'_b = 1.07 - \frac{0.282}{\varphi_b} \leqslant 1.0 \qquad \text{(附 17.2)}$$

公式(附 17.1)也适用于宽翼缘工字钢和等截面铆接(或高强度螺栓连接)简支梁，其受压翼缘厚度 t_1 包括翼缘角钢厚度在内。

附录 17.1　工字形截面简支梁的系数 β_b

项次	侧向支撑	荷载		$\xi=\frac{l_1t_1}{b_1h}$ $\xi\leqslant2.0$	$\xi>2.0$	适用范围
1	跨中无侧向支撑	均布荷载作用在	上翼缘	$0.69+0.13\xi$	0.95	附图 17.1(a)、(b) 截面
2			下翼缘	$1.73-0.2\xi$	1.33	
3		集中荷载作用在	上翼缘	$0.73+0.18\xi$	1.09	
4			下翼缘	$2.23-0.28\xi$	1.67	
5	跨度中点有一个侧向支撑点	均布荷载作用在	上翼缘	1.15		附图 17.1 中的所有截面
6			下翼缘	1.40		
7		集中荷载作用在截面高度上任意位置		1.75		
8	跨中有不少于两个等距离侧向支撑点	任意荷载作用在	上翼缘	1.20		
9			下翼缘	1.40		
10	梁端有弯矩，但跨中无荷载作用			$1.75-1.05\left(\frac{M_2}{M_1}\right)+0.3\left(\frac{M_2}{M_1}\right)^2$，但$\leqslant2.3$		

注：1) $\xi=\frac{l_1t_1}{b_1h}$ 系数，其中 b_1 和 l_1 见 13.2.2 中的 3；

2) M_1，M_2 为梁的端弯矩，使梁屋生同向曲率时，M_1 和 M_2 取同号；产生反向曲率时取异号，$M_2\geqslant M_1$；

3)表中项次 3、4 和 7 的集中荷协是指一个或少数几俱要中荷载位于跨中央附近情况：对其他情况的集中荷；

4)表中项次 8.9 的 β_b，当集中荷载作用在侧向支撑点处时，取 $\beta_b=1.20$；

5)荷载应按表中项次 1、2、5 和 6 内的数值采用；

6)对 $a_b>0.8$ 时的加强受压翼缘工字形截面，下列情况的 β_b 值应乘相应的系数

项次 1：当 $\xi\leqslant1.0$ 时，　　0.95；

项次 3：当 $\xi\leqslant0.5$ 时，　　0.90，

当 $0.5<\xi\leqslant1.0$ 时，　　0.95。

2. 轧制普通工字钢简支梁

轧制普通工字钢简支梁的整体稳定 φ_b 应按附表 17.2 采用，当所得 φ_b 值大于 0.06 时，应按式(附 17.2)计算出的 φ'_b 代替 φ_b 值。

附录 17.2　轧制普通工字钢简支梁的 φ_b 值

项次	荷载情况		工字钢型号	自由长度 l_1/m								
				1	2	3	4	5	6	7	8	9
1	集中荷载作用于	上翼缘	10～20	2.0	1.30	0.99	0.80	0.68	0.58	0.53	0.48	0.43
			22～40	2.4	1.48	1.09	0.86	0.72	0.62	0.54	0.49	0.45
			45～63	2.8	1.60	1.07	0.83	0.68	0.56	0.50	0.45	0.40
2		下翼缘	10～20	3.1	1.95	1.34	1.01	0.82	0.69	0.63	0.57	0.52
			22～40	5.5	2.80	1.84	1.37	1.07	0.86	0.73	0.64	0.56
			45～63	7.3	3.60	2.30	1.62	1.20	0.96	0.80	0.69	0.60
3	均布荷载作用于	上翼缘	10～20	1.7	1.12	0.84	0.68	0.57	0.50	0.45	0.41	0.37
			22～40	2.1	1.30	0.93	0.73	0.60	0.51	0.45	0.40	0.36
			45～63	2.6	1.45	0.97	0.73	0.59	0.50	0.44	0.38	035
4		下翼缘	10～20	2.5	1.55	1.08	0.83	0.68	0.56	0.52	0.47	0.42
			22～40	4.0	2.20	1.45	1.10	0.85	0.70	0.60	0.52	0.46
			45～63	5.6	2.80	1.80	1.25	0.95	0.78	0.65	0.55	0.49
5	跨中有侧向支撑点的梁(不论荷载作用在截面高度上的位置)		10～20	2.2	1.39	1.01	0.79	0.66	0.57	0.52	0.47	0.42
			22～40	3.0	1.80	1.24	0.96	0.76	0.65	0.56	0.49	0.43
			45～63	4.0	2.20	1.38	1.01	0.80	0.66	0.56	0.49	0.43

注:1)项次 1、2 中的集中荷载含义见附表 17.1 的注;

2)表中的 φ_b 适用于 3 号钢,表中数值应乘以 $235/f_y$。

3. 轧制槽钢简支梁

轧制槽钢简支梁的整体稳定系数,不论荷载形式和荷载作用点在截面高度上的位置,均应按下式计算:

$$\varphi_b = \frac{570bt}{l_1 h} \cdot \frac{235}{f_y} \qquad (附\ 17.3)$$

式中:h、b、t——槽钢截面高度、翼缘宽度和厚度。

按公式(附 17.3)算得的 φ_b 大于 0.6 时,应按附公式 17.2 算出的 φ'_b 代替 φ_b 值。

4. 双轴对称工字形等截面悬臂梁

双轴对称工字形等截面悬臂梁的整体稳定系数,仍按公式(附 17.1)计算,但式中系数 φ_b 应按附表 17.3 查得,$\lambda_y = l_1/i_y$ 中的 l_1 为悬臂梁的悬伸长度,当求得的 φ_b 大于 0.6 时,应按公式(附 17.2)算出的 φ'_b 代替 φ_b 值。

附录 17.3　双轴对称工字形等截面悬臂梁的系数 β_b

项次	荷载形式		$\xi = \frac{l_1 t_1}{b_1 h}$		
			$0.60 \leqslant \xi \leqslant 1.24$	$1.24 \leqslant \xi \leqslant 1.96$	$1.96 < \xi \leqslant 3.10$
1	自由端一个集中荷载作用在	上翼缘	$0.21 + 0.67\xi$	$0.72 + 0.26\xi$	$1.17 + 0.03\xi$
2		下翼缘	$2.94 - 0.65\xi$	$2.64 - 0.40\xi$	$2.15 - 0.15\xi$
3	均布荷载作用在上翼缘		$0.62 + 0.82\xi$	$1.25 + 0.31\xi$	$1.66 + 0.10\xi$

注:本表是按支撑端为固定的情况确定的,当用于由邻跨延伸出来的伸臂梁时,应在构造上采取措施以加强支撑处的抗压能力。

二、轴心受压物体稳定系数

附录 17.4 a类截面轴心受压构件的稳定系数 φ

$\lambda\sqrt{\frac{f_y}{235}}$	0	1	2	3	4	5	6	7	8	9
0	1.000	1.000	1.000	1.000	0.999	0.999	0.998	0.998	0.997	0.996
10	0.995	0.994	0.993	0.992	0.991	0.989	0.988	0.986	0.985	0.983
20	0.981	0.979	0.977	0.976	0.974	0.972	0.970	0.968	0.966	0.964
30	0.963	0.961	0.959	0.957	0.955	0.952	0.950	0.948	0.946	0.944
40	0.941	0.939	0.937	0.934	0.932	0.929	0.927	0.924	0.921	0.919
50	0.916	0.913	0.910	0.907	0.904	0.900	0.897	0.894	0.890	0.886
60	0.883	0.879	0.875	0.871	0.867	0.863	0.858	0.854	0.849	0.844
70	0.839	0.834	0.829	0.824	0.818	0.813	0.807	0.801	0.795	0.789
80	0.783	0.776	0.770	0.763	0.757	0.750	0.743	0.736	0.728	0.721
90	0.714	0.706	0.699	0.691	0.684	0.676	0.668	0.661	0.653	0.645
100	0.638	0.630	0.622	0.615	0.607	0.600	0.592	0.585	0.577	0.570
110	0.563	0.555	0.548	0.541	0.534	0.527	0.520	0.514	0.507	0.500
120	0.494	0.488	0.481	0.475	0.469	0.463	0.457	0.451	0.445	0.440
130	0.434	0.429	0.423	0.418	0.412	0.407	0.402	0.397	0.392	0.387
140	0.383	0.378	0.373	0.369	0.364	0.360	0.356	0.351	0.347	0.343
150	0.339	0.335	0.331	0.327	0.323	0.320	0.316	0.312	0.309	0.305
160	0.302	0.298	0.295	0.292	0.289	0.285	0.282	0.279	0.276	0.273
170	0.270	0.267	0.264	0.262	0.259	0.256	0.253	0.251	0.248	0.246
180	0.243	0.241	0.238	0.236	0.233	0.231	0.229	0.226	0.224	0.222
190	0.220	0.218	0.215	0.213	0.211	0.209	0.207	0.205	0.203	0.201
200	0.199	0.198	0.196	0.194	0.192	0.190	0.189	0.187	0.185	0.183
210	0.182	0.180	0.179	0.177	0.175	0.174	0.172	0.171	0.169	0.168
220	0.166	0.165	0.164	0.162	0.161	0.159	0.158	0.157	0.155	0.154
230	0.153	0.152	0.150	0.149	0.148	0.147	0.146	0.144	0.143	0.142
240	0.141	0.140	0.139	0.138	0.136	0.135	0.134	0.133	0.132	0.131
250	0.130									

附录 17.5　b 类截面轴心受压构件的稳定系数 φ

$\lambda\sqrt{\frac{f_y}{235}}$	0	1	2	3	4	5	6	7	8	9
0	1.000	1.000	1.000	0.999	0.999	0.998	0.997	0.996	0.995	0.994
10	0.992	0.991	0.989	0.987	0.985	0.983	0.981	0.978	0.976	0.973
20	0.970	0.967	0.963	0.960	0.957	0.953	0.950	0.946	0.943	0.939
30	0.936	0.932	0.929	0.925	0.922	0.918	0.914	0.910	0.906	0.903
40	0.899	0.895	0.891	0.887	0.882	0.878	0.874	0.870	0.865	0.861
50	0.856	0.852	0.847	0.842	0.838	0.833	0.828	0.823	0.818	0.813
60	0.807	0.802	0.797	0.791	0.786	0.780	0.774	0.769	0.763	0.757
70	0.751	0.745	0.739	0.732	0.726	0.720	0.714	0.707	0.701	0.694
80	0.688	0.681	0.675	0.668	0.661	0.655	0.648	0.641	0.635	0.628
90	0.621	0.614	0.608	0.601	0.594	0.588	0.581	0.575	0.568	0.561
100	0.555	0.549	0.542	0.536	0.529	0.523	0.517	0.511	0.505	0.499
110	0.493	0.487	0.481	0.475	0.470	0.464	0.458	0.453	0.447	0.442
120	0.437	0.432	0.426	0.421	0.416	0.411	0.406	0.402	0.397	0.392
130	0.387	0.383	0.378	0.374	0.370	0.365	0.361	0.357	0.353	0.349
140	0.345	0.341	0.337	0.333	0.329	0.326	0.322	0.318	0.315	0.311
150	0.308	0.304	0.301	0.298	0.295	0.291	0.288	0.285	0.282	0.279
160	0.276	0.273	0.270	0.267	0.265	0.262	0.259	0.256	0.254	0.251
170	0.249	0.246	0.244	0.241	0.239	0.236	0.234	0.232	0.229	0.227
180	0.225	0.223	0.220	0.218	0.216	0.214	0.212	0.210	0.208	0.206
190	0.204	0.202	0.200	0.198	0.197	0.195	0.193	0.191	0.190	0.188
200	0.186	0.184	0.183	0.181	0.180	0.178	0.176	0.175	0.173	0.172
210	0.170	0.169	0.167	0.166	0.165	0.163	0.162	0.160	0.159	0.158
220	0.156	0.155	0.154	0.153	0.151	0.150	0.149	0.148	0.146	0.145
230	0.144	0.143	0.142	0.141	0.140	0.138	0.137	0.136	0.135	0.134
240	0.133	0.132	0.131	0.130	0.129	0.128	0.127	0.126	0.125	0.124
250	0.123									

附录 17.6　c 类截面轴心受压构件的稳定系数 φ

$\lambda\sqrt{\frac{f_y}{235}}$	0	1	2	3	4	5	6	7	8	9
0	1.000	1.000	1.000	0.999	0.999	0.998	0.997	0.996	0.995	0.993
10	0.992	0.990	0.988	0.986	0.983	0.981	0.978	0.976	0.973	0.970
20	0.966	0.959	0.953	0.947	0.940	0.934	0.928	0.921	0.915	0.909
30	0.902	0.896	0.890	0.884	0.877	0.871	0.865	0.858	0.852	0.846
40	0.893	0.833	0.826	0.820	0.814	0.807	0.801	0.794	0.788	0.781
50	0.775	0.768	0.762	0.755	0.748	0.742	0.735	0.729	0.722	0.715
60	0.709	0.702	0.695	0.689	0.682	0.676	0.669	0.662	0.656	0.649
70	0.643	0.636	0.629	0.623	0.616	0.610	0.604	0.597	0.591	0.584
80	0.578	0.572	0.566	0.559	0.553	0.547	0.541	0.535	0.529	0.523
90	0.517	0.511	0.505	0.500	0.494	0.488	0.483	0.477	0.472	0.467
100	0.463	0.458	0.454	0.449	0.445	0.441	0.436	0.432	0.428	0.423
110	0.419	0.415	0.411	0.407	0.403	0.399	0.395	0.391	0.387	0.383
120	0.379	0.375	0.371	0.367	0.364	0.360	0.356	0.353	0.349	0.346
130	0.342	0.339	0.335	0.332	0.328	0.325	0.322	0.319	0.315	0.312
140	0.309	0.306	0.303	0.300	0.297	0.294	0.291	0.288	0.285	0.282
150	0.280	0.277	0.274	0.271	0.269	0.266	0.264	0.261	0.258	0.256
160	0.254	0.251	0.249	0.246	0.244	0.242	0.239	0.237	0.235	0.233
170	0.230	0.228	0.226	0.224	0.222	0.220	0.218	0.216	0.214	0.212
180	0.210	0.208	0.206	0.205	0.203	0.201	0.199	0.197	0.196	0.194
190	0.192	0.190	0.189	0.187	0.186	0.184	0.182	0.181	0.179	0.178
200	0.176	0.175	0.173	0.172	0.170	0.169	0.168	0.166	0.165	0.163
210	0.162	0.161	0.159	0.158	0.157	0.156	0.154	0.153	0.152	0.151
220	0.150	0.148	0.147	0.146	0.145	0.144	0.143	0.142	0.140	0.139
230	0.138	0.137	0.136	0.135	0.134	0.133	0.132	0.131	0.130	0.129
240	0.128	0.127	0.126	0.125	0.124	0.124	0.123	0.122	0.121	0.120
250	0.119									

附录 17.7 d 类截面轴心受压构件的稳定系数 φ

$\lambda\sqrt{\frac{f_y}{235}}$	0	1	2	3	4	5	6	7	8	9
0	1.000	1.000	0.999	0.999	0.998	0.996	0.994	0.992	0.990	0.987
10	0.984	0.981	0.978	0.974	0.969	0.965	0.960	0.955	0.949	0.944
20	0.937	0.927	0.918	0.909	0.900	0.891	0.883	0.874	0.865	0.857
30	0.848	0.840	0.831	0.823	0.815	0.807	0.799	0.790	0.782	0.774
40	0.766	0.759	0.751	0.743	0.735	0.728	0.720	0.712	0.705	0.697
50	0.690	0.683	0.675	0.668	0.661	0.654	0.646	0.639	0.632	0.625
60	0.618	0.612	0.605	0.598	0.691	0.585	0.578	0.572	0.565	0.559
70	0.552	0.546	0.540	0.534	0.528	0.522	0.516	0.510	0.504	0.498
80	0.493	0.487	0.481	0.476	0.470	0.465	0.460	0.454	0.449	0.444
90	0.439	0.434	0.429	0.424	0.419	0.414	0.410	0.405	0.401	0.397
100	0.394	0.390	0.387	0.383	0.380	0.376	0.373	0.370	0.366	0.363
110	0.359	0.356	0.353	0.350	0.346	0.343	0.340	0.337	0.334	0.331
120	0.328	0.325	0.322	0.319	0.316	0.313	0.310	0.307	0.304	0.301
130	0.299	0.296	0.293	0.290	0.288	0.285	0.282	0.280	0.277	0.275
140	0.272	0.270	0.267	0.265	0.262	0.260	0.258	0.255	0.253	0.251
150	0.248	0.246	0.244	0.242	0.240	0.237	0.235	0.233	0.231	0.229
160	0.227	0.225	0.223	0.221	0.219	0.217	0.215	0.213	0.212	0.210
170	0.208	0.206	0.201	0.203	0.201	0.199	0.197	0.196	0.194	0.192
180	0.191	0.189	0.188	0.186	0.184	0.183	0.181	0.180	0.178	0.177
190	0.176	0.174	0.173	0.171	0.170	0.168	0.167	0.166	0.164	0.163
200	0.162									

附录 17.8a 轴心受压构件的截面分类(板厚 t_f<40mm)

截面形式和对应轴				类别
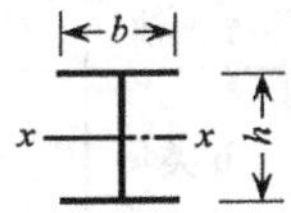	轧制,b/h≤0.8 对 x 轴	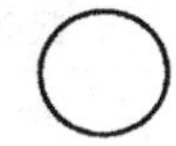	轧制,对任意轴	a 类
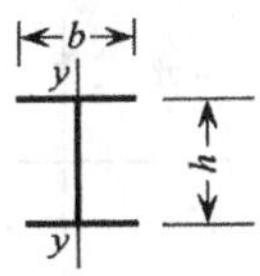	轧制,b/h≤0.8 对 y 轴	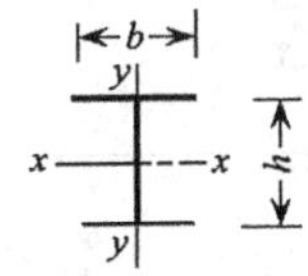	轧制,b/h>0.8 对 x,y 轴	b 类
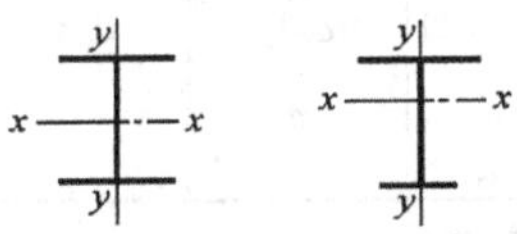	焊接,翼缘为焰切边对 x,y 轴	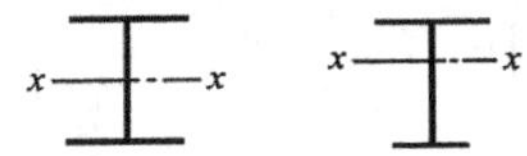	焊接,翼缘为焰切边对 x 轴	
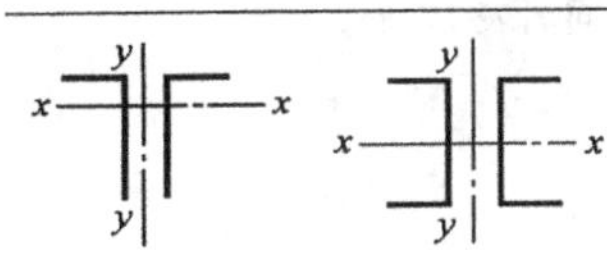	轧制对 x,y 轴	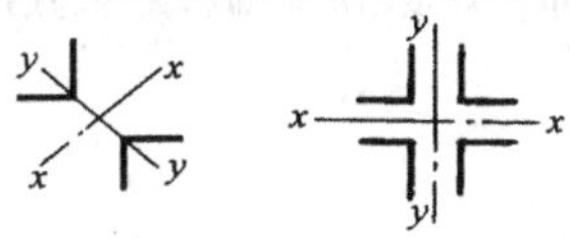	轧制对 x,y 轴	
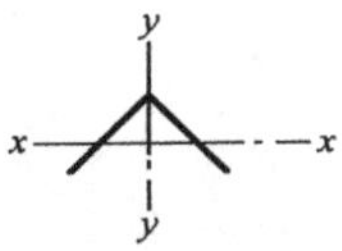	轧制(等边角钢)对 x,y 轴	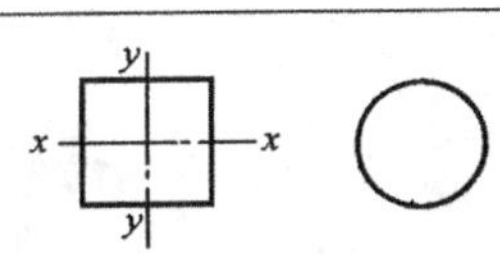	轧制矩形和焊接圆管对任意轴;焊接矩形,板件宽厚比>20 对 x,y 轴	
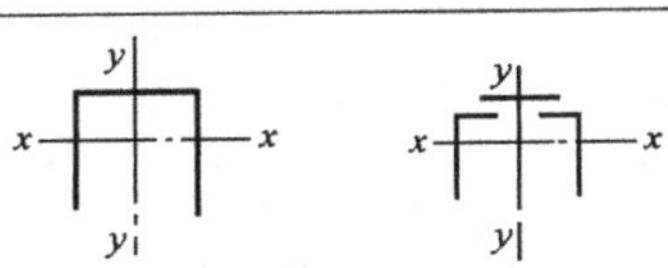	轧制或焊接对 x,y 轴	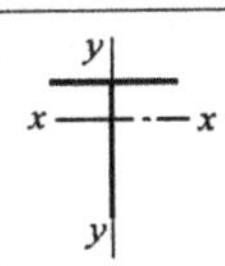 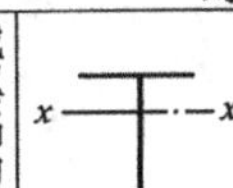	轧制截面和翼缘为焰切边的焊接截面对 x,y 轴 轧制,翼缘为轧制或剪切边,对 x 轴	
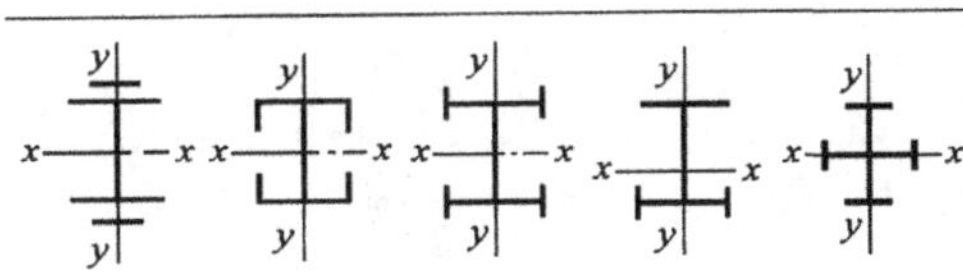	焊接对 x,y 轴	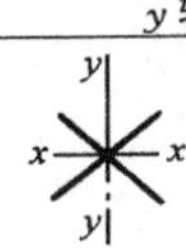	焊接,板件边缘焰割,对 x,y 轴	
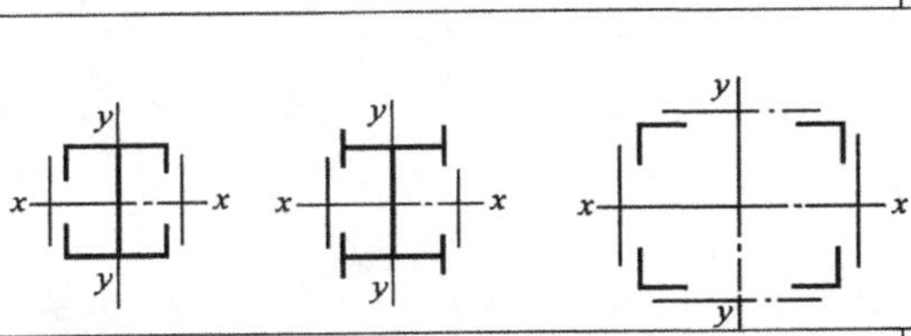		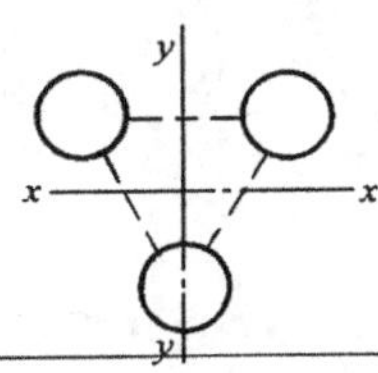	格构式对 x,y 轴	
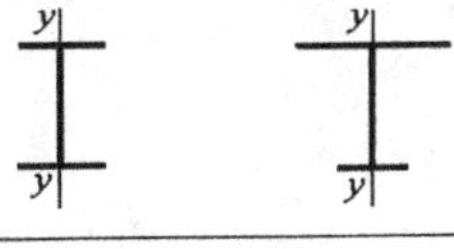	焊接,翼缘为轧制或剪切边,对 y 轴	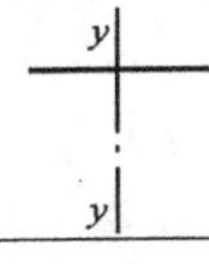	焊接,翼缘为轧制或剪切边,对 y 轴	c 类
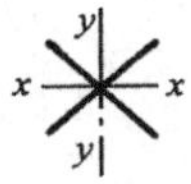	焊接,板件边缘轧制或剪切,对 x,y 轴	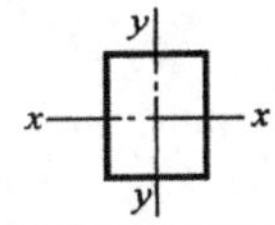	焊接,板件宽厚比≤20 对 x,y 轴	

附录 17.8b　轴心受压构件的截面分类(板厚 $t \geqslant 40$mm)

<table>
<tr><th colspan="3">截面形式</th><th>对 x 轴</th><th>对 y 轴</th></tr>
<tr><td rowspan="2">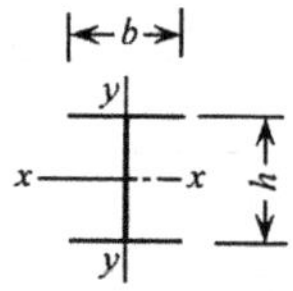</td><td rowspan="2">轧制工形截面
$b/h>0.8$</td><td>$t<80$mm</td><td>b 类</td><td>c 类</td></tr>
<tr><td>$t \geqslant 80$mm</td><td>c 类</td><td>d 类</td></tr>
<tr><td>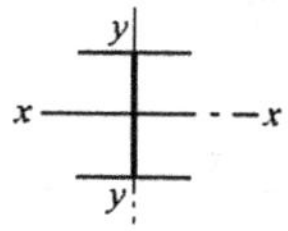</td><td colspan="2">焊接工形截面
翼缘为轧制或剪切边</td><td>c 类</td><td>d 类</td></tr>
</table>

注:板厚 $t \geqslant 40$mm 的焊接箱形截面和翼缘为焰切边的焊接工形截面类别同附表 17.8a。

参考文献

傅钟鹏.1999.钢筋工手册.北京:中国建筑工业出版社

侯治国,腾智明.1997.混凝土结构.武汉:武汉工业大学出版社

蓝宗建.1998.混凝土结构.南京:东南大学出版社

栗一凡.1981.建筑力学.北京:人民教育出版社

刘建行,郭先瑚,苏景春.1994.给水排水工程结构.北京:中国建筑工业出版社

罗福午.1995.建筑结构概念体系与估算.北京:清华大学出版社

罗福午,方华,叶知满.1992.混合结构及砌体结构(下册).北京:中国建筑工业出版社

施楚贤.1997.砌体结构.北京:中国建筑工业出版社

施楚贤.1998.建筑结构原理与设计.长沙:湖南大学出版社

宋曼华.2000.钢结构设计与计算.北京:机械工业出版社

宋占海.1994.建筑结构基本原理.北京:中国建筑工业出版社

王肇民.2000.建筑钢结构设计.上海:同济大学出版社

熊丹安,刘声扬,肖贵泽.1999.建筑结构.广州:华南理工大学出版社

许占发.1992.建筑结构设计.北京:科学技术出版社

张良成.2000.建筑力学.北京:中国水利水电出版社

张建勋,腾智明.1997.砌体结构.武汉:武汉工业大学出版社

宗听聪.1999.钢结构构件和结构体系概论.上海:同济大学出版社